斑点牛注册测绘师笔记系列丛书

测绘综合能力体系和题解(上册)

主　编　吴浩然　　王兴文　　王应东
　　　　刘克辉　　赵　燕　　夏佩武

东南大学出版社
SOUTHEAST UNIVERSITY PRESS
·南京·

图书在版编目(CIP)数据

测绘综合能力体系和题解:全 2 册/吴浩然等主编.
南京:东南大学出版社,2019.5
(斑点牛注册测绘师笔记系列丛书)
ISBN 978 - 7 - 5641 - 8396 - 7

Ⅰ.①测…　Ⅱ.①吴…　Ⅲ.①测绘—资格考试—自
学参考资料　Ⅳ.①P2

中国版本图书馆 CIP 数据核字(2019)第 080125 号

测绘综合能力体系和题解(上册)
Cehui Zonghe Nengli Tixi He Tijie(Shangce)

主　　编:吴浩然 等
出版发行:东南大学出版社
社　　址:南京市四牌楼 2 号　　　　邮　　编:210096
网　　址:http://www.seupress.com
出 版 人:江建中

印　　刷:虎彩印艺股份有限公司
开　　本:787 mm×1092 mm　1/16
印　　张:61.75
字　　数:1441 千
版　　次:2019 年 5 月第 1 版
印　　次:2019 年 5 月第 1 次印刷
书　　号:ISBN　978 - 7 - 5641 - 8396 - 7
定　　价:240.00 元(上、下册)

经　　销:全国各地新华书店
发行热线:025-83790519　83791830

前　　言

现代计算机技术的发展带来了高速运算、超大存储、迅捷数据传输,人类社会正在大步迈入数字化时代,随着移动互联网的成熟,每个人变成了一个数字终端,并通过移动设备接入数字网络,以大数据、物联网、智能网络、自动化等技术为代表的信息革命汹涌而来。作为一直以来普普通通的测绘人,第一次站在了社会科技变革的前端。无论是物联网,还是虚拟现实,或是数字城市,都离不开地理空间数据的支持。作为智慧数字空间数据的生产者,测绘人正加速向地信人转型,由空间数据采集者的角色逐步过渡到空间数据网络一体化处理者的角色,进而成为空间智慧数据的开拓者。

未来十年将是大测绘地理信息的黄金时代。在这样的机遇下,作为行业技术人员的代表,注册测绘师更应责无旁贷地担负起振兴行业的责任,更新知识结构,提升技术能力,规范行业市场,生产和创造更多更高品质的测绘地理信息产品。测绘地理信息行业需要更多测绘人成为合格的注册测绘师,参与到数字信息革命中来。

作为注册测绘师学习的王牌辅导资料——《斑点牛注册测绘师笔记》近年来帮助很多测绘地信人获得了注册测绘师的执业资格,赢得了良好的口碑。《斑点牛注册测绘师笔记》历经多次更新与完善,从本版开始正式更名为"斑点牛注册测绘师笔记系列丛书",由《测绘综合能力体系和题解(上册)》《测绘综合能力体系和题解(下册)》《测绘管理与法律法规体系和题解》《测绘案例分析体系和题解》共4本书构成。

本书根据最新《注册测绘师资格考试大纲》的考试内容和要求精心编写,可帮助考生迅速掌握考试重点、难点,建立大测绘知识体系。与前一版相比,本版进行了大量的改动,使内容更加具体、严谨、浅显易读,更加注重知识体系的建立。本书重要特征是强调测绘地理信息知识的现势性、知识的完备性、体系的完整性,可供参加注册测绘师考试的考生备考使用,亦可作为大专院校开设注册测绘师课程的教材。

本书由麦街网吴浩然、湖北省国土测绘院王兴文、大同市煤矿设计研究所王应东、河北省地质环境监测院刘克辉、天津市普迅电力信息技术有限公司赵燕、核工业湖州工程勘察院夏佩武担任主编。作者均为注册测绘师,有丰富的注册测绘师培训经验。吴浩然编写第1、2章,王应东编写第3、4、5章,王兴文编写第9、10章,刘克辉编写第6、7、8、11章,赵燕编写第12、13、14章,夏佩武编写第15、16章,由吴浩然统稿审定,黄靓校对。

由于时间仓促以及编者水平有限,书中难免存在不足甚至错误之处,希望广大读者提出宝贵意见。只要坚持,梦想就能实现,预祝大家学习和应试顺利。

编者

2019年2月

麦街网(www.mapgin.com)简介

麦街是测绘地理信息网(map geographic information network)英文简称(mapgin)的音译名。麦街网成立于 2015 年,立志于成为测绘地理信息行业的垂直门户网站和专业在线教育机构,主要包括麦街云课、麦街资讯、麦街招聘、麦街问答、麦街书城、麦街商城等模块。

麦街云课主要提供注册测绘师考试精品课程以及测绘地理信息行业职业培训。平台建设理念为"众筹听课,能者上台",力图成为测绘地理信息行业职业培训课程超市,充分发挥在线众包教育的特点,使测绘地信人花最少的费用学到最多的知识,实实在在地提高职业技能。

在线课堂聘请高校教师和经验丰富的注册测绘师参与互动教学,将注册测绘师考试中涉及的理论知识与实践相结合,进行全面阐述,帮助考生搭建学习架构,消灭知识盲区,突出复习重点,全面高效地提升理论和实践水平,进一步提升备考能力,为顺利通过考试打下良好基础。

短短三年时间,麦街云课已经成为测绘地理信息行业知名的在线教育平台,目前平台用户已有 30 000 多名。其中注册测绘师系列课程帮助 4 000 多人顺利通过了注册测绘师考试,占全国总通过人数的近四分之一,麦街云课已稳居注册测绘师培训的领军地位。

继往开来,麦街云课正逐渐被测绘地理信息业内人士所悉知,为了更好地发展平台的共享经济和众包教育模式,希望更多有识之士加入我们,共筑测绘地理信息行业的明天。

下列途径可以找到我们:

官方网站:www.mapgin.com。

微信公众号:麦街网或 mapgin,请扫二维码。

扫码下载,麦街 APP

注册测绘师培训咨询 QQ 群:

麦街注册测绘师六群 625375344
麦街注册测绘师八群 226016269

目　　录

第1篇　地理信息定位基础

1

第2篇 工程和权属地理信息应用

第3篇 地理信息遥感采集

第1章 绪 论

1.1 注册测绘师简介

注册测绘师(Registered Surveyor)是指经考试取得中华人民共和国注册测绘师资格证书,并依法注册后,在测绘资质单位从事测绘活动的专业技术人员。

可见注册测绘师资格只能授予具有与执业相匹配的专业技术能力,熟悉测绘地理信息行业标准和法律法规,承担相应义务和责任,并经过考试合格,成为从事国家禁止其他人参与的测绘地理信息活动的专业技术人员。

1.1.1 注册测绘师制度是行政准入制度

职业资格是对从事某一职业所必备的学识、技术和能力的基本要求,我国的职业资格包括从业资格和执业资格。从业资格是指从事某一专业的学识、技术和能力的起点标准;执业资格是政府对某些责任较大、社会通用性强、关系公共利益的专业实行职业准入控制,是依法从事某一特定专业学识、技术和能力的必备标准。执业资格实行注册登记制度,通过考试取得,考试由国家定期举行,实行全国统一大纲、统一命题、统一组织、统一时间。

审批注册测绘师资格是一项行政许可,它是指在法律一般禁止的情况下,行政主体根据行政相对方的申请,经依法审查,通过颁发许可证、执照等形式,赋予或确认行政相对方从事某种活动的法律资格或法律权利的一种具体行政行为。行政许可的内容是国家一般禁止的活动。行政许可以禁止为前提,个别解禁为内容,即在国家一般禁止的前提下,对符合特定条件的行政相对方解除禁止使其享有特定的资格或权利,能够实施某项特定的行为。

1.1.2 注册测绘师会不会取消

2013年3月14日,《国务院机构改革和职能转变方案》发布,新一轮转变政府职能的大幕拉开。国务院于2015年7月15日召开国务院常务会议,决定再取消一批职业资格许可和认定事项,以改革释放创业创新活力,继续加大简政放权、放管结合、优化服务等改革力度。对国务院部门设置实施的没有法律法规依据的准入类职业资格以及国务院行业部门和全国性行业协会、学会自行设置的水平评价类职业资格一律取消;有法律法规依据,但与国家安全、公共安全、公民人身财产安全关系不密切或不宜采取职业资格方式管理的,按程序提请修订法律法规后予以取消。要抓紧建立国家职业资格管理长效机制,向社会公布国家职业资格目录清单。

在简政放权这个大背景下,一段时间以来,要取消注册测绘师行政准入资格的传言四起,这导致许多注册测绘师考生心神不宁,测绘地理信息企业对注册测绘师的配置举棋不定,这些都对注册测绘师的发展产生了不良影响。

要分析注册测绘师资格到底会不会取消,可以从国务院发布的政策中找寻蛛丝马迹。

首先,国务院明确表明有法律依据的行政准入职业资格不在取消之列,个别法律已经规定的行政准入职业资格要取消必须先修订相关法律。目前,《中华人民共和国测绘法》已经通过,关于注册测绘师的行政许可条款得到了保留,也就是说注册测绘师资格属于有法律规定的职业资格。

其次,中华人民共和国人力资源和社会保障部于 2017 年公布国家职业资格目录清单,清单外一律不得许可和认定职业资格,清单内除准入类职业资格外一律不得与就业创业挂钩。今后这个目录清单将保持相对稳定,实施动态调整。清单内行政许可职业资格名单包含注册测绘师,所以从这个角度来看,注册测绘师资格至少在一定的时期内将保持稳定。

最后,国家对与国家安全、公共安全、公民人身财产安全关系密切相关的职业资格方式采取行政准入管理。测绘地理信息行业属于国家战略产业,地理信息数据属于涉密数据,与国土安全、人民利益密切相关,不应取消行政准入资格。

综上所述,注册测绘师行政准入资格短期内不会取消,以后依据国务院对我国的职业技术制度的总体规划而变动。

1.1.3 建立注册测绘师执业制度的必要性

地理空间信息成果反映了国家疆域,涉及民生和国家安全,具有明显的主权性和法律性,它责任大、专业技术性强,关系到国家和人民的公共利益。测绘成果的质量与国家经济建设和人民群众日常生活息息相关。

建立注册测绘师执业制度的必要性主要有以下几点。

(1) 测绘是一项专业性很强的技术工作,需要专业技术人员有一定的理论和实践知识,并熟悉测绘法律法规。通过推行测绘执业资格制度,经过注册测绘师的培训和考试,有利于提高测绘专业技术人员的素养和选拔行业人才,从而提高测绘地理信息产品质量。

(2) 测绘市场体制的建立,要求行业管理从现有的以单位资质管理为主逐步过渡到以个人执业资格管理为主的轨道上。测绘执业资格制度建立后,将逐步推行单位资质管理与个人执业资格管理相结合的市场准入管理机制,通过注册测绘师执业制度来提高测绘产品质量,把项目质量责任落实到人,有效规范测绘市场秩序,促进行业管理体制改革。

(3) 开展注册测绘师国际互认,为我国专业技术人员走向国际市场创造条件,有利于与国际测绘市场接轨。

1.1.4 注册测绘师执业管理办法

《注册测绘师执业管理办法(试行)》明确规定测绘地理信息项目的技术和质检负责人等关键岗位须由注册测绘师充任。测绘地理信息项目的设计文件、成果质量检查报告、最终成果文件以及产品测试报告、项目监理报告等,须注册测绘师签字并加盖执业印章后生效。国家制定了注册测绘师执业制度实施的时间表,有效保证注册测绘师执业制度的落地。国家规定甲、乙级测绘资质单位在 2017 年实施注册测绘师执业。2014 年颁布的《测绘资质分级标准》规定 2019 年在全行业全面落实注册测绘师执业制度,并规定了各个资质等级测绘单位必须拥有的注册测绘师人数。

目前,注册测绘师执业试点工作已经开始,在 2018 年 1 月后,国家规定了有条件的省份展开执业签章试点,到 2019 年新的测绘资质分级标准修订时,对测绘资质企业也会有注册测绘师人数要求。实际上,很多测绘地理信息项目在招投标时早就规定项目经理必须是注册测绘师。由此可见,国家对于注册测绘师的关注力度会持续加大,注册测绘师的作用会逐渐展现。

1.1.5 注册测绘师制度法规

《中华人民共和国测绘法》(以下简称《测绘法》)于 2002 年 8 月 29 日在第九届全国人民代表大会常务委员会第二十九次会议第一次修订通过,自 2002 年 12 月 1 日起施行。其中第二十五条规定:"从事测绘活动的专业技术人员应当具备相应的执业资格条件。具体办法由国务院测绘行政主管部门会同国务院人事行政主管部门规定。"(现改为第三十条)这条法律条款就是注册测绘师的缘起和法律依据,《测绘法》为我国测绘地理信息行业的专业技术人员行使行政准入制度奠定了基础。从此,作为归口原国家测绘地理信息局的第一个也是目前唯一一个执业准入证书"注册测绘师"走上了征程。

2007 年,原国家测绘局和原人事部下发了《注册测绘师制度暂行规定》《注册测绘师资格考试实施办法》和《注册测绘师资格考核认定办法》,正式宣布我国注册测绘师制度的建立。2009 年,633 位测绘地理信息行业的精英成为首批注册测绘师,这标志着这一制度进入了实施阶段。2011 年,注册测绘师考试正式开始,考试分为"测绘综合能力""测绘管理与法律法规""测绘案例分析"3 个科目,截至 2018 年年底,一共有 20 000 多名测绘人通过了测绘地理信息行业的"国考",拿到了注册测绘师资格证书,为即将到来的执业做好了准备。

2017 年注册测绘师考试通过总人数为 3 567 人,报名总人数为 29 930 人,按这个数据计算的全国通过率约为 12%,预计在正式执业前通过率都会与这个数字相近。

2014 年 7 月 9 日,原国家测绘地理信息局发布了《注册测绘师执业管理办法(试行)》,并于 2015 年 1 月 1 日实施,该办法对注册测绘师的执业办法做出了规定。2015 年 7 月发布的《注册测绘师继续教育学时认定和登记办法(试行)》规定了注册测绘师的继续教育办法。

2017 年 4 月 27 日,第十二届全国人民代表大会常务委员会第二十七次会议第二次修订《测绘法》,自 2017 年 7 月 1 日起施行,其中有关注册测绘师的条款都得到了保留。

注册测绘师执业制度的实行,对于加强测绘行业的管理、提高测绘专业人员素质、规范测绘行为、保证测绘成果质量、推动我国测绘工程技术人员走向国际测绘市场具有重要意义。这是行业的大事,甚至是一个重要的历史节点,必将产生深远的影响。

1.1.6 注册测绘师制度时间表

本部分通过以上阐述,归纳一下关于注册测绘师制度的时间表,并展望一下今后的时间点。

1. 诞生期

(1) 2002 年《测绘法》第一次提出注册测绘师制度。

(2) 2007 年《注册测绘师制度暂行规定》的制定标志着注册测绘师制度正式建立。

2. 准备期

(1) 2009 年,第一批注册测绘师产生。

(2) 2011 年,注册测绘师考试正式施行,注册测绘师正式产生。

(3) 2014 年,《注册测绘师执业管理办法(试行)》规定了执业办法和执业时间表。

(4) 2014 年,《测绘资质分级标准》(2014 版)规定了甲、乙级测绘资质单位需求人数。

(5) 2015 年,《注册测绘师继续教育学时认定和登记办法(试行)》规定了继续教育办法。

3. 过渡期

(1) 2017 年《国家测绘地理信息局关于推进注册测绘师制度实施有关工作的通知》规定,对甲级资质单位的考核期限要求调整至 2019 年 12 月 31 日;对乙级测绘资质单位考核期限要求,授权省级测绘地理信息主管部门根据各地实际情况确定,报国家测绘地理信息局备案。

(2) 2018 年 1 月 1 日起,湖南、甘肃、广东、吉林、杭州开始试点注册测绘师执业签章制度。

4. 正式期

(1) 2019 年《测绘资质分级标准》(2019 版)预计出台,规定测绘资质单位需求人数。

(2) 2019 年《注册测绘师执业管理办法(正式)》预计出台,甲、乙级测绘资质单位正式落实注册测绘师执业制度。

1.1.7 注册测绘师考试相关介绍

(1) 考试概况

注册测绘师资格考试实行全国统一大纲、统一命题的考试制度,该考试原则上每年举行一次,每年 9 月举行考试。原国家测绘地理信息局负责拟定考试科目、考试大纲、考试试题,研究建立并管理考试题库,提出考试合格标准建议。人力资源和社会保障部组织专家审定考试科目、考试大纲和考试试题,会同国家测绘地理信息局确定考试合格标准并对考试工作进行指导、监督、检查。

(2) 考试科目和实施

注册测绘师资格考试设"测绘综合能力""测绘管理与法律法规""测绘案例分析"3 个科目,满分均是 120 分,其中"测绘案例分析"一共 8 题(2017 年前共 7 题),每题 20 分,只计得分最高的 6 题。考试分 3 个半天进行,首日下午进行"测绘综合能力"考试,时长为 2.5 小时;次日上午进行"测绘管理与法律法规"考试,时长为 2.5 小时;次日下午进行"测绘案例分析"考试,时长为 3 小时。

(3) 考试证书

注册测绘师资格考试合格后,考生将取得人力资源和社会保障部统一印制,人力资源和社会保障部、原国家测绘地理信息局共同用印的中华人民共和国注册测绘师资格证书,该证书在全国范围内有效。

(4) 参考条件

凡中华人民共和国公民,遵守国家法律、法规,恪守职业道德,并具备下列条件之一的,可申请参加注册测绘师资格考试:

① 取得测绘类专业大学专科学历,从事测绘业务工作满 6 年。

② 取得测绘类专业大学本科学历,从事测绘业务工作满 4 年。

③ 取得含测绘类专业在内的双学士学位或者测绘类专业研究生班毕业,从事测绘业务工作满 3 年。

④ 取得测绘类专业硕士学位,从事测绘业务工作满 2 年。

⑤ 取得测绘类专业博士学位,从事测绘业务工作满 1 年。

⑥ 取得其他理学类或者工学类专业学历或者学位的人员,其从事测绘业务工作年限相应增加 2 年,专业工作年限计算截止日期为每年 12 月 31 日。

⑦ 对符合注册测绘资格考试报名条件,并于 2005 年 12 月 31 日前评聘为高级工程师专业技术职务的人员,可免试"测绘综合能力"科目,只参加"测绘管理与法律法规""测绘案例分析"两个科目的考试。

1.2　大测绘

1.2.1　大测绘概念

测绘字面上的意思是获取空间位置数据,加以编辑处理,通过某种形式表达出来并加以应用的工作。测绘是经济建设和社会发展的一项基础工作,在各行各业中起着提供基础空间位置数据的作用,在国防、科研、行政服务、生产和生活等领域发挥着重大作用。

随着互联网、通信、电子计算机等相关领域的发展,3S 技术日趋成熟,还有近几年不断涌现的一些新技术,有的已经显现出能改变行业发展进程的潜力,如智慧城市的理论和技术、无人机倾斜摄影、激光扫描三维建模、增强现实和虚拟现实技术等,测绘的传统概念越来越无法适应时代发展的要求,无法满足新的信息技术革命要求,传统测绘门类日益融合,并与其他学科产生越来越多的交集。李德仁院士提出了大测绘概念,即基于 3S 和通信技术集成的天地一体化的地球空间信息科学。

大测绘概念非常重要,虽然它只是在测绘前面加了一个字,却对整个测绘科学进行了重新定义,大大扩充了测绘科学的内容。大测绘不仅丰富了测绘的工作内容,更加重要的是它使测绘学的各个分支组织进行有机融合和集成,把地理信息空间数据采集手段从地面扩展到整个海陆空,甚至是宇宙空间。它把地理信息数据处理从纯粹的绘图转变为大数据分析和空间信息智能知识的发掘,把测绘对象由地面上的地形、地貌延伸到整个地球的所有空间现象的关系。

1.2.2　地理空间信息学

目前,智慧城市建设方兴未艾。智慧城市是运用信息和通信技术手段感测、分析、整合城市运行核心系统的各项关键信息,从而对包括民生、环保、公共安全、城市服务、工商业活动在内的各种需求做出智能响应。其实质是利用先进的信息技术,实现城市智慧式管理和运行,促进城市的和谐、可持续成长。地理信息系统即地球的数字化,是智慧城市的载体和基础,它与嵌入了感应器并被普遍连接的物联网连接就形成了智慧地球系统。

3S 技术是遥感技术(Remote Sensing，RS)、全球定位系统(Global Positioning System，GPS)、地理信息系统(Geographic Information System，GIS)的统称，这三种技术的有机整合形成了地理空间技术的核心。在这个基础上，3S 的概念进一步扩展为地理空间信息的获取、地理空间位置精确定位，继而把地球数字化，形成海量的空间信息并对这些信息加以处理、分析，实现空间数据智能发掘、辅助决策。

广义的信息指在人类社会传播的一切内容。信息社会的发展离不开电子计算机技术的支持，电子计算机将模拟信号转变为数字信号，进行海量的数学计算，重构信息，提取信息要点，处理、解析、分发信息，极大地提高了信息传播的效率。地理空间信息是地理数据所表达的地理含义，是与地理环境要素有关物质的数量、质量、性质、分布特征、联系等的总称。

测绘是现代地理信息应用科学中采集和加工地理数据的过程，在测绘地理信息产业中属于上游数据生产部分，可见传统测绘实际上只是地理空间信息技术的一个分支。

大测绘说法虽然内涵丰富，但在字面上依然没有摆脱传统测绘，它只是在测绘类别上对传统测绘进行了数量上的扩展，无法直观、鲜明地表达信息时代的特点，不能反映测绘地理信息产业已经产生的本质改变。地理空间信息学是比测绘学更加贴近测绘地理信息产业的概念，它是地理科学、空间科学、信息科学的集合，包括了与地理有关的空间数据信息采集、加工、分析、知识发掘、应用的全过程，更能反映现代测绘、大测绘的新特点。

1.2.3　注册测绘师与大测绘

前文提及了大测绘与地理空间信息技术的概念，具体到注册测绘师考试，大测绘考的是注册测绘师考试大纲上列出的 12 个子项，即原国家测绘地理信息局制定的《测绘资质分级标准》划分的大地测绘、工程测绘、不动产测绘、海洋测绘、测量航空摄影、摄影测量和遥感、地图制图、地理信息系统、导航电子地图、在线网络电子地图等 10 个子项，其中不动产测绘是原来的地籍测绘、房产测绘、界线测绘的整合。

注册测绘师考试内容不分专业，考试范围为大测绘，原因有以下三个方面：

(1) 大测绘日益融合的需求

大测绘是测绘地理信息行业内各个专业的有机结合，是一个互相联系的整体。随着地理空间信息技术的快速发展和日益融合，对于注册测绘师来说，只有全面掌握大测绘各个方向的内容，才能更好地执业；对于测绘地理信息企业来说，也急需通晓大测绘的中高端专业技术人才，以保证其日常业务的顺利开展。

(2) 产业转型的需求

地理信息空间技术迅猛发展，产业机构飞速变化，随着新的信息革命的开展，各种新技术、新思想如雨后春笋般涌现，知识和技术的升级速度大大加快，注册测绘师稍有懈怠就可能掉队，被时代抛弃。从行业管理的角度来看，为了适应新形势，推动测绘地理信息企业和技术人才转型升级，需要注册测绘师具有大测绘视角和更全面的技能。

(3) 测绘地理信息行业人才供需匹配要求

注册测绘师执业制度落实以后，如何把合格的注册测绘师配置到测绘企业是这个制度的重要任务。测绘地理信息企业规模小，市场化程度不高，这造成了注册测绘师地域、企业分布的不均，有的企业注册测绘师过剩，而有的企业注册测绘师却紧缺，只有注册测绘师在企业之间形成有效流动,才能满足全行业的注册测绘师执业需求。细分资质单位注册测绘师的专业要求势必影响注册测绘师在行业内的有效合理配置。

1.3 本书体例

1.3.1 篇章结构

本书为章节结构,从章开始的标题依次为第 1 章、1.1、1.1.1,编写节与小节号,次级按 1.、2. 等顺序编写,最末一级用(1)、(2)等编写。

1.3.2 正文体例

(1)考试大纲

每章考试大纲用五号楷体字区别于正文。

(2)章节介绍

每章开始设"章节介绍",对本章内容进行简短评述,提示学习技巧,以便让考生在每一章开始就知道本章的学习方法和体系轮廓。用五号楷体字区别于正文。

(3)考点分析

考点分析是指该章内容在考试中的情况分析,以一星到三星作为分析的指标。三星为优秀,二星为良好,一星为普通。

① 本书知识点涵盖率:本书覆盖实际考点的情况。

★★★　三星,几乎完全覆盖。

★★☆　二星,大部分覆盖,偶尔会超出。

★☆☆　一星,基本覆盖,但超出的考点经常发生。

② 与其他章节相关度:本章知识点作为其他章节的基础、与其他章节关联情况,关联度越大,应投入的学习力度越大,有助于对其他章节的理解。

★★★　三星,关联度紧密,是其他章节的基础知识。

★★☆　二星,有关联,需要和其他章节一起学习思考。

★☆☆　一星,关联度弱,章节独立性强。

③ 分析考试难度等级:通过认真学习本书后,在实际考试中本章的得分困难程度。该指标以熟练学习本书为前提,且不考虑考生自身的知识结构,以假设全无基础的情况得出。

★★★　三星,整体能感觉到有点难度。

★★☆　二星,基本不会感到困难,但少数题会感到困难。

★☆☆　一星,能拿下绝大部分分数。

④ 平均每年总计分数:实际考试中本章分数统计。

(4)正文和释义

正文采用五号宋体字。

某些非重点指标、扩展性的知识点等作为释义加以选用,用五号仿宋区别于正文,考生可以根据自己的情况加以选择性学习。

（5）资料引用

有些章节结尾设"规范引用"，列出本章论述内容的参考标准，利于有兴趣的考生阅读以加深对本章的理解，并用五号楷体字区别于正文。

（6）图表、公式和引用体例

图表均按照"章号.序号"结构编号，如"图 1.1""表 1.1"。图题、表题均为五号黑体字，图题置图下居中位置，表题置表上居中位置，图表中的文字为小五号宋体字。

计算公式注使用五号宋体字。英文使用 Times New Roman 字体。

（7）书尾

除了书尾引用资料以外，附录体例与正文相同，直接以 1. ,(1)分节。

第 1 篇

地理信息定位基础

第2章 误差理论与处理

章节介绍

　　测量误差和测量平差知识是测绘学习的基础性知识之一,它不包含在注册测绘师考试具体的专业章节内容中,但它却随时可能直接或间接地出现在每一道题目里。

　　目前,平差计算已经高度电算化,主要工作由计算机程序自动完成。注册测绘师在实际执业中,直接用到的平差计算越来越少,对于注册测绘师考试而言,测量平差的具体计算无须深入,但测量误差的基本原理和简单误差计算依然是考生必须掌握的。

　　本章重点学习中误差计算和误差传播率计算内容,相关公式应熟练掌握。

考点分析

　　本书知识点涵盖率：★★☆　　　　基本覆盖。

　　与其他章节相关度：★★★　　　　全书的基础知识。

　　分析考试难度等级：★★☆　　　　难度中等,穿插在其他章节中。

2.1 误差原理

2.1.1 测量误差

　　对物体进行测量时,测量结果与实际值之间的差值称为测量误差。在测量活动中,测量误差是相对于有用观测信息的干扰。一般说来,真值不可能确切获知,测量误差无法避免。

　　1. 误差来源

　　测量误差的产生主要来自测量时测量仪器产生的误差、观测者因素产生的误差、观测时的外部条件误差以及其他一些误差的影响。每一次测量的误差对应一个测量瞬间所有影响测量的条件对测量的总影响。

　　2. 误差类型

　　在实际测量活动中,由于测量方法、测量类别等差异,会遇到很多误差类型,主要有真误差、闭合差、双观测值较差、残差等。

　　(1) 真误差

　　真误差是真值与观测值之差,它包含了系统误差和偶然误差双重影响,误差是真误差的简称。

$$L = \tilde{L} + \Delta = \tilde{L} + \Delta_d + \Delta_r$$

当测量数无穷大时,若不考虑会累积的系统误差影响,获得的观测值的平均值无穷接近于真值,可将其看作真值,此时偶然误差影响无穷小。由于一般情况下真值不可知,且观测值数 n 的个数有限,故可用下式求改正数,近似求真误差。

$$\Delta = \tilde{L} - L = \sum_{n \to \infty} \frac{L}{n} - L$$

当 n 的个数有限时:

$$v = \sum \frac{L}{n} - L$$

式中　L——测量值或观测值;

　　　$\tilde{L}$——实际值或真值;

　　　Δ_d——系统误差;

　　　Δ_r——偶然误差;

　　　Δ——真误差;

　　　v——改正数;

　　　n——观测值数。

(2) 闭合差

闭合差指观测结果与其应有理论值之间的差值,可以把理论值视作真值,所以闭合差属于真误差。

闭合差按观测值类型分为角度闭合差、坐标增量闭合差、高差闭合差、重力段差闭合差等;按附合类型分为环闭合差、附合闭合差。

【释义】　附合是指从已知点起算,经过测量路线到达另外一个已知点。

闭合是指从已知点起算,经过测量路线到达原起算点。

① 角度闭合差

角度闭合差主要有方位角闭合差、多边形内角和闭合差等。常见的三角形内角和闭合差公式如下,即三角形三内角观测值之和与理论值 180° 之间的差。

$$\omega = 180° - (L_1 + L_2 + L_3)$$

式中　ω——闭合差;

　　　L_1, L_2, L_3——三角形三内角观测值。

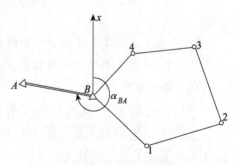

图 2.1　坐标方位角闭合差

如图 2.1 所示,闭合导线的方位角闭合差指的是从已知坐标方位角 α_{BA} 开始算起,经过测量路线方位角观测值累计,计算的已知边方位角与理论值 α_{BA} 之差。

【释义】　闭合差计算中,真值是减数还是被减数问题,没有统一规定,在平差计算改正数时注意反符号分配即可,即上式也可以如下表达,没有实质区别。

$$\omega = (L_1 + L_2 + L_3) - 180°$$

② 坐标增量闭合差

坐标增量闭合差是根据推算路线求得的坐标增量总和与两端点已知坐标增量的差值。二维坐标增量闭合差的两个分量公式如下：

$$\Delta L_x = (x_0 - x_0') - \sum x_i$$
$$\Delta L_y = (y_0 - y_0') - \sum y_i$$

式中　x_i，y_i——路线上各点实测坐标分量；

　　　x_0，y_0，x_0'，y_0'——两端已知点坐标分量；

　　　ΔL_x，ΔL_y——根据推算路线求得的实测坐标分量增量。

（3）双观测值较差

同一未知量的两个观测值之间的差值叫双观测值较差。

（4）残差

残差是指实际观测值与估计值之间的差。如经过参数转换的重合点坐标与相应已知坐标之间的差值。

3. 误差按特征分类

测量误差按误差的特征差异又可分为系统误差和偶然误差。

每个误差都是很多误差分量的集合,总体上说,有规律的误差集合叫系统误差,没有规律的误差集合叫偶然误差。

【释义】 对于注册测绘师考试涉及的误差处理都是指偶然误差处理,系统误差知识只需要知道基本原理,具体处理方法不作要求。

（1）系统误差

系统误差有规律性,在符号和大小上有系统性特点,系统误差会积累,影响特别大的系统误差应予以消除或削弱。系统误差可以通过检验仪器、规范作业方式、计算改正值等方法削弱。

【小知识】系统误差分为恒定系统误差和可变系统误差两类。可变系统误差呈线性或周期性特征,大小和符号不一定恒定。

（2）偶然误差

偶然误差是随机产生的误差,其符号和大小都不固定,可以部分抵消。

从个体上看,偶然误差没有规律,但对大量偶然误差进行研究,偶然误差有规律性,可以采用统计学方法处理和削弱。

系统误差和偶然误差的区分须在一定条件前提下认定,例如,温度对水准测量的影响,在短时间内,具有符号一致性特点,可以看成是系统误差;在长时间内,符号相反、可以抵消,可以看成是偶然误差。

（3）粗差

粗差是大于正常误差的错误,一般可以避免,但数据量大的时候经常混在有效信息中难以发现。

粗差不属于误差,应该剔除,采用检查、统计等方法可以发现粗差。

【释义】　可以避免的错误都不属于误差,即使其值很小,如数据录入电脑时小数部分输入错误不属于误差。

4. 偶然误差的规律

相同观测条件下,一系列观测值偶然误差的分布符合正态分布曲线特点。图 2.2 为偶然误差分布直方图,横坐标为真误差大小,纵坐标为误差在区间出现的频率。

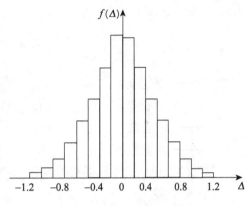

图 2.2　偶然误差分布直方图

一定的观测条件代表对应一种确定的误差分布。正态分布曲线陡峭,表示一组等精度观测值的观测条件较好,整体误差小、精度较高,误差分布更加聚集;反之,表示观测条件较差,精度较低,误差分布离散。

偶然误差出现的规律如下:

(1) 有限性

一定观测条件下,误差绝对值有一定限值。

(2) 渐降性

绝对值较小的误差比绝对值较大的误差出现概率大。

(3) 对称性

绝对值相等的正负误差出现概率相同。

(4) 抵偿性

偶然误差的数学期望(理论平均值)为零。

2.1.2　精度指标

精度是衡量一组观测值误差大小的指标,精度越高表示测量条件越好,观测值总体上误差越小。

【释义】　精度是评估一组观测值误差大小,即观测条件好坏的指标,是同一组若干个观测值的一种统计评估;观测值是一次观测的偶然误差和系统误差的和。

同一组等精度观测值中,多次测量的误差大小并不一样,单次观测的误差具有偶然性,例如在同一观测条件下,用钢尺测量同一距离两次,其值不完全相同,但测量精度是一样的。

1. 绝对精度指标

(1) 平均误差

在一定观测条件下,一组观测值误差绝对值的算术平均值。

【释义】　用算术平均值来评估精度是最简单的精度衡量方式,但算术平均值不能很好地反映偶然误差的离散程度。

(2) 方差

在一定观测条件下,真误差平方的平均值叫方差,它度量了一组数据离散的程度,当观测次数无穷大时,该组数据的离散度趋近最小。方差越小,代表一组观测值精度越高。

$$\sigma^2 = \lim_{n \to \infty} \frac{[\Delta\Delta]}{n}$$

在 n 取值范围有限时,采用观测值与观测值的算术平均值之差,即改正数来代替真误差,称为白塞尔公式。

$$\sigma^2 = \lim_{n \to \infty} \frac{[vv]}{n-1}$$

式中　σ^2 —— 方差;

　　　Δ —— 真误差;

　　　v —— 改正数;

　　　n —— 观测值数。

【释义】　由于对随机变量的测量,必要观测数为 1,分母取 $n-1$ 即多余观测数。

（3）中误差

中误差为方差的平方根,在统计学里称作标准差。

2. 相对误差指标

（1）相对误差

相对误差即绝对误差与观测值之比,一般用来衡量距离误差。如往返测距离不符值相对误差等于返测距离不符值与返测距离平均值之比。通常令分子为 1 表示相对误差,分母越大精度越高。

$$m = (L_往 - L_返)/[(L_往 + L_返)/2]$$

式中　m —— 边长往返测相对误差;

　　　$L_往$ —— 往测观测值;

　　　$L_返$ —— 返测观测值。

（2）相对中误差

相对中误差即中误差与观测值之比,一般用来衡量距离中误差。

【例 2.1】　对两段距离进行测量,已知其真值和观测中误差分别为 50 m±5 cm、100 m ±6 cm,哪段距离测量精度较高?

解:因为第一段距离测量相对中误差为

$$5/(50 \times 100) = 1/1\,000$$

第二段距离测量相对中误差为

$$6/(100 \times 100) = 1/1\,666$$

故可知第二段距离测量相对中误差较小,精度较高。

（3）观测值的权

观测值的权是相对误差指标,表示各种观测值方差之间的比例关系。权等于任一常数与方差的比值,即权与方差成反比。为了正确表达精度比例关系,同一问题只能选一个常数来计算权,只要事先给定条件就可以定权,并不需要知道具体观测值。

定权主要是为了确定不同精度的各组观测值在平差过程中的比重,权主要通过直接根据实际观测值大小、仪器标称精度、误差传播特性等方式确定。

为了让权简化,一般设定一个令权等于1的常数来定权,这个数叫单位权方差。

$$P = C/\sigma^2 = \sigma_0^2/\sigma^2$$

$$P_1 : P_2 : \cdots : P_n = \frac{\sigma_0^2}{\sigma_1^2} : \frac{\sigma_0^2}{\sigma_2^2} : \cdots : \frac{\sigma_0^2}{\sigma_n^2} = \frac{1}{\sigma_1^2} : \frac{1}{\sigma_2^2} : \cdots : \frac{1}{\sigma_n^2}$$

式中　P——权;

　　　σ^2——方差;

　　　σ_0^2——单位权方差;

　　　C——任一常数。

【释义】　对某一未知量分别进行了两组观测,每组内各个观测值是等精度的,但两组观测值精度不等,若两组中误差分别为 σ_1 和 σ_2,为了确定两组中误差对测量结果的比重关系,引入权的概念。

可把 σ_1 设为单位权中误差,则第一组观测值的权为1,这样可以达到简化计算的效果。也可按需要把其他值设为单位权中误差。

3. 误差区间

(1) 置信区间

置信区间是指由样本统计量所构造的总体参数的估计区间。如图 2.3 所示,置信度为 95.5% 的置信区间为 $[-2\sigma, 2\sigma]$。

【释义】　置信度为 95.5% 的置信区间为 $[-2\sigma, 2\sigma]$,意为在该样本统计范围内,有 95.5% 的观测值误差绝对值不大于两倍中误差。

(2) 极限误差

当取中误差的两倍和三倍作为极限误差时,置信度分别为 95.5% 和 99.7%,也就是说这个置信区间内包含了绝大部分观测值误差。

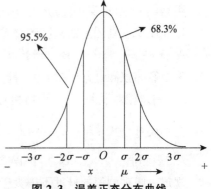

图 2.3　误差正态分布曲线

一般把超过两倍中误差的误差作为粗差,超出该值应被剔除。

【释义】　在测绘规范中,经常用极限误差和极限中误差来规定测量精度,表 2.1 显示了其区别。

表 2.1　极限误差和极限中误差的区别

类型	极限误差	极限中误差
释义	一组等精度观测值中单个误差的允许范围	一组等精度观测值的中误差的允许范围
通常表述	允许误差、误差不超过、限差、最大误差、误差允许值等	允许中误差、中误差不超过、最大中误差、中误差允许值、精度不低于等
大小	该组观测值中误差的两倍或三倍	该组观测值的中误差

2.1.3 章节练习

(一) 单项选择题

1. A组等精度观测值含有 100 次观测, B组等精度观测值含有 50 次观测, A组观测值要比 B组可靠, 这是因为( )。

    A. 偶然误差具有可靠性　　　　　　　B. 偶然误差具有规律性

    C. 偶然误差具有抵偿性　　　　　　　D. 偶然误差具有有限性

2. 当测量数无穷大时, 获得的观测值的平均值无穷接近( )。

    A. 实际值　　　　　　　　　　　　　B. 观测值

    C. 实际值加上系统误差　　　　　　　D. 实际值加上偶然误差

3. 对物体进行测量时, ( )之间的差值叫测量误差。

    A. 两个观测值　　　　　　　　　　　B. 一组观测值

    C. 观测值和理论值　　　　　　　　　D. 两组观测值

4. 用全站仪测量点 A 和点 B 之间的距离, 往测观测值为 213.41 m, 返测为 213.35 m, 其边长测量相对误差为( )。

    A. 1/3 000　　　　B. 1/3 500　　　　C. 1/4 000　　　　D. 1/5 000

5. 环线长 500 km 的水准网中, 阳光直射对水准仪观测造成的误差影响属于( )。

    A. 偶然误差　　　　B. 系统误差　　　　C. 真误差　　　　D. 粗差

6. 用经纬仪测得某四边形的四个角内角分别为 $36°51'29''$、$66°42'35''$、$137°35'53''$、$118°51'52''$, 则测量的角度闭合差为( )。

    A. $1'49''$　　　　B. $-11''$　　　　C. $1'11''$　　　　D. $49''$

7. 采用经纬仪测量角度时, 为了能如实反映测量精度, 一般采用( )作为精度指标。

    A. 测角相对误差　B. 测角相对中误差　C. 测角误差　　　D. 测角中误差

8. 在中误差公式 $\sigma = \pm \sqrt{\dfrac{[\Delta\Delta]}{n}}$ 中, 用 Δ 表示( )。

    A. 观测值　　　　B. 容许误差　　　C. 真误差　　　D. 最或然误差

9. 规定一组观测值的精度不得大于 5 mm, 要达到这个要求, 测量观测值中误差的限值应为( )mm。

    A. 5　　　　　　B. 7　　　　　　C. 10　　　　　D. 15

10. 若以中误差作为精度衡量指标, 则精度与中误差和权的关系, 下列说法正确的是( )。

    A. 精度与权成正比, 与中误差成正比　B. 精度与权成反比, 与中误差成反比

    C. 精度与权成正比, 与中误差成反比　D. 精度与权成反比, 与中误差成正比

11. 下列关于观测值权的论述正确的有( )。

    A. 权确定了观测值的精度值　　　　　B. 系统内, 权越大表示相应观测精度越高

    C. 权和中误差呈倒数关系　　　　　　D. 权的值必须通过实测值得到

12. 假设 σ 为某组观测值的中误差, 要求置信度取 95.5%, 则置信区间为( )。

    A. $[-\sigma, \sigma]$　　　B. $[-2\sigma, 2\sigma]$　　　C. $[-3\sigma, 3\sigma]$　　　D. $[0, 2\sigma]$

（二）多项选择题

1. 水准测量误差的产生主要来自（　　）等，以及其他一些误差的影响。

  A. 水准测量仪安装   B. 人为粗心

  C. 观测时温度条件   D. 控制点选择不合理

  E. 标尺刻划整体性偏差

2. 偶然误差是随机产生的误差，其特点不包括以下中的（　　）。

  A. 可以被避免   B. 可以采取多次测量方式削弱

  C. 可以部分被抵消   D. 其数值呈周期性特点

  E. 具有明显的符号一致性特点

习题答案与解析

（一）单项选择题

1.【C】 解析：抵偿性指偶然误差的数学期望（理论平均值）为零，由于 A 组观测值更多，其平均值更接近真误差，但不代表比 B 组误差小。

2.【C】 解析：真误差是真值与观测值之差，它包含了系统误差和偶然误差双重影响，当测量数无穷大时，若不考虑系统误差影响，获得的观测值的平均值无穷接近于真值，此时偶然误差影响无穷小。

3.【C】 解析：对物体进行测量时，测量结果与实际值之间的差值叫测量误差。

4.【B】 解析：相对误差等于测段往返测之差的绝对值除以测段往返测的平均值。$m = (L_往 - L_返)/[(L_往 + L_返)/2] = 0.06/213.38 = 1/3\,500$。

5.【A】 解析：系统误差和偶然误差的区分须在一定条件前提下认定，例如，温度对水准测量的影响，在短时间内具有符号一致性，可以看成是系统误差；在长时间内，符号相反，可以抵消，认为是偶然误差。

6.【A】 解析：四边形的四个角和为 $360°$，$36°51'29'' + 66°42'35'' + 137°35'53'' + 118°51'52'' = 360°1'49''$，闭合差为测量值与理论值之差（不考虑符号），故选 A。

7.【D】 解析：相对误差和相对中误差一般用来衡量距离误差，角度测量各角不受角值大小影响。

8.【C】 解析：真误差是真值与观测值之差，在一定观测条件下，真误差平方的平均值叫方差，它度量了一组数据离散的程度，当观测次数无穷大时，该组数据的离散度趋近最小。

9.【A】 解析：在测绘规范中，经常用极限误差和极限中误差来规定测量精度，这里指的是中误差。

10.【C】 解析：中误差为方差的平方根，方差越小，代表一组观测值精度越高。权等于任一常数与方差的比值，即权与方差成反比。

11.【B】 解析：权代表了观测值之间的相对关系，并不需要观测值的绝对数值来求得，定权只需要提供一定条件即可。定权常数 C 可以任意取值，权的值也有无限多，权与中误差的平方成反比，与精度成正比。

12.【B】 解析：置信区间是由样本统计量所构造的总体参数的估计区间。置信度为 95.5% 时置信区间为 $[-2\sigma, 2\sigma]$。

(二) 多项选择题

1.【ACE】 解析:测量误差的产生主要来自测量时测量仪器产生的误差、观测者因素产生的误差、观测时外部条件误差以及其他一些误差的影响。选项 B、D 都是可以避免的粗差。

2.【ADE】 解析:偶然误差是随机产生的误差,其符号和大小都不固定,可以部分抵消。从个体上看,偶然误差没有规律,但对大量偶然误差进行研究,偶然误差有规律性,可以采用统计学方法处理和削弱。

2.2 误差计算

2.2.1 误差传播率

由于函数变量含有误差,受其影响函数也含有误差,这种过程称为误差传播。阐述这种关系的定律称为误差传播定律。

【释义】 误差传播率包括协方差传播率、协因数传播率以及它们的简化形式,即方差传播率、权倒数传播率,注册测绘师考试只要求考生掌握方差传播率即可。

误差传播定律还包括线性函数的误差传播定律、非线性函数的误差传播定律。非线性函数应对函数进行全微分转换到线性函数来研究误差传播,注册测绘师考试只研究线性函数的误差传播。

1. 协方差传播率

(1) 协方差

协方差是两种真误差所有可能取值乘积($\sigma_i \sigma_j$)的理论平均值,用来表示误差之间的关系,当协方差为一种真误差自身的平方($\sigma_i \sigma_i$)时,等于方差。

设有如下线性函数

$$Z = k_1 X_1 + k_2 X_2 + \cdots + k_n X_n + k_0$$

则函数 Z 的方差 σ_z^2 可表示为

$$\sigma_z^2 = k_1^2 \sigma_1^2 + k_2^2 \sigma_2^2 + \cdots + k_n^2 \sigma_n^2 + 2k_1 k_2 \sigma_{12} + 2k_1 k_3 \sigma_{13} + \cdots + 2k_{n-1} k_n \sigma_{(n-1), n}$$

式中 k_1 到 k_n——多项式系数;

$\quad\quad k_0$——常数项;

$\quad\quad \sigma_z^2$, σ_1^2 到 σ_n^2——方差;

$\quad\quad \sigma_{12}$ 到 $\sigma_{(n-1), n}$——协方差。

(2) 方差传播率

协方差表示误差之间的关系,若误差之间互相不影响,上式中 X_1 到 X_n 互为独立观测值,则协方差 $2k_1 k_2 \sigma_{12} + 2k_1 k_3 \sigma_{13} + \cdots + 2k_{n-1} k_n \sigma_{(n-1), n} = 0$,协方差传播率公式就变成下面独立观测值误差之间的关系,称为方差传播率。

$$\sigma_z^2 = k_1^2 \sigma_1^2 + k_2^2 \sigma_2^2 + \cdots + k_n^2 \sigma_n^2$$

【释义】　注册测绘师考试中,只需要理解方差传播率公式的运用即可,协方差传播率公式不作要求。

该公式运用中要注意两个情况,一是函数常数项不用求方差,二是函数中若为减法,视作系数为负数,平方后符号不影响结果。

【例 2.2】　设有一段距离,采用钢尺测量其长度,所用钢尺名义长度为 20 m,标称中误差为 1 cm,测量了两个尺段后得到读数为 40 m,则该距离测量中误差为多少(取至 mm)？

解：(1)列出函数式

$D = d_1 + d_2$,其中 d_1、d_2 为两个尺段测量距离。

(2)列出方差传播方程

$$\sigma_D^2 = \sigma_{d1}^2 + \sigma_{d2}^2$$

由于 d_1 和 d_2 等精度,上式可写作

$$\sigma_D^2 = \sigma_{d1}^2 + \sigma_{d2}^2 = 2\sigma_{d1}^2 = 2 \times 0.01^2 = 0.000\ 2$$

$$\sigma_D = \pm\sqrt{0.000\ 2} = \pm 0.014\ \text{m}$$

可见两个尺段测量降低了测量精度。

2. 协因数传播率

协因数传播率是协方差传播率的另外一种表示形式,可以表示相对误差的传播规律。当观测值独立时,协因数用 Q_{ii} 表示,即权倒数 $(1/P)$,当观测值相关时,用互协因数 Q_{ij} 表示。

若 X_1 到 X_n 互为独立观测值,则互协因数等于 0,协因数传播率公式化简如下。

设有线性函数如下

$$Z = k_1 X_1 + k_2 X_2 + \cdots + k_n X_n + k_0$$

则函数 Z 的协因数(权倒数)$1/P_z$ 可表示为

$$1/P_z = k_1^2 (1/P_1) + k_2^2 (1/P_2) \cdots + k_n^2 (1/P_n)$$

式中　k_1 到 k_n——多项式系数；

　　　k_0——常数项；

　　　$1/P_z$, $1/P_1$ 到 $1/P_n$——权倒数。

【释义】　互协因数的意义参照协方差传播率中协方差的意义,协因数传播率完全公式因考试不作要求,这里只写出独立观测时的权倒数传播率公式,采用该式能方便推算权的传播。

【例 2.3】　观测了三角形两内角,观测值的权都为 1,则剩余一个内角观测值的权为多少？

解：(1)列出函数

$C = 180° - A - B$,(设三角形三内角为 A、B、C),

(2)用权倒数传播率列出算式

$1/P_C = 1/P_A + 1/P_B = 2$

$$P_C = 1/2$$

若不用权倒数传播率计算,也可把权换算成方差,再利用方差传播率计算,结果相同。

3. 误差传播率的应用

(1) 算术平均值中误差计算

对某未知量进行多次等精度观测,根据误差传播率公式计算该未知量算术平均值中误差的方法,结果表明可通过等精度多测回观测来提高测量精度。

$$m = \frac{1}{\sqrt{n}}\sigma$$

式中　σ——等精度观测值中误差;

　　　m——多组等精度观测的算术平均值中误差;

　　　n——重复观测次数。

【例2.4】　某角度用测角中误差为 $6''$ 的经纬仪等精度观测了 9 个测回,最终结果取平均测量值,则其中误差是多少?

解:$m = \dfrac{1}{\sqrt{n}}\sigma = 6\dfrac{1}{\sqrt{9}} = 2''$

(2) 水准测量精度计算

当水准测量各测站间距离大致相等时(平坦地区),可以假设每千米的测量精度相同,水准路线上高差计算的权可按距离来定,水准路线高差测量的精度为:

$$\sigma_h^2 = S\sigma_{千米}^2$$

以水准路线距离为 C 的高差观测值为单位权中误差时

$$\sigma_0^2 = C\sigma_{千米}^2$$

根据权的定义,该水准路线的权为

$$P = \sigma_0^2/\sigma_h^2 = C\sigma_{千米}^2 / S\sigma_{千米}^2 = C/S$$

当各测站高差测量精度大致相等时(高差大地区),水准路线上高差计算的权可按站数来定,水准路线高差测量的精度为:

$$\sigma_h^2 = N\sigma_{站}^2$$

以水准路线测站数为 C 的高差观测值为单位权中误差时,权为

$$P = C/N$$

式中　σ_h^2——水准路线高差的方差;

　　　$\sigma_{千米}^2$——每千米高差测量的方差;

　　　$\sigma_{站}^2$——测站高差测量的方差;

　　　S——水准路线长度;

　　　N——水准路线上的测站数;

　　P——某条水准路线的权；

　　C——作为单位权中误差的水准路线的距离或测站数。

　　【例 2.5】　测量了一个水准网,共包含 23 条水准路线,经过计算获知该水准网每千米高差测量中误差为 2 mm,有水准路线 1 测程长度为 5 km,水准路线 2 测程长度为 8 km,现以水准路线 1 的高差测量中误差为单位权中误差,则水准路线 1 的高差测量中误差为多少?两条水准路线的权分别为多少?

　　解：水准路线 1 高差中误差计算：$\sigma_1 = \sqrt{S}\sigma_{千米} = 2\sqrt{5} = 4.5 \text{ mm}$

　　水准路线 1 定权计算：$P = C/S = 5/5 = 1$

　　水准路线 2 定权计算：$P = C/S = 5/8$

　　(3) 若干独立误差影响

　　如观测值由若干产生该误差的独立因素共同影响,则它们的关系为：

$$\sigma_z^2 = \sigma_1^2 + \sigma_2^2 + \cdots + \sigma_n^2$$

式中　σ_z^2——总的方差；

　　　σ_1^2 到 σ_n^2——若干独立影响方差。

　　若 σ_1 到 σ_n 精度影响相等,则上式改为

$$\sigma_z^2 = n\sigma_1^2$$

　　【例 2.6】　在进行建筑放样时,最终放样成果会受到以下独立误差的影响,如观测过程中的人为因素、仪器因素、客观因素,以及数据处理时的因素和控制点误差的影响,这些因素和放样成果总误差呈现怎样的关系?

　　解：$\sigma_{最终}^2 = \sigma_{人为}^2 + \sigma_{仪器}^2 + \sigma_{客观}^2 + \sigma_{计算}^2 + \sigma_{控制}^2$

　　(4) 加权平均数公式用于带权平均计算

$$X = (p_1 L_1 + p_2 L_2 + \cdots + p_n L_n)/(p_1 + p_2 + \cdots + p_n)$$

式中　X——加权平均值；

　　　p_i——权；

　　　L_i——观测值。

　　【释义】　测量中的权与通常所说的权重意义不同,权是精度指标,和方差大小直接相关,权重指的是占比,两者不能混淆。

2.2.2　中误差相关计算

1. 中误差定义与公式

中误差是方差的平方根,是评估真误差大小或观测次数无限时测量误差理论值大小的指标。

(1) 中误差计算公式

中误差计算公式如下：

$$\sigma = \pm\sqrt{\frac{[\Delta\Delta]}{n}}$$

(2) 高精度检核公式

在检核测量精度时,当检核精度远高于被检核精度时,两者的较差可以视作真误差,故数学精度质量检查时高精度检核公式也采用上式。

【例 2.7】 在例 2.8 中,用高精度测距仪对该测量值进行数学精度检核,共测量 3 次,观测值都为 5.16 m,问该钢尺测得的距离检核中误差为多少?

解:

$$\sigma = \pm \sqrt{\frac{[\Delta\Delta]}{n}} = \pm \sqrt{\frac{(5.16 - 5.12)^2}{3}} = \pm \sqrt{\frac{0.04^2}{3}} = \pm 0.02 \, m$$

2. 近似中误差计算

(1) 白塞尔公式

当观测真误差不可知,或观测次数有限时,用观测值和观测值算术平均数的差代替真误差,对中误差要进行近似计算。

假设以观测值的算术平均值为真误差值,则利用改正数计算中误差公式如下:

$$v_i = \sum L_i / n - L_i$$

$$\sigma = \pm \sqrt{\frac{[vv]}{n-1}}$$

式中　　v—— 误差改正数;

　　　　L_i—— 观测值;

　　　　σ—— 中误差。

【例 2.8】 如在同一观测条件下,用钢尺测量同一距离 10 次(都在一个尺段内),观测值分别 5.12 m、5.16 m、5.06 m、5.16 m、5.03 m、5.16 m、5.21 m、5.08 m、5.11 m、5.09 m,则该次测量的中误差为多少?

解:算数平均值=(5.12+5.16+5.06+5.16+5.03+5.16+5.21+5.08+5.11+5.09)/10=5.12 m

改正数计算(m):

$v_1 = 0$, $v_2 = 0.04$, $v_3 = -0.06$, $v_4 = 0.04$, $v_5 = -0.09$, $v_6 = 0.04$, $v_7 = 0.09$, $v_8 = -0.04$, $v_9 = -0.01$, $v_{10} = -0.03$

改正数平方和计算:

$[vv] = 0 + 0.0016 + 0.0036 + 0.0016 + 0.0081 + 0.0016 + 0.0081 + 0.0016 + 0.0001 + 0.0009 = 0.0272$

中误差计算:

$$\sigma = \pm \sqrt{\frac{[vv]}{n-1}} = \pm \sqrt{\frac{0.0272}{10-1}} = \pm 0.05 \, m$$

(2) 双观测值较差中误差公式

① 双观测值中误差计算公式

下式由等精度双观测值的较差求观测值中误差,如水准测量往返测不符值计算高差测量中误差等。

$$\sigma = \pm \sqrt{\frac{[Pdd]}{2n}}$$

当 $P = 1$，或不考虑权时

$$\sigma = \pm \sqrt{\frac{[dd]}{2n}}$$

式中　P——权；

　　　d——双观测值较差；

　　　n——双观测值对数。

【例 2.9】　某个水准测量路线含 4 个测段，每测段都采用了往返测量方式，四个测段的往返测不符值分别为 0.002 m、0.003 m、0.008 m、0.011 m，权的比值分别为 $1:1.2:1.3:1.5$，则该水准路线的高差测量中误差为多少？

解：$[Pdd] = 1 \times 0.002^2 + 1.2 \times 0.003^2 + 1.3 \times 0.008^2 + 1.5 \times 0.011^2$
　　　　　　$= 0.000\,279\,5$

$$\sigma = \pm \sqrt{\frac{[Pdd]}{2n}} = \pm \sqrt{\frac{0.000\,279\,5}{2 \times 4}} = \pm 0.006 \text{ m}$$

② 等精度检核公式

可把等精度检核观测值和被检核观测值视为一对等精度双观测值，故等精度检核公式也采用上式。

【例 2.10】　验收单位对某幅地形图进行精度检核，检核的测量方法与项目测量单位测图方法相同，共检核了 25 个碎步点，计算得到各点点位较差 d，求得 $[dd] = 0.006$，验收单位要求检核点较差不得超过两倍检核中误差，问点位误差绝对值小于多少（单位取 cm）？

解：$\sigma = \pm \sqrt{\dfrac{[dd]}{2n}} = \pm \sqrt{\dfrac{[0.006]}{2 \times 25}} = \pm 0.010\,9 \text{ m}$

因限差最大不得超过两倍检核中误差，故点位误差绝对值应小于 2 cm。

2.2.3　测量平差

为了提高测绘成果的质量，处理好测量中存在的误差问题，要进行多余观测，测量平差的目的就在于消除这些矛盾而求得观测量最可靠的结果，并评定测量成果的精度。

1. 多余观测量计算

（1）独立观测量

独立观测量指相互之间独立，不存在函数关系的几个观测量。

（2）必要观测量

必要观测量必须是独立观测量，是能求解方程的最小观测量，当总观测量与必要观测量相等时，无法进行精度检核。

（3）多余观测量

每个多余观测量可以列出一个条件方程,因为改正数作为未知数的个数一般大于条件方程个数,所以只能另外加入约束条件求最或然值(最接近真值的估值)。多余观测量越多,观测控制网越可靠,检核条件越多,精度越高,费用越高。

$$r = n - t$$

式中　r—— 多余观测量;

　　　n—— 总观测量;

　　　t—— 必要观测量。

【例2.11】 等精度独立测量三角形两个内角,则多余观测量r为多少?

解:$r = n - t = 2 - 2 = 0$

另外一个角可以通过三角形内角和为180°求出,故只需要测量三角形两个内角即可求得该三角形各角值,必要观测量$t = 2$。

由于第三个角不是独立观测量,多余观测量为0,该三角形测量无法判断其精度大小。

2. 平差模型

平差模型主要分为经典平差模型和近现代平差模型。

【释义】 注册测绘师考试主要需了解经典平差,近现代平差模型不作要求。

（1）经典平差模型

① 条件平差

条件平差以多余观测量个数列出r条条件方程,结合最小二乘法列出联立方程,求出最或然值,并评估精度。单一附合或闭合路线平差是最简单的条件平差。

② 间接平差

间接平差以独立量作为未知量列出必要观测数t条误差方程,结合最小二乘法求出最或然值,并评估精度。直接平差是只有一个节点的间接平差。

（2）自由网平差

自由网是假定没有基准的控制网。

【释义】 控制网分为秩亏控制网和秩满控制网,秩亏指的是基准不足的控制网。

① 经典自由网平差

经典自由网平差是用条件平差或间接平差的方法求解自由网控制点最或然值的方法。

② 拟稳平差和秩亏自由网平差

拟稳平差和秩亏自由网平差都属于自由网近代平差方法,将在第5章工程测量一章简述。

3. 最小二乘法

由于测量平差是对误差和观测量的估算,而且一般存在多余观测量,故平差的解有很多个,最或然值是在一定条件下,最接近真值的解。

在建立平差模型后还必须加以其他约束条件以求出最或然值,最常见的约束条件有最小二乘法约束,即当观测值改正数的平方和最小时,拥有最接近真误差的值。

$$[Pvv] = \min$$

式中　P——观测值的权,等精度观测时 $P=1$;

　　　v——观测值改正数;

　　　min——最小结果。

【例 2.12】　对同一组测量数据进行平差时,解算求得两组改正数,第一组改正数为 0.01 mm、0.03 mm、−0.02 mm,第二组改正数为 −0.01 mm、−0.01 mm、0.03 mm,利用最小二乘法原理求其最或然值时应采用哪一组改正数?

解:第一组改正数:$[vv]=0.01^2+0.03^2+0.02^2=0.000\ 1+0.000\ 9+0.000\ 4=0.001\ 4$

第二组改正数:$[vv]=0.01^2+0.01^2+0.03^2=0.000\ 1+0.000\ 1+0.000\ 9=0.001\ 1$

根据 $[Pvv]=\min$ 原则,可知第二组改正数更接近真误差。

2.2.4　章节练习

(一) 单项选择题

1. 同精度测量三角形两角来求另外一个角,测量中误差为 $6''$,问所求角度的中误差为(　)$''$。

　　A. 4.2　　　　　　B. 6　　　　　　C. 8.5　　　　　　D. 10.4

2. 用同一全站仪观测同一角,观测值为分别为 $36''$(4 个测回)、$30''$(6 个测回)、$24''$(8 个测回),则其加权平均观测值为(　)$''$。

　　A. 25　　　　　　B. 27　　　　　　C. 29　　　　　　D. 32

3. 协方差传播率表达了误差之间的传播方式,当(　)条件成立时,可以只表达方差之间的传播方式。

　　A. 等精度　　　　　　　　　　　　B. 观测值不相关

　　C. 定权常数为单位权方差　　　　　D. 观测的次数无限

4. 导线角度闭合差的调整方法是将闭合差反符号后(　)。

　　A. 按角度大小成正比例分配　　　　B. 按角度个数平均分配

　　C. 按边长成正比例分配　　　　　　D. 按边长成反比例分配

5. 对某角度进行测量,需要达到规范测角中误差不大于 $2''$ 的规定,所用仪器的测角中误差为 $5''$,观测(　)个测回能满足规范要求。

　　A. 5　　　　　　B. 6　　　　　　C. 7　　　　　　D. 8

6. 假设测量结果 E 受到误差 a、b、c、d 共同影响,且方差 D_a、D_b、D_c,其中 D_d 可由 D_a 和 D_b 共同求出,则以下说法正确的是(　)。

　　A. $D_e=D_a+D_b+D_c+D_d$　　　　　B. $D_e=D_d+D_c$

　　C. $D_e=D_a+D_b$　　　　　　　　　D. 以上都不对

7. 对水准路线某测段进行往返测,往返测高差中误差都为 ±2 cm,则该水准测段高差中数中误差为(　)cm。

　　A. ±1　　　　　　　　　　　　　B. ±1.4

　　C. ±2.8　　　　　　　　　　　　D. ±4

8. 丈量一正方形各边,边长观测中误差均为 4 cm,则该正方形周长的中误差为(　)。

A. 2　　　　　　B. 4　　　　　　C. 8　　　　　　D. 16

9. 丈量一正方形一条边,边长观测中误差为 4 cm,则该正方形周长的中误差为(　　)。

A. 2　　　　　　B. 4　　　　　　C. 8　　　　　　D. 16

10. 用中误差为 ±2 mm 的 50 m 钢尺测量一段 200 m 的距离,则该距离观测值的中误差为(　　)mm。

A. ±2　　　　　B. ±4　　　　　C. ±5.6　　　　D. ±8

11. 等精度观测三角形三内角,已知测角中误差为 6″,则三角形闭合差不应大于(　　)。

A. 6.0″　　　　B. 10.4″　　　　C. 18.0″　　　　D. 20.8″

12. 用全站仪进行角度观测时,下列误差中,(　　)为偶然误差。

A. 照准误差和估读误差　　　　　B. 横轴误差和指标差

C. 水准管轴不平行于视准轴的误差　　D. 阳光照射对观测的影响

13. 以下水准测量误差中,可认为是真误差的是(　　)。

A. 水准测量理论闭合差　　　　　B. 高精度对低精度的检核较差

C. 水准路线往返测不符值　　　　D. 水准控制点误差

14. 从已知边上引测一条支导线,包括目标点在内共 3 个未知点,共测量了各点上的左右折角和各边距离,可列出(　　)条条件方程。

A. 1　　　　　　B. 2　　　　　　C. 3　　　　　　D. 4

15. 测量平差的目的是解算被测量变量的(　　)。

A. 估计值　　　B. 真值　　　　C. 观测值　　　　D. 理论值

16. 测量平差时应该获得多余观测量,多余观测量指的是(　　)之差。

A. 总观测量和独立观测值　　　　B. 总观测量和必要观测值

C. 独立观测量和必要观测值　　　D. 必要观测量和独立观测值

17. 采用条件平差处理数据时,应选择的观测方程个数是(　　)。

A. 独立观测量个数　　　　　　　B. 观测量个数

C. 多余观测量个数　　　　　　　D. 必要观测量个数

(二) 多项选择题

1. 以下平差方法中属于经典平差方法的是(　　)。

A. 拟稳平差　　B. 直接平差　　C. 间接平差　　D. 条件平差

E. 秩亏自由网平差

2. 以下工作中,(　　)不是测量平差要解决的主要问题。

A. 求观测值的最或然值　　　　　B. 作为控制网设计优化的依据

C. 制定控制网敷设经费计划　　　D. 评估观测值的精度

E. 解算坐标系转换参数

3. 由于函数变量含有误差,受其影响函数也含有误差,这种过程称为误差传播,下列公式中属于误差传播率公式,或由其推导出的是(　　)。

A. $\sigma = \pm \sqrt{\dfrac{[\Delta\Delta]}{n}}$　　　　　　　B. $P = C/\sigma^2$

C. $\sigma_z^2 = k_1^2 \sigma_1^2 + k_2^2 \sigma_2^2 + \cdots + k_n^2 \sigma_n^2$　　　D. $m = 1/\sqrt{n}\sigma$

E. $1/P_z = k_1^2(1/P_1) + k_2^2(1/P_2) + \cdots + k_n^2(1/P_n)$

习题答案与解析

(一) 单项选择题

1.【C】 解析：假设已观测两角角值为 A、B，未知角为 C，先列出函数式 $C = 180° - A - B$，根据误差传播率，$m_C = \sqrt{2} \times 6 = 8.5''$。

2.【C】 解析：可用测回数定权，$P_1 : P_2 : P_3 = 4 : 6 : 8$，加权平均观测值计算公式 $L_{平均} = (p_1 L_1 + p_2 L_2 + p_3 L_3)/(p_1 + p_2 + p_3) = 29''$。

3.【B】 解析：协方差表示误差之间关系，若误差之间互相不影响，则协方差等于0，协方差传播率公式称为方差传播率。

4.【B】 解析：因角度测量一般是等精度测量，导线角度闭合差的调整方法是将闭合差反符号后按角度个数平均分配。

5.【C】 解析：对某未知量进行多次等精度观测，根据误差传播率公式计算该未知量算术平均值中误差的方法，结果表明可通过多测回观测来提高测量精度。

$m = 1/\sqrt{n}\sigma$，$n = \sigma^2/m^2 = 5^2/2^2 = 25/4 = 6.25$，向上取整后为7个测回。

6.【D】 解析：如观测值由若干产生该误差的独立因素共同影响，则它们的关系为 $\sigma_z^2 = \sigma_1^2 + \sigma_2^2 + \cdots + \sigma_n^2$，由于本例 d 不是独立观测值，故该公式无法成立。

7.【B】 解析：列出高差中数计算式 $h_中 = (h_往 + h_返)/2$，故 $m_{h中}^2 = (m_{h往}/2)^2 + (m_{h返}/2)^2 = 2 \times (2/2)^2 = 2$，故 $m_{h中} = \pm 1.4 \, \text{mm}$。

8.【C】 解析：周长计算式为 $S = a+b+c+d$，根据误差传播率得到 $m_S^2 = m_a^2 + m_b^2 + m_c^2 + m_d^2$，已知边长中误差都等于 4 cm，所以得到 $M^2 = 4m^2$，故周长的中误差 $m_S = \sqrt{4} \times 4 = 8 \, \text{cm}$。

9.【D】 解析：周长计算式为 $S = 4a$，根据误差传播率得到 $m_S^2 = 16m_a^2$，故周长的中误差 $m_S = \sqrt{16} \times 4 = 16 \, \text{cm}$。

10.【B】 解析：距离函数为 $S = S_1 + S_2 + S_3 + S_4$，$(S_1$ 到 S_4 为四个尺段测量距离)，$m_S^2 = m^2 + m^2 + m^2 + m^2 = 4m^2 = 4 \times 4$，故 $m_S = \pm 4 \, \text{mm}$。

11.【D】 解析：三角形闭合差 $= 180° - (A+B+C)$，根据误差传播率得到 $M^2 = m_A^2 + m_B^2 + m_C^2$，已知三角形三内角为等精度观测，所以得到 $M^2 = 3m^2$，故闭合差的中误差 $M = 1.732 \times 6'' = 10.4''$，因闭合差不得大于闭合差中误差的两倍，故选D。

12.【A】 解析：偶然误差是随机产生的误差，其符号和大小都不固定，可以部分抵消。全站仪测角时的照准误差属偶然误差，故 A 正确。

13.【B】 解析：在检核测量精度时，当检核精度远高于被检核精度时，两者的较差可以视作真误差。

14.【C】 解析：多余观测数为折角个数，即左右角中必要观测只需知道左角或右角即可，需要观测的折角数为 $(n-1) = 3$，n 为起算点开始的总共点数，故可列出3条条件方程。

15.【A】 解析：为了提高测绘成果的质量，处理好测量中存在的误差问题，要进行多余观测，测量平差目的就在于消除这些矛盾而求得观测量的最可靠的结果，并评定测量成果的精度。

16.【B】 解析：多余观测量越多,观测控制网越可靠。$r=n-t$,式中 r 为多余观测量; n 为总观测量;t 为必要观测量。

17.【C】 解析：条件平差以多余观测量数列出 r 条条件方程,结合最小二乘法联立方程,求出最或然值,并评估精度。

(二) 多项选择题

1.【BCD】 解析：平差模型主要分为经典平差模型和近现代平差模型,条件平差和间接平差属于经典平差,直接平差是只有一个节点的间接平差。

2.【AD】 解析：为了提高测绘成果的质量,处理好测量中存在的误差问题,要进行多余观测,测量平差目的就在于消除这些矛盾而求得观测量的最可靠的结果,并评定测量成果的精度。

3.【CDE】 解析：选项 C、E 为协方差传播率和协因数传播率公式,称为广义误差传播率公式,选项 D 为误差传播率导出的算术平均值中误差公式,选项 A 为中误差定义公式,选项 B 为权单位定义公式,选项 A、B 与误差传播无关。

第3章 大地测量

考试大纲

考查测绘专业技术人员运用测绘专业技术理论,分析、判断和解决测绘项目实施过程中专业技术问题的能力以及处理测绘专业之间综合性问题的能力。

1. 根据国家、区域和工程测量的不同需求,优化设计满足要求的卫星定位连续运行参考站网、卫星定位控制网、边角控制网、高程控制网和重力控制网等空间框架基准,并应充分考虑对似大地水准面精化工作的要求。

2. 根据不同作业区域的地质、环境、地物以及气象等情况,选择满足设计要求的点(站)址,并建造适合该区域的测量标志。

3. 根据控制网的布设情况,制定实施方案,选择满足设计要求的仪器设备,进行相应的仪器设备检验,并依据设计的作业方法进行外业观测。对外业观测数据进行检核,获得合格的观测成果。

4. 根据观测方法和工程项目的要求,选择经过验证、可靠的数据处理软件对外业观测数据进行处理,处理结果应符合设计的要求。

5. 根据卫星定位控制网的特点,依据工程需要进行似大地水准面(或高程异常模型)精化工作,完成卫星定位三维控制网的建设。

6. 根据作业区域的坐标系统情况,进行坐标系之间的分析,确定不同等级、不同年代控制网的相互关系。

章节介绍

大地测量的任务是建立与维持大地基准(平面或参考椭球面)、垂直基准和重力基准,本章大致上以这三个方面分节阐述,剖析大地测量中注册测绘师考试知识要点。

其中垂直基准又分为陆地基准和海洋基准,海洋基准留待第4章详述,考生须知海洋基准测量是大地测量垂直基准测量的分支,两者很多方面具有同一性,应一起学习。

每个基准分类又分为测量系统和测量框架,其中测量框架建立方法(控制网建立方法)、不同框架之间的互相转换是学习要点。

考点分析

本书知识点涵盖率:★★☆ 除个别规范指标,基本全覆盖。

与其他章节相关度:★★★ 大测绘三大基础之一,是全书的基础知识。

分析考试难度等级:★★☆ 考试难度中等,偏向控制测量。

平均每年总计分数:18.5分 在共12章中排名第1位。

3.1 大地测量概述

传统意义上,大地测量是假设地球为刚体,并在此基础上建立和维持测绘地球空间基准而进行的确定位置、地球形状、重力场及空间要素动态变化的测量活动。

由于卫星测量技术和空间大地测量技术的发展,现代大地测量的方法和研究范围都发生了变化,从静态到动态、从地球到太空、从二维展示到三维虚拟空间表达,大地测量已经变成实时高精度空间测量。

1. 现代大地测量特点

由于空间测量、计算机、信息传输等技术的飞速发展,现代大地测量取得了很大发展,其新的特点如下:

◎测量精度越来越高。

◎随着空间大地测量的发展,测量范围越来越大。

◎引入时间表现空间信息动态性。

◎与其他学科日益融合交叉。

◎由参心坐标系转换为地心坐标系,适应了空间大地测量的特点。

◎实时快速,数据处理和采集日益同步完成。

2. 大地测量基准

我国实行国家标准大地测量基准,并在此基础上建立和管理标准基础地理信息数据库,建立统一的空间定位框架。

大地测量基准由大地测量系统和大地测量框架两方面组成。

(1)大地测量系统

大地测量系统是总体概念,规定了大地测量的起算基准、尺度标准和实现方式(理论、方法、模型等)。

大地测量系统包括坐标系统、重力系统、高程系统、深度基准。

(2)大地测量框架

大地测量框架是大地测量系统的具体实现。它由一组固定在地球上的测量标志及其参考系下的相应参数体现。

大地测量框架包括坐标框架、高程框架、重力框架。

【释义】 大地基准包括坐标基准、重力系统、高程基准,其中在海洋上,规定了理论深度基准面作为海洋测量的测量基准,与陆地高程系统有所不同,但从测量框架而言两者都以平均海平面作为测量基准面,故在深度系统基准上有特别的区分。

【小知识】

《中华人民共和国测绘法》规定了国家设立和采用全国统一的测绘基准和测绘系统。

这里的测绘基准大致相当于上述所指的大地测量系统,测绘系统大致相当于大地测量框架,注意甄别。

具体概念如下:

测绘基准指一个国家整个测绘的起算依据和各种测绘系统的基础,包括所选用的各种大地测量参数、统一的起算面、起算基准点、起算方位以及有关的地点、设施和名称等。我国目前采用的测绘基准主要包括大地基准、高程基准、深度基准和重力基准。

测绘系统指由测绘基准延伸,在一定范围内布设的各种测量控制网,它们是各类测绘成果的依据,包括大地坐标系统、平面坐标系统、高程系统、地心坐标系统和重力测量系统。

3.2 坐标基准

坐标系统是描述地物空间位置的平面(微观为平面,宏观为曲面或椭球面)参照系,通过定义特定基准及其参数形式来实现。平面(或参考椭球面)坐标数据和高程数据一起来构成三维坐标,是描述空间位置的一组数值,坐标只有存在于某个坐标系统才有实际的意义。

建立一个大地坐标系主要是选定参考椭球的参数、地心定位、地轴定向,以及选定起始经线等工作。

【释义】 地球形状不规则,为了便于研究地球和便于测量、定位、传递空间位置信息,必须人为地使地球规则化,建立一个理想的空间位置框架,即认为地球是一个规则的椭球几何体,在此基础上建立大地坐标系。由于人们日常在微观层面应用空间位置信息一般是平面视点,故还需要把坐标框架平面化,转化为平面投影坐标系。

3.2.1 地轴指向

地球坐标系统和时间系统、地球的运转紧密相关,大地坐标系统的地极指向一般采用规则的地球椭球旋转轴(自转轴)北方向,地球椭球旋转轴指向不固定,与时间变化区间相关,所以确定地球坐标系统前,必须先确定时间系统和研究地球旋转轴指向规律。

1. 地轴指向影响因素

对地轴变化的影响按影响类型分为地球外部影响(岁差和章动)和地球内部影响(极移)两部分因素,它们共同对某个瞬时的地轴指向位置产生影响,岁差和章动对地球旋转轴的影响类似于陀螺旋转原理。

(1)岁差

岁差是太阳及其他天体对地球的引力对地球自转轴造成的大周期影响。

【释义】 地球围绕太阳旋转的面叫黄道面,黄道面和赤道面形成黄赤交角,大约为23.5°,这个值会微变化,主要取决于测量当时宇宙空间各种外力因素和地球本身质量构成的综合影响。

【小知识】

岁差使春分点在黄道上产生缓慢的西移。如图 3.1 所示,大圆周期为岁差,约 26 000 年运行一周。

春分点(如图 3.2 所示)是天球坐标系上太阳沿黄道从天赤道面(地球赤道面即为天球坐标系的天赤道面)以南向北通过天赤道的点(升交点),是天文学上重要的参考点。

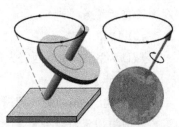

图 3.1 岁差和章动

（2）章动

章动是月球对地球的引力以及对地球自转轴造成的小周期影响。

【小知识】

如图 3.1 所示，小圆周期为章动，约 18.6 年运行一周。

月球围绕地球旋转的面叫白道面，白道面和赤道面形成白赤交角，大约为 5°。

（3）极移

极移是地球内部本身质量分布不均匀，导致地球自转轴在地球表面上的位置随时间变化而变化。

某观测瞬间地球北极点所在的位置称为瞬时极，平均位置称为平极（平均极），极移会导致地物点的纬度发生变化，影响大地坐标系的定向。

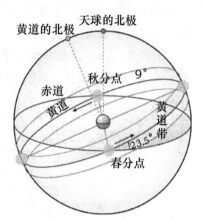

图 3.2 天球坐标系和春分点

【小知识】

如图 3.3 所示为 1900—2009 年 IERS（国际地球自转服务局）公布的北极点位置变化示意图。

（4）地球自转

地球自转周期并不均匀，从长周期看，表现为速度持续缓慢变小。

2. 协议地极

由于地轴一直变动，为了建立稳定的地固坐标系，必须规定以某个时间区间的平均地极作为地球自转轴的定向点。

（1）CIO

CIO 为采用原子钟测时技术后于 1967 年开始在国际上使用的协议地极。

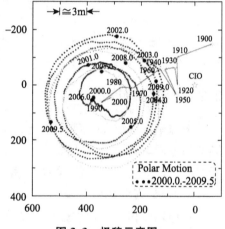

图 3.3 极移示意图

【小知识】

国际协议原点（Conventional International Origin，CIO）是国际天文联合会（IAU）和国际大地测量与地球物理联合会（IUGG）在 1967 年建议采用的协议原点（1900—1905 年 5 年的平极）。

国际时间局（BIH）于 1967 年开始采用国际原子时，并用时间观测法结合传统天文纬度观测法重新测量了地极。

（2）JYD

JYD 为我国 1980 西安大地坐标系的协议地极。

【小知识】

JYD（地极原点）是我国采用 1975 国际椭球，以 JYD1968.0 系统为椭球定向基准，利用国内外的测纬资料联合解算对于该原点的地极坐标，作为我国 1980 西安大地坐标系的协议地极。

（3）CTP

CTP 是全面采用原子钟测时技术后国际上规定于 1984 年采用的协议地极。

【小知识】

协议地极 CTP 是国际极移服务（IPMS）和国际时间局（BIH）于 1984 年采用的协议地极，利用 VLBI（甚长基线干涉测量）等空间大地测量技术，结合原来的天文测量方法，以及地球非刚体理论，计算得到的协议地极，完善了地心坐标系定向问题。

（4）EOP

不仅考虑了极移和自转影响，还考虑了岁差和章动影响的地球定向参数叫 EOP。

3.2.2 时间系统与框架

时间是物质的运动、变化的持续性、顺序性的表现，是物质存在和运动的客观形式，选取的物质运动形式不同，就会有不同的时间系统。

【释义】 时间基准虽然不属于大地测量基准，却是反映空间物体动态定位的基本参照系统，而且时间测量技术和现代大地测量技术直接相关。

1．时间系统

时间系统是建立在规定为秒长的时间频率基准之上，包括时刻的参考标准和时间间隔尺度标准。

【释义】 时刻是一维时间轴上的坐标点，时间间隔尺度是时刻之间的时间长度，时间系统还包括时间轴的原点。

（1）以地球自转周期（日）为基准的时间系统

早期当人们把地球自转看作均匀运动时，以地球自转作为时间计量基准。

① 恒星时（ST）

春分点连续两次经过本地子午圈的时间间隔叫恒星日，即真太阳日，以恒星日为基准的时间系统叫恒星时。

【释义】 天文学采用春分时，即黄道相对于天赤道升交时，以黄道上白羊宫第一点为参照点，故名恒星时。

② 世界时（UT）

平太阳连续两次经过本地子午圈的时间间隔叫平太阳日，以格林尼治子夜起算的平太阳时称为世界时（UT）。

【释义】 由于地球自转不均匀使得真太阳时不均匀，故定义了平太阳时，并建立了两者之间的转换关系。平太阳是以公转周期内地球平均自转速度虚拟的太阳。

【小知识】

恒星时和世界时都是以地球自转周期为参照基础的时间系统，由于所选参考点不同，以及考虑到地球在自转的同时还在公转，导致两个时间不相等，一个恒星日约等于世界日的 23 时 56 分 4 秒。

（2）以地球公转周期（年）为基准的时间系统

由于地球自转速度不均匀，导致用其测得的时间不均匀。人们开始以地球公转运动为基准来量度时间，用历书时（ET）代替世界时（UT）。

① 历书时(ET)

历书时(ET)是为了克服地球自转不均匀导致的时间系统不均匀,而以地球公转为周期制定的时间系统,通过观测月球来维护。

② 力学时(DT)

力学时(DT)是考虑广义相对论,以地球公转为周期制定的时间系统,通过观测行星来维护,是历书时的继承,代替了历书时。

【小知识】

因为广义相对论下以太阳为质心和以地心为质心的时间不同,故分为太阳质心力学时(TDB)和地球质心力学时(TDT)。TDB用于行星绕日运动中的时间系统,TDT用于卫星绕地运动中的时间系统。

(3) 以原子钟为频率基准的时间系统

原子时(AT),是以物质的原子内部发射的电磁振荡频率为基准的时间计量系统,是目前最准确的时间频率系统,也是均匀的时间系统。

【小知识】

原子时的初始历元规定为1958年1月1日世界时0时,即规定在这一瞬间原子时时刻与世界时刻重合。但事后发现,在该瞬间原子时与世界时的时刻之差为0.003 9 s。

原子时秒长定义为铯-133原子的两个超精细能级间在零磁场下跃迁辐射9 192 631 770周所持续的时间,原子时的精度高达10^{-12} s。

① 国际原子时(TAI)

国际时间局(BIH)综合了世界各地实验室原子钟时间测量数据,最后确定的原子时称为国际原子时(TAI)。

【释义】 力学时和原子时系统更替的时间直接影响了协议地极的规定,间接影响了目前主流大地坐标系地极时间历元的选定,比如WGS-84(历元1984),1980西安国家大地坐标系(历元1968)等。

【小知识】

1967年起已用国际原子时(TAI)代替力学时(TDT)作为基本的时间计量系统,但在天文历表上仍用力学时。1976年的第十六届国际天文学联合会决议,从1984年起天文计算和历表上所用的时间单位也都以国际原子时为基础。

② GPS时(GPST)

GPS时是由GPS星载原子钟和地面监控站原子钟组成的时间系统。

【小知识】

GPS时和国际原子时(TAI)保持19 s的恒差,TAI是全球范围240台原子钟维持的时间系统,GPST是由数十台星载原子钟维持的局部性原子时,这两种时间系统除恒差19 s整外,还有极其微小的差异。

(4) 协调时(UTC)

协调时(UTC)是世界时时刻和原子时秒长结合的时间系统,使原子时尽量接近世界时,两个时间系统之间的差值累积用闰秒来改正。

原子时的时间单位在目前来说是最精确的,UTC既保持时间尺度的均匀性,又能近似地反映地球自转的变化。

由于世界各地区经度不同,为了便于地方时使用,划分为 24 个时区。北京时间属于东八区,比格林尼治标准时间 GMT 快 8 h。

【小知识】

闰秒是当 UTC 超过平太阳时之差超过 0.9 s 时拨快或拨慢 1 s,由于地球自转持续变慢,故负闰秒从未发生。

表 3.1　时间系统

时间系统	参考基准
恒星时(ST)	春分点为参考点、地球自转
世界时(UT)	平太阳为参考点、地球自转
历书时(ET)　力学时(DT)	地球公转
国际原子时(TAI)	原子钟
GPS 时(GPST)	原子钟
协调时(UTC)	原子钟、闰秒

2. 时间框架

时间框架指在特定覆盖区域内,通过授时、守时、时间频率基准测量等技术实现和维持的时间系统,是时间系统的具体实现。

3.2.3　坐标系统

建立坐标系统就是求定旋转椭球参数,以及坐标系定向和定位。坐标框架是坐标系统的具体实现和维持,我国的平面坐标框架即国家等级控制网,分为一到四等。

坐标系统建立步骤如表 3.2,于后详述过程。

表 3.2　坐标系统建立步骤

项目	参心坐标系	地心坐标系
确定椭球参数	椭球几何参数、物理参数	椭球几何参数、物理参数
选定大地原点	需要	不需要
定位	一点定位,多点定位	空间大地测量为基础的多点定位
定向	协议地极和双平行条件	协议地极和双平行条件
确定大地原点	需要	不需要

1. 坐标系统分类

(1)按范围分类

① 天球坐标系

以地球质心为中心,以无穷大为半径的假想球体称为天球。天球坐标系以天球面为基准面,以地球自转轴为天轴,天轴与天球面的交点为天极点。天球坐标系主要用于天文学研究。

② 大地坐标系

大地坐标系以地心为中心,以参考椭球面为基准面,以地球旋转轴为基准轴。大地坐标系用于研究地球上物体的定位和运动。

【释义】 大地坐标系的原点以及基准轴与天球坐标系相统一,便于两者的衔接,利于大地坐标系向空间大地测量坐标系延伸,建立起方便的转换关系。

(2)按空间运动分类

① 协议惯性坐标系

协议惯性坐标系是指近似在空间不动或做匀速直线运动的坐标系。

② 非惯性坐标系

地球坐标系是固定在地球上随地球转动的非惯性坐标系,即地固坐标系。地固坐标系分为地固参心大地坐标系和地固地心大地坐标系。

(3)按坐标系定位分类

① 参心坐标系

参心坐标系是以参考椭球的几何中心为基准所建立的大地坐标系。参心坐标系由国家天文大地控制网维持,由天文测量和大地测量技术实现。

② 地心坐标系

地心坐标系是以球心与地球质心重合的总地球椭球为基准所建立的大地坐标系。地心坐标框架由空间大地测量控制网,主要由卫星大地控制网来维持,由空间大地测量技术[如甚长基线干涉测量(VLBI)等]实现。

(4)按坐标系表现形式分类

空间坐标系按表现形式分为大地坐标系和空间直角坐标系,如图3.4所示。

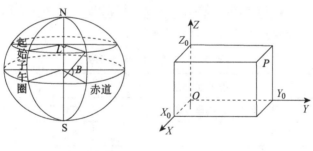

(a)大地坐标系　　　(b)空间直角坐标系

图3.4 空间坐标系表现形式

① 大地坐标系

大地坐标系是以参考椭球面为基准面建立起来的坐标系,地面点的位置用大地经度(L)、大地纬度(B)和大地高(H)表示。

◎本初子午线定位为过格林尼治天文台的经线,即0°经线,也叫起始子午线。

◎L为地面点所在经线与本初经线的夹角,向东称东经($0°\sim180°$),向西称西经($0°\sim180°$)。

◎B为地面点所在的法线与赤道面的夹角,向北称北纬($0°\sim90°$),向南称南纬

$(0°\sim90°)$。

【释义】　经纬度可按度分秒表示，也可按十进制表示。若按十进制表示，小数点后表示从六十进制到十进制的换算结果。

在赤道上经差 $1''$ 大约等于 30.8 m。

【小知识】

英国首都伦敦东南的格林尼治天文台旧址是国际科学界确定的计算地理经度和世界时区的起点。一条宽 10 多厘米、长 10 多米的铜质子午线镶嵌在大理石中，笔直地从子午官中伸出来，这就是闻名世界的"本初子午线"（图 3.5）。

图 3.5　格林尼治天文台和本初子午线

② 空间直角坐标系

空间直角坐标系坐标原点位于参考椭球的中心，Z 轴沿着旋转轴指向参考椭球的北极，X 轴指向起始子午面与赤道的交点，Y 轴位于赤道面上按右手系与 X 轴垂直，坐标用 (X, Y, Z) 表示。

2. 参考椭球参数确定

（1）参考椭球

地球的形状很复杂，一般用一个接近地球形状的规则椭球模拟地球形状，固定在地球上同步旋转，并尽量使椭球面和大地水准面密合，把外业采集的数据归算到椭球面上方便进行空间数据处理和地理信息应用。

这样代表地球大小和形状的数学曲面，叫做参考椭球。

测量学上以参考椭球面作为内业处理面，法线为内业基准线。如图 3.6 所示，旋转椭球即以椭圆的短轴旋转而成的椭球体。地面点 A 在数据处理时要归算到椭球面点 A' 上，法线 $A'N$ 与椭球面正交于 A'。

① 局部参考椭球

局部参考椭球是指有确定椭球参数，经局部定位和定向，并同当地大地水准面有最佳拟合的地球椭球。

② 总地球参考椭球

总地球参考椭球是指与全球大地水准面最佳拟合的地球椭球，但在局部区域不一定是最佳拟合。

【释义】　旋转椭球具有几何意义，却没有物理意义，为了使椭球兼顾重力场方面的研究，假设了正常椭球概念。

使参考椭球假定满足一些条件后,就可以兼顾几何和物理两个方面,可以用几何常数表达参考椭球,也可以用物理常数表达参考椭球。

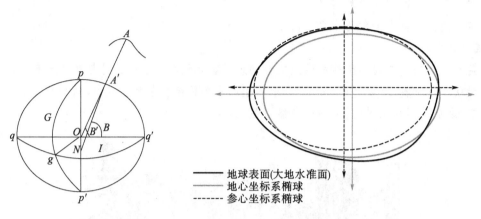

图 3.6 地球椭球和法线   图 3.7 地心坐标系椭球和参心坐标系椭球

【小知识】

令旋转椭球的质量与地球质量相同,令椭球自转速度与地球自转速度相同,令椭球面为水准面,这样的椭球叫正常地球椭球。若几何椭球面假定为大地水准面,也叫做水准椭球。

(2) 参考椭球常数

参考椭球常数唯一定义和表达了参考椭球。

① 按适用范围分类

参考椭球参数按适用范围分为基本常数和导出常数,基本常数唯一定义了旋转地球椭球,导出常数便于应用。

赤道半径 a、地心引力常数 GM、地球动力形状因子(二阶带球谐系数)J_2、自转角速度 ω,这 4 个大地测量基本常数唯一定义了正常地球椭球。

【释义】 国际大地测量协会(IAG)在 1971 年建议以上 4 个常数作为总地球椭球的基本常数,称作大地测量基本常数。

◎J_2 为二阶球谐函数的系数,是扁率的主要推导常数,直接关系到椭球形状。

◎GM 为万有引力常数(G)与地球总质量(M)的乘积。

◎a 为正常地球椭球的长半轴。

◎ω 为旋转地球椭球自转角速度。

【小知识】

球谐函数是球面拉普拉斯方程的解,因为二维拉普拉斯方程的解按照习惯称作调和函数,故三维拉普拉斯方程称作球面调和函数或球谐函数。

② 按属性分类

参考椭球常数按属性分为几何常数和物理常数。

5 个基本几何常数为长半轴 a、短半轴 b、扁率 $\alpha = (a-b)/a$、第一偏心率 $e = \sqrt{a^2-b^2}/a$、第二偏心率 $e' = \sqrt{a^2-b^2}/b$。

【释义】 只要知道其中 2 个参数,且有 1 个为长度参数(a 或 b),即可确定参考椭球。

一般把 4 个基本大地常数定义为基本常数,故长半轴 a 属于基本常数,而短半轴 b 属于导出常数。

【小知识】

常用的导出常数如:

极点曲率半径

$$c = a^2/b$$

两个常用辅助常数

$$V = \sqrt{1 + e'^2 \cos^2 B}$$
$$W = \sqrt{1 - e^2 \sin^2 B}$$

(3) 几个主要椭球的常数

IUGG75 椭球常数,即 IAG75,是国际大地测量与地球物理联合会于 1975 年第 16 届大会推荐的椭球常数。

GRS80 椭球常数,是国际大地测量与地球物理联合会于 1980 年第 17 届大会推荐的椭球常数。几种椭球常数对比见表 3.3。

表 3.3　几种椭球常数对比

椭球名	年份	长半轴/m	扁率	$GM/(\mathrm{m}^3 \cdot \mathrm{s}^{-2})$	J_2	$\omega/(\mathrm{rad} \cdot \mathrm{s}^{-1})$
克拉索夫斯基椭球	1940 年	6 378 245	1：298.3			
IAG75	1975 年	6 378 140	1：298.257	3.986 005 ×10^{14}	1.082 63 ×10^{-3}	7.292 115 ×10^{-5}
GRS80	1980 年	6 378 137	1：298.257 222 100		1.082 63 ×10^{-3}	
WGS-84	1984 年	6 378 137	1：298.257 223 563	3.986 004 ×10^{14}	1.082 629 82 ×10^{-3}	7.292 115 ×10^{-5}
CGCS2000	2008 年	6 378 137	1：298.257 222 101	3.986 004 ×10^{14}	1.082 629 83 ×10^{-3}	7.292 115 ×10^{-5}

【小知识】

主要的大地测量国际组织:

◎国际大地测量协会(IAG)是国际大地测量与地球物理联合会(IUGG)所属的七个协会之一。

◎国际时间局(BIH)是总部设在巴黎的国际时间服务组织,1987 年后极移业务由国际地球自转服务局(IERS)承担。

◎国际天文学联合会(IAU)是世界各国天文学术团体联合组成的非政府性学术组织。

◎国际 GNSS 服务组织(IGS),是国际大地测量协会(IAG)为支持大地测量和地球动力学研究,建立 GPS 数据获取和分析的国际标准,建立一个公共的、全球性的跟踪系统,于

1993 年组建的国际协作组织。

◎国际地球自转服务局(IERS)是由国际天文学联合会和国际大地测量与地球物理联合会共同于 1987 年建立,专门从事地球自转参数服务和参考系建立的国际组织。

IERS 的工作任务有:

◎维持天球坐标系统和框架。

◎维持地球坐标系统 (ITRS)和框架(ITRF)。

◎提供及时和准确的地球自转参数(EOP)。

3. 参考椭球定位

地固坐标系要与旋转椭球吻合,需要把坐标系原点与旋转椭球中心重合。

(1) 参心坐标系定位

参心坐标系采取局部定位,要求在一定范围内椭球面与大地水准面有最佳拟合,对椭球的中心位置并没有特殊要求。参心空间直角坐标系的坐标原点是坐标轴交点,即参考椭球中心。

① 选定大地原点一点定位

在建立坐标系前由于没有足够起算数据,先要选定一个坐标系的起算点,在这个点处使参考椭球的法线方向和铅垂线方向重合,椭球面与大地水准面相切,这个点叫做大地原点。

为了使大地测量成果数据向各方面均匀推算,大地原点最好选在中国大陆的中部,故 1980 西安大地坐标系的大地原点设在陕西省咸阳市泾阳县永乐镇。

【释义】 大地原点是参心坐标系一点定位起算点,不是坐标系原点。

【小知识】

大地原点的坐标为北纬 $34°32'27.00''$、东经 $108°55'25.00''$,初始坐标数据以天文大地测量方式取得(天文经纬度以及大地水准面差距),利用垂线偏差为 0 的特征,代入垂线偏差公式(后述)换算得到大地经纬度。

② 多点定位

多点定位是在一点定位基础上以大地原点为起算点向各个方向推延布设大地控制网,并加测多个拉普拉斯点(天文大地点),采用最小二乘法约束重新进行定位,用实测的天文经纬度数据进行平差来改正一点定位数据。

在大地原点上,参考椭球面不再同大地水准面相切,即存在垂线偏差,但在所使用的天文大地网资料范围内,椭球面与区域大地水准面有最佳的拟合。

【释义】 简而言之,一点定位是参心坐标系建立赋初始值的工作,多点定位是利用多个实测值进行数据纠正的工作,两者缺一不可。

③ 确定大地原点数据

大地原点数据也称作大地测量基准数据或大地测量起算数据。

对于经典的参心大地坐标系建立而言,参考椭球和大地原点上的大地起算数据确定了一定的坐标系,标志着参心坐标系建立完成。

(2) 地心坐标系定位

地心坐标系定位的基础是空间大地测量技术,即以其长基线干涉测量(VLBI)、卫星激光测距(SLR)、激光测月(LLR)、GNSS、多里斯系统等技术为基础得到观测站坐标和速度场,建立空间大地测量控制网来进行坐标系定位,目的是使地球椭球中心和地球实际的质心重合。

图 3.8 1980 西安国家大地坐标系大地原点

【释义】 速度场是指由每一时刻、每一点上的速度矢量组成的物理场。速度场和坐标构成空间测量站的空间动态位置信息。

【小知识】

◎甚长基线干涉测量(Very Long Baseline Interferometry，VLBI)是采用射电望远镜(图 3.9)干涉测量方法把相距几万米甚长基线两端的望远镜模拟成一个巨型望远镜观测外太空的技术。

◎卫星激光测距(Satellite Laser Ranging，SLR)是利用安置在地面上的卫星激光测距系统所发射的激光脉冲跟踪观测装有激光反射棱镜的人造地球卫星,以测定测站到卫星之间的距离的技术和方法。

◎激光测月(Lunar Laser Ranging，LLR)是用光学望远镜发射激光脉冲到月球并接收其回波,由记录的时间间隔计算观测站到月球的距离的技术。

◎多里斯系统(DORIS)即多普勒卫星定位系统,是法国布设的星载多普勒接收机定位和地面跟踪定轨的集成系统。当卫星经过观测站上空时,观测站接收到的人造卫星信号的频率同人造卫星发射频率之差称为多普勒频移。

(3) 参心坐标系和地心坐标系定位的差异

◎参心坐标系需要选定大地原点进行一点定向;地心坐标系不需要选定大地原点,也不需要一点定向。

◎参心坐标系采用天文测量方法取得定位基础绝对坐标,数据量精度差而且少;地心坐标系以空间大地测量手段直接测量定位数据,绝对位置准确。

◎参心坐标系是区域性坐标系,对地心位置(空间直角坐标系坐标原点)要求不高,选用的局部参考椭球面与区域大地水准面更加拟合;地心坐标系的原点与地球质心重合,局部椭球面与当地大地水准面拟合较差,但在全球范围内拟合更好。

◎地心坐标系的建立是发展卫星空间框架的基础,参心坐标系无法作为卫星导航定位框架。

4. 椭球定向

椭球定向要在规定地球协议地极的条件下满足双平行条件,确定椭球旋转轴方向。

◎参考椭球旋转轴平行于地球自转轴。

◎大地起始子午面平行于天文起始子午面。

图 3.9　射电望远镜

【释义】 因为参心坐标系地心与实际地球质心不重合,故参心坐标系定向时只能把参考椭球自转轴平行于地球自转轴。通过大地起始子午面平行于天文起始子午面建立大地坐标系和天球坐标系的转换关系。

3.2.4　常见坐标系统

1. 常见参心坐标系

(1) 1954 北京坐标系

1954 北京坐标系是俄罗斯普尔科沃参心坐标系在中国的延伸,它是中华人民共和国成立后在条件不成熟情况下使用的过渡性坐标系,其特点和不足有以下方面:

◎大地原点位于俄罗斯普尔科沃。由于大地原点在俄罗斯,参考椭球面与我国大地水准面自西向东存在明显的系统性倾斜。

◎参考椭球为克拉索夫斯基椭球,其参数比 IUGG 推荐的参考椭球误差大。

◎与我国所用的重力基准不统一。

◎定向没有采用国际惯用的 CIO 协议地极,也没有采用我国的 JYD 协议地极。

◎起始子午面不是 BIH 定义的格林尼治子午面。

◎只经过了局部平差。

(2) 1980 西安坐标系

1980 西安坐标系的特点有以下方面:

◎大地原点在陕西省泾阳县永乐镇。

◎采用 IUGG75(IAG75)参考椭球常数。

◎参考椭球短轴平行于地球质心指向协议地极 JYD 1968.0 方向。

◎大地起始子午面平行于本初子午面。

◎椭球定位参数以我国境内高程异常平方和最小求定。

◎空间直角坐标系的 X 轴在大地起始子午面内与 Z 轴垂直指向 0°经线方向。

◎Y 轴与 Z、X 轴构成右手坐标系。

◎全国范围整体平差。

【释义】 在建立 1980 西安坐标系时还建立了参心坐标系与地心坐标系的转换参数 DX-1,以及稍后建立的 DX-2 转换参数,可以把 1954 北京坐标系和 1980 西安坐标系转换到地心坐标系,这是我国在利用空间卫星大地测量方法建立地心坐标系前为建立地心坐标系所做的准备工作,为精化地心坐标系提供了条件。

【小知识】

新54坐标系是实施1980西安坐标系时与1954北京坐标系的过渡坐标系,在1980西安坐标系基础上把IUGG75椭球参数改为克拉索夫斯基椭球参数,并将坐标原点平移使坐标轴保持平行而建立起来的。新54坐标系是1954北京坐标系和1980西安坐标系换代时一个特殊的过渡性坐标系。

2. 常见地心坐标系

(1) ITRS参考系

① 国际地球参考系统(ITRS)

国际地球参考系统(ITRS)是IERS发布的国际通用空间参考系标准。

其基本定义如下:

◎原点为地球质心,包括海洋和大气。

◎广义相对论框架下的某局部地球框架内尺度(m)。

◎时间演变基准满足地壳无整体运动条件,即考虑了地壳运动带来的影响。

其空间直角坐标系定义如下:

◎Z轴从地球质心指向BIH 1984.0定义的协议地极CTP。

◎X轴从地球质心指向格林尼治平均子午面与CTP对应的赤道的交点。

◎Y轴与XOZ平面垂直构成右手坐标系。

【释义】 1987年开始IERS代替BIH发布EOP定向参数,地心坐标系的协议地极历元应采取国际统一数据,即BIH或IERS公布的数据。

提供ITRS、ITRF、EOP的组织是IERS,提供参考椭球参数的组织为IUGG。ITRS只定义了空间直角坐标系形式,而不提供参考椭球常数。当ITRS站点坐标需要使用大地坐标形式来表示时,采用GRS80参考椭球参数。

② 国际地球参考框架(ITRF)

国际地球参考框架(ITRF)是ITRS的具体实现。IERS通过全球的ITRS观测网,由多种空间大测量技术(VLBI、SLR、LLR、GNSS、DORIS等)采集数据,得到观测站坐标和速度场,综合分析后得到国际地球参考框架(ITRF)和地球定向参数(EOP)。

【释义】 由于地极变动影响,国际协议地极原点变化导致ITRF每年都在变化,所以要规定ITRF的历元以年报形式发布,不同历元的站点定位数据可以相互转换。

(2) WGS-84坐标系

1984年世界大地坐标系统采用GRS 80参考椭球参数,坐标原点为地球质心,其地心空间直角坐标系的Z轴指向BIH 1984.0定义的协议地极CTP方向,X轴指向BIH 1984.0的零子午面和CTP对应的赤道的交点,Y轴与Z轴、X轴垂直构成右手坐标系。

WGS-84坐标系是美国建立的GPS广播星历坐标系,即目前使用GPS采集的所有导航定位信息的初始坐标系。

【释义】 如图3.10所示,空间直角坐标系的X轴指向自己方向即是右手坐标系,反之,指向远离自己方向就是左手坐标系。

(3) CGCS2000坐标系

CGCS2000坐标系于2008年7月1日启用,过渡期为8~10年,是我国的区域性地心坐标系统。

CGCS2000 坐标系特征和定义：

◎CGCS2000 坐标系采用 GRS80 参考椭球常数,采用的基本参考椭球常数为长半轴、扁率、地心引力常数、自转角速度。

◎ITRF1997 框架,2000 历元。

◎Z 轴由地球质心指向历元 2000.0 地球参考极方向。

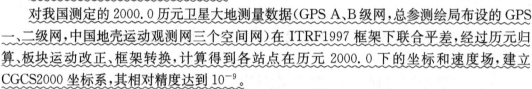

图 3.10　左右手坐标系法则

◎X 轴由原点指向格林尼治参考子午线与地球赤道面(历元 2000.0)的交点。

◎Y 轴与 Z、X 轴构成右手坐标系。

对我国测定的 2000.0 历元卫星大地测量数据(GPS A、B 级网,总参测绘局布设的 GPS 一、二级网,中国地壳运动观测网三个空间网)在 ITRF1997 框架下联合平差,经过历元归算、板块运动改正、框架转换,计算得到各站点在历元 2000.0 下的坐标和速度场,建立 CGCS2000 坐标系,其相对精度达到 10^{-9}。

维持 CGCS2000 坐标系的国家大地控制网属于区域性地心坐标框架,是在局部利用空间跟踪站获得站点持续的位置信息来定位总地球椭球形成的坐标框架,一般由三级结构构成。

◎由卫星连续运行基准站组成的动态地心坐标框架。

◎与动态基准站联测的准动态地心坐标框架。

◎加密大地控制点。

3. 站心坐标系

站心坐标系分为站心直角坐标系和站心极坐标系。

(1) 站心直角坐标系

站心直角坐标系(图 3.11)是以东方向为 E 轴,北方向为 N 轴,天顶方向为 U 轴,遵守左手坐标法则,建立以观察者为中心的坐标系统,典型的站心直角坐标系如全站仪测站观测坐标系。

【释义】 若以北方向 N 改为 x,东方向 E 改为 y,天顶方向 U 改为正常高 h,就变成了高斯直角坐标系,它们都是左手坐标系。

(2) 站心极坐标系

站心极坐标系,坐标要素包括极点、极轴、方位角、天顶距等,如 GNSS 测站坐标系。

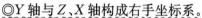

图 3.11　站心直角坐标系

4. 高斯平面直角坐标系和独立坐标系

高斯平面直角坐标系是把经纬度大地坐标经过高斯正算转换成高斯平面坐标系形成的,具体内容将在后文详述。

独立高斯平面直角坐标系是把高斯投影面和中央子午线或椭球参数加以改动,控制投影变形符合区域空间位置定位服务要求,与国家统一高斯平面直角坐标系相独立的坐标系。

(1) 国家统一高斯投影坐标系

国家统一高斯投影坐标系是我国基础测绘的内容之一,是全国强制实施的地理信息基准坐标系。

（2）城市独立坐标系

城市独立坐标系一般把当地子午线作为中央子午线,当地平均海拔高程面作为投影面,进行高斯投影,建立独立高斯平面直角坐标系。

【小知识】

一般不改变椭球的定位、定向、扁率,但改变椭球长半轴,使参考椭球面与投影面相切,这种做法得到的地球椭球称为膨胀椭球。

（3）普通工程测量独立坐标系

选择测区投影面和中央子午线,使测区长度变形符合国家标准规定的独立坐标系。

3.2.5 章节练习

(一) 单项选择题

1. 确立大地测量基准是大地测量的主要任务,大地测量基准不包括（ ）。

 A. 坐标基准 B. 高程基准 C. 深度基准 D. 时间基准

2. 下列选项中,不符合目前大地测量特点和发展趋势的是（ ）。

 A. 空间测量数据库越来越庞大

 B. 空间地理数据表达越来越丰富

 C. 大地坐标系的参考椭球面越来越和区域大地水准面吻合

 D. 空间大地测量的发展是现代大地测量的重要标志

3. 大地测量系统是国家空间定位基准的总体概念,规定了大地坐标系的（ ）。

 A. 测量仪器 B. 结构模型 C. 计算细节 D. 投影方法

4. 大地测量坐标系按坐标系统表示形式差异,可分为（ ）两种表示方式。

 A. 空间直角坐标系和大地坐标系 B. 地心坐标系和参心坐标系

 C. 地球坐标系和天球坐标系 D. 大地坐标系和天文坐标系

5. 参考椭球参数按属性分为几何常数和物理常数,下列不属于几何常数的是（ ）。

 A. 第一偏心率   B. 极曲率半径

 C. 地球自转角速度   D. 长半轴

6. 根据以下给出的旋转椭球数据不能确定参考椭球的是（ ）。

 A. 长半轴、短半轴   B. 短半轴、扁率

 C. 扁率、第一偏心率   D. 长半轴、极曲率半径

7. 对于同一坐标系的(B, L, H)表现形式与(X, Y, Z)表现形式,以下说法中正确的是（ ）。

 A. 两者表示的地心位置相同 B. 两者都属于右手坐标系

 C. 两者参考椭球面表示相同 D. 两者高程表示相同

8. 大地测量常数分为基本常数和导出常数,下列不属于基本常数的是（ ）。

 A. a B. b C. J_2 D. ω

9. 建立地心坐标系,以下不需要进行的是（ ）。

 A. 确定坐标系原点   B. 选定协议地极

C. 确定旋转椭球参数　　　　　　　　D. 建立大地原点

10. 关于我国现行(2018年)大地坐标系和高程框架的起算点,下列说法正确的是(　　)。

    A. 大地坐标系起算点位于苏联、高程框架起算点位于青岛

    B. 大地坐标系起算点位于陕西、高程框架起算点位于吴淞

    C. 大地坐标系起算点位于气球质心、高程框架起算点位于青岛

    D. 大地坐标系起算点不明确、高程框架起算点位于青岛

11. 下列坐标系中,(　　)采用右手坐标系法则。

    A. 站心直角坐标系

    B. 空间直角坐标系

    C. 高斯平面直角坐标系和正常高系统

    D. 站心极坐标系

12. 以下关于UTC时间系统的说法中错误的是(　　)。

    A. 北京时间与格林尼治标准时间同属于UTC时间系统,其时间相等

    B. UTC时间频率采用原子时,其秒长比太阳时秒长精确

    C. UTC时间属于混合式时间,兼顾了精确性和适用性

    D. UTC时间与世界时的差值累积以闰秒调整

13. 国际地面参考框架(ITRF)由IERS提供和维护,IERS指的是(　　)。

    A. 国际地球自转服务

    B. 国际大地测量与地球物理联合会

    C. 国际GNSS服务组织

    D. 国际大地测量协会

14. 以下测量技术中,可为地心定位提供数据基础的是(　　)。

    A. GNSS D级静态相对定位　　　　B. 似大地水准面精化

    C. 精密水准测量　　　　　　　　　D. 卫星导航定位基准站

15. 只知道未知坐标系某点的空间直角系坐标(X, Y, Z),(　　)其在同一坐标系下的大地坐标。

    A. 可通过大地主题解算得到　　　　B. 可通过高斯正反算得到

    C. 可通过计算七参数方式得到　　　D. 条件不足以得到

16. 下列时间系统中,以地球公转周期为基准得到时间频率基准的是(　　)。

    A. 世界时(UT)　　　　　　　　　B. 世界协调时(UTC)

    C. GPS时(GPST)　　　　　　　　D. 力学时(DT)

17. 以下时间系统中,时间频率标准不采用原子时的是(　　)。

    A. AT　　　　　　B. UTC　　　　　C. GPST　　　　　　D. UT

18. 在GPS E级已知点上联测摆站,发现纬度比已知数据大了约$10''$,测量员怀疑寻点有误,(　　)。

    A. 应大致往南走30 m寻找测量标志

    B. 应大致往南走300 m寻找测量标志

    C. 应大致往北走30 m寻找测量标志

D. 应大致往北走 300 m 寻找测量标志

19. 用站心直角坐标系测量时,测站坐标一般用(　　)表示。

A. (x, y) 　　　B. (B, L) 　　　C. (N, E) 　　　D. (S, W)

20. 我国的天文大地网指的是(　　)。

A. 天文经纬网 　　　　　　　　　B. 天球坐标网

C. 卫星大地控制网 　　　　　　　D. 大地控制网

21. 国际地球参考系统(ITRS)是国际通用空间参考系标准,对于其基本定义的说法,错误的是(　　)。

A. 原点为整个地球系统的质量中心

B. 采用地球中心时间框架下的尺度

C. 以椭球旋转轴与黄道面正交为基础定向

D. 考虑到了非刚体地球理论

22. 以下坐标系中,与我国大地水准面拟合度最差的是(　　)坐标系。

A. WGS-84 　　B. 北京 1954 　　C. CGCS2000 　　D. 西安 1980

23. 我国建立 1980 西安大地坐标系时,(　　)是不必考虑太多的工作。

A. 旋转椭球长半轴指向选择 　　　B. 与大地水准面尽量拟合

C. 参考椭球扁率选择 　　　　　　D. 参考椭球中心位置

(二) 多项选择题

1. 大地测量框架是大地测量系统的具体实现,包括(　　)。

A. 深度框架 　　B. 坐标框架 　　C. 时间框架 　　D. 高程框架

E. 重力框架

2. 下列坐标系中,(　　)是以总地球椭球为基准的坐标框架。

A. ITRF 　　　B. 80 西安坐标系 　C. WGS-84 　　D. CGCS2000

E. 高斯平面坐标系

3. 以下工作属于建立地球参心坐标系步骤的有(　　)。

A. 选择旋转椭球参数 　　　　　　B. 确定坐标系原点位置

C. 选择 IERS 规定的协议地极 　　D. 获取大地原点坐标

E. 利用空间测量技术建立框架

4. 选取的物质运动形式不同,就会有不同的时间系统,其包括的内容有(　　)。

A. 守时技术 　　B. 授时技术 　　C. 时刻标准 　　D. 秒长标准

E. 时间测量技术

5. ITRF 通过观测分布于全球跟踪站的(　　)维持,并定期公布,提供给用户使用。

A. 速度场 　　B. 坐标 　　　C. 大地方位角 　　D. 天文方位角

E. 高程

6. 地球椭球旋转轴的指向变化主要受(　　)的影响。

A. 太阳引力 　　B. 地球质量分布 　C. 月球引力 　　D. 卫星摄动

E. 大气阻力

7. 关于 1954 北京坐标系与 1980 西安坐标系之间的区别与联系,下列说法中错误的有(   )。

A. 都使用 IERS 规定的协议地极定向

B. 都使用西安大地原点作为起算点

C. 都使用地球质心作为坐标原点

D. 都采用整体平差方式建立全国坐标框架

E. 都使用局部参考椭球为旋转椭球

8. 以下坐标系中,不属于地心坐标系的是(   )。

A. WGS-84   B. 北京 1954 城市坐标系

C. CGCS2000   D. 西安 1980

E. 新 54 坐标系

9. GNSS 连续运行基准站点获得 2000 国家大地坐标系的坐标成果,一般需要经过(   )过程。

A. 历元归算   B. 板块运动改正

C. 重合点数据获取   D. 框架转换

E. 空间改正和层间改正

习题答案与解析

(一) 单项选择题

1.【D】 解析:大地测量基准由大地测量系统和大地测量参考框架两方面组成。大地测量系统包括坐标系统、重力系统、高程系统、深度基准,大地测量参考框架包括坐标框架、高程框架、重力框架。

2.【C】 解析:区域内测量坐标系和大地水准面吻合是参心坐标系的任务,现代大地测量的特点是地心坐标系的发展。总地球椭球在全球范围内与全球大地水准面最佳拟合,但在区域内不如参心坐标系。

3.【B】 解析:大地测量系统是总体概念,规定了大地测量的起算基准、尺度标准和实现方式(理论、方法、模型等)。大地测量框架是大地测量系统的具体实现。选项 A、C 是大地坐标框架的内容,选项 D 和坐标系无关。

4.【A】 解析:大地测量坐标系统按表现形式分为空间直角坐标系和大地坐标系。大地坐标系是以参考椭球面为基准面建立起来的坐标系。空间直角坐标系的坐标原点位于参考椭球的中心,Z 轴指向参考椭球的北极,X 轴指向起始子午面与赤道的交点,Y 轴位于赤道面上,按右手系与 X 轴垂直。

5.【C】 解析:参考椭球参数的基本几何常数包括长半轴、短半轴、扁率、第一偏心率、第二偏心率。极曲率半径 c,赤道子午曲率半径 d,辅助参数 W、V 等属于导出几何参数。

6.【C】 解析:地球椭球的 5 个基本几何常数为长半轴 a、短半轴 b、扁率 $\alpha = (a-b)/a$、第一偏心率 $e = \sqrt{a^2 - b^2}/a$、第二偏心率 $e' = \sqrt{a^2 - b^2}/b$。只要知道其中 2 个参数,且有 1 个长度参数(a 或 b),即可确定椭球。

7.【A】 解析:空间坐标系按表现形式分为大地坐标系 (B, L, H) 和空间直角坐标系 (X, Y, Z)。虽然坐标系是同一个,但从表现形式来看,两者区别还是很大的。大地坐标系建立在参考椭球面的基础上,地面点高程用大地高表示,大地坐标系的定义是相对于旋转椭球的,没有坐标轴的定义,所以不存在右手系。空间直角坐标系没有参考面,故没有相对于参考面的高程概念。

8.【B】 解析:IUGG 给出了参考椭球(正常重力椭球)的 4 个大地测量基本常数,即赤道半径 a、地心引力常数 GM、地球动力学形状因子 J_2、自转角速度 ω。这 4 个常数可以唯一确定正常椭球,短半轴 b 属于导出常数。

9.【D】 解析:建立地心坐标系也需要确定椭球参数、定位(确定坐标系原点)和定向(选定协议地极),但建立方法与参心坐标系不同,需要精确的空间测量数据来进行地心定位,不需要建立大地原点。

10.【D】 解析:我国现行水准原点位于青岛,现行大地坐标系为 2000 国家大地坐标系,属于地心坐标系,维持在连续运行基准站上,不需要大地原点作为坐标系起算点。

11.【B】 解析:高斯平面直角坐标系和正常高系结合表示三维空间数据时采用左手系规则,站心坐标系也采用左手系规则。

12.【A】 解析:协调时(UTC)是世界时时刻和原子时秒长结合的时间系统,两个时间系统之间的差值累积用闰秒来调整。原子时的时间单位目前是最精确的,但原子时不能确定时刻,世界时反映昼夜变化,便于应用。为了解决这个矛盾,把两者相结合。时间系统由秒长基准和时刻基准共同构成,我国采用 UTC 东八区时间,和格林尼治标准时间差 8 h。

13.【A】 解析:国际地球自转服务(IERS)是专门从事地球自转参数服务和参考系建立的国际组织,由国际天文学联合会、国际大地测量和地球物理联合会于 1987 年共同建立,从 1988 年开始工作。

14.【D】 解析:地心坐标系定位的基础是空间大地测量技术,即以甚长基线干涉测量(VLBI)、卫星激光测距(SLR)、激光测月(LLR)、全球导航卫星系统(GNSS)、多里斯系统等技术为基础得到观测站坐标和速度场,建立空间大地测量控制网,从而进行坐标系定位,目的是使地球椭球中心和地球实际的质心重合。选项 A 只提供了 GNSS 相对定位关系,并以地面点为约束,归算至已有坐标系,只有选项 D 能直接用来测量地心位置。

15.【D】 解析:相同坐标系的大地坐标系和空间直角坐标系之间的转换需要该椭球的参数。题干中写明未知坐标系,故可知椭球参数未知,故选 D。

16.【D】 解析:世界时(UT)以地球自转周期为基准,在 1960 年以前一直作为国际时间基准。世界协调时(UTC)是把原子时的秒长和 UT 时刻结合起来的一种时间系统。GPS 时(GPST)是由 GPS 星载原子钟和地面监控站原子钟组成的一种原子时基准。力学时(DT)通过观测行星来维护,是历书时的延伸,是以地球公转周期(年)为基准的时间系统。

17.【D】 解析:UT 是世界时,以地球自转周期为基准。其他三项都以原子钟为基准。

18.【B】 解析:此题考查实践中的一个常识经验。地球半径大概为 6 731 km,纬度相差 $10''$ 时,实地大致相差 280~300 m,故选 B。

19.【C】 解析:站心坐标系以东方向为 E 轴,北方向为 N 轴,天顶方向为 U 轴,遵守左手法则建立以观察者为中心的坐标系统。它分为站心直角坐标系和站心极坐标系。

20.【D】 解析:传统大地测量框架由天文大地网维持和实现。全国天文大地网即国家大地网一、二等网,由于加测了天文经纬度,所以被称为天文大地网,其定义在参心坐标系中,采用整体平差进行数据处理。

21.【C】 解析:国际地球参考系统(ITRS)是 IERS 发布的国际通用空间参考系标准,其基本定义有:原点为地球质心;广义相对论框架下的某局部地球框架内尺度;时间演变基准满足地壳无整体运动条件。定向参数应选用某个历元下的协议地极,黄道面和赤道面形成黄赤交角。选项 C 不准确。

22.【B】 解析:1954 北京坐标系大地原点位于俄罗斯普尔科沃,由于大地原点在俄罗斯,参考椭球面与我国大地水准面自西向东存在明显的系统性倾斜。

23.【D】 解析:参心坐标系采取局部定位,要求在一定范围内椭球面与大地水准面有最佳拟合,对椭球的中心位置并没有特殊要求。

(二) 多项选择题

1.【BDE】 解析:大地测量框架包括坐标框架、高程框架、重力框架。

2.【ACD】 解析:地心坐标系是以球心与地球质心重合的总地球椭球为基准所建立的大地坐标系,选项 A、C、D 属于地心坐标框架。

3.【ABCD】 解析:参心坐标系的建立步骤主要有选定椭球参数,选定大地原点一点定位,选定协议地极定向,利用天文经测量修正定位,确定大地原点坐标等工作。选项 E 是地心坐标系建立的基础,不属于参心坐标系确立工作。

4.【CD】 解析:时间系统是建立在规定秒长的时间频率基准之上,包括时刻标准和时间间隔尺度标准。时间框架指在特定覆盖区域内,通过授时、守时、时间频率基准测量等技术实现和维持的时间系统,是时间系统的具体实现。除了选项 C、D 属于时间系统,其他属于时间框架内容。

5.【AB】 解析:地心定位的基础是空间大地测量,以甚长基线干涉测量(VLBI)、卫星激光测距(SLR)、激光测月(LLR)、GNSS、多里斯系统等技术为基础得到观测站坐标和速度场来进行坐标系定位。

6.【ABC】 解析:A、B、C 三个选项对应章动、极移、岁差影响。岁差和章动是外部因素对地轴的影响,前者是长周期影响,后者是短周期影响;极移是地球自身内部的影响。卫星摄动指的是地球引力对卫星轨道的影响,大气阻力对地轴没有影响。

7.【ABCD】 解析:1954 年北京坐标系采用的椭球是俄罗斯的克拉索夫斯基椭球,大地原点也在俄罗斯,定向不明确,没有采用整体平差,精度较差,和我国境内的大地水准面吻合得不好;1980 年西安国家大地坐标系采用的椭球是 IAG75 椭球,大地原点在西安,以符合 IERS 标准的 JYD1968 来定向,采用了整体平差方式,在我国境内的精度大大提高。两者都是使用局部参考椭球为旋转椭球,即参心坐标系。

8.【BDE】 解析:1980 西安坐标系和 1954 北京坐标系属于参心坐标系,新 54 坐标系是实施 1980 西安坐标系时与 1954 北京坐标系的过渡坐标系。

9.【ABD】 解析:GNSS 连续运行基准站点获得的观测历元的坐标转换为 2000 国家大地坐标系的坐标成果,需经历元归算、板块运动改正、框架转换三个步骤。

3.3 重力基准

大地测量的任务是获取地物在地球上的位置信息以及研究地球的形状。地物位置测量需要选定一个基准,由于地球表面很复杂,旋转椭球既无法在地球实地找到基准面又无法真实反映地球的形状特征。由于海洋相对陆地能更好模拟地球形状,而且海洋面积大于陆地,故选择海平面作为描述地球形状的基准面。

【释义】 海平面各处重力做功相等,研究海平面即为研究地球重力工作,另外现代大地测量和空间大地测量发展需要研究地球外部重力场,故建立国家重力系统和精确的重力场模型是大地测量的基础工作。

3.3.1 地球形状

由于受到地球自转离心力作用,在极点上重力值最大,做功路径最短,重力等位面最密,故地球并不是一个正球体,而是一个两极稍扁、赤道略鼓的不规则椭球体,更准确地说是梨形体。

1. 重力

物体与地球之间的作用力称为重力,如图 3.12 所示,重力向量是离心力向量和地心引力向量的合向量。

引力大小与物体质量、物体与地球距离有关,方向指向地球质心。离心力大小与所处纬度、物体和地轴距离有关,方向与地轴垂直,在赤道上离心力最大,随着纬度增大逐渐减小,极点处为 0。

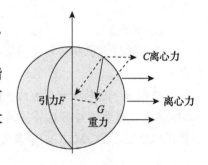

图 3.12 重力

故重力呈现如下特点:

◎重力随纬度的增大而增大。

◎重力随海拔高度增大而减小,当超过临界点时,物体脱离地球。

2. 重力位和水准面

(1) 重力位

物体因重力做功所具有的能量称为此点的重力位(重力势),其大小由地球和地面上物体的相对位置,以及物体质量决定,重力位是引力位和离心力位之和。

$$G = m \cdot g$$
$$E = G \cdot h$$

式中 G——重力;

m——物体质量;

g——重力常数,表示单位质量所受重力;

E——重力位能;

h——物体与地球质心的距离。

(2) 水准面

重力位差会造成水的流动,当水面静止时,可以认为重力位相等。所以平静的海平面可

认为是重力等位面,又叫水准面。由上式所知,重力位差相等时,重力与等位面之间的距离成反比。水准面特性如下:

◎水准面有无数个。

◎水准面之间不平行。

◎水准面之间不重合也不相交。

【释义】　重力场中有无数个等位面,两个水准面之间的距离和重力大小有关。因地球质量不均匀,地球各处质量也不均匀,故任意两水准面之间不平行,由于任意两个水准面之间存在势能差或位差,故两水准面亦不会重合或相交。

(3) 正常重力位

地球结构太复杂,难以模型化,为了将复杂的实际地球重力位简化,引入一个近似的规则化虚拟重力位,称为正常重力位。任一点的重力位与正常重力位之差值称为扰动位。

3. 重力场

重力场是地球重力作用的空间范围,指地球表面附近的地球引力场。地球的重力场是重力位的梯度。由于地球内部质量分布不规则,地球重力场不是一个按简单规律变化的力场。

【小知识】

同正常重力位相应的重力场称为正常重力场,地球重力场的非规则部分称为异常重力场。

重力场一般用球谐函数的级数形式表示,EGM2008 是全球超高阶地球重力场模型,和 GNSS 水准数据结合可以获得高精度区域似大地水准面。此外,我国自己研发的重力场模型还有 WDM、DQM、IGG 等系列模型。

3.3.2　重力系统和框架

1. 重力基准

重力基准是标定一个国家或地区绝对重力值的标准。

(1) 重力系统

重力系统是重力测量采用的参考椭球参数及相应正常重力场。

(2) 重力框架

重力框架是指由绝对重力点和相对重力点构成的重力控制网,以及用作相对重力测量尺度标准的重力长、短标定基线。

2. 我国的重力基准

(1) 1957 国家重力基准网

1957 国家重力基准网采用波茨坦国际重力基准,参考系统采用克拉索夫斯基椭球常数。

(2) 1985 国家重力基准网

1985 国家重力基准网采用国际重力基准网 1971(IGSN 71),参考系统采用 IAG75 参考椭球常数。

(3) 2000 国家重力基准网

我国现行重力框架是 2000 国家重力基准网及其与之联测的等级重力控制网。

2000 国家重力基准网采用国际绝对重力基准网(IAGBN),参考系统采用 GRS80 椭球,联测了 1985 国家重力基准网及中国地壳运动观测网络重力基准网。

【小知识】

国际重力基准主要分为三个阶段。

◎单点重力基准时代,以一个地方的绝对重力值作为重力基准点,如维也纳国际重力基准、波茨坦国际重力基准。

◎国际重力基准网 1971(IGSN 71),IUGG 于 1971 年采用的国际多点(8 个绝对重力点)绝对重力基准。

◎国际绝对重力基准网(IAGBN),IUGG 于 1987 年采用的国际多点绝对重力基准。

3.3.3　章节练习

(一)单项选择题

1. 两个位于同一水准面的地物点,(　　)一定相等。
   A. 海拔高度　　　　　　　　　B. 所受重力
   C. 重力位能　　　　　　　　　D. 椭球面高度

2. 下列关于我国水系的高程系统的描述中正确的是(　　)。
   A. 黄河河面上如有两点重力势能相等,则这两点必定处于同一水准面上
   B. 静止的洞庭湖湖面上的两点正高相等
   C. 假设洞庭湖和鄱阳湖湖面都是静止的,则两个湖面呈平行关系
   D. 长江东流入海是因为江面处于一个水准面上

3. 造成地球呈一两极略扁近似椭球体的原因是(　　)。
   A. 旋转椭球有长短半轴,使之成为一个椭球体
   B. 极点重力大,导致大地水准面变形
   C. 赤道上离心力为 0,导致赤道周长略长
   D. 正常高越大,重力越大,导致地球变形

4. 对于正常椭球来说,两个水准面之间的距离在赤道处(　　)。
   A. 比其他纬度区窄　　　　　　B. 比其他纬度区宽
   C. 与其他纬度区相比没有明显规律　　D. 与其他纬度区相等

(二)多项选择题

1. 下列关于两个水准面任意局部之间的关系,描述不正确的是(　　)。
   A. 可能平行　　　　　　　　　B. 可能相交
   C. 可能相切　　　　　　　　　D. 可能重合
   E. 可能异面

2. 以下重力相关名词中,属于重力框架的有(　　)。
   A. 重力标定基线　　　　　　　B. 重力场
   C. 重力基准点　　　　　　　　D. 水准面
   E. 重力控制网

习题答案与解析

(一) 单项选择题

1.【C】 解析：平静的海平面可认为是重力等位面，又叫水准面，水准面上重力位能处处相等。

2.【A】 解析：水准面是重力等位面，水准面之间不平行且不相交，大地水准面是一个特殊的水准面。选项 B，静止的湖面是重力等位面，即水准面，其与大地水准面不平行，故两点正高不一定相等；选项 C，不同水准面之间不平行且不相交；选项 D，长江东流入海是因为存在位差，即重力做功，江面不处于同一个水准面上。重力势能即重力位，故只有选项 A 正确。

3.【B】 解析：重力等于引力与离心力的合力。A 选项是果而非因；赤道上离心力最大，一直到极点趋近为 0；高度越大，重力越小而非越大；在极点上，离心力为 0，重力即等于引力，故选 B。

4.【B】 解析：物体由于地球的吸引而受到的力叫重力，重力向量是离心力和地心引力的合力。引力大小与物体质量、物体与地球距离有关，方向指向地球质心。离心力大小与地轴距离有关，方向与地轴垂直，在赤道上离心力最大，随着纬度增大逐渐减小，极点处为 0。

(二) 多项选择题

1.【BCD】 解析：静止的液体表面叫水准面，两个水准面之间的距离和重力大小有关。因地球各处质量不均匀，故任意两个水准面不平行；由于任意两个水准面之间存在势能差或位差，故两个水准面不会重合或相交。如果在局部地区不同水准面的重力值恰好相等，则水准面之间的距离也相等，有可能平行。

2.【ACE】 解析：重力框架是指由绝对重力点和相对重力点构成的重力控制网，以及用作相对重力测量尺度标准的重力长、短标定基线。

3.4 垂直基准

大地坐标系统表示了椭球面上的位置基准，垂直基准是表达地面高度的参考系统。垂直基准在陆地上与海洋上有所差异，陆地上称为高程基准，海洋上采用深度基准。

3.4.1 高程系统

为了解决水准面不平行和多值性问题，便于建立高程框架，必须设定统一高程基准，选定一个固定的高程测量起算面。

高程系统主要有正高系统、正常高系统、力高系统、大地高系统等。我国的高程系统采用正常高系统，其起算面为似大地水准面。

1. 几何水准测量

(1) 几何水准测量原理

求地面点的高程，需获取野外两点之间的高差，一般采用几何水准测量方法。如图

3.13 所示，A、B 两点间的高差由 n 个水准测站高差累计求得，在极小距离内每一个测站的视线（水平线）都是一个水准面，即几何水准测量的基础建立在相邻水准测站水准视线平行的前提下。

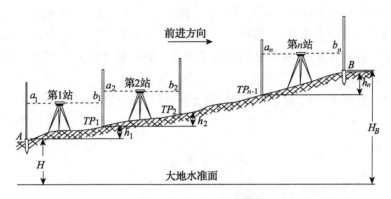

图 3.13 几何水准测量

由于铅垂线是野外测量仪器架设的基准线，水准野外测量视线与水准面相切，故水准测量的基准面大地水准面（或似大地水准面）是外业测量的基准面，与之对应，铅垂线是外业测量的基准线。

（2）理论闭合差

前文已述，相邻水准面之间不平行，故几何水准严格意义上不能测量重力位差。排除测量误差影响，由于水准面不平行，水准测量环线闭合差依然不等于 0，这称作水准环线理论闭合差，这个差值需要在数据处理阶段改正。

（3）水准测量多值性

两点间水准测量由于路线不同，所经过的水准面不同，获得的高差也会有所差异，这导致每次水准测量的值因测量路线不同而不同。

【释义】 外业水准测量的几何高差观测值与水准面之间的实际距离差不统一是产生水准测量多值性的根本原因，为了解决这个问题，设定一个水准测量基准面，建立基于物理量的正高高程系统，通过求正常水准面不平行改正数来把几何高差观测值转换成重力位之间实际高差。

【小知识】

一根从高处垂下的铅垂线严格来说并不是一条直线，因为它在每一个水准面上都与水准面垂直，而水准面之间是不平行的。这个值域非常小，我们可以忽略。

2. 高程系统分类

（1）正高系统

与平均海水面重合并延伸到整个地球的水准面叫大地水准面，是一个特殊的水准面。

正高是以大地水准面为基准面的高程，即地面点到大地水准面的铅垂距离，又称绝对高程或者海拔。

计算 A、B 两点间的正高的公式为：

$$H_{正} = \frac{W}{G}$$

式中　　$H_正$——A、B 两点间的正高；

　　　　W——A、B 间重力位差；

　　　　G——平均重力。

　　【释义】　由于大地水准面的定义是一个特殊的重力等位面,任何地物点到这个特殊水准面的正高都可以通过上式求得,其中 G 和 W 都与水准路线无关,故解决了水准测量多值性问题。由于重力取值复杂,故用平均重力值代替了实际重力值。

　　(2) 正常高系统

　　正高计算公式中的平均重力值很难精确求得,用平均正常重力代替平均重力值来计算,即为正常高。

$$H_{正常} = \frac{W}{\gamma}$$

式中　　$H_{正常}$——A、B 两点间的正常高；

　　　　W——A、B 间重力位差；

　　　　γ——任意点平均正常重力。

　　似大地水准面是由地面沿正常重力线向下量取正常高所得的点形成的连续曲面,它不是水准面,只是用于计算的辅助面。由于海面上同一位置点的重力与正常重力相等,在海面上大地水准面与似大地水准面重合,所以大地水准面的高程原点对似大地水准面也同样适用。

　　【释义】　由于正常重力椭球是一个规则的几何体,地球平均正常重力值可以通过正常重力椭球常数求得,任意点的正常重力值可以通过公式计算得出,这样就用正常高系统代替了正高系统应用于高程测量,使很难精确获得的平均重力值计算改为容易获得的平均正常重力值计算。

　　从正高和正常高概念我们可知,正常高系统是正高系统的实际应用,两者存在一定差值,在海面上,正常高等于正高,故以海平面作为起算面定义的海拔适用于两个高程系统。

　　由垂线方向或正常重力线方向向下量取高程只在角度上有非常小的差异,即垂线偏差,在高程上基本无差异,故在进行正常高测量的时候我们可以忽略其与正高方向不同造成的高差误差。

　　【小知识】

　　平均正常重力计算公式

$$\gamma = \gamma_0 - 0.308\,6H$$

式中　　γ——任意点平均正常重力；

　　　　γ_0——地球平均正常重力；

　　　　H——地面点高度。

　　(3) 力高系统

　　因水准面和大地水准面不平行,故同一水准面上两点到大地水准面的距离不相等,即同一水准面上正高或正常高不等。

当需有一个等高面时,引入力高系统,在正常高计算公式中用北纬 45°处的平均正常重力值代入,得到力高,即水准面在纬度 45°处的正常高。

$$H_力 = \frac{W}{\gamma_{45°}}$$

式中　　$H_力$——A、B 两点间的力高;

　　　　W——A、B 间重力位差;

　　　　$\gamma_{45°}$——北纬 45° 处平均正常重力。

【释义】　重力从低纬度地区向高纬度地区逐渐增大,取纬度的中数 45°处的平均正常重力值是为了固定纬度,使重力影响相等,这样就解决了水准面上正高不等的问题。

上式中 $\gamma_{45°}$ 为常数,故同一水准面重力位相等,力高即相等。力高主要用于区域性的大型水库建设或其他工程建设中,它是局部的高程系统。

(4) 大地高系统

大地高是指从一地面点沿过此点的地球椭球面的法线到地球椭球面的距离。外业测量数据归算到参考椭球面时,需要计算大地高,也就是大地坐标系中的高程系统。

另外 GNSS 以地球质心为原点直接测量得到大地坐标,所以使用的也是大地高系统。

【释义】　严格来说大地高不是高程系统,同一大地高形成的曲面既不等高也不等重力位。

3.4.2　深度基准

深度基准和高程基准同属于垂直空间基准,我国于 1957 年起采用理论深度基准作为深度基准面,即理论最低潮面,具体内容将在第 4 章详述。

深度基准面与高程基准面的异同如下:

◎两者都是以海洋验潮确定的平均海水面为基准,理论上指的都是海平面。

◎深度基准基于当地海平面确定,没有全国统一标准;高程基准以青岛验潮站平均海平面作为国家的高程基准面,通过水准原点传递到全国。

3.4.3　高程框架

我国的高程框架通过国家二期一等水准网以及由国家二期一等水准网复测的高精度水准控制网实现,框架点的现势性由一、二等水准点的定期复测来控制,共分为四个等级控制网。高程框架的另外一个形式是通过似大地水准面精化来实现的。

1. 我国的高程基准

(1) 水准原点(图 3.14(a))

为了长期表示高程基准面的位置,便于陆地水准控制网与高程基准面连接和传递,需要在确定国家高程的基准面附近,建立国家水准原点,水准原点固定且不受潮汐影响。

我国水准原点位于青岛观象山(图 3.14(b)),精确测量高程基准面与国家水准原点的高差,使之成为国家高程控制网的起算点。

【小知识】

吴淞零点(图 3.14(c))是我国确立最早的高程基准面。1929 年,原国民政府陆地测量总局设定坎门零点,统一全国海拔起算点,坎门验潮站是我国修建的第一座验潮站(图 3.14(d))。

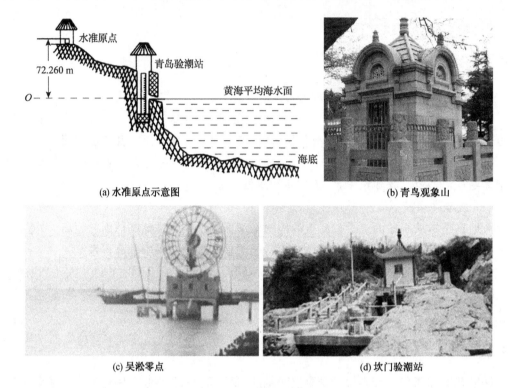

(a) 水准原点示意图　　　　　　　　　　　　(b) 青岛观象山

(c) 吴淞零点　　　　　　　　　　　　　　(d) 坎门验潮站

图 3.14　水准原点相关图片

(2) 我国的高程基准

① 1956 年黄海高程系

通过 1950—1956 年 7 年的验潮数据推求了平均海水面,建立了 1956 年黄海高程基准,其水准原点高程为 72.289 m。

② 1985 年国家高程基准

由于 1956 年黄海高程系统采用的验潮周期数据过短,无法消除潮汐长周期(18.6 年)影响,故通过 1952—1979 年中的 10 个 19 年验潮数据建立了 1985 年国家高程基准。1985 年国家高程基准是我国现行高程基准,水准原点高程为 72.260 m。

【释义】　由于以上两个水准原点高差为 0.029 m,故可以采用该数值在两个系统之间进行转换。10 个 19 年验潮数据是指 1952—1970,1953—1971,…,1961—1979,共 10 组 19 年周期验潮数据。

(3) 海上过远的岛屿

远离大陆的岛礁无法联测陆地高程时,采用当地平均海平面作为高程基准面。

2. 高程系统转换

(1) 正高与正常高之间

海面上相等,平原地区差异较小,山区差异较大。

（2）正高与大地高之间

$$大地高＝正高＋大地水准面差距$$

（3）正常高与大地高之间

高程异常为似大地水准面至参考椭球面的垂直距离。

$$大地高＝正常高＋高程异常$$

（4）正常高与深度之间

正常高与深度之间通过验潮站验潮和几何水准建立转换关系，即水位改正值（详见第4章）。

3.4.4 章节练习

（一）单项选择题

1. （　　）是测量外业工作的基准面。

    A. 球面　　　　　　　B. 平面　　　　　　　C. 参考椭球面　　　D. 大地水准面

2. 以下关于我国现行水准原点的说法中，正确的是（　　）。

    A. 水准原点通过全国多年平均验潮数据确定

    B. 水准原点为正常高高程零点

    C. 水准原点的高程值通过几何水准法由陆地高程基准传递而来

    D. 高程系统采用正高时，也可以使用水准原点

3. 在（　　）高程系统中，任一水准面与高程基准面的重力位差相等。

    A. 大地高　　　　　　　　　　　B. 正高

    C. 正常高　　　　　　　　　　　D. 力高

4. 1979 年开始，我国用（　　）验潮站的验潮数据建立了 1985 年国家高程基准。

    A. 吴淞　　　　　　　B. 坎门　　　　　　　C. 温岭　　　　　　　D. 青岛

5. 以下关于似大地水准面和正常高系统的叙述中正确的是（　　）。

    A. 其高程基准点与正高系统高程基准点不相同

    B. 似大地水准面是一个特殊的水准面

    C. 似大地水准面可以通过重力场精化的方式得到

    D. 正常高高程比正高高程结果可靠，所以我国采用该系统

6. 某水准点已知正常高为 h，采用 GPS 测量得到大地高为 H，则经过高斯投影后用作测图水准点，应采用的高程值为（　　）。

    A. H　　　　　　　B. $H+h$　　　　　　C. $H-h$　　　　　　D. h

7. 水准测量环包含了所谓的理论闭合差，这是因为（　　）造成的。

    A. 存在位差　　　　　　　　　　B. 存在测量误差

    C. 存在水准面差距　　　　　　　D. 水准经过路线不同

习题答案与解析

（一）单项选择题

    1.【D】　解析：由于铅垂线是野外测量仪器架设的基准线，水准野外测量视线与水准

面相切,故水准测量的基准面大地水准面是外业测量的基准面,与之对应,铅垂线是外业基准线。

2.【D】 解析:水准原点是通过黄海多年平均验潮数据经过调和分析确定的;似大地水准面是正常高高程零点面,水准原点处高程为72.260 m;水准原点是由海洋潮汐观测得到的,是大陆水准测量的基准点;大地水准面是正高起算面,由于在海面上大地水准面与似大地水准面重合,所以大地水准面的高程原点对似大地水准面同样适用。

3.【B】 解析:选项中只有正高系统的高程基准面即大地水准面是重力等位面,大地水准面是一个特殊的水准面,与任一水准面的重力位差相等。

4.【A】 解析:我国水准原点位于青岛观象山,精确测量高程基准面与国家水准原点的高差,使之成为国家高程控制网的起算点。

5.【C】 解析:似大地水准面是由地面沿垂线向下量取正常高所得的点形成的连续曲面,它不是水准面,只是用于计算的辅助面,可以通过重力场精化的方式得到。在海面上大地水准面与似大地水准面重合,所以大地水准面的高程原点对似大地水准面同样适用。我国采用正常高高程作为高程系统是因为正常高的获得比正高更容易。

6.【D】 解析:经过高斯投影进行地形图测量采用的高程系统应是正常高,故选D。

7.【D】 解析:水准测量环包含的理论闭合差是由水准测量经过的各水准面之间不平行造成的,故选D。

3.5 参考椭球面和高斯平面归算

参考椭球面是大地坐标基准面,也是测量内业基准面,野外获取的数据都要归算到参考椭球面上进行数据处理,在参考椭球面上进行控制测量计算和平差比平面上复杂得多。

3.5.1 法截线曲率半径

在平面上,最重要的线元素是直线,椭球面上的线元素全为曲线,其中最重要的椭球面曲线元素是法截线,研究法截线的曲率半径是椭球面曲线研究的基本内容。

1. 法截线

如图3.15所示,包含过椭球面上任意一点的法线 Pn 的平面叫法截面,法截面与椭球面的交线叫法截线,法截线的分段叫法截弧。

一条法线可以生成无数个法截面,不同方向的法截弧的曲率半径都不相同。

2. 法截线曲率半径

子午圈曲率半径与卯酉圈曲率半径称为主曲率半径。子午法截弧为参考椭球面上南北方向,大地方位角为0°或180°,卯酉法截弧为参考椭球面上东西方向,

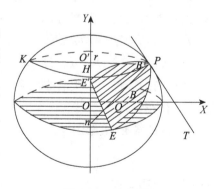

图3.15 法截线

大地方位角为 90°或 270°,两者正交。

【释义】 假设人站在参考椭球面上面向北极点,则人站立方向为法线方向,子午圈方向即南北方向,卯酉圈方向为东西方向,子午面和卯酉面都包含人的站立线。

(1) 子午圈的曲率半径

子午圈的曲率半径在赤道上小于赤道半径,随着纬度的增大而增大,在极点上等于极曲率半径。

(2) 卯酉圈的曲率半径

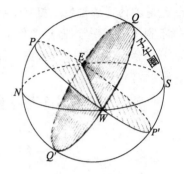

图 3.16 卯酉圈

如图 3.15 和 3.16 所示,卯酉圈是与 P 点处子午面垂直的法截面 EPE' 与椭球的交线。它的曲率中心 n 正好位于椭球的旋转轴 OO' 上,当纬度为 0°时卯酉圈就等于赤道,随着纬度的增加,卯酉圈的曲率半径增大,纬度为 90°时等于极曲率半径。

(3) 椭球上任意方向法截弧曲率半径

任意方向法截弧曲率半径的极小值即子午圈曲率半径,极大值即卯酉圈曲率半径,子午圈曲率半径和卯酉圈曲率半径称为主曲率半径。曲面上任意点的平均曲率半径是该点上主曲率半径的几何平均值。

【小知识】

主曲率半径和任意方向法截弧曲率半径计算公式:

$$M = c/V^3$$
$$N = c/V = a/W$$
$$R = \sqrt{MN}$$
$$M < R < N$$

其中

$$c = a^2/b$$
$$V = \sqrt{1 + e'^2 \cos^2 B}$$
$$W = \sqrt{1 - e^2 \sin^2 B}$$

式中　R—— 任意方向平均曲率半径;

M—— 子午圈曲率半径;

N—— 卯酉圈曲率半径;

c—— 极点曲率半径;

a—— 长半轴;

b—— 短半轴;

e—— 偏心率;

B—— 所在纬度。

3. 大地线

(1) 正反法截线

由于椭球面上两点具有法线不共面特征,如图 3.17 所示,椭球面上测站 A 上的法线和目标站 B 上的法线不共面,则基于两测站法线有两个法截面,与椭球面相交形成两条法截线,叫正反法截线。

【释义】 由于椭球是非规则球体,如图 3.17 所示,若 A、B 两点经度和纬度都不同,通过它们的两条法线必相交于椭球旋转轴有交点(n_a, n_b),因 n_a 不等于 n_b,故法线(A_{na},B_{nb})不相交也不平行,即除了位于平行圈或子午圈上的任意两点的法线不共面。

法线不共面特性造成在椭球面上测站间相互观测路径不吻合。

(2) 大地线

如图 3.18 所示,在椭球面上,两测站间最短距离取正反法截线中间的曲线,即大地线。

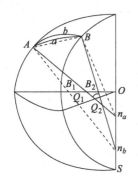

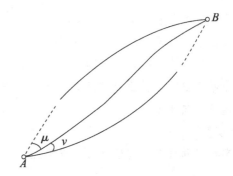

图 3.17　法线不共面　　　图 3.18　大地线和正反法截线

【释义】 大地线的长度和正反法截线的长度差可以忽略,其夹角在一等控制测量时需要考虑。椭球面几何和平面几何、球面几何有差别,椭球面上两测站之间最短的线不是直线,也不是弧线,而是曲线。

3.5.2 参考椭球面归算

外业采集过来的数据是基于大地水准面的数据,在进行数据处理时,需要把这些数据归算到内业计算基准面参考椭球面上,需要进行方向改正和距离改正。

1. 地面观测的水平方向值归算到参考椭球面

地面观测的水平方向值归算到参考椭球面的改正主要是三差改正。

一等大地控制测量需要考虑三差改正,二等大地控制测量可以不考虑截面差改正,三、四等大地控制测量不需要考虑三差改正。

(1) 垂线偏差改正

测站上,法线与铅垂线的夹角叫垂线偏差。似大地水准面上以铅垂线为准观测的方向值归算为参考椭球面上以法线为准的值,叫垂线偏差改正,其数值主要与测站点的垂线偏差和观测方向上的天顶距有关。

【释义】 垂线偏差改正是外业基准线切换到内业基准线所加的改正。

【小知识】

正常重力方向与真实重力方向的夹角为天文垂线偏差。若参考椭球为正常椭球（水准椭球），则可利用垂线偏差公式求天文经纬度和大地经纬度之间的转换关系，通过垂线偏差 (ξ,η) 把天文经纬度和大地经纬度联系起来，主要用于参心坐标建立时的定位和三角测量。

$$B = \varphi - \xi$$
$$L = \lambda - \eta\sec\varphi$$

式中　L,B——大地经纬度；

　　　λ,φ——天文经纬度；

　　　ξ,η——垂线偏差子午线分量、卯酉圈分量。

（2）标高差改正

标高差改正是由照准点高度引起的改正，标高差改正需顾及照准点标高。

【释义】　由于照准点法线与测站点法线不共面，照准点高程会造成在参考椭球面上的方向偏差。

（3）截面差改正

对向观测的法截线不重合，法截线方向化为大地线方向的改正叫截面差改正，需顾及测站到照准点距离。

2. 地面观测的距离归算到参考椭球面

（1）水准面高程归算

如图 3.19 所示，假设平均水准面与参考椭球面平行，高程会对参考椭球面长度归算带来影响。地面边长 $(S_0+\Delta S_H)$ 与参考椭球面越远，即大地高 H_m 越大，归化到参考椭球面的边长 S 变得越短。

$$\Delta S_H = -H_m \cdot S/R$$

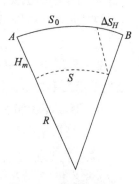

图 3.19　距离归化到参考椭球面

式中　ΔS_H——实测平均水准面长度归化到参考椭球面所加的改正；

　　　H_m——边长两端大地高平均值；

　　　S——参考椭球面边长；

　　　R——当地参考椭球面平均曲率半径。

（2）电磁波测距归算

如图 3.20 所示，电磁波测距获得的是测站间的斜距 Q_1Q_2，需要进行从斜距到参考椭球面弧长的归算。

◎斜距 D 转换为平距。

$$D_{\Psi} = \sqrt{D^2 - h^2}$$

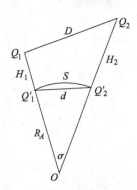

图 3.20　电磁波测距归算

式中　D_{Ψ}——两点之间平距；

　　　h——两点间高差。

◎平距转为弦长 d。

◎弦长 d 转为弧长 S。

3. 大地主题解算

参考椭球面上点的大地经度、大地纬度、两点间的大地线长度以及正反大地方位角等元素叫大地元素,大地主题解算是这些量之间的互相转换,类似于平面坐标正反算,大地主题解算实质上是大地极坐标系与大地坐标系之间的转换。

(1)大地主题正算

<u>大地主题正算是根据一点的经纬度和大地方向角以及大地线距离计算另一点经纬度。</u>

【释义】 通过三角测量测得大地元素,然后用大地正算得到控制点的大地坐标。

(2)大地主题反算

<u>大地主题反算是根据两点经纬度计算大地方向角以及大地线距离。</u>

3.5.3 高斯平面归算

大地坐标系统为椭球面坐标系统,不便于应用,需通过地图投影方式转化成平面坐标系。高斯-克吕格投影属于等角横切椭圆柱投影,它是假设一个椭圆柱面与地球椭球体面横切于某一条经线上,按照等角条件将该标准经线投影到椭圆柱面上,然后将椭圆柱面分带展开成平面而成的。

高斯投影的主要特点是中央子午线上无变形,除了中央子午线外其他位置长度比均大于1,高斯-克吕格投影是等角投影。关于地图投影以及高斯-克吕格投影特征内容详见第11章。

【释义】 高斯-克吕格投影的每一个分带都有一条中央子午线,中央子午线与投影标准经线平行且等长。

1. 高斯平面直角坐标系

(1)高斯平面直角坐标系与笛卡儿坐标系的区别

高斯平面直角坐标系以纵轴为 X 轴,横轴为 Y 轴,象限依顺时针方向排列。

【释义】 与高斯平面直角坐标系相反,笛卡儿坐标系以纵轴为 Y 轴,横轴为 X 轴,从横轴起按逆时针方向排列象限角。图 3.21(a)为高斯平面直角坐标系,图 3.21(b)为笛卡儿坐标系。

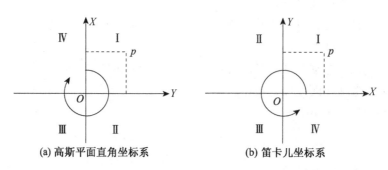

(a) 高斯平面直角坐标系   (b) 笛卡儿坐标系

图 3.21　高斯平面直角坐标系和笛卡儿坐标系

(2)高斯-克吕格投影分带计算

高斯-克吕格投影以固定经差分带投影。以 6°经度差分带时,以格林尼治天文台位置开始,共分为60带。

我国的基本比例尺地图采用高斯-克吕格投影 3°、6°分带法,横坐标前要加带号(两位数),如 P 点的坐标为 $X = 3\,275\,611.188\ \text{m}$; $Y = 19\,376\,543.211\ \text{m}$,意味着该点位于第 19 带内(图3.22)。为了换算方便,把3°投影第一带的中央子午线与6°投影第一带的中央子午线重合,每条中央子午线和赤道组成一个高斯平面直角坐标系。

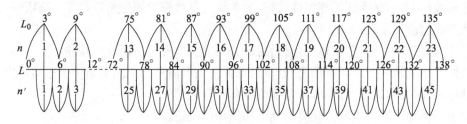

图 3.22　高斯-克吕格投影分带

为了不产生负值横坐标,坐标原点向西移动 500 km(图 3.23)。

(3) 带号和中央子午线经度计算

知道带号求中央子午线经度的计算:

$$P_6 = 6N_6 - 3$$
$$P_3 = 3N_3$$
$$N_3 = 2N_6 - 1$$

知道经度求带号的计算:

$$N_6 = \text{CEIL}(L/6)$$
$$N_3 = \text{CEIL}[(L - 1.5)/3]$$

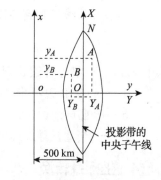

图 3.23　高斯平面直角坐标系

式中　P_6, P_3 ——高斯 6°,3° 带的中央子午线经度;

　　　N_6, N_3 ——高斯 6°,3° 带的带号;

　　　L ——经度;

　　　CEIL——向上取整。

(4) 高斯投影重叠带

为了在坐标跨带时使坐标有个过渡地带,便于相邻投影带连接为整体,每个投影带向东延伸经差 $30'$,向西延伸 $7.5'$,形成 $37.5'$ 的重叠经度带。在这个重叠带内,点的坐标会有两套高斯平面直角坐标系。

2. 高斯解算

高斯解算是参考椭球面元素与高斯-克吕格投影面上的平面位置元素之间的转换,高斯正算实质上是参考椭球面的高斯-克吕格投影平面展开。

(1) 高斯正算

高斯正算是由参考椭球面上的大地坐标 (B, L) 求定高斯平面上相对应的平面坐标 (x, y)。

（2）高斯反算

高斯反算是由高斯平面上平面坐标(x, y)求定相对应的参考椭球面上的大地坐标(B, L)。

3. 参考椭球面元素转为高斯平面元素

参考椭球面元素归算到高斯平面直角坐标系会产生方向变形和长度变形,球面三角形经过正形投影后,形状保证了相似性,边长为曲线。参考椭球面三角形归算到高斯平面直角坐标系要经过以下过程:

◎经高斯正算,把参考椭球面坐标转换到平面坐标,再用高斯反算检核。

◎两点间大地线归算到平面直线,以及球面三角形内角归化到高斯平面三角形内角,要经过曲率改化(方向改化)计算和子午线收敛角计算。

◎参考椭球大地线数据归化到高斯平面所加的改正。

因高斯投影面上除了中央子午线外长度比都大于1,故参考椭球边长(大地线)归化到高斯平面所加的改正与边长距中央子午线的远近相关,从椭球面归化到高斯平面的边长变长。大地线与弦线投影到高斯平面后的变形基本相等,忽略其影响。

$$\Delta S = y_m^2 S / (2R^2)$$

式中　ΔS—— 椭球面边长归化到高斯平面所加的改正;

　　　y_m—— 投影边两端y坐标平均值;

　　　S—— 椭球面边长;

　　　R—— 当地椭球面曲率半径。

3.5.4　坐标系转换

坐标系转换主要有空间直角坐标系和大地坐标系之间、空间直角坐标系之间、大地坐标系之间、高斯平面直角坐标系之间、高斯平面直角坐标系与大地坐标系之间等五类。

1. 坐标系转换分类

（1）同一坐标系空间直角坐标系和大地坐标系之间的转换

只有同一大地坐标系内,空间直角坐标系和大地坐标系之间才可以直接转换,这是坐标系内部表现形式转换。

【释义】　两种形式主要区别在于是否使用参考椭球面作为基准面,故其转换要知道该坐标系统的椭球参数。一般来说,椭球参数是已知的。

【小知识】

◎由大地坐标转换为空间直角坐标,可采用下式:

$$\begin{rcases} X_P = (N+H)\cos B \cos L \\ Y_P = (N+H)\cos B \sin L \\ Z_P = [N(1-e^2)+H]\sin B \end{rcases}$$

◎由空间直角坐标转换为大地坐标,可采用下式:

$$e^2 = \frac{a^2 - b^2}{a^2}$$

$$N = \frac{a}{\sqrt{1 - e^2 \sin^2 B}}$$

$$\left. \begin{aligned} L &= \arctan \frac{y}{x} \\ B &= \arctan \frac{z + Ne^2 \sin B}{\sqrt{x^2 + y^2}} \\ H &= \frac{\sqrt{x^2 + y^2}}{\cos B} - N \end{aligned} \right\}$$

其中：

（2）不同坐标系空间直角坐标系之间的转换

不同坐标系空间直角坐标系之间的转换属于三维空间坐标转换。

一般用布尔沙七参数转换模型或莫洛坚斯基七参数转换模型，建立需要转换的坐标系之间的空间直角坐标系相似变换关系（如图 3.24 所示）。布尔沙模型（B 模型）适用于全球或大区域转换，莫洛坚斯基模型（M 模型）适用于小区域地区。

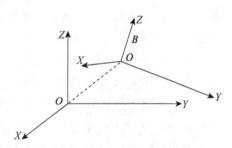

图 3.24　空间直角坐标系相似变换

七参数为 3 个平移因子、3 个旋转因子、1 个缩放因子，解算七个参数转换至少需要 3 个三维坐标重合点列出方程。

【小知识】

布尔沙模型（B 模型）如下：

$$\begin{bmatrix} X_{2i} \\ Y_{2i} \\ Z_{2i} \end{bmatrix} = \begin{bmatrix} \Delta X^B \\ \Delta Y^B \\ \Delta Z^B \end{bmatrix} + (1 + m^B) \begin{bmatrix} X_{1i} \\ Y_{1i} \\ Z_{1i} \end{bmatrix} + \begin{bmatrix} 0 & \varepsilon_Z^B & \varepsilon_Y^B \\ -\varepsilon_Z^B & 0 & \varepsilon_X^B \\ \varepsilon_Y^B & \varepsilon_X^B & 0 \end{bmatrix} \begin{bmatrix} X_{1i} \\ Y_{1i} \\ Z_{1i} \end{bmatrix}$$

式中　X_{1i}, Y_{1i}, Z_{1i}——坐标系 1 的空间直角坐标系三维坐标；

　　　X_{2i}, Y_{2i}, Z_{2i}——坐标系 2 的空间直角坐标系三维坐标；

　　　$\varepsilon_X^B, \varepsilon_Y^B, \varepsilon_Z^B$——旋转因子；

　　　$\Delta X^B, \Delta Y^B, \Delta Z^B$——平移因子；

　　　m^B——比例因子。

【释义】　图形的相似变换是指由一个图形到另一个图形，在改变的过程中保持形状不变。

（3）不同坐标系的大地坐标系之间的转换

不同坐标系的大地坐标系之间的转换分为直接转换和间接转换两类。

① 间接转换

把大地坐标系转换为空间直角坐标系，利用七参数模型作为转换媒介进行坐标转换，转换到目标坐标系的空间直角坐标系，再转换到目标坐标系大地坐标系。这种坐标转换方法适用于三维坐标之间的转换，至少需要三个同名三维坐标点。

【释义】 不同椭球三维大地坐标之间的坐标转换除了需要知道七参数之外还需顾及两个参考椭球的长半轴和扁率差,实际上包含了大地坐标系与空间直角坐标系的转换和空间直角坐标系之间的转换两个步骤。

② 直接转换

在空间大地测量技术成熟以前,参心坐标系的大地高或高程异常难以求得,不便采用三维七参数转换模型进行坐标系转换,可以用二维七参数模型来计算。

【释义】 传统上,参心坐标系的高程异常采用天文重力水准方法近似求得,难度大,精度低;目前一般采用 GNSS 似大地水准面精化方法求得。

二维七参数坐标转换模型把参考椭球常数作为参数直接列入函数计算,其七参数含义与空间直角坐标系三维转换七参数相同,可以直接求解经纬度改正数建立不同大地坐标系之间的二维(B, L)转换模型。

(4) 高斯平面直角坐标系之间的转换

① 不同坐标系的高斯平面直角坐标系之间

高斯平面直角坐标系为三维大地坐标系(B, L, H)经过高斯正算后得到的投影平面坐标系,要与正常高结合来表达三维坐标(x, y, h),两者之间的转换需要获取正常高(高斯平面直角坐标系)与大地高(大地坐标系)的差距(高程异常)。

如果不考虑高程,只进行二维高斯平面直角坐标系之间转换,一般采用平面四参数坐标转换模型,只需要知道分别位于两个坐标系内的二维重合点坐标。四参数为2个平移因子、1个缩放因子、1个旋转因子。

【释义】 由于高斯平面直角坐标系参数转换一般是小范围的局部平面坐标转换,参考椭球参数的影响非常小,故四参数坐标转换不需要考虑因参考椭球参数不同带来的投影误差影响。

【小知识】

$$
\left.\begin{aligned}
x_2 &= \Delta x + x_1(1+m)\cos\alpha - y_1(1+m)\sin\alpha \\
y_2 &= \Delta y + x_1(1+m)\sin\alpha + y_1(1+m)\cos\alpha
\end{aligned}\right\}
$$

式中　x_1, y_1——坐标系 1 的高斯直角坐标系二维坐标;

　　　x_2, y_2——坐标系 2 的高斯直角坐标系二维坐标;

　　　Δx, Δy——平移因子;

　　　α——旋转因子;

　　　m——比例因子。

② 同一坐标系不同中央子午线的高斯平面直角坐标系之间

在不同中央子午线的高斯平面直角坐标系之间,由于同一地物坐标相对于中央子午线距离不同,导致变形不同。当地物坐标超出高斯平面直角坐标系边缘时,距离原中央子午线太远会产生较大的投影变形,需要跨带归算到相邻高斯坐标系进行高斯投影换带计算。

高斯投影换带计算方法是先利用高斯反算公式,换算成大地坐标系,再对大地坐标在新的投影带下重新投影,用高斯正算公式换算成目标投影带高斯平面直角坐标系。

（5）高斯平面直角坐标系与大地坐标系转换

高斯平面直角坐标系与大地坐标系转换通过高斯正反算来实现。

2. 坐标转换流程

（1）准备工作

收集和整理用于转换的重合点坐标资料,并分析选取用于转换的重合点,重合点的个数应满足要求,最终用于计算转换参数的重合点数量与转换区域大小有关,但不得少于 6 个。重合点的选取应遵循以下原则：

◎重合点应可靠。

◎重合点精度应较高。

◎重合点应均匀布设覆盖整个测区。

（2）转换参数计算

根据已有重合点成果和转换要求,确定参数计算方法和转换模型。

二维转换要将重合点换算到同一投影带高斯直角坐标系;利用直角坐标系作为相似变换转换媒介时,三维转换将各坐标转换成空间直角坐标系坐标。

计算时应具有多余重合点,并用最小二乘法作为约束条件,计算转换参数。

（3）精度分析

根据转换参数计算目标坐标系重合点坐标,分析转换残差。

计算坐标残差中误差来评估坐标转换精度,并根据残差限差（3 倍残差中误差）剔除粗差。如转换精度评估不合格,应重新选取重合点坐标进行参数计算。

【释义】　转换残差即重合点转换后坐标与已知坐标之差。

（4）坐标计算

根据最终合格的转换参数计算目标坐标系其他地物坐标。

3.5.5　章节练习

（一）单项选择题

1. 过位于参考椭球面上的地物点南北方向是子午圈,东西方向的是（　　　）。

    A. 纬度圈　　　　　B. 赤道圈　　　　　C. 卯西圈　　　　　D. 经线圈

2. 在参考椭球面上测站和测站之间最短的线是（　　　）。

    A. 圆弧线　　　　　B. 法截弧　　　　　C. 直线段　　　　　D. 大地线

3. 大地坐标为 N41°、E116.5°,其高斯 3°投影带的中央子午线经度为（　　　）。

    A. 114°　　　　　B. 116°　　　　　C. 117°　　　　　D. 120°

4. 三差改正的目的是把外业测量值归化到参考椭球面上,其中标高差改正属于（　　　）值。

    A. 距离　　　　　B. 重力　　　　　C. 方向　　　　　D. 高程

5. 由经纬度坐标转国家统一高斯投影 6°带坐标的工作称为（　　　）。

    A. 大地主题正算　　B. 大地主题反算　　C. 高斯正算　　　　D. 高斯反算

6. 采用布尔沙坐标转换模型进行坐标系转换时,理论上求解转换参数至少需要（　　　）个公共点坐标。

    A. 2　　　　　　　B. 3　　　　　　　C. 4　　　　　　　D. 5

7. 采用平面四参数转换模型进行不同投影带高斯平面坐标转换时，一般不涉及的计算工作是（　　）。

A. 高斯投影反算　　　　　　　　B. 高斯投影正算

C. 最小二乘法求解模型参数　　　D. 大地主题反算

8. 假设坐标原点相同，则国家统一高斯平面直角坐标系 X 轴指向与笛卡尔平面坐标系纵轴指向的夹角为（　　）°。

A. 0　　　　　　B. 90　　　　　　C. 180　　　　　　D. 360

9. 3°带带号为 23 的中央子午线所处的 6°带带号为（　　）。

A. 11　　　　　　B. 12　　　　　　C. 18　　　　　　D. 46

10. 在 A、B 两点间采用电磁波测距，经过改正后斜距为 100 m，已知 A 点高程为 10 m，B 点高程为 50 m，边长相对中误差为 1/40 000，则 A、B 两点之间的平距为（　　）m。

A. 99.99　　　　　B. 99.50　　　　　C. 91.65　　　　　D. 86.60

习题答案与解析

(一) 单项选择题

1.【C】 解析：子午圈曲率半径与卯酉圈曲率半径统称为主曲率半径。子午法截弧是南北方向，方位角为零度或者180°，卯酉法截弧是东西方向，方位角为90°，或者270°。假设人站在地面点上面向北极点，则子午圈方向即南北方向，卯酉圈方向为东西方向。

2.【D】 解析：两测站间最短距离取正反法截线中间的曲线，即大地线。

3.【C】 解析：通过公式 $N_3 = \text{CEIL}[(L-1.5)/3]$ 求出该坐标的高斯3°带带号为39，再通过公式 $P_3 = 3N_3$ 求得中央子午线经度为117°。

4.【C】 解析：三差改正都是为了改正外业测量值与椭球面上的方向偏离。标高差改正又称照准点高度引起的改正，由于照准点与测站点之间法线不共面，照准点高程会造成在椭球面上的方向偏差。

5.【C】 解析：经纬度坐标即大地坐标系坐标，也就是椭球面坐标。把椭球面坐标转换到高斯平面坐标需要进行投影计算。高斯正算是由椭球面上的大地坐标求定高斯平面上相对应的平面坐标的方法。故选 C。

6.【B】 解析：运用布尔沙模型，实现三维坐标转换需要计算7个转换参数，至少需要3个公共点。

7.【D】 解析：平面四参数转换，如要进行换带计算（转换到相同的投影带），如果给定的是高斯平面直角坐标 (x, y)，则需高斯反算到椭球面，再选定目标高斯平面坐标系中央子午线，高斯正算到需要的投影带。大地主题解算是椭球面上的大地元素换算，和高斯投影计算无关。

8.【A】 解析：国家统一高斯平面直角坐标系 X 轴为坐标系纵轴，与笛卡尔坐标系纵轴相差0°。

9.【B】 解析：3°带中央子午线 $P_3 = 3N_3 = 3 \times 23 = 69°$，由于6°带中央子午线 $P_6 = 6N_6 - 3 \Rightarrow N_6 = 72/6 = 12$。

10.【C】 解析：采用电磁波测距时，将斜距 D 转换为平距的公式为 $D_{\text{平}} = \sqrt{D^2 - h^2}$，其中 D 为两点之间的斜距，h 为两点之间的高差。

3.6 GNSS 原理和基础

3.6.1 GNSS 定位概述

全球导航卫星系统(Global Navigation Satellite System，GNSS)泛指所有的卫星导航系统，包括全球的、区域的和增强的卫星导航定位系统，如美国的 GPS、俄罗斯的 Glonass、欧洲的 Galileo、中国的 COMPASS(北斗卫星导航系统)以及相关的增强系统。国际 GNSS 系统是个多系统、多层面、多模式的复杂组合系统。

1. GPS 系统

全球定位系统(Global Positioning System，GPS)是美国研制的卫星导航系统，美国解除了 SA 政策(选择可用政策)后，GPS 开始成为世界上主流的卫星导航定位系统。

由于 GPS 是目前最成熟、使用范围最广的卫星导航系统，本节主要以 GPS 为例，说明卫星导航原理。

GPS 采用 WGS-84 坐标系，由以下几个部分组成。

(1) 空间部分

GPS 的卫星数为 24 颗，分布在 6 个轨道上，在地球任意地点地平高度角 15°以上接收机平均同时能观测到 6 颗 GPS 卫星。

(2) 地面控制系统

GPS 的控制部分由分布在全球的由若干个跟踪站所组成的监控系统所构成，这些跟踪站被分为主控站、监控站和注入站。

◎主控站的作用是根据各监控站对 GPS 的观测数据，计算出卫星的星历和卫星钟的改正参数等，并将这些数据通过注入站注入卫星，向卫星发布指令。

◎监控站作用是接收卫星信号，监测卫星的工作状态。

◎注入站的作用是将主控站计算出的卫星星历和卫星钟的改正数等注入卫星。

(3) 用户部分

用户部分即 GPS 信号接收机，它能够捕获并跟踪卫星运行，接收测距码，解调出卫星轨道参数等数据，计算出用户所在地理位置的经纬度、高度、速度、时间等信息。

【小知识】

SA 政策，即可用性选择政策，通过控制卫星钟和报告不精确的卫星轨道信息来降低测量精度。

2. 北斗卫星导航系统

北斗卫星导航系统(COMPASS)是我国自主建立的卫星导航系统，分为北斗一代、北斗二代、北斗三代。目前使用的第三代北斗卫星导航系统由地球中圆轨道导航卫星、倾斜地球同步轨道导航卫星和地球静止轨道导航卫星组成，可为中国及周边地区提供定位测速和授时等服务。

【释义】 北斗定位系统由于监控站无法全球布点，以及原子钟稳定性还存在问题，定位精度在中低纬度基本与 GPS 相当，中高纬度精度较差，随着卫星发射的增加，定位效果会逐步提升。

【小知识】

◎Glonass是俄罗斯全球卫星导航系统的简称,由24颗卫星组成,目前处于减效状况,精度比GPS低,采用莫斯科标准时和俄罗斯地心坐标系PE-90。

◎Galileo是欧盟建立的卫星导航系统,由30颗卫星组成。该系统比GPS在美国之外的服务更加稳定,但由于技术经费等问题,Galileo卫星发射计划有所推延。该系统采用大地参考坐标系(GTRF)。

3. GNSS对比GPS的优点

GNSS多星系统导航定位对比GPS单星系统导航定位接收机能同时接收更多卫星信号,其主要优点如下:

(1)使定位信号增强

由于增加了接收卫星数,有利于在山区或城市有障碍物遮挡的地区作业。

(2)提高生产效率

观测到的卫星数增加,求解整周模糊度的时间缩短,提高了生产效率。

(3)提高可靠性和精度

因多余观测量增加,卫星几何分布(DOP)值更好,可提高定位的可靠性和精度。

3.6.2 GPS星历和信号

GPS定位的原理,是在统一的天球和大地坐标系内精确推算卫星坐标,以卫星为已知点,利用至少四个卫星进行空间后方距离交会,求得地面待定点在大地坐标系内的三维坐标。要获得卫星在测量瞬间的位置数据,就要研究卫星的运行规律,得到卫星精确的轨道参数。

1. GPS星历

(1)影响卫星运转的因素

宇宙中有各种作用力会影响卫星运行的轨道,其中地球质心与卫星之间的引力远远大于其他力的合力,其他力称作摄动力。

① 二体运动

如只考虑地球质心引力作用的卫星运动,称为卫星的无摄运动,将地球和卫星看作两个质点,即是一种二体运动。

【小知识】

二体运动轨道中卫星某一时刻的空间位置,可以用6个参数来确定。知道了这6个参数就得到了卫星在天球坐标系的位置,继而可转换到地心地固坐标系中(图3.25)。

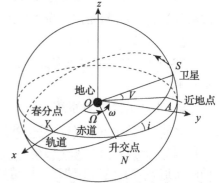

图3.25 轨道参数

决定轨道形状:轨道椭圆的长半轴a和轨道椭圆的偏心率e(或短半轴b)。

决定卫星在轨道空间位置:真近地点角V(轨道平面上卫星与近地点之间的地心角)。

决定卫星轨道与地球赤道的相对关系:升交点赤径Ω(赤道面上升交点与春分点夹角,升交点N为卫星从南向北穿过赤道面时的交点)和轨道倾角i(卫星轨道和赤道面的交角)。

决定椭圆在轨道平面指向：近地点角 ω（轨道平面上近地点 A 与升交点 N 之间的地心角）。

② 卫星受摄运动

对于精密卫星定位来说，除了研究二体运动外，还需要考虑地球引力场摄动力（由地球形状和质量不均匀导致的，影响最大）、日月摄动力、大气阻力、太阳光压摄动力、潮汐摄动力等对卫星运动状态的影响，得出卫星实际的精确瞬时轨道参数。

【释义】 卫星瞬时轨道不是椭圆，轨道平面在空间的相对位置也不是固定不变的。

（2）卫星星历

卫星星历是描述卫星运动轨道的信息，分为参考星历、广播星历和精密星历。

◎参考星历是理想状态下的演算星历，没有考虑卫星摄动力因素。

◎广播星历又叫预报星历，是在参考星历的基础上加上了摄动力时间差改正，用于确定导航卫星精确位置的预报参数，是一种外推星历或者说预估星历，建立在 WGS-84 坐标系内。

◎精密星历是其他国家用连续跟踪站跟踪卫星，采用后处理方式改正星历得到的导航卫星高精度轨道数据，建立在 ITRF 框架内。

【释义】 其他国家为了提高 GPS 测量精度，采取了全球追踪站精密星历来精化 GPS 卫星轨道参数，所以精密星历并不是 GPS 卫星本身提供的服务。

【小知识】

GPS 广播星历含有 1 个参考时刻、6 个轨道参数、9 个摄动力因子，一共 16 个参数，包含在 GPS 导航电文中发送给用户接收机设备。

2. GPS 信号

GPS 卫星信号是 GPS 卫星向广大用户发送的用于导航定位的调制波，它包含有载波、测距码、数据码。

GPS 信号采用固定频标，$f_0 = 10.23\,\mathrm{MHz}$，是所有波段频率的基础，使 GPS 电磁波信号频率呈固定倍数关系。

为了有效传播信息，把频率较低的信号加载在频率较高的载波上，这个过程称为调制，然后发送给用户接收机。

GPS 信号调制码属于伪随机码，伪随机码是取值只有 0 和 1 的二进制周期码，调制在载波上。

【释义】 伪随机码是 GPS 信号包含的信息码，它是二进制随机码，但又表达了信息具有的规律，故名伪随机码，采用二进制码使信息传输得到了便利。

载波是信号传输器具，通过调制信息、播报载波、接收载波、解调信息，使 GPS 包含的信息通过载波被用户接收并处理。

（1）导航电文

导航电文又叫 D 码或数据码，里面以二进制固定格式保存了卫星星历、原子钟改正数、电离层修正模型、卫星工作状态信息、捕获 P 码信息参数等内容。

（2）测距码

◎C/A 码是粗码，其频率是 f_0 的十分之一，用来进行伪距定位，也可以用来捕获 P 码。

◎P 码是精码，频率等于 f_0，测距精度是粗码定位的 10 倍，属美国军用码。

◎Y码是为加强P码的安全性,经过加密处理后的加密码。

【小知识】

AS政策,即反电子欺骗政策。它将P码与高度机密的W码相加形成新的Y码。其目的在于防止敌方对P码进行精密定位,也不能进行P码和C/A码相位测量的联合求解。

(3)载波

L_1 载波的频率为154倍 f_0,即1 575.42 MHz。

L_2 载波的频率为120倍 f_0,即1 227.6 MHz。

L_5 为新增的民用载波。

【释义】 载波作为GPS信号的传输载体,由于频率非常高,并且可用 L_1 和 L_2 求差消除电离层误差,采用载波测距测量精度更高。

【小知识】

随着全球卫星导航系统的不断发展完善和不同系统之间的相互合作,使得任何用户都可以用一个多系统的接收机采集各个系统的数据或者各系统数据的组合来实现导航定位。

表 3.4　GNSS 载波频率

卫星导航系统	载波频率	运行国家或地区
北斗系统	B_1、B_2 和 B_3	中国
GPS 系统	L_1、L_2 和 L_5	美国
Galileo 系统	E_1、E_5 和 E_6	欧盟
Glonass 系统	G_1 和 G_2	俄罗斯

3.6.3　GPS 定位

利用接收机接收的导航电文计算卫星瞬时空间位置,以及星载原子钟和接收机原子钟之间的钟差,利用电磁波传播速度来计算相应距离。

对GPS测量精度的影响主要是星历的准确性、原子钟差测量精确度、测量过程中各项误差影响改正。

【释义】 由于GPS接收机内一般不安装原子钟,需采取观测至少4颗卫星来进行共面约束,使时钟同步的方式校正接收机时钟。

1. 伪距测量

采用距离交会方法,用直接求卫星和接收机钟差的方法测距求定接收机天线所在的三维坐标。由于观测值中含有卫星和接收机误差,以及无线电信号经过电离层和对流层中的延迟等误差,精度较低,一般用于导航和模糊度辅助解算,称为伪距测量。一般有C/A码伪距测量和P码伪距测量。

【释义】 接收测距码后,经过复制和码相关处理,对齐本地码和接收码,计算自相关系数后,对钟差和电离层误差、对流层误差进行改正,即可求出伪距。

2. 载波相位测量

由于载波的波长大大小于C/A码,把载波作为量测信号,对载波进行相位测量可达到很高的精度。在接收到载波信号后，需要先把调制在内的伪随机码分离出去还原载波，通过测量载波的相位而求得接收机到 GPS 卫星的距离。

（1）载波的周期数

已知载波的固定波长，只需要知道载波周期数即可求出距离，如图 3.26 所示。

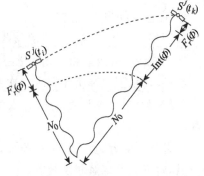

周期总数 = 整周计数 $Int(\Phi)$ + 整周未知数 N_0
　　　　＋不足整周的相位 $F_r(\Phi)$

◎整周计数 $Int(\Phi)$，是指接收机锁定卫星后，开始由接收机内的计数器计数，得到卫星新位置（历元）的整周数，这个数据是已知的。

◎不足整周的相位 $F_r(\Phi)$，可直接测量得到。

图 3.26　卫星载波相位定位原理

◎整周未知数 N_0，也称整周模糊度，是指锁定卫星后，连续观测的载波相位观测值中含有的共同整周部分，无法直接得到，计算距离的关键是求整周未知数。

（2）整周未知数的求得方法

① 三差法

连续观测的载波相位观测值中含有共同的整周未知数，可以采用三差模型求差，先消除整周未知数，直接求解坐标参数，在观测站坐标确定后，再根据单差和双差模型求解相应的整周未知数。

② 作为未知数求解法

可以分为整数解和实数解。

【释义】　整周未知数理论上讲是一个整数，短基线时求整数解（固定解）可以提高精度。当基线较长时，测站间共同误差无法很好消除，此时求出整数解没有意义，只能求实数解（浮点解）。

（3）周跳

由于某种原因使计数器无法连续计数引起整周跳变，这种现象叫周跳。周跳会影响测距精度，计算整周未知数要先查找周跳，并加以修复。

周跳产生的原因主要有：

◎卫星信号被某些障碍物暂时中断。

◎仪器线路的瞬间故障。

◎由于外界干扰或接收机所处条件恶劣导致正常信号中断。

【小知识】

一般在 GNSS 数据预处理的时候检测周跳，查找周跳的方法有人工检查法、多次求差法、多项式拟合法、星间求差、双频观测值等。如果是因电源故障或振荡器本身故障造成信号中断，中断前后的信号失去连续性，周跳无法修复。

3. 差分技术

在一个测站对两个卫星的观测量、两个测站对一个卫星的观测量或一个测站对同一卫星的两次观测量之间进行互相求差，叫 GPS 差分技术，其目的是消除公共误差影响，提高 GPS 测量精度。

① 在接收机间求一次差

在接收机间求一次差可以消除卫星钟差影响,可以削弱卫星星历误差、对流层折射和电离层折射的影响。

② 在卫星间再求二次差

在卫星间再求二次差来消除接收机钟差影响。

③ 在接收机、卫星和历元间求三次差

在接收机、卫星和历元间求三次差来消去整周未知数。

【释义】 对于较长的基线,浮点解不能得到好的结果,只能用三差相位解来消去整周未知数。

短基线测量时,空间相关性强,二次求差就可以消除大部分误差,整周模糊度可以解算得整数,取双差固定解精度最高。

4. GNSS 作业方式

GNSS 定位按作业方式不同分为绝对定位和相对定位,按状态不同分为静态定位和动态定位。

(1) 静态绝对定位

接收机天线连续跟踪不同历元的多颗卫星,测定伪距或载波相位观测值,获得充分的多余观测量,然后利用数据后处理求得测站绝对坐标的方法称为静态绝对定位,又叫单点定位。

① 伪距单点定位

伪距单点定位因没有经过差分处理,无法消除一些误差,故精度较低。

② CORS 点观测定位

经过不间断大量观测,获得海量观测数据经过事后处理,解算过程中加入电离层、对流层等各项改正,获得高精度的动态坐标值。

③ 精密单点定位技术

精密单点定位技术(PPP)指利用 IGS 提供的精密星历和卫星钟差,基于载波相位观测值进行的高精度定位技术。PPP 技术解算出来的坐标框架为 ITRF。

由于 PPP 没有使用双差分观测值,很多误差没有削弱,所以必须采用组成各项误差估计方程的方法来消除粗差。

【释义】 PPP 定位无须地面基准站,无须同步观测,作业机动灵活,可大大节约用户成本;PPP 定位精度高且不受作用距离的限制,是 GNSS 定位技术中继 RTK 技术后出现的又一次技术革命,在自动驾驶等领域有着非常广阔的应用前景。

(2) 静态相对定位

静态相对定位指将多台 GNSS 接收机保持静止不动,同步观测相同的 4 颗以上卫星,接收载波相位观测值,利用差分技术求双差观测值,确定点的相对位置,再利用地面已有控制点归化到目标参考系。

【释义】 静态相对定位获得 WGS-84 坐标系内的绝对坐标,转化为目标参考系还要经过坐标系转换步骤,对于目标参考系来说,在归算前它的坐标位置是相对的。

(3) 单站载波相位动态定位

单站载波相位实时差分技术即 GPS-RTK"1+1"测量模式。

利用一台 GNSS 接收机做基准站,另外一台做流动站,基准站把差分改正数据传输到流动站,从而实现实时的载波相位差分定位。

测量过程一般包括基准站选择和设置、流动站设置、中继站设立等。

【释义】 由于 GPS 测量直接得到 WGS-84 坐标系下的坐标,要得到目标参考系坐标必须进行坐标转换步骤。可通过测区已知点进行点校正工作,输入 RTK 解求坐标转换参数,也可直接从有关部门获取坐标转换参数。

【小知识】

动态后处理技术(PPK)是利用载波相位观测值进行事后处理的动态相对定位。由于是进行事后处理,因此用户无须配备数据通信链,无须考虑流动站能否接收到基准站播发的差分信号,该技术是对 RTK 技术的补充。

① 基准站

基准站架设在已知点上,利用已知点数据向流动站播发差分改正数据。当已知七参数后,也可以把基准站架设在任意位置,但必须要用点校正的方式加以修正。

【释义】 基准站设在任意点上时,基准站得到的是单点定位的数据,当播发差分改正数到流动站时,会导致误差,故流动站需要在一个已知点上进行单点校正,其实质是纠正基准站得到高精度坐标。

② 流动站

接收基准站差分改正数据实现实时动态定位。

③ 中继站

当基准站和流动站有障碍或干扰,信号无法顺利播发和接收时,可以设置中继站。

【释义】 中继站是一部负责接收并转发无线电信号的电台,可以接收由基准站电台发送的信号又将接收到的信号发送出去,一般是外置的独立电台。

(4) 多站载波相位动态定位

多站载波相位动态定位一般采用网络 RTK 方式定位,指利用多个基准站(CORS)建成控制网,数据统一处理后形成改正数据,与流动站的载波相位观测数据进行实时差分,并解算整周模糊度。由于基准站较多,比"1+1"模式更加可靠。

① 单基站网络

单基站网络 RTK 指差分信号从 CORS 网的若干个基准站发出,每个基准站服务一定范围的用户,服务半径可达 30 km。

② 虚拟站技术

虚拟站技术(VRS)数据中心利用与流动位置最接近的多个基准站的观测数据及误差模型,生成一个流动站概略位置的虚拟基准站,然后通过虚拟站把改正数发送给流动站。服务半径达到 40 km。

③ 主副站技术

主副站技术(MAC)是选取 1 个基准站作为主站,网络中其他基准站作为主站的辅助,服务半径达到 40 km。

④ 区域改正数技术

区域改正数技术(FKP)采用整体网络解,将所有参考站每一个观测瞬间所采集的未经差分处理的同步观测值,实时传输给数据处理中心处理,产生一个地区修正参数,然后将参数发送给所有服务区内的流动站。

⑤ 综合内插技术(CBI)

综合内插技术(CBI)将除观测噪音外所有 GPS 系统误差当做综合误差来处理,选择、计算和播发给用户,该技术需要用户端有解算设备。

【释义】 GPS-RTK 实时差分测量得到的结果一般分为单点解、差分解、浮点解、固定解。

◎单点解是流动站与基准站之间没有联系,没有经过差分解算得到的结果;

◎差分解是流动站与基准站差分后由于锁定卫星位置不好或数量不够导致不能正常解算得到的结果;

◎若整周模糊度只是求得实数解,则为浮点解;

◎整周模糊度解算时可以得到整数解,即固定解。

【小知识】

◎全球实时 GPS 系统(RTG)收集全球建立的基准站网数据处理得到差分改正数,传送到卫星,并发送给全球用户进行差分。

◎局域差分 GPS 系统(LADGPS)和局域增强差分 GPS 系统(LAASGPS)是在局部区域中应用差分 GPS 技术,先在该区域中布设一个差分 GPS 网,位于该局域 GPS 网中的用户根据多个基准站所提供的改正消息,经平差后求得自己的改正数。

◎广域差分 GPS 系统(WADGPS)和广域增强差分 GPS 系统(WAASGPS)对 GPS 观测量的误差源分别加以模型化,将计算出来的每一个误差源的差分值传输给用户,对用户在 GPS 定位中的误差加以修正,以达到削弱这些误差源和改善用户 GPS 定位精度的目的。

5. 精度评价指标

(1) 空间位置精度因子

空间位置精度因子(PDOP),反映锁定的卫星的空间几何位置分布程度,范围越大值越小,定位精度越高。

几何精度因子(DOP),也称作精度衰减因子,用来衡量观测卫星的空间位置分布对定位精度的影响。

【释义】 PDOP 反映锁定的卫星的空间几何位置分布程度优劣,短时等待如无改观,意味着卫星受外界影响位置欠佳,应换位置测量。

【小知识】

DOP 分为以下几种:

◎PDOP 三维位置精度因子,受 HDOP 和 VDOP 综合影响;

◎HDOP 水平分量精度因子;

◎VDOP 垂直分量精度因子;

◎TDOP 钟差精度因子,为接收机内时钟偏移误差值;

◎GDOP 几何精度因子,受 PDOP 和 TDOP 综合影响;

◎RDOP 表示精度的稀释程度,和基线位置、卫星在空间中的几何分布及运行轨迹有关,越小越好。

（2）RMS

均方根误差，表明了观测值质量，值越小，观测值质量越好。

（3）RATIO

RATIO 即整周模糊度解算后，次最小 RMS 和最小 RMS 的比值，它反映了求出的整周模糊度的可靠性，一般要求大于 3。

（4）数据剔除率

基线解算时，舍弃的数据与总数据之比，比值越大表示质量越差，详见 GNSS 数据处理章节。

6. GPS 误差

GPS 误差主要分为卫星部分误差、信号传播部分误差、接收机部分误差及其他误差，见表 3.5。

表 3.5　GPS 误差类型和削弱方式

误差类型	误差	削弱方式
卫星部分误差	星历误差 指由广播星历的摄动力产生的误差	把轨道参数作为未知数纳入计算
		建立跟踪网实测轨道数据
		站间求差等方式来改正
	卫星钟差 指卫星原子钟与标准 GPST 误差	建立模型推算
		站间求差
	相对论效应误差 指卫星轨道面和参考椭球面之间因相对论效应导致时间不统一的误差	根据轨道参数在地面预先设置的方式加以改正
信号传播部分误差	电离层误差 指载波经过电离层时折射产生的误差	L_1、L_2 双频观测求差
		模型改正
		短基线站间求差等方式改正
	对流层误差 指载波经过对流层时折射产生的误差	引入参数求解
		模型法改正
		直接测量对流层影响
		短基线站间求差方式改正
	多路径效应影响误差 指载波经过地面反射被接收机接收从而影响正确信号产生的误差（图 3.27）	测站远离大面积水域
		高层建筑和山坡等容易产生反射的地物设站
		测站设在草地等吸收微波强的地方
		设置抑径板、扼流圈
		延长观测时间
接收机部分误差	接收机钟差 指接收机石英钟与卫星钟不同步误差	把接收机钟差当作未知数来解算
		模型改正法
		星间求差
	接收机对中误差	使用强制对中装置观测墩
	信号导致的天线相位中心偏移 指 GPS 信号强度和进入接收机的方向不同而产生的相位偏移	天线方向保持正北
		站间求差
		各接收机用同类型天线

（续表）

误差类型	误差	削弱方式
接收机部分误差	天线相位中心安装误差 指天线相位中心与几何中心偏差	旋转天线法测定 垂直方向可以通过高差比较法测定
其他误差	地球自转	
	地球潮汐	

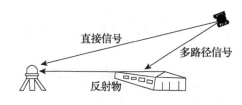

图 3.27 多路径效应

3.6.4 章节练习

（一）单项选择题

1. GPS 测量时对 PDOP 值有要求,该值即（　　）精度因子。

  A. 原子钟   B. 标准

  C. 重力   D. 位置

2. GPS 定位数据中,（　　）不可在载波中解调获取。

  A. 导航电文   B. 测距码   C. 接收机钟差   D. 卫星星历

3. GPS 信号穿过电离层时会产生测距误差,该误差不能通过（　　）来减小。

  A. 双频载波观测求差   B. 模型改正

  C. 短基线站间求差   D. 直接测量电离层的影响

4. GPS 卫星星历数据包含在（　　）中。

  A. Y 码   B. C/A 码   C. P 码   D. D 码

5. GNSS 码相位观测的精度比载波相位观测精度（　　）。

  A. 高   B. 低   C. 相同   D. 无法比较

6. GNSS 测量中,（　　）模式需要解算整周模糊度。

  A. C/A 码定位   B. 精码定位

  C. 载波三差观测值定位   D. VRS 动态定位

7. 以下 GPS 星历中,坐标框架属于 ITRF 的是（　　）。

  A. 广播星历   B. 参考星历   C. 预告星历   D. 精密星历

8. 用 GPS - RTK 进行图根外业测量时,GPS 接收机显示单点解,以下描述正确的是（　　）。

  A. 整周模糊度没有得到整数解导致单点解

  B. 卫星位置不佳,PDOP 超限导致单点解

  C. 基准站和流动站之间没有数据交流导致单点解

D. 含有周跳无法消除导致单点解

9. 进行短基线 GNSS 测量时,( )误差可通过站间求差来减小或消除。

    A. 地球自转   B. 对流层   C. 多路径效应   D. 接收机钟差

10. 以下 GPS 信号中,不是以伪随机码形式播报的是( )。

    A. L_2 载波   B. C/A 测距码   C. 卫星星历   D. 精密测距码

11. 采用基准站和流动站模式进行 RTK 测量,电子手簿输出 2000 国家大地坐标系,以下可能的原因是( )。

    A. 相关规范要求 GPS 输出坐标应为 2000 国家大地坐标系

    B. GPS 接收机接收的数据为 2000 国家大地坐标系

    C. GPS 接收机接收的数据经过基准站差分处理

    D. 基准站输入的已知点坐标为 2000 国家大地坐标系

12. GPS 接收机一般需要接收至少( )颗卫星的测距码信息以解算出待定点的坐标。

    A. 3   B. 4   C. 5   D. 6

13. ( )不能消除或削弱多路径效应对 GPS 定位的影响。

    A. 避开大面积水域   B. 避开泥地、草地

    C. 延长观测时间   D. 使用带抑径板的天线

14. 用 GPS-RTK 方法测制图根点时,发现某点处 PDOP 值不能满足规范要求,首先的操作应是( )。

    A. 调整仪器参数   B. 开机重启   C. 检查仪器故障   D. 短时等待

(二)多项选择题

1. 网络 RTK 测量技术根据解算模式可分为( )。

    A. 单站动态定位   B. 单基站网络 RTK

    C. 虚拟站技术   D. 主副站技术

    E. 全球实时 GPS 定位技术

2. 以下 GPS 定位模式中,没有运用差分技术的是( )。

    A. PPP 定位技术   B. 实时载波相位定位技术

    C. 网络 RTK 虚拟基站模式   D. A 级控制点点观测模式

    E. 手机地图导航绝对定位模式

习题答案与解析

(一)单项选择题

1.【D】 解析:空间位置精度因子(PDOP),反映锁定的卫星的空间几何位置分布程度优劣,范围越大值越小,定位精度越高。

2.【C】 解析:导航电文包括卫星星历、时钟改正、电离层时延改正、工作状态信息以及 C/A 码转换到捕捉 P 码的信息,和测距码都作为伪随机码加载在载波上。

3.【D】 解析:GPS 电离层误差指载波经过电离层时产生的误差。可通过 L_1、L_2 双频观测求差、模型改正、短基线站间求差等方式改正,电离层误差无法直接求得。

4.【D】 解析:导航电文又叫 D 码或数据码,里面以二进制固定格式保存了卫星星历、

原子钟改正数、电离层修正模型,卫星工作状态信息,捕获 P 码信息参数等内容。

5.【B】 解析:载波的频率为(120~154)倍 f_0(GNSS 基准频率),测距码的频率为(0.1~1)倍 f_0,载波波长远比测距码要小,故载波相位观测精度更高。

6.【D】 解析:虚拟站技术(VRS)是网络 RTK 的一种差分技术,由数据中心利用与流动位置最接近的 3 个基准站的观测数据及误差模型,生成一个流动站概略位置的虚拟基准站,然后通过虚拟站把改正数发送给流动站。选项 A、B 不是载波相位定位模式,无须解算整周模糊度,选项 C 在计算中直接消除了整周模糊度。

7.【D】 解析:比广播星历更加精确的星历掌握在美国手里,各国为了提高 GPS 精度采取了后处理星历的模式,所以所谓精密星历并不是 GPS 本身提供的服务,它建立在 IERS 发布的国际参考框架 ITRF 内。

8.【C】 解析:GPS-RTK 得到的结果一般分为单点解、差分解、浮点解、固定解。差分解是流动站与基准站差分后由于锁定卫星位置不好或数量不够导致不能正常解算得到的结果;单点解是流动站与基准站之间没有联系,没有经过差分解算得到的结果;整周模糊度解算时可以得到整数解,即固定解;若整周模糊度只是求得实数解,则为浮点解。

9.【B】 解析:对流层误差指载波经过对流层时产生的误差。通过引入参数求解、模型法改正、直接测量对流层影响、短基线站间求差等方式改正。选项 A、C 无法通过差分改正,选项 D 只能削弱卫星间钟差。

10.【A】 解析:GPS 信号调制码属于伪随机码,伪随机码是取值只有 0 和 1 的二进制周期码,调制在载波上。载波是 GPS 信号的传输载体,故不属于伪随机码。

11.【D】 解析:GPS 接收机接收的是广播星历,所用坐标系为 WGS-84,经过坐标转换后 GNSS 测量应输出 2000 国家大地坐标系,即 GNSS 最终需要使用 2000 国家大地坐标系。基准站和流动站经过差分测量得到的基线数据归算到地面已知点,即纳入了目标参考系,故选 D。

12.【B】 解析:GPS 测量精度影响主要是星历的准确性、原子钟差测量精确度、测量过程中各项误差影响改正。由于 GPS 接收机内一般不安装原子钟,需采取观测至少 4 颗卫星来进行共面约束,使时钟同步的方式校正接收机时钟。

13.【B】 解析:多路径效应指载波经过地面反射被接收机接收从而影响正确信号产生的误差。通过远离大面积水域、高层建筑和山坡等容易产生反射的地物,测站设在草地等吸收微波强的地方,设置抑径板,延长观测时间等方式改正。

14.【D】 解析:PDOP 反映锁定的卫星的空间几何位置分布程度优劣,短时等待如无改观,意味着卫星受外界影响位置欠佳,应换位置测量。

(二)多项选择题

1.【BCD】 解析:网络 RTK 指利用多个基准站(CORS)建成控制网,进行平差形成改正数据与流动站的载波相位观测数据进行实时差分,解算整周模糊度。根据其解算模式可分为单基站网络 RTK、虚拟参考站技术(VRS)、主副站技术(MAC)、区域改正数技术(FKP)等。选项 A 属于单站 RTK 模式,选项 D 是全球实时 GPS 系统(RTG),不属于 RTK 模式。

2.【ADE】 解析:PPP 精密单点定位技术、A 级控制点点观测模式、手机地图导航绝对定位模式都采用绝对定位模式,没有利用差分技术。

3.7 传统大地控制网

3.7.1 传统控制网布设概述

传统大地测量技术是相对于现代空间大地测量而言的,它通过测角、测边推算大地控制网点的坐标,并与高程测量一起,建立三维大地控制网。其主要方法有三角测量法、导线测量法、三边测量法和边角同测法等。

1. 基本观测类型

传统测量基本工作包括角度测量、距离测量、坐标计算、天文测量和高程测量等。

(1)角度测量

一般用全站仪或者经纬仪测量方向,并计算夹角。

在高斯平面直角坐标系中,采用坐标方位角表示角度(取值范围为 $0°\sim360°$),x 轴为中央子午线北方向,坐标方位角为线段与 x 轴北方向的交角。

如图 3.28 所示,直线段 AB 的坐标方位角与直线段 BA 的坐标方位角的关系为:

$$\alpha_{AB} = \alpha_{BA} \pm 180°$$

(2)距离测量

距离测量可以用钢尺测距、电磁波(激光)测距仪测距、视距法测距、全站仪光电测距法测距等方法进行。

【小知识】

视距测量是利用经纬仪、水准仪的望远镜内十字丝分划板上的视距丝在视距尺(水准尺)上读数,根据

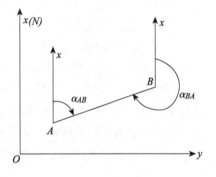

图 3.28 坐标方位角

光学和几何学原理,同时测定仪器到地面点的水平距离和高差的一种方法。

(3)坐标计算

知道了角度观测值和距离观测值即可采用解析法(坐标正算)计算坐标。

(4)天文测量

天文测量以恒星为基准求天文经纬度和天文方位角,通过转换求大地经纬度和大地方位角。

【释义】 天文测量主要用于在传统控制网中用来测量绝对坐标作为控制网起算点,如参心坐标系中定向、特殊情况(山区等)下的起算边测量、垂线偏差改正等。

(5)高程测量

高程测量主要采用水准测量、三角高程测量、GNSS 高程法测量、似大地水准面精化测量等方法。

2. 控制网布设方法

(1)三角测量

三角测量是指采取测角方式测定控制网各三角形顶点坐标的方法建立大地控制网,三

角测量是建立国家天文大地网的主要方法。

【释义】 目前三角测量在大地控制测量领域已经被 GNSS 测量所代替。

① 三角测量优点

控制网结构强度强，检核条件多，网状分布，控制面积大，精度高，地形限制小。

② 三角测量缺点

隐蔽地区布网困难，边长精度不均，要加测天文经纬度和天文方位角来弥补。

【释义】 三角测量是在测边技术还没发展的情况下布设大地控制网的手段。

三角测量要素分为直接测量要素和间接测量要素，其中控制点的坐标和三角形边长都需要推算，属于间接测量要素，所以三角网的边长测量精度较弱。

（2）导线测量

导线测量是指测量导线长度、转角和高程推算坐标建立大地控制网的方法，在西藏等少数地区天文大地网的布设主要采用此方法，目前导线测量主要应用于工程测量领域和其他一些特殊领域。

① 导线测量优点

布设灵活，边长精度均匀，适用于一些 GPS 无法测量的直伸形特殊地域，如贯通测量等，作为 GPS 布网的补充。

② 导线测量缺点

检核条件少，结构强度低，控制面积小。

【释义】 一、二等导线主要在特殊情况下作为天文大地网布网的补充，目前已经基本不采用该方法，工程测量中一般采用三、四等导线。

（3）三边测量和边角同测法

三边测量和边角同测法只在特殊情况下使用，一般用于对精度要求较高的小区域工程测量。

【释义】 在工程测量中一般把小三角测量、边角测量等统称为三角形网测量。

（4）高程控制网

传统大地控制网和高程控制网分开布网，分别以地球椭球面和大地水准面作为参考面来确定地面点的坐标和高程。

3.7.2 平面传统大地测量仪器

平面传统大地测量仪器主要有经纬仪、光电测距仪、全站仪等。

1. 经纬仪

经纬仪是一种根据测角原理设计的测量水平角和竖直角的测量仪器，分为光学经纬仪和电子经纬仪。

（1）经纬仪结构

如图 3.29 所示，经纬仪包括基座、度盘（水平度盘和垂直度盘）以及照准部三个部分。基座（可以拆卸）用来支撑整个仪器，水平度盘用来测量水平角，垂直度盘用来测量垂直角，照准部上

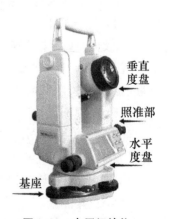

图 3.29　电子经纬仪

有望远镜、水准管以及读数装置等部件。

【释义】 经纬仪只能测角,可与外接光电测距仪整合成半站仪,半站仪已经被全站仪替代。在全站仪普及前,经纬仪可组装成平板仪,与水准尺搭配使用可测量距离和角度,用来测量大比例尺地形图。

(2)经纬仪分级

以 DJ1 型号经纬仪为例,DJ1 代表该经纬仪一测回方向观测中误差不大于 $1''$,DJ 为大地经纬仪拼音简写,因测角中误差由两个等精度方向观测误差影响,故该经纬仪一测回测角中误差不大于 $\sqrt{2} \cdot 1'' = \sqrt{2}''$,DJ2、DJ6、DJ07 依此类推。各级光学经纬仪指标见表 3.6。

表 3.6　光学经纬仪指标

等级	DJ07	DJ1	DJ2
一测回方向中误差(″)	≤0.7	≤1	≤2
用途	一等三角测量	一、二等三角测量	三、四等三角测量

2. 光电测距仪

光电测距仪通过发射电磁波观测照准点反光镜,获取光路时间差来测算距离。

【释义】 除了高精度的独立光电测距仪外,主要的光电测距仪还包括全站仪的测距部分和手持激光测距仪。

(1)光电测距仪标称精度

光电测距仪标称精度公式如下:

$$m_D = a + b \cdot D$$

式中　m_D——光电测距仪标准误差;

　　　a——固定误差,单位为 mm;

　　　b——比例误差,单位为 mm/km;

　　　D——测距,单位为 km。

(2)光电测距仪分级

① 按测程分级

光电测距仪等级按测程划分为中、短程光电测距仪(小于 15 km)及长程光电测距仪(大于 15 km)。

② 按精度分级(见表 3.7)

表 3.7　光电测距仪指标(归算到 1 km 的标准差)

等级	中、短程标准差/mm	长程标准差/mm
一	$m_D \leqslant (1+D)$	$m_D \leqslant (5+D)$
二	$(1+D) < m_D \leqslant (3+2D)$	
三	$(3+2D) < m_D \leqslant (5+5D)$	
四(等外)	$m_D > (5+5D)$	

3. 全站仪

全站仪即全站型电子速测仪(图 3.30),是集水平角、垂直角、距离、高差测量功能于一体的测绘仪器系统。与光学经纬仪比较,全站仪将光学度盘换为光电扫描度盘,以电子屏幕显示,自动进行坐标计算。全站仪指标见表 3.8。

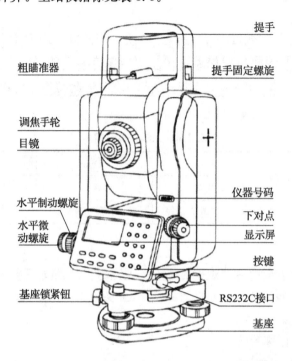

图 3.30 全站仪

表 3.8 全站仪指标(归算到 1 km 的标准差)

等级	测距标准差/mm	一测回角度标准偏差
一	$1+D\times10^{-6}$	1.0″
二	$3+2D\times10^{-6}$	2.0″
三	$5+5D\times10^{-6}$	5.0″
四	$5+5D\times10^{-6}$	10.0″

【释义】 全站仪以测角定级时指的是一测回测角中误差,与经纬仪不同,但在现行工程测量规范里另有规定,需要注意。

3.7.3 三角网

传统的大地测量框架由天文大地网维持和实现,主要采用三角测量方式布设,在特殊地区采用导线法布设。

【释义】 全国天文大地网即国家大地控制网一、二等控制网,由于加测了天文经纬度,所以称为天文大地网。

1. 三角网布设要求

(1) 布设原则

◎分级布网,逐级控制。

◎有足够精度。

◎有足够密度。

◎有统一规格。

◎在保证一定精度和密度的情况下可以跨级布设。

(2) 分级布网

图 3.31 为三角网示意图。

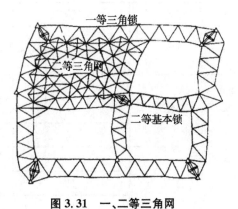

图 3.31 一、二等三角网

① 一等三角锁

一等三角锁是三角网的框架和骨干,应沿经纬线方向布设成锁状,覆盖全国。

每个锁段长约 200 km,在锁环与锁段交叉处要加测一条一等起始边,并测量该边两端点天文经纬度和天文方位角,在每个锁段中间要加测一个天文大地点,来控制误差累积和计算垂线偏差。

一等三角网平均边长在平原地区为 20 km 左右,山区为 25 km 左右。

② 二等三角网

二等三角网在一等三角锁内以连续三角形布设,平均边长在城市等经济发达地区为 9 km 左右,其他地区为 13 km 左右。

③ 三、四等三角网

三、四等三角网在一、二等三角锁内以连续三角形或插点形式加密布设。三等三角网平均边长可在 4～10 km,四等三角网平均边长可在 1～6 km。

二、三、四等三角网三角形内角不得小于 30°,地形困难区不小于 25°。

(3) 三角网控制点数要求(表 3.9)

表 3.9　三角网控制点数要求

等级	测图比例尺	每幅图要求点数	平均边长/km
二等	1∶5 万	3	13
三等	1∶2.5 万	2～3	8
四等	1∶1 万	1	2～6

2. 三角网观测要求

三角网观测要求见表 3.10。

表 3.10　三角网观测要求

等级	仪器	测回数或全组合角	三角形最大闭合差/″
一等	J07	36(35)	2.5
	J1	42(40)	

（续表）

等级	仪器	测回数或全组合角	三角形最大闭合差/″
二等	J07	12	3.5
	J1	15	
三等	J07	6	7.0
	J1	9	
	J2	12	
四等	J07	4	9.0
	J1	6	
	J2	9	

【释义】 表3.10中，三角形最大闭合差等于相应等级测角中误差的$2\sqrt{3}$倍，即取中误差的两倍作为闭合差限差。

3. 归心改正

测站或照准点标石中心与仪器中心不一致造成的误差叫归心误差。偏心距e、偏心角θ统称为归心元素。

归心元素的测定方法有利用网格纸法和直接测量法。网格纸法用归心投影纸图解归心元素；直接测量法是用测量工具，如钢尺、经纬仪、全站仪等直接解析归心元素的方法。

【释义】 偏心距为实际测点与正确测点之间的距离。

偏心角为实际观测方向与正确观测方向之间的夹角。

【小知识】

◎方向的归心改正公式（图3.32）

$$c = e_Y\rho \cdot \sin(M+\theta)/S$$

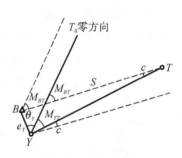

图3.32 归心改正

式中　c——方向归心改正；

e_Y——测站偏心距；

θ——测站偏心角；

ρ——弧度和秒的换算关系，是一个常数，取值为206 265；

M——目标方向与零方向夹角，即起始方向到零方向的夹角；

S——测站到目标的概略距离。

◎边长的归心近似改正公式（当偏心距很小时）

$$D = D_e - e \cdot \sin\theta$$

式中　D——正确的边长；

D_e——偏心观测边长；

e,θ——归心元素。

4. 三角点观测流程

（1）准备工作

安装仪器、确定仪器整置中心、测定归心元素、打测伞、整置仪器、选择零方向、编制观测度盘表。

（2）观测和测站计算

观测完成后离开本点前，完成测站成果的计算检查，埋封标石。

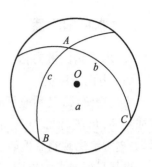

图 3.33　球面三角形

（3）外业验算内容

◎检查观测手簿、归心投影用纸。

◎编制已知控制点数据表和绘制三角锁略图。

◎三角形近似球面边长和球面角超计算，如图 3.33 所示，ABC 为球面三角形（三角形三边为大圆弧）。

◎归心改正计算。

◎分组观测值平差（大于 6 个方向要分组测角）。

◎三角形闭合差和测角中误差计算。

◎近似平面坐标和地球曲率改正计算。

◎极条件闭合差、基线条件闭合差、方位角条件闭合计算。

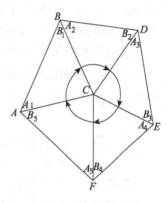

图 3.34　极条件闭合差

【释义】　球面角超为大地三角形内角和与平面三角形内角和之差。

极条件闭合差为中点多边形和大地四边形共同的极点不符值，如图 3.34 所示。

基线条件闭合差为从一条已知边推算至另一条已知边边长的闭合差，如图 3.35 所示。

方位角条件闭合为从一已知方位角推算至另一已知方位角闭合差，如图 3.35 所示。

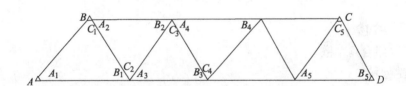

图 3.35　基线条件和方位角条件

【小知识】

在三角测量中，每个三角形的内角都要测量，故三角形闭合差可以求出，由三角形闭合差 ω 估算测角中误差（菲列罗公式）。

$$m = \sqrt{[\omega\omega]/3n}$$

式中　m ——三角形测角中误差估值；

　　　ω ——三角形闭合差；

　　　n ——三角形个数。

3.7.4 水平角测量

1. 水平角测量方法

（1）方向观测法

方向观测法（又称全圆观测法）用于三、四等三角网或地面、低觇标二等三角网的观测。如图 3.36 所示，方向观测法观测流程如下：

选择目标清晰的方向（假设为 A 方向）为零方向，上半测回在盘左观测，先照准零方向，即顺时针依次照准 A、B、C、D 方向，下半测回在盘右按逆时针 D、C、B、A 方向观测，上下半测回合称一测回。

若上下半测回依次观测了各方向之后再观测一次零方向，即上半测回观测顺序为 A、B、C、D、A，下半测回观测顺序为 A、D、C、B、A，则称为全圆方向观测法。

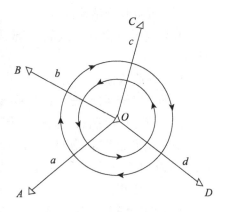

图 3.36　全圆测角法

当观测方向数大于 3（包括零方向）时应采用全圆方向观测法。

（2）分组观测法

观测大于 6 个方向必须采用分组观测法。分组时，每组包含的方向数应大致相等，分组之间要至少联测两个共同方向，其中一个方向应是共同的零方向。

（3）全组合观测法

在一等三角网或高觇标二等三角网采用全组合观测法，要观测所有组合角。

组合角个数

$$K = n(n-1)/2$$

式中　n——方向数；

　　　K——组合角个数。

2. 测站检核

水平角测量测站应检核的限差有半测回归零差、一测回内 $2C$ 互差、同方向各测回互差、两次重合读数差。

◎半测回归零差指的是每个半测回两次观测零方向之较差应符合要求。

◎一测回内 $2C$ 互差指的是每个测回各方向盘左、盘右观测值之差的互差应符合要求。

◎同方向各测回互差指的是同一个方向各测回间观测值较差应符合要求。

◎两次重合读数差指的是同方向两次重合读数之差。

【释义】　视准轴误差 C 指视准轴不正交于水平轴的误差，$2C$ 即 2 倍视准轴误差，等于同方向盘左、盘右观测值之差。$2C$ 互差指两个 $2C$ 值之间的较差，通常指同测回各方向最大 $2C$ 值与最小 $2C$ 值之差，反映了测角仪器 $2C$ 值的稳定状况。

盘左：仪器的垂直度盘在观测者的左边，也称为正镜，水平目标竖直盘读数为 90°。

盘右：倒镜，水平目标竖直盘读数为 270°。

$$盘左读数 = 盘右读数 - 180°$$
$$2C = 盘左读数 - (盘右读数 \pm 180°)$$

3. 水平角观测误差

水平角观测误差主要有仪器误差、外界环境引起的误差、人为操作误差以及观测误差和客观因素误差等。

（1）仪器误差

仪器误差主要包括视准轴误差、水平轴倾斜误差、垂直轴倾斜误差以及度盘分划误差。

① 视准轴误差是指视准轴（十字丝交点与物镜光心的连线）与水平轴不正交产生的误差，即 C 误差。

该误差可用盘左、盘右观测值取平均数的方式来削弱。

② 水平轴倾斜误差是指水平轴不垂直竖轴误差。

该误差也可用盘左、盘右观测值取平均数的方式来削弱。

③ 垂直轴倾斜误差主要受仪器整平误差或垂直轴不平行水准管轴误差影响。

垂直轴倾斜误差不能通过盘左、盘右观测取平均数来消除。该误差可通过测回间增加整平次数，加读照准部水准器格值计算倾斜改正等方式来削弱。

④ 度盘分划误差是指水平度盘刻度不均匀误差。

该误差可用分配度盘和测微器位置、编制度盘分划表的方式削弱。

【小知识】

$$\alpha_j = (180°/m)j + x$$

式中 j—— 测回序号；

x—— 尾数，使其不等于 $0'$，J1 仪器取 $4'$，J2 仪器取 $10'$；

m—— 测回数；

α_j——j 测回度盘分划值。

（2）外界环境引起的误差

① 目标成像质量误差是指受视线距离、地表温度、空气质量等影响，目标成像的质量对观测的影响。

该误差可通过提高视线、选择有利观测时间削弱。

② 觇标内架或脚架因温差扭转产生的误差。

该误差可采取选择良好观测时间，上下半测回观测顺序相反，避免仪器因日晒雨淋造成温差等方式削弱。

③ 照准目标相位差是指觇标（图 3.37）照准圆筒明暗对目标瞄准造成的误差。

该误差可采取上、下午各观测半测回，以及将目标筒涂色易于辨认等方法削弱。

④ 水平大气折光误差是指光线因通过的区域大气密度不同产生折射导致的误差，分为水平折光（旁折光）误差和垂直折光误差。

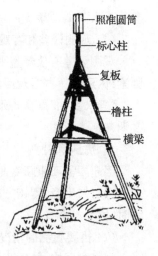

照准圆筒
标心柱
复板
橹柱
横梁

图 3.37 觇标

以下措施可以削弱水平折光误差：

◎保证视线离开障碍物一定距离。

◎采用不同时间段观测。

◎选择良好观测时间。

◎缩短边长等方式。

水平折光的规律如下：

◎白天和夜间折光误差绝对值趋于相等,符号相反。

◎视线越靠近地物(或通过距离越长),水平折光影响越大。

◎引起空气密度不均匀的地物越靠近测站,水平折光影响就越大,如图3.38所示。

◎视线方向与水平密度梯度方向越垂直,水平折光影响越大。

（3）人为操作误差

① 照准部转动时的弹性带动误差是指照准部转动时与基座相连的水平度盘也被带动而发生微小的方位变动而造成的误差。

该误差可通过半测回或一测回内照准部旋转方向保持不变来削弱。

② 脚螺旋的空隙带动误差是指脚螺旋与螺孔之间存在微小空隙,旋转角螺旋时因空隙变动产生的误差。

该误差可通过照准目标之前将照准部按预定旋转方向转动1～2周,在以后半测回中,照准旋转方向始终不变的方法来削弱。

③ 水平微动螺旋的隙动差是指水平微动螺旋弹簧的弹力减弱给读数带来的误差。

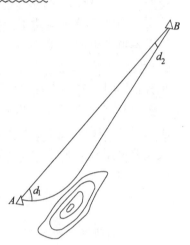

图3.38 地物引起水平折光影响

该误差可通过照准目标均需向旋进方向转动水平微动螺旋来压紧弹簧的方法来削弱。

【小知识】 旋进将使视准轴向左旋动,所以照准目标应在望远镜竖丝的左侧少许,并尽量使用水平微动螺旋的中间部位。

（4）观测误差和客观因素误差

观测误差有仪器整平误差、照准误差、读数误差、视差造成的误差等,除以上造成误差的因素外,还有一些客观因素造成的误差。

【释义】 视差误差形成的原因是望远镜瞄准时目标成像与十字丝面未重合,可通过反复调焦来削弱。

4. 重测和补测

因超限需要重新观测的完整测回称为重测。

因对错度盘、测错方向、读记错误或因中途发现条件不佳等原因而放弃的测回,重新观测时,称为补测。

（1）需要重测的情况

◎一测回中,如重测方向超过(含)所测方向总数的1/3,应重测全部测回。

◎零方向超限,需重测全部测回。

◎在一个测站上,若基本测回重测的方向测回数超过(含)全部的方向测回总数的1/3,则该份成果全部重测。

◎重测必须联测零方向。

◎因三角形闭合差、极校验、基线条件和方位角条件闭合差超限重测,应重测整份成果。

◎测站水准管气泡偏离过大,重测整个测回。

(2) 观测值超限的取舍

◎孤值指某个观测值明显偏离其他观测值,应重测该测回。

【释义】 如某组观测值:2.1,1.9,2.2,2.1,2.2,2.6,其中只有 2.6 明显偏离并超限,只需重测该测回即可。

◎一大一小指有一大一小两个孤值明显偏离其他观测值,应重测最大和最小的测回。

【释义】 如某组观测值:2.1,1.5,2.2,2.1,2.2,2.6,应重测观测值为 1.5,2.6 的测回。

◎观测值分群指观测成果随时间段不同而明显分群,则应重测全部测回。

【释义】 如某组观测值:2.1,2.3,2.2,2.6,2.7,2.6,应重测全部测回。

3.7.5 垂直角观测

三角测量时如加测了垂直角,即用三角高程方法求目标测站高程值。

1. 三角高程测量方法

(1) 三角高程测量原理(图 3.39)

三角高程测量是通过观测两点间的水平距离和天顶距求两点间高差的方法。

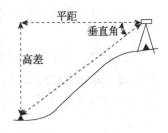

$$H_b = D \cdot \tan A + i - v + H_a$$
$$H_b = D \cdot \tan A + (1-k) \cdot D^2/2R + i - v + H_a$$

图 3.39 三角高程

式中 H_b, H_a—— 目标点、测站点高程;

  D—— 测站到棱镜的平距;

  A—— 垂直角;

  i—— 仪器高;

  v—— 棱镜高;

  k—— 测区平均折光系数;

  R—— 测区平均曲率半径。

【释义】 上面第一式为短距不考虑球气差的情况,第二式考虑了球气差。

在精度要求不高的情况下地球平均曲率半径可取 6 371 km。

(2) 垂直角读数法(图 3.40)

① 中丝法

中丝法直接用经纬仪中丝瞄准目标读数,如三角测量

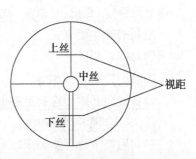

图 3.40 经纬仪望远镜十字丝

采用中丝法测量时,每个方向要观测四测回。

② 三丝法

三丝法则用上、中、下三根水平丝依次照准目标读数,并计算上、下丝平均值。如三角测量采用三丝法测量时,每个方向要观测两测回。

【释义】

◎垂直角为水平距离和视准轴的交角,角值范围为 0°～±90°。视线在水平线的上方,垂直角为仰角,符号为正;视线在水平线的下方,垂直角为俯角,符号为负。

◎天顶距为测站点天顶起算到视准轴的交角。

◎以天顶距模式为读数标准时,垂直角读数有以下关系,以顺时针注记的竖盘为例。

$$盘左读数＋盘右读数 ＝ 360°$$
$$盘左垂直角 ＝ 90°－盘左读数$$
$$盘右垂直角 ＝ 盘右读数－270°$$

平均后

$$垂直角 ＝(盘左垂直角＋盘右垂直角)/2$$

一般全站仪已经自动计算得到了垂直角,无须采用上式计算。

(3) 指标差

垂直度盘读数指标的实际位置与正确位置之差叫指标差。计算垂直角前,应先计算指标差。

【释义】 由于指标线偏移,当视线水平时,竖盘读数不是恰好等于 90°或 270°,这个很小的角度称为竖盘指标差。垂直角和指标差的计算方法依仪器不同而不同,可以通过盘左、盘右一测回观测消除。此处列出常用的指标差公式:

$$指标差 ＝(盘左读数＋盘右读数－360°)/2$$

2. 三角高程的两差改正

两差改正指的是球气差改正,即地球曲率改正和垂直大气折光误差改正。

(1) 地球曲率改正

取当地平均地球曲率计算球差加以改正。

(2) 垂直大气折光误差改正

垂直大气折光系数一般在 0.09～0.16 之间,平原地区短边导线可能出现负数。它在中午前后较稳定;日出、日落前后较大,且变化较快。

减弱措施主要有:

◎对向观测。

◎前后视距大致相等。

◎视线离开地面应有足够的高度。

◎选择合理的观测时间。

◎利用短边传算高程来减弱影响。

◎在坡度较大的地段应适当缩短视线。

【释义】 对向观测指在 A 点设站对 B 点进行了垂直角观测后,又在 B 点设站对 A 点进行观测,削弱了球气差影响。垂直角采用对向观测,而且又在尽量短的时间内进行,大气折光系数的变化是较小的,因此即刻进行的对向观测可以很好地抵消大气折光的影响。

【小知识】

三角高程测量在距离大于 300 m 时要考虑大气折光影响。

由于三角高程测量中,影响误差的因素很多,因测量条件不同精度可能相差较大,故取最不利的情况估算精度。

$$M = \pm 0.025S$$

式中 M—— 最不利情况下对向测量高差中数中误差(m);

S—— 对向观测距离(km)。

3.7.6 导线

导线测量是在地面上选定一系列点连成折线,在点上设置测站,然后采用测边、测角方式来测定这些点的平面位置的方法。

1. 导线分类

(1) 附合导线

① 一端有方位角的附合导线

如图 3.41(a)所示,一端有已知方位角,附合于已知点上,最弱边方位角(离已知边最远的边)中误差计算如下(图 3.42):

$$m_{Tn} = \pm \sqrt{m_{T0}^2 + nm_{\beta}^2}$$

② 两端有方位角的附合导线

如图 3.41(b)所示,附合导线两端有已知方位角,最弱边方位角(中间的边)中误差计算如下(图 3.42):

$$m_{T中} = \pm \sqrt{\frac{m_{T0}^2}{2} + \frac{(n+1)m_{\beta}^2}{4}}$$

式中 m_{Tn}—— 一端有已知方向的最弱边方位角中误差;

$m_{T中}$—— 两端有已知方向的最弱边方位角中误差;

m_{T0}—— 已知边方位角中误差;

m_{β}—— 测角中误差;

n—— 折角个数。

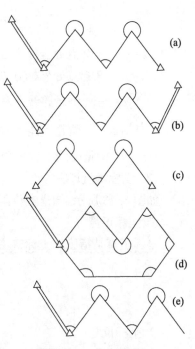

图 3.41 导线类型

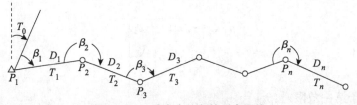

图 3.42 一端有方位角的附合导线

【释义】 以上两个公式可以根据误差传播定律简单推导,无须背诵。

③ 无定向导线

如图 3.41(c)所示,导线没有方位角,附合于两个已知点上。由于没有方向检核,精度比附合导线要低,比支导线要高。

【释义】 无定向导线是先以虚设的方位角推算,附合到另一个已知点后再计算实际方位角。

(2)闭合导线

如图 3.41(d)所示,导线闭合于已知方位角和已知点上。闭合导线方位角闭合差的计算与附合导线有所不同,其他基本相同。

(3)支导线

如图 3.41(e)所示,一端有已知方位角,但另一端不能附合。

2. 导线的计算

(1)坐标方位角传算

知道起始方位角后测量路线上各转折角,即可推算各导线边方位角。

$$\alpha_{终点} = \alpha_{起点} + \sum \alpha_{左} \pm n \cdot 180°$$

或

$$\alpha_{终点} = \alpha_{起点} - \sum \alpha_{右} \pm n \cdot 180°$$

式中 $\alpha_{终点}$——终点处坐标方位角;

$\quad\quad \alpha_{起点}$——起点处坐标方位角;

$\quad\quad \sum \alpha_{左}$——测量路线上左边方位角之和;

$\quad\quad \sum \alpha_{右}$——测量路线上右边方位角之和;

$\quad\quad n$——测量路线上折角个数。

(2)坐标增量计算

如图 3.43 所示,知道方位角和距离后即可计算坐标值增量。

① 坐标正算

坐标正算是指已知坐标方位角和距离后计算坐标。

$$\Delta x = D_{AB} \cdot \cos \alpha_{AB}$$
$$\Delta y = D_{AB} \cdot \sin \alpha_{AB}$$

② 坐标反算

坐标反算是指已知两点坐标求坐标方位角和距离。

$$D_{AB} = \sqrt{\Delta x^2 + \Delta y^2}$$

$$\alpha_{AB} = \arctan \left| \frac{\Delta y}{\Delta x} \right|$$

当 α_{AB} 位于第一象限时,$\beta_{AB} = \alpha_{AB}$;

当 α_{AB} 位于第二象限时，$\beta_{AB} = 180° - \alpha_{AB}$；

当 α_{AB} 位于第三象限时，$\beta_{AB} = 180° + \alpha_{AB}$；

当 α_{AB} 位于第四象限时，$\beta_{AB} = 360° - \alpha_{AB}$；

式中　α_{AB}——线段 AB 的象限角；

　　　β_{AB}——线段 AB 的坐标方位角；

　　　$\Delta x , \Delta y$——坐标增量；

　　　D_{AB}——线段 AB 之间距离。

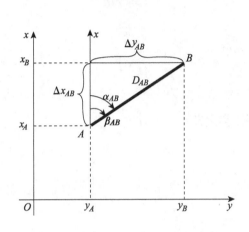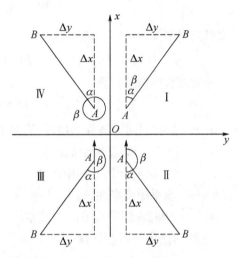

图 3.43　坐标增量和方位角计算

（3）未知点坐标计算

$$x_B = x_A + \Delta x$$
$$y_B = y_A + \Delta y$$

式中　x_B , y_B——未知点 B 坐标；

　　　x_A , y_A——已知点 A 坐标。

（4）闭合差的配赋

① 方位角闭合差

导线方位角闭合差的调整方法是将闭合差反符号后按折角个数平均分配。

② 坐标增量闭合差

导线坐标增量闭合差的调整方法是将闭合差反符号后按边长成比例分配。

【释义】　导线横向误差是垂直于导线路线方向的误差，主要由测角误差引起；导线纵向误差是平行于导线路线方向的误差，主要由测距误差引起。

（5）导线全长相对闭合差计算

$$\Delta D = \sqrt{\Delta x + \Delta y}$$
$$M = \Delta D / S$$

式中　M—— 导线全长相对闭合差；

　　　ΔD—— 导线全长闭合差；

　　　Δx，Δy—— 导线分量闭合差；

　　　S—— 导线全长。

(6) 精度评定

① 边长相对中误差计算

◎一次测量边长中误差计算

$$m_0 = \pm \sqrt{[dd]/2n}$$

◎对向观测平均值中误差计算

$$M = m_0 / \sqrt{2}$$

◎相对边长中误差计算

$$M/D = 1/(D/M)$$

式中　d—— 归化到同一高程面的往、返测水平距离之差；

　　　n—— 往、返距离差值个数；

　　　m_0—— 一次测量误差的中误差；

　　　D—— 水平距离平均值；

　　　M—— 对向观测平均值的中误差。

② 水平角测角中误差计算

$$m_\beta = \pm \sqrt{[\Delta\Delta]/4N}$$

同一测区,闭合图形超过 20 个,按下式计算测角中误差。

$$m_\beta = \pm \sqrt{\left[\frac{[\omega\omega]}{n}\right]/N}$$

式中　m_β—— 导线环的角度闭合差或附合导线的方位角闭合差；

　　　ω—— 导线环的角度闭合差或附合导线的方位角闭合差；

　　　Δ—— 按测站左、右角计算的圆周角闭合差；

　　　n—— 计算时的相应测站数；

　　　N—— 闭合环及附合导线的总数。

3. 导线网的精度要求

导线网的精度指标见表 3.11。

表 3.11　导线网的精度指标

等级	附合导线长度	边长/km	测角中误差/″	边长相对中误差	最弱边相对中误差	方位角中误差/″	方位角闭合差/″	导线全长相对闭合差
一等			±0.7	1∶25 万	1∶20 万	±0.9		
二等			±1.0	1∶20 万	1∶12 万	±1.5		

（续表）

等级	附合导线长度	边长/km	测角中误差/″	边长相对中误差	最弱边相对中误差	方位角中误差/″	方位角闭合差/″	导线全长相对闭合差
三等	14	3	±1.8	1:15万	1:7万	±2.5	$\pm3\sqrt{n}$	1/60 000
四等	9	1.5	±2.5	1:8万	1:4万	±4.5	$\pm5\sqrt{n}$	1/40 000
一级	4	0.5	±5.0	1:3万			$\pm10\sqrt{n}$	1/14 000
二级	2.4	0.25	±8.0	1:14 000			$\pm16\sqrt{n}$	1/10 000
三级	1.2	0.1	±12.0	1:7 000			$\pm24\sqrt{n}$	1/6 000
图根	0.5	0.08	±20(30)	1:4 000			$\pm40\sqrt{n}(60\sqrt{n})$	1/4 000

备注	表中,由于目前导线测量主要应用于工程测量中,故三等以下取《工程测量规范》要求,图根控制网没有等级,列于此便于比较。 n 为折角个数,括号中为一般图根导线点要求。 同等级三角网精度要求与导线网基本一致,表中边长项为导线要求,三角网边长要求详见三角网部分。 最弱边相对中误差指控制网中精度最差的边长相对中误差,边长相对中误差指全网平均边长相对中误差

4. 导线测量实施

（1）导线布设要求

◎如图 3.44 所示,导线控制网应逐级布设,且宜布设成带有结点的导线控制网。

◎附合导线应布设成直线状,边数不宜超过 10 条。

◎作为测区首级控制时,须布设成网状。

◎附合导线相邻边长之比不宜超过 1:3。

◎导线网中,结点与高级点、结点与结点之间的导线边数不宜超过 7 条。

（2）导线测量要求

大地测量里,导线测量流程与三角测量基本相同,工程测量里导线测量要求将在工程测量章节叙述。

① 选点造标埋石要求

选点造标埋石要求与三角测量基本相同。

② 观测时间要求

在日出后 1 h 到日落前 1 h 观测。

③ 边长测量要求

一、二等导线边用长程测距仪观测,光电测距仪标称精度不得低于(5+D)mm,三、四导线边采用中程测距仪。

各等导线观测要求见表 3.12 和表 3.13。

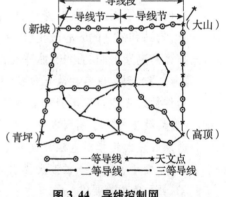

图 3.44　导线控制网

表 3.12　一、二等导线观测要求

项　　目	一、二等导线
每边观测总测回数	16
最少观测时间段	往返测者不同时间段观测
每时间段观测的最多测回数	10
同时间段气象改正后测回互差限值	20 mm
一测回读数次数	4
一测回读数互差限值	20 mm
不同时间段气象改正和归心改正后测回互差限值/mm	$5+3S$(S 单位为 km)

表 3.13　三、四等导线观测要求

等级	测距仪等级	往测(测回)	返测(测回)	备注
三	1	2	2	或用不同时间段代替往返测
	2,3	4	4	
四	1,2	2	2	
	3	4	4	

边长测量需要进行气象修正、加常数和乘常数修正、周期误差修正、斜距化为水平距离的计算、测站和镜站的归心改正、水平距离投影到参考椭球面的边长计算、参考椭球面上的边长归算到高斯平面的边长、水平距离归算到任意高程面上的边长等改正。

【释义】　测距仪常数改正包括加常数改正和乘常数改正。

加常数改正指为了削弱仪器内部安置中心和测距中心不一致产生的固定误差所加的改正;乘常数改正指为了削弱电磁波频率与标准值的差值产生的比例误差所加的改正。

周期误差改正指对电磁波波长尾数周期性改变造成的误差所加的改正。

另外,由于长距离电磁波会因引力等因素产生弯曲,测距时还要加波道曲率改正。

④ 水平角观测要求

如只有 2 个方向时,各等级导线全采用测回法;如多于 2 个方向时,一、二等导线采用全组合法,三、四等导线采用方向观测法,其他要求等同于同等级三角测量。

各测回间应配置度盘,使用全站仪的话则无须配置度盘。

水平角观测测回数和测站检核见表 3.14。

表 3.14　水平角观测测回数和测站检核:方向权数＝测回数×方向数

仪器	一等方向权数	二等方向权数	三等	四等	半测回归零差/″	一测回 2C 互差/″	同方向各测回互差/″
J1	60	40(42)	12 测回	8 测回	6	9	6
J2			16 测回	12 测回	8	13	9

【释义】　测回法指在总测回的奇数测回观测前进方向的左角,偶数测回观测前进方向

的右角,左右角闭合差应符合要求。

⑤ 高程测量要求

三、四等导线高程可采用三角高程测量法。

三、四等导线高程计算之前,需要施加正常水准面不平行改正、路线闭合差改正。

采用中丝法两次读数,J1 测量两个测回,J2 测量四个测回。

3.7.7　章节练习

(一) 单项选择题

1. 采用全站仪进行水平角测量,测站设置时棱镜常数和大气改正数输入不正确,所测结果
（　　）。

　　A. 偏大　　　　　　B. 偏小　　　　　　C. 不受影响　　　　D. 受影响可能偏大和偏小

2. 在大地测量中,坐标方位角的范围是（　　）。

　　A. 0°~360°　　　B. 0°~180°　　　C. −90°~+90°　　D. 0°~90°

3. 在传统大地控制网建设中,以下关于三角测量法特点的描述中错误的是（　　）。

　　A. 常加测天文控制点控制误差累积　　　B. 控制面积大,图形结构强

　　C. 受地形限制小,推进快　　　　　　　D. 网型一般采用等边三角形,边长精度均匀

4. 在四等三角测量时,每幅 1∶1 万比例尺地形图需要布设（　　）个控制点。

　　A. 1　　　　　　　B. 2　　　　　　　C. 3　　　　　　　D. 4

5. 在二等三角测量时,不需要进行（　　）的工作。

　　A. 测定归心元素　　　　　　　　　　　B. 计算坐标增量闭合差

　　C. 估算测角中误差　　　　　　　　　　D. 计算球面角超

6. 三角高程测量要求对向观测垂直角,计算往返高差,主要目的是（　　）。

　　A. 有效地抵偿或消除垂直角读数误差的影响

　　B. 有效地抵偿或消除度盘分划误差的影响

　　C. 有效地抵偿或消除仪器高和觇标高测量误差的影响

　　D. 有效地抵偿或消除球差和气差的影响

7. （　　）不影响三角高程测量精度。

　　A. 仪器高测量误差　　　　　　　　　　B. 水平折光引起的误差

　　C. 水平距离测量误差　　　　　　　　　D. 天顶距测量误差

8. 用经纬仪测量水平角时,盘左和盘右瞄准同一方向的水平度盘读数理论上应相差
（　　）。

　　A. 0°　　　　　　　B. 90°　　　　　　C. 180°　　　　　　D. 不确定

9. 一端有已知点和已知方位角,另一端没有已知方位角,也没有已知点,这种导线是
（　　）。

　　A. 一端有方位角的附合导线　　　　　　B. 最小定向导线

　　C. 无定向导线　　　　　　　　　　　　D. 支导线

10. 直伸导线的横向误差主要由（　　）误差引起。

　　A. 折光　　　　　　B. 地球曲率　　　　C. 测距　　　　　　D. 测角

11. 三角高程观测时,( )不能削弱地球曲率误差的影响。

    A. 在短时间内进行对向观测   B. 尽量缩短视线距离

    C. 视线离开地面足够的高度   D. 尽量保持每站距离相等

12. 导线测量时,每个测站应检核的限差项目不包括( )。

    A. 测回间归零差   B. 测回内 $2C$ 互差

    C. 同方向各测回互差   D. 两次重合读数差

13. 按现行规范的规定,附合导线宜布设成等边直伸状,导线边不宜超过( )条。

    A. 7   B. 8   C. 9   D. 10

14. 已知高斯投影面上某两点的平面坐标,求两点的间距和方位角叫做( )。

    A. 坐标正算   B. 坐标反算   C. 高斯正算   D. 高斯反算

15. 按照《三、四等导线测量规范》规定,四等导线平均边长相对中误差不应大于( )。

    A. 1∶4万   B. 1∶4.5万   C. 1∶7万   D. 1∶8万

16. 在水平角测量过程中,整个测回结束后发现水准管气泡偏离过大,应( )。

    A. 重新整平后,重测整个测回   B. 重新整平,观测上半测回

    C. 重新整平后,观测下半测回   D. 不予理睬

17. 对同一边长用 A、B 两把 50 m 钢尺分别丈量,A 钢尺测量时有垂曲,B 钢尺检定后发现有延展,则两次测量结果( )。

    A. A 大于 B   B. A 小于 B   C. A 等于 B   D. 无法比较大小

18. 用全站仪进行导线观测,以下部件中能拆卸的是( )。

    A. 光电测距部件 B. 望远镜   C. 度盘   D. 三角基座

19. 光学经纬仪按( )分为 DJ07、DJ1、DJ2、DJ6、DJ30。

    A. 半测回角度测量标准偏差   B. 一测回水平方向标准偏差

    C. 一测回角度测量标准偏差   D. 半测回水平方向标准偏差

20. 设平距 S_{ab} 为 200.23 m,方位角 α_{ab} 为 121°23′36″,则坐标增量 ΔX_{ab} 为( )m。

    A. 170.919   B. −170.919   C. 104.302   D. −104.302

21. 采用 J6 型光学经纬仪测量水平角,其标准测角中误差为( )。

    A. ±6″   B. ±8.5″   C. ±10″   D. ±12″

22. 根据《工程测量规范》,若光电测距仪标称误差为 $2+3D$,则该仪器 1 km 测距中误差为 ±( )mm。

    A. 3.6   B. 5   C. 7.2   D. 10

23. 由 8 条边组成的附合导线布设后,计算得边长往返测较差的平方和为 100 mm²,则该导线平均测距中误差为 ±( )mm。

    A. 2.0   B. 2.5   C. 3.3   D. 3.5

(二) 多项选择题

1. 对具有充足约束条件的直伸形导线进行数据解算,需要做的工作有( )。

    A. 方位角闭合差计算   B. 极条件闭合差计算

    C. 坐标增量闭合差计算   D. 内角和闭合差计算

    E. 测角中误差计算

2. 采用一次全圆方向观测法进行水平角测量时,以下说法中错误的有( )。

A. 零方向一共观测了 4 次   B. 每个方向观测了 3 次

C. 需要对观测方向分组   D. 垂直度盘无需旋转

E. 一次测量盘左、盘右总计进行了 2 个测回

习题答案与解析

(一) 单项选择题

1.【C】 解析:光在棱镜玻璃中的传播速度比在空气中慢,称其所测距离增大的数值为棱镜常数。棱镜常数与大气改正数输入错误会影响距离测量,但不会影响水平角测量。

2.【A】 解析:一般用全站仪或者经纬仪测量方向,并计算夹角。在高斯平面直角坐标系中,采用坐标方位角(取值范围为 $0°\sim360°$)表示方向,x 轴为中央子午线北方向,坐标方位角为线段与 x 轴夹角。

3.【D】 解析:三角测量法是采取测角方式测定各三角形顶点坐标建立大地控制网的方法。其优点是圆形结构强,检核条件多,呈网状分布,控制面积大,精度高,地形限制小;缺点是隐蔽地区布网困难,边长精度不均,要加测天文经纬度和天文方位角弥补。

4.【A】 解析:见表 3.9。

5.【B】 解析:计算坐标增量闭合差是导线测量需要进行的步骤,三角测量不需要进行。球面角超为大地三角形内角和与平面三角形内角和之差,测角中误差由菲列罗公式通过三角形闭合差估算,归心元素一般通过归心投影用纸测定。

6.【D】 解析:对向观测指在 A 点设站对 B 点进行垂直角观测后,又在 B 点设站对 A 点进行观测,以有效地抵偿或消除球差和气差的影响。垂直角采用对向观测,应在尽量短的时间内进行,大气折光系数的变化较小,因此即刻进行的对向观测可以很好地抵消大气折光的影响。

7.【B】 解析:影响三角高程测量精度的因素主要有竖直角(或天顶距)、水平距离、仪器高、目标高、球气差。其中球气差包括垂直折光误差,但不包括水平折光误差。

8.【C】 解析:用经纬仪测量水平角时,上下半测回需要旋转水平度盘 $180°$ 切换盘左、盘右观测。

9.【D】 解析:一端有已知方位角,另一端没有已知方位角,也没有已知点,这种导线是支导线。由于没有附合条件,无法检验,精度较低。

10.【D】 解析:直伸导线的横向误差由测角误差引起,纵向误差由测距误差引起。

11.【C】 解析:球气差即垂直大气折光误差改正和地球曲率改正。地球曲率误差的影响是当地平均地球曲率对观测结果的影响。球气差具有很多相似的特征,也有不同之处,选项 C 能减少垂直大气折光误差,但不能削弱地球曲率误差的影响。

12.【A】 解析:进行水平角测量时,测站应检核的限差有两次重合读数差、半测回归零差、测回内 $2C$ 互差、同方向各测回互差。半测回归零差指的是每个半测回两次观测零方向之较差,是检验测回质量的指标。

13.【D】 解析:附合导线应呈直线状,边数不宜超过 10,相邻边边长之比不宜超过 $1:3$;在导线网中,结点与高级点、结点与结点之间的导线边数不宜超过 7。

14.【B】 解析：坐标正算是知道方位角和间距计算坐标,坐标反算是知道两点的坐标求方位角和间距。高斯正反算是椭球面大地坐标与高斯平面坐标之间的换算。

15.【D】 解析：见表3.11。

16.【A】 解析：在水平角测量中,若水准管气泡偏离过大,表示仪器没有安置好,会有粗差产生,故应重测整个测回。

17.【A】 解析：钢尺垂曲时,实际尺长变短,测得的读数比实际距离大;钢尺有延展时,实际尺长变长,测得的读数比实际距离小,故选A。

18.【D】 解析：全站仪包括基座、度盘(水平度盘和垂直度盘)和照准部三个部分。基座(可以拆卸)用来支撑整个仪器,水平度盘用来测量水平角,垂直度盘用来测量垂直角,照准部上有望远镜、水准管以及读数装置等部件。

19.【B】 解析：DJ1代表该经纬仪一测回水平方向标准偏差为$1''$,DJ为大地经纬仪拼音简写,因测角中误差由两个等精度方向观测误差影响,故该经纬仪一测回测角中误差不大于$\sqrt{2} \times 1'' = \sqrt{2}''$,DJ2、DJ6、DJ07依此类推。

20.【D】 解析：坐标增量计算如下：$\Delta X_{ab} = S_{ab} \times \cos \alpha_{ab}$, $\Delta Y_{ab} = S_{ab} \times \sin \alpha_{ab}$,方位角在$90° \sim 180°$的区间,处于第二象限,所以答案为D。做此类题完全可以不用套公式计算,直接画一个辅助图就可得到答案,依据象限角和$\sin(121°23'36'' - 90°)$即可判断ΔX_{ab}为负数,并且坐标增量绝对值约等于S_{ab}的一半。

21.【B】 解析：J6型经纬仪的标准精度值为一测回方向中误差,等于$\pm 6''$,测量一个水平角需要测量两个方向的值求差,故其一测回测角中误差$m_{\beta} = \pm 6'' \times \sqrt{2} = \pm 8.5''$。

22.【B】 解析：光电测距仪按标称精度分级,$m_D = a + b \cdot D$,其中m_D为光电测距仪标称误差,即中误差。

23.【B】 解析：该导线平均测距中误差$m = \pm \sqrt{[dd]/2n} = \sqrt{100/16} = 2.5$ mm。

(二)多项选择题

1.【ACE】 解析：有充足约束条件的直伸形导线指的是基准条件充足的附合导线,其需要计算方位角闭合差、坐标增量闭合差、测角中误差等。选项B属于三角网需要计算的内容,选项D属于闭合导线需要计算的内容。

2.【BCDE】 解析：全圆观测法一测回需要观测零方向4次,其他方向都观测了2次;切换盘左、盘右时,水平度盘和垂直度盘都经过了旋转;全圆观测法无须对观测方向分组;一次测量即一个测回,总计进行了2个半测回。

3.8 GNSS连续运行基准网

3.8.1 CORS概述

卫星连续运行基准站(Continuously Operating Reference Station, CORS)指通过若干永久性连续运行的GNSS基准站,提供基准站点坐标和GNSS测量数据满足空间定位要求的系统。

CORS系统由基准站(图3.45)、数据中心、通信网络、定位导航数据播发系统、用户应用系统五个部分组成,见图3.46。

CORS系统可分为国家基准站网、区域基准站网、专业应用网三类。

(1)国家基准站网

国家基准站网用于维持更新国家地心坐标参考框架,国家基准站网在每个省、自治区内应至少有3个分布均匀的基准站,基准站应建造观测墩并将其埋设在基岩上,直辖市内应至少有1~2个基准站,一般站间距为100~200 km。

(2)区域基准站网

区域基准站网用于维持更新区域地心坐标参考框架,应与国家地心坐标参考框架保持一致,厘米级精度实时定位服务要求相邻CORS站平均间距小于等于70 km,分米级精度实时定位服务要求相邻CORS站平均间距大于70 km。区域基准站网间

图3.45 CORS

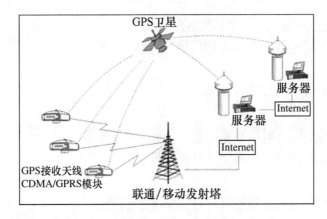

图3.46 CORS系统

不应出现空白区域,要有一定重叠,实现全区域有效覆盖。

(3)专业应用网

专业应用网是用于专业机构开展信息服务的CORS站,宜与国家地心坐标参考框架建立联系网,提供实时定位服务时,站间距要求与区域基准站网相同。

3.8.2 CORS建设

1. 技术设计

设计前应收集地形图、交通图、地质构造图等资料。在图上拟选站址,标注地形、交通、地质等信息,确定基准站位置、名称、编号。

勘选完成后进行建筑、结构、电气、防雷、室外工程施工设计,以及设备集成、供电系统、数据传输等内容设计。

设计完成后应提交技术设计方案以及点位设计图、站点位置信息表、施工设计图等资料。

2. 选址

基准站选址提交成果应有勘选报告、站点照片、土地使用意向书或其他用地文件、地质勘查证明、选址点说明、实地测试数据和结果分析、收集的其他资料。

选址点要求如下：

(1) 环境条件

◎具有 10°以上地平高度角卫星通视条件,困难地区可放宽至 25°,遮挡物水平投影范围应低于 60°。

◎远离容易产生多路径影响的地物和电磁干扰区 200 m 以上。

◎避开易振动地带,应顾及未来规划和建设选择环境变化小的地区。

◎应进行 24 h 以上实地环境测试。

◎对于国家和区域基准站,数据可用度应大于 85%,多路径影响应小于 0.5 m。

(2) 地质条件

◎站址应建立在地质结构稳定处。

◎避开易被水淹或地下水位变化较大处。

◎区域基准站也可以建立在结构稳定的屋顶上。

(3) 依托条件

◎便于接入通信网络,有稳定电源。

◎交通便利。

◎有良好的土建施工条件,有建设用地及基础设施保障。

◎有良好的安全保障环境,便于维护和长期保存。

(4) 联测条件

满足站址周围重力点、大地控制点、水准点的联测要求。

3. 基建工程

(1) 观测墩

观测墩一般为钢混结构,分为基岩观测墩(图 3.47)、土层观测墩和屋顶观测墩。

◎国家基准站应选用基岩或土层观测墩形式建造,区域基准站和专业基准站也可以采用屋顶观测墩形式建造。

◎国家基准站的观测墩应建设在观测室内,观测墩高出地面不少于 3 m,一般不超过 5 m,并且观测墩顶端宜高出观测室屋顶面不少于 0.8 m,区域基准站和专业基准站可根据实际情况执行。

◎屋顶观测墩高度应高于屋顶面不少于 0.8 m。

(2) 观测室

◎观测室面积不小于 20 m²,建于地基牢固处。

◎设计时应考虑防水、防雷、防风、防野生动物等因素,电力线和信号线应分开埋设。

◎温度和湿度应满足维持设备正常运转要求。

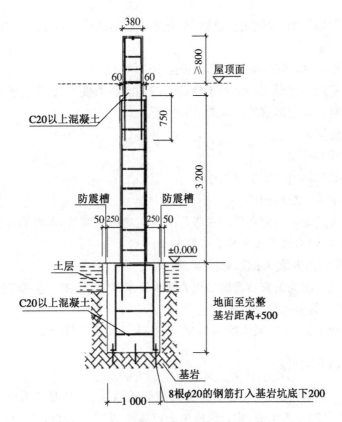

图 3.47　国家基准站基岩观测墩(单位/mm)

（3）工作室

工作室面积应在 20 m² 左右,供基准站人员管理使用。

（4）防雷设施

防雷设施包括防雷地网、防雷带、避雷针等。工作室按防雷第二类标准设计,电子设备按防雷 B 级设计。

（5）其他

道路、管线敷设等辅助工程。

4. 设备安装

基准站设备主要由 GNSS 接收机、GNSS 天线、气象设备、不间断电源、通信设备、雷电防护设备、计算机和机柜等组成。

（1）GNSS 接收机

◎具有跟踪不少于 24 颗 GNSS 卫星的能力。

◎至少有 1 Hz 采集数据能力。

◎观测数据至少包括:双频测距码,双频载波相位值,卫星广播星历。

◎具有温度在 $-30\,℃\sim55\,℃$ 之间、湿度在 95% 环境下正常工作的能力。

◎具有外接频标输入口。

◎可外接自动气象仪并存储数据。

◎具有 3 个以上数据通信接口,包括 RS232、USB、LAN 等。

◎具有输出原始数据、导航定位数据、差分修正数据、1PPS 脉冲的能力。

（2）GNSS 天线

GNSS 天线几何中心应尽量和天线的相位中心统一。

◎相位中心稳定性优于 3 mm（用于建设全球基准站的接收机，应优于 1 mm）。

◎具有抗多路径效应影响的扼流圈或抑径板。

◎具有抗电磁能力。

◎具有定向指北标志。

◎−40℃～65℃环境下能正常工作。

◎气候恶劣地区应配防护罩。

【释义】　天线所辐射出的电磁波在离开天线一定的距离后，其等相位面会近似为一个球面，该球面的球心即为该天线的等效相位中心。

5. 区域及专业站升级为国家站的要求

区域及专业站升级为国家站需满足相关技术要求及协议要求，主要包括站址稳定性、设备指标、数据质量和数据内容及格式。

应每天对持续观测 24 h，采样间隔为 30 s 的 RINEX 文件进行质量检查。

3.8.3　CORS 数据中心

CORS 数据中心由数据管理系统、数据处理分析系统、产品服务系统等业务系统及机房、计算机网络等物理支撑组成，建设时应考虑可靠性、安全性、准确性、规范化。

1. 数据管理系统

数据管理系统主要工作是监控设备、汇集和管理数据、存储和备份数据、规范数据管理。

（1）源数据和成果数据

◎源数据包括基准站原始观测数据、广播星历、气象观测数据等。

◎成果数据包括基准站坐标、速度、大气参数、坐标框架转换参数、精密星历等。

（2）一般要求

◎具备规范化及自动化管理能力。

◎具备监控及自动报警能力。

◎具备双机冗余备份能力。

◎具备高效可靠的数据存储能力。

2. 数据处理分析系统

数据处理分析系统对源数据进行分析产生成果数据，进行基线解算和网平差工作。其内容包括基准站坐标时间序列分析、速度场分析、数据质量分析等。

（1）数据准备

要准备的数据资料有观测数据及其质量评估、格式转换参数、测站信息、卫星星历、极移、章动、岁差、太阳月亮星历等文件。

（2）一般要求

◎应采用 2000 国家大地坐标系。

◎应采用精密星历。

◎数据处理模型应采用 IERS 标准或其他标准。

【释义】　由于采用精密星历，故数据处理模型采用 ITRF 框架，而非 GPS 的 WGS-84 框架。

【小知识】

IGS 精密星历采用 sp3 格式，其存储方式为 ASCII 文本文件，内容包括表头信息以及文件体。精密星历的类型有 igs(事后精密星历)、igr(快速精密星历)、igu(预报精密星历)。

3. 产品服务系统

产品服务系统负责对数据中心形成的产品进行规范化管理，并向用户提供服务，包括位置服务、时间服务、气象服务、地球动力学服务、源数据服务等。

GNSS 连续运行基准站提供的服务见表 3.15。

表 3.15　GNSS 连续运行基准站提供的服务

项目	基本产品	高级产品
国家基准站网	多种采样率 GNSS 原始数据，气象观测数据，基准站信息，坐标及精度，站速度	坐标时间序列，精密星历，精密卫星钟差，电离层及对流层模型信息
区域基准站网	多种采样率 GNSS 原始数据，气象观测数据，基准站信息，站坐标及精度	实时载波相位和伪距差分数据、气象数据
专业应用网	多种采样率 GNSS 原始数据	根据专业特性提供数据产品

4. 基准站网测试

基准站网建成以后应整网测试：

◎基准站数据采集的完好性。

◎数据传输的稳定性。

◎数据中心对基准站的监控能力。

◎实时定位的覆盖范围和有效时间。

◎产品的服务内容和精度指标。

5. 基准站网维护

基准站网维护，包括：

◎保障全年每天 24 h 运行，必要时加报警系统。

◎定期进行设备检查，必要时设备更新。

◎定期与国际 IGS 站进行联测，维持坐标框架更新。

◎对水准标志按照国家水准联测纲要定期测定。

◎对重力标石与国家重力基本网定期联测。

3.8.4　章节练习

(一) 单项选择题

1. 建设卫星动态连续运行基准站时，对于接收机天线的设置需要考虑的事项不包括接收机天线(　　　)。

A. 抗电磁能力　　　　　　　　　　B. 可否外接气象仪

C. 相位中心稳定性测试　　　　　　D. 要加装抑径板

2. 卫星动态连续运行基准站数据处理分析系统在进行数据处理时应采用(　　)坐标框架。

A. 1954 北京大地坐标系　　　　　B. WGS-84

C. CGCS 2000　　　　　　　　　　D. 1980 西安大地坐标系

3. CORS 网要为城镇房产测绘分幅图控制测量提供定位数据时,基准站间的平均距离应小于等于(　　)。

A. 50 km　　　　B. 70 km　　　　C. 100 km　　　　D. 200 km

4. GNSS 连续运行基准站建设时距微波站、电视塔等电磁干扰区应大于(　　)m。

A. 50　　　　　B. 150　　　　　C. 200　　　　　D. 300

5. GNSS 连续运行基准站建设时应有(　　)°以上地平高度角的卫星通视条件。

A. 5　　　　　B. 10　　　　　C. 12　　　　　D. 15

6. 国家级卫星定位动态连续基准站的观测墩顶端宜高出观测室屋顶面不少于(　　)m。

A. 5　　　　　B. 3　　　　　C. 1.5　　　　　D. 0.8

(二) 多项选择题

1. GNSS 基准站网的维护需要达到的要求有(　　)。

A. 定期与 IGS 跟踪站联测　　　　B. 与国家重力基本网联测

C. 与国家水准网联测　　　　　　D. 全年每天至少 20 h 运行

E. 与天文大地网联测

习题答案与解析

(一) 单项选择题

1.【B】　解析:安装接收机天线时主要考虑以下因素:

◎相位中心稳定性优于 3 mm;

◎具有抗多路径效应影响的扼流圈或抑径板;

◎具有抗电磁能力;

◎具有定向指北标志;

◎-40℃到 65℃环境下能正常工作;

◎气候恶劣地区应配防护罩。

选项 B 是接收机安装考虑事项。

2.【C】　解析:卫星动态连续运行基准站数据处理分析系统在进行数据处理时应采用 2000 国家大地坐标系,由于采用的是精密星历,故使用 IERS 标准,而非 WGS-84 坐标系。

3.【B】　解析:城镇房产测绘分幅图控制测量精度需要符合厘米级定位要求。区域基准站网用于维持更新区域地心坐标参考框架,应与国家地心坐标参考框架保持一致,厘米级定位精度站间距应不大于 70 km。

4.【C】　解析:GNSS 连续运行基准站建设时应距离多路径影响地物和电磁干扰区 200 m 以上。

5.【B】　解析:根据规范,GNSS B 级网卫星高度角至少为 10°,B 级以下至少为 15°。

GNSS 连续运行基准站选址条件不低于 B 级网要求,故卫星高度角至少为 $10°$。

6.【D】 解析:国家基准站的观测墩应建设在观测室内,观测墩高出地面不少于 3 m,一般不超过 5 m,并且观测墩顶端宜高出观测室屋顶面不少于 0.8 m,区域基准站和专业基准站可根据实际情况执行。

(二) 多项选择题

1.【ABC】 解析:GNSS 基准站网的维护要求有:

◎保障全年每天 24 h 运行,必要时加报警系统。

◎定期进行设备检查,必要时设备更新。

◎定期与国际 IGS 站进行联测,维持坐标框架更新。

◎对水准标志按照国家水准联测纲要定期测定。

◎对重力标石与国家重力基本网定期联测。

3.9 GNSS 控制网

3.9.1 GNSS 控制网概述

随着 GNSS 测量技术的发展和成熟,精度越来越高,传统控制测量方法逐渐被 GNSS 测量代替,原天文大地控制网被动态的 GNSS 控制网取代。

1. GNSS 控制网等级

GNSS 控制网等级标准依然按照习惯做法套用原大地测量等级网,GNSS 控制网按照精度和用途分为 A、B、C、D、E 五个等级,见表 3.16。

表 3.16 GNSS 控制网和大地测量等级网

GNSS 控制网等级	相应大地等级网等级	主要用途
A 级 GNSS 控制网	一等控制网	控制网框架,动态起算数据
B 级 GNSS 控制网	二等控制网	区域框架,似大地水准面精化
C 级 GNSS 控制网	三等控制网	在各省的加密
D 级 GNSS 控制网	四等控制网	作为应用控制网的起算数据
E 级 GNSS 控制网	等外	直接应用

(1) A 级 GNSS 控制网

A 级 GNSS 控制网由卫星定位连续运行基准站构成,用作全国坐标框架的维持、全球性的地球动力学研究、地壳形变测量和卫星精密定轨测量的控制基础,提供动态测量数据实现地心坐标系的现势性和精度要求。

该网如作为国家一等控制网时,应均匀覆盖国土,布设在一等水准路线附近或一等水准网结点处便于水准联测。

【释义】 卫星精密定轨是在低精度的参考轨道(理论轨道)的基础上,利用区域或全球跟踪站的观测数据对参考轨道予以改进,建立摄动力模型精化轨道。

(2)B 级 GNSS 控制网

B 级 GNSS 控制网是起算于 A 级 GNSS 控制网的准动态控制网,用作建立地方或城市坐标基准框架,以及作为区域性地球动力学研究、地壳形变测量和精密工程测量的控制基础。

该网如作为二等大地控制网,应对一、二等水准网稳定性进行监测,精化似大地水准面,并为三、四等大地控制网提供起始数据。点位应在均匀分布的基础上,尽可能与国家一、二等水准网的结点、地壳形变监测网点、基本验潮站等重合。

复测周期为 5 年,执行时间不超过 2 年。

(3)C 级 GNSS 控制网

C 级 GNSS 控制网用作区域性、城市控制网和工程测量控制网。

该网如作为三等大地控制网时,要满足国家基本比例尺地形图测图需求,精化区域似大地水准面。一般设在三、四等水准路线上。

根据实际需要进行复测。

(4)D 级 GNSS 控制网

D 级 GNSS 控制网用于建立国家四等大地控制网。四等大地控制网为三等大地控制网的加密。

根据实际需要进行复测。

(5)E 级 GNSS 控制网

E 级 GNSS 控制网用于测制地形图和建立工程控制网。

2. GNSS 控制网数学基础

(1)所用坐标系

◎GPS 接收机直接接收的是广播星历,所用坐标系为 WGS-84。

◎GPS 网平差应在 2000 国家大地坐标系中,整体平差应在 2000 国家大地坐标系或 ITRF 中进行。

◎经过坐标转换后 GNSS 测量结果应输出 2000 国家大地坐标系。

【释义】 GNSS 测量时,需要把直接接收的 WGS-84 坐标转换为其他参考坐标系,这个过程可能在仪器中直接完成,但 WGS-84 坐标系不是我国采用的标准坐标系,其间一定会经过坐标转换过程。

(2)时间系统

◎GNSS 测量采用 GPST。

◎手簿记录时采用 UTC 时间。

(3)高程系统

GNSS 测得的高程为大地高系统,当转换为高斯平面直角坐标系时高程系统需转为正常高系统。

【释义】 GNSS 测量以卫星精密轨道为基础,卫星主要以地球质心定轨,故 GNSS 对应地心坐标系,并对应以地球质心定位的总地球椭球,故其获得的是大地高。

(4)起算数据

◎A 级 GNSS 控制网以适当数量和分布均匀的 IGS 站的坐标为起算数据。

◎B级GNSS控制网以适当数量和分布均匀的A级网点或IGS站的坐标为起算数据。

◎C、D、E级GNSS控制网以适当数量和分布均匀的A、B级网点的坐标为起算数据。

3. 各级GNSS控制网的精度要求

各级GNSS控制网的精度要求见表3.17。

表3.17　GNSS控制网的精度要求

级别	坐标年变化率中误差		相对精度	地心坐标各分量年均中误差/mm
	水平分量/(mm/年)	垂直分量/(mm/年)		
A	2	3	10^{-8}	0.5

级别	相邻点基线分量中误差		相邻点平均间距/km	相对精度
	水平分量/mm	垂直分量/mm		
B	5	10	50	10^{-7}
C	10	20	20	10^{-6}
D	20	40	5	10^{-5}
E	20	40	3	10^{-5}

3.9.2　GNSS控制网设计

1. GNSS控制网布设原则

GNSS控制网一般逐级布设，在保证精度、密度等技术要求时可跨级布设。应根据布设目的、精度要求、卫星状况、接收机类型和数量、已有资料、测区地形和交通状况、作业效率等因素综合考虑，按照优化设计原则进行。

（1）观测方法

GNSS控制网观测方法可采用A级点定位模式、区域卫星连续运行基准站网点观测模式，或以多个同步观测环为基本组成的网观测模式。

①点观测模式

基于卫星连续运行基准站，进行24 h不间断的卫星定位连续观测，用误差改正模型削弱误差，对大量观测数据进行后处理得到精确的绝对定位点坐标。

②点连式同步观测模式

如图3.48(a)所示，GNSS控制网同步观测环之间以一个重复点相连。

③边连式同步观测模式。如图3.48(b)所示，控制网的下面部分同步观测环之间以两个重复点（基线）

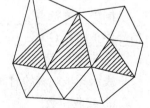

(a) 点连式　　　　　(b) 边连式

图3.48　点连式和边连式同步观测模式

相连,由于重复设点和多余观测量较多,精度比点连式同步观测模式高。

④ 混连式同步观测模式。GNSS 控制网同步观测环之间包括点连和边连两种形式。

（2）其他要求

◎相邻两点最大间距不大于平均间距的 2 倍。

◎在需用常规测量方法加密控制网的地区,D、E 级网点应有 1～2 方向通视。

【释义】 D、E 级网主要用作测图使用,为了仪器架设定向方便,要求通视。

◎测区内高于施测级别的 GNSS 网点均应作为本级别 GNSS 网的控制点,并在观测时纳入一并施测。

2. 技术设计

GNSS 控制网技术设计要考虑应用范围、分级方式、精度要求、起算数据等因素。设计时要分析资料、实地勘查、图上设计、制订联测方案。

设计后应提交野外踏勘技术总结、技术设计与专业设计书(附 GNSS 点位设计图)。

（1）收集测区资料

◎测区内已有的控制点资料以及已有的 GNSS 站点资料。

◎测区内的地形图、交通图、测区总体规划和近期发展资料。

◎如果需要,还要收集地震、地质、验潮站等资料。

（2）GNSS 控制网技术要求

各等级 GNSS 网观测技术指标见表 3.18。

表 3.18　各等级 GNSS 网观测技术指标

等级	B	C	D	E
卫星截止高度角	10°	15°	15°	15°
同时有效卫星数	4	4	4	4
有效卫星总数	20	6	4	4
平均每点时段数	3	2	1.6	1.6
时段长度	23 h	4 h	60 min	40 min
采样间隔/s	30	10～30	5～15	5～15

① 同步观测

同步观测指 N 台仪器同时开机接收卫星信号,经过一段时间的观测后,同时关闭接收信号停止接收 GNSS 信号。

② 观测时段

表示同步观测的时间序列,简称观测时段。

③ 接收机数

两台或两台以上接收机同时对同一组卫星进行观测可以通过差分削弱卫星定位误差,各等级 GNSS 网同步观测接收机数见表 3.19。

表 3.19　同步观测接收机数

等级	B	C	D、E
同步观测接收机数/台	4	3	2

④ 同步环

三台或三台以上接收机同步观测所获得的基线向量构成的闭合环叫同步环,也叫同步图形。

【释义】　两台接收机可以差分,但无法形成同步环。

⑤ 异步环

异步环指由非同步观测获得的基线向量构成的闭合环。

当观测数据不能满足检核要求时,应对成果进行全面分析,并舍弃不合格基线,但应保证舍弃基线后,所构成异步环的边数不应超过表 3.20 规定;否则,应重测该基线或有关的同步图形。

表 3.20　异步环边数规定

等级	B	C	D	E
异步环边数	6	6	8	10

【释义】　异步环的选择范围非常大,规定边数不大于某个限值可以约束异步环的选取,使之能形成基线网进行平差。

⑥ 独立基线

一个 N 台接收机接收 GNSS 信号形成的同步环中,有 $N-1$ 条基线是独立的,叫做独立基线。

【释义】　由于 GNSS 测量直接得到的是坐标,基线是两个坐标连线,是间接测量值。同步环构成的基线不是独立的,理论上独立环闭合差为零(实际不一定为零),例如三边同步环,只要知道两条基线就可以求解坐标,第三条基线可以直接通过函数求得。

独立基线在同步环内任意选取,并不指定某几条基线,与独立观测值的概念有所区别。

⑦ 独立环

独立环指由独立基线组成的闭合环。

【释义】　异步环和独立环在概念上不同,但在使用中基本没有差异。

⑧ 平均每点时段数

平均每点时段数也叫平均每点重复设站数,即控制网总设站数与需设站点数之商,值越大表示多余观测量越多,控制网越可靠。

该值如等于 1,表示控制网不存在重复设站点,即同步环之间没有重叠设站点。

【释义】　时段数是时段的时间序列,应为整数。由于有重复设站的存在,在平均后,值不一定为整数,此时若求时段数,应注意取整。

也就是说每点平均时段数不一定是整数,但时段数一定是整数。

⑨ 卫星高度角

卫星高度角指卫星和地平线之间的夹角。

【释义】 卫星截止高度角是指为了屏蔽多路径效应或遮挡物影响设定某个卫星高度角以下不跟踪卫星。卫星截止高度角可以人为调整,而卫星高度角反映了观测时卫星和接收机的位置关系,不能调整。

⑩ 采样间隔

两次记录数据之间的时间间隔叫采样间隔。

(3) 分区设计

B、C、D、E 级 GNSS 网的布测视测区范围的大小,可实行分区观测,相邻分区之间公共点至少要有 4 个。

【释义】 分区之间公共点应应均匀分布于测区大致四个角上。

(4) 联测要求

① 局部加密

局部加密低等级 GNSS 点时,联测高等级 GNSS 点应不少于 4 个。

② 联测到指定参考系

新布设的 GNSS 网应与附近已有国家高等级 GNSS 点进行联测,或求定 GNSS 网在某个参考坐标系中的坐标,应联测至少 3 个点。

③ 高程联测

A、B 级 GNSS 点应逐点联测水准点,联测精度应不低于二等水准测量精度。

C 级 GNSS 点应根据区域似大地水准面精化要求联测,联测精度应不低于三等水准测量精度。

D、E 级 GNSS 点可依具体情况联测高程,联测精度应不低于四等水准测量。

(5) GNSS 点的命名

◎GNSS 点应以所在地命名,可在点名后加注(一)、(二)等予以区别。

◎当新旧点重合时,应采用旧点名。

◎当 GNSS 点与水准点重合时,应在新点名后括注水准点等级及编号。

◎当 GNSS 点编制点号时,应整体考虑,统一编号,且适应于计算机管理。

3. GNSS 布网设计

(1) 同步环设计

在设计 GNSS 控制网时,求同步环个数是为了计算时段数,继而计算相关的控制网参数,并指导实际作业和经费控制。

【释义】 同步环数等于时段总数,不等于每点平均时段数。

以下两个公式等效,记住一个即可。

同步环个数

$$T = \text{CEIL}[(n-k)/(N-k)]$$
$$T = \text{CEIL}[(n-N)/(N-k)] + 1$$

式中 T—— 同步环(时段)个数;

N—— 接收机台数,包括最后一个时段,每个时段接收机数量一致;

n—— 待定点个数,待定点个数包括目标参考系联测已知点个数;

k—— 同步环之间的连接点数,k 的取值按点连式和边连式区别,点连式同步环之间以点连接,k 为 1;边连式同步环之间以边连接,k 为 2。

若已知每点平均时段数,如已知规范规定 GNSS 控制网要达到一定的每点平均时段数要求,估算同步环(时段)数,采用下式计算。

$$T = \mathrm{CEIL}(n \cdot m/N)$$

式中　m—— 每点平均时段数,即每点重复设站数。

【释义】　时段数应为整数,故计算时需要取整。

本书一律用 CEIL(　　)表示向上取整,与向下取整 INT(　　)相区别。

如：CEIL(3.01)＝4,INT(3.01)＝3。

当 a 不为整数时,$\mathrm{CEIL}(a) = \mathrm{INT}(a) + 1$

当 a 为整数时,$\mathrm{CEIL}(a) = \mathrm{INT}(a)$

(2) GNSS 网特征条件参数计算

GNSS 网特征条件参数计算公式如下：

总基线数　　　　　　$B_总 = T \cdot N(N-1)/2$

必要基线数　　　　　$B_必 = n-1$

一个时段独立基线数　$B_独 = N-1$

多个时段独立基线数　$B_独 = T(N-1)$

多余基线数　　　　　$B_多 = B_独 - B_必 = T(N-1) - (n-1)$

式中　T—— 时段数,同步环数;

　　　m—— 每点重复设站数,每点平均时段数。

(3) 每点平均时段数计算

在 GNSS 网特征条件参数计算后,需要根据下式反算重复设站数,检验多余观测是否满足相应规范要求。

每点平均重复设站数　　$m = N \cdot T/n$

若该值达不到规范要求,要调整 GNSS 控制网参数,采取措施增加重复设站数。

【释义】　由于控制网的连接方式中会有部分重复设站,用以保证 GNSS 网结构的整体性要求,考虑到这些因素,平均到每一个测站,实际设站次数(时段)一定大于1。

(4) 三台以上接收机构成的同步环基线总数(图 3.49)

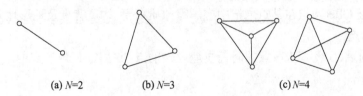

(a) $N=2$　　　(b) $N=3$　　　(c) $N=4$

图 3.49　一个时段最少同步环个数

如果 GNSS 网由三台以上接收机构成,则同步观测(一个时段)可以形成的基线总数采用以下公式计算:

$$J = N(N-1)/2$$

三台以上接收机构成的最少同步环个数

$$T = (N-1)(N-2)/2$$

【释义】 不同于同步环设计时的计算公式,这两条公式求的是同一个时段内组成的最少同步环和基线数,用于基线解算。

3.9.3　GNSS 控制测量选址埋石

1. 选点

(1) 选点要求

◎地面基础稳定,易于标石的长期保存。

◎B、C 级 GNSS 点应选在一等水准路线结点或一等、二等水准结点附近基岩上,如水准点附近 3 km 内无基岩,则可以建在土层上。选址用地手续应完备。

◎视野开阔,视场内障碍物的高度角不宜超过 15°。

◎远离大功率无线电发射源(如电视台、电台、微波站等),其距离不小于 200 m;远离高压输电线和微波无线电信号传送通道,其距离不应小于 50 m。

◎附近不应有强烈反射卫星信号的物件(如大型建筑物、大面积水域等),50 m 内固定与变化反射体应标注在点之记环视图上(如图 3.50 所示,点位周围有高于高度角 10°的建筑需要画出)。

◎交通方便,有利于扩展和联测,要联测水准的应绘制水准联测示意图。

◎充分利用符合要求的已有控制点。

◎使测站附近的局部环境与周围的大环境保持一致,减少气象影响误差。

◎选点完成后提交选点图、点之记信息、实地选点情况说明以及对埋石的建议。

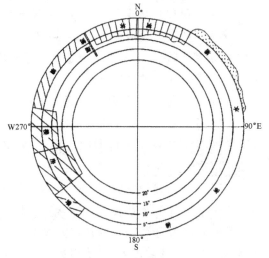

图 3.50　环视图

◎A、B 级 GPS 网点在其点之记中应填写地质概要、构造背景及地形地质构造略图。

(2) 辅助点

非基岩的 A、B 级 GNSS 点的附近应埋设辅助点,并测定其与该点的距离和高差,精度应优于±5 mm。

(3) 方位点

各级 GNSS 网点可视情况设立与其通视的方位点,方位点目标明显,观测方便,方位点距网点的距离一般不小于 300 m。

方位点应埋设普通标石,并加以适当标注,以便与控制点相区分。

【释义】　辅助点主要用来保护相应控制点,在控制点受到破坏时可以还原。

方位点主要用来寻找相应控制点。

2. 埋石

(1) 点的制作

标石类型为天线墩、基本标石和普通标石,天线墩均应安置强制对中装置,且对中误差不应大于 1 mm。

◎B 级 GNSS 网用基岩 GNSS 和水准共用标石,应埋设天线墩。

◎C 级 GNSS 网用基岩、土层 GNSS 和水准共用标石,C、D、E 级可根据具体情况选用天线墩、基本标石或普通标石。

◎D、E 级 GNSS 网用基岩、土层、楼顶 GNSS 和水准共用标石。

【释义】　按点的规格分为天线墩、基本标石和普通标石;按点埋设的地点状况分为基岩、土层、岩层、冻土、楼顶等标石。

由于 GNSS 网要联测水准网作为高程异常控制点使用,故要选择 GNSS 和水准共用标石。

(2) 埋石要求

◎各层标志中心应严格在同一铅垂线上,其偏差不应大于 2 mm。

◎如遇上标石被破坏,可以下标石为准,重埋上标石。

(3) 埋石后资料提交

◎点之记。

◎测量标志委托保管书。

◎测量标志建造照片。

◎埋石工作总结。

【释义】　新埋标石应办理测量标志委托保管书(一式三份),除甲乙双方外,还应交保管单位一份。

3.9.4　GNSS 接收机

1. GNSS 接收机分类

(1) 按载波数分类

GNSS 接收机按载波数分为单频接收机 (L_1)、双频接收机 ($L_1 + L_2$)、多频接收机。

【释义】　随着 GNSS 技术的日益成熟,卫星导航接收机向多系统多星多频道方向发展,卫星信号接收越来越好,测量精度和可靠性大幅度提高,如双星四频 GPS $L_1 + L_2$、北斗 $B_1 + B_2$ 接收机。

【小知识】

GPS 还有 L_5 民用载波频率,能显著提高定位精度,随着发送 L_5 的卫星增多,未来能扩大覆盖范围,民用定位精度有望从米级缩小到 30 cm 左右。

(2) 按用途分类

GNSS 接收机按用途分为导航型 GNSS 接收机、测量型 GNSS 接收机、授时型 GNSS

接收机。

◎导航型 GNSS 接收机主要用于运动载体的导航,实时给出载体的位置和速度,一般采用 C/A 码伪距测量,单点实时定位,精度较低。

◎测量型 GNSS 接收机主要用于大地测量和工程测量,采用载波相位观测值进行相对定位,定位精度较高(图 3.51)。

◎授时型 GNSS 接收机利用 GNSS 卫星提供的高精度时间标准进行授时。

2. 接收机的检定

(1) GNSS 接收机检定项目

GNSS 接收机检定项目见表 3.21。

图 3.51 测量型 GNSS 接收机

表 3.21 GNSS 接收机检定项目

检定项目	新购置	使用中
接收机系统检视	+	+
接收机通电检验	+	+
内部噪声水平测试	+	+
接收机频标稳定性检验和数据质量评价	+	+
附件检验	+	+
数据后处理软件测试	+	—
接收机综合性能评价	+	—
天线相位中心稳定性测试	+	—
接收机野外作业性能及不同测程精度指标的测试	+	—
接收机高低温性能测试	+	—

注:表中+表示必检,—表示可不检定,使用中的 GNSS 接收机需进行定期检定,检定周期一般不超过 1 年。

(2) 主要检定内容和方法

① GNSS 接收机频标的稳定性检定

GNSS 接收机频标的稳定性即接收机频率标准稳定性,对观测数据的质量有着重大的影响,是考核接收机性能和潜在的、可达到精度水平的一个重要指标。

② 接收机的内部噪声水平测试

接收机的内部噪声是接收机内各种测距和测相误差的综合反映。一般采用零基线测试法,也可以采用超短基线或长、短基线测试法检定。

【释义】 零基线检定,指两台以上接收机通过功分器接收来自同一天线的卫星信号,构成的基线理论值为 0,不为 0 的部分即由接收机的内部噪声造成。

③ 天线相位中心稳定性测试

天线相位中心稳定性测试是测定天线相位中心与厂家提供的天线相位中心位置之差,

可采用相对测定法和旋转天线法测定。

【释义】 相对测定法即旋转天线方向实测数据进行比对,在不同方位下测定的基线变化应小于 2 倍 GNSS 接收机标称固定误差。

旋转天线法是较严格测定相位中心的方法,该法需在专门的微波暗室内确定天线平均相位中心。

3.9.5 GNSS 控制网观测实施

B、C 级 GNSS 点埋设后至少需要经过一个雨季,冻土地区则要经过一个冻解期,基岩或岩层标石一个月后才可观测。

1. 外业实施

(1) 天线架设要求

① 对中误差

架设天线应严格整平对中,对中误差不大于 1 mm(工程测量中不大于 2 mm)。

② 天线指北

B 级 GNSS 控制测量时,观测天线应指向正北,定向误差不大于 ±5°。

【释义】 实际操作中一般是用罗盘测量磁北,然后经当地磁偏角改正。

仪器高量取

每时段观测前后应各量取天线高一次,取至 1 mm,两次量高差应小于 3 mm,取平均值作为最后天线高。

如图 3.52 所示,每次量取天线高应围绕接收机每隔 120° 量取三次,取平均值。

◎用观测墩架设时,量高差应小于 2 mm;

◎用基座架设时,量高差应小于 3 mm;

◎用觇标架设时,量高差应小于 5 mm。

(2) 手簿记录要求

◎每时段观测开始及结束前各记录一次观测卫星号、天气状况、实时定位经纬度和大地高、PDOP 值等。

◎测站记录内容包括控制点点名、接收机序列号、仪器高、开关机时间等相关的测站信息。

图 3.52 GNSS 观测

◎当时段长超过 2 h 时,每次 UTC 整点增加一次观测记录,夜间放宽到 4 h。

◎手簿必须现场填写,一律使用铅笔,不应涂改,如有记错,可整齐划掉,将正确数据写在上面并注明原因。其中天线高、气象读数等原始记录不应连环涂改。手簿整饰、存储介质注记和各种计算一律使用蓝黑墨水书写。

(3) 观测期间要求

◎观测期间不应在 50 m 以内使用电台,不应在 10 m 以内使用对讲机。

◎应定时检查接收机信息,并在手簿上记录。

◎认真操作,严防触碰遮挡。

121

◎一时段观测过程中不应重新启动接收机,不得改变卫星截止高度角和数据采样间隔,不得改变天线位置,不得按动关闭文件和删除文件等功能键。

◎雷雨时关闭仪器,卸下天线。A 级 GNSS 网要观测气象元素,其他等级可只记录天气状况。

2. 外业成果记录

外业观测结束后应及时下载观测数据,立即转为 RINEX 格式。原始数据和 RINEX 格式数据应保留到数据检查验收完成后,并在不同介质上备份。

(1)子目录命名

每天的原始数据和 RINEX 格式数据分存两个子目录,子目录命名方式采用"测站编号+年代+该天的年积日+D","测站编号+年代+该天的年积日+R",其中 D 表示原始观测数据,R 表示 RINEX 格式数据。

【释义】 年积日是仅在一年中使用的连续计算日期的方法,从当年 1 月 1 日起开始计算的天数。例如:每年的 1 月 1 日为第 1 日,2 月 1 日为第 32 日,以此类推。

这样做的好处是便于对日期进行加减运算,不用考虑月份影响。

(2)RINEX 格式文件命名

RINEX 格式文件名如 wh022931.02O,前四位表示点号,第 5～第 7 位表示年积日,第 8 位表示时段号(为 0 的话表示全时段),扩展名的头两位表示年份,后一位表示文件类型。

(3)RINEX 格式

C-RINEX 是一种纯 ASCII 码格式,主要包括三种文件类型:GNSS 观测数据文件、导航数据文件、气象数据文件。

每个 C-RINEX 文件都由头部和数据部分组成,头部用于对文件和数据记录的说明;数据部分用于数据记录。

C-RINEX 文件中的卫星系统用编码 snn 表示。

s 为卫星系统标志符,nn 为卫星编号,卫星系统标志符定义如下:

G-GPS;R-GLONASS;E-GALILEO;C-COMPASS;S-SBAS。

【小知识】

RINEX 格式扩展名类型:

O——观测值,N——星历,M——气象数据,G——GLONASS 星历,H——导航电文,C——钟文件。

3. 外业数据检查和仪器维护

(1)外业数据检查

◎观测卫星数是否满足要求。

◎数据整体可利用率是否不小于 80%。

◎多路径效应影响是否不小于 0.5 m。

◎接收机钟日频稳定性是否不低于 10^{-8}。

(2)仪器维护

接收机在室内存放期间应定期通风,每隔 1～2 月通电检查一次,电池应保持满电,外接电池要按规定充放电。

3.9.6　GNSS 控制网数据处理

GNSS 控制网数据处理内容包括外业数据的检查和内业网平差解算。网平差的过程包括基线解算、无约束平差、约束平差、质量评估等，其间还包括相应坐标转换。

1. 数据处理准备

（1）数据处理软件

GNSS 控制网数据处理软件应经有关部门的试验鉴定并经业务部门批准方能使用。

◎A、B 级 GNSS 控制网数据处理采用专用软件和精密星历。

◎C、D、E 级 GNSS 控制网数据处理采用随机配备的商用软件，采用广播星历。

【小知识】

主流的商用软件如：

◎GAMIT/GLOBK，是一套高精度 GPS 数据处理软件，主要用于分析研究地壳变形、高精度 GPS 测量数据处理等领域，它由美国麻省理工学院和斯克里普斯海洋研究所联合开发。

◎COSA，是"地面测量工程控制与施工测量内外业一体化和数据处理自动化系统"的简称，由原武汉测绘科技大学研制。

（2）起算数据准备

收集高级联测点的起算数据，应进行数据完整性、正确性和可靠性检核。

2. 外业数据质量检核

外业数据采集后，要经过各项检查。静态相对定向模式需要进行不同点之间重复基线、同步环、异步环等检查。

（1）数据剔除率检查

同一时段观测值数据剔除率不得高于 10%。

【释义】　数据剔除率指同一时段中删除的观测值个数与获取的观测值总数的比值。

数据可利用率是外业采集的合格数据与数据总数的比值。

数据剔除率是外业数据粗查合格后，继续在这个基础上主动删除一时段不合格的基线观测数据量与观测值总数的比值。

（2）重复基线检查

◎B 级 GNSS 网基线外业预处理和 C、D、E 级 GNSS 网基线处理，任意两条重复观测基线的长度较差不得超过下式要求。

$$d_s \leqslant 2\sqrt{2}\sigma$$

◎平均基线（弦长）中误差计算公式

$$\sigma = \sqrt{a^2 + (b \cdot D)^2}$$

式中　d_s——复测基线的长度较差；

σ——相应级别 GNSS 控制网平均基线中误差；

a——接收机标称精度固定误差，单位为毫米（mm）；

b—— 接收机标称精度比例误差,单位为毫米(mm);

D—— 为控制网平均基线长,单位为千米(km)。

【释义】 一条基线中误差为 σ,根据误差传播率可知基线较差中误差为 $\sqrt{2}\sigma$,取两倍中误差为限差。

GNSS 控制网平均基线中误差计算公式与全站仪测距标称中误差计算公式有区别,请对比记忆。

(3) 同步环检查

在处理完各边观测值后,应检查一切可能的三边同步环闭合差。

三边同步环观测分量闭合差计算(大地测量规定):

$$W_x, W_y, W_z \leqslant \sqrt{3}\sigma/5$$
$$W_3 \leqslant 3\sigma/5$$

n 边同步环观测分量闭合差计算(工程测量规定):

$$W_{xn}, W_{yn}, W_{zn} \leqslant \sqrt{n}\sigma/5$$
$$W_n \leqslant \sqrt{3n}\sigma/5$$

式中　W_x, W_y, W_z—— 三边同步环观测分量闭合差限值;

　　　W_{xn}, W_{yn}, W_{zn}—— n 边同步环观测分量闭合差限值;

　　　W_3—— 三边同步环观测总量闭合差限值;

　　　W_n—— n 边同步环观测总量闭合差限值;

　　　n—— 边数。

【释义】 同步环闭合差计算采用了一组线性相关观测值,即使不超限,也只能表明观测无严重失误和基线向量的解算合格,并不足以表明观测值精度高。根据相关规范规定,上面两组公式的运用范围不同。

在大地测量中,同步环计算取三边;在工程测量中,同步环计算取 n 边。

(4) 独立环检查

独立环闭合差及附合路线分量闭合差计算(大地测量规定):

$$W_x, W_y, W_z \leqslant 3\sqrt{n}\sigma$$
$$W \leqslant 3\sqrt{3n}\sigma$$

独立环闭合差及附合路线分量闭合差计算(工程测量规定):

$$W_x, W_y, W_z \leqslant 2\sqrt{n}\sigma$$
$$W \leqslant 2\sqrt{3n}\sigma$$

式中　W_x, W_y, W_z—— 独立环闭合差及附合路线分量闭合差限值;

　　　W—— 独立环闭合差及附合路线总量闭合差限值。

【释义】 注意大地测量相关规范与工程测量规范两式的区别。

(5) 坐标闭合差计算

同步环和独立环坐标闭合差计算后不得大于上述第(3)(4)条所列限差。

$$\omega_x = \sum x_i$$

$$\omega_y = \sum y_i$$

$$\omega_z = \sum z_i$$

$$\omega = \sqrt{\omega_x^2 + \omega_y^2 + \omega_z^2}$$

式中　x_i，y_i，z_i——闭合图形各点 x，y，z 分量坐标；

　　　ω_x，ω_y，ω_z——闭合图形 x，y，z 分量坐标闭合差；

　　　ω——闭合图形闭合差。

【释义】 注意坐标闭合差与同步环、独立环闭合差限值的区别。

3. GNSS 基线解算

GNSS 基线解算是指利用采集得到的外业数据求解两个同步观测的测站之间的基线向量坐标差的过程。GNSS 基线通常是以空间直角坐标系或大地坐标系表示的空间三维向量，一般分为单基线解算和多基线解算。

【释义】 多基线解算模式顾及了同步观测图形中独立基线之间的误差相关性，解算精度较高。

（1）解算准备

◎基线向量解算前应对外业全部资料全面检查验收。

◎当采用不同类型接收机时，应将观测数据转换成标准交换格式。

◎需要进行偏心改正的要计算归心改正数。

（2）基本要求

◎B、C 级 GNSS 网基线解算可采用双差解、单差解。

◎D、E 级 GNSS 网基线长度小于 15 km 的应采用双差固定解，基线长度大于 15 km 时，可在双差固定解和双差浮点解中选择最优结果。

【释义】 单差解指在接收机之间一次差分得出的解，双差解指在单差解基础上继续在卫星间差分得出的解。

B、C 级 GNSS 控制网的基线较长，难以获得双差解，故可放宽到单差解。

基线长度大于 15 km 时，固定解各基线误差相关度降低，比浮点解没多少优势，故要根据情况选最优结果。

（3）基线解算质量处理

◎A、B 级 GNSS 控制网基线处理后要计算基线分量和边长的重复性，对各基线分量基线边长、南北分量、东西分量和垂直分量的重复性进行比例误差和固定误差拟合，并以此作为衡量基线精度的参考指标。

◎B 级 GNSS 控制网同一基线和分量不同时段较差要满足要求。

◎B、C 级网独立环闭合差、附合路线闭合差、环线全长闭合差要满足要求。

（4）补测和重测

◎外业漏测或观测数据不满足规定时，应及时补测。

◎允许舍弃在复测检验中超限的基线,但应保证舍弃基线后的独立环所含基线数满足规定。

4. GNSS 网平差

GNSS 网平差可分为基线向量提取、三维无约束平差、三维约束平差、三维联合平差、质量控制指标等步骤。

【释义】 GNSS 网平差可以将平面观测数据和高程数据分离进行平差,即二维平差,也可以直接用三维数据进行平差,本书只讨论三维平差情况。

(1)基线向量提取

进行 GNSS 网平差,首先要提取基线向量,构建 GNSS 基线向量网(图 3.53)。提取基线向量要遵循以下原则:

◎必须选取相对独立基线。

◎必须可以构成闭合图形。

◎应选取质量最好的基线。

◎选取构成边数较少的异步环。

◎选取边长较短的基线。

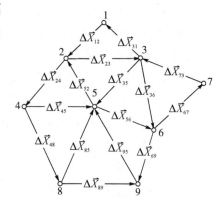

图 3.53 GNSS 基线向量网

【释义】 经过基线解算后得到的 GNSS 观测记录是一系列的点坐标,要进行 GNSS 网平差,需要把点坐标划分同步环和异步环,连成基线向量网。基线向量提取的目的是把点图形变成线图形。

(2)三维无约束平差

三维无约束平差是在基线向量解算和提取的基础上,对 GNSS 点的相对位置进行平差,其平差不应引入外部基准。

① 平差目的

三维无约束平差目的是为了获得 GNSS 网相对三维坐标,得到精确的大地高,并判断控制网中是否含有粗差,给各基线向量定权。

② 约束条件

GNSS 控制网三维无约束平差需要 1 个已知参考点,该坐标可选用伪距单点定位点或已知控制点。

【释义】 由于 GNSS 测量采集得到的数据是基于 WGS-84 坐标系的绝对坐标数据,本身已具备定向基准和尺度基准,三维无约束平差时只需提供 1 个位置基准,即 1 个已知点的坐标即可。

GNSS 控制网三维无约束平差是观测数据相对坐标平差,已知点只是作为平差的初始值,并没有在平差过程中引入外部的约束条件,故属于无约束平差。

③ 平差要求

三维无约束平差后,各基线分量改正数的绝对值不应超过相应等级控制网平均基线长度中误差的 3 倍。平差成果输出在 2000 国家大地坐标系中,整体平差应在 2000 国家大地坐标系或 ITRF 中进行。

（3）三维约束平差

GNSS 控制网三维约束平差指用地面控制网或其他条件作为约束条件，对三维无约束平差结果进行约束平差处理，归化到指定参考坐标系下。

① 平差目的

三维约束平差的目的是把经过无约束平差处理的相对坐标实现向地面目标参考系的转换。

② 约束条件

三维约束平差以目标坐标系已知固定点坐标作为平差约束条件。

【释义】 三维约束平差包含了坐标值平差改正和坐标转换两个内容。

③ 平差要求

各基线分量改正数与同一基线无约束网平差结果较差不大于 2 倍平均基线中误差。

④ 加权约束平差

对于已知坐标、距离或方位，可以强制约束，也可加权约束。

【释义】 强制约束是指所有已知条件均作为固定值参与平差计算，无须顾及起算数据的误差。它要求起算数据应有很好的精度且精度比较均匀，否则将降低 GPS 网的精度。

加权约束是指顾及所有或部分已知约束数据的起始误差，按不同的精度加权约束。

（4）三维联合平差

在三维约束平差时，同时引入地面控制点常规观测值（方向、距离等）列出地面观测值误差方程一并平差，叫作三维联合平差。

（5）质量控制指标

网平差质量分析与控制指标有基线向量改正数、相邻点中误差和相对中误差等。

3.9.7 章节练习

（一）单项选择题

1. GNSS 网设计后发现每点重复设站数达不到相应规范要求，修改设计方案时，以下做法中正确的是（　　）。
   - A. 改边连式连接为点连式连接
   - B. 减少每时段观测仪器数
   - C. 延长每时段观测时间
   - D. 减少需要联测的已知点数

2. 在已有的 C 级 GNSS 网中新增 3 个 D 级点，GNSS 待测点数应至少为（　　）个。
   - A. 3
   - B. 4
   - C. 6
   - D. 7

3. GNSS 测量数据处理时，各同步环坐标闭合差的计算公式为（　　）。
   - A. $W_n = \sqrt{3}\,\sigma/5$
   - B. $W_n = \sqrt{3n}\,\sigma/5$
   - C. $W_n = 3\sqrt{3n}\,\sigma$
   - D. 以上都不正确

4. 用于网络 RTK 测量的 CORS 网按照 GNSS 定位原理属于（　　）模式。
   - A. 点观测
   - B. 静态相对定位
   - C. 广域差分定位
   - D. 区域差分定位

5. 进行 GNSS 观测时，需要设定卫星截止高度角为 15°，指的是（　　）。
   - A. 设定卫星高度角 15°以下不跟踪卫星

B. 设定网平差初始角为 15°

C. 设定只跟踪距天顶±15°以内的卫星

D. 设定基线大地方位角为 15°

6. 基岩或岩层 GPS 标石埋设后至少（　　）后才可观测。

A. 半年　　　　　　B. 一个雨季　　　　C. 一个冻解期　　　D. 一个月

7. GNSS 数据存储子目录命名方式需要计算年积日，2006 年 1 月 20 日的年积日是（　　）。

A. 120　　　　　　　　　　　　　　B. 20

C. 2006120　　　　　　　　　　　　D. 2006-1-20

8. GNSS 控制网三维无约束平差，从平差基准来看属于（　　）。

A. 无约束平差　　　　　　　　　　　B. 最小约束平差

C. 约束平差　　　　　　　　　　　　D. 秩亏自由网平差

9. 某 GNSS 网待定点 30 个，每点重复设站观测 2 次，采用 4 台接收机观测，则该网必要基
线数为（　　）。

A. 3　　　　　　　B. 6　　　　　　　C. 29　　　　　　　D. 58

10. 某 GPS 控制网利用 3 台 GPS 接收机观测 4 个 GPS 待定点，若采取边连式，观测 2 个时
段，则独立基线有（　　）条。

A. 3　　　　　　　B. 4　　　　　　　C. 5　　　　　　　D. 6

11. 使用 N 台（$N>3$）GNSS 接收机同步观测，基线数为（　　）。

A. $N-1$　　　　　　　　　　　　　B. $N(N-1)$

C. $N(N-1)/2$　　　　　　　　　　D. $(N-1)(N-2)/2$

12. B 级网 GPS 测量，天线定向标志经过（　　）修正后，指北定向误差不大于±5°。

A. 磁偏角　　　　　　　　　　　　　B. 子午线收敛角

C. 坐标方位角　　　　　　　　　　　D. 磁坐偏角

13. 某 D 级 GPS 网由一个三边同步环构成，则至少需要测量（　　）个时段才能达到规范的
要求。

A. 1　　　　　　　B. 1.6　　　　　　C. 2　　　　　　　D. 3

14. GNSS 控制网布设时，C 级点可用的标石类型为（　　）。

A. 基岩 GNSS、水准共用标石　　　　B. 钢管 GNSS、水准共用标石

C. 平硐 GNSS、水准共用标石　　　　D. 楼顶 GNSS、水准共用标石

15. 按照《全球定位系统（GPS）测量规范》规定，GPS 测量采用的坐标系统和时间系统分别
是（　　）。

A. WGS-84、GPST　　　　　　　　B. CGCS2000、UTC

C. WGS-84、UTC　　　　　　　　　D. CGCS2000、GPST

16. C 级 GPS 网布设时相邻分区之间需要有至少 4 个公共点，E 级网至少要有（　　）个公
共点。

A. 1　　　　　　　B. 2　　　　　　　C. 3　　　　　　　D. 4

17. 用于建立测图控制网的 GPS 测量，其基线相对精度应不低于（　　）。

A. 1×10^{-8}　　　B. 1×10^{-7}　　　C. 1×10^{-6}　　　D. 1×10^{-5}

18. 两台或多台 GPS 接收机通过多路功分器接收来自同一天线的卫星信号,由此构成的基线理论值为( )。

    A. 0 m   B. 超短   C. 无穷大   D. 无规律

19. 某 GPS 接收机标称精度为 $10+15D$,则其每千米基线测量最大误差为( )mm。

    A. 18   B. 25   C. 36   D. 50

20. 某 GPS 控制网需利用 5 个 C 级点测量 30 个 D 级点坐标,如需符合规范规定的时段数要求,全网总测站数应不小于( )。

    A. 30   B. 35   C. 56   D. 70

21. 相关规范规定了各等级 GPS 接收机观测的时段长度,直接目的是( )。

    A. 满足整周模糊度解算时间要求   B. 获得更多观测数据

    C. 减小电离层的影响   D. 减小观测中周跳因素的影响

(二) 多项选择题

1. 以下关于 GNSS 数据处理的内容中,属于网平差过程的有( )。

    A. 基线向量网建立   B. 地面坐标系转换

    C. 无约束平差   D. 联合平差

    E. 独立环闭合差计算

2. A 级 GNSS 网用于建立国家一等大地控制网时,主要用来进行( )。

    A. 地球动力学研究   B. 地壳形变测量

    C. 精密工程测量   D. 卫星精密定轨测量

    E. 地方坐标框架建立

3. 在一时段 GNSS 观测过程中,不应进行( )等操作。

    A. 按动关闭文件等功能键   B. 重新启动接收机

    C. 改变卫星截止高度角   D. 使用电子手簿

    E. 按动查询接收机状况功能键

4. 利用 CGCS2000 大地坐标进行 GPS 约束平差要收集的数据包括( )。

    A. 中央子午线   B. 控制点 CGCS2000 大地坐标

    C. 高程异常数据   D. 坐标方位角

    E. 椭球参数

习题答案与解析

(一) 单项选择题

    1.【B】 解析:每点平均重复设站数 m 与时段数 T 成正比,即同步环越多,重复观测值越多。时段数 $T = \text{CEIL}[(n-k)/(N-k)]$,其中 n 为待测点数,k 为同步环之间的连接点数,可见选项 B 可以达到目的。

    2.【D】 解析:局部加密低等级 GNSS 点时,采用高等级 GNSS 点应不少于 4 个点。故待测点数至少为 $3+4=7$。

    3.【D】 解析:同步环和独立环坐标闭合差计算后不得大于限差。选项 A、B、C 都是计算限差公式。

4.【A】 解析:GNSS 控制网的观测可基于 A 级点定位模式、区域卫星连续运行基准站网点观测模式或以多个同步观测环为基本组成的网观测模式,用于网络 RTK 测量的 CORS 网属于卫星连续运行基准站点观测绝对定位模式。

5.【A】 解析:卫星高度角指卫星和地平线之间的夹角,设定卫星截止高度角是为了屏蔽多路径效应或遮挡物的影响,设定在某角度以下不跟踪卫星。

6.【D】 解析:B、C 级 GNSS 点埋设后至少要经过一个雨季,在冻土地区要经过一个冻解期,基岩或岩层标石埋设一个月后才可观测。

7.【B】 解析:年积日是仅在一年中连续计算日期,从当年1月1日起开始计算的天数。例如:每年的1月1日为第1日,2月1日为第32日,依此类推。

8.【A】 解析:GNSS 三维无约束平差至少需要提供1个已知点的坐标,可选用30 min 的单点定位点或已知控制点,但这个基准点只是位置基准,GPS 网已有尺度基准和方向基准。GNSS 最小约束平差至少需要3个已知点,故属于无约束平差。

9.【C】 解析:GNSS 网的必要基线数是建立网中所有点的相对关系所必需的基线向量数。由 n 个点组成的 GNSS 网中,需要由 $n-1$ 条基线向量建立起所有点的相对关系,故必要基线数为 $30-1=29$。

10.【B】 解析:GNSS 独立基线数计算公式为:$J_独 = C(N-1)$。其中 C 为时段数,N 为投入测量的接收机数,每个同步环的独立基线为 $N-1$,代入可得 4 条。

11.【C】 解析:使用 N 台 GNSS 接收机进行同步观测所获得的 GNSS 边中,同步观测基线数量为 $N(N-1)/2$,从其中可选出 $N-1$ 条独立基线。

12.【A】 解析:B 级观测天线指向正北,在实际操作中一般是用罗盘测量磁北,然后经过当地磁偏角改正,定向误差不大于 $\pm5°$。

13.【C】 解析:根据规范要求,GPS D 级点要观测大于等于1.6个重复设站(时段),由于时段数一定是整数,需要向上取整才能符合规定的要求,所以选 C。

14.【A】 解析:C 级 GNSS 网用基岩、土层 GNSS 和水准共用标石,C、D、E 级可根据具体情况选用天线墩、基本标石或普通标石;D、E 级 GNSS 网用基岩、土层、楼顶 GNSS 和水准共用标石。

15.【D】 解析:按照规范规定,GPS 测量的坐标基准采用 CSCS2000,时间基准采用 GPST,手簿记录采用 UTC。GPS 数据接收的是 WGS-84 坐标数据,平差和输出要用 CGCS2000。

16.【D】 解析:B、C、D、E 级 GNSS 网分区时,相邻分区之间公共点至少要有4个,以便于分区连接。

17.【D】 解析:用于建立测图控制网的 GPS 等级网级别是 E 级,根据表 3.17,其基线相对精度不低于 1×10^{-5}。

18.【A】 解析:接收机的内部噪声是接收机内各种测距和测相误差的综合反映,一般采用零基线测试法,也可以采用超短基线或长、短基线测试法检定。零基线检定指两台及以上接收机通过功分器接收来自同一天线的卫星信号,构成的基线理论值为 0 m,不为 0 m 的部分是由接收机的内部噪声造成的。

19.【C】 解析:每千米基线测量中误差(标准差)为 $\sqrt{a^2+(bD)^2}$,其中 a、b、D 分别为

固定误差、比例误差和距离,代入数据有$\sqrt{10^2+(15\times1)^2}=18$ mm。题中求误差最大值(限差),规范规定取两倍中误差作为限差,故选 C。

20.【C】 解析:该 GPS 网待求点总数为 35 个,根据 D 级 GPS 网的要求,共需测量不小于 1.6 个时段,故全网总测站数应不小于 35×1.6=56 个。

21.【B】 解析:规范规定了各等级 GPS 接收机观测的时段长度,直接目的是获得更多的观测数据,以提高数据的可靠性。

(二)多项选择题

1.【ABCD】 解析:GNSS 网平差可分为基线向量提取、无约束平差、约束平差或联合平差、精度评估、平差过程中的格式转换等工作,选项 A 属于基线向量提取的目的,选项 B 是约束平差的一个步骤。

2.【ABD】 解析:A 级 GNSS 网由卫星定位连续运行基准站构成,用作全国坐标框架的维持、全球性的地球动力学研究、地壳形变测量和卫星精密定轨测量的控制基础,提供动态测量数据以实现地心坐标系的现势性和精度要求。

3.【ABC】 解析:在一时段观测过程中不应进行以下操作:

(1)重新启动接收机。

(2)自测试。

(3)改变卫星截止高度角。

(4)改变数据采样间隔。

(5)改变天线位置。

(6)按动关闭文件和删除文件等功能键。

4.【BE】 解析:GPS 约束平差指用地面控制网或其他约束条件检验约束条件的质量,继续对无约束平差结果进行平差处理,归化到指定的参考坐标系下。将 GPS 采用的坐标系 WGS-84 转换为目标参考坐标系 CGCS2000 属于不同椭球之间大地坐标系的转换,选项 A、C、D 是转到高斯平面所需的数据。

3.10 高程控制网

3.10.1 水准测量概述

水准测量是用水准仪和水准尺测定地面上两点间高差的方法。通常从任一已知高程点出发,沿选定的水准路线逐站测定高差,并加以必要的改正求得正确的高程。

1. 水准测量原理

如图 3.54 所示,以箭头所指方向,后视 A 点读数为 a,前视 B 点读数为 b,A 点高程已知,利用水平视线求两点间高差,用后视读数减去前视读数,继而求 B 点高程。

$$h_{AB}=a-b$$
$$H_B=H_A+h_{AB}$$

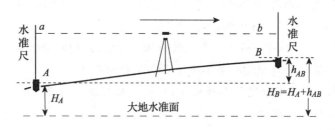

图 3.54　几何水准测量

2. 水准测量术语

（1）基本水准点

水准网中,如图 3.55 所示,点 BM.A、点 BM.B、点 BM.C 为基本水准点,作为水准测线起算点的基准点。

（2）普通水准点

水准网中,有地面固定标志的待求点。图 3.55 中,点 1、点 2、点 3 为普通水准点。

（3）结点

水准网中,至少连接三条水准测线的水准点。图 3.55 中,点 E、点 F、点 G 为结点。

（4）转点

水准测量时的立尺点,通过水准尺传递高差的转折点,在转点上应设置尺台。转点一般不设有地面固定标志。

（5）测站

架设水准仪的测站点,在相邻水准点与转点之间或两个转点之间控制前后视距差尽量相等设立,无须在地面做标志。

（6）测段

测段为两相邻水准点间的水准测线,是水准网中的最小分段。

（7）区段

区段为两相邻基本水准点间的水准测线,如图 3.55(c)中的 AB。

（8）路线

水准路线为两相邻结点间的水准测线,如图 3.55(d)中的 EF。闭合水准路线如图 3.55(b)所示,附合水准路线如图 3.55(c)所示。

【释义】　附合水准路线的最弱点在路线的中部,结点网的最弱点位于每个环节的 3/4 处。

3. 水准联测方法

（1）连测

连测是将水准点或其他高程点包含在水准路线中一起观测,一起平差处理。

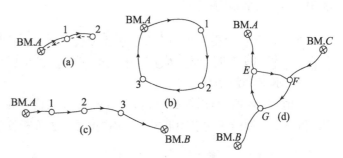

图 3.55　水准测量类型

（2）接测

接测是新设水准路线中任一点附合到其他水准路线上，如图 3.55(d)中，假设 *BF* 为新测路线，则与原控制网在水准点 *F* 接测，在水准点 *G* 处连测。

（3）支测

支测为路线中任一水准点起，至其他任何固定点的观测，如图 3.55(a)所示。

【释义】 水准联测方法包括水准连测和水准接测。水准连测是一个特有术语，区别于水准联测。

4. 高程等级控制网

我国的高程等级控制网分为一、二、三、四共四个等级，一般采用水准测量方法布设，也可以用其他能达到相应精度要求的测量方法布设。

水准网布设原则为从高级到低级、从整体到局部、逐级控制、逐级加密。

（1）一等水准网

一等水准网是水准控制网的骨干，应沿地质稳定、路面平缓的交通路线布设成闭合环，构成网状。在东部地区，水准环线周长不大于 1 600 km，西部地区不大于 2 000 km，山区和困难地区可适当放宽。

一等水准网每 15 年复测一次，执行期不大于 5 年。

（2）二等水准网

二等水准网是水准控制网的基础，在一等水准环内沿省、县主要公路布设，特殊情况可以跨河、跨铁路布设。在平原、丘陵地区水准环线周长不大于 750 km，山区和困难地区可适当放宽。二等水准网根据实际情况复测，至少每 20 年复测一次。

（3）三、四等水准网

三、四等水准网直接用于测图和作为工程控制网，是一、二等水准网的加密，布设成附合路线、环线或结点网。三等水准网附合路线长度不超过 150 km，环线不超过 200 km，同级结点间距不超过 70 km，山地放宽不超过 1.5 倍。

四等水准网附合路线长度不超过 80 km，环线不超过 100 km，同级结点间距不超过 30 km，山地放宽不超过 1.5 倍。

三、四等水准网根据实际情况复测。

3.10.2 水准网设计

1. 水准测量分区

一等水准网的观测宜分区进行，每个区域应含 3 个或以上的卫星定位连续运行站。每个水准环线观测的起讫时间不应超过 2 年。同环线中观测间断时间若超过 6 个月，应在基岩点或卫星连续运行站上间断和连接。

2. 水准联测要求

（1）一、二等水准联测要求

◎水准路线附近的验潮站基准点应按一等水准测量精度连测，国家卫星定位系统基本网点和连续运行站、国家重力基本网点、地壳监测网络基准点、城市及工业区的沉降观测基准点应列入水准路线予以连测。施测有困难时可以支测。

◎新设的一、二等水准路线的起点与终点应是已测的高等或同等级路线的基岩水准点或基本水准点。

◎对已测路线上水准点的接测，按新设路线和已测路线中较低等级的精度要求施测。

◎一、二等新设水准点离一、二等水准点 4 km 以内，离三、四等水准点 1 km 以内时要连测或接测。

（2）三、四等水准联测要求

◎三、四等水准路线 50 km 以内的大地控制点、气象站等固定点，应根据需要列入水准路线予以连测。

◎连测有困难时可以支测，支测线路长在 20 km 内的按四等精度要求施测，20 km 以上的按三等水准要求施测。

◎三、四等新设水准点离等级水准点 4 km 以内要连测或接测。

3. 重力联测要求

水准点上的重力点按加密点要求联测。高程控制点重力联测要求见表 3.22。

表 3.22　高程控制点重力联测要求

等级	情况一（高程）	情况二（平均高差）	联测重力方式
一等水准点	每个水准点		需要联测
二等水准点		＞250 m	需要联测，地面倾斜变化处应加测
	＞4 000 m	150～250 m	需要联测
	1 500～4 000 m	50～150 m	需要联测，平均联测距离应小于 23 km

4. 水准点的命名

◎水准路线以起止地名的简称定为线名。起止地名顺序为西向东、北向南。

◎一、二等水准路线的等级各以"Ⅰ""Ⅱ"列于线名之前表示。

◎基岩水准点以所在地命名，在地名后加"基岩点"三字。

◎基本水准点应在名号后加"基"字，上、下标志分别再加"上"或"下"字。

◎道路水准点在水准点编号后加注"道"。

◎水准支线以其所测高程点名称后加"支"字命名。

◎当新设水准路线与已测水准路线重合时，应尽量利用旧水准点和使用旧水准点名号。若确需重新编号，应在新名号后以括号注明该点标石埋设时的旧名号。

3.10.3　水准测量选点埋石

水准标石埋设后一般地区应经过一个雨季，冻土深度大于 0.8 m 地区应经过一个冻解期，岩层上埋设的标石应经过一个月，方可进行观测。

如果技术设计所需的资料未能收集齐全，则选点还应补充收集测区的自然地理、交通运输、物资供应、沙石水源、人力资源以及其他有关埋石和观测的资料。

1. 选点要求

选点埋石设计的步骤为图上设计、实地选点、标石埋设。

◎水准点应选在地基稳定，具有地面高程代表性的地点。

◎水准点应选在有利于标石长期保存和高程联测,便于卫星定位技术测定坐标的地点。

◎宜选在路线附近的政府机关、学校、公园内,标石占用土地应得到土地使用者或管理者的同意。

◎设在路肩的道路水准点宜选在里程碑或道路上的固定方位物附近 2 m 内。

◎不应选在道路上填方的地段。

◎不应选在易受水淹或地下水位较高的地点。

◎不应选在距铁路 50 m、公路 30 m(普通水准点除外)以内或其他受剧烈震动的地点。

2. 埋石要求

水准点按标石类型分为基岩水准点、基本水准点、普通水准点三种。

(1)水准点埋石要求

水准点埋石要求见表 3.23。

表 3.23　水准点埋石要求

水准点类型	间距	布设要求
基岩水准点	400 km	宜设于一等水准路线结点处,在大城市、国家重大工程和地质灾害多发区应予增设;基岩较深地区可适当放宽;每省(直辖市、自治区)不少于 4 座
基本水准点	普通地区 40 km	设在一、二等水准路线上及其结点处;大、中城市两侧;县城及乡、镇政府所在地,宜设置在坚固岩层中
基本水准点	发达地区 20~30 km	设在一、二等水准路线上及其结点处;大、中城市两侧;县城及乡、镇政府所在地,宜设置在坚固岩层中
基本水准点	荒漠地区 60 km	设在一、二等水准路线上及其结点处;大、中城市两侧;县城及乡、镇政府所在地,宜设置在坚固岩层中
普通水准点	普通地区 4~8 km	设在地面稳定,利于观测和长期保存的地点;山区水准路线的高程变换点附近;长度超过 300 m 的隧道两端;跨河水准测量的两岸标尺点附近
普通水准点	发达地区 2~4 km	设在地面稳定,利于观测和长期保存的地点;山区水准路线的高程变换点附近;长度超过 300 m 的隧道两端;跨河水准测量的两岸标尺点附近
普通水准点	荒漠地区 10 km	设在地面稳定,利于观测和长期保存的地点;山区水准路线的高程变换点附近;长度超过 300 m 的隧道两端;跨河水准测量的两岸标尺点附近

(2)水准点标石类型

水准点标石类型见表 3.24。

表 3.24　水准点标石类型

水准点类型	标石类型
基岩水准点	深层基岩水准标石 浅层基岩水准标石
基本水准点	岩层基本水准标石 混凝土柱基本水准标石 钢管基本水准标石 永冻地区钢管基本水准标石 沙漠地区混凝土柱基本水准标石
普通水准点	岩层普通水准标石 混凝土柱普通水准标石 钢管普通水准标石 永冻地区钢管普通水准标石 沙漠地区混凝土柱普通水准标石 道路水准标石 墙脚水准标志

（3）一、二等水准点标石选择

基岩水准点的标石应按地质条件专门设计,宜选在基岩露头或距地面不深于 5 m 的基岩上,除基岩水准点外,其他水准点的标石选择规定如下:

◎有岩层露头或不深于 1.5 m 的地点优先选择埋设岩层水准标石。

◎沙漠地区或冻土深度小于 0.8 m 的地区,埋设混凝土柱水准标石。

◎冻土深度大于 0.8 m 或永久冻土地区,埋设钢管水准标石。

◎有坚固建筑物和石崖处,可埋设墙脚水准标志。

◎水网地区或经济发达地区的普通水准点,埋设道路水准标石。

（4）三、四等水准点标石的选择

◎土层不冻或冻土深度小于 0.8 m 的地区,埋设混凝土普通水准标石。

◎岩层出露或埋入地面不深于 1.5 m 处,埋设岩层普通水准标石。

◎冻土深度大于 0.8 m 的地区,埋设混凝土柱普通水准标石或钢管普通水准标石。

◎坚固建筑物或直立石崖处,埋设墙脚水准标志。

◎道路肩部,埋设道路水准标石。

（5）水准标石埋设后应提交的资料

水准点埋石结束后应提交的资料有:

◎测量标志委托保管书一式三份,交标石的保管单位或个人,上交和存档各一份。

◎埋石后的水准点点之记及路线图。

◎标石建造关键工序照片或数据文件。

◎埋石工作技术总结。

3.10.4 水准测量仪器选择和检验

高程测量仪器主要是水准测量的水准仪,以及 GNSS 高程测量方法的 GNSS 接收机、三角高程测量方法的经纬仪等。

1. 水准测量方法

（1）水准仪

水准仪(图 3.56)有光学水准仪、自动安平水准仪(DSZ)、数字水准仪等类型。型号为 DS05、DS1、DS3、DS5 的水准仪分别对应大地测量水准仪相应精度为每千米偶然中误差 0.5 mm、1 mm、3 mm、5 mm。

① 光学水准仪

光学水准仪主要部件有望远镜、水准器、基座、脚螺旋等,通过调平水准管达到望远镜视线水平和对前后水准尺读数的目的。

② 自动安平水准仪

自动安平水准仪是指在一定的竖轴倾斜范围

图 3.56 水准仪

1—球面基座;2—度盘;3—目镜;
4—目镜罩;5—物镜;6—调焦手轮;
7—水平循环微动手轮;
8—脚螺丝手轮;9—光学粗瞄准;
10—水泡观察器;11—圆水泡;
12—度指示牌

内,利用补偿器自动获取水平视线的水准仪。

自动安平水准仪安平以前,要用圆水准泡整平仪器到达倾斜补偿器的工作范围。

【释义】　自动安平水准仪需要人工粗整平,仪器自动精整平。

③ 数字水准仪

数字水准仪是高精度、半自动化,具有超限自动报警、自动安平、集成 CCD 采集的数字测量系统,使用带有特定比例条码的数字水准标尺的水准仪。

（2）水准标尺

◎一、二等水准测量标尺用因瓦尺。高精度数字水准仪配合因瓦合金条码尺使用,能自动进行读数,如图 3.57(a)所示。

【释义】　因瓦合金是一种镍铁合金,它的热膨胀系数极低,能在很宽的温度范围内保持固定长度。

◎三、四等水准测量也可采用光学水准仪和双面木质尺,一对标尺黑、红面分划读数差常数,一根是 4 687 mm,另一根是 4 787 mm。图 3.57(b)中,读数为 1.538 m。双面木质尺两面分别为基辅（黑红）面,其分划常数需要进行检定。

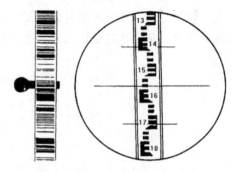

(a) 因瓦合金条码尺　　(b) 双面木质尺

图 3.57　条码尺和双面尺

【释义】　双面水准尺需成对使用:

黑面是基本分划面,尺子的读数从 0 开始,一对尺子的黑面是相同的。

红面是辅助分划面,尺子的读数从 4 687 开始,另一尺子从 4 787 开始,对黑面读数起到检核作用,防止误读。双面读数相当于两次读数取平均数,测量值更加可靠。

【小知识】

水准仪分为正像水准仪和倒像水准仪,目前使用的一般都是正像水准仪,倒像水准仪和标尺基本已经被淘汰。

（3）经纬仪、光电测距仪、GNSS 接收机

经纬仪、光电测距仪、GNSS 接收机在跨河水准时可以使用。

◎一、二等跨河水准使用 J1 经纬仪,三、四等跨河水准使用 J2 经纬仪。

◎光电测距仪采用 2 级光电测距仪。

◎GNSS 接收机采用大地双频 GNSS 接收机。

（4）加密重力点测量

一般采用石英弹簧相对重力仪测量。

2. 水准仪检验

（1）检校规定

作业期间,自动安平光学水准仪和数字水准仪每天开测前检验一次 i 角,气泡式水准仪每天上、下午各检验一次 i 角。作业开始后 7 个工作日内,若 i 角较为稳定,以后每隔 15 天检验一次。

（2）检校方法

如图 3.58 所示,在场地选择 A、B 两已知点,在场地正中间 C 处,观测前后尺读数得到

高差。搬站到离 B 处 $2\sim3$ m 的地方再测量两点之间的高差,用以下公式计算 i 角。

$$i'' = \rho'' \cdot (h_2 - h_1)/D_{AB}$$

式中 ρ''——弧度和角度换算常数,等于 206 265;

       h_2——第二次观测所得高差;

       h_1——第一次观测所得高差;

       D_{AB}——AB 之间距离。

【释义】 因第一次观测前后视距大致相等,求出的两标尺高差基本不含 i 角误差,可以设为真值。第二次测量得到的高差包含了 i 角误差,两次测量之差就是 i 角误差大小。

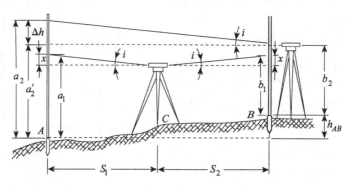

图 3.58 水准仪检校

3.10.5 水准观测要求

1. 水准测量实施要求

水准测量应按照规定的操作程序实施,尽可能消除系统误差。

(1)仪器温度要求

◎测前 30 分钟仪器应放于露天阴影下静置。

◎数字水准仪要预热不少于 20 次单次测量。

◎观测中应用测伞遮阳。

◎搬站时盖仪器罩。

(2)仪器操作要求

◎气泡式水准仪测前应测定倾斜螺旋的置平零点,并做标记,随着气温变化应随时调整零点。

◎转动倾斜螺旋和测微螺旋的最后旋动方向均应为旋进,目的是削弱倾斜微动螺旋隙动差。

◎仪器架设时,脚架的两脚与前进路线平行,另一脚每换一站在路线左右轮换。

◎避免望远镜对准太阳,视线遮挡不要超过标尺在望远镜中截长的 20%。

(3)测站和标尺安置要求

◎标尺应检验,标尺名义米长偏差不应超过限值。

◎往返测的测站数都应为偶数,两次测量应互换标尺,并重整仪器。

◎仪器与前后标尺尽量成一直线。

◎不应为了增加标尺读数而把尺垫放于壕坑。

◎高差大的地区要选用长度稳定、标尺名义米长偏差和分划偶然误差较小的标尺。

◎一、二等水准观测应根据路线、土质选用尺桩(尺桩质量不轻于 1.5 kg,长度不短于 0.2 m)或尺台(图 3.59 所示,尺台质量不低于 5 kg)。特殊地段可采用大帽钉作为转点尺承。三、四等水准测量选用尺台质量应不小于 1 kg。

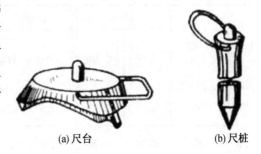

(a) 尺台　　　(b) 尺桩

图 3.59　尺台和尺桩

(4)标尺读数顺序要求

◎一、二等水准观测光学水准仪顺序为往测时的奇数站读数顺序为"后前前后",偶数站为"前后后前",返测顺序相反。

数字水准仪的读数顺序为奇数站"后前前后",偶数站"前后后前",往返测顺序相同。

◎三等水准测量的读数顺序为"后前前后"。

◎四等水准测量的读数顺序为"后后前前"。

(5)往返测要求

◎一、二等水准测量采用单路线往返测。同一区段的往返测应使用同一类型的仪器和转点尺承沿同一道路进行。

◎三等水准测量用中丝法往返测,有光学测微器和线条因瓦尺时也可以采用单程双转点法观测。

◎四等水准测量用中丝法测单程,支线应用单程双转点法或往返测。

【释义】　单程双转点法是指在每一转点处,安置左右相距不大于 0.5 m 的两个尺台,相当于左右两条水准路线。每一测站按规定的观测方法和操作程序施测,应首先完成右路线的观测,再进行左路线的观测。

◎同测段往返测应分别在上、下午进行。若干里程的往返测可同时在上午或下午进行,一等水准不应超过总站数的 20%,二等水准不应超过总站数的 30%。

◎在每一区段内,先连续进行所有测段的往测(或返测),随后再连续进行该区段的返测(或往测)。若区段较长,也可将区段分成 20~30 km 的几个分段。

(6)观测时间要求

◎一、二等水准测量在日出后日落前半小时内、太阳中天前后各 2 小时内不应进行观测。

◎进行跨河水准时,晴天在日出后 1 小时前、日落前 1 小时后、太阳中天前后各 2 小时不应进行观测;阴天全天都可以观测,有条件可以在夜间观测。跨河水准测量时不宜在雨后初晴和大气折光变化的时间内进行。

(7)联测检测要求

联测前后观测时间超过 3 个月,应进行检测。对高等级路线的检测,按新设路线的等级进行;对低等级路线的检测,按已测路线的等级进行。

（8）测站检验要求

水准测站检核,相应指标不应超过表 3.25 的要求。

表 3.25　水准测站上要求的指标

单位:m

等级	类别	视线长		视距差		累积视距差		视线高		数字水准仪重复测量次数(次)
		光学	数字	光学	数字	光学	数字	光学(下丝读数)	数字	
一等	DS05	≤30	4~30	≤0.5	≤1.0	≤1.5	≤3.0	≥0.5	0.65~2.8	≥3
二等	DS1	≤50	3~50	≤1.0	≤1.5	≤3.0	≤6.0	≥0.3	0.55~2.8	≥2
三等	DS3	75		2.0		5.0		三丝能读数		≥3
	DS1、DS05	100								
四等	DS3	100		3.0		10.0		三丝能读数		≥2
	DS1、DS05	150								

（9）打间歇要求

不适合观测时应打间歇。观测间歇时,最好在水准点上结束;否则,应在最后一站选择两个坚稳可靠固定点作为间歇点。如无固定点可选择,则间歇前应对最后两测站的转点尺桩做妥善安置以便将其作为间歇点。

间歇后应对间歇点进行检测,比较任意两尺承点间歇前后所测较差,若超限,可变动仪器高再测一次,如仍超限,则要从前一水准点起测。

（10）控制点使用要求

在观测基岩水准标石时,标尺置于主标志上;在观测基本水准标石时,标尺置于上标志上。若主标志或上标志损坏,标尺则置于副标志或下标志上。

对于未知主、副标志(或上、下标志)高差的水准标石,应测定主、副标志(或上、下标志)间的高差。

观测应使用同一标尺,变换仪器高度测定两次,较差不得超过 1 mm。

2. 夜间观测要求

◎通过交通繁忙、车流量较大的桥梁或街区可以在夜间进行水准测量。

◎预先在夜间拟测路线的两端,埋设水准点或选择固定点,尽量减少夜间观测工作量。

◎白天应在夜测地段选定架设仪器和放置标尺的地点,并在立尺点钉入尺桩或帽钉,做出明显标记。

◎在标尺处应有专用照明,可在水准仪测微器的入光孔加设照明灯。

◎夜间水准测量的观测方法和各项限差均与相应的各等水准测量的规定相同。

3. 记录要求

◎水准测量的外业成果按记录载体分为电子记录和手簿记录两种方式,应优先采用电子记录,在不适宜电子记录的特殊地区亦可采用手簿记录。

◎手簿一律用铅笔填写,记录力求清晰、整洁。

◎手簿中原始记录不得涂擦,原始记录如有错误,应仔细核对后以单线划去,在其上方更正,并注明原因。

◎对作废的记录,亦用单线划去,并注明原因及重测结果记于何处,加注"重测"。

◎每测段的始、末,一、二等水准测量外业记录项目应包括太阳方向、测量时间、道路土质、天气等内容。

3.10.6 水准测量误差

1. 仪器误差

仪器误差主要是视准轴和水准轴不平行产生的夹角,在水平分量和垂直分量上分别导致两个误差影响。

(1) i 角误差(图 3.60)

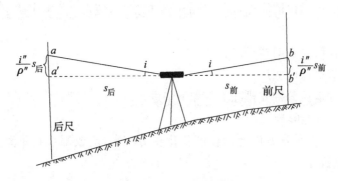

图 3.60 水准仪 i 角误差

视准轴和水准轴不平行会导致误差,在垂面分量上夹角导致的误差叫 i 角误差。

减弱措施:

◎严格限制每站前后视距差。

◎严格限制测段前后视距累积差。

(2) Φ 角误差

视准轴和水准轴不平行会导致误差,在平面交角导致的误差叫 Φ 角误差,也叫交叉误差。

减弱措施:

◎减少垂直轴倾斜。

◎检校和校正。

◎仪器架设时,脚架的两脚与前进路线平行,另一脚每换一站在路线左右轮换。

【释义】 垂直轴不垂直且在与视准轴正交的方向上倾斜某一角度时,Φ 角误差会带来影响。

(3) 水准标尺每米真长误差

水准标尺每米真长误差为水准标尺实际尺长与理论尺长(归算到 1 m)的误差。

减弱措施:

◎检定水准标尺,并禁用超限的水准标尺。

◎计算水准标尺误差改正数。

(4) 一对水准标尺零点不等差

每个测站用到的一对水准标尺刻度零点不相等产生的误差。

减弱措施:

◎测段间保持偶数站数。

◎相邻两测站前后水准标尺互换位置。

【释义】 以上两个条件要同时满足,才能消去一对水准标尺零点不等差。

若第一站后视采用标尺 A,前视采用标尺 B,则第二站后视采用标尺 B,前视采用标尺 A。在实际操作中,两位标尺员以后视换前视、前视换后视的跑尺顺序反复行进。

2. 外界引起的误差

(1) 温度变化引起的误差

温度变化时会引起仪器胀缩,从而会造成结构变化,使得 i 角发生微小变化。

减弱措施:

◎避免仪器被阳光直射或受热。

◎相邻测站观测顺序相反。

◎各测站的往返测分别安排在上午和下午进行。

(2) 大气垂直折光影响

近地面处,大气在垂直方向上的密度变化相对较大,造成视线在垂直方向往上或往下偏,称为大气垂直折光。

减弱措施:

◎前后视距应尽量相等。

◎视线离开地面应有足够的高度。

◎在坡度较大的地段应适当缩短视线。

◎选择适合的观测时间,日出后(日落前)半小时不进行水准测量。

【释义】 大气垂直折光系数一般在 0.09~0.16 之间,具有周日变化规律,中午前后数值较小、较稳定,日出日落前后变化剧烈,如图 3.61 所示,每日最佳的观测时间在 10~16 时之间。

(3) 大气抖动的影响

近地面空气受热上升,冷空气下沉填充,形成不规则的流动,会造成视线抖动。

减弱措施:

◎选择适合的观测时间,中午不要进行水准测量。

◎选择通过温度稳定的地表物。

(4) 仪器脚架和尺台升降的影响

脚架插入土中由于土地的反弹力会产生升降

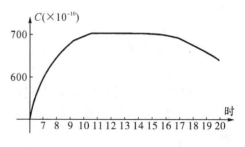

图 3.61 大气垂直折光规律

变化。

减弱措施：

◎选择良好土质的水准路线。

◎精密水准测量尽量用尺桩和尺台。

◎在立尺 20～30 s 后才进行观测。

◎相邻测站观测顺序相反。

◎安置脚架时使其自然伸展,观测员应绕第三脚走动。

◎往返测应沿同一路线进行,并使用同一仪器和尺承。

3. 其他误差

（1）观测误差

观测误差有整平误差、照准误差、读数误差等。

数字水准仪主要是作业员照准标尺的调焦误差。

减弱措施：作业员规范、认真操作。

（2）客观因素误差

如重力产生的误差等。

减弱措施：通过改正数予以减弱。

4. 固定观测程序操作

采取固定的观测程序操作可以削弱水准测量误差,主要措施有：

◎选择合理的观测时间。

◎采取措施使水准仪免受温度变化影响。

◎测站数设为偶数,奇数偶数站用相反观测程序。

◎相邻测站观测顺序相反。

◎每站前后视距大致相等。

◎视线离地面足够高,视线不能过长。

◎往返测按同一路线,使用一套仪器和尺承,分别于上、下午实施。

3.10.7 高程控制网数据处理

一、二等水准测量外业计算的项目有外业手簿的计算、外业高差和概略高程表的编算、每千米水准测量偶然中误差的计算、附合路线与环线闭合差的计算、每千米水准测量全中误差的计算。

1. 外业高差概略表编算

三、四等水准测量高差概略表编算时须加入标尺长度改正、正常水准面不平行改正、环闭合差改正。

一、二等水准测量高差概略表编算时须加入标尺长度改正、正常水准面不平行改正、环闭合差改正、标尺温度改正、重力异常改正、固体潮改正,由两人各自独立计算并校检。

（1）标尺长度改正

标尺长度改正即标尺名义尺长不等于实际尺长的长度改正。

先通过双频激光标准装置实量检校,求出每米标尺改正数,继而求得测段尺长改正数。

$$\Delta_\ast = L_\ast - 1$$

$$\Delta = h\Delta_\ast$$

式中　Δ—— 测段尺长改正数；

　　　h—— 测段高差；

　　　$L_\ast$—— 实际每米尺长；

　　　$\Delta_\ast$—— 每米标尺改正数。

（2）正常水准面不平行改正

由于水准面之间不平行，经过的水准路线不一样将导致高差值不同，正常水准面不平行改正与两点纬度差和平均高程有关。

【释义】　几何水准测量获得的高程系统经过正常水准面不平行校正，转换成基于似大地水准面的正常高高程。

【小知识】

下式中，$0.154\,3H_m$为层间改正项，将在似大地水准面精化章节中详述。

$$\varepsilon = \Delta\gamma \cdot H_m/\gamma_m$$

$$\gamma_m = (\gamma_i + \gamma_{i+1})/2 - 0.154\,3H_m$$

$$\gamma = 978\,032(1 + 0.005\,302\,4\sin^2\varphi - 0.000\,005\,8\sin^2 2\varphi)$$

式中　ε—— 正常水准面不平行改正值；

　　　$\Delta\gamma$—— 两水准点之间的正常重力差；

　　　H_m—— 两水准点的平均高程；

　　　γ_m—— 两水准点的平均正常重力；

　　　γ_i,γ_{i+1}—— 两水准点的正常重力；

　　　γ—— 水准点的正常重力；

　　　φ—— 水准点纬度。

（3）标尺温度改正

高精度水准测量需要对因瓦标尺加以温度改正。

（4）重力异常改正

由实测的重力值改正因地球质量不均匀导致的重力异常。

【小知识】

重力异常改正计算公式如下：

$$\lambda = h(g - \gamma)m/\gamma_m$$

$$(g - \gamma)_\text{空} = (g - \gamma)_\text{布} + 0.111\,9H$$

$$(g - \gamma)_m = [(g - \gamma)_{\text{空}1} + (g - \gamma)_{\text{空}2}]/2$$

式中　λ—— 一测段重力异常改正；

　　　$(g - \gamma)_\text{空}$—— 空间重力异常；

　　　$(g - \gamma)_\text{布}$—— 布格重力异常，可查表得出；

　　　$(g - \gamma)_m$—— 两水准点间平均重力异常；

0.111 9H——层间改正；

g——平均重力；

γ——正常重力；

γ_m——平均正常重力；

h——测段高差；

H——水准点概略高程。

（5）固体潮改正

天体对地球固体的引潮力产生的误差在高精度水准测量中需要考虑并加以改正。

2. 水准测量往返测高差不符值或路线闭合差计算

每个测段概略高差计算完成后都要进行往返测高差不符值计算，每条路线都要进行路线附合闭合差或环闭合差计算，其值不得超过表 3.26 相应数值要求。

表 3.26　往返测高差不符值或路线闭合差要求　　　　　单位：mm

等级	往返测高差不符值	附合闭合差	环闭合差	检测已测测段高差之差
一等	$1.8\sqrt{L}$	—	$2\sqrt{L}$	$3\sqrt{L}$
二等	$4\sqrt{L}$	$4\sqrt{L}$	$4\sqrt{L}$	$6\sqrt{L}$
三等	$12\sqrt{L}$	$12\sqrt{L}$	平原 $12\sqrt{L}$，山区 $15\sqrt{n}$	$20\sqrt{L}$
四等	$20\sqrt{L}$	$20\sqrt{L}$	平原 $20\sqrt{L}$，山区 $25\sqrt{n}$	$30\sqrt{L}$
五等	$30\sqrt{L}$	$30\sqrt{L}$	平原 $30\sqrt{L}$	
图根	$40\sqrt{L}$	$40\sqrt{L}$	平原 $40\sqrt{L}$，山区 $12\sqrt{n}$	

注：① L 为距离，一、二等水准测量计算往返测高差不符值时若 L 不足 0.1 km 以 0.1 km 计，一到四等水准测量检测已测测段高差之差时若 L 不足 1 km 以 1 km 计。山区指高程超过 1 000 m，或路线最大高差超过 400 m；
② n 为测站数；
③ 五等水准和图根水准都不是大地测量控制网等级，列于此便于记忆，详细见工程测量章节。

当连续若干测段的往返测高差不符值保持同一符号，且大于不符值限差的 20% 时，则在以后各测段的观测中，除酌量缩短视线外，还应加强仪器隔热和防止尺桩（台）位移等措施。

3. 水准测量精度计算

（1）每千米往返测偶然中误差

往返测高差不符值或路线闭合差计算得到结果后，归算至每千米的往返测较差的偶然中误差以双观测值中误差公式计算：

$$m_{\text{单}} = \pm \sqrt{\left[\frac{\Delta\Delta}{R}\right]/2n}$$

式中　$m_{\text{单}}$——每千米往返测不符值中误差；

$m_{\text{偶然}}$——每千米往返测高差中数偶然中误差；

Δ——往返测高差不符值；

R——测段长度；

n——测段数。

（2）每千米水准测量偶然中误差计算

每完成一条路线,应进行往返测高差不符值和每千米水准测量偶然中误差(每千米往返测高差中数偶然中误差)的计算,路线长度小于 100 km,或路线上测段数不足 20 条时,可纳入邻线一并计算。

偶然中误差超出限差时,应分析原因,重测最不可靠的有关测段或路线。

$$m_{偶然} = \pm \sqrt{\left[\dfrac{\Delta\Delta}{R}\right]/4n}$$

式中　$m_单$—— 每千米往返测不符值中误差;

　　　$m_{偶然}$—— 每千米往返测高差中数偶然中误差;

　　　Δ—— 往返测高差不符值;

　　　R—— 测段长度;

　　　n—— 测段数。

【释义】　该指标利用测段的往返测高差不符值来推求水准观测中误差,主要反映了水准路线偶然误差的影响,因此称为水准测量每千米高差的偶然中误差。

由于每测段高差值取该测段往返测高差的平均值,根据误差传播率公式可推导出每千米往返测高差中数偶然中误差是每千米的往返测较差偶然中误差的 $\sqrt{2}/2$ 倍。

（3）每千米水准测量全中误差

每完成一条附合或者闭合路线要计算闭合差,环数超过 20 个时按环闭合差计算全中误差。

$$m_全 = \pm \sqrt{\left[\dfrac{\omega\omega}{F}\right]/n}$$

式中　$m_全$—— 每千米往返测全中误差;

　　　ω—— 各项改正后的环闭合差;

　　　F—— 环线周长;

　　　n—— 环数。

【释义】　环闭合差可以视作真误差,故使用中误差定义公式求每千米水准测量全中误差,由于利用环线的真误差(闭合差)来推求水准观测中误差,真误差中包括了偶然误差和系统误差的综合影响,因此称为水准测量每千米高差的全中误差。

（4）水准测量精度要求

每千米水准测量的偶然中误差和全中误差要求见表 3.27。

表 3.27　各等级每千米水准测量的偶然中误差和全中误差要求　　　　单位:mm

等级	一等	二等	三等	四等
$m_{偶然}$	0.45	1.0	3.0	5.0
$m_全$	1.0	2.0	6.0	10.0

当山区布设的一等水准网闭合环少于 50 个时,全中误差可放宽到 1.2 mm。

4. 水准测量平差

（1）水准测量定权

$$P = C/L$$
$$P = C/N$$

式中　C—— 任意常数；

　　　L—— 路线长度；

　　　N—— 测站数。

（2）任意测段高差中误差计算

$$m = \mu \sqrt{L}$$

式中　m—— 水准测量高差中误差；

　　　μ—— 单位全中误差，即每千米水准测量高差中误差；

　　　L—— 测程长度。

3.10.8　跨河水准测量

当水准路线上有河流或湖泊隔断时，需要进行跨河水准测量。

1. 跨河水准测量视线

（1）跨河长度

◎一、二等跨河水准测量。当一、二等水准路线跨河视线大于 100 m 时应进行跨河水准测量。当高差变化大于 70 m/km 时，不宜进行一等跨河水准测量，当高差大于 130 m/km 时，不宜进行二等跨河水准测量。

◎三、四等跨河水准。当三、四等水准测量路线跨河视线大于 200 m 时应进行跨河水准测量。

◎跨河距离不超过上述值的，可采取一般水准方法测量，但在测站上应变换仪器高度观测两次，两次高差之差应不大于 1.5 mm，取中数。

（2）跨河视线高

◎当跨河视线长度小于 300 m 时，视线高不得低于 2 m。

◎当跨河视线长度大于 500 m 时，视线高不低于 $4\sqrt{S}$ m（S 为跨河千米数）。

2. 跨河水准测量方法

（1）跨河测站要求

水准路线跨河时，在跨河场地应布成 Z 形、平行四边形、等腰梯形、大地四边形等网形（图 3.62）。

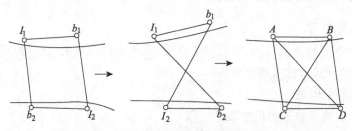

图 3.62　跨河水准网形

（2）跨河水准测量要求

如图 3.63 所示，当只使用一台仪器进行跨河水准测量时，测站点 I_1、I_2 与立尺点 b_1、b_2 应呈 Z 形（I 为仪器、立尺两用点）。

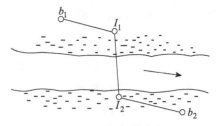

图 3.63　跨河水准路线

◎非跨河点宜位于跨河轴线上，各点间距大致等于跨河间距，并且偏离跨河轴线的垂距一等水准测量不大于 1/50 跨河距离，二等水准测量不大于 1/25 跨河距离。

◎跨河点距离小于 2 km 时，同河岸非跨河点距跨河点应在 2 km 左右为宜。

◎一测回结束应间歇 15～20 min 进行下一测回观测，全部测回上、下午应各占一半，如有夜间测量，白天和夜间观测次数比值应为 1.3：1。

（3）跨河水准测量方法概要

跨河水准测量方法概要见表 3.28。

表 3.28　跨河水准方法概要　　　　　　　　　　　单位：m

观测方法	方法概要	最长跨距
光学测微法	使用一台水准仪，用水平视线照准分划板，精读两岸高差	500
倾斜螺旋法	使用两台水准仪对向观测，用倾斜螺旋分划鼓读数测定上下标志倾角，求出两岸高差	1 500
经纬仪倾角法	使用两台经纬仪对向观测，测定上下标志倾角，求出两岸高差	3 500
测距三角高程法	使用两台经纬仪对向三角高程观测，求出两岸高差	3 500
GNSS 测量法	GNSS 水准方法，海拔超过 500 m 的地区不宜进行	3 500

【释义】　一些高精度水准仪具有倾斜螺旋分划鼓，可以通过读取转动格数获取倾角。

3. 跨河水准测量的其他要求

◎跨河应选在测线附近，利于布设工作场地与观测的较窄河段处。

◎跨河视线不得通过草丛、干丘、沙滩的上方。

◎两岸仪器视线距水面的高度应大致相等（测距三角高程法除外）。

◎两岸由仪器至水边的距离应大致相等，地貌、土质、植被等也应相似。

◎视线方向宜避免正对日照方向。

◎当采用冰上测量进行跨河水准时，应在仪器每个脚架下和标尺下冻入木桩。

3.10.9　水准测量成果提交和取舍

1. 成果提交内容

成果提交内容有技术设计书、埋石技术总结、观测数据及成果、数据处理资料、高程控制点成果、技术总结、图表、检查验收报告等。

2. 观测值超限处理

（1）测段往返测高差不符值超限的处理

应先就可靠程度较小的往测或返测进行整测段重测，并按下列原则取舍。

◎若重测的高差与同向原测高差的不符值超限,但与另一单程高差不符值不超限,则取重测结果。

◎若同向两高差不符值未超限,且其中数与另一单程高差的不符值亦不超限,则将同方向平均数作为该单程的高差。

◎若重测高差与另一单程的高差不符值超限,应重测另一单程。

◎若超限测段经过两次或多次重测后,出现同向观测结果靠近而异向观测结果间不符值超限的分群现象时,如果同方向高差不符值小于限差之半,则取原测的往返高差中数作为往测结果,取重测的往返高差中数作为返测结果。

(2) 区段、路线往返测高差不符值超限的处理

若区段、路线往返测高差不符值超限,应就往返测高差不符值与区段(路线)不符值同符号中较大的测段进行重测,若重测后仍超出限差,则应重测其他测段。

3.10.10 章节练习

(一) 单项选择题

1. 相关规范规定,水准测量每千米高差全中误差限差指标比每千米高差偶然中误差大,这主要是因为( )。

    A. 每千米高差全中误差一般是较长路线水准测量的精度指标

    B. 每千米高差全中误差比每千米高差偶然中误差多包含了系统误差

    C. 每千米高差偶然中误差充分抵消了环线闭合差,故值较小

    D. 每千米高差全中误差公式没有采用往返测不符值进行计算

2. 使用自动安平水准仪进行水准测量时,不需要进行( )。

    A. 手动整平   B. 手动精平   C. 手动粗平   D. 安置脚架

3. 在松软泥地进行二等水准观测,( )。

    A. 可以直接立水准标尺   B. 应在标尺下放置尺台

    C. 应在标尺下放置尺桩   D. 应在标尺下放置道钉

4. 使用 DS3 水准仪进行水准观测,已知路线高差测量中误差为 ± 6.7 mm,则路线长为( )km。

    A. 3   B. 4   C. 5   D. 6

5. 以下埋石地点中符合一、二等基岩水准测量的埋石要求的是( )。

    A. 基岩距地面 8 m   B. 基岩上覆盖坚硬岩层

    C. 基岩上有沙漠或冻土   D. 基岩裸露在地表

6. 根据现行规范,国家三等水准网复测周期( )。

    A. 不超过 5 年   B. 不超过 10 年

    C. 不超过 20 年   D. 根据需要决定

7. 由于水准仪视准轴与水准管轴不平行产生的测量误差叫 i 角误差,以下说法正确的是( )。

    A. 误差大小与前、后视距无关

    B. 误差大小与前、后视距成正比

    C. 误差大小与前、后视距之和成正比

    D. 误差大小与前、后视距之差成正比

8. 按照规范,在海拔为1 000 m,河宽超过2 000 m的高原地区,应采用(　　　)进行跨河水准测量。

    A. 光学测微法　　　B. GNSS法　　　　C. 倾斜螺旋法　　D. 经纬仪倾角法

9. 水准网布设时,海拔高程超过(　　　)m的地区不宜进行GPS跨河水准测量。

    A. 300　　　　　　B. 500　　　　　　C. 600　　　　　D. 1 000

10. 某二等水准区段有测段A、测段B、测段C,按顺序相连,下列测量顺序正确的是(　　　)。

    A. A往、B往、C往

    B. A往、A返、B往、B返、C往、C返

    C. A往、B往、C往、C返、B返、A返

    D. A往、B往、C往、A返、B返、C返

11. 制作二等水准点时,坚固的石崖适宜选用(　　　)作为水准标石。

    A. 混凝土柱标石　　　　　　　B. 钢管标石

    C. 道路普通标石　　　　　　　D. 墙角标志

12. 平原地区四等水准测量环线长为8 km,则其闭合差最大不得超过(　　　)mm。

    A. 11　　　　　　B. 28　　　　　　C. 34　　　　　D. 56

13. 水准区段每千米水准测量的偶然中误差超出限差时,应(　　　)。

    A. 重测最长的测段　　　　　　B. 重测最不可靠的测段

    C. 重测最重要的测段　　　　　D. 重测整个区段

(二) 多项选择题

1. 一、二等水准标石埋设后,不需要提交的资料是(　　　)。

    A. 委托保管书　　B. 地形图　　　C. 路线图　　　　D. 进度表

    E. 点之记

2. 在精密水准测量概算时,计算工作包括(　　　)。

    A. 水准标尺每米长度误差改正

    B. 正常水准面不平行改正

    C. 水准测量每千米高差偶然中误差计算

    D. 高差改正数计算

    E. 水准测量每千米全中误差计算

3. 在水准测量中,保持前后视距大致相等可以减小(　　　)。

    A. 水准管轴与视准轴不平行误差　　B. 尺台不均匀沉降

    C. 地球曲率产生的误差　　　　　　D. 大气垂直折光误差

    E. 一对水准标尺零点不等误差

4. 对某水网密集地区进行一等水准网布设,可能用到的仪器有(　　　)。

    A. J1经纬仪　　　　　　　　　B. 干湿温度计

    C. DSZ3水准仪　　　　　　　　D. 弹簧重力仪

    E. 大地双频GNSS接收机

5. 一等水准路线选点时,应收集测区的(　　　)等资料。

A. 气候条件　　　　B. 交通图　　　　C. 人文历史　　　　D. 地质条件

E. 水网图

6. 以下选项中,属于数字水准仪的特点的有(　　　)。

A. 超限自动报警　　　　　　　　B. 自动安平

C. 自动测量　　　　　　　　　　D. CCD采集系统

E. 使用黑红双面水准标尺

7. 进行跨河水准测量时,视线不可通过(　　　)的上方。

A. 芦苇丛和草丛　　　　　　　　B. 大片干丘

C. 过于狭窄的河段　　　　　　　D. 沙滩和砾石堆

E. 水面平静反光强烈的河段

习题答案与解析

(一) 单项选择题

1.【B】　解析:水准测量每千米高差偶然中误差利用测段的往返高差不符值来推求水准观测中误差,主要反映了水准路线偶然误差的影响。水准测量每千米高差全中误差利用环线闭合差来推求水准观测中误差,反映了偶然误差和系统误差的综合影响。

2.【B】　解析:自动安平水准仪在安平以前,需要用圆水准泡整平仪器到达倾斜补偿器的工作范围,再自动精确整平。

3.【C】　解析:一、二等水准观测应根据路线、土质选用尺桩或尺台,特殊地段可采用大帽钉作为转点尺承。泥地土质较软,应将尺桩置入土层,砸实后作为转点尺承。

4.【C】　解析:$m = \mu\sqrt{L}$,其中 m 为水准测量高差中误差,μ 为每千米水准测量高差中误差,L 为测程长度。DS3水准仪每千米水准测量偶然中误差为 3 mm,代入公式得 L 为5 km。

5.【D】　解析:一、二等水准点标石的选择如下:

(1) 基岩水准点的标石应按地质条件专门设计,宜选在基岩露头或距地面不深于 5 m 的基岩上。

(2) 有岩层露头或不深于 1.5 m 的地点优先选择埋设岩层水准标石。

(3) 沙漠地区或冻土深度小于 0.8 m 的地区,埋设混凝土柱水准标石。

(4) 冻土深度大于 0.8 m 或永久冻土地区,埋设钢管水准标石。

(5) 有坚固建筑物和石崖处,可埋设墙脚水准标志。

(6) 水网地区或经济发达地区的普通水准点,埋设道路水准标石。

6.【D】　解析:三、四等水准网直接用于测图和作为工程控制网,是一、二等水准网的加密,要布设成附合路线、环线或结点网,根据实际情况复测。

7.【D】　解析:i 角误差即由于视准轴和水准管轴不平行产生的误差,其减小措施为限制每站的前、后视距之差。

8.【D】　解析:在海拔高程超过 500 m 的地区,不宜进行 GPS 跨河水准测量。选项A、C测程达不到要求,选项D最大测程达到 3 500 m,可以采用。

9.【B】　解析:当海拔高程超过 500 m 的地区,不宜进行 GPS 跨河水准测量。

10.【C】　解析:一、二等水准测量,先在每一区段内连续进行所有测段的往测(或返测),再连续进行该区段的返测(或往测)。

11.【D】 解析:一、二等水准点标石的选择原则如下:

(1)基岩水准点的标石应按地质条件专门设计,宜选在基岩露头或距地面不深于5 m的基岩上。

(2)有岩层露头或不深于1.5 m的地点优先选择埋设岩层水准标石。

(3)沙漠地区或冻土深度小于0.8 m的地区,埋设混凝土柱水准标石。

(4)冻土深度大于0.8 m或永久冻土地区,埋设钢管水准标石。

(5)有坚固建筑物和石崖处,可埋设墙脚水准标志。

(6)水网地区或经济发达地区的普通水准点,埋设道路水准标石。

12.【D】 解析:四等水准测量环线闭合差最大不超过 $20\sqrt{L}$,L 为环线长。

13.【B】 解析:每千米水准测量的偶然中误差超出限差时,应分析原因,重测最不可靠的测段或路线。

(二) 多项选择题

1.【BD】 解析:水准点埋石结束后应提交的资料包括:测量标志委托保管书、埋石后的水准点之记及路线图、标石建造关键工序照片或数据文件、埋石工作技术总结。

2.【ABD】 解析:一、二等水准高差概算表要加入标尺长度改正、正常水准面不平行改正、环闭合差改正、标尺温度改正、重力异常改正和固体潮改正,另外水准测量往返测不符值和高差改正数计算也属于水准概算工作的内容。

3.【ACD】 解析:在水准测量中,保持前后视距大致相等可以减小水准管轴与视准轴不平行误差、地球曲率产生的误差、大气垂直折光误差等。

4.【ABDE】 解析:在水网密集地区进行一等水准网布设,跨河水准无法避免,所以选A、E;一等水准必须加测气象元素和重力,故选B、D;选项C达不到一等水准网的布设要求。

5.【ABDE】 解析:在一等水准路线选点时,如果在技术设计时所需的资料未能收集齐全,则在选点时应补充收集测区的自然地理、交通运输、物资供应、沙石水源、人力资源以及其他有关埋石和观测的资料,选项A、D、E都属于测区的自然地理资料,在水准测量实施、埋石、跨河水准设计时需要用到这些资料,选项B属于交通运输资料。

6.【ABD】 解析:数字水准仪是高精度、半自动化、超限自动报警、自动安平、集成CCD采集的数字测量系统、使用带有特定比例条码的数字水准标尺的水准仪。

7.【ABD】 解析:考虑到成像清晰度和降低视线垂直折光的要求,跨河水准测量水准视线不得通过草丛、干丘、沙滩等的上方。

3.11 重力测量

3.11.1 重力测量概述

1. 重力与重力加速度

重力加速度是物体受重力作用的情况下所具有的加速度,即重力对 1 kg 质量单位作用产生的加速度。

在重力测量中,重力的值等于重力加速度,本书后文不区分重力和重力加速度。

【释义】 重力单位是牛顿(N),即千克·米/秒²(kg·m/s²),规定 1 kg 为单位质量后,测量地表点的重力值就变成了测量重力加速度的工作,重力测量是指测定空间一点的重力加速度。

(2) 重力单位

$1 \text{ Gal(伽)} = 1 \text{ cm/s}^2 = 10^{-2} \text{ m/s}^2$

$1 \text{ mGal(毫伽)} = 10^{-5} \text{ m/s}^2$

$1 \mu\text{Gal(微伽)} = 10^{-8} \text{ m/s}^2$

【释义】 重力加速度的国际制单位是米/秒²(m/s²)或牛/千克(N/kg),即落体速度单位(m/s)除以时间单位(s)或牛顿(N)除以千克(kg)。为了纪念第一个测量重力加速度的意大利物理学家伽利略,重力加速度一般采用伽(Gal)做单位。

2. 重力测量分类

(1) 按测量方法分类

重力测量按测量方法分为绝对重力测量和相对重力测量。

◎绝对重力测量是直接测定重力加速度绝对值的方法。

◎相对重力测量是测定两点间重力加速度差值的方法,即测量段差。

(2) 按测量领域分类

重力测量按测量领域区别分为陆地重力测量、海洋重力测量、航空重力测量。

【小知识】

按重力测量方法和原理,重力测量方法一般有动力法和静力法两大类。

◎动力法重力测量是通过观测运动物体状态,测量和计算运动速度和运动周期来获得重力加速度,分为自由落体式和摆式两类。目前一般用自由落体式重力仪测量绝对重力加速度,摆式绝对重力仪已经很少使用。

◎静力法重力测量是通过观测运动受力平衡状态,测量受力位移来获得重力加速度差,如弹簧伸缩等。

3.11.2 重力控制网

我国的重力控制网分为国家重力基本网、国家一等重力网、国家二等重力点。此外,还有国家级重力仪标定长、短基线。

国家重力控制网由国家测绘行政主管部门主持,在规定的时间内完成。

1. 国家重力基准点

国家重力基准点由绝对重力测量测制,具有一定数量,分布合理,覆盖全国,构成全国重力基准框架,是国家重力网的起算数据。

重力基准点由多台绝对重力仪多次测定,并要与国际绝对重力测量框架联测。

(1) 选点要求

◎重力基准点应选在稳固的非风化基岩上。

◎应远离各种震源。

◎应避开高压线和强磁电场。

◎周围没有大的质量迁移。

◎不宜选在大河、大湖、水库附近。

◎不宜选在地下水位变化剧烈区域。

(2) 埋石要求(图 3.64)

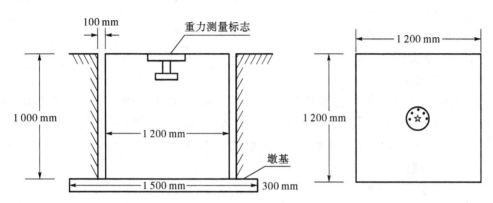

图 3.64　绝对重力观测墩

◎观测室的面积一般不小于 3 m×5 m,天花板离观测墩面不小于 2 m。

◎观测墩的尺寸要求为 1.2 m×1.2 m×1 m。

◎观测墩与周围地面应留 0.1 m 隔震槽并填以泡沫塑料,距墙壁不小于 0.5 m,两观测墩间距应大于 0.8 m。

2. 国家重力基本网

国家重力基本网由重力基准点、重力基本点及其引点组成。

国家重力基本网应在全国构成多边形网覆盖领土,点距应在 500 km 左右。重力基本点和重力引点由多台相对重力仪测定,并与国家重力基准点联测。

重力基本网每 10 年更新一次,每次执行不大于 2 年。

【释义】　重力引点是为了便于使用,从基本重力点、一等重力点按同等联测精度以支线形式联测的重力点。

(1) 选点要求

基本重力点、重力短基线点、一等重力点选点要求基本相同。

重力段差联测有在规定时间内闭合的要求,故有以下选点要求:

◎应选在机场附近(机场安全隔离区以外)。

◎地基应坚实、稳定、便于长期保存(如停机坪、候机大楼等处)。

◎应远离飞机跑道和公路,避开人工震源、高压线和强磁设备。

◎便于重力联测及坐标与高程测定的地方。

(2) 埋石要求

观测墩尺寸要求为 1 m×1 m×1 m,标石标定正北方向,标志镶嵌在墩面中央。

3. 国家一等重力网

国家一等重力网由多台相对重力仪测定,与国家重力基准点或基本点联测。一、二等重力点间距应在 300 km 左右。

4. 国家二等重力点

国家二等重力点由一台相对重力仪测定,与国家基本重力点或一等重力点联测,布设成附合或闭合网。

5. 国家级重力仪标定基线

重力仪标定基线主要是为了标定相对重力仪的格值,分为长、短两种标定基线。

【释义】 重力标定基线可用于重力控制,但无控制网等级。

(1)重力标定长基线

重力标定长基线应控制全国范围内重力差,大致沿南北方向设置,两端点重力差应大于 $2\,000\times10^{-5}\,\mathrm{m/s^2}$,每个基点应为基准点。

(2)重力标定短基线

重力标定短基线按区域布设,两端点重力差应大于 $150\times10^{-5}\,\mathrm{m/s^2}$,段差相对误差应小于 5×10^{-5},短基线至少由 3 个点组成,至少有一个端点与国家重力控制点联测。

【释义】 重力仪标定长基线点用绝对重力仪测量,重力仪标定短基线点用相对重力仪测量。

6. 重力加密点

重力加密点是配合具体需要在重力等级网上的加密。

对于全面重力测量,一般地区每 $5'\times5'$ 应布设一个加密重力点,困难地区可放宽。重力加密点的作用主要有:

◎在全国范围内建立 $5'\times5'$ 的国家基本网格的数字化平均重力异常模型。

◎为精化似大地水准面确定全国范围的高程异常值。

◎为内插大地点求出天文大地垂线偏差。

◎为国家一、二等水准测量进行正常高系统改正。

7. 重力点精度

各级重力点段差联测中误差见表 3.28(其中基准点是绝对重力测量中误差,单位:$10^{-8}\,\mathrm{m/s^2}$)。

表 3.28　各级重力点段差联测中误差　　　　单位:$10^{-8}\mathrm{m/s^2}$

等级	重力基准点	重力短基线	重力基本点	一等重力点	二等重力点	重力加密点
中误差	±5	±5	±10	±25	±250	±600

经平差后,基本重力点重力值平均中误差不大于 $10\times10^{-8}\,\mathrm{m/s^2}$。重力加密点困难地区可以放宽到 $\pm1\,000\times10^{-8}\,\mathrm{m/s^2}$。

3.11.3 重力仪

1. 仪器选用

(1)绝对重力仪

FG5 绝对重力仪(图 3.65)属于现代激光落体可移动式重力仪,标称精度为 $2\times10^{-8}\,\mathrm{m/s^2}$。

【释义】 FG5 采用自由落体测定原理。让质量块在一个真空空间里自由下落,通过激光干涉仪精确测距和精确计时来计算重

图 3.65　FG5 绝对重力仪

力加速度。

【小知识】

工作之前需要检验和调整的内容包括：检查调整激光稳频器、激光干涉仪、时间测量系统，调整超长弹簧参数，调整测量光路垂直性，确认仪器处于正常运行状态。

(2) 相对重力仪

① LCR 拉克斯特型相对重力仪

LCR 拉克斯特型相对重力仪属于金属弹簧重力仪，标称精度为 20×10^{-8} m/s^2。该重力仪运输、搬动仪器或读数轮转动一圈以上时必须锁摆，观测前要通电 24 h。

【小知识】

长距离搬运后、作业前或作业期间应定期检验，至少每月一次。

检验的内容包括：光学位移灵敏度和线性度，电子灵敏度和线性度，正确读数线，横水准器，电子读数和检流计零位。

② 石英弹簧重力仪

石英弹簧重力仪（图 3.66）属于静力法相对重力仪，用来测量二等重力点和加密重力点。

【释义】 根据弹簧的材料不同，静力法相对重力仪可分为石英弹簧相对重力仪和金属弹簧相对重力仪。

【小知识】

检验和调整内容有面板位置，纵、横水准器，亮线灵敏度，测量范围等。每年要标定一次格值。

图 3.66 Z-400 型石英弹簧重力仪

2. 仪器性能试验

相对重力仪新出厂或每年作业前必须进行仪器性能试验，并要求于重力仪检验和调整后进行，所有试验结果符合要求方可投入使用。

(1) 静态试验

◎在温度变化小，且无振动干扰的室内安置仪器，每半小时读数一次，连续观测 48 h，整个过程处于开摆状态。

◎经固体潮改正，结合观测时间绘制静态零点漂移曲线，检查零漂线性度。

【释义】 零漂指因仪器弹簧弹性疲劳、温度补偿等因素造成读数零位值随时间变化而变化。

(2) 动态试验

◎在段差不小于 50×10^{-5} m/s^2、点数不少于 10 个的场地进行往返对称观测，测回数不少于 3 个，每测回往返闭合时间不少于 8 h。

◎观测数据经固体潮及零漂改正后，计算出各台仪器的段差观测值，并计算各台仪器的动态观测精度。

◎对于同一台仪器，如果每一测段的段差观测值的互差不大于动态观测中误差的 2.5 倍，可认为零漂是线性的。

(3) 多台仪器一致性试验

多台仪器一致性试验可以与动态试验一起进行，多台仪器一致性中误差应小于 2 倍联测中误差。

3. 比例因子标定

新出厂或者修理过的重力仪必须进行比例因子或格值标定,用于作业的每两年标定一次。

◎作业前必须在国家长基线上进行标定。

◎所选重力差应覆盖工作区域读数范围,避免比例因子外推。

◎每台仪器应测量两个往返的独立结果,两基本点之间用飞机进行联测时,其较差不大于 40×10^{-8} m/s^2,同一城市的基准点和基本点间用汽车联测,往返较差不大于 20×10^{-8} m/s^2。

◎允许在国家短基线场对 LCR-G 型重力仪比例因子进行检测。

3.11.4 重力测量

1. 绝对重力测量

(1)测前准备

输入检测程序和观测计算程序,输入测点数据(编号、经纬度、高程、重力垂直梯度),运行检校程序,检查计算机运行状态。

(2)观测实施

采集落体下落的距离和时间组成观测方程,解算落体初始位置重力值。

每个测点不少于 48 组合格数据。每组下落不少于 100 次,合格下落不少于 80 次,每组观测开始时间设置在整点或整 30 分,相邻组间隔时间为 30 min。无效组超过 8 组或仪器停止工作 4 h 以上时,必须重测。

(3)数据改正

数据改正包括极移改正、气压改正、光束有限改正、固体潮改正等改正计算。

【释义】 ◎极移改正是由于地球自转与台站测点之间距离随时间变化而导致的离心力变化,需要根据最接近观测时间的磁极位置进行重力改正。

◎气压改正指对于每次落体测量所观测的重力值均归算到台站正常大气压时的重力值所加的改正。

◎光速有限改正指观测重力值需要加上光速传播时间的改正。

◎固体潮改正是天体对地球表面形成引潮力,引起每个点的重力值因地球与天体位置的变化而随时间变化所加的改正。

(4)固定高度归算

将所得初始高度重力值经观测高度改正,归化到墩面或离墩面 1.3 m 处。

(5)精度计算

计算组均值和组中误差、总均值和总中误差,获得落体初始位置观测结果。

(6)激光器和时间频率标定

测量结束后,重新标定激光器和时间频率标准,如有变动,对测量结果进行改正。

2. 相对重力点测量

(1)基本重力点、一等重力联测

◎基本重力点应闭合于重力基准点,一等重力联测应闭合或附合在两个基本点之间,特殊情况下可按辐射状布测一个一等点。引点可以辐射状联测,精度与相应重力点相同。

【释义】 闭合测线指从控制点联测到待定点,再联测回原控制点。

附合测线指从控制点联测到待定点,再联测到另一控制点。

◎基本重力点和重力一等点联测,测段数不超过 5 段,每条测线应在 1 天内闭合,特殊情况可在 2 天内闭合。

◎联测时采用对称观测,即 A—B—C,C—B—A 的顺序,以减少零漂计算误差,观测过程中停放超过 2 h,应重复观测来消除静态零漂。

◎需要计算固体潮、气压、仪器高改正。

◎每条测线应计算一个独立联测成果。

◎每组读取三个读数,互差要符合要求,如有超限,可补读一个,如仍超限,需要重测。

◎时间采用 24 时制北京时间。

◎记录时,手簿需现场填写,重力仪计数器读数和观测时间分的记录严禁涂改,其他数值可划去,并在上方注记正确数字,不允许连环涂改。

◎根据相邻两点观测值以及相应仪器比例因子计算测段段差、段差平均值、段差中误差、段差闭合差。

◎段差中误差超限时要补测,明显离群的可以删除,难以取舍的应重测。

(2)二等重力点联测

◎二等重力点联测在重力基本点和重力一等点基础上布设闭合网或附合网,其中路线中的二等点不得超过 4 个,支测路线不超过 2 个支点。

◎采用 A—B—A,B—A—B 作为两条测线计算的三程循环法进行,应在 36 h 内闭合,困难的应在 48 h 内闭合。

◎若联测的重力点超限应舍去超限观测值,并进行补测,舍去的段差数不得超过总段差数的 1/3。

(3)加密点联测

◎加密点联测在基本点或一等点的基础上形成闭合或附合路线,闭合时间不超过 60 h,特殊的应在 84 h 内闭合。

◎测线中仪器静放 3 h 以上时,必须在静放前后读数,按静态零漂计算。

(4)相对重力联测使用仪器数和成果数要求

具体要求见表 3.30。

表 3.30　重力联测使用仪器数和成果数(仪器采用 LCR 时)

等级	基本点	一等点	二等点	短基线	垂直梯度
仪器数	4	3	1	6	2
每台仪器合格成果数	4	3	2	4	5

3. 测定平面坐标和高程

每个重力点必须测定平面坐标和高程,平面坐标中误差和高程中误差不应大于 1 m,加密点的平面中误差相对于国家大地控制点不大于 100 m,相对于国家四等水准点高程中误差不大于 1 m,困难地区可放宽到 2 m。

4. 重力梯度计算

重力垂直梯度是表示重力场强度在垂直方向上的变化率,会对重力测量产生较大影响,必须加以改正。

测定重力垂直梯度应与每个点的重力测量同步,未测定过水平梯度的还必须测定水平梯度。重力梯度观测成果应与重力观测成果一起提交归档。

重力梯度的测量要求如下:

◎重力垂直梯度应在墩面和离墩面 1.3 m 处之间测定。

◎使用不少于两台相对重力仪测定。

◎段差平均值中误差不超过 3×10^{-8} m/s^2。

◎按低(墩面)—高(离墩面 1.3 m 处)—低(墩面)或者高—低—高顺序为一个独立测线,并求一个独立测量成果,计算段差平均值和段差中误差。

◎计算重力垂直梯度。

【释义】 一般作为相对重力测量起始点的绝对重力点,由于测点点位受地形起伏等影响,需将重力值转换到地面重力标志上,或转换到特定的高度处,根据实测的重力垂直梯度将 1.3 m 处的重力值作为归算地面。

3.11.5 重力测量数据处理

1. 数据处理

(1)绝对重力测量

绝对重力测量计算内容主要有墩面或离墩面 1.3 m 高度处重力值计算、每组观测重力值的平均值计算和精度估算、总平均值计算及精度估算、重力梯度计算等。

(2)相对重力测量

相对重力测量计算主要包括初步观测值计算、零漂改正后的观测值计算。

2. 数据处理内容

数据处理主要有检查外业数据可靠性、完整性,处理外业数据和精度评定,剔除不合理成果,统一成果编号,重新确定仪器比例因子,计算重力联测中误差,统计环闭合差,平差计算等内容。

3.11.6 章节练习

(一)单项选择题

1. 相关规范规定,某重力点的段差联测中误差要求不大于 $\pm 25 \times 10^{-8}$ m/s^2,则该重力点为( )。

A. 一等重力点   B. 二等重力点

C. 重力基本点   D. 加密重力点

2. 下列关于重力的描述中正确的是( )。

A. 重力即地球万有引力

B. 在大地测量中,重力的单位和重力加速度的单位相同

C. 重力位有无限多个,并与总地球椭球面平行

D. 重力场即重力等位面,也叫水准面

3. 国家重力控制网由( )主持,在规定的时间内完成。

A. 国家测绘地理信息行政主管部门

B. 国家地震局

C. 国土资源行政主管部门

D. 测绘资质单位

4. 以下重力仪中用来测制国家一等重力点的是( )。

A. 石英弹簧重力仪   B. 拉科斯特-隆贝格型重力仪

C. 激光落体摆式重力仪   D. FG5 型重力仪

5. 构成全国重力基准框架的重力基准点由( )测定。

A. 多台高精度的相对重力仪   B. 多台高精度的绝对重力仪

C. 国际绝对重力框架推算   D. 多台高精度的弹簧重力仪

(二) 多项选择题

1. 以下工作内容中,属于相对重力仪性能试验的内容的有( )。

A. 室内测量检查零漂线性度

B. 在固定场地往返观测检查动态段差观测值互差

C. 在国家长基线上标定比例因子

D. 绘制静态零点漂移曲线

E. 多台重力仪一致性试验

2. 以下可作为国家一等重力点埋石地点的有( )。

A. 机场内地基稳定处   B. 机场跑道边

C. 机场外主干道   D. 机场附近山顶

E. 机场安全隔离区外

习题答案与解析

(一) 单项选择题

1.【A】 解析:见表3.29。

2.【D】 解析:重力是引力和离心力的合力;重力位即水准面,它是不规则曲面;重力场是重力的影响范围,不是重力等位面;在大地测量中,重力和重力加速度都使用伽(Gal)作为单位。

3.【A】 解析:国家重力控制网由国家测绘地理信息行政主管部门主持,应在规定的时间内完成。

4.【B】 解析:一等重力点由多台相对重力仪测定。选项 A、B 是相对重力仪,但石英弹簧重力仪精度达不到要求,故选 B。其他选项属于绝对重力仪。

5.【B】 解析:重力基准点是用绝对重力测量方法测量的高精度重力点,由多台高精度的绝对重力仪测定,作为重力控制网的基准和相对重力测量的起算数据。

（二）多项选择题

1.【ABDE】 解析：相对重力仪的性能试验包括静态试验、动态试验、多台仪器一致性试验。选项 A、D 属于静态试验，选项 B 属于动态试验。

2.【AE】 解析：重力点埋石应选在机场附近，地基坚实稳定便于长期保存，远离飞机跑道和公路等人工震源和强磁设备，便于重力、坐标、高程联测的地方。重力点的选取对便捷性有特别要求，选项 B、C 都有震动，不能布点，选项 D 不利于快速测量。

3.12 似大地水准面精化

似大地水准面精化是为了建立高程异常模型，用求大地高（由 GNSS 测量得到）的方式来求得正常高，从而达到建立高程框架，简化正常高测量的目的。

3.12.1 似大地水准面精化设计

1. 似大地水准面精化方法

似大地水准面精化的方法主要有以下几种：

（1）几何法

几何法建立似大地水准面模型方法主要采用 GNSS 测量大地高，联测水准点，采用多项式拟合法得到平滑的高程异常曲面。

几何法的优点是测量精度高；缺点是 GNSS 高程异常控制点数量有限，只能在地形变化不大测区，以及小区域内实施。

（2）重力场法

重力场法是利用站点附近的重力测量数据和重力场资料求解似大地水准面的高程异常值。

重力场法的优点是数据可以直接获取，数据分辨率高；缺点是模型精度不高。

【释义】 重力异常是正常重力的扰动位，与正常重力共同构成真实重力。

高程异常可以看做参考椭球的扰动位，与参考椭球共同构成似大地水准面。

所以在精确的重力场模型中，已知点位后经过外业实测重力值纠正，即可求得高程异常值。

（3）几何重力组合法

以高精度低分辨率的 GNSS 水准确定的几何大地水准面和高分辨率低精度的重力大地水准面拟合来建立高程异常模型的方法。

【小知识】

在 GNSS 技术普及前天文重力法是主要的高程异常求定方法。

天文重力法是利用天文大地垂线偏差和重力测量数据，推算相邻两点的大地水准面差距之差（高差或高程异常差）的方法。

采用几何重力组合法进行似大地水准面精化工作应遵循的原则如下：

① 国家基准

区域似大地水准面模型要与国家基准结合，布设 B 级 GNSS 控制网，复测国家二等水准路线以提高高程异常控制网的现势性。

② 区域基准

全面建设地方基础控制网,布设一定密度和精度的 C 级 GNSS 控制网及二、三等水准控制网。

③ 利用已有资料

充分利用已有数据,如 1∶20 万重力数据,1∶5 万 DEM 数据库(分辨率为 25 m)。

【释义】 全国 1∶5 万基础地理信息数据库,是国家基础地理信息系统全国性空间数据库之一,由 DLG 数据库、DEM 数据库、DOM 数据库、DRG 数据库、数字土地覆盖图(DLC)数据库五个部分构成。其中 1∶5 万 DRG、DEM 数据库已基本建成完成。

④ 统筹协调

区域似大地水准面精化应与全国似大地水准面精化建设目标一致。

⑤ 建设目的

区域似大地水准面精化后要达到 GNSS 高程测量能替代低级水准测量的目的和满足大比例尺测图的要求。

2. 高程异常控制网布设原则

高程异常控制网,即 GNSS 控制网联测了等级水准,使之具有大地高与正常高两个系统,用来作为似大地水准面精化的转换基础。

◎高程异常控制网应均匀分布于似大地水准面精化区域。

◎应具有代表性地分布于不同地形类别,山地和丘陵应适当加密。

◎用于精化国家似大地水准面的高程异常控制点坐标与高程精度不得低于 B 级 GNSS 控制点和二等水准点的精度要求。

◎用于精化区域(省级、城市)似大地水准面的高程异常控制点坐标与高程精度不得低于 C 级 GNSS 控制点和三等水准点的精度要求。

◎相邻高程异常控制点最大间距要符合要求,公式为

$$d = 7.19m/(c\sqrt{\lambda})$$

式中　d——相邻高程异常控制点最大间距(km);

　　　m——似大地水准面精度(cm);

　　　c——格网平均重力异常代表误差系数(平原地区为 0.54,丘陵地区为 0.81,山地为 1.08,高山地为 1.5);

　　　λ——平均重力异常格网分辨率(′)。

◎参考框架应和 2000 国家大地控制网保持一致,采用 IGS 精密星历,正常重力采用 IAG75 椭球相应公式计算。其他基本同 GNSS B、C 级网要求。

3.12.2　似大地水准面精化流程

似大地水准面精化计算实质是用实测的少量的高精度高程异常控制点作为基准,把实测重力测量数据归算到似大地水准面上,精化连续的重力场位模型,从而得到高精度高分辨率的高程异常模型。

【释义】 似大地水准面在精化过程中,共拟合了三个不同的似大地水准面模型,即GNSS水准高程异常模型、重力点数据经过重力归算的地面重力异常模型、重力场计算得到的位模型,由后两者拟合生成重力似大地水准面,再用GNSS水准高程异常模型修正重力异常模型,得到最终结果。

【小知识】

CQG2000似大地水准面模型是我国似大地水准面精化的一个重要成果,精度为分米级。

1. 似大地水准面精化流程

(1)资料准备

包括GNSS数据、水准联测数据、地形(DEM或DSM)数据、加密重力测量数据、重力场模型。

(2)高程异常控制网

高程异常控制网由GNSS控制点联测水准,得到该点的大地高和正常高,求出高精度的高程异常数据。

(3)格网平均重力异常计算

第一次"移去-恢复",利用重力测量数据与DEM进行重力归算和格网平均重力异常计算,求出基础格网地面平均空间异常。

【释义】 重力归算是指将地面观测的重力值归算到大地水准面或其他参考面上的过程。重力归算要考虑消除观测点高度不同对观测结果的影响和物质分布不规则对观测结果的影响。

① 移去

利用DEM通过空间改正、层间改正、局部地形改正和均衡改正,获得地形均衡重力异常。

【释义】 空间改正是把地面实测重力点的重力值归算为大地水准面上的重力值,只考虑高程对重力的影响,不考虑其他因素。

层间改正是指对地面和大地水准面之间的质量对重力的影响所加的改正。

局部地形改正是为了消除测点附近地形质量对观测重力的影响而加的改正。

均衡改正是根据地壳均衡假说考虑到地表质量互为补偿,使地壳平滑化而加的改正。

② 内插格网

生成规定的分辨率基础格网,通过内插技术,把地形均衡重力异常值归算到基础格网点上,形成平均地形均衡重力异常的基础格网数据。

③ 恢复

利用高分辨率DEM除去格网的地形均衡异常各项改正,恢复基础格网地面平均空间异常,得到了基于实测重力数据的基础格网地面平均空间异常。

【释义】"移去-恢复"技术的目的有二:

一是把重力异常分解成几个改正的影响,移去其中几个分量,使重力归算简单化;

二是由于重力位模型数据中没有考虑层间改正值和地形改正值的影响,通过移去-恢复技术只改正掉空间改正,使地面重力异常和重力位重力异常相统一,使两者可以对比处理。

故第一次"移去-恢复"实际上只是加入了空间改正,生成地面平均空间异常模型。

(4) 重力似大地水准面计算

第二次"移去-恢复",利用重力场和基础格网地面平均空间异常,得到重力似大地水准面模型。

① 生成重力位平均空间异常

利用重力场模型求出与地面格网相同分辨率的重力场模型的平均空间异常。

② 生成残差重力异常

将地面平均空间异常减去重力位平均空间异常得到基础格网残差空间异常。

在基础格网残差空间异常中加上局部地形改正得到基础格网残差法伊异常,求出每个格网中点的残差重力高程异常。

③ 生成重力似大地水准面

利用位模型系数计算位模型的高程异常,加上残差重力高程异常,得到重力似大地水准面(基础格网重力高程异常)。

【小知识】

观测重力值减去正常重力值,加上空间改正,称为空间异常。

空间异常加上局部地形改正,称为法伊异常。

法伊异常加上层间改正,称为布格异常。

布格异常加上均衡改正,称为均衡异常。

(5) 融合

融合几何高程异常模型与重力高程异常模型,得到几何重力法似大地水准面模型。

① 生成几何重力残差高程异常模型

用插值法求出 GNSS 水准点上的重力高程异常,求解重力高程异常与几何高程异常不符值,组成多项式拟合方程,按最小二乘法求解拟合多项式系数,生成几何重力残差高程异常模型。

② 生成几何重力法似大地水准面模型

由拟合多项式系数和格网中心点坐标对重力似大地水准面进行拟合纠正,完成与国家高程系统一致的似大地水准面计算。

2. 质量检验

质量检验分为外部独立检验、对比检验等。

(1) 质量检验方法

选取具有代表意义且未参与项目成果计算的点位进行 GNSS 和水准测量计算高程异常,通过与精化后似大地水准面模型内插出的检验点高程异常值进行似大地水准面精化精度评估。

(2) 检验点布设原则

◎检验点点位应按均匀覆盖测区选取。

◎检验点不能参与似大地水准面计算。

◎不同地形类别边缘应布设检验点,地形复杂处应加密布设。

◎城市似大地水准面检验时,相邻检验点间距不超过 30 km,总数不少于 20 个。

◎省级似大地水准面检验时,相邻检验点间距不超过 100 km,总数不少于 50 个。

◎国家似大地水准面检验时,相邻检验点间距不超过 300 km,总数不少于 200 个。

◎检验点与高程异常控制点间距不应小于格网间距。

◎检验点布设应满足 GNSS 观测与水准联测条件。

◎利用旧点时,应检查是否满足规定要求。

(3)检验精度评定

由似大地水准面精化模型计算的各检验点高程异常与实测高程异常不符值计算的中误差作为似大地水准面精度指标。

3. 精度要求

(1)似大地水准面精度要求

似大地水准面精度以一定分辨率的格网平均高程异常表示。各等级似大地水准面分辨率见表 3.31。

表 3.31 各等级似大地水准面精度及分辨率

等级	似大地水准面精度/m		分辨率
	平地丘陵	山地高山	
国家	0.3	0.6	$15' \times 15'$
省级	0.1	0.3	$5' \times 5'$
城市	0.05		$2.5' \times 2.5'$

◎国家似大地水准面精化主要满足 1:5 万国家基本比例尺测图要求。

◎省级似大地水准面精化满足 1:1 万国家基本比例尺测图要求。

◎城市似大地水准面精化满足 1:500 国家基本比例尺测图要求。

【释义】 似大地水准面模型、格网平均重力异常、DEM,其分辨率用经纬度形式表示,单位采取“'”或“"”,几何高程异常和重力异常分辨率经过内插后应一致,DEM 分辨率的选择会影响重力归算的精度,应比高程异常分辨率高。

(2)平均重力异常分辨率要求

每个平均重力异常格网中宜有一个实测重力点,其精度应不低于加密重力点的精度。各等级格网平均重力异常分辨率见表 3.32。

表 3.32 各等级格网平均重力异常分辨率

等级	平均重力异常分辨率	
	平地丘陵	山地高山
国家	$5' \times 5'$	$15' \times 15'$
省级	$2.5' \times 2.5'$	$5' \times 5'$
城市	$2.5' \times 2.5'$	

（3）DEM 精度和分辨率要求

◎DEM 数据应采用不低于国家 1：5 万比例尺 DEM 数据库的精度要求，其格网间距不大于 25 m×25 m。

◎基础数据格网高程中误差不大于表 3.33 规定的数值。

表 3.33　基础数据格网高程中误差

类别	格网高程中误差/m	类别	格网高程中误差/m
平原	4	山地	11
丘陵	7	高山地	19

◎DEM 分辨率要求见表 3.34。

表 3.34　用于似大地水准面精化的 DEM 分辨率要求

级别	DEM 分辨率
国家	$30''\times30''$
省级	$3''\times3''$
城市	$3''\times3''$

【释义】　国家 1：5 万比例尺 DEM 数据库的分辨率为 25 m，国家 1：1 万比例尺 DEM 数据库的分辨率为 5 m，似大地水准面精化应尽量采用已经建成的 DEM 数据库。

若采用分秒为 DEM 分辨率单位，要考虑相同经纬度格网对应的距离会不同，以上两种 DEM 分辨率表示方式有区别，在我国领域（中高纬度）大致相近。

3.12.3　几何高程拟合

1. GNSS 水准拟合测量

GNSS 水准拟合测量是适用于小测区的纯几何似大地水准面精化方法，一般采用多项式曲面拟合方式。由于是纯几何模式，故只能用于地势平缓地区。若采用二次多项式，要选取 6 个以上已知点求 6 个多项式系数。

$$f(x,y)=a_0+a_1x+a_2y+a_3x^2+a_4y^2+a_5xy$$

式中　$f(x,y)$——以 x,y 为参数的函数，这里表示高程异常；

　　　x,y——平面坐标值；

　　　$a_0\sim a_5$——多项式系数。

2. GNSS 水准拟合测量步骤

◎选取若干个高程异常控制点，均匀分布于测区。

◎设置 x_0,y_0，作为测区的坐标初始值，一般设置为测区平均值。

◎计算各控制点离差

$$x=x_i-x_0$$
$$y=y_i-y_0$$

式中　x，y——离差，即控制点到初始值的差；

　　　　x_i，y_i——控制点坐标；

　　　　x_0，y_0——预设初始坐标。

◎求高程异常模型

列出误差方程

$$v_i = a_0 + a_1 x_i + a_2 y_i + a_3 x_i^2 + a_4 y_i^2 + a_5 x_i y_i - \zeta_i$$

式中　v_i——高程异常改正数；

　　　　x_i，y_i——各控制点平面坐标；

　　　　ζ_i——各控制点高程异常；

　　　　$a_0 \sim a_5$——多项式系数。

代入各控制点坐标，通过最小二乘法约束（$[vv] = \min$），解算多项式系数，获得测区高程异常模型。

◎选取任意点实测高程异常，与经过高程异常模型算得的高程异常对比，求残差，估算精度。若不合格，重新选取控制点解算。

◎求待定点高程异常

代入测区任一待定点平面坐标，内插得到高程异常。

◎求待定点正常高

用 GNSS 测量待定点大地高，求得待定点正常高。

3.12.4　章节练习

（一）单项选择题

1. 采用 GNSS 水准测量进行多项式曲面拟合获取高程异常模型，以下说法中正确的是（　　）。

　A. 该方法不属于似大地水准面精化方法

　B. 该方法属于几何似大地水准面精化方法

　C. 该方法属于重力似大地水准面精化方法

　D. 该方法属于组合似大地水准面精化方法

2. 在几何重力法似大地水准面精化任务中，要采用"移去-恢复"技术完成重力归算工作，重力归算指的是（　　）。

　A. 把加密重力测量观测数据归算到选定的重力场模型中

　B. 把重力场数据归算到高程异常控制网中

　C. 把重力场数据归算到基础格网中

　D. 把地面重力点观测数据归算到似大地水准面上

3. 似大地水准面精度以一定分辨率的格网平均高程异常表示，省级似大地水准面的分辨率要求为（　　）。

　A. $2.5' \times 2.5'$　　　　B. $5' \times 5'$　　　　C. $15' \times 15'$　　　　D. $25' \times 25'$

4. CQG2000 似大地水准面模型以（　　）表示。

A. 一定分辨率的高程异常　　　　　　　B. 一定分辨率的正常高

C. 一定分辨率的重力异常　　　　　　　D. 一定分辨率的正高

5. 用于精化城市似大地水准面的高程异常控制网,其高程精度应不低于(　　　)。

A. 国家一等水准网点精度　　　　　　　B. 国家二等水准网点精度

C. 国家三等水准网点精度　　　　　　　D. 国家四等水准网点精度

(二)多项选择题

1. 考虑似大地水准面精化的要求,B 级 GNSS 网点所选点位应满足(　　　)要求。

A. GNSS 测量　　　　B. 天文测量　　　　C. 重力测量　　　　D. 水准联测

E. 天文大地网测量

2. 以下关于似大地水准面精化检测点的布设原则的说法中正确的有(　　　)。

A. 点位不能参与似大地水准面计算

B. 不同地形类别边缘应布设

C. 与高程异常控制点的间距应小于格网间距

D. 检验点的等级应高于高程异常控制点

E. 在地形复杂地区可以适当减少选择

3. GPS 水准拟合测量数据处理的内容包括(　　　)等。

A. GPS 数据处理

B. 水准测量数据处理

C. 构建高程异常模型

D. 用高程异常模型求解未知点大地高

E. GPS 拟合高程成果检验

习题答案与解析

(一)单项选择题

1.【B】　解析:GNSS 水准拟合测量是适用于小测区的纯几何似大地水准面精化方法,一般采用多项式曲面拟合方式解算。

2.【D】　解析:重力归算是指将地面观测的重力值归算到大地水准面或其他参考面上的过程。

3.【B】　解析:似大地水准面精度以一定分辨率的格网平均高程异常表示。省级似大地水准面的分辨率要求为 $5' \times 5'$。

4.【A】　解析:CQG2000 似大地水准面模型是我国似大地水准面精化的一个重要成果,它是以一定分辨率的格网平均高程异常来表示的似大地水准面模型。

5.【C】　解析:用于精化城市控制网时,区域和城市高程异常控制点坐标与高程精度应不低于三等大地控制网和三等水准网的精度要求。

(二)多项选择题

1.【ACD】　解析:B 级 GNSS 网点应均匀布设,满足似大地水准面精化的要求,所选点位应满足 GNSS 观测、水准联测、重力联测的要求。

2.【AB】　解析:似大地水准面精化检测点的布设原则有:

① 点位均匀选取,不能参与似大地水准面计算,不同地形类别边缘应布设;

② 与高程异常控制点间距不小于格网间距;

③ 检验点应满足 GNSS 观测与水准联测条件;

④ 利用旧点时,应检查是否满足要求。

3.【ABCE】 解析:GPS 水准拟合测量是用高程异常模型求解未知点正常高,选项 D 不对。

3.13 大地测量数据库

大地测量数据库是大地测量数据及实现其输入、编辑、浏览、查询、统计、分析、表达、输出、更新等管理、维护与分发功能的软件和支撑环境的总称。

3.13.1 大地测量数据库组织

大地测量数据库分为国家、省、市(县)三级数据库,主要由大地测量数据、管理系统、支撑环境组成。

大地测量数据组织原则包括:

(1)观测数据

观测数据一般按控制网、数据内容进行组织,以数据文件为基本存储单元。

(2)成果数据

成果数据按成果类型以控制网组织,以点为基本单元存储,和线、网、重合点建立逻辑关系。同类成果的不同内容要建立逻辑关系。

(3)文档资料

文档资料按控制网、文档技术类型组织,以文件为基本单元存储。同一控制点的多期数据、重合点之间要建立逻辑关系。

3.13.2 大地测量数据库内容

大地测量数据库内容包括:参考基准、空间定位数据、高程测量数据、重力测量数据、深度基准数据、元数据等。

1. 空间定位数据

空间定位数据包括观测数据、成果数据及文档数据。

(1)观测数据

观测数据包括仪器检验资料和外业观测数据。

① 仪器检验资料

仪器检验资料主要包括各种大地控制测量仪器以及辅助设备的年检证书和定检校正记录。对于 GNSS 接收机的检验资料还包括长基线、短基线、零基线和天线相位中心检验的原始观测数据和 RINEX 格式数据。

② 外业观测数据

外业观测数据主要包括在大地控制网施测过程中获得的各种外业观测数据,按照记录载体分为电子记录和手簿记录两种方式。

（2）成果数据

成果数据主要包括坐标成果、点之记、天线高信息、参考框架转换参数、控制网概要信息等。天文大地网成果被正式废止前,可根据需要录入。

（3）文档数据

文档数据主要是指在各阶段形成的各种技术文档资料。

2. 高程测量数据

高程测量数据分为水准测量观测数据、成果数据和文档数据,似大地水准面成果,也包含验潮与潮汐分析数据和高程深度基准转换数据。

3. 重力测量数据

重力测量数据包括重力测量的观测数据、成果数据和文档数据。

4. 深度基准数据

深度基准数据包括理论最低潮位数据、深度基准与高程基准间通过验潮站的水准联测数据等。

5. 元数据

元数据是大地测量数据内容、质量、状况和其他特征的描述性数据,分为识别信息、参考基准信息和质量信息。

◎识别信息主要是项目名称、施测年代、施测单位、精度等级、控制点数量、地理位置等。

◎参考基准信息包括项目采用的坐标系统和参考椭球常数等。

◎质量信息包括质检部门出具的项目验收综合质量评价信息等。

3.13.3 大地数据库设计

1. 数据建模

按大地测量数据的内容特点,可将数据库各数据实体归纳为观测类数据、成果类数据、概要类数据和辅助类数据。

（1）观测类数据

观测类数据是原始测量记录,数据结构化程度低,往往以文件作为应用粒度。

（2）成果类数据

成果类数据是进行专业化处理而获得的结果,结构化程度高、应用粒度细。

（3）概要类数据

概要类数据是说明文档,规范化程度低。

（4）辅助类数据

辅助类数据是各类辅助图、数据字典等,可作为多类数据库公用的辅助信息数据存储。

2. 概念设计、逻辑设计、物理设计

这些内容将在第12章详述。

3. 数据检查入库

检查数据正确性、完整性、逻辑关系正确性后录入数据库。

4. 管理系统

管理系统由数据输入、数据输出、查询统计、数据维护、安全管理等功能组成。

5. 支撑环境

支撑环境有服务器设备、存储备份设备、外围设备、网络环境等。

3.13.4 章节练习

(一) 单项选择题

1. 下列有关深度基准的数据,属于高程测量大地数据库建库内容的是(   )。

A. 理论最低潮位数据　　　　　B. 远海的深度基准数据

C. 验潮与潮汐分析数据　　　　D. 验潮站的水准联测数据

2. 大地测量数据库中,(   )不属于空间定位观测数据。

A. GNSS 检校数据　　　　　　B. 控制网技术设计书

C. 水准测量外业手簿　　　　　D. 水准测量概略高差计算表

(二) 多项选择题

1. 以下数据中属于大地测量数据库的数据内容的有(   )。

A. 参考基准　　　　　　　　　B. 空间定位数据

C. 高程测量数据　　　　　　　D. 地形数据

E. 元数据

习题答案与解析

(一) 单项选择题

1.【C】 解析:大地数据库建库时,高程测量数据分为水准测量观测数据、成果数据和文档资料,似大地水准面成果,也包含验潮与潮汐分析数据和高程深度基准转换数据。

2.【B】 解析:空间定位观测数据包括仪器检验资料、大地控制网施测过程中获得的各种外业观测数据。

(二) 多项选择题

1.【ABCE】 解析:大地测量数据库的数据内容包括参考基准、空间定位数据、高程测量数据、重力测量数据、深度基准数据、元数据等。

规范引用

GB/T 17159—2009　　大地测量术语

GB/T 17942—2000　　国家三角测量规范

CH/T 2007—2001　　三、四等导线测量规范

CH/T 2008—2005　　全球导航卫星系统连续运行参考站网建设规范

GB/T 18314—2009　　全球定位系统(GPS)测量规范

CH/T 2009—2010　　全球定位系统实时动态测量(RTK)技术规范

CH 8016—1995　　全球定位系统(GPS)测量型接收机检定规程

GB/T 12897—2006　　国家一、二等水准测量规范

GB/T 12898—2009   国家三、四等水准测量规范
GB/T 17944—2018   加密重力测量规范
GB/T 20256—2019   国家重力控制测量规范
GB/T 23709—2009   区域似大地水准面精化基本技术规定

第4章 海洋测绘

考试大纲

1. 根据工程要求按海洋测绘进行项目分类，依据项目分类，选择测量方法，制定测量方案。

2. 依据海道测量定位、测深原理和使用仪器的实际情况，分析水深定位方法的可行性及其对水深测量成果的影响。

3. 根据测区已有深度基准面资料情况，确定深度基准面联测和传递方案；依据潮汐理论和测区潮汐变化情况，分析潮波传播规律；分析各相关因素对数据采集质量的影响，分析数据处理和数据检查方法对成果质量及判断的影响。

4. 根据实际情况，提出提供成果的形式和要求；按照制图原理，结合海图实际确定制图原则。

章节介绍

海洋测绘是测绘学的二级学科，是大地测量和工程测量在海洋上的延伸。海洋测绘有一个显著的特点，即相对陆地测量而言，海洋测量的基准和测船具有不固定性，海洋测绘是动态的。海洋测量基准面需要依靠与陆地不同的方式去求得，潮汐和潮流运动使海洋测绘缺乏一个固定基础面，需要进行潮位内插。

在掌握了深度基准面和潮位改正相关知识后，海洋测绘分为测和绘两部分，重点是海道测量，尤其是深度基准面和水位改正内容，必须掌握。海图制图与后面地图制图章节有重叠，可以对比合并学习。

考点分析

本书知识点涵盖率：★★☆　　除了个别规范指标，基本全覆盖。

与其他章节相关度：★☆☆　　陆地测量的延伸，相对独立的体系。

分析考试难度等级：★☆☆　　考试难度偏低，偶尔会有冷门规范内容。

平均每年总计分数：6.8分　　在12个专业中排名：第7位。

4.1　海洋测绘概述

海洋测绘是海洋测量和海图制图的合称。由于海底地貌不可视性和海面不固定性，海洋测绘具有测量工作实时性和动态性强的特点，海洋测绘基准无法固定，具有区域性特点。

另外,一次海洋测绘作业可能涉及很多不同测绘工作,测绘内容综合性强。

【小知识】

我国是海洋大国,地处亚洲东部,濒临太平洋,海岸线总长达 1.8 万 km,大约有 6 500 个岛屿。我国管辖的内水、领海、大陆架、专属经济区的面积约有 300 万 km²。

(1)领海基线

领海基线指沿海国划定其领海外部界限的起算线,沿着该线向外划一定宽度的海域便是领海。直线基线是在岸上向外突出的地方和一些接近海岸的岛屿上选一系列的基点,各基点依次相连。

(2)国家管辖海域

如图 4.1 所示,国家管辖海域包括内海、领海、毗连区、专属经济区和大陆架。

◎内海是指领海基线向陆地一侧至海岸线的海域。

◎领海线为领海基线向海一侧延伸 12 n mile 的线。

◎毗连区为领海之外具有一定宽度的海域,毗连区的宽度从基线算起,不超过 24 n mile。

◎专属经济区范围是从领海基线量起向海一侧延伸 200 n mile 的海域。

◎大陆架为沿海国陆地领土自然延伸到大陆边外缘的海底区域的海床和底土,沿海国

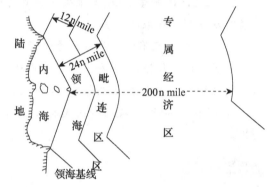

图 4.1 海洋权益线

可享有 200 n mile 的大陆架,最大可以有条件申请延伸至领海基线起 350 n mile。

4.1.1 海洋测绘分类

1. 海洋测绘基本概念分类

(1)按测绘内容分类

按测绘内容分为海道测绘、海洋大地测绘、海洋重力测绘、海洋磁力测绘、海洋跃层测绘、海洋声速测绘、海底地形测绘、海洋工程测绘等。

(2)海道测绘分类

海道测绘是海洋测绘中最重要的一类,主要任务是进行海洋测绘和海洋调查,以及获取海底地貌、底质情况和航行障碍物等资料。其目的是为编绘航海图提供基础数据,以保证船舶航行安全。

海道测绘(图 4.2)按离岸远近分为港湾测绘、沿岸测绘、近海测绘、远海测绘,其测量内容有控制测绘、海岸地形测绘、水深测绘、障碍物探测、助航标志测绘、水位观测、底质测绘、水文测绘、海区资料调查等。

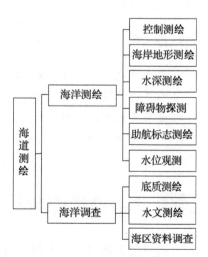

图 4.2 海道测绘

2. 海图分类

海图按内容可分为普通海图、专题海图、航海图三类。专题海图按内容可分为自然现象专题海图和社会经济现象专题海图两类。

【释义】 普通海图是综合、全面地反映制图区域内的自然要素和社会经济现象特征的海图。

专题海图是表示海洋专题要素的图件。

航海图按性质分属于专题海图,由于航海图发展早,应用广泛,一般将其列为海图中的独立大类。

海图按介质可分为电子海图和纸质海图。电子海图可分为矢量海图、栅格海图、影像海图等。

航海图是用于舰船航线设计、定位导航和系泊,保证航行安全的海图,可分为总图、航行图、港湾图三类,比例尺规定如下:

(1)总图

总图包括世界海洋总图、大洋总图和海区总图,主要供研究海洋形势、拟订航行计划等使用。总图比例尺一般为 1∶300 万或更小。

(2)航行图

航行图包括远洋航行图、近海航行图和沿岸航行图,主要供航行使用。航行图比例尺一般为 1∶10 万~1∶299 万。

其中远洋航行图比例尺为 1∶100 万~1∶299 万,近海航行图比例尺为 1∶20 万~1∶99 万,沿岸航行图比例尺为 1∶10 万~1∶19 万。

(3)港湾图

港湾图包括港口图、港区图、港池图、航道图、狭水道图等。港湾图主要供进出港口、锚地,通过狭窄水道,进行港口管理等使用。比例尺视港湾大小而定,一般大于 1∶10 万。

【小知识】

航海图的比例尺应根据实际需要确定,同一海区航行图尽可能同比例尺成套,以保证航线的完整性。比例尺小于 1∶10 万的,以 1 万的级差取整;比例尺大于 1∶10 万的,以 1 000 的级差取整。

4.1.2 海洋测绘基准

1. 空间定位基准

海洋测绘基准分类表如表 4.1 所示。海洋测绘基准线如图 4.3 所示。

表 4.1 海洋测绘基准分类表

基准分类	条件	测绘基准
平面基准	我国海图和海洋测绘	2000 国家大地坐标系,参考椭球面
	国际海图和海洋测绘	WGS-84 世界大地坐标系,参考椭球面

(续表)

基准分类	条件	测绘基准
陆地垂直基准	验潮站,可以联测的岛屿,海岸地形图	1985 年国家高程基准,似大地水准面,高程
	不可以联测的岛屿,远离大陆的岛礁	当地平均海平面,高程
	助航标志	平均大潮高潮面,高程
	干出滩,干出礁	理论最低潮面,高程
海洋垂直基准	我国沿海	理论最低潮面,水深
	远海及外国海区	原资料的深度基准面,水深
	不受潮汐影响的江河	设计水位,常水位,水深
	河口潮差较大地区	平均大潮高潮面,水深

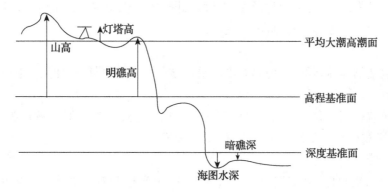

图 4.3　海洋测绘基准线

【释义】　几个重要的海洋测绘基准面定义和比较:

◎平均海面是指水位高度等于观测结果平均值的平静的理想海面。

◎似大地水准面是黄海海区验潮站测量的平均海平面。

◎当地平均海平面是当地海区验潮站测量的平均海平面

◎平均大潮高潮面是半日潮大潮期间高潮位的平均值。

◎平均大潮低潮面是半日潮大潮期间低潮位的平均值。

◎理论深度基准面是在平均海面以下一定深度,理论上可能出现的潮汐最低水位。

◎半潮面是高潮和低潮潮位的平均值,一般平均半潮面与平均海面相差不大。

2. 海图投影

海图投影一般采用墨卡托投影、高斯投影、日晷投影等。

(1) 墨卡托投影

海图投影一般采用墨卡托投影(图 4.4),以制图区域中纬为基准纬线,取至整分或整度,具体内容将在地图制图一章详述。

墨卡托投影为正轴等角圆柱投影,其主要特征如下:

◎等角航线被表示成直线,保证了投影后形状的相似性。

◎纬线是平行直线且与经线互相垂直。

◎经线间隔相等,纬度越大纬线间隔越大。

◎投影后面积变形大。

【释义】　在高纬度地区投影变形大,故墨卡托投影不适合在高纬度地区采用。

(2)高斯投影

◎比例尺在1:2万以上,海图编绘可采用高斯投影。

◎比例尺在1:5万以上,水深测图可采用高斯投影。

【释义】　海图编绘和水深测图对比例尺的规定有所不同。

(3)日晷投影

如果制图区域60%以上的地区纬度大于75°时,宜采用日晷投影。

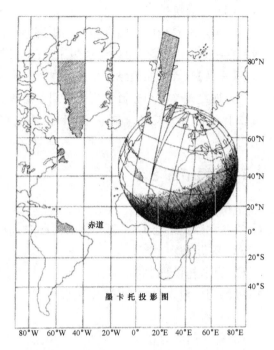

图 4.4　墨卡托投影

【释义】　日晷投影也叫球心投影或等角方位投影。

在日晷投影上任何大圆经投影后为一直线,所以用来制作航海图很方便。日晷投影属于方位投影,可以作为高纬度地区墨卡托投影变形过大的替代投影方法。

3. 等角航线和大圆航线

等角航线和大圆航线如图 4.5 所示。

(1)等角航线

等角航线是指地球表面上与所经过的经线相交成相同角度的航线。

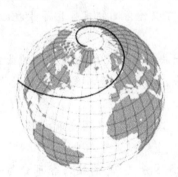
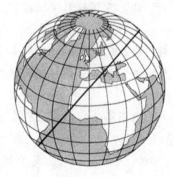

图 4.5　等角航线和大圆航线

【释义】　在参考椭球面上除经线和纬线以外的等角航线都是以极点为渐近点的螺旋曲线。航线与经线的夹角易于测得,墨卡托投影图上的等角航线为直线,这一特性对航海具有重要意义。

（2）大圆航线

大圆航线是球面上两点间最短距离,是过地面两点和地心平面与球面的交弧。在航海或航空中,运用此特性可以走最短距离的航线。

【释义】 大圆航线经过投影后在投影面上是一条弧线,这是投影变形导致的。

大地线是参考椭球面上最短的测量路线,大圆线是球面上两点间最短距离。两者的区别在于,大地线的定义与参考椭球面的法线有关,大圆线是大圆面与参考椭球的交线,与法线无关。

4.1.3　章节练习

(一) 单项选择题

1. 绘制北冰洋某处 1∶1 万比例尺海图时,应该采用的投影为(　　　)。

  A. 高斯投影   B. 正轴方位投影

  C. 墨卡托投影   D. 日晷投影

2. 航海图一般采用的投影方式的特性是(　　　)。

  A. 航线尽量北向   B. 初始航向不变形

  C. 等角航线为直线   D. 航线长度比最小

3. 航海图选择投影时,当比例尺为 1∶5 000 时可采用(　　　)。

  A. 高斯投影   B. 兰伯特投影

  C. 墨卡托投影   D. 日晷投影

(二) 多项选择题

1. 海图按照内容可分为(　　　)等几大类。

  A. 专题海图 B. 普通海图 C. 港湾图 D. 航海图

  E. 总图

习题答案与解析

(一) 单项选择题

1.【D】 解析:日晷投影属于方位投影,可以作为高纬度地区墨卡托投影变形过大的替代投影方法。

2.【C】 解析:等角航线是指地球表面上与经线相交成相同角度的曲线,墨卡托投影图上的等角航线为直线。因为等角航线为直线,有利于水手操舵,故航海地图一般采用墨卡托投影。

3.【A】 解析:海图编绘时,1∶2 万以上比例尺时可采用高斯投影。

(二) 多项选择题

1.【ABD】 解析:港湾图和总图属于航海图分类,海图按内容可分为普通海图、专题海图、航海图。

4.2　海洋测绘

4.2.1　深度基准

深度基准面为海图所载水深的起算面,为了保证船舶航行安全,需要根据深度基准面修正水深,把不同时刻测得的水深值归算到这个面上。

深度基准面通常取在当地多年平均海面下深度为 L 的面,因为求 L 值的方法有别,因此采用的深度基准面也不一定相同(如图 4.6)。

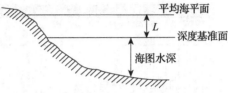

图 4.6　海洋基准面和水深

1956 年前我国采用略最低低潮面作为深度基准面,目前采用理论最低潮面。内河、湖泊采用最低水位、平均低水位或设计水位作为深度基准面。

1. 深度基准面的确定

(1) 深度基准面确定原则

深度基准面的确定就是选择合适的海图理论深度基准值 L。L 值的选择主要考虑以下因素:

◎要充分考虑船舶航行安全。

◎保证航道或水深资源利用效率,衡量尺度为 1 年以上潮汐观测资料计算的深度基准面保证率,应在 $90\%\sim95\%$ 之间。

【释义】　深度基准面保证率为深度基准面以上的低潮次数与低潮总次数之比。

◎相邻区域基准面尽量保持一致。

(2) 深度基准面确定的方法

① 潮汐数据采集

在海边设立验潮站,用水尺长期采集潮汐数据,高程通过水尺由陆地传算。

② 潮汐数据调和分析

把验潮获得的潮汐数据,用验潮站水尺长期测得的瞬时潮汐值,分解为许多固定频率的分潮波,再利用最小二乘法解出分潮的调和常数振幅、迟角。

把复杂的潮汐数据整理分解为许多规则的分潮波后,再求出平均海面值 MSL。

【释义】　迟角即分潮相位差,即时相与初相的相位角,和振幅一起表述横波。

分潮波主要有 11 个,另外加上两个长周期分潮波,一共 13 个主分潮波。

【小知识】

以下分潮中,太阴代表月亮影响,太阳代表太阳影响,太阴太阳代表月亮和太阳共同影响。

四个天文半日分潮:M2 太阴(月亮)主要半日分潮、S2 太阳主要半日分潮、N2 太阴椭率主要半日分潮、K2 太阴太阳赤纬半日分潮。

四个天文全日分潮:K1 太阴太阳赤纬全日分潮、O1 太阴主要全日分潮、P1 太阳主要全日分潮、Q1 太阴椭率主要全日分潮。

三个浅水分潮：$M4$ 太阴浅水 1/4 日分潮、$M6$ 太阴浅水 1/6 日分潮、$MS4$ 太阴太阳浅水 1/4 日分潮。

③ 深度基准面确定

计算一定的深度基准面保证率，分析当地验潮站观测得到的各分潮，取理论上最低的位置作为理论最低潮面，求出深度基准面与当地长期平均海面的高差 L，确定深度基准。

如图 4.7 所示，调和分析各潮波后，取最下面的低潮面作为深度基准面。

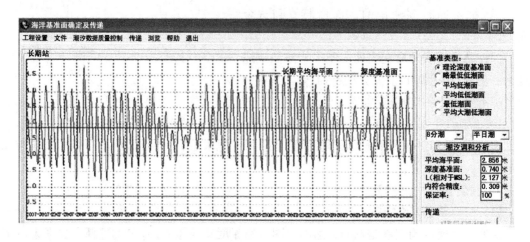

图 4.7　水位改正和深度基准面的确定

【小知识】

深度基准值 L 采用弗拉基米尔法（综合求极值法）求解：

$$L = L_0 + L_S + L_L$$

式中　L——深度基准值；

　　　L_0——8 个天文分潮组合最低值与平均海面差值；

　　　L_S——3 个浅水分潮组合影响；

　　　L_L——2 个长周期分潮组合影响。

2. 水位观测

水位观测即潮汐观测，验潮的目的是通过确定验潮站海域的多年平均海面、深度基准面、各分潮调和常数来获得测深水位改正数，对测深数据进行水位改正。

　　　潮位＝天文潮位＋余水位（气象、气压等因素引起的潮位）＋测量误差

（1）验潮站种类

验潮站按作用不同分为长期验潮站、短期验潮站、临时验潮站和海上定点验潮站。

① 长期验潮站

长期验潮站是测区水位控制的基础，主要用于计算平均海面，一般应有 2 年以上连续观测的水位资料。

② 短期验潮站

短期验潮站用于补充长期验潮站的不足，与长期验潮站共同推算确定测区的深度基准

面,一般应有 30 天以上连续观测的水位资料。

③ 临时验潮站

临时验潮站一般在水深测量时设置,至少应与长期验潮站和短期验潮站在大潮期间同步观测水位 3 天,主要用于深度测量时进行水位改正。

④ 海上定点验潮站

海上定点验潮站用于海上钻探、海上油井等设施的验潮,至少应在大潮期间与相关长期验潮站或短期验潮站同步观测一次或三次 24 h 或连续观测 15 天水位资料,用于深度测量时的水位改正。

(2)潮位观测方法

潮位观测常用水尺、井式验潮仪、声学或压力传感器、遥感、差分 GNSS 等方法。

验潮站水尺前方应无沙滩阻隔,海水可自由流通,低潮不干出,能充分反映当地海区潮汐情况,水尺要设立在牢固、受风浪影响较小、便于水准联测的地方。

沿岸验潮站采用水尺或验潮仪进行观测,观测误差不大于 2 cm,海上定点站误差不大于 5 cm,水尺读数读至厘米,时间读到整分。

【释义】 水尺零点应设于理论最低潮面以下,确保水尺都能读数。

【小知识】

潮位观测间隔应至少 30 min 观测一次,整点必须进行观测。

高、低平潮及其前后 1 h 和水位异常变化时,每隔 10 min 观测一次。

采用水位计或回声测深仪测量时,观测误差不大于 5 cm,用回声测深仪时,水深不得超过 50 m,观测误差不得大于水深的 1%。

(3)差比数

差比法是利用主港的潮汐预报来预测附港潮汐的方法。差比数包括潮时差(平移因子)、潮差比(放大因子)和基准面偏差(垂直移动因子),是根据主港和附港的潮汐资料统计得到的,也可由主港和附港的潮汐调和常数算得。

相邻验潮站之间的距离应满足最大潮高差不大于 1 m,最大潮时差不大于 2 h,潮汐性质要基本相同。对于潮高差、潮时差变化较大的水域,可在附近增设临时水位站。

【释义】 欲求得某附港的高潮和低潮的时间,只需将主港的高潮或低潮的时间加上附港的潮时差即得;欲求得附港的高潮和低潮的潮高,可利用潮差比或潮高比进行计算。

(4)验潮站间基准面传递

验潮站的水位应传算到深度基准面上,建立陆地高程与深度基准之间的联系。

【释义】 建立陆地高程与深度基准之间的联系实质上是求得水尺零点的高程,即可得到平均海面和深度基准面的高程值。

◎长期验潮站深度基准面可由其他已知验潮站深度基准面通过几何水准测量法引测,也可调和分析连续 1 年以上水位观测资料获得。

【释义】 采用调和分析方法时应通过陆地高程测量获取验潮站水尺零点高程值。

◎由邻近长期验潮站或具有深度基准面数值的短期验潮站传算,转测误差不得大于 10 cm,测区两个以上长期验潮时要按距离进行加权平均。

（5）基准面传递方法

验潮站之间可以采用下列方法来传算深度基准面或平均海面。

① 几何水准测量法

由陆地水准测量联测验潮站主要水准点高程至工作水准点，再用等外水准测至零水位。

② 同步改正法

同步改正法是采用两个验潮站30天同步观测水位平均值，计算长期验潮站的月平均海面与其多年平均海面的差值（同步改正法），短期验潮站的月平均海面加上同步改正数即可求得短期验潮站的长期平均海面。

【释义】 同步改正法运用比较普遍，计算方法简单，但只能用于潮汐变化小的局部海域。

③ 最小二乘曲线拟合法

最小二乘曲线拟合法是设两验潮站长期平均海面和短期平均海面之间偏差的平方和最小来建立传递关系。

【释义】 曲线拟合时寻找一条曲线尽量逼近每一个短期平均海面观测值，拟合出长期平均海面的方法。

④ 潮差比法

潮差比法假设两验潮站3天平均潮差和3天平均海平面的比值相等来推算深度基准面。

⑤ 四个主分潮与 L 比值法

四个主分潮与 L 比值法是假设两个验潮站之间四个最灵敏的分潮计算的略最低潮面值与深度基准面值成线性比例关系来推算深度基准面的方法。

4.2.2 海洋测量技术设计

在海洋测量实施前必须进行技术设计。技术设计书需装订成册，由设计人员签名、主管业务负责人签署意见后报批，经上级业务主管部门或任务下达单位审查批准后方可实施。

1. 项目设计内容

◎确定测量目的和测区范围。

◎进行分幅设计，确定测量比例尺。

◎确定测量技术方法和仪器设备。

◎标定免测范围或确定不同比例尺图幅之间的具体分界线。

◎明确技术保证措施。

◎编写技术设计书。

2. 专业设计

（1）收集和分析测区资料

◎最新出版的地形图和海图。

◎控制测量成果资料及其说明。

◎水位控制资料。

◎助航标志及航行障碍物的情况。

◎其他与测量有关的资料。

（2）初步设计

控制测量设计、水深测量设计、海岸地形测量设计、障碍物和底质点的探测方案、测深线的布设方案、水位改正方案、仪器和测深仪器的检验方法等。

（3）实地勘察

对资料难以评估可靠性的海区进行实地勘察。

（4）对初步设计进行修改，编制技术设计书。

3. 技术设计书主要内容

◎任务来源、性质和技术要点。

◎测区的自然地理环境。

◎所依据的技术标准、技术规范以及原有测量成果的采用情况。

◎控制点等级、标石类型及数量。

◎水深测量图幅、测深里程、航行障碍物的数量。

◎海岸地形测量的图幅、面积、岸线长度。

◎所需设备、船只等。

◎计算工作量和工作天数。

◎作业方法、注意事项和技术要求。

4.2.3　海洋控制测量

1. 平面控制测量

（1）《海道测量规范》规定

国内海道测量的平面及高程控制基础是在国家大地网和水准网基础上发展起来的，分为海控一、二级点，以及海控测图点。

海控点的分布应以满足水深测量、海岸地形测量要求为原则。

【释义】《海道测量规范》适用于我国的海道测量。

① 海控点测量方法

海控一、二级点主要采用 GNSS 方法测量，海控测图点可采用 GNSS 快速测量法、导线、支导线和交会法等测定。

② 海控点的选择

海控点按表 4.2 选择使用。

表 4.2　海道平面控制测量要求

测图比例尺（S）	最低控制点	直接用于测量	投影
$S > 1 : 5\,000$	国家四等点	海控一级点 H_1	高斯投影 1.5°带
$1 : 5\,000 \geqslant S > 1 : 1$ 万	海控一级点 H_1	海控二级点 H_2	高斯投影 3°带
$S \leqslant 1 : 1$ 万	海控二级点 H_2	海控测图点 H_C	高斯投影 6°带
$S \leqslant 1 : 5$ 万			墨卡托投影

备注：表中投影是指深度测量时的投影要求，列在一起便于记忆。

③ 海控点和测图点的精度指标

海控点和测图点的基本精度指标见表4.3。

表4.3 海控点和测图点的基本精度指标

限差项目		海控一级点 H_1	海控二级点 H_2	海控测图点 H_C
测角中误差		5″	10″	10″
相对起算点点位中误差		0.2 m	0.5 m	—
测距相对中误差		1/50 000	1/25 000	1/25 000
交会点最大互差	1∶1万比例尺测图	—	—	1 m
	小于1∶1万比例尺测图	—	—	2 m

(2) IHO规定

IHO关于海洋控制测量的规定。

【释义】 IHO是国际海道测量组织(International Hydrographic Organization)的简称,其规定适用于国际海道测量。

◎主要平面控制点用传统方法测量时相对误差不大于1/10万,采用GNSS方法测定时定位误差不得大于10 cm。

◎次级控制点用传统方法测量时相对误差不大于1/1万,采用GNSS方法测定时定位误差不得大于50 cm。

2. 高程控制测量

有一定密度高程点时,三角高程测量法和GNSS高程测量法是海道高程控制测量的主要方法。

(1) 三角高程测量法

◎三角高程测量可以替代四等水准测量,各边均应进行对向观测。

◎用于三角高程的海控点、验潮水尺零点、工作水准点、主要水准点以及海岸地形测量的高程控制均应用水准联测的方法确定高程,精度不低于四等水准测量。

(2) GNSS高程测量法

◎使用GNSS高程测量法测量高程时应对测区高程异常进行分析。

◎地貌平坦区域,已知水准点距离不应超过15 km,联测水准点不应少于4个,困难地区不得少于3个。

(3) 高程联测精度要求

每个验潮站应布设1个主要水准点(埋设在高潮线以上)和1个工作水准点(埋设在水尺附近)。

◎工作水准点和主要水准点之间的联测,按四等水准测量要求施测。

◎工作水准点和验潮站水尺之间的联测,按等外水准测量要求施测。

4.2.4 水文观测

水文观测是指在某点或某一断面上观测各种水文要素,并对观测资料进行分析和整理的工作。水文要素有温度、盐度、密度、含沙量、化学成分、潮汐、潮流、波浪、声速等。

1. 潮汐观测

潮汐指海水在天体(主要是月球和太阳)引潮力作用下所产生的周期性运动,海面垂直方向涨落称为潮汐。

(1) 潮汐规律

① 潮汐周期

潮汐周期是两个相邻高潮或相邻低潮间的时间间隔。有的地方潮汐周期为半个太阴日,其平均值为 12 h 25 min,有的为一个太阴日,平均值为 24 h 50 min。

② 潮汐不等

每日的潮差是不等的,随月球相位变化而变化。大潮一般在朔望后两三天出现,小潮一般在上弦下弦后两三天出现。

每月有两次大潮和两次小潮。大潮时,海面涨得最高,落得最低,此时的潮差称为大潮差;小潮时,海面涨得不高,落得也不低,此时的潮差称为小潮差。

【释义】 朔即初一无月,望即十五满月;上弦即初八的半月,下弦即二十三的半月。

(2) 潮信资料

潮信资料是潮信表或海图上提供用以概算潮汐的航海资料,包括平均大(小)潮升、平均高(低)潮间隙和平均海面 MSL。

① 高(低)潮间隙

从月中天到高(低)潮时的时间间隔叫高(低)潮间隙。月上中天(月亮经过某地子午圈,离天顶较近的一次)月下中天(月亮经过某地子午圈,离天顶较远的一次)。

② 大(小)潮升

小潮升是从海图深度基准面至平均小潮高潮面的垂直距离,大潮升是从海图深度基准面至平均大潮高潮面的垂直距离。

(3) 潮港分类

根据潮型数 F 将潮港分为以下 3 种潮汐类型。

【释义】 潮型数 $F=$(太阴太阳赤纬全日分潮的振幅+太阴全日分潮的振幅)/ 太阴半日分潮的振幅。

① 半日潮港($F<0.5$)

一天内有两次规则高潮和规则低潮。

② 日潮港($F>4$)

大多数时间一天内只有一次高潮和低潮。

③ 混合潮港($0.5<F<4$)

又分为不规则半日潮港($0.5<F<2$)和不规则日潮港($2<F<4$)。

【小知识】

秦皇岛附近潮汐属于规则日潮,潮流属于半日潮;烟台附近,潮汐为半日潮,潮流为日潮流。

2. 潮流观测

海水在水平方向的流动称为潮流。

（1）潮流分类

潮流分为往复式潮流、回转式潮流等，以及涨潮流、落潮流、转流。

① 往复式潮流

往复式潮流又称直线式潮流，涨潮流与落潮流相差约180°，且流速有变化。必须测出最大涨、落潮流速、流向及时间，说明转流时间和高低潮潮时的关系。

② 回转式潮流

回转式潮流又称八卦流，其潮流的方向和速度随时间不断变化。一般北半球顺时针转动，南半球逆时针转动。回转流矢量端点的轨迹接近椭圆形状，表层和底层的流矢量变化方向相反。

（2）潮流观测

潮流观测内容包括流向和流速。

◎半日潮港验流应持续13 h以上，半日潮港海区验流时间应选择在大潮期间，即农历初一、初二、初三或十六、十七、十八。

◎日潮港验流应持续25 h以上，日潮港海区可以从潮汐表中选取最大潮日期进行。

◎当采用调和分析方法时，潮流连续观测次数应不少于3次，分别选择大、中、小潮日期进行。在一般的潮流分析中，可采用一次或两次潮流观测资料，一次应在大潮日进行，如两次应分别在大潮、小潮日进行。

分析河口区的径流时，应选择在枯水期和洪水期分别进行观测。

3. 声速观测

声线是目前主要的水下测深信号传播方式，对水深测量进行改正需要进行声速测量。

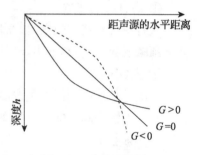

图4.8　声线的折射

（1）声速传播规律

声线穿过不同的海洋跃层会产生折射和反射现象，折射后的声线向声速减小的方向弯曲。

声速随深度的变化梯度可以由温度、盐度和压力（深度）的函数表示。

$$G = G_{压} + G_{温} + G_{盐}$$

如图4.8所示，正梯度$G > 0$时，声线弯向海面；负梯度$G < 0$时，声线弯向海底。

温度对声线的折射影响最大，温度跃层的存在会导致声线明显变化并产生反射，使声呐测量产生误差，所以在采用多波束系统和侧扫声呐测量前必须调查海底温度跃层。

【释义】　海洋跃层指海水温度、盐度、密度、声速等状态在垂直方向上出现突变或不连续剧变的水层。

【小知识】

温度每变化1°，声速变化0.35%；盐度每增加1‰，声速增加1.14 m/s；深度每增加100 m（增加一个大气压），声速增加1.75 m/s。

（2）声速测量方法

① 直接测量方法

直接测量方法一般采用吊放式声速测量仪，通过测量声速在某一固定距离上传播的时间或相位,直接计算声速。

船只漂泊或锚泊时,用脉冲时间法、环鸣循环法、干涉法、相位法等声速仪测量声速。

【小知识】

脉冲时间法是最简单的一种声速测量方法,在已知长度的发射器和接收器之间测量短波声脉冲传报的时间,计算声波的传播速度。

相位法通过测量收发信号的的相位差,计算固定频率的波长,最后获得声速。

环鸣循环法通过发射换能器产生的脉冲在海水中传播一定距离后被接收换能器接收,经过放大整形鉴别后产生一个触发信号立即触发发射电路。这样的过程不断地循环进行,就可以得到一个触发脉冲序列。

② 间接声速测量

间接声速测量又叫解析法,在航行中布放大量的消耗式探头实测声速剖面,观测到的水文资料由威尔逊公式间接计算声速。该法能得到更多的海洋梯度信息,测量更加精确。

4.2.5 海洋定位

海洋定位主要用于航海导航、海洋测量时确定平面位置等。

海洋定位通常是指利用两条以上的位置线,通过图上交会或解析计算的方法求得海上某点平面位置的理论与方法。采用位置线定位时按性质分为方位位置线、角度位置线、距离位置线和距离差位置线。

1. 水深测量定位要求

(1) 定位精度

水深测量定位精度要求见表 4.4。

表 4.4　水深测量定位精度要求

比例尺(S)	定位点的点位中误差
$S > 1:5\,000$	不大于图上 ± 1.5 mm
$1:5\,000 \geqslant S \geqslant 1:10$ 万	不大于图上 ± 1.0 mm
$S < 1:10$ 万	不大于实地 ± 100 m

(2) 定位要求

◎定位中心和测深中心应保持一致,大于 1:1 万的比例尺测图定位中心和测深中心水平距离不得大于 2 m;小于 1:1 万的比例尺测图,定位中心和测深中心水平距离不得大于5 m。

◎若定位中心和测深中心水平距离超限,应将定位中心归算到测深中心。

◎定位时间和测深是否保持同步。

2. 定位方法

(1) 天文定位

天文定位局限于观测条件和天气,目前已很少使用。

(2) 光学定位

光学定位常用岸台前方交会法、侧方交会法、极坐标法、船台后方交会法等方法,一般只要有 2 条方向线即可定位。

光学定位的缺点在于依赖观测者操作熟练程度,且易受天气等因素影响。

(3) 无线电定位

① 圆圆定位

圆圆定位常采用脉冲测距法进行距离交会,至少需要两个观测值。

② 双曲线定位

双曲线定位常采用相位双曲线法、脉冲双曲线法等进行距离差交会。如图 4.9 所示,已知 AP、BP 距离差,以及 AP、CP 距离差,根据 A、B、C 三个已知的岸台之间的距离即可求得船台位置。

【释义】 双曲线定位系统,在船上不必装备发射装置和高精度的计时装置,只需安装接收设备就可以实现近千千米内的精确定位。

该系统还有全天候工作和提供连续实时定位的优点,由于对距离求差消除了时钟误差,定位精度比圆圆定位高。

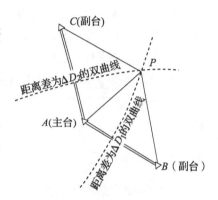

图 4.9 双曲线定位

(4) 卫星定位

卫星定位是目前海上定位的主要手段。

① GNSS 定位

目前广泛使用的海洋定位方法仍然是 GNSS 卫星定位方法,其基本观测量又可分为码相位观测量和载波相位观测量。

② 信标站定位

我国沿海布设了 RBN-DGPS 系统,其在沿海离岸 300 km 内导航位置精度为 5 m,基准站附近可获得优于 2 m 的定位精度。

【释义】 RBN-DGPS(无线电指向标/差分全球定位系统),是无线电测向系统与差分全球定位系统结合,通过无线电给 GPS 播发差分信号进行海洋定位的系统。

(5) 水声定位

水声定位是海底水下定位方法,在测船上利用船底或拖鱼内安装的换能器及水听器阵接收水下声学应答器阵列发射的测距信号,并由船上控制、显示设备处理定位信号,其工作方式分为测距定位和测向定位。

◎长基线定位由测船接收海底的三个以上应答器信号,采取长基线距离交会实现定位。

◎短基线定位主要用于深海钻井动态定位。

◎超短基线定位由超大船只底部组成换能器阵列分别接收水下声学应答器测距信号的定位方法。

4.2.6　水深测量

水深测量方法主要有单波束与多波束回声测深以及机载激光测深等。

1. 单波束测深

单波束测深系统利用单波束超声脉冲回波对海底目标测深(图 4.10)。

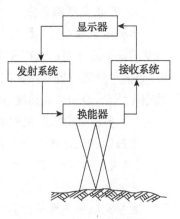

图 4.10　单波束测深系统

【释义】　单波束测深仪的测深过程是采用换能器垂直向下发射短脉冲声波,当这个脉冲声波遇到海底时发生反射产生回波返回声呐,并被换能器接收。其水深值由声波在海底间的双程旅行时间和水介质的平均声速确定。

(1) 单波束测深特点

◎垂直发射声脉冲,故声波折射影响小。

◎采用单点连续测量模式,航迹数据密集,测线之间无数据。

◎数据处理时需要网格化内插消除数据空白区。

(2) 单波束测深改正

单波束测深后需要进行测深改正,并把测深值归到深度基准面上。测深总改正包括吃水改正、基线改正、转速改正及声速改正等。

$$L_{测深} = L_{瞬时} + \Delta_{改} + \Delta_{水位}$$

式中　$L_{测深}$ —— 归算到深度基准面的测深值;

$\quad\quad L_{瞬时}$ —— 测深仪直接测得的测深值;

$\quad\quad \Delta_{改}$ —— 测深总改正;

$\quad\quad \Delta_{水位}$ —— 水位改正。

① 吃水改正

吃水改正为水面到换能器底面的垂直距离改正,包括静态和动态吃水改正数。

② 基线改正

基线改正为纠正换能器位置与船底位置不同造成波束不垂直所加的改正。

③ 转速改正

转速改正为纠正测深仪实际转速和设计转速不同所加的改正。

④ 声速改正

声速改正为纠正输入的声速值与实际声速不同所加的改正。

【小知识】

大于 200 m 时,水深的声速改正数使用《中国近海回声测深声速改正表》查取。

(3) 单波束测深改正方法

通常采用综合处理直接求总改正。

① 校对法

校对法适用于水深小于 20 m 时,可用水听器或检查板对测深仪进行校正。

② 水文资料法

水文资料法适用于水深大于 20 m 时,利用实测水文数据和公式求总改正数。

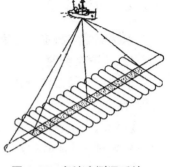

2. 多波束测深系统

多波束测深系统(图 4.11)利用安装于船底或拖体上的声基阵向海底发射超宽声波束,接收海底反向散射信号,经过模/数信号处理获得水深数据,与现场采集的导航定位及姿态数据相结合,绘制出高精度、高分辨率的数字成果图。

图 4.11 多波束测深系统

(1) 多波束测深系统的组成

多波束测深系统由声学系统、采集系统、数据处理系统、外围辅助传感器等组成。

【释义】 声学系统负责波束的发射和接收。

采集系统负责把电信号转换成数字信号。

数据处理系统负责计算测深数据和坐标。

外围辅助传感器包括定位传感器、姿态传感器、声速剖面仪、电罗经等。

(2) 多波束测深系统工作原理

如图 4.12 所示,多波束测深系统以一定的频率发射垂直船迹方向开角宽的声波束扫描海底采集测深数据。

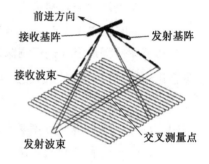

【释义】 多波束系统采用发射和接收指向性正交的两组换能器阵获得一系列垂直航向分布的窄波束。

发射波束和接收波束交叉区域叫脚印。一个声脉冲获得的脚印宽度为一个测幅。

(3) 参数校正

多波束系统测深前应经过参数校准,通常按顺序进行导航延迟、横摇、纵摇和艏偏校正。

多波束参数校准具体实施见表 4.5。

图 4.12 多波束测深工作原理

【释义】 多波束测深系统中各种传感器和换能器的安装一般无法达到理论设计的要求,因此需要进行参数校正。

表 4.5 多波束参数校准实施

项目	顺序	测线	方向	速度	计划测线海底特征	精度	备注
时延	1	同线	同向	异速	特征物上或斜坡	0.1 s	测量一对测线进行比对
横摇	2	同线	反向	同速	平坦水域	0.01°	调整横摇参数使得两次地形重合
纵摇	3	同线	反向	同速	特征物上或斜坡	0.05°	通过孤立点移位及水深计算出
艏偏	4	异线	反向	同速	孤立点两边	0.05°	通过孤立点到测线距离和位移计算

(4) 实施流程

多波束测深系统在收集取得测量船瞬时位置、姿态、航向以及声速传播特性等数据后,以工作站处理数据,综合声波测量、定位、船姿、声速剖面和潮位等信息计算波束脚印的坐标和深度,并绘制海底地形图。

① 测前试验

GNSS 稳定性试验、测深仪稳定性试验、多波束安装校准和其他仪器测试。

② 测前准备

录入声呐参数、声速剖面文件,根据测线布设输入导航数据,估算起始水深,航前航后测量换能器动静态吃水。测线布设包括多波束主测线、单波束检查线和障碍物加密扫测等测线布设间距和方向。

③ 数据采集

启动测深系统,现场声速剖面测量,在预定测线上匀速航行,数据记录,每天进行数据预处理和后处理。相邻声速剖面差值不大于 2 m/s。

④ 数据处理

原始数据检查和粗差剔除;多波束测深数据滤波;多波束各项数据编辑、合并和改正;水深数据的筛选,一般选取最浅水深为图载水深。

(5) 测深手簿整理

◎填写定位方法、测深工具和测定底质工具、测深仪的检查方法。

◎当测深中改变航向、航速或换标时应及时记录。

◎当测量船转向时,应在手簿中水深一栏内以铅笔画斜线表示。

◎经分析确定不采用之结果,应用铅笔以斜线划去,并注明原因,当事者签名。

◎在变换测深工具时,用符号文字说明。

◎在手簿内应描绘干出礁、明礁、石陂的形状和范围,并注明正北方向。

◎新绘制草图均应记在定位点下面。

(6) 数据编辑

测深数据获得后需要对测深数据进行编辑以消除噪声和各种误差影响,可以采用计算机自动编辑和人机交互编辑两类,方法主要包括深度数据投影和曲面拟合两项内容。

【释义】　海洋噪声、声呐参数偏差和声速剖面误差等因素对多波束测深数据的影响是一个复杂、综合、叠加作用的过程。

① 深度数据投影

测深数据获取后编辑时应进行投影,投影分为沿测线前进方向投影、正交测线方向投影、垂直正投影。在复杂的海区,需要在垂直正投影(投影到水平面)方式下进行编辑。

② 曲面拟合

用一定的曲面拟合海底面,超出曲面一定范围的数据点称为跃点,应该剔除掉。方法有贝济埃法、B 样条法、最小二乘拟合法。

【释义】　贝济埃法类似 Photoshop 中的钢笔工具,B 样条法类似 AutoCAD 中的曲线表示方法。

3. 其他测深系统

(1) 机载激光测深

机载激光测深原理是在飞机上安装激光器向海面发射两种不同波长的激光,利用接收两者的时间差计算测深。机载部分由激光测深仪、定位、姿态设备组成,地上部分由计算机和存储设备组成。

机载激光测深目前测深达 50 m 以上,工作效率高,对小于 2 m² 的障碍物较难探测,受水域具体情况影响较大。

【释义】 一种为波长 1 064 μm 的脉冲红外光,被海面完全反射和散射;另一种波长为 532 μm 的绿光,能穿透海水。能穿透海洋的波段范围为 520~535 μm 蓝绿光波段称作海洋光学窗口。

(2) 简单测深

浅水地区或有海草及其他植被覆盖的海区可采用简单测深法,如测深杆和测深锤。

◎测深杆在水深小于 5 m 时采用。

◎测深锤又叫水铊,在水深 8~10 m 时采用。

4. 测深设计

(1) 水深测量比例尺规定

◎海港、狭窄航道等重要地区使用 1∶2 000~1∶2.5 万比例尺。

◎开阔的海湾、地形复杂的沿岸、多岛地区使用 1∶2.5 万比例尺。

◎沿岸开阔海区使用 1∶5 万比例尺。

◎离岸 200 n mile 以内海域使用 1∶10 万或 1∶25 万比例尺施测。

◎离岸 200 n mile 外,一般以 1∶50 万比例尺施测。

(2) 分幅设计

水深测量标准图幅输出尺寸为 50 cm×70 cm、100 cm×70 cm、110 cm×80 cm。

(3) 测线布设

如图 4.13 所示,测深线一般布设成直线,分为计划测线和实际测线,又分为主测深线和检查测深线。测深线的布设应考虑有利于显示海底地貌,有利于发现障碍物,有利于工作。多波束测深还要考虑机动性、安全性、最小测量时间等。

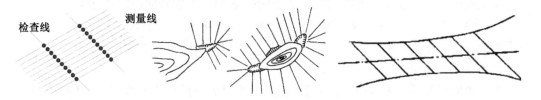

图 4.13 水深测线布设

测线布设时考虑的主要因素是测线间隔和测线方向。

① 测深线间隔

对单波束测深仪而言,主测深线间隔一般为图上 1 cm。

多波束测深系统的主测线布设应以尽量做到海底全覆盖,且有足够的重叠带为原则,其检查测深线应当至少与所有扫描带交叉一次,两条平行的测线外侧波束应保持至少 20% 的重叠。

② 测深线方向

单波束主测深线应与等深线总方向垂直;狭窄航道、锯齿形海岸,应与水流成 45°角;岬角、小岛,测深线成螺旋线、平行圈、辐射线方向;采用多波束测深时,测深线应与等深线方向平行。

5. 水深改正

获得水深数据后还要进行水深改正,主要有吃水改正、姿态改正、声速改正、水位改正。

(1) 吃水改正

① 静态吃水改正

根据换能器相对于船体的位置进行几何求解,获取换能器到水面的距离,得到静态吃水改正数。

② 动态吃水改正

如图 4.14 所示,选择一个海底平坦、底质较坚硬、水深为静态吃水 7 倍左右的海区,岸上架设水准仪,在换能器处立水准尺,测船以各种速度通过预先设置的浮标处,与静止读数对比,并去掉潮汐影响,每种船速要进行 3 次以上观测,求平均值即得到动态吃水改正数。

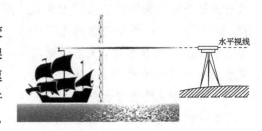
水平视线

图 4.14 动态吃水改正

(2) 姿态改正

为了消除船体摇晃和方位变化导致的位置误差要进行姿态改正,姿态测量通常分为惯性测量和罗经测量两部分。

① 惯性测量

采用惯性测量系统 IMU 测量船体的纵摇角和横摇角。

【释义】 船舶的摇荡主要是横摇、纵摇、升沉等,其中横摇最易发生,摇荡幅值也最大,严重影响船舶安全。

【小知识】

IMU 与 INS 区别如下:

IMU(Inertial Measurement Unit,简称 IMU)是利用封装的陀螺仪和加速度计测量物体三轴姿态角(或角速率)以及加速度的设备。

INS(Inertial Navigation System,简称 INS)是通过测量得出的角速度和加速度的数值确定运动载体在惯性参考坐标中的运动进行导航的装置。

② 罗经测量

采用电罗经(图 4.15)、磁罗经或 GNSS 设备测量船艏向的方位角。

图 4.15 电罗经

【小知识】

船载罗经分为电罗经和磁罗经两类。

电罗经又名陀螺罗经,是利用陀螺仪的定轴性和进动性,结合地球自转矢量和重力矢量,用控制设备和阻尼设备制成以提供真北基准的仪器。

磁罗经是任何情况下都可以使用的,因此称为标准罗经。

电罗经比磁罗经更精确,航行一般采用电罗经指向,每个航行班都需要检查磁罗经并和电罗经进行校对以测定罗经差,记入航海日志。

(3)声速改正

多波束系统测深通常要现场实测声速剖面(图 4.16),采用声线跟踪对波束进行精确归位。有时还需进行声速后处理改正。

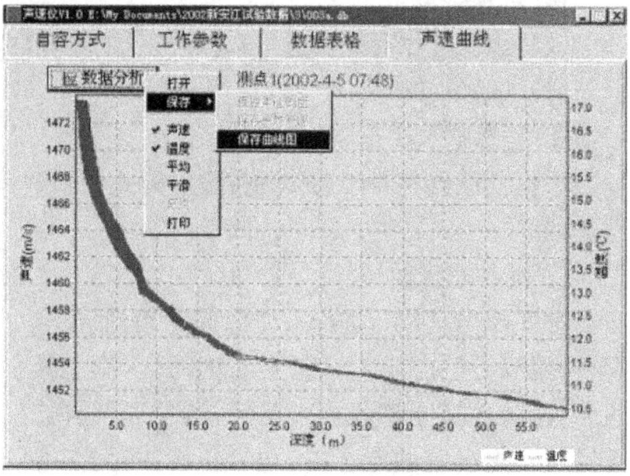

【释义】 在多波束测深系统中,实际声速分布结构带来较大的测深误差,若不正确消除,将使测量结果不可用。在分层介质模型中,声速沿垂直深度的分布称为声速剖面,声速剖面一般比较复杂且随着海水介质改变。

声速剖面对测深结果的影响体现在对声线轨迹的改变,从而影响波束脚印空间归位的结果。在多波束深度计算过程中对声线在水中传播路径的跟踪称为声线跟踪。

图 4.16 声速剖面测量

① 声速剖面测量

采用声速剖面仪对不同深度海水的声传播速度进行垂直同步观测。

② 声速后处理改正

改变声速剖面法是以更准确的声速剖面修正,重新计算各波束折射路径。

几何改正法是在无法确知声速结构时,用几何旋转方法修正地形畸变,重新对波束归位。

(4)水位改正(图 4.17)

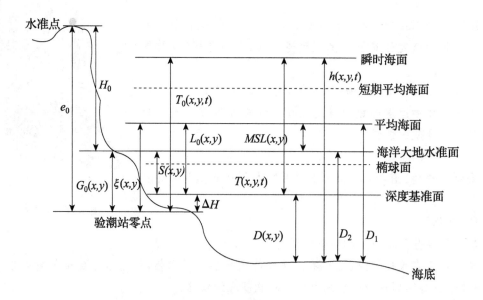

图 4.17 水位改正示意图

　　水位改正的任务是把瞬时测量的水深值换算成以理论最低潮面为基准的水深值。主要包括深度基准面的确定、水位改正计算、潮汐改正、深度计算等工作。

　　【释义】　海道测深主要用于海道航行,首要任务是保证船舶航行安全,必须把测得的瞬时测深值改算到比平均海面低的深度基准面上。在这个过程中需要知道深度基准面与陆地高程面的差值,把海洋测绘的垂直基准相统一,再由长期验潮数据来计算瞬时海面与深度基准面的差,从而得到基于深度基准面的测深值。

　　① 平均海面高程计算

　　平均海面高程计算方法是采用水准联测方法把陆地高程传算给验潮站水尺,并对潮汐进行观测和调和分析。

$$MSL(x, y) = \xi(x, y) - G_0(x, y)$$

式中　$MSL(x, y)$——平均海面高程;

　　　　$\xi(x, y)$——平均海面相对于水尺零点读数值,验潮数据经过调和分析求得;

　　　　$G_0(x, y)$——验潮站零点高程值,由验潮站水准点经过几何水准传算得到。

　　② 深度基准面高程计算

　　获得平均海面高程值后,在保证一定航道利用率的情况下用求极值法确定深度基准面。

$$S(x, y) = MSL(x, y) - L_0(x, y)$$

式中　$S(x, y)$——深度基准面高程;

　　　　$L_0(x, y)$——平均海面与深度基准面的高差,分析验潮数据用特定算法计算得到。

　　③ 水位改正计算

　　水位改正是将瞬时海面测得的深度计算至深度基准面起算的深度。

$$T(x, y, t) = T_0(x, y, t) - \Delta H$$

式中　$T(x, y, t)$——经过潮汐改正的水位改正值,即瞬时海面与深度基准面高差;

　　　　$T_0(x, y, t)$——验潮站瞬时海面水尺读数;

　　　　ΔH——深度基准面水尺读数。

　　【释义】　由于测船与验潮站存在距离,测船位置测量的瞬时水深值应利用潮汐改正得到的水位改正值进行改正。

　　④ 基于深度基准面的测深值计算

　　经过水位改正就获得了基于深度基准面的测深值。

$$D(x, y) = h(x, y, t) - T(x, y, t)$$

式中　$D(x, y)$——基于深度基准面的测深值;

　　　　$h(x, y, t)$——瞬时测深值,x、y 为船只平面坐标,t 为瞬时时间;

　　　　$T(x, y, t)$——经过潮汐改正的水位改正值。

6. 潮汐改正

　　在计算水位改正值的时候,测船处的水位改正值与验潮站水位改正值因存在距离差而不同,需要通过潮汐改正方法计算测船处水位改正值。

潮汐改正主要方法有单站水位改正法、线性内插法、回归法内插法、分带改正法、时差法内插法、最小二乘参数法等。按照验潮站个数,潮汐改正可分为单站改正、两站改正、多站改正等。只有在狭窄航道,且潮波传播方向与两站连线基本平行时,方可利用两个验潮站的水位进行两站间的水位改正,否则应采用三个验潮站的水位进行瞬时水位改正。

① 单站水位改正法

只有一个验潮站时,为求得不同时刻的水位改正数,一般采用图解法或解析法。

图解法是用绘制水位改正曲线图法来进行潮汐改正的方法,横坐标表示时间,纵坐标表示水位改正数,见图 4.18(a)。

解析法利用计算机以观测数据为采样点进行多项式内插来求得测量时间段内任意时刻的水位改正数。

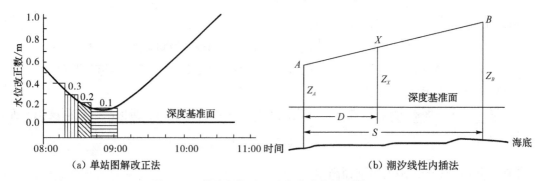

图 4.18 单站图解改正法和潮汐线性内插法

② 线性内插法

线性内插法假设两站之间的瞬时海面为直线形态,对于某一时刻的潮汐值可利用简单的线性内插获得。

线性内插法是目前最为常用的一种潮汐内插方法,见图 4.18(b)。

【释义】 假设验潮站 A、验潮站 B、测船 X 的瞬时海面为直线,则 X 处水位改正值可按下式计算:

$$Z_X = Z_A + \frac{D(Z_B - Z_A)}{S}$$

式中　　Z_X——同时刻测船 X 水位改正值;

　　　　Z_A——同时刻验潮站 A 水位改正值;

　　　　Z_B——同时刻验潮站 B 水位改正值;

　　　　D——测船距离验潮站 A 距离;

　　　　S——验潮站 A 与验潮站 B 距离。

③ 回归法内插法

回归法内插法将潮汐的瞬时变化看作时间的多项式函数,利用观测间隔的潮位观测值内插出该时段的潮汐变化曲线。

④ 分带改正法

验潮站之间距离较远时,可分带内插。分带所依据的假设条件是两站之间潮波传播均

匀,潮高和潮时变化与距离成比例。如不均匀,应增设
验潮站。分带的界线方向应与潮波传播方向垂直
(图 4.19)。

分带数计算如下。

$$K = 2\Delta\zeta/\sigma_z$$

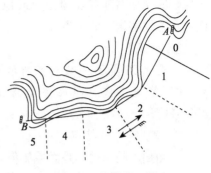

图 4.19 分带改正法

式中 K——分带数;

$\Delta\zeta$——两站同时刻最大水位差;

σ_z——测深精度,相邻带水位改正最大差值不
能超过测深精度。

⑤ 时差法内插法

时差法内插法是对水位分带改正法的合理改进和补充。它所依赖的假设条件是两验潮
站之间的潮波传播均匀,潮高和潮时的变化与其距离成比例。

⑥ 最小二乘参数法

最小二乘参数法直接从潮汐水位曲线的整体变化入手,采用最小二乘拟合逼近技术,求
出潮汐比较参数来改正潮位。

7. 测深精度要求

(1)《海道测量规范》要求

《海道测量规范》测深精度要求见表 4.6。

表 4.6 测深精度要求   单位:m

测深范围(Z)	限差	测深范围(Z)	限差
$0 < Z \leqslant 20$	± 0.3	$50 < Z \leqslant 100$	± 1.0
$20 < Z \leqslant 30$	± 0.4	$Z > 100$	$\pm Z \times 2\%$
$30 < Z \leqslant 50$	± 0.5		

(2) IHO 标准要求

国际海图测深采用 IHO 标准要求,分为特等、一等、二等、三等四个精度等级。

【释义】 IHO 标准要求为国际通用标准,测量国际海图使应按该标准实施,本书不做
要求。

4.2.7 海道其他测量

海道测量还需要进行其他要素测量,包括障碍物探测、底质探测、助航标志测定等。

1. 障碍物探测

对危及船只航行安全的障碍物如礁石、沉船、浅地等,均应准确测定其位置、最浅深度
(或干出高度或高程)、范围和性质,对新发现的障碍物要及时上报。

各类障碍物至少需要一次多余观测,位移不得大于 5 m,取中数作为最终位置。

(1)侧扫声呐

侧扫声呐(图 4.20)是利用回声测深原理探测海底地貌和水下物体的设备,又称海底地

197

貌仪。其换能器阵装在船壳内或拖曳体(拖鱼)中,向两侧下方发射扇形波束声脉冲。

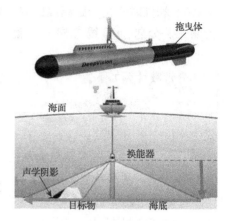

图 4.20 侧扫声呐

【小知识】

如图 4.20 所示,往左箭头所示为侧扫声呐探测宽度,往下箭头为拖鱼距离海底高度,两者比值约为 8%~20%。

① 侧扫声呐的特点

◎侧扫声呐测得的是面域影像,具有高分辨率。

◎硬的、粗糙的、凸起的障碍物海底回波较强,软的、平滑的、凹陷的回波较弱。

◎被遮挡的海底不产生回波。

◎距离越远回波越弱。

◎声呐图像的质量与拖鱼的高度、速度、背景噪声以及海底目标性质等有关。

【释义】 侧扫声呐虽然测深精度比多波束测深系统低,但分辨率比多波束高,两者日益融合。

② 声呐图判读

声呐图像判读(图 4.21 和 4.22)是侧扫声呐扫海中的一项主要工作,知道拖鱼的位置和测船航向,通过数学计算可得到海底目标物的位置。

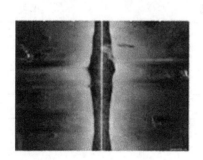

图 4.21 声呐图

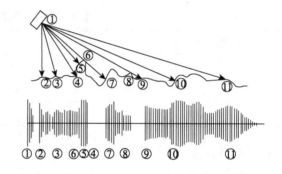

图 4.22 声呐回波强度

◎海底线表示拖鱼到海底的距离。

◎中间的零位线表示拖鱼运动轨迹。

◎声图上的灰度变化反映海底地貌。

(2)单波束加密

某些海底障碍物可用单波束测深系统进行复测加密。

【释义】 以目标为中心,布设交叉和垂直方向的两侧测线间距约 5~10 m,测出目标物最浅点水深和目标物范围等。

(3)磁力仪探测

磁力仪适用于水下磁性障碍物探测。

（4）多波束探测

多波束探测系统也可以用来扫测海底障碍物，但无法得到底质信息，也不能直接成像。

（5）扫海具

扫海具分为软式扫海具（图 4.23）和硬式扫海具。软式扫海具适用于新建码头前沿和港池（平坦）水域的通航前扫测，以及小面积水底障碍物搜寻。

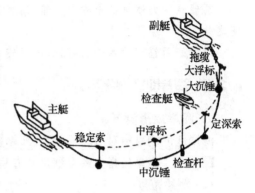

图 4.23　软式扫海具

2. 底质探测

底质探测是对海底表面性质进行探测，获得船舶航行、锚泊所需的海底表层底质资料。

底质测定时必须定位，特殊深度和各种航行障碍物均应探测底质。

（1）底质反射系数

底质反射系数表示海底表面性质，反射系数越大，回波信号越强。

【释义】　底质反射系数取值一般在 0.1～0.6 之间。其中软泥的底质反射系数为 0.1，花岗岩为 0.6。

（2）底质探测方法

◎机械式底质探测有水铊、测深杆、采泥器、重力式取样管、底质采集器等方法。

◎超声波探测有单波束探测、侧扫声呐探测、浅地层剖面仪探测等方法。

【释义】　浅地层剖面仪是在测深仪基础上发展起来的，其发射频率更低，声波信号通过水体穿透海底后继续向更深层穿透，结合地质解释可以探测到海底以下浅部地层的结构和构造情况。

（3）底质探测密度

水深在 100 m 内的海区需测海底表层底质。底质点的密度一般为图上 25 cm² 有一底质点，重要地区图上 4～9 cm² 有一底质点，底质变化不大的地区图上 50～100 cm² 有一底质点。

3. 助航标志测定

助航标志是以特定的标志供船舶确定船舶方位、航向，使船舶沿航道或预定航线安全航行的助航设施。

助航标志根据重要程度按灯塔、灯桩、立标、灯船、浮标顺序测定。

◎灯塔、灯桩、立标等按测图点（H_C）精度测定。

◎对测深及航海有使用价值的天然目标等显著物标的位置，两组观测坐标互差不大于 2 m。

◎灯塔、灯桩灯光中心高度从平均大潮高潮面起算，还应测量灯塔的底部高程。

◎导标、测速标等成对出现的标志，其中之一必须设站观测，实测算出真方位角。

◎水上浮标应测定其平流时的位置和最大涨落潮旋回半径，采用岸上交会法或测船靠近测定。

【小知识】

灯塔是设置在重要航道附近的塔型发光固定航标。

灯桩是发光的立标,发光射程比灯塔近得多。

立标是设置在岸边或浅滩上的固定航标。

灯船是作为航标使用的专用船舶,装有发光设备,作用与灯塔相同,锚碇于难以建立灯塔之处。

浮标是用锚碇泊水中的航标,用以表示航道、浅滩、碍航物等。

4.2.8 海岸地形测量

1. 海岸地形测量

海岸地形测量指对海岸线位置、海岸性质、沿岸陆地和海滩地形进行测量。

【释义】 海岸线指大潮高潮位时海陆分界的痕迹线。

(1) 测绘范围

海岸线向陆地实测的距离,大于等于1∶1万比例尺时为图上1 cm,小于1∶1万比例尺时为图上0.5 cm,密集城镇及居民区可测至第一排建筑物。

海岸线应实测,海岸线以下测至半潮线,并与水深测量相拼接。码头地区应测制完整。

海岸线要表示岸线性质,岛屿岸线的表示一般同大陆岸线,当岛屿图上直径小于3 mm时,可不表示岸线性质。

(2) 测量精度要求

① 海岸线测量精度

利用经纬仪、平板仪测量海岸线时,位置误差不大于图上±1 mm,转折点位置误差不大于图上±0.6 mm。

【释义】 目前已经不使用经纬仪、平板仪测图,该指标已经作废,但规范没有新款规定,故暂时列出来。另外要注意此处的位置误差指的是限差,而不是中误差。

② 地物测量精度

轮廓清晰明显的地物点位中误差不大于图上±0.6 mm,邻近地物点间中误差不大于图上±0.4 mm。轮廓不明显地物点位中误差不大于图上±0.8 mm。

【释义】 地物点位中误差要求与工程测量相应要求相同。

③ 高程注记点精度

高程注记点的高程和干出高度点的高度的中误差不得大于±0.2 m。

④ 等高线精度

等高线对于最近解析控制点的高程中误差,不得超过±0.5 m。

(3) 其他测绘要求

◎实测的海岸线与其他地物矛盾时不得移动海岸线。

◎海岸地形测量的标准图幅尺寸为50 cm×50 cm或与水深测量图幅尺寸一致,如宽度不超过满图幅1/6时,可附于相邻图幅,作为邻幅的破图廓处理。

◎当一幅海岸地形图变动面积超过1/2时,应全幅重测。

◎陡岸、堤岸须注记比高,陡岸的比高有滩地区从倾斜变换点起算,无滩地区从痕迹线起算。

【释义】 所谓比高指的是地物顶部至地物基部的高差。

（4）海岸地形图用色

◎绿色。各种水井、泉、贮水池、雨水坑、河宽水深、水位点线等。

◎浅蓝色。双线河、湖、池塘等的水域部分。

◎棕色。等高线及其注记、盐碱地、干河及不用等高线表示的自然地貌等及其比高注记。

◎黑色。除上列颜色规定外,其他均用黑色描绘。如海岸线、名称及点的高程注记和干出高度,依比例尺及不依比例尺表示的地貌符号、说明符号、植物类符号等。

2. 干出高度测量

干出高度是以深度基准面起算的高程,主要用来表示干出滩和干出礁。

【释义】 干出高度是陆地高程系统与深度基准面的结合。

（1）几个重要概念

◎干出滩又叫潮间带,指海岸线至水深零米线之间的海滩,以深度基准面向上表示高程。

◎干出礁指平均大潮高潮面以下,深度基准面以上的礁石,也以深度基准面向上表示高程。

◎明礁指最高点露在平均大潮高潮面以上的礁石,以高程基准面向上表示高程。

◎暗礁指最高点在深度基准面以下的礁石,以深度基准面向下表示高程。

【释义】 干出滩是潮汐起落最高点和最低点位置两条线之间的区间。海岸线指平均大潮高潮线,水深零米线为深度基准面与干出滩的交线,即理论最低潮面位置。

【小知识】

干出水深是从平均大潮高潮面起算的深度,干出高度是从深度基准面起算的高程,两者分别从干出滩的高低两个面一正一反共同表示干出滩。

（2）干出滩测量方法

干出滩测量从深度基准面算起,可采用地形测量法或水深测量法。

◎范围不大的干出滩可以和海岸线一起测量。

◎大范围干出滩一般垂直于岸线每隔图上 2～5 cm 设断面测量。

◎困难地区或小面积干出滩可采用极坐标法测量。

◎重要的或大面积的干出测量在高潮时进行水深测量测得水深数据,低潮时进行航空摄影测量判读地形地貌,综合两者成果绘出干出地形图。

◎干出滩外边缘采用水深测量资料。

◎在测图范围内的明礁、干出礁都需测出位置和高程（或干出高度）。

（3）干出滩性质

干出滩必须注记性质,含两种以上性质时须分别表示。

【小知识】

中国大陆地区干出滩性质分为六种:沙滩、泥滩、磊石滩、岩石滩、珊瑚滩、树木滩。

4.2.9 章节练习

（一）单项选择题

1. 我国规定海洋测量深度基准采用理论最低潮面,应根据（   ）求极值,且与国家高程基准进行联测。

    A. 大地水准面   B. 平均大潮高潮面

    C. 当地平均海面   D. 黄海平均海面

2. 下列有关深度基准面的说法,不正确的是( )。

    A. 随着测绘技术的提高,深度基准面的测定越来越接近真值

    B. 深度基准面定义在当地平均海面之下

    C. 深度基准面与高程基准的联系通过确定平均海面的高程实现

    D. 深度基准、高程基准均通过平均海面数据来获得

3. 用测深仪进行了深度测量以后,还需通过验潮站得到( )来进行水位改正。

    A. 平均海面与深度基准面之差   B. 深度基准面

    C. 瞬时潮位高度值   D. 平均海面的高程

4. 长期验潮站水尺零点高程的确定一般通过( )来获得。

    A. 由邻近长期验潮站传算   B. 调和分析瞬时水位观测资料

    C. 由 19 年的水文数据计算平均值   D. 由地面高程数据传算

5. 困难地区或小面积干出滩可用( )测量。

    A. 断面法   B. 极坐标法   C. 水深测量   D. 航摄法

6. 某海洋测深项目,要求测深控制点的测距精度达到相对中误差 1/10 000,则最低可以使用( )控制点。

    A. 国家四等   B. H_1 C. H_C D. 三级导线点

7. 海洋测量中,高程控制一般用水准联测国家高程控制点来实现,验潮站水准点和验潮站水尺之间的联测,按( )水准测量要求施测。

    A. 等外   B. 四等   C. 三等   D. 二等

8. 单波束测深通常采用综合处理求得总改正,其中不包含( )。

    A. 基线改正   B. 转速改正   C. 水位改正   D. 声速改正

9. 以下关于潮汐调和分析的论述不正确的是( )。

    A. 潮汐调和分析把上百个固定分潮合成为潮汐

    B. 潮汐调和分析要计算分潮的迟角和振幅

    C. 潮汐调和分析可以分析求解深度基准面

    D. 潮汐调和分析是潮汐分析和预报的一种经典方法

10. 多波束参数校正时要求布设不同测线进行的校正项目是( )校准。

    A. 时延   B. 横摇   C. 纵摇   D. 艏偏

11. 海岸线测量时,干出滩为( )之间的海滩。

    A. 似大地水准面与大潮最低潮面

    B. 平均大潮高潮面与似大地水准面

    C. 平均大潮高潮面与理论深度基准面

    D. 平均海面与大潮最低潮面

12. 关于深度测量改正,下列说法正确的是( )。

    A. 动态吃水改正一般使用水尺测量

    B. 姿态改正包括吃水改正和纵摇横摇改正

C. 船舶方位角一般采用惯性测量系统测量

D. 声速改正可以用后处理改正方法进行

13. 单站水位改正时为求得不同时刻的水位改正数,一般可采用(　　)。

　　A. 几何水准法　　　B. 图解法　　　C. 分带改正法　　　D. 时差法内插法

14. 以下关于多波束测深仪与侧扫声呐在海底探测中的比较,说法错误的是(　　)。

　　A. 侧扫声呐测得的数据分辨率更高

　　B. 多波束的最大优点在于定位精度高

　　C. 多波束测深相对于侧扫声呐更加直观

　　D. 多波束在覆盖率和高效率方面具有优势

15. 使用 GPS 高程测量作为海洋测绘的高程控制时一般要求点数不少于(　　)个。

　　A. 2　　　　　　B. 3　　　　　　C. 4　　　　　　D. 5

16. 机载激光测深仪向海面发射两种波长的激光,其中一种被反射,另外一种能穿透海水的是(　　)光。

　　A. 紫色　　　　　B. 红色　　　　　C. 绿色　　　　　D. 白色

17. 对单波束测深仪而言,(　　)测深线间隔一般采用为图上 1 cm。

　　A. 主　　　　　　B. 辅　　　　　　C. 检查　　　　　　D. 首尾

18. 以下海洋测量元素中,不属于水文要素的是(　　)。

　　A. 波浪　　　　　B. 声速　　　　　C. 水深　　　　　D. 密度

19. 采用无线电双曲线定位方式测定海面船台需要收集至少(　　)个岸上已知点。

　　A. 2　　　　　　B. 3　　　　　　C. 4　　　　　　D. 5

20. 某点至(　　)间的高度称为干出高度。

　　A. 理论深度基准面　　　　　　　　B. 平均海水面

　　C. 似大地水准面　　　　　　　　　D. 平均大潮高潮面

21. 海洋测绘中,采用短基线法对石油钻井进行水下定位主要采用(　　)方法。

　　A. 光学定位　　　B. 声学定位　　　C. GPS 卫星定位　　　D. 无线电定位

22. 某测绘队在 10 m 深的河道进行清淤测量,单波束数据处理时宜采用(　　)进行总改正。

　　A. 校准工具的入水深度　　　　　　B. 水文站数据

　　C. 实测水文数据　　　　　　　　　D. 多次测量

23. 某个 1∶5 万比例尺的海洋测深图,某点定位中心和测深中心水平距离为 2.5 m,则(　　)。

　　A. 属于正常范畴,不予理会　　　　B. 重新进行定位

　　C. 重新进行测深和定位　　　　　　D. 将定位中心归算到测深中心

24. 水位观测时,岸边水位站水位观测误差最大不得超过(　　)cm。

　　A. 2　　　　　　B. 5　　　　　　C. 10　　　　　　D. 20

(二) 多项选择题

1. 海洋测量中,进行当地水位观测的目的主要是(　　)。

　　A. 确定当地深度基准面　　　　　　B. 确定当地多年平均海面

C. 确定验潮站的各分潮调和常数　　　　D. 获得测深水位改正数

E. 确定国家高程基准面

2. 以下关于海洋高程控制测量说法中,正确的是(　　)。

A. GPS 高程测量因为海边多路径效应严重,不可以用于海洋高程测量

B. 海洋高程控制测量采用似大地水准面作为基准面

C. 高程控制点足够多的话,水准测量是主要控制测量方法

D. 验潮站水准点和水尺之间的联测至少需要等外水准标准

E. 目前三角高程测量精度很高,无须对向观测就可以替代四等水准测量

3. 以下助航标记中,按测图点精度测定的有(　　)。

A. 灯塔　　　　　　B. 浮标　　　　　　C. 灯桩　　　　　　D. 灯船

E. 立标

4. 海洋测量中,确定深度基准面的原则为(　　)。

A. 考虑舰船的航行安全　　　　　　　B. 相邻区域深度基准面应协调一致

C. 便于水深改正　　　　　　　　　　D. 充分提高航道的利用率

E. 便于海图测量

习题答案与解析

(一) 单项选择题

1.【**C**】　解析:求出深度基准面与当地长期平均海面的高差 L ,确定深度基准。

2.【**A**】　解析:深度基准是人为划定的一个虚拟面,是基于航道安全考虑而选择,在不同时期有不同的深度基准,我国现行的深度基准是理论最低潮面,故 A 不正确。

3.【**C**】　解析:瞬时潮位高度值,即瞬时海面与大地水准面之差,由于验潮站已有深度基准面高程,故知道了瞬时潮位高度值即可求得瞬时海面基于深度基准的高程,也就是水位改正数。

4.【**D**】　解析:长期验潮站深度基准面由几何水准测量法从陆地高程引测。长期验潮站调和分析法采用的潮汐观测数据应是长期观测数据,不能采用瞬时值,故 B 不正确。

5.【**B**】　解析:干出滩测量从深度基准面算起,可采用地形测量法或水深测量法。困难地区或小面积干出滩可采用极坐标法测量。

6.【**C**】　解析:H_c 为海测控制测图点,测距相对中误差 1/25 000 可达到本题要求,且成本和等级最低。

7.【**A**】　解析:每个验潮站应布设 1 个主要水准点(埋设在高潮线以上)和 1 个工作水准点(埋设在水尺附近)。工作水准点和验潮站水尺之间的联测,按等外水准测量要求施测。验潮站水准点和验潮站水尺之间的联测属于次级控制,且水尺精确测定比较困难,故要求较低。

8.【**C**】　解析:单波束测深总改正数为吃水改正、基线改正、转速改正及声速改正等的代数和。

9.【**A**】　解析:潮汐调和分析是把潮汐分解为许多固定频率的分潮波,再利用最小二乘法解出分潮的调和常数(迟角、振幅),它的目的是把复杂的潮汐简单化,故 A 不对。

10.【**D**】　解析:多波束测深系统艏偏校正需要在孤立点两边布设测线,采取一定重叠

带进行测量,分别计算孤立点到两条测线的位移。其他项目校正都需要在同一测线上。

11.【C】 解析:干出滩指海岸线至水深零米线之间的海滩。海岸线指平均大潮高潮线,水深零米线即深度基准面与干出滩的交线,即理论最低潮面位置。

12.【D】 解析:动态吃水改正需要在岸上架设水准仪测量;姿态测量通常用惯性测量系统测量的船体纵摇角和横摇角,用电罗经或 GPS 测量船首方位角;声速测量可以采用实测或声速后处理改正方法。正确的只有 D。

13.【B】 解析:只有一个验潮站时,为求得不同时刻的水位改正数,一般采用图解法和解析法。

14.【C】 解析:多波束测深系统是一种测深工具而非成像系统,侧扫声呐能直观地提供海底形态的声成像,但它的深度测量数据是间接求得,精度不高。虽然多波束测深在探测的覆盖和精度上都很优秀,但它的适用性受到很多限制,故目前主流的海底探测仪依然是侧扫声呐。

15.【C】 解析:使用 GNSS 方法测量高程地貌平坦区域,已知水准点不少于 4 个,困难地区不得少于 3 个水准点。

16.【C】 解析:机载激光器向海面发射两种不同波长的激光,一种为脉冲红外光,另一种为绿光(能穿透海水),利用接收两者的时间差计算测深。

17.【A】 解析:对单波束测深仪而言,主测深线间隔一般采用为图上 1 cm。

18.【C】 解析:水文要素包括温度、盐度、密度、含沙量、化学成分、潮汐、潮流、波浪、声速等。

19.【B】 解析:无线电双曲线法距离差交会是根据三个岸台之间距离,求距离差求得船台位置。

20.【A】 解析:干出高度是深度基准面以上的高度。

21.【B】 解析:水声定位是通过测定船台设备和水下设备间的声波信号传播时间或相位差进行的海洋定位。水下定位一般采用声波作为信号源,其他选项适于海面定位。

22.【A】 解析:单波束测深改正通常采用综合处理直接求总改正,校对法适用于水深小于 20 m 时,可用水听器或检查板对测深仪进行校正。

23.【A】 解析:定位中心和测深中心小于 1∶1 万的比例尺测图,水平距离不大于 5 m,本题精度满足要求,故选 A。

24.【A】 解析:岸边水位站水位观测误差不大于 2 cm。

(二) 多项选择题

1.【ABCD】 解析:潮汐观测的目的:一是确定验潮站的深度基准面、多年平均海面、深度基准面、各分潮的调和常数;二是获得测深时刻测得深度的水位改正数。高程基准面是青岛验潮站通过长期的验潮数据计算得到,并作为国家统一高程基准面。

2.【BD】 解析:一定密度的高程控制点下,三角高程测量和 GPS 测量是主要方法,三角高程测量可以替代四等水准测量的必要前提条件是需要对向观测,故只有选项 B、D 正确。

3.【ACE】 解析:灯塔、灯桩、立标等航标按测图点精度测定。

4.【ABD】 解析:深度基准面确定原则为充分考虑船舶航行安全;保证航道或水深资

源利用率,衡量尺度为深度基准面保证率;相邻区域基准面应保持一致。

4.3 海图制图

4.3.1 海图编辑设计

1. 海图总体设计

海图总体设计内容主要有海图图幅设计、确定海图数学基础、构思海图内容及表示方法。

除确定新编图的数学基础、分幅、编号之外,编辑设计工作还包括以下内容:制图区域的研究;制图资料的分析和选择;确定图面配置;拟订编辑计划。

2. 设计流程

(1)海图资料收集分析

① 资料种类

海图资料包括控制测量资料、海测资料、已成图资料、遥感图像资料等。

② 资料分析的重点

资料分析的重点是完备性、适用性、现势性、精确性、复制可能性。

③ 资料的选择

收集资料并做出是否采用决定后,应把资料归类为基本资料、参考资料、补充资料。

【释义】 制图资料的分析和选择将在地图制图章节详述。

(2)基本资料应满足的条件

◎现势性强、内容完备、精度高、反映客观真实合理。

◎比例尺大于或等于成图比例尺。

◎投影与新编海图相同或制图网形状接近。

◎便于复制、转绘。

(3)制图区域研究

通过各种资料和调查,对制图区域的海洋地理现象和空间分布进行分类和分级,采用定性、定量或两者结合的方法进行分析研究。

◎自然特点:海岸性质和形状、干出滩性质及起伏形态、海底地貌的特征、潮汐潮流特点、沿海陆地地貌的基本形态等。

◎人文特点:居民地的分布特点、水陆交通情况等。

◎航行特点:港口分布情况、港口的类型和规模、港口设施的完备程度以及航道、锚地、航行障碍物等的分布情况等。

(4)图面配置

包括标题的内容、图幅的地理位置说明、图名等。

① 标题的内容

标题的内容包括出版机关的徽志、图幅的地理位置、图名、比例尺、投影、坐标系、深度、高程基准、单位、图式版别、基本等高距及制图资料说明等。

② 图幅的地理位置说明

总图不配置地理位置说明,航行图应配置地理位置说明。航行图、港湾图的地理位置说明一般取海名、湾名及岛湾等名称,名称前应加注所属国国名。

【释义】 航行图的地理位置说明如中国黄海辽东半岛。

③ 图名

图名应确切表明范围或主航线,规则如下:总图以海洋区域名称命名;航行图一般用图内较重要的海域地名作起讫点来命名,航行图包括的地理单元相对完整时,也可以区域命名;港湾图一般以其表示的港湾、锚地、水道、岛屿等命名。

(5)制图方案

制图方案指编绘技术方案和出版方案。

(6)编辑计划及图历表

◎编辑计划一般包括对海图的性质、用途、规格、数学基础、内容及表示、精度标准、技术方法做出基本规定,是编辑设计的主要成果。

◎图历表记载要详细、准确、完整,并由各项填写人签名。图历表应存档。

【释义】 图历表是在航海图编绘过程中形成的指导性技术规定和有关技术、资料、质量等问题的详细记录,通常有固定格式,并预先成册,供成图时参考查阅。

3. 其他设计

(1)海图要素设计

海图要素分为数学要素、地理要素、辅助要素三大类。

【释义】 海图要素和地图要素相同。

◎数学要素主要有投影、坐标网、基准面、比例尺、控制点等。

◎地理要素主要有海域地理要素、陆地地理要素。

◎辅助要素主要有接图表、图例、图名、出版单位、出版时间等。

(2)海图分幅要求

海图一般根据制图区域情况采用自由分幅,一般设计为全张图,图幅尺寸应在图幅的右下角注出。陆域面积不宜大于图幅总面积的 1/3。

海图图幅形式以整幅图为主,根据具体情况可制作主附图、拼接图及诸分图。

◎主附图是配置有附图的图幅。

◎拼接图是两个或两个以上制图区域相接的小图拼成的一幅图。

◎诸分图是两个或两个以上制图区域不相邻接的小图拼成的一幅图。

【小知识】

图幅的标题配置在图廓外时,纵图廓应比标准小 25 mm。

图廓边长误差不大于图上±0.1 mm,对角线长度、方里网长度误差不大于图上±0.2 mm。控制点展绘的准确性以控制点间的距离来检查,每一控制点检查边数不得少于 2 条,边长误差不大于图上±0.3 mm。格网绘制准确性以其交点的直角坐标来检查,坐标位移误差不大于图上±0.6 mm。

4.3.2 海图制作

1. 海图制图综合

制图综合是根据地图用途、比例尺、制图区特点,以概括、抽象的形式反映制图对象特征,将次要物体舍去和概括的过程。

海图最重要的功能是保持航线安全,所以制图综合的原则以安全性为要务,尽量保留浅水要素,是为了避免船只搁浅,标示孤立岛屿是为了防止船只触礁。

【释义】 海图制图综合方法与地图制图方法相同,本书合并在地图制图章节叙述,本节内容可在地图制图章节后学习。

(1)海岸线和岛屿

海岸线形状化简遵循扩大陆地、缩小海域的原则:

◎一般采用删除短小的岸线性质,夸大特殊性质的岸线,转换次要性质岸线为主要性质岸线等方法。

◎在各种比例尺海图上,孤立的小岛不论面积大小均不得舍去。图上面积小于 $0.3\ mm^2$ 的小岛应夸大表示,夸大时应保持形状,表示成直径为 $0.6\ mm$ 的封闭曲线。

◎比例尺缩小后,可适当舍去部分岛屿,但不得合并,不能改变岛屿的轮廓特征,群集或离岸很近的小岛不能依比例绘出时,可用直径为 $0.4\ mm$ 的黑点表示。

(2)陆地地貌和居民地

在比例尺大于 $1:50$ 万的海图上,一般应表示等高线和其他陆地地貌要素;$1:300$ 万及更小比例尺图上,不表示陆地地貌。

(3)等深线

等深线是用等值线表示海底深度的地貌表示方法,类似陆地上的等高线表示方法。其制图综合遵循扩浅缩深的原则,取舍遵循舍深取浅的原则。

等深线密集时可以把较深等深线中断在较浅等深线上,并留图上±$0.2\ mm$ 间隔。

等深线分三类:

◎基本等深线是某一种比例尺的海图上规定必须表示的等深线。

◎辅助等深线是以辅助基本等深线的不足加绘的等深线。

◎不精确等深线是特殊情况下勾画的精度不高,只能供参考的等深线。

(4)水深注记

水深注记点的选取遵循舍深取浅的原则。

狭窄航道应适当保留深水点,水深注记密度一般为图上 $10\sim15\ mm$,海底地形起伏变化较大的区域以及重要航行区域间距可加密到 $6\sim10\ mm$,一般呈菱形分布。

(5)干出滩

干出滩的形状化简遵循扩大干出滩原则。

干出滩制图综合方法包括取舍、轮廓化简、质量特征概括、干出水深选取四个方面。干出滩质量特征概括包括类型合并和质量转换。

◎软性滩可以合并到硬性滩,反之不能。

◎孤立的干出滩要表示干出高度,不得舍去,成群分布的可以合并。

（6）海底底质

海底底质取舍遵循取硬舍软、软硬兼顾、取异舍同的原则。

制图综合方法主要包括取舍和质量概括，首先要保障航行安全和便于选择锚地，其次应反映底质的分布特点和规律。

（7）航行障碍物

航行障碍物制图综合包括选取、说明注记的表示、符号的图形转换和危险线形状的化简。孤立的障碍物必须选取，成片的按危险程度选取，取高舍低，取外围舍中间，取稀疏舍密集，取近航道舍近岸。

（8）助航标志

助航标志按灯塔、无线电航标、灯船、灯柱、灯浮顺序选取。

2. 纸质海图制作

根据规范，海图的编绘作业可采用编稿法、连编带绘法、计算机制图法。

【释义】 编稿法是先在图版或薄膜上制作编绘原图，然后再用刻绘法或清绘法制作印刷原图。连编带绘法是编绘、清绘在同一薄膜上完成，其成果即印刷原图。计算机制图法在计算机上进行数据处理和编绘作业，输出制版胶片或印刷版。

① 编辑准备阶段

进行海图总体设计，把收集的资料录入计算机。

② 数据预处理阶段

数据预处理内容包括投影、坐标系、比例尺的变换、高程基准面和深度基准面的改算，以及数据格式的统一转换等工作。

③ 新编海图数据处理阶段

新编海图数据处理阶段包括新编海图数学基础的建立、制图综合、图形编辑处理、符号化以及拓扑关系的处理等。

④ 图形输出阶段

包括电子显示海图、打印和印刷海图等。

3. 电子海图制作

电子海图是用电子计算机可识别、处理且附于一定载体上的，以数字信息表示的，以描写海域地理要素和航海要素为主的海图。

（1）电子海图分类

一般把各种数字式海图及其应用系统统称为电子海图，根据电子海图的发展目前有以下几类电子海图。

① 中国数字海图（CDC）

中国数字海图（CDC）是依据我国的测绘标准自行设计编码、属性、结构等的电子海图系统。

【释义】 中国数字海图（CDC）是我国在 IHO 发布的 S-57 标准实施前建立的电子海图系统，目前数据基本已经成型，要建立与 ECDIS 的转换关系，推行 ECDIS 系统。

② 电子海图系统（ECS）

电子海图系统（ECS）是一种商业的电子海图系统，它并不完全适用于 IHO 公约的全部要求。ECS 主要用于助航,同时也是作为纸制海图功能缺陷上的一种补充。

③ 官方电子航海图(ENC)

官方电子航海图(ENC)属于电子海图数据库,是由各国官方的海道测量局制作的符合 IHO S-57 标准的矢量电子海图。

④ 电子海图显示与信息系统(ECDIS)

电子海图显示与信息系统(ECDIS)是指符合有关国际标准的船用电子海图系统。它以计算机为核心,连接定位、测深、雷达等设备,以 ENC 为基础,综合反映船舶行驶状态,为船舶驾驶人员提供各种信息查询、量算和航海记录专门工具,是一种专题地理信息系统。

【释义】 从最初纸质海图的简单电子复制品到过渡性的电子海图系统(ENS),ECDIS 已发展成为一种新型的船舶导航系统和辅助决策系统,它不仅能连续给出船位,还能提供和综合与航海有关的各种信息,有效地防范各种险情。

(2) CDC 电子海图

① 电子海图分类

我国的电子海图分类表及比例尺见表 4.7。

表 4.7 电子海图分类表以及比例尺

标志	航海用途	编辑比例尺
1	综述	$S \leqslant 1:100$ 万
2	一般	$1:50$ 万 $\geqslant S > 1:100$ 万
3	沿海	$1:15$ 万 $\geqslant S > 1:50$ 万
4	近岸	$1:5$ 万 $\geqslant S > 1:15$ 万
5	港口	$1:1$ 万 $\geqslant S > 1:5$ 万
6	码头泊位	$S > 1:1$ 万

② 数学基础

电子海图平面坐标采用 CGCS2000 或者 WGS-84,高程基准在中国大陆地区一般采用 1985 国家高程基准。深度基准在中国沿海采用理论最低潮面,内陆江河采用设计水位。

电子海图不使用投影,坐标以经纬度表示。

当一个单元采用多种比例尺的制图资料且未经过制图综合时,须确定主编辑比例尺,并在电子海图文件头中的数据集参数字段中加以说明。

按不同级别的电子海图设备使用的需要,电子海图可采用纸质海图分幅方式,或采用规则单元分幅方式。

按纸质海图分幅时,不采用主附图、拼接图、诸分图的方式,也不采用破图廓的表示方法。

(3) 海图要素

① 单元

为了便于有效处理电子海图数据,将地理区域分成许多矩形单元(cell),按规则单元分幅时,单元分作基本单元和导出单元。

◎基本单元大小为 15′经纬差的地理区域,划分的方法是从南纬 90°至北纬 90°纬差 15′

210

为一行,从0°子午线起由西至东经差15′为一列。

◎导出单元是在基本单元的基础上按航行用途划分的单元,其纵横方向尺寸必须是基本单元的整倍数。

【小知识】

每个单元数据包含在标志唯一的文件中,称为数据集文件,每个数据集文件不超过5兆。

② 物标

物标是一组可识别的信息,每个物标由特征物标和空间物标组成。

◎特征物标,具有非实体位置信息,包含特征属性、相关描述、分类信息等。

◎空间物标,具有实体位置信息,包含几何定位属性。

③ 几何图元

几何图元是指海图要素所具有的几何形态,分为点、线、面三种,任何要素在表示时只能具有唯一几何图元。

【小知识】

在电子海图中,几何图元为二维数据结构,高程或深度存储在属性中。

(4) 海图要素编绘基本原则

◎制作电子海图时应依先大比例尺图,后小比例尺图的原则进行,制图综合方法与纸质海图基本相同。

◎只有符合IHO的ENC产品规范中规定的标准的物标、属性、属性值才可以在电子海图中使用。

◎规范规定的物标必要属性必须使用,如属性值未知,可为空。

◎应尽可能将信息通过物标、属性、属性值反映到电子海图中。

◎特殊用途电子海图物标取舍应尽量满足用户需求,但物标编码、属性编码和属性值必须依照规定选取。

(5) 数据分区与要素识别

制作或使用电子海图时内部数据结构应按分区方式,以加快处理速度。一幅图或一个图幅单元为一组数据文件,至少包括三个数据分区,即控制区、索引区、数据区。

① 要素索引

要素索引至少应包括地址、类型(点状、线状、面状或文本等要素类型的标识符)、特征码(每种要素特定的唯一编码)、优先级。

② 优先级

对电子海图设备处理的数据必须按航海要求进行分层管理以确定显示的优先级。

优先级顺序为海图提示信息、航行障碍物、航海通告改正内容、原纸质海图上的警告、注意类说明文字、面状填充、雷达信息、面状区域等。

③ 默认显示内容

出于安全考虑以下海图内容在航行期间应始终显示。其他海图要素叠加在默认显示内容上,且不遮盖默认显示内容。

包括岸线、干出滩、孤立危险物、本船吃水安全等深线、助航标志、航道界线、航道分隔线、陆上方位标或雷达反射标志、禁区或限制区、警告类说明文、图解比例尺、图幅边界、深度和高程单位。

3. 海图改正

海图改正的目的是为维护海图的现势性,保证航行安全。当需要对多张不同比例尺海图进行改正时,应先从大比例尺海图改起。

改正的依据为《航海通告》或《改正通告》、无线电航行警告、新测或新调查的资料。

【释义】《航海通告》指报道海区航标、障碍物等变化情况及航海图书出版消息的刊物。

◎改版:根据新测资料和多期航海通告进行修编,制作新版海图。大改正和改版由航海图出版部门完成。

◎大改正:将海图某一变化甚大的矩形局部区域的数据内容换以新的内容。

◎临时改正:在海图上标注即时接收的无线电航行警告内容。

◎小改正:手工改正,采取手工方式将所要修改的内容加绘到海图上;

贴图改正,将要求改的内容印刷成小贴图,随《航海通告》或《改正通告》一同发送给有关单位,用以贴在海图上,在海图左下角小改正登记栏中要按时间顺序注明所有已改正过的通告项号。

4.3.3 海底地形图制作

海底地形图是表示海底起伏状况且详细表示海底底质、礁石、海底管线等人工地物和其他基本地理要素的海图。

1. 海底地形图概述

海底地形图是表示海底起伏的普通海图,是陆地地形图在海洋区域的延伸。

(1)海底地形图分类

◎按制图区域分为海岸带地形图、大陆架地形图和大洋地形图等。

◎按表现形式分为二维等深线图和三维海底地形立体图(图4.24)。

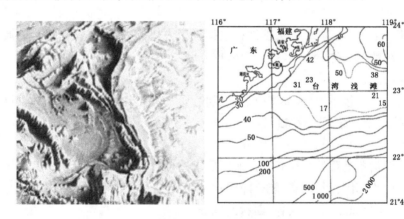

图 4.24 海底地形图

(2)数学基础

① 坐标和高程系统

海底地形图坐标系统采用 CGCS2000 或者 WGS-84。

中国沿海一般采用 1985 国家高程基准或当地平均海面为高程基准,外国地区采用原资料的高程基准。

比例尺大于 1：100 万时要注记坐标系名称。

② 比例尺

海底地形图的基本比例尺为 1：5 万、1：25 万、1：100 万，根据需要也可制作其他非基本比例尺的图幅。

③ 投影方法

1：25 万比例尺及更小比例尺海底地形图一般采用墨卡托投影，大于 1：25 万比例尺采用兰伯特投影。

基本比例尺图采用统一基准纬线 30°，非基本比例尺图以制图区域中纬为基准纬线，基准纬线取至整度或整分。

【释义】 海底地形图与航海图的比例尺、投影等规定都不同。在基准纬线上没有投影变形。

④ 图幅分幅

各种比例尺图均采用经纬线分幅。基本比例尺图以 1：100 万图为基础分幅，采用行列编号法及数字码编号法，以阿拉伯数字前缀英文字母 B 进行编号。

1：100 万比例尺海底地形图从 0°经线和赤道开始编号，经纬差为 10°、6°。

在 1：100 万比例尺海底地形图上按 4 行 4 列划分为 16 幅 1：25 万比例尺海底地形图。

在 1：25 万比例尺海底地形图上按 5 行 5 列划分为 25 幅 1：5 万比例尺海底地形图。

⑤ 深度基准

在中国沿海采用理论最低潮面，远海及外国海区采用原始资料基准。

2. 海底地貌表示方法

海底地形图采用紫色、黄色或棕色(等高线，海岸性质的地貌符号)、蓝色(等深线，水域分层设色)、黑色(其他)四色绘制表示地貌。

海底地形图的地貌表示方法与陆地地貌表示法基本相同，详见地图制图一章。

◎符号表示法是用不同形状、颜色和大小的符号表示物体或现象位置、性质和分布。

◎深度注记法与陆地的高程注记相类似，也称为水深表示法。水深越大，标注数字越大，高程越小，如图 4.25(a)所示。

◎等深线法与陆地的等高线法相类似，是目前表示海底地形图最基本、最精确的方法，如图 4.25(b)所示。

◎明暗等深线法以不同粗细和不同色调的等深线表示地貌，如图 4.25(c)所示。

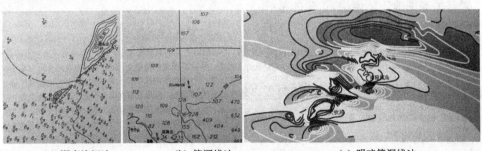

(a) 深度注记法　　　　(b) 等深线法　　　　　(c) 明暗等深线法

图 4.25　海底地形图的表示法

◎分层设色法用不同的色相和色调表示不同的深度层。

◎晕渲法用浓淡不同的色调来显示陆地和海底的起伏形态,立体效果比较好。其缺点是在图上不能进行深度的量算,且绘制和印刷均有较高的技术要求。

◎写景法利用透视绘画的方式表示海底地貌的一种方法。

◎晕滃法用不同长短、粗细和疏密的线条表示地貌起伏,图上表示的斜坡随倾角的增大而线条逐渐变粗、变短、间距变小。按光源位置分为斜照晕滃、直照晕滃。

4.3.4 章节练习

(一) 单项选择题

1. 从青岛出发到天津的海洋航行图,适宜以(　　)命名。

  A. 青岛和天津两地   B. 以渤海海区

  C. 青岛   D. 天津

2. 海图制作时,依据新编海图与资料图的比例尺来选取要素的方法叫(　　)。

  A. 定额法   B. 资格法

  C. 分界尺度法   D. 平方根定律法

3. 以下不属于海图地貌表示方法的是(　　)。

  A. 分层设色法   B. 深度注记法

  C. 范围法   D. 等深线法

4. 关于孤立的小岛,取舍原则正确的是(　　)。

  A. 离岸很近的小岛可以舍去

  B. 图上面积小于 $0.3~\mathrm{mm}^2$ 的小岛可以舍去

  C. 远离航道的可以舍去

  D. 不论面积大小均不得舍去

5. 为了便于有效处理电子海图数据,将地理区域分成若干(　　)。

  A. 单元   B. 物标

  C. 图元   D. 数据集文件

6. 按照相关规范规定,1∶300 万及更小比例尺海图上,不表示(　　)。

  A. 海岸线   B. 陆地

  C. 陆地地貌   D. 居民点

7. 下列有关海图改正的说法,正确的是(　　)。

  A. 对多张不同比例尺海图进行改正时,应先改正小比例尺海图

  B. 严禁手工将所要修改的内容加绘到海图上

  C. 海图改正是为了及时修改海图编绘中的错误

  D. 改正小贴图应随《改正通告》一同发送给有关单位

8. 海图制作过程中,数据预处理后为了获取新编海图的数据需进行(　　)。

  A. 比例尺的变换   B. 符号化处理

  C. 深度基准面的改算   D. 数据格式的统一

（二）多项选择题

1. 以下海图要素中不属于数学要素的有（　　　）。

 A. 高程注记   B. 比例尺   C. 图例   D. 基准面高程

 E. 坐标格网

2. 海图制图时，以下情况中需要进行图元移位操作的是（　　　）。

 A. 形状概括引起图元重叠   B. 精度超限引起图元重叠

 C. 相邻地物缩编引起图元重叠 D. 选取过密引起图元重叠

 E. 重要图元夸大引起图元重叠

3. 海底地形图的基本比例尺可分为 1 :（　　　）等。

 A. 5 万   B. 10 万   C. 25 万   D. 50 万

 E. 100 万

习题答案与解析

（一）单项选择题

1.【A】　解析：海图图名应确切表明范围或主航线，航行图一般用图内较重要的海域地名作起讫点来命名。

2.【D】　解析：平方根定律法是假定资料海图的载负量与新编海图的载负量之间的关系同两者比例尺成一定的比例来进行要素选取的方法。

3.【C】　解析：地貌表示法是用来表达地表的起伏状况，范围法属于专题图的表示方法，侧重点是对专题数据进行描述和表达。

4.【D】　解析：在各种比例尺海图上，孤立的小岛不论面积大小均不得舍去。

5.【A】　解析：为了便于有效处理电子海图数据，将地理区域分成单元(cell)。

6.【C】　解析：海图编制时，在比例尺大于 1 : 50 万图上，一般应表示等高线和其他陆地地貌要素；1 : 300 万及更小比例尺图上，不表示陆地地貌。

7.【D】　解析：当需要对多张不同比例尺海图进行改正时，应先从大比例尺海图改起；小改正分为手工改正和贴图改正(将要求改的内容印刷成小贴图，随《航海通告》或《改正通告》一同发送给有关单位，用以贴在海图上)；海图改正是为了保证海图现势性和可靠性。故正确的只有 D。

8.【B】　解析：海图编制时，数据预处理阶段内容包括投影、坐标系、比例尺的变换，高程基准面和深度基准面的改算，以及数据格式的统一转换。新编海图的数据处理包括新编海图数学基础的建立，制图综合，图形编辑处理、符号化以及拓扑关系的处理等，故选 B。

（二）多项选择题

1.【AC】　解析：海图数学要素包括投影、坐标网、基准面、比例尺等；地理要素包括海域地理要素、陆地地理要素；辅助要素包括接图表、图例、图名、出版单位、出版时间等。选项 A 属于地理要素，选项 C 属于辅助要素。

2.【ACE】　解析：移位主要分为形状概括引起的移位和相邻地物重叠引起的移位，选项 A、E 属于概括引起的移位，选项 C 属于相邻地物重叠引起的移位，选项 D 情况应该改变选取指标采取取舍的方式综合。

3.【ACE】　解析：海底地形图的基本比例尺为 1 : 5 万、1 : 25 万、1 : 100 万。

4.4 海洋测绘质量控制和成果归档

4.4.1 海洋测绘质量控制

1. 测绘成果质量控制

海洋测绘成果质量检查按三级检查执行,分为过程检查、最终检查和验收(任务下达方)。

【释义】 海洋测绘成果质量检查三级检查即二级检查一级验收,因目前海洋测绘市场化程度不高,验收方通常为上级部门,故称作三级检查。

(1)测量仪器设备检校

属于强制检定的仪器设备应检查是否有检定证书,且检定时间应在有效期内。不属于强制检定的仪器应检查是否按有关技术标准进行了检验并符合要求。

(2)控制测量成果质量检查

◎平面控制测量成果主要检查数学精度是否符合相应比例尺测图要求。

◎高程和潮位控制测量成果主要检验水位站布设是否满足测深要求,工作水准点高程精度是否满足要求,验潮站水位观测误差是否满足要求。

(3)测深和障碍物探测质量检查

① 单波束补测质量检查

◎测深线间隔是否超过规定间隔1/2。

◎两定位点间测深线漏测在定位图上是否超过3 mm,或在地貌复杂海区漏测。

◎回波信号是否不正常,是否能正确测量水深。

◎等深线是否能正常勾绘或海底地貌探测是否完全。

◎验潮工作时间是否符合要求。

② 侧扫声呐质量检查

◎声像信号是否连续清晰。

◎是否100%覆盖测区。

◎相邻扫趟应保证拖鱼正下方和边缘波束的两次覆盖。

◎拖鱼离测区边界外的距离是否符合要求。

◎测量船航向左右偏离计划航线时是否形成漏测区。

③ 多波束测深质量检查

◎坐标系和设备安装是否正确。

◎系统校准是否正确。

◎测线布设方向和有效扫宽是否符合要求。

◎边缘波束虚假信号是否得到抵消。

◎船速和声速剖面是否符合要求。

◎人机交互、测线模式、可疑信号处理是否正确。

◎水深改正和水深点抽稀是否正确。

【释义】 多波束测深获得的水深点数量非常多,在过于密集的地方要依情况适当删除,这个工作叫抽稀。

水深改正质量检查

包括吃水改正、姿态改正、声速改正、水位改正。

(4) 其他质量检查

包括助航标志测量检查、底质探测检查、海底地形图检查、海岸线测量检查等。

(5) 水深测量成图比对检查

① 主检比对

◎检查线布设方向应尽量与主测深线垂直,分布均匀,布设在较平坦处,总长度应不少于主测线总长的5%。

◎发现异常水深时应进行分析,查明原因,必要时应进行补测或重测。

◎重合深度点限差超限的点数不得超过参加比对总点数的25%。

【释义】 用检查测深线叠加主测深线,将交点数据进行比对,叫主检比对。

② 图幅拼接比对

图幅拼接比对包括不同年度相邻图幅拼接、同年度相邻图幅拼接、与海岸地形测量图幅拼接。其质量检查要求为:

◎相邻图幅拼接处是否至少重叠测设了一条测深线。

◎相邻图幅拼接处相互穿越的检查线与其主测线的深度比对不符值是否符合规范要求,等深线吻合是否良好。

◎水深图幅与海岸地形测量图幅拼接应检查水深点是否上岸,检查礁石岛屿等位置高度是否一致。

2. 海图制图成果检验

海图制图成果检验流程包括编辑检查和自检、制图单位三级审校(二级检查一级验收)、印刷厂印刷成图检验。

编辑原图和出版原图要经过三级审校。

三级审校分为作业部门质检员审校、制图单位质检员审校、上级主管部门或任务下达方验收三个步骤。

【释义】 分色样图和试印样图只需经过两级检查即可,成图由印刷厂检验,上级主管部门或任务下达方抽查。三级审校类似二级检查一级验收。作业部门质检员负责过程检查,制图单位质检员负责最终检查,上级主管部门或任务下达方负责验收。

(1) 作业部门质检员审校

作业部门质检员依据编辑文件和制图资料,对所有要素进行全面校检。校检方法有图内要素逐项校对法、按网格逐项校对法、对照资料逐张查对法等。

◎一般采用综合法审校,即先检查基本资料,再检查补充资料,逐张查对。

◎应按作业程序分要素逐项核对。

◎核对某一要素时,按自上而下、自左至右的顺序逐格校核。

◎应检查图面各区域之间的协调性,以及各要素之间关系的合理性。

(2) 制图单位质检员审校

制图单位质检员主要审校下列内容：

◎数学基础展绘是否符合要求。

◎资料的使用、转绘是否正确。

◎图上与航海关系密切的要素，以及国界线等重要要素内容和注记是否符合规定，制图综合是否适当，相互关系是否合理。

◎图廓整饰是否完善、正确。

◎按《航海通告》改正的要素内容是否及时、完善、正确。

◎成套图邻幅之间、同类图大小比例尺之间、系列图各专题图幅之间是否协调统一。

◎作业部门质检员审校中处理的问题是否恰当。

◎制图过程记录填写是否完备等。

（3）上级主管部门或任务下达方验收

上级主管部门或任务下达方依据制图任务书、制图标准、编辑文件、基本资料展开验收。验收方法一般是抽查检查方式，检查下列内容：

◎图廓和公里尺长度，以及分划是否精确，注记是否正确。

◎基本资料的使用和转绘是否正确。

◎助航、碍航要素，以及国界等重要要素内容有无错漏，相互关系是否合理。

◎《航海通告》改正内容是否已改正到最新。

◎成套图之间是否协调统一。

（4）印刷成图检验

海图制印结束后，印刷部门应对成图逐张检校：

◎检查印刷色彩是否符合规定，色调是否均匀，印迹是否清晰，图面是否清洁，成套挂图各幅图之间色调是否一致。

◎同线划有无印双色或漏印现象，同向套合差是否超限（0.4 mm），普染要素套合差是否超限（0.6 mm）。

◎各种注记和图廓外整饰有无未印上的内容。

【释义】 套印指多色印刷时要求各色版图文印刷重叠套准，也就是将原稿分色后制得的不同网线角度的单色印版，按照印版色序依次重叠套合，最终印刷得到与原稿层次、色调相同的印品。套合差指多个单色印版重叠套印后产生的误差。

4.4.2 海洋测绘成果归档

1. 海洋测绘成果归档

◎海洋测绘归档成果有测量任务书、踏勘报告及技术设计书。

◎仪器设备检定及检验资料。

◎外业观测记录手簿、数据采集原始资料。

◎内业数据处理、计算、校核、质量统计分析资料。

◎所测绘的各类图纸及成果表。

◎港口资料调查报告、技术报告、各级质量检验报告。

◎测绘过程记录。

◎其他测绘资料。

2. 海图制图归档成果

◎海图制图归档成果有采用的各类编绘资料。

◎制图任务书、编图计划。

◎各类源数据文件、成果图和数据文件。

◎各级质量检验的质量报告。

◎制图过程记录。

◎其他制图资料。

3. 水深测绘归档资料

水深测绘归档资料有成果图及经历簿、测深线和底质透写图、水位改正计算表、测深定位验潮等。

【释义】 深度透写图是将测绘成果透绘于透明纸或薄膜上而成的测绘成果图,是分析水深测绘成果精度及探测完整性的重要资料,必须及时绘制。绘制时,水深及各种航行障碍物要进行水位改正、测深器具误差改正。

4.4.3 章节练习

(一) 单项选择题

1. 水深测量成图后需要进行比对检查,其中说法不正确的是(   )。

   A. 需要进行主检比对和图幅拼接比对

   B. 相邻图幅拼接处可以有一定重叠,图形编辑阶段加以处理

   C. 检查线应与主测线严格平行,且总长度不少于主测线总长的5%

   D. 重合深度点限差超限的不得超过参加比对总点数的四分之一

2. 用侧扫声呐测量海底障碍物时,质量检查中不需要检查的是(   )。

   A. 测量船航向左右偏离计划航线时是否形成漏测区

   B. 拖鱼离测区边界外的距离

   C. 测深精度是否达标

   D. 相邻扫趟应保证拖鱼正下方和边缘波束的两次覆盖

3. 经过两级质检后,已完成的海图由(   )逐张检校。

   A. 制图单位总工   B. 上级主管部门

   C. 任务下达方   D. 印刷厂

(二) 多项选择题

1. 用单波束测深进行补测时,不需要检查的项目是(   )。

   A. 测深线间隔   B. 水深点抽稀是否正确

   C. 验潮工作时间   D. 两定位点间测深线漏测情况

   E. 横摇校正是否正确

习题答案与解析

(一) 单项选择题

   1.【C】 解析:检查线布设方向应尽量与主测深线垂直,分布均匀,布设在较平坦处,

总长度应不少于主测线总长的 5％；发现异常水深时应进行分析，查明原因，必要时应进行补测或重测；重合深度点限差超限的点数不得超过参加比对总点数的 25％；相邻图幅拼接处至少应重叠测设一条测深线。

2.【C】 解析：侧扫声呐获得的是声成像，它并不直接获得测深数据，所以 C 不需要检查。

3.【D】 解析：海图制印结束后，印刷部门应对成图逐张检校。上级主管部门和海图制图任务下达方验收之前，需要先经过印刷部门检查。

（二）多项选择题

1.【BE】 解析：单波束补测需要检查测深线间隔是否超过规定间隔 1/2；两定位点间测深线漏测在定位图上是否超过 3 mm，在地貌复杂海区是否漏测；回波信号是否正常，是否正确测量水深；等深线是否正常勾绘或海底地貌是否探测完全；验潮工作时间是否符合要求。水深点抽稀和横摇校正检查是多波束测深检查内容。

规范引用

GB 12327—1998　　海道测量规范

GB 12320—1998　　中国航海图编绘规范

GB/T 17834—1999　　海底地形图编绘规范

GB 15702—1995　　电子海图技术规范

CH/T 7001—1999　　1：5 000、1：10 000、1：25 000 海岸带地形图测绘规范

GB/T 14477—2008　　海图印刷规范

GB 12319—2008　　中国海图图式

IHO 海道测量规范

第 2 篇

工程和权属地理信息应用

第5章 工程测量

1. 根据工程测量控制网建立的分类,选择布设方案,确定施测方法。

2. 根据工程建设项目的需要,选择测图比例尺和基本等高(深)距,确定测图方法和生产流程。

3. 根据规划的法律法规文件和相关的技术标准,制定城镇规划定线与拨地测量的实施方案。

4. 根据市政工程的特点,确定测绘内容,选择测量方案。

5. 根据精密工程的特点,对项目设计书的控制测量方案的可行性、合理性进行分析和评估。

6. 根据线路工程的特点,确定工程初测和定测的方案。

7. 根据地下管线工程项目要求,收集管线现状资料,实施现场调查程序,选择探测方法,确定探测仪器设备。

8. 根据施工项目对施工测量的要求,选择施工测量方案,确定施工测量的方法和仪器设备。

9. 根据隧道测量贯通精度,设计隧道测量的洞外和洞内控制测量方案。

10. 根据工程项目的要求和分类,选择变形和形变的观测方案,确定观测的方法与操作规程及所使用的仪器设备。

11. 根据竣工测量的要求,确定工程的测量技术方案。

工程测量是测量技术在具体工程项目上的应用,把大地测量获得的空间位置数据通过控制测量方法传递到工程细部,为工程项目提供空间位置服务。大地测量搭建了空间参考框架,工程测量进入应用领域。

工程测量按测绘资质分级标准规定分为若干子项,每个子项的技术规格、实施要求和方法、仪器设备要求、精度要求等都要加以区别和掌握。本章的内容偏重实践,并涉及很多具体标准规定,也是整个注册测绘师学习里面需要记忆指标较多的章节之一。

每个专业子项的技术设计具体方案是本章主干,需要在理解的基础上加以明晰,按照专业子项具体特点学习具体要求。

本书知识点涵盖率:★☆☆　　内容繁多,指标多,无法确保全覆盖。

与其他章节相关度：★★☆　　　是测量的具体应用,测图与基本比例尺测图共通。

分析考试难度等级：★★☆　　　考试主要章节之一,内容较多。

平均每年总计分数：18分　　　在12个专业中排名：第2位。

5.1　工程测量概述

工程测量主要是研究工程中具体几何形体和空间位置的测绘和测设的工作。

工程测量的内容主要包括测定和测设两个方面。测定是指使用测量仪器和工具,通过测量和计算,得到一系列测量数据并进行处理和分析,即地理信息的采集;测设是指把图纸上规划设计好的建(构)筑物位置在地面上标定出来,作为施工的依据。

5.1.1　工程测量分类

1. 工程测量按工程项目阶段分类

工程项目一般分为设计、施工和运营三个阶段,工程测量是工程项目建设的基础性工作,具体测量工作项目可按工程建设三个阶段进行分类。

(1)设计阶段

设计阶段的测量工作的目的是为施工设计提供目标物位置数据和空间关系,主要工作是测区数据的获取和勘察,具体工作如工程勘测、地形图测绘、断面图测绘、地层稳定性监测等。

(2)施工阶段

施工阶段主要测量工作是测设,即把设计数据在施工区标定出来,便于工程施工和设备安装。另外在施工过程中也需要进行变形监测,以随时监控工程空间位置变化进行预警测量,保证施工质量。

施工过程中的控制测量、施工放样、安装测量、竣工测量、变形监测等都属于施工阶段的测量工作。

【释义】 工程项目竣工后要对工程进行规划验收,标志着工程施工的完结,为工程验收服务的测绘工作也属于施工阶段的测量,如规划核实竣工验收测量。

监理测量是在施工过程中由第三方测绘单位对工程承揽方进行监理,保证工程质量控制得到执行,也属于施工阶段的测量工作。

(3)运营阶段

运营阶段主要测量工作是工程后期的维护和变形监测以及工程数据库建设。

【释义】 变形监测工作可能出现在工程的整个阶段,从施工前就需要开展一些监测工作,为施工设计提供参考数据。在施工过程中,变形监测用以监测施工质量,保证工程施工的有序进行。在运营阶段变形监测对工程进行维护,实施监控。

2. 工程测量其他分类方法

(1)按精度分类

工程测量按精度分为普通工程测量和精密工程测量。

(2)按内容分类

工程测量按内容分为工程建设工程测量和设备安装工程测量。

(3) 按 2014 年版《测绘资质分级标准》和测绘对象分类

工程测量按 2014 年版《测绘资质分级标准》和测绘对象分为控制测量、地形测量、规划测量、市政工程测量、水利工程测量、建筑工程测量、线路与桥隧测量、地下管线测量、矿山测量、变形形变与精密测量、工程测量监理。

【释义】 工程控制测量属于工程测量子项,与大地控制测量相比较,两者在范围、精度要求、测量方法等方面都有差异。

工程地形测量是为某个工程的施工设计测制测区地形,是局部的测图工作,与大区域、整体性、全要素的国家基础地形测量也要区别开。《测绘资质分级标准》将于 2019 年更新,详细内容应以 2019 版为准。

5.1.2 工程测量仪器和方法

工程测量项目种类多,具体工作要求各异,所需用到的仪器也不尽相同。在大地测量章节中,已经对经纬仪、全站仪、GNSS 接收机、水准仪有所阐述,本节再加以补充。

1. 测角仪器

测角仪器主要包括全站仪和经纬仪,按精度分为 1″级仪器、2″级仪器和 6″级仪器。2″级仪器是指一测回水平方向标称中误差为 2″的测角仪器。

经纬仪分为电子经纬仪、光学经纬仪、激光经纬仪。

【释义】 电子经纬仪的自动化水平比光学经纬仪高,激光经纬仪另外安装了激光光束指向器,但它们的测角原理相同。在大地测量章节中,对经纬仪和全站仪的测角等级划分与工程测量中有区别,注意区分。

(1) 经纬仪构造(图 5.1)

经纬仪三轴之间的几何关系是经纬仪测角的基础,三轴指视准轴、横轴、竖轴。

经纬仪的水准管轴使经纬仪的竖轴可以保持与铅垂线平行,分为横水准轴和圆水准轴。如图 5.2 所示,整平时需要先使水泡位于圆水准轴中央进行粗略整平,再调整三个基座脚螺旋,精确调平横水准轴进行精确整平。

经纬仪三轴以及水准管轴的关系如下:

◎横轴应垂直于竖轴。

◎视准轴应垂直于横轴。

◎圆水准轴应平行于竖轴。

◎横水准轴应垂直于竖轴。

【释义】 经纬仪望远镜与垂直度盘固连,称为仪器的照准部,属于仪器的上部。竖轴应通过水平度盘中心,横轴应通过垂直度盘中心,视准轴应与横轴正交,望远镜可绕横轴在垂直面内转动,照准部可以绕竖轴和仪器基座相连并在水平面转动。

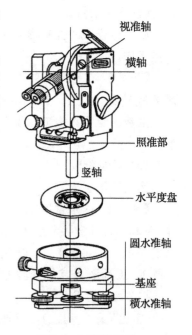

图 5.1 经纬仪构造

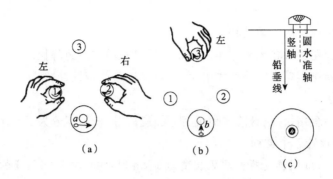

图 5.2　经纬仪圆水准轴整平

（2）经纬仪测角

① 水平角测量

竖轴位于水平度盘中央，测方向时，水平度盘保持不动，照准部围绕竖轴转动。先粗略瞄准方向，然后拧紧水平制动螺旋固定照准部，再调整水平微动螺旋精确瞄准目标物，读取水平方向读数，两个水平方向构成一个水平角。

② 垂直角测量

横轴位于垂直度盘中央，测垂直角时，垂直度盘与视准轴一起转动，垂直角即望远镜与水平视线之间的夹角。先用望远镜中丝粗略瞄准目标，然后拧紧垂直制动螺旋固定垂直度盘，再调整垂直微动螺旋精确瞄准目标物，读取垂直角读数。

（3）陀螺经纬仪

陀螺经纬仪如图 5.3 所示。

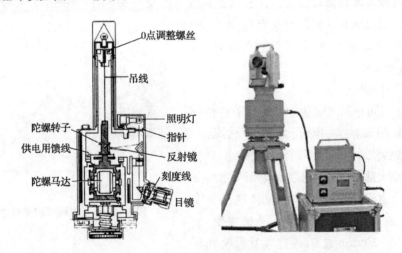

图 5.3　陀螺经纬仪

陀螺经纬仪为陀螺仪和经纬仪的结合，可以直接测量真方位角，经过子午线收敛角改正，可直接获得坐标方位角。

【释义】　陀螺仪指北原理是指悬挂部件在受重力作用和地球自转角速度影响下，旋转的陀螺具有保持其转轴方向的性质，陀螺轴将产生进动，逐渐向真子面靠拢。

【小知识】

陀螺仪具有定轴性和进动性特点。

◎定轴性是指陀螺轴在无外力作用时指向恒定初始方向的特性。

◎进动性是指陀螺轴在有外力作用时,按规律进动的特性。

2. 测距仪器

测距仪器包括全站仪、电磁波测距仪、钢尺、皮尺等,按精度分为 1 mm 级仪器、5 mm 级仪器和 10 mm 级仪器三个类别。

【释义】 5 mm 级仪器是指当测距长度为 1 km 时,由电磁波测距仪的标称精度公式计算的测距中误差为 5 mm 的仪器。测距仪的等级划分在大地测量和工程测量规定中有差异,注意区分。

(1)电磁波测距仪

电磁波测距仪分为激光测距仪、红外测距仪或微波测距仪。

【释义】 在测量两点距离时,在待测的一点安置全站仪或电磁波测距仪,另一点放置反光镜,这样,测距仪发出的电磁波至反光镜,经反光镜反射后返回测距仪器。设已知 c 为光速,若光束在待测距离上往返传播的时间为 t,则距离 D 可由公式 $D = ct/2$ 求出。

【小知识】

电磁波测距仪按测距原理,距离 D 由以下方法求得:

◎脉冲测距法:直接测量电磁波往返测距仪和反射镜之间距离的时间来计算距离的方法。脉冲测距法测距精度较差,测程较长。

◎相位测距法:测量调制固定频率的电磁波求因往返测距仪和反射镜之间距离产生的往返相位差间接计算距离的方法。波长的整数倍可用变频法求得,不足小数部分可用鉴相器比对求得。相位测距法测距精度较高,测程较短。

◎脉冲相位测距法:结合了以上两种技术,测距精度高,测程长。

(2)全反射棱镜

利用光在不同介质之间传播的全反射特性制作全反射棱镜(图5.4)作为电磁波测距的反射镜。

全反射棱镜依放射特性不同分为棱镜组、球棱镜等,另外目前大部分全站仪可以免棱镜使用。

【释义】 由于光在棱镜中的传播速度和在空气中不同,造成的误差因素称为棱镜常数,一般棱镜常数为—30 mm 或 0,棱镜常数需要在测距仪中预先设置。

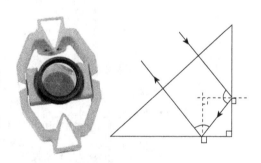

图 5.4 全反射棱镜和反射原理

(3)钢尺

测量用钢尺一般有 30 m、50 m 规格等。

【小知识】

不考虑倾斜和垂曲的情况下,钢尺的尺长改正计算如下:

$$L_t = l_0 + l_1 + \alpha(t - t_0)l_0$$

式中　L_t——现温度下的钢尺实际长度(m)；

　　　l_0——名义长度(m)；

　　　l_1——检定温度下的钢尺改正数(m)；

　　　α——钢尺膨胀系数，一般取 1.25×10^{-5} m/℃；

　　　t——现温度(℃)；

　　　t_0——检定时温度(℃)。

（4）测量机器人

全站仪为电磁波测距仪与经纬仪的结合，同时具有测角和测距功能。

测量机器人即自动全站仪，是一种集自动目标识别、自动照准、自动测角与测距、自动目标跟踪、自动记录于一体，带内置马达的测量平台。

（5）超站仪

超站仪（图 5.5）集合测角功能、量距功能和 GNSS 定位功能，不受地域限制，不依靠控制网。它主要由动态 PPP 定位系统、测角测距系统集成。

【释义】　超站仪实质上是全站仪与 GNSS 接收机的组合平台。

3. 测高仪器

测高仪器包括水准仪、液体静力水准仪等。

图 5.5　超站仪

（1）水准仪

详见大地测量相关章节。

（2）液体静力水准仪

液体静力水准仪（图 5.6）是用装有连通管的贮液容器，根据其液面等高原理制成的进行高差测量的装置，根据两个贮液容器液面高度从标尺上读数。适用于测量长距离两点间的高差，以及被测高差很小、精度要求很高的情况。

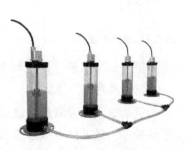

4. 准直测量

准直测量是测量点位相对于某一方向的位移变化，分为水平准直测量和垂直准直测量两类。

图 5.6　液体静力水准仪

（1）水平准直测量

① 光学测量方法

包括全站仪活动标牌法、小角法、视准线法等。

② 激光准直法

激光准直法是在挡板上测量测点到激光束的偏距求准直点偏离值的方法。

③ 引张线法

引张线法是在两固定点间以重锤和滑轮拉紧的丝线作为基准线，定期测量观测点到基准线间的距离,以求定观测点水平位移量的方法。

(2) 垂直准直测量

① 激光铅直法

激光铅直仪(图 5.7)是具有对中整平基座,沿铅垂线向天顶发射指向激光的仪器。

激光经纬仪是在经纬仪视准轴上增加了激光指向的功能。

数字正垂仪是正垂装置和电子感应器集成的自动垂准测量系统。

② 全站仪加装弯管目镜法

弯管目镜是带有转向棱镜以改变目视方向的目镜,用于全站仪进行大倾角测量。

③ 正倒垂装置(图 5.8)

正垂装置是利用重垂和稳定、固定装置安装固定的铅垂线。

倒垂装置是利用浮力装置安装铅垂线,然后测量测点到铅垂线的水平位移。

5. 其他测量方法

(1) 直接坐标法(图 5.9)

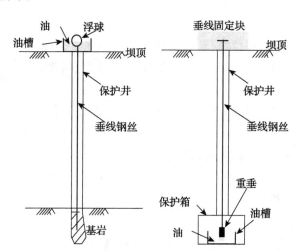

图 5.7　激光铅直仪　　　　　图 5.8　正倒垂装置　　　　　图 5.9　直接坐标法

需要 GNSS 静态定位和 RTK 方法定位等。

(2) 大面积快速测量

包括航空摄影测量与遥感、地面近景摄影测量、无人机倾斜摄影测量等。详见航空摄影测量与遥感章节。

【释义】 大面积快速测量需激光扫描仪(图 5.10)。三维激光扫描技术突破了传统的单点测量方法,能够提供扫描物体表面的三维点云数据,可以获取高精度、高分辨率的数字地形模型。

(3) 建筑信息模型(BIM)

BIM 是以建筑工程项目的各项相关信息数据为基础建立起的三维建筑模型,它通过数字信息仿真模拟建筑物所具有的真实信息,并将建设单位、设计单位、施工单位、监理单位等项目参与方在同一平台上共享同一建筑信息模型。

图 5.10　激光扫描仪

【释义】 BIM 不再只是一款软件,而是一种管理手段,是实现建筑业精细化信息管理的重要工具。用无人机倾斜摄影测量和激光扫描技术采集海量数据进行三维建模,与 BIM 结合,对工程进行建设和运行维护,展示了工程测量未来的前景。

5.1.3 章节练习

(一) 单项选择题

1. 经纬仪照准部水准管轴应( )。

    A. 平行于视准轴   B. 垂直于视准轴   C. 垂直于横轴   D. 垂直于竖轴

2. 用全站仪测量水平角,瞄准方向时,不得对( )进行操作。

    A. 竖直制动螺旋   B. 水平微动螺旋

    C. 物镜调焦螺旋   D. 基座脚螺旋

3. 在工程施工阶段,主要的测量工作是( )。

    A. 断面测量   B. 测图   C. 测设   D. 监测

4. 以下不属于工程施工阶段的主要测量任务的是( )。

    A. 工程勘测   B. 竣工测量   C. 监理测量   D. 变形监测

5. 按照现行《测绘资质分级标准》,以下测绘项目不属于工程测量子项的是( )。

    A. 控制测量   B. 地形测量

    C. 工程测量监理   D. 水下工程测量

6. 经纬仪的视准轴平行于水准管轴时,竖盘读数不等于 90°,这是因为( )。

    A. 存在竖盘指标差   B. 仪器没精确整平

    C. 圆水准轴和横水准轴不正交   D. 存在视差

7. BIM 技术迅速发展,为未来的工程测量发展指明了方向,BIM 指的是( )。

    A. 建筑信息管理技术   B. 建筑测量技术

    C. 工程测量管理技术   D. 室内三维建模技术

8. 以下工程测量仪器中,不能生成目标点坐标信息的是( )。

    A. 全站仪   B. 测量机器人   C. 经纬仪   D. 超站仪

习题答案与解析

(一) 单项选择题

    1.【D】 解析:经纬仪的三轴指视准轴、横轴、竖轴。它们的关系如下:水准管轴应垂直于竖轴;视准轴应垂直于横轴;横轴应垂直于竖轴。

    2.【D】 解析:经过对中整平,仪器整置完成后,基座脚螺旋就不能再动了。在瞄准目标时,其他选项都可以操作,以便于精确瞄准。

    3.【C】 解析:施工阶段主要测量工作是测设,即把设计数据在施工区标定出来,便于工程施工和设备安装。

    4.【A】 解析:工程勘测属于勘察设计阶段测绘工作。

    5.【D】 解析:按 2014 年版《测绘资质分级标准》,工程测量分为控制测量、地形测量、规划测量、市政工程测量、水利工程测量、建筑工程测量、线路与桥隧测量、地下管线测量、矿山测量、变形形变测量与精密测量、工程测量监理共11项子专业。

6.【A】 解析：由于指标线偏移,当视线水平时,竖盘读数不是恰好等于90°或270°,这个很小的角度称为竖盘指标差。

7.【A】 解析：建筑信息管理技术(BIM)是以建筑工程项目的各项相关信息数据作为基础,建立起三维的建筑模型,通过数字信息仿真模拟建筑物所具有的真实信息的技术。

8.【C】 解析：选项C只能测角,不能测距,其他选项都是基于测角测距采用解析法测量坐标的仪器。

5.2 工程控制测量

5.2.1 工程控制网概述

工程控制网的作用是为测绘工程提供位置定位基准,控制误差累积。

1. 工程控制网分类

（1）按用途分类

工程控制网按控制网用途分为测图控制网和专用控制网,专用控制网包括施工控制网、安装控制网、变形监测网等。

（2）按测量方法分类

工程控制网按测量方法分为边角同测网、测边网、测角网、GNSS网等。

（3）按网点性质分类

工程控制网按网点性质分为一维网、二维网、三维网等。

【释义】 一维网指水准网,二维网指平面坐标网,三维网指三维坐标网。

（4）按网形分类

工程控制网按网形分为导线网、三角形网、方格网、混合网等。

（5）按控制网等级或用途分类

工程控制网按控制网等级或用途分为首级网、加密网、特殊网、专用网等。

（6）按起算基准和平差方法分类

工程控制网按起算基准和平差方法分为附合网、经典自由网、自由网、秩亏自由网等。

【释义】 对于一维水准网而言,若网中只有一个已知高程起算点,则为最小约束网;若有两个以上已知起算点则为约束网;若没有起算点则为自由网。

◎自由网又称无约束网,是不受起算数据误差影响,或者起算基准不足的控制网。

◎最小约束网只有必要已知基准数据,不存在多余已知基准数据。

◎约束网又称附合网,具有多余的已知基准数据,需要最小二乘法或其他约束条件进行约束平差。

（7）按控制网基准的平差关系分类

工程控制网按控制网基准的平差关系分为经典自由网平差、拟稳平差、秩亏自由网平差。

【释义】 详见变形监测章节。

（8）按控制网是否纳入国家统一基准分类

工程控制网按控制网是否纳入国家统一基准分为国家统一网和相对独立网。

【释义】 独立网一般为非约束网，按照用途分为工程独立网和城市独立网。独立网应该与国家统一控制网建立联系。

2. 工程控制网布设

工程控制网布设遵循的原则有：分级布网，逐级控制；要有足够的精度和可靠性；要有足够的点位密度；要有统一的规格。

（1）测图控制网

测图平面控制网的精度要能满足 1∶500 比例尺地形图测图要求，四等以下（含四等）平面控制网最弱点的点位中误差不得超过图上±0.1 mm，即实地±5 cm，这一数值可以作为控制网设计的依据。

测图控制网的特点有：

◎控制范围较大，点位分布均匀。

◎点位选择取决于地形条件。

◎精度取决于测图比例尺，地形图测图比例尺精度为不超过图上±0.1 mm。

◎测图控制网一般为约束网，小型测图工程可以布设成独立网。

【释义】 测图比例尺精度以人眼在纸质地图上能分辨的最小距离来制定，测图比例尺精度取不超过图上±0.1 mm，实地精度为测图比例尺分母乘以±0.1 mm。

（2）施工控制网

施工控制网通常采取二级布设，高精度的施工控制网可以布设成由 GNSS 网和三角形网构成的混合网。施工控制网的边长测量中误差，应满足相应等级控制网的基线精度要求。

施工控制网测量精度由工程性质决定，不必要求精度的均匀性，而要求具有方向性，大型控制网需要一定的可靠性，有时次级网的相对精度高于首级网。

选点时要考虑施工和运营阶段变形监测的方便性，一般采用强制对中装置。

施工控制网的特点有：

◎施工控制网与国家控制网相比，在精度上不遵循由高级到低级原则，不要求精度均匀，某部分可能相对精度要求高。

◎遵循"按控制点坐标反算的两点间长度与实地长度之差尽量小"原则选择投影面，投影面选于工程最关键或要求最高的高程面上，如无特别要求投影面可以采取测区平均高程面。

◎一般采用独立坐标系和独立控制网，坐标轴应与建筑物主轴平行或垂直，点位分布应与工程范围建筑物形状相适应，便于施工放样。

◎与测图控制网相比精度较高，范围较小，点位密度大，点位使用频繁。

（3）变形监测网特点

变形监测网应尽量一次布网，也可将参考点（含基准点和工作基点）布设成首级网，再将工作基点和目标点布设成次级网。精度由变形体允许变形值决定，要有高可靠性和高灵敏度。

变形监测网除了有施工控制网特点外还有精度要求高,需重复观测的特点。

变形监测网一般布设成基于国家控制网的约束网或独立网,对于具有明显结构性特征的变形体最好布设成独立网或无约束网。

(4)安装控制网

安装控制网通常采取一次布设成高精度的全面网,一般布设为数米至百余米边长的微型边角网,精度由设备关键部位安装定位的容许误差决定,一般情况下精度、可靠性要求很高,部分工程的安装控制网也要求精度具有方向性。

安装控制网一般采用独立坐标系下的独立网,安装控制网的精度要求高,一般属于精密工程控制网。

5.2.2 工程控制网设计

工程控制网的设计主要是根据控制网建立目的、要求和控制范围,经过图上规划和野外踏勘,确定控制网的图形和起算数据。根据测量仪器和其他条件,拟定观测方法和先验精度,根据观测所需的人力、物力,预算控制网建设成本。再根据控制网图形和观测值先验精度估算控制网成果精度,改进布设方案,进行控制网优化设计。

【释义】 先验精度指在测量工作之前根据各项误差来源和仪器条件,事先对精度进行估算,看能不能满足于实际需要,作为控制网设计的初始精度值。通常以仪器标称精度为先验中误差。

1. 工程控制网精度分配原则

工程控制网设计须确定工程各部分测量工作的精度比例来指导工作,通常需要假定某些条件和原则。

(1)独立精度等影响原则

假设所有因素中误差的影响相同,在方案中进行预先精度分配,以便求出各项测量应达到的必要精度,然后根据具体施工情况加以调整。

若细部点点位测设误差 m 由控制测量误差和施工放样误差共同决定,根据独立精度等影响假设,在 m 的要求已知时,设计可依据下式赋初值给控制测量中误差和施工放样中误差。

$$m^2 = m_{控}^2 + m_{放}^2$$

$$m_{控} = m_{放} = \frac{1}{\sqrt{2}}m$$

【释义】 以上获取的中误差初值是在等精度测量假设下得到的,并非实际值,在实际工作开展后对该值再进行调整。

(2)可忽略不计原则

当工程的几个独立误差影响中,某一误差影响小于另一误差影响的1/3时,即中误差比值小于1/3时,认为该误差影响可以忽略不计。

$$m^2 = m_{控}^2 + m_{放}^2$$

$$若\ m_{控} \leqslant \frac{1}{3}m_{放}$$

$$则 \quad m = m_{放}$$

【释义】 通过可忽略不计原则，忽略了微小误差影响，简化了控制网设计模型。

（3）按比例配赋原则

已知独立误差影响之间的比例关系，可以按照该比例关系通过误差传播率计算并分配精度组成。

$$m^2 = m_{控}^2 + m_{放}^2$$

$$若 \; m_{控} : m_{放} = 1 : 2$$

$$则 \; m^2 = m_{控}^2 + m_{放}^2 = m_{控}^2 + 4m_{控}^2 = 5m_{控}^2$$

$$\Rightarrow m_{控}^2 = \frac{1}{5} m^2$$

$$m_{放}^2 = \frac{4}{5} m^2$$

式中　m——目标点测设后点位中误差；

　　　$m_{控}$——影响目标点测设精度的控制测量中误差；

　　　$m_{放}$——影响目标点测设精度的施工过程中误差。

2. 投影面和坐标系统的选择

外业采集的边长归算到高斯投影平面上会产生长度变形，影响长度变形的因素主要有以下两个。选择一个合适的投影面和中央子午线可以抵偿变形影响，从而削弱长度变形。

◎采集得到的距离数据归化到椭球面时边长变小，该影响与投影面大地高有关。

◎参考椭球面距离数据归化到高斯平面时边长会变大，该影响与距中央子午线远近有关。

【释义】 为了使边长变形互相抵消，使长度变形限值符合工程控制网布设的要求，可以采用固定高度变动中央子午线、固定中央子午线变动投影面高度以及同时变动中央子午线和投影面高度的做法最终使变形绝对值相等、符号相反，使之互相抵偿。

（1）边长变形在规定限值内

在测区比较小时，当按坐标反算的边长值与实际边长测量值较差（边长变形值）不大于 2.5 cm/km（相对边长变形不大于 1/40 000）时，应优先采用国家统一高斯投影 3°带平面直角坐标系统。

【释义】 以 10 km 为半径（或面积小于 100 km²）的小测区范围内，可采用水平面代替水准面进行距离测量，高程控制测量不能用水平面代替。

（2）边长变形在规定限值外

当长度变形值大于 2.5 cm/km 时，必须移动中央子午线或变动投影面来建立独立坐标系。

① 固定投影面高度变动中央子午线

中央子午线自行选择，但投影基准面仍然采用参考椭球面，坐标系选择投影于参考椭球面的高斯正形投影任意带平面直角坐标系统。这种方法是移动中央子午线，高程系统依然沿用国家统一高程系统。

② 固定中央子午线变动投影面高度

中央子午线采用国家统一的3°带高斯平面坐标系中央子午线,但变动投影面高程采用抵偿高程面,坐标系统选择投影于抵偿高程面的高斯正形投影3°带平面直角坐标系统。

③ 中央子午线和投影面高度都变动

自由选择中央子午线和抵偿投影面使边长变形相抵消。坐标系采用投影于抵偿高程面上的高斯投影任意带平面直角坐标系统。

④ 中央子午线和投影面高度都选择测区平均值

当测区距离国家统一高斯投影3°带中央子午线不远时,采用测区中部的国家3°带中央子午线,投影面采用测区平均高程面。

坐标系统也可以采用选择通过测区中心的子午线作为中央子午线,投影面可以选择测区平均高程面,也可以选择关键(或精度要求高的)高程面作为投影面。

【释义】 投影面选择测区平均高程面时,整个测区的点位都能大致满足变形要求,但在关键位置变形值控制并非最理想,在一些对某部位变形要求特别高的工程(如隧道贯通工程),可直接以关键位置高程作为投影面,相对忽略其他位置边长变形值。

(3)其他坐标系

在已有平面控制网的地区,可沿用原有的坐标系统。厂区内可采用建筑坐标系统。

3. 控制网优化设计

变形监测网和精密控制网应该进行控制网优化以提高精度和可靠性,以及节约经费。

(1)控制网优化设计的分类

控制网优化设计分为零类设计、一类设计、二类设计、三类设计,见表5.1。

表5.1 控制网优化设计分类

分类	已知参数	待定参数	含义
零类设计	A、P	Q_{xx}	基准设计
一类设计	Q_{xx}、P	A	网形设计
二类设计	A、Q_{xx}	P	精度设计
三类设计	Q_{xx}、部分A和P	部分A和P	已有网优化

A为控制网网形,P为观测值先验精度,Q_{xx}为未知参数的协因数阵

① 零类设计

在控制网图形和观测值先验精度已定的情况下,求基准观测值相关关系(协因数阵)优化参考基准。

【释义】 由于控制网设计时,控制点坐标不是被观测值,是预估值,零类设计的目的是选取合适的控制网起算数据(类型、数量等)。

【小知识】

S变换指在自由网中,在一定的且不变的秩亏情况下,由一种控制网基准通过S矩阵变

换到另一种控制网基准的方法。S变换方法计算工作较多,一般在多期观测的变形监测网零类设计时采用。

② 一类设计

在参考基准和观测值先验精度已知的前提下,优化控制网网形。

【释义】 在地形、地物条件已知的情况下,一类设计的目的是选取合适的观测值数目和点位布设。

【小知识】一类设计一般采用以下方法:

变量轮换法,是把多变量的优化问题轮流地转化成单变量的优化问题,即每次采用一个变量沿坐标方向轮流进行搜索的寻优方法。

梯度下降法,是在求解损失函数的最小值时,逐步叠代得到最小化的损失函数和模型参数值的方法。

③ 二类设计

在控制网网形和点位精度要求已知的情况下,优化观测值的权阵。

【释义】 二类设计的目的是进行测量工作量的最佳分配,决定各观测值的权,使测量手段更加合理化。

④ 三类设计

在控制网点的精度要求确定的情况下,优化加密控制点及其观测元素。

【释义】 三类设计是对现有控制网设计的改进,引入附加控制点或附加观测值,使点位增删或移动,包括一类、二类两方面的优化设计内容,是混合应用。

(2)控制网优化方法

① 解析法

解析法是列出待求的设计变量的函数,建立优化设计数学模型,直接求出最优解的优化方法。

【释义】 解析法的优点是理论严密,计算量小;缺点是数学模型难架构,最优解有时不可行。

【小知识】

解析法适用于各类设计,特别是零类设计。零类设计可采用S变换法;一类设计可采用变量轮换法、梯度下降法等;二、三类设计可采用数学规划法。

② 模拟法

模拟法根据已设计的初始网,按照平差原理和所选用的优化内容与质量准则,利用计算机算出所要求的参数值,与准则度量值进行比较,不断进行修改再计算,直至满足要求为止。

【释义】 模拟法适用于一至三类设计。其优点是模型简单,易于编程,操作灵活;缺点是计算量大,可能漏掉最优解。

5.2.3 工程控制网施测

工程测量控制网一般采取两级布设,在首级网的基础上再布设加密控制网。

首级网大多采用GNSS方法布设,加密网也可采用导线或导线网形式布设。三角形边角网在建立大面积控制或控制网加密时已基本不使用,但在局部高精度工程项目中还有应用。

【释义】 本节如无特别说明,控制网建设方法与大地测量相关内容相同。

1. 平面控制网

工程平面控制测量可采用 GNSS 法、导线网法、三角形网等方法测量。如按 GNSS 网和三角网布设,控制网等级分为二、三、四等和一、二级控制网,如按导线网布设,控制网等级分为三、四等和一、二、三级控制网。

【释义】 一、二等导线网一般作为三角测量的补充用于施测天文大地网,在工程测量中一般只用到三、四等导线网。工程测量中所指的三角形网与传统三角网不同,三角形网是从网型上而言,一般是边角同测网,包括双三角形网、大地四边形网等网型。

(1)工程 GNSS 控制网

GNSS 测量方法是目前工程控制网布设的主要方法,工程 GNSS 控制网的布设要求与大地测量 GNSS 控制网有细微区别,具体见表 5.2。

表 5.2 各等级工程 GNSS 控制网精度指标

等级	平均边长/km	测角中误差/″	相对中误差	最弱边中误差	PDOP
二等	9	1.0	1/25 万	1/12 万	6
三等	4.5	1.8	1/15 万	1/7 万	6
四等	2	2.5	1/10 万	1/4 万	6
一级	1	5	1/4 万	1/2 万	8
二级	0.5	10	1/2 万	1/1 万	8
备注	工程控制网采用 GNSS 方法测量时,精度指标采用相应等级三角网要求				

◎GNSS 首级网布设应联测 2 个以上高等级国家控制点,控制网长边应布设成中点多边形或大地四边形。

◎应在 WGS-84 坐标系中进行无约束平差,在国家或地方坐标系中进行约束平差。

◎独立基线的观测总数不宜少于必要观测基线数的 1.5 倍。

◎每个控制点至少有一个通视方向用以定向。

【释义】 以上几条,本章要求与大地测量相应内容不同,请注意区别。

工程 GNSS 控制网上要架设仪器进行观测或放样,故有通视要求。

(2)工程导线控制网

各等级工程导线控制网精度指标见表 5.3。

表 5.3 各等级工程导线控制网精度指标

等级	导线长度/km	平均边长/km	测角中误差/″	测距中误差/mm	测距相对中误差	方位角闭合差/″	导线全长相对闭合差
三等	14	3	1.8	20	1/15 万	$3.6\sqrt{n}$	1/55 000
四等	9	1.5	2.5	18	1/8 万	$5\sqrt{n}$	1/35 000
一级	4	0.5	5	15	1/3 万	$10\sqrt{n}$	1/15 000

等级	导线长度/km	平均边长/km	测角中误差/″	测距中误差/mm	测距相对中误差	方位角闭合差/″	导线全长相对闭合差
二级	2.4	0.25	8	15	1/1.4万	$16\sqrt{n}$	1/10 000
三级	1.2	0.1	10	15	1/7 000	$24\sqrt{n}$	1/5 000
首级图根			20			$40\sqrt{n}$	
一般图根			30			$60\sqrt{n}$	

◎当导线网用作测区的首级控制时,应布设成环形网,且宜联测 2 个已知方向,测站和棱镜对中误差都不应大于 2 mm。

◎结点间或结点与已知点间的导线段宜布设成直伸形状,节点之间的导线长度不应大于相应等级导线长度的 0.7 倍。

【释义】 直伸布网时,测边误差不会影响横向误差,测角误差不会影响纵向误差,可使纵横向误差保持最小,导线的长度越短,测边和测角的工作量越少。

◎当导线长度小于规定长度的 1/3 时,导线全长的绝对闭合差不应大于 13 cm。

◎相邻点之间应通视良好,其视线距障碍物的距离,三、四等导线网不宜小于 1.5 m,四等以下以不受旁折光影响为原则。

◎一级及以上等级的导线网计算,应采用严密平差法;二、三级导线网,可根据需要采用严密或简化方法平差。

◎四等及以上等级控制网的边长测量应分别量取两端点观测始末的气象数据取平均值。

◎导线测距中误差计算公式如下:

$$M_i = \mu\sqrt{1/P_i}$$

其中

$$\mu = \pm\sqrt{[Pdd]/2n}$$
$$P = 1/m^2$$
$$m = a + bD$$

式中 d—— 往返测测距较差;

  n—— 测距边数;

  P—— 先验权;

  μ—— 单位权中误差;

  m—— 测距先验中误差;

  a, b—— 仪器标称误差系数;

  D—— 平均边长;

  M_i—— 任意边测距中误差;

  P_i—— 任意边的先验权。

（3）RTK 测量要求

◎RTK 平面控制点转换参数的求解，不能采用现场点校正的方法进行。

◎坐标转换重合点的个数不少于 4 个，且分布在测区的周边和中部。

◎面积较大的测区，需要分区求解转换参数时，相邻分区应不少于 2 个重合点。

◎RTK 控制点平面等级分为三个等级（表 5.4），高程测量为等外高程控制测量，大地高中误差为 3 cm。

表 5.4 RTK 精度等级

等级	相邻点间平均边长/m	点位中误差/cm	边长相对中误差
一级	500	≤±5	≤1/20 000
二级	300	≤±5	≤1/10 000
三级	200	≤±5	≤1/6 000

【释义】 采用 RTK 方法测量工测控制网时，只允许施测四等以下工程控制网，高程用于工程测量时，应经过高程拟合处理。

◎RTK 接收设备标称精度

$$\sigma = a + b \cdot D$$

式中 a—— 固定误差(mm)；

　　　b—— 比例误差(mm/km)；

　　　D—— 边长(km)。

2. 高程控制网

工程高程控制网一般采用水准测量、三角高程测量、GNSS 拟合高程测量等方法施测。按精度等级划分为二、三、四、五等高程控制网，四等及以下高程控制网可采用三角高程测量法测量，五等可以用 GNSS 水准测量法测量。

首级高程控制网的等级应根据工程规模、控制网的用途和精度要求合理选择，应布设成环形网，加密网宜布设成附合路线或结点网。一个测区至少应有 3 个高程控制点。

【释义】 大地测量高程控制网只有四个等级，五等工程高程控制网为大地测量中的等外高程控制网。

【小知识】

高程控制点间的距离，一般地区应为 1～3 km，厂区、城镇宜小于 1 km。

（1）水准测量

基本同大地测量水准测量方法。

（2）三角高程测量要求

◎应选择有利于观测的时间进行观测。

◎必须往返观测，应尽量用两台仪器进行对向观测。

◎三角高程测量视线长度的斜距不应大于 1 km。

（3）GNSS 拟合高程测量要求

GNSS 拟合高程应检查高程异常，不适于山区高程测量。

应对成果进行检验,检测点数不少于全部高程点的10%,且不少于3个点。

（4）精度要求

三角高程及 GNSS 拟合高程精度要求见表 5.5。

表 5.5　三角高程及 GNSS 拟合高程精度要求　　　　单位:mm

等级	方法	每千米全中误差	对向观测较差	附合或环形闭合差
四等	水准测量,三角高程	±10	$40\sqrt{D}$	$20\sqrt{\sum D}$
五等	三角高程,GNSS 拟合	±15	$60\sqrt{D}$	$30\sqrt{\sum D}$
图根	三角高程	±20	$80\sqrt{D}$	$40\sqrt{\sum D}$

备注:D 为测距,单位 km。图根高程控制网不属于工程高程等级网。

3. 标石埋设

（1）平面控制网标石

平面控制网标石分为普通标石、深埋式标石、带强制对中装置的观测墩（图 5.11(b)）。

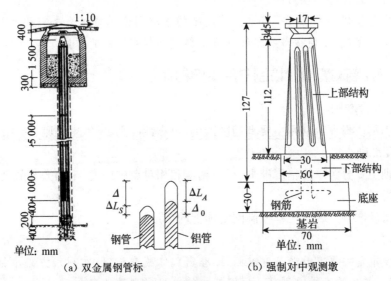

(a) 双金属钢管标　　　　(b) 强制对中观测墩

图 5.11　深埋式双金属钢管标和强制对中观测墩

◎深埋式标志用于变形监测网和施工控制网。

◎带强制对中装置的观测墩用于安装控制、变形监测网和施工控制网。

（2）高程控制网标石

高程控制网标石分为平面点标石、混凝土水准标石、地表岩石标、平硐岩石标、测温钢管式深埋水准标石、深埋式双金属钢管标（图 5.11(a)）等。

◎地表岩石标宜作变形监测网工作基点或低等水准点。

◎平硐岩石标（图 5.12）、深埋式金属标宜

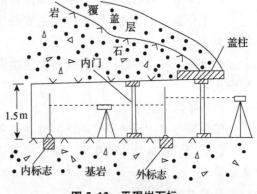

图 5.12　平硐岩石标

239

作变形监测网基准点。

【释义】 平面点标石指的是平面高程共用标石,适用于同时用作平面和高程控制的控制点。

（3）控制点标志

◎二、三、四等平面和高程控制点标志可采用磁质或金属等材料制作。

◎四等以下平面控制点标志可采用普通钢筋制作,钢筋顶端应锯"＋"字标记。

◎三、四等水准点及四等以下高程控制点也可利用平面控制点点位标志。

4. 数据处理

（1）平面控制网的数据处理

平面控制网的数据处理内容包括求定未知数的最佳估值、评定精度等。

GNSS测量数据处理一般包括观测数据预处理、平差计算和坐标转换。

（2）高程控制网的数据处理

高程控制网的数据处理包括消除系统误差、平差计算、评定精度等内容。

水准网和三角高程(两者定权方法略不同,其他相同)可以使用条件平差、间接平差、等权代替水准网平差法等平差方法。

【释义】 等权代替水准网平差法是将复杂的水准网通过路线合并与路线连接,简化成一条虚拟的等权路线,以便按单一路线计算最弱点高程中误差的方法。

5.2.4 工程控制测量质量控制与成果归档

1. 质量评价准则

工程控制网质量评价准则主要有精度准则、可靠性准则、灵敏度准则、费用准则。

（1）精度准则

精度准则主要分为总体精度准则、点位精度和相对点位精度、未知数函数精度、主分量、准则矩阵五类。

◎总体精度准则反映了工程控制网整体上的质量。

【小知识】

总体精度准则主要有最弱精度准则(E准则)、体积准则(D准则)、方差准则(A准则)、平均精度准则、精度均衡性准则(C准则)等。其中E准则最常用。

◎点位精度和相对点位精度反映了控制网局部点位质量。

◎未知数函数精度是隐含的控制网参数。

◎主分量是最弱方向上误差的主要分量,能反映控制网最薄弱的方向,在变形监测中特别有意义。

◎准则矩阵是控制网设计时根据控制网精度要求给定的精度标准,用于和设计协方差矩阵比对。

（2）可靠性准则

◎内部可靠性反映了控制网内发现粗差的能力,同多余观测量有关。

【释义】 内部可靠性使用多余观测分量 r_i（$0 \leqslant r_i \leqslant 1$）来表示,$r_i$ 表示 L_i（某观测值）的多余观测分量,r_i 越大越容易发现粗差,r_i 等于1时确定是完全非必要观测量,r_i 等于0时确定是必要观测量。

观测值的多余观测分量一般大于 0.3~0.5 表明内部可靠性好。

◎外部可靠性是指抵抗尚未发现粗差影响的能力,同多余观测量有关。

【释义】 外部可靠性使用影响因子表示,影响因子一般在 8~10 区间表明外部可靠性较好。

（3）灵敏度准则

灵敏度是指通过对周期观测的平差结果进行统计检验,所能发现的位移向量下界值的能力,只针对变形监测网提出。

【释义】 灵敏度实际上是变形监测网在特殊方向上的精度反映,灵敏度越高要求控制网观测值精度也越高。

（4）费用准则

一般以观测值的权总和最小作为费用指标,即控制网精度越高,所需费用越大。

此外,也可以用多余观测量作为费用准则指标,多余观测量越大,所需费用越大。

【释义】 增加优化设计的计算费用可以有效节约控制网成本。优化设计主要考虑造标费用和观测费用,其他费用变化不大。

2. 质量检测

工程控制网质量检验方法主要有比对分析、核查分析、实地检查、实地检测等。

平面控制测量以"点"为单元成果,高程控制测量以"测段"为单元成果,不便以"测段"为单元成果的也可以"点"为单元成果。

质量控制相应内容详见《测绘管理与法律法规体系和题解》。

3. 成果归档

成果归档内容主要有技术设计书和技术总结、观测记录及数据、数据预处理和平差计算资料、控制点成果表、控制网图、点之记、仪器检定资料、检查、验收报告等。

5.2.5 章节练习

(一) 单项选择题

1. （　　）采用水平面代替水准面进行小测区内的高程控制测量。
   A. 在以 5 km 为半径的范围内可以　　　B. 在以 10 km 为半径的范围内可以
   C. 在 25 km² 范围内可以　　　　　　　D. 不可以

2. 对工程控制网进行分类,只有一个已知高程的水准网属于(　　)。
   A. 约束网　　　　B. 秩亏自由网　　　　C. 自由网　　　　D. 最小约束网

3. 在进行变形监测控制网数据处理时,假设控制网具有最小的约束并作为已知参数参与平差,此种平差方法属于(　　)。
   A. 经典自由网平差　　　　　　　　B. 忽略不计平差
   C. 拟稳平差　　　　　　　　　　　D. 秩亏自由网平差

4. 工程控制网的设计需要根据条件拟定先验精度,其目的是(　　)。
   A. 为测量仪器的选择提供依据　　　B. 设定精度允许值,确定报警区间
   C. 评估工程项目的可行性　　　　　D. 设定精度初始值,便于方案设计

5. 根据测量仪器条件拟定(　　)是工程控制网设计的一个重要步骤。
   A. 优化精度　　　　B. 先验精度　　　　C. 预警精度　　　　D. 控制点精度

6. 工程控制网常按精度等影响原则进行设计,以下说法正确的是(　　)。

　　A. 根据是在测量实施过程中各因素精度影响总相等

　　B. 目的是使各项测量工作的观测条件在测量过程中保持相同

　　C. 测量实施过程中,要严格控制项目的精度配比使之近似相等

　　D. 测量实施过程中,可以根据实际条件予以更改

7. 以下桥梁平面控制网布设方法中,精度较高的是(　　)。

　　A. 导线法　　　　　B. GPS法　　　　　C. 中线法　　　　　D. 大地四边形布网法

8. 为了保证工程的放样精度,需要选择合适的坐标系统方案,控制(　　)不大于1/40 000。

　　A. 边长相对变形　　　　　　　　B. 边长平均中误差

　　C. 边长最弱中误差　　　　　　　D. 边长最大误差

9. 新建一座大桥,拟建立大桥施工控制网,计划在大桥每侧通视良好的位置布设3个互相通视的控制点,此类设计属于控制网设计中的(　　)。

　　A. 零类设计　　　　B. 一类设计　　　　C. 二类设计　　　　D. 三类设计

10. 根据《工程测量规范》,采用GPS接收机、全站仪布设工程测量控制网时,架设仪器的对中误差分别不大于(　　)。

　　A. ±1 mm、±1 mm　　　　　　　B. ±1 mm、±2 mm

　　C. ±2 mm、±1 mm　　　　　　　D. ±2 mm、±2 mm

11. 通过对周期观测的平差结果进行统计检验时,所能发现的位移向量下界值的能力,是工程控制网的(　　)准则。

　　A. 周期密度　　　B. 相对精度　　　C. 灵敏度　　　D. 点位密度

12. 在某山地布设了五等高程工程控制网,采用(　　)方法最适宜。

　　A. 准直测量　　　　　　　　　　B. 电磁波测距三角高程测量

　　C. GPS拟合高程测量　　　　　　D. 水准测量

13. 下列叙述中不属于工程控制网布设原则的是(　　)。

　　A. 有足够的内部可靠性　　　　　B. 有足够的点位密度,点位布设要均匀

　　C. 满足必要的精度要求和符合标准规定D. 控制网应有统一的规格

14. 工程施工控制网一般在测区内布设为(　　)。

　　A. 附合网　　　B. 闭合网　　　C. 国家统一网　　　D. 独立网

15. 变形监测网与其他工程控制网相比较更加注重(　　)。

　　A. 控制点密度要大　　　　　　　B. 布设方式要灵活

　　C. 所用经费尽量低　　　　　　　D. 控制网需要高可靠性

16. 关于工程测量中选择适宜的抵偿投影面的主要作用,以下说法中正确的是(　　)。

　　A. 使设计基准面和工作面相统一　　B. 更好地控制测区的长度变形

　　C. 方便与国家控制网统一基准面　　D. 便于施工放样,减少经费

17. 关于工程控制网坐标系的选择,以下说法中正确的是(　　)。

　　A. 工程测量距离变形是平面长度变形,与高程面的选择无关,和中央子午线的选择有关

　　B. 工程控制网必须选择独立坐标系独立进行平差

　　C. 一定区域内的小测区工程控制网可以忽略地球曲率引起的方向变形和距离变形

D. 安装控制网应优先选用国家统一高斯投影 3°带作为平面基准

18. 三边控制网距离测量的单位权中误差 $\mu = \sqrt{[Pdd]/2n}$，其中 d 代表（　　）。

　　A. 权　　　　　　　　B. 距离　　　　　　　C. 距离差　　　　　　D. 中误差

（二）多项选择题

1. 工程施工控制网的质量评价准则有（　　）。

　　A. 灵敏度准则　　　B. 精度准则　　　　C. 费用准则　　　　D. 密度准则

　　E. 可靠性准则

2. 工程高程控制网埋设的标石主要有（　　）等几种。

　　A. 平面点标石　　　　　　　　　　B. 深埋式标志

　　C. 带强制对中装置的观测墩　　　　D. 平硐岩石标

　　E. 双金属标石

3. 某工程控制网经过优化设计后，发现未被发现的观测值粗差对控制网点位误差有很大影响，则可知该控制网（　　）。

　　A. 总体精度差　　　　　　　　　　B. 可靠性差

　　C. 灵敏度差　　　　　　　　　　　D. 基准选择不合适

　　E. 多余观测量不够

4. 在工程控制网的设计要求中，符合相应标准要求的等级平面控制网为（　　）。

　　A. 五等控制网　　　　　　　　　　B. 四等控制网

　　C. 三级控制网　　　　　　　　　　D. 一等控制网

　　E. 图根控制网

5. 当高斯投影长度变形大于 2.5 cm/km 时，工程控制网坐标系统可选择（　　）。

　　A. 国家统一 3°带高斯平面直角坐标系

　　B. 抵偿投影面的 3°带高斯平面直角坐标系

　　C. 任意带高斯平面直角坐标系

　　D. 任意投影的平面直角坐标系

　　E. 抵偿投影面的任意带高斯平面直角坐标系

6. 工程控制网按照坐标系和基准可分为（　　）。

　　A. 导线网　　　　　B. 加密网　　　　　C. 附合网　　　　　D. 最小约束网

　　E. 自由网

习题答案与解析

（一）单项选择题

　　1.【D】　解析：高程控制测量不能用水平面代替水准面。

　　2.【D】　解析：对于一维网而言，若网中只有一个已知高程，则为最小约束网；若有两个及以上已知高程，则为约束网；若没有已知高程，则为自由网。

　　3.【A】　解析：经典自由网具有最少的基准条件，并假定基准固定，即基准点设为稳定不变点，强制基准点为已知条件，会带来误差。

　　4.【D】　解析：拟定先验精度指在进行测量工作之前根据各项误差来源和仪器条件，

事先对精度进行估算,看能不能满足实际需要,并作为控制网设计的初始精度值。

5.【B】 解析:通常以仪器标称精度为先验中误差。

6.【D】 解析:精度等影响原则是假设所有因素中误差的影响一样进行精度分配,以便求出各项测量应达到的必要精度,然后根据具体施工情况加以调整。

7.【D】 解析:大地四边形网属于边角网,检核条件多,精度高。

8.【A】 解析:当按坐标反算的边长值与实际边长变形值之比不大于2.5 cm/km(1/40 000)时,优先采用国家统一高斯投影3°带平面直角坐标系统。

9.【B】 解析:本题中要选择合适的图根点点位使之互相通视,属于网形设计。一类设计是在精度要求已知的前提下优化网形,多用于观测元素类型、观测方案的优化设计。

10.【D】 解析:采用GPS接收机、全站仪布设工程测量控制网时,架设仪器的对中误差都不大于±2 mm。

11.【C】 解析:工程控制网的灵敏度准则是通过对周期观测的平差结果进行统计检验发现位移向量下界值,只针对变形监测网提出。

12.【B】 解析:GPS拟合高程测量工作效率最高,但是仅适用于平原或丘陵地区五等及以下等级的高程测量。本题测区为山地,所以采用电磁波三角高程测量方法最为适宜,答案为B。

13.【B】 解析:工程控制网的布设原则包括精度和可靠性要求、点位密度要求、统一规格要求。工程控制网主要针对具体的工程展开,具有实用性,在某些方向上要求很高的精度,不要求点位布设均匀。

14.【D】 解析:独立网只有必要的起算数据,且起算数据为假定数据,多用作施工控制网。

15.【D】 解析:变形监测网应尽量一次布网,也可将参考点(含基准点和工作基点)布设成首级网,再将工作基点和目标点布设成次级网。精度由变形体允许变形值决定,要有高可靠性和高灵敏度。

16.【B】 解析:抵偿投影面指为使地面上边长的高斯投影长度改正与归算到基准面上的改正互相抵偿而确定的高程面。选择它是为了控制测区的长度变形。

17.【C】 解析:工程测量距离变形归算和角度、高程都有关。在满足精度要求的前提下,工程控制网可以选用国家统一坐标系。安装控制网是高精度控制网,应布设独立控制网。

18.【C】 解析:该公式是带权双观测值中误差计算公式,d代表两次距离测量较差。

(二) 多项选择题

1.【BCE】 解析:工程控制网的质量评价准则有精度准则、可靠性准则、灵敏度准则、费用准则,其中灵敏度准则只针对变形监测网提出。

2.【ADE】 解析:工程高程控制网的标石有平面点标石、混凝土水准标石、地表岩石标、平硐岩石标、深埋式钢管标(双金属标石)。

3.【BE】 解析:外部可靠性是抵抗尚未发现的粗差的影响的能力,用影响因子表示,影响因子的确定与多余观测量有关。

4.【BC】 解析:工程平面控制测量按导线网分为三、四等和一、二、三级。图根控制测量是直接为地形测图进行的控制测量,图根控制点没有等级,布设要求比等级控制点低,一般在基本控制网内加密。

5.【BCE】 解析:当长度变形超过 25 cm/km 时可选用 4 种平面直角坐标系:抵偿投影面的 3°带高斯平面直角坐标系,任意带高斯平面直角坐标系,抵偿投影面的任意带高斯平面直角坐标系,假定平面直角坐标系。

6.【CDE】 解析:工程控制网按起算基准和平差方法分为附合网、最小约束网、经典自由网、自由网、秩亏自由网等。无约束网即自由网。

5.3 工程地形图测绘

5.3.1 工程地形图测绘概述

工程地形图是指用符号、注记及等高线等将地物、地貌及其他地理要素记录和表达出来,并用于工程生产的正射投影图。

【释义】 地形图测绘按数据取得方式分为野外采集和内业编绘两大类,其中野外采集方式又可分为遥感测图,全野外数字测图(解析法测图、直接坐标法测图),模拟法测图三大类。

地图按表示内容可分为全要素地图和专题要素地图,地形图一般指的是全要素地图,又可分为国家基本比例尺地形图和工程地形图。

(1) 工程地形图与国家基本比例尺地形图异同

工程地形图为某个具体工程服务,用于制作工程规划阶段的设计用图、工程建设和运营阶段的大比例尺地形图、专题图和断面图等,一般为大比例尺地形图。

国家基本比例尺地形图是全要素地形图,主要为整个国民经济和社会活动服务,相对工程地形图来说,比例尺一般较小,测量的方法一般采用大面积航空摄影测量等方法。其中,城乡 1∶500 或 1∶1 000 基本比例尺地形图与工程测量关系密切,一般可以直接用作工程测量底图。

【释义】 工程地形图测绘方法与国家大比例尺基础地形图测绘方法基本相同,本节主要叙述全野外数字测图测制工程地形图的方法,大比例尺基础地形图测绘可参照之。

(2) 野外解析法地形图测绘大致流程

包括资料收集、技术设计、控制测量、图根控制测量、碎部点采集、地形图编绘、检查验收、技术总结、提交成果。

5.3.2 工程地形图测绘技术设计

1. 分幅和比例尺选择

(1) 地形图比例尺

工程地形图的比例尺,反映了用户对地形图精度和内容的要求。如表 5.6 所示,工程地形图的比例尺要按设计阶段要求、工程规模大小和运营管理需要选用,主要考虑用图特点、用图细致程度、设计内容、地形复杂程度、建厂规模、占地面积等因素。

表5.6 工程地形图比例尺选择

项　　目	比例尺
大型工程可行性研究,总体规划	1∶5万～1∶2.5万
可行性研究,总体规划,厂址选择,初步设计	1∶1万～1∶5 000
可行性研究,初步设计,矿山总图管理,城镇详细规划	1∶2 000
初步设计,施工图设计,城镇、工矿总图管理,竣工验收,运营管理	1∶1 000～1∶500

【释义】 表5.6中城镇、工矿总图管理和矿山总图管理由于测区范围大小不同,比例尺选择不同。

（2）基本等高距选择

基本等高距是指地形图上相邻两条基本等高线的高差。

大比例尺地形图基本等高距要求和高程精度见表5.7。

表5.7 大比例尺地形图基本等高距要求和高程精度(h 为基本等高距)

地形	倾角	比例尺				等高线插求点中误差	
		1∶500	1∶1 000	1∶2 000	1∶5 000	一般/m	水下/m
平地	$a<3°$	0.5 m	0.5 m	1 m	2 m	$1/3h$	$1/2h$
丘陵	$3°\leqslant a<10°$	0.5 m	1 m	2 m	5 m	$1/2h$	$2/3h$
山地	$10°\leqslant a<25°$	1 m	1 m	2 m	5 m	$2/3h$	$1h$
高山	$a\geqslant 25°$	1 m	2 m	2 m	5 m	$1h$	$3/2h$

注:水域地形类别的划分与陆地相同,也按水底地形倾角分为四类。

【释义】 等高线插求点为等高线制作时的内插点。

（3）图幅分幅与编号

工程地形图的分幅可采用正方形或矩形方式。工程地形图的分幅编号宜采用图幅西南角纵横坐标的千米数表示,带状地形图或小测区地形图可采用顺序编号,对于已施测过地形图的测区,也可沿用原有的分幅和编号。

【释义】 工程地形图的分幅和编号相对于国家基本比例尺地形图的分幅和编号要自由,可根据项目要求灵活编号,由于工程地形图的测制经常直接使用城市大比例尺地形图,故两者分幅应尽量统一。

2. 精度要求

（1）平面精度要求

工程地形测量的区域类型,可划分为一般地区、城镇建筑和工矿区、水域三类。衡量工程地形图测量的指标主要有地物点的点位中误差、等高线插求点的高程中误差、重要地物细部点的平面和高程中误差和地形点的最大点位间距等。

① 地物点精度要求

在工程地形图上,地物点相对于邻近图根点的点位中误差,城镇建筑和工矿区不大于图上±0.6 mm,一般地区不大于图上±0.8 mm,水域不大于图上±1.5 mm,隐蔽或困难地区可放宽 50%。

地形图修测时,新测地物与原有地物点的间距中误差不超过图上±0.6 mm。1:500 比例尺或其他比例尺大面积水域或水深超出 20 m 的开阔水域测图,可放宽到图上 2 mm。

② 细部点的精度

1:500 比例尺工矿区细部点的点位中误差,见表5.8。

表 5.8　1:500 比例尺工矿区细部点的点位中误差和高程中误差　　单位:cm

类别	点位中误差	高程中误差
主要建筑物	5	2
一般建筑物	7	3

【释义】　国家基本比例尺地图和大比例尺(大于等于 1:2 000)测图地物点精度要求为图上±0.6 mm,如航摄、遥感成图等都属于基础测绘范畴,城镇建筑区和工矿区工程地形图地物点精度也取图上±0.6 mm,这个精度指标是沿用模拟法成图的精度要求,采用解析法测量时,达到的精度要高得多,规定重要地物细部点的精度指标为实地±5 cm。

③ 地形点的最大点位间距

地形点的最大点位间距见表5.9。

表 5.9　地形点的最大点位间距　　单位:m

比例尺	1:500	1:1 000	1:2 000	1:5 000
一般地区	15	30	50	100
水域断面间	10	20	40	100
水域断面上测点间	5	10	20	50

【释义】　地形点的最大点位间距要符合要求,是对地形图中测点的密度进行规定,要保证地形图的精度和详细程度。

(2) 高程精度要求

① 等高线插求点精度

等高线插求点精度与地物点平面点位中误差相对应,即工程地形图高程精度要求,见表 5.7,困难地区可放宽 50%。

当作业困难、水深大于 20 m 或精度要求不高时,水域测图高程精度可放宽 1 倍。

② 细部点的高程中误差

1:500 比例尺工矿区细部点的高程中误差见表5.8。

5.3.3　工程测图实施方法

1. 测绘方法

目前一般采用 GNSS-RTK 方法结合全站仪野外解析数字法测量模式测制工程地形图,其他解析法可进行辅助测量,如交会法、量距法等。大面积测量可采用航空摄影测量和遥感等测量方法。

（1）全野外采集法

全野外采集法是利用测绘仪器以野外布设的控制点为基础采集外业数据,内业编辑成图的方式进行地形图测绘。

① 模拟法测图

在野外通过测绘仪器实测角度和边长,建立图纸和实地的模拟关系绘制地形图的方法。

② 解析法测图

在野外通过测绘仪器实测角度和边长,利用数学方法解算坐标值,用计算机编辑成图的方法。

【释义】 模拟法测图和解析法测图的关键区别在于数据处理时的数据类型不同,模拟法采集的数据为角度和边长,解析法采集的数据为坐标。此外,模拟法采用人工制图,解析法采用电脑制图。

（2）GNSS-RTK 测图法

GNSS-RTK 测图法快捷方便,在条件允许时应是首选方法,一般来说 GNSS-RTK 测量应与全站仪组合使用,这也是目前野外地形图测绘主流做法。

【释义】 由于 GNSS-RTK 测图法在城镇建筑区和工矿区测量会受到比较多的限制,多路径效应和建筑物等的遮挡都会影响工作效率和测量精度,故难以独立实施。

（3）数字摄影测量和遥感

大面积地形图或带状地形图测图可以利用航片、卫片等影像资料以及机载激光雷达扫描系统(LIDAR)获取的数据等编辑生成 4D 产品和三维景观模型。

（4）车载移动测图系统(图 5.13)

图 5.13　车载移动测图系统

车载移动测图系统又称移动道路测量系统(MMS),是以车辆为平台、集成 GNSS 接收机、视频传感器(CCD)、惯性导航系统(INS),快速采集道路两边数据成图的测量系统。车载移动测图系统可以用来高效采集近地面三维影像数据,可用来制作 3D 街景地图。在工程测量领域,也十分适合制作带状地形图。

2. 图根控制测量

图根控制测量是直接为地形测图进行的控制测量,图根控制点没有等级,布设要求比等级控制点低,一般在首级控制网内加密。较小测区,图根控制可直接作为首级控制。

图根平面控制网可采用图根导线、极坐标法、边角交会法和 GNSS 测量等方法测制,目前一般采用 GNSS-RTK 方法测量。图根高程控制可采用图根水准、电磁波测距三角高程等测量方法测制。

图根点点位标志宜采用木(铁)桩等,当图根点作为首级控制或等级点稀少时,应埋设适当数量的标石。

（1）图根点精度要求

图根点相对于基本控制点的点位中误差不超过图上±0.1 mm,高程中误差不超过1/10基本等高距。

【释义】　图根点精度要求取自地形图比例尺精度,与模拟法测图方式有关。

（2）图根导线点

◎图根附合导线应附合于首级控制点,可以在加密时附合于图根点上,但不能超过 2 次附合,极端条件不超过 3 次。

◎图根导线 2 次读数较差不大于 2 cm。

（3）图根 RTK 控制点

◎图根 RTK 控制点的作业半径不超过 5 km。

◎对每个图根点均应进行两次独立测量,其点位较差不应大于图上 ±0.1 mm,高程较差不应大于基本等高距的 1/10。

（4）图根高程控制点

图根起算点的精度不应低于四等水准高程点,精度要求见大地测量高程控制网和本章 5.2.3 相应表格。

（5）图根点密度

图根点密度要求见表 5.10。

表 5.10　每幅图图根点数量

比例尺	1∶5 000	1∶2 000	1∶1 000	1∶500
图幅尺寸/cm	40×40	50×50	50×50	50×50
数字法		4	4	4
全站仪解析法测图	6	4	3	2
RTK 法测图	3	2	1～2	1

【释义】　为便于与数字法成图图根点密度相比较,表 5.10 将每平方千米点数换算成每幅图点数。如 1∶500 地形图数字法测图时每平方千米图根点数量应是 4×16(幅)＝64 个点。

3. 碎部测量与绘图

采用全野外地形图成图方法,图根点布设好以后要在图根点上进行地物点数据采集,具体有模拟法、解析法、直接坐标法、全站仪数字侧记法。

（1）模拟法

模拟法利用平板仪采用经纬仪视距法测图,如图 5.14 所示。

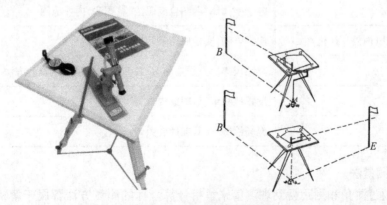

图 5.14　平板仪模拟法测图

【释义】 模拟法测图目前已经被淘汰,仅作了解。

① 平板仪法测图过程

在图板上敷设图纸,对中整平后,经过后视点定向,平板仪即与实地建立了相似模拟关系。利用望远镜瞄准目标,用经纬仪视距法测距,把地物经过比例尺计算的坐标展绘于图板上,然后连线成图。

【释义】 平板仪测图的过程是利用相似关系模拟实地地物位置关系,故称为模拟法测图。

② 视距法测距

视距法测距是用经纬仪观测水准尺得到上下丝读数计算读数差,利用三角函数关系可计算得到平距的方法。

【释义】 视距法可以使经纬仪和水准仪获得测距功能,经纬仪可用视距法配合平板仪测图,虽然模拟法测图已经被淘汰,视距法测距精度也很低,但在进行光学水准测量时,水准仪还可利用视距法估算前后视距控制视距差。

$$D = KL \cos 2\alpha$$

当视线水平时公式化简为

$$D = KL$$

式中　D——平距;

　　　K——视距系数,一般取 100;

　　　L——上下丝读数差;

　　　α——垂直角。

(2) 解析法

① 全站仪测量法

常用全站仪极坐标方法实施测图,经过全站仪内置软件解算观测数据求得坐标值。全站仪数字测图法类别见表 5.11。

表 5.11　全站仪数字测图方法

方法名称	测量方法
数字测记法	电子手簿储存,结合编码法、草图法,内业成图
电子平板法(内外一体化)	便携电脑,实地成图
结合 RTK 法	全站仪碎部点采集和 RTK 直接坐标采集结合的方法
编码法	设置地物编码,辅助成图
草图法	现场绘制草图,辅助成图

② 其他解析测量法

只要是通过测角和测距得到观测值来解析计算坐标的测量方法都属于解析测量法,如截距法、交会法等。这些方法将在后面详述。

（3）直接坐标法（GNSS-RTK 法）

采用直接坐标法（GNSS-RTK 法）可以直接获得满足精度要求的坐标数据，不需要经过相似关系模拟也不需要数学关系解算角度和距离观测值。

卫星定位参考站和流动站测量的要求如下：

◎参考站的有效作业半径不得超过 10 km，对中误差不应大于±5 mm。

◎用于水下地形图测量时，流动站相对于参考站作业半径可放宽到 20 km。

◎作业前应检校两个以上不低于图根精度的已知点。

◎观测前、每次观测之间以及长时间得不到固定解或卫星失锁时，都应初始化操作。

（4）全站仪数字测记法

全站仪数字测记法是用全站仪测量记录地物点属性编码和位置数据，通过数据储存卡传入电脑，以实地绘制的草图为参照，内业通过软件在电脑上连点成图的测图方法。

① 仪器设置

全站仪对中整平后，量取仪器高，输入测站和后视点数据，观测选定的后视点进行定向，并检核另一已知点。

仪器对中偏差不大于±5 mm，并通过测定较远的另一已知点进行检校，平面位置较差不超过图上±0.2 mm，高程较差不超过 1/5 基本等高距（与 RTK 图根点测站检校要求相同）。

【释义】 观测后视点的目的一是取得测站点和后视点反算的坐标方位角，即已知方位角；二是测量两个已知点之间的位置关系，检验是否正确。

② 数据采集

跑尺员把放射棱镜放置于测点上，观测员瞄准测点测量并输入点号，若采取编码法还要输入约定的编码。绘制现场地形草图或拍照。

碎部点采集数据时，记录的内容主要有坐标数据、点号、编码、绘图信号、草图等。

全站仪测图的最大测距见表 5.12。

表 5.12　全站仪测图的最大测距　　　　单位：m

比例尺	地物点	地形点
1∶500	160	300
1∶1 000	300	500
1∶2 000	450	700
1∶5 000	700	1 000

③ 碎部点采集要素类型

碎部点采集要素类型见表 5.13。

表 5.13　碎部点采集要素类型

碎部点要素类型		示　例
数学要素		控制点等
地形要素	地貌要素	变坡点、地性线、陡坎斜坡上下高程点、高程点等
	地物要素	建筑物拐点、道路、陡坎、水系拐点、地类界拐点、高压线杆等
注记要素		等高线注记、地理名称注记等

④ 数据预处理

数据预处理是将数据导入电脑,检查数据错误,生成图形数据。

⑤ 数据编辑

采用人机交互方式使用软件编辑图形数据,生成等高线,拼接图形。

【小知识】

目前主流的地形图编辑软件有 Autodesk 的 AutoCAD、基于 AutoCAD 搭建的南方 CASS 以及清华山维公司的 EPS。

⑥ 地形图制作

大比例尺地形图一般采用矩形分幅,常用 50 cm×50 cm 或 40 cm×50 cm 分幅,对地形图进行图幅裁切和图幅整饰。

⑦ 输出

采用绘图仪(图 5.15)、印刷或电脑屏幕显示实现图形输出。

4. 等高线的绘制

等高线是表示地貌的符号之一,是地面上高程相等的相邻点相互连接的闭合曲线(图 5.16)。

图 5.15　绘图仪

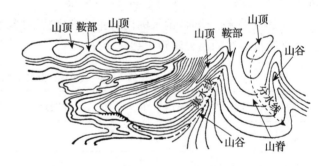

图 5.16　等高线

(1) 等高线特性

◎同一条等高线上的点,其高程必相等。

◎等高线均是闭合曲线。

◎除在悬崖或绝壁处外,等高线在图上不能相交或重合。

◎等高线和山脊线、山谷线成正交。

◎等高线的平距与坡度成反比。

◎等高线不能在图内中断,但遇道路、房屋、河流等地物符号和注记可以局部中断。

(2)等高线分类

◎首曲线:基本等高线又称为首曲线,是按规定的等高距测绘的细实线。

◎计曲线:每隔 5 个等高距,或每隔四条首曲线,将首曲线加粗为一条粗实线,叫计曲线,又称加粗等高线。

◎间曲线:间曲线是按 1/2 等高距描绘的细长虚线。

◎助曲线:助曲线是按 1/4 等高距描绘的细短虚线。

(3)等高线的绘制

◎利用高程特征点画出地性线作为骨架。

【释义】 地性线即地貌特征线,一般指山谷线(集水线)和山脊线(分水线)。

◎根据等高距进行线性内插,标出计曲线通过处(等高线插求点)。

◎勾画计曲线。

◎内插出首曲线。

◎曲线平滑处理。

◎精度检验,要注意地性线与等高线正交。

【释义】 可通过各种绘图软件生成等高线,在 CASS 软件中,根据很多高程特征点数据生成 TIN(三角网),经过自动内插和修正编辑生成等高线。也可以用 DEM 自动生成。

(4)示坡线(图 5.17)

示坡线是垂直于等高线的短线,用以指示斜坡降低的方向。示坡线通常绘在沿山脊及山谷线的方向上,与等高线相连的一端指向上坡方向,另一端指向下坡方向。

图 5.17　示坡线

示坡线一般表示在谷地、山头、鞍部、图廓边及斜坡方向不易判读的地方,以及谷底最高和最低的等高线上。

(5)高程注记

地形图上高程注记分为等高线注记和高程点注记两类。

① 等高线注记

首曲线上一般不标注等高线注记,等高线注记标注在计曲线上,字头朝向高处。

② 高程点注记

高程点即标有高程数值的信息点,通常与等高线配合表达地貌特征的高程信息。

独立地物的高程点省略,只标注地面高程数字;山顶、鞍部、凹地、山脊、谷底及倾斜变换处,应测注高程点;露岩、独立石、土堆、陡坎等,应注记高程或比高。

高程点注记应选在明显地物点和地形特征点上,一般每 100 cm² 内选 8~20 个。当比例尺大于或等于 1:2 000 时,其密度是图上每 100 cm² 内选 5~20 个,小于 1:2 000 比例尺的平地、丘陵地为 10~20 个,山地、高山地及地形特征点稀少地区为 8~15 个。

【小知识】

当基本等高距为 0.5 m 时,高程点注记应精确至 0.01 m;当基本等高距大于 0.5 m 时,高程点注记应精确至 0.1 m。

5. 工程地形图修测

工程地形图修测的面积超过原图总面积的 1/5,应重新进行测绘。

◎局部修测时,测站点坐标可利用原图已有坐标的地物点按内插法或交会法确定,检核较差不应大于图上±0.2 mm。

◎局部地区少量的高程补点,也可利用 3 个固定的地物高程点作为依据进行补测,其高程较差不得超过基本等高距的 1/5,并应取用平均值。

【释义】 工程地形图修测的面积超过原图总面积的 1/5 应重新进行测绘。这是根据《工程测量规范》加以规定的,和基本比例尺测图不同(后述),应加以区别。

局部修测时,测站点坐标和高程可采用简便方式从已有地物点内插获得,精度要求放宽为图根点精度的 2 倍。

6. 工程测图要求

(1) 一般地区

◎当建(构)筑物轮廓凸凹部分在 1∶500 比例尺图上小于 1 mm 或在其他比例尺图上小于 0.5 mm 时,可不表示。

◎铁路在曲线段应测注内轨面高程,涵洞应测注洞底高程。

◎水渠应测注渠顶边高程,堤、坝应测注顶部及坡脚高程,水井应测注井台高程,水塘应测注塘顶边及塘底高程。

◎当河沟、水渠、田埂在地形图上的宽度小于 1 mm 时,可用单线表示,稻田应测出田间的代表性高程。

◎临时性建筑可不测。

(2) 城镇建筑区

◎对于 1∶2 000 比例尺地形图,小于 1 m 宽的小巷,可适当合并;对于 1∶5 000 比例尺地形图,小巷和院落连片的,可合并测绘。

◎各街区单元的出入口及建筑物的重点部位,应测注高程点。

◎主要道路中心在图上每隔 5 cm 处和变换处应测注高程点。

◎管线的检修井、电力线、通信线杆、架空管线固定支架,应测出位置并适当测注高程点。

◎对于地下建筑物,可只测量其出入口和地面通风口的位置和高程。

(3) 工矿区现状图测量

◎建(构)筑物凹凸大于 0.5 m 时应测量细部尺寸。

◎细部点坐标检核要求见表 5.14。

表 5.14 细部点坐标检核要求

类别	主要建(构)筑物	一般建(构)筑物
较差的限差/cm	7+S/2 000	10+S/2 000

注:S 为相邻细部点间距,单位:cm。

（4）水下地形图测绘

水下地形测量是指测绘水体覆盖下的地形,其主要任务是测绘水下地形图和水下断面图。

【释义】 水下地形图和海洋地形图的主要区别在于所用基准不同(等高线和等深线)。

① 定位方法

水下地形图可采用无线电定位、全站仪定位、GNSS 定位、水声定位、断面索法等方法定位,主要采用 GNSS 法。

【释义】 断面索法是把河道分为很多横断面,在断面两岸悬拉绳索,船只沿绳索位置测量水深绘制断面图的方法。

② 测深方法

测深方法有测深杆、测深锤、单波束测深仪、多波束测深仪、机载测深系统等,主要是单波束测深仪和多波束测深仪方法。

5.3.4 工程地形图测绘质量控制和成果归档

1. 工程地形图测绘质量控制

（1）数字地形图的编辑检查内容

◎检查图形连接是否正确,与草图是否一致。

◎注记位置是否恰当。

◎等高线与地性线是否协调,注记和断开是否合理。

◎间距小于图上±0.2 mm 的不同属性线段处理是否恰当。

◎地形地物的属性赋值是否正确。

◎点状符号及明显地物点的偏差不大于图上±0.2 mm,线状符号误差不宜大于图上±0.3 mm。

（2）质量控制方法

检验样本以"幅"为单位,采用随机抽样或分层随机抽样。采用比对分析、检查分析、实地检查、实地检测等方法进行测绘成果检校。

地形图应经过内业检查、实地的全面对照及实测检查,实测检查量不应少于测图工作量的 10%。对于大比例尺数字测图,数学精度的实地检测一般为每幅图选取 20～50 个点、20条边进行检测。

【释义】 地形图质量检查抽样规定和质量元素计算方法应参照《质量检查验收相关规范》,并与本节规定结合实施。

2. 成果归档内容

成果归档内容有技术设计书和技术总结,图根观测数据、计算资料、成果表,地形图成果、图幅接合表,仪器检定资料,检查、验收报告等材料。

5.3.5 章节练习

（一）单项选择题

1. 某工矿总图比例尺为 1∶1 000,其主要建筑物细部点平面位置中误差应不大于(　　)。

    A. ±0.1 cm   B. ±5 cm   C. ±10 cm   D. ±50 cm

2. 一般用作工程测量底图的城乡 1：500 比例尺地形图,按地图类别分属于(　　)。

　　A. 地理图　　　　　　　　　　　B. 基本比例尺地图

　　C. 城市专题图　　　　　　　　　D. 工程地形图

3. 测量城镇地区 1：500 比例尺地形图时,主要建筑物细部坐标点点位中误差应小于图上(　　)mm。

　　A. ±0.1　　　　B. ±0.5　　　　C. ±0.6　　　　D. ±0.8

4. 根据现行的《工程测量规范》,1：500 比例尺地形图修测时,新测地物与原有地物的间距中误差不得超过图上(　　)mm。

　　A. ±0.1　　　　B. ±0.4　　　　C. ±0.5　　　　D. ±0.6

5. 下列关于等高线编绘的说法中正确的是(　　)。

　　A. 无论什么时候,等高线都不得中断

　　B. 等高线在图内不闭合,也会在图外闭合

　　C. 等高线注记字头应指向北方向

　　D. 等高线可能平行,但不会重合

6. (　　)比例尺地形图适用于矿山总图管理。

　　A. 1：500　　　　B. 1：1 000　　　　C. 1：2 000　　　　D. 1：5 000

7. 采用全野外数字测图进行 1：1 000 比例尺地形图(50 cm×50 cm)测绘时,每幅图图根点个数不少于(　　)个。

　　A. 4　　　　　　B. 13　　　　　　C. 16　　　　　　D. 64

8. 地形图编绘时,采用粗实线表示的是(　　)。

　　A. 计曲线　　　　B. 助曲线　　　　C. 首曲线　　　　D. 基本等高线

9. 根据《工程测量规范》,工程地形图修测的面积超过原图总面积的(　　),应重新进行测绘。

　　A. 20%　　　　B. 30%　　　　C. 40%　　　　D. 50%

10. 以下不属于工程地形图测绘成果检查方法的是(　　)。

　　A. 重新测量　　　B. DLG 叠合分析　　C. 对比检查　　　D. 目视检查

11. 数字地形图内业编辑检查时,需要注意的内容不包括(　　)。

　　A. 等高线断开是否合理　　　　　　B. 地物点测量方法是否正确

　　C. 图形连接与草图是否一致　　　　D. 要素属性赋值是否正确

12. 在 1：500 的地形图上,量得两点间的距离 $d = 35.2$ mm,量距中误差 $m_d = \pm 0.1$ mm,则两点间的实际距离最不可能的是(　　)m。

　　A. 17.51　　　　B. 17.59　　　　C. 17.68　　　　D. 17.71

(二)多项选择题

1. 工矿总图的管理可以采用(　　)比例尺地形图。

　　A. 1：100　　　　B. 1：500　　　　C. 1：1 000　　　　D. 1：2 000

　　E. 1：5 000

2. 下列设备中,集成在车载移动测量系统中的有(　　)。

　　A. GNSS 接收机　　　B. 陀螺经纬仪　　　C. CCD　　　　D. 电子全站仪

E. 航位计算系统 DR

3. 下列定位方法中,可用于工程测量水下地形图测绘的有(　　)。

　　A. 全站仪定位　　　B. 断面索法　　　　C. 天文定位　　　　D. 声学定位

　　E. 无线电定位

4. 根据现行规范,采用 GPS-RTK 测制平面和高程图根控制点,需要预先设置(　　)等参数。

　　A. 高程异常　　　　B. 中央子午线经度　C. 测站大地高　　　D. 椭球参数

　　E. 测区平均正常高

习题答案与解析

(一) 单项选择题

1.【B】 解析:工矿区细部坐标点的点位和高程中误差,主要建筑物点位中误差不超过 ±5 cm,高程中误差不超过 ±2 cm;一般建筑物点位中误差不超过 ±7 cm,高程中误差不超过 ±3 cm。这个指标与比例尺无关,同解析法的地物点测量精度要求。

2.【B】 解析:城乡 1:500、1:1 000 比例尺地形图与工程测量关系密切,属于国家基础地形图的范畴。

3.【A】 解析:主要建筑细部点坐标点位中误差应小于 ±5 cm,所以 1:500 比例尺地形图点位中误差不大于图上 ±0.1 mm。

4.【D】 解析:地形图修测时,新测地物与原有地物点的间距中误差不超过图上 ±0.6 mm。

5.【B】 解析:为使地形图图面清晰易读,等高线遇到双线河流、沟渠、房屋时应断开;等高线注记字头应指向山顶或高地;等高线在峭壁有可能重合;等高线是闭合曲线。故选 B。

6.【C】 解析:比例尺小于 1:5 000 的地形图一般用于总体规划、厂址选择等宏观应用,1:2 000～1:500 的地形图适用于详细规划、施工设计、竣工验收及运营管理等,矿山总图管理用图比例尺一般选用 1:2 000。

7.【A】 解析:采用全野外数字测图进行 1:1 000 比例尺地形图测绘时,每幅图图根点个数不少于 4 个,即每平方千米图根点个数不少于 16 个。

8.【A】 解析:每隔 5 个等高距或每隔 4 条首曲线,将首曲线加粗为一条粗实线,叫计曲线,又称加粗等高线。

9.【A】 解析:根据《工程测量规范》,工程地形图修测的面积超过原图总面积的 1/5,应重新进行测绘。如题干中为基础比例尺地形图,则应选 C。

10.【A】 解析:工程地形图采用比对分析、检查分析、实地检查、实地检测等方法进行测绘成果检查。工程地形图应经过内业检查、实地的全面对照及实测检查。实地重测是对成果重新测绘,不属于检查方法。

11.【B】 解析:数字地形图编辑检查的内容有:

① 图形连接是否正确,与草图是否一致;

② 注记位置是否恰当;

③ 等高线与地性线是否协调,注记和断开是否合理;

④ 间距小于图上±0.2 mm的不同属性的线段处理是否恰当;

⑤ 地形地物的属性赋值是否正确。

12.【D】 解析:实地距离 $S = 500 \times d = 17.6$ m,根据单项误差传播公式得 $m_实 = 500 \times m_d = \pm 0.05$ m,可知限差为 ± 0.1 m,所以实际距离 $= (17.6 \pm 0.1)$m,即可能的取值范围为 $17.5 \sim 17.7$ m,选D。

(二) 多项选择题

1.【BC】 解析:工矿总图的管理可以采用1:1 000~1:500 比例尺地形图。

2.【AC】 解析:车载移动测量系统又称移动道路测量系统(MMS),它以车辆为平台,集成 GNSS 接收机、视频传感器 CCD、惯性导航系统 INS,快速采集道路两边的数据成图。

3.【ABDE】 解析:水下地形图测绘的定位方法有无线电定位、全站仪定位、GNSS 定位、声学定位、断面索法等,主要采用 GNSS 定位。

4.【ABD】 解析:参考的椭球参数、中央子午线经度、高程异常等参数应先获取并输入,大地高和正常高是成果数据。

5.4 城乡规划测量

5.4.1 城乡规划测量概述

城乡规划测量是为了服务城乡建设规划管理而进行的工程测量,其实施的依据是城市规划主管部门出具的建设工程规划许可证等法律凭证。

【释义】 建设单位或者个人在城镇规划区内进行建筑物、构筑物、道路、管线和其他工程建设,应当向城乡规划主管部门申请办理建设工程规划许可证。

【小知识】

建设工程规划许可证包括编号、发证机关名称和发证日期、用地单位、用地项目名称、位置、宗地号以及子项目名称、建筑性质、栋数、层数、结构类型、计容积率面积及各分类面积、总平面图、各层建筑平面图、各向立面图和剖面图等内容。

城乡规划测量可以分为以下几类:

(1) 定线测量

定线测量是根据城乡建设规划要求测设规划道路红线的测量工作。

【释义】 道路规划红线指城市道路用地规划控制线,一般是指道路用地的边界线。

(2) 拨地测量

拨地测量是根据土地审批的用地位置,测设用地边界的测量,主要目的是建立用地边界和道路红线的关系。

【释义】 建筑红线可与道路红线重合,也可退于道路红线之后,但绝不许超越道路红线,在红线内不允许建任何永久性建筑。

(3) 日照测量

日照分析一般是指在特定时间段内利用技术手段,对相互遮挡阳光的建筑物的光照条件进行分析的活动。

【释义】　日照测量是为规划管理日照分析提供位置数据的测量。

（4）规划监督测量

规划监督测量是根据规划许可证件,实地验证建筑物位置、高程等与规划核准数据符合性的测量。规划监督测量包括规划放线测量、规划验线测量和规划验收（竣工核实）测量。

5.4.2　规划定线与拨地测量

规划定线与拨地测量包括资料收集、平面控制测量、条件点测量、计算及测设、资料整理和质量检查验收等内容。

1. 技术设计

规划定线与拨地测量的技术设计依据为城市规划主管部门下达的道路规划用地红线图。拨地测量要根据拨地设计条件,收集与规划道路有关的测量资料。

（1）控制测量

控制测量是在基本控制网上布设三级以上导线或 GNSS 控制网。

（2）比例尺

成图比例尺一般采用 $1:500\sim1:2\,000$。

（3）精度要求

界址点、中线点、条件点相对于邻近控制点的点位中误差不大于 $\pm5\,cm$。

2. 测量实施

（1）条件点测量方法

条件点指的是对实现规划条件有制约作用的点位,即用地的拐点、端点、线段交叉点等。条件点的测设可采用双极坐标法、前方交会法、导线联测法、RTK 等方法。

采用前方交会法时,交会角度宜在 $30°\sim150°$ 之间,且交会距离宜小于 $100\,m$。

【释义】　极坐标法是求得测站到目标点距离（极距）和方位角（极角）解析获得目标点坐标的方法。双极坐标法指在不同测站上分别对同一目标点进行极坐标法观测。

（2）定线测量的实施

全线定完后,中线点应按顺序编号,中线主要点桩位应加固,并绘点之记。

① 已建规划道路定线

已建规划道路定线时若已有等级导线点,则无须实定中线,否则要实定中线,以后要与等级导线联测。

② 未建的规划道路定线

未建的规划道路,对于建设急需的要实定中线,对不急需且中线点不易保存的只需测求中线主要点坐标和各测段方位角。

（3）拨地测量的实施

拨地测量可采用直接坐标法、解析实钉法、解析拨定法等方法进行。

【释义】　当拨地定桩遇障碍物时,障碍物在边线上的,可平行移轴求得。障碍物在桩位上不能实钉时,可在用地边线上钉指示桩,指示桩与应钉桩位的距离应在有关资料中注明。

① 直接坐标法

直接坐标法一般是采用 GNSS-RTK 法直接放样出用地界线。

② 解析实钉法

解析实钉法是根据规划地块界线和红线的相对位置关系实地定桩，然后根据控制点测量坐标的方法。

③ 解析拨定法

解析拨定法是根据控制点计算界线桩点坐标，并于实地测设的方法。

【释义】 解析实钉法先埋桩，再测量；解析拨定法直接放样桩点。

3. 质量控制

规划定线和拨地校检测量包括控制点校检、图形校检、坐标校检等方法。

拨地测量时，利用的规划道路中线转角、交角与边长应校核，直线上相邻点应验直。

◎若边长小于 50 m，实测边长和条件边长较差不应大于 2 cm。

◎若边长小于 30 m，实测边长和条件边长较差不应大于 1 cm。

◎钢尺量距时采用单程双次丈量方法，两次丈量较差不大于 2 cm。

◎定线测量与拨地测量校检较差不应大于表 5.15 的规定。

表 5.15　定线与拨地测量校检限差

类别		角度较差/″	边长较差相对误差	点位较差/cm
定线测量	主干道	30	1/4 000	5
	次干道	50		
拨地测量		60	1/2 500	

4. 成果归档

成果归档内容有定线或拨地条件资料、外业观测、计算资料、定线拨地成果、条件坐标成果表、检验报告、工作略图和说明、附图等。

5.4.3　日照测量

向规划部门提交建设工程规划许可证审批需要进行日照分析，需日照分析的项目应进行日照测量。

日照测量的工作内容包括基础资料收集，图根控制测量，地形图及立面细部测绘，总平面图、层平面图和立面图绘制，日照分析，质量检验和成果整理与提交。

【释义】 日照分析是指在指定日期进行模拟计算某一层建筑、高层建筑群对其北侧某一规划或保留地块的建筑、建筑部分层次的日照影响情况或日照时数情况。

1. 资料收集

日照测量应收集拟建、在建建筑的总平面图、平面图、立面图、剖面图、已有竣工图的电子资料，有关材料应以规划主管部门审批或待批的方案为准。

2. 技术设计

（1）比例尺

日照分析区域地形图测绘宜采用 1∶500 比例尺。

（2）精度要求

建筑物主要拐点相对邻近图根点的点位中误差应小于 5 cm，一般拐点相对邻近图根点的点位中误差应小于 7 cm，地物点间距中误差应小于 5 cm。

（3）有效日照时间段

有效日照时间段应选用大寒日或冬至日的固定时间段。

3. 测量方法

（1）控制测量

在等级控制网的基础上布设三级以上导线，或采用 GNSS 布设相应等级控制点。高程控制采用水准测量或三角高程测量。

（2）常用测量方法

◎建筑物平面位置采用全站仪极坐标法测量。

◎建筑物室内地坪、室外地面高程采用水准测量方法测量。

◎建筑物及其窗户、阳台高度可用三角高程测量、悬高测量等方法测量。

◎建筑物窗户、阳台宽度、层高可用钢尺或手持测距仪测量。

【释义】　悬高测量是全站仪三角高程测量的一种特殊方法，指用全站仪测定空中某点和其地面棱镜站的垂直角，以及棱镜斜距和棱镜高，仪器可直接计算空中点到地面的高差，悬高测量不需要观测后视点。

4. 测量内容

需要测量并绘制总平面图、层平面图（主体建筑应绘制屋顶平面图）和立面图。

（1）建筑物平面位置

建筑物边长和拐点坐标测量。

（2）属性调查

建筑结构、层数等属性调查。

（3）高程

包括主客体建筑物室内外地坪高程、建筑物高度（室内地坪至遮阳点的垂直距离）、建筑层高（室内净高加楼板厚度）。

【释义】　尖屋顶的遮阳点为屋脊最高点，平屋顶的遮阳点为后屋檐檐口，即与被遮挡邻户之间的屋檐外顶部。主体建筑物为日照分析项目主体建筑，客体建筑物为被日照遮挡的建筑物。

（4）阳台、走廊、门窗等

客体建筑被遮挡立面上的阳台、走廊、门窗等的平面位置和高程，阳台、走廊应如实表示。

（5）屋顶平面图

主体建筑的屋顶平面图应实测，包括女儿墙、电梯房、水箱等附属物的平面位置和高程。

【释义】　女儿墙是建筑物屋顶四周围的矮墙，主要作用是维护安全和避免防水层渗水。

（6）照片

建筑的外形宜采用数码相机摄影。

5. 成果提交

日照测量成果包括日照分析图、日照分析报告和城市规划主管部门要求的其他相关资料。

5.4.4 规划监督测量

规划监督测量应依据建设用地规划许可证、建设工程规划许可证及规划管理部门的要求作业。

规划监督测量一般包括三个阶段的测量:规划放线测量、灰线验线和±0验线测量、竣工后的验收测量。

【小知识】

有些城市建设工程的放线由施工单位承担,测绘单位受城市规划部门委托进行灰线验线。有些放线由测绘单位承担,但不再进行灰线验线。故可根据城市规划行政主管部门的要求选择规划放线测量或灰线验线测量即可。

1. 规划放线测量

(1) 规划放线测量

规划放线测量(图5.18)即建筑物定位测量,是根据规划定位图测设建筑物角桩和灰线(外轮廓轴线),把经过规划审批的建筑设计施工图测设于实地,作为施工放线依据的工作。

① 放线实施

应依据城市规划主管部门出具的条件、条件点坐标和施工图等资料,计算建(构)筑物外墙角点坐标,采用满足精度要求的放样方法实地放样,放样结果应严格检核。

图5.18 规划放线测量

② 成果提交

成果资料内容应包括放线测量通知单、放线测量成果表、工作说明及工作略图、内业计算簿、外业测算簿、检验报告表和平面设计图。

(2) 施工放线测量

施工放线测量是根据建筑物定位角桩、灰线和底层平面图,测设出建筑物轴线定位桩的工作,一般由建筑施工单位实施。

2. 验线测量

规划验线是城乡规划实施监督管理的重要环节,分为灰线验线和±0验线两个阶段。

【释义】 灰线验线和±0验线是规划部门分别对建筑物放线后平面位置和高程进行测量,检核是否符合规划审批要求的工作。

从施工过程来看,灰线验线为施工放线的检核监督测量,处于同一个阶段。

(1) 灰线验线

施工放线完成后,基坑开挖前,要对施工放样灰线与规划许可证位置(以经过规划部门审批的建筑施工图和放线附图为准)的平面位置符合度进行检验。

(2) ±0 验线

在施工至底层设计标高后,并在管线覆土和线路浇筑前,测量建筑物基础主要角点和±0地坪的高程,并与经过规划部门审批的建筑施工图进行比对检验。

【释义】 ±0面是基础浇筑以后,建设地面工程时设置的起始面,是相对高程基准面,以及相对标高正负分界线,在建筑设计中,一般以底层室内地面标高为±0。

3. 验收测量

验收测量又叫竣工核实测量,是在工程竣工后,对整个工程建设是否符合规划部门审批的设计方案要求进行符合测量的工作。

【释义】 目前有的地方进行了"多测合一"改革,实行联合竣工验收测量制度,验收测量的含义大大扩大。联合竣工验收测量指由一家测绘资质单位承接在建筑物竣工验收中涉及的所有测量项目,这些内容包括地籍测量、房产测量、消防验收测量、人防测量、竣工核实测量、绿地竣工测量、地下管线竣工测量等。

(1) 竣工核实测量内容

竣工核实测量内容应包括建(构)筑物高度测量、建设工程竣工地形图测量、地下管线探测和建筑面积测量。

① 建筑物外轮廓测量

主要角点距四至距离测量,采用实量法或解析法。

② 建筑物高度测量

建筑物高度、层数、建筑物室内外地坪高程测量,宜绘制楼高示意图,可采用三角高程法或实量法等进行。

③ 建设工程竣工地形图测量

验收工程竣工地形图测量范围应包括建设区外第一栋建筑物或市政道路,建设区外测量不小于30 m。

应测量建筑物各主要角点、车行道入口、各种管线进出口、内部道路主要点、人行道、绿化带等位置和高程。

涉及规划条件的地物点相对邻近图根点的点位中误差不应大于50 mm,其他地物点相对邻近图根点的点位中误差不应大于70 mm,地物点的高程中误差不应大于40 mm。

【释义】 建筑面积测量应符合现行国家标准《建筑工程建筑面积计算规范》的相关规定或城市规划主管部门的规定。

(2) 成果归档内容

成果归档内容有规划许可证附件、工程竣工测量成果报告书、技术总结及略图、条件坐标计算资料、外业计算资料、检查报告及附图等。

(3) 其他验收测量简介

① 地下管线竣工测量

地下管线竣工测量属于竣工核实测量内容之一。

地下管线竣工测量在新建地下管线覆土前进行,具体内容参见地下管线测量章节。

② 绿地竣工测量

绿地竣工测量是测量和计算竣工建设项目的绿化用地面积是否符合城市规划主管部门的

规定。

主要测量内容是绿地的面积、绿地占整个项目用地的比例(绿地率)、绿地覆土深度等。

③ 消防验收测量

消防验收测量内容主要是建筑类别、建筑面积(地上、地下)、建筑高度、地下室深度、建筑总平面布局、防火防爆分隔、安全疏散通道、消防电梯、消防设施等测量工作。

④ 人防测量

城市新建民用建筑,应按照有关规定修建战时可用于防空的地下室。人防测量主要是测量人防地下设施的位置和面积,一般与房产测量一起开展。

⑤ 房产测量

详见房产测量章节。

⑥ 地籍测量

详见地籍测量章节。

5.4.5 章节练习

(一) 单项选择题

1. 在建设工程中,把建筑物主要角点按审批规定测设到实地的是( )工作。

    A. 规划放线   B. 规划定线

    C. 施工放线   D. 规划验线

2. 以下测量项目中需要进行建筑立面测量的是( )。

    A. 房产测绘   B. 建筑日照测量

    C. 验收测量   D. 房屋建筑施工测量

3. 下列工作中不属于建设工程验收测量工作内容的是( )。

    A. 界址点测设   B. 管线探测

    C. 建筑面积测算   D. 工程测图

4. 对拨地测量成果进行校核的方法一般不包括( )。

    A. 图形校核   B. 面积校核   C. 坐标校核   D. 控制点校核

(二) 多项选择题

1. 规划验收测量中对建筑物高度的测量内容有( )。

    A. 建筑物的高度   B. 室内地坪高程

    C. 室外地坪高程   D. 阳台的高度

    E. 建筑物的层数

2. 根据《城市测量规范》规定,城乡规划日照测量主体建筑的测量内容主要包括( )等。

    A. 室内楼梯   B. 女儿墙   C. 楼顶水箱   D. 阳台

    E. 门窗的位置

习题答案与解析

(一) 单项选择题

  1.【A】 解析:规划放线测量是根据规划定位图测设建筑物角桩和灰线(外轮廓轴

线),作为施工放线的依据,是规划放线的主要工作。

2.【B】　解析:建筑日照测量需要测量并绘制总平面图、层平面图和立面图。

3.【C】　解析:规划监督测量是根据规划许可证件,实地验证建筑物位置、高程等与规划核准数据符合性的测量。规划监督测量包括规划放线测量、规划验线测量和规划验收(竣工核实)测量。其中验收测量的工作内容应包括建(构)筑物高度测量、建设工程竣工地形图测量、地下管线探测和建筑面积测量。

4.【B】　解析:规划定线和拨地检校测量包括控制点校检、图形校检、坐标校检等方法。

(二) 多项选择题

1.【ABCE】　解析:规划验收测量对建筑物高度测量的内容有建筑物的高度、层数、室内外地坪高程,可采用三角高程测量或实量法进行。

2.【BC】　解析:城乡规划日照测量,客体建筑被遮挡立面上的门窗、阳台的平面位置和高程,以及阳台、走廊应如实表示。主体建筑的屋顶平面图应实测,包括女儿墙、电梯房、水箱等附属物的平面位置和高程。

5.5　建筑施工测量

5.5.1　建筑施工测量概述

建筑工程测量是为工业与民用建筑设计、施工、设备安装等开展的测量,主要工作内容包括地形图测绘、施工控制网建立、建筑施工放样和建筑变形监测等。

【小知识】

我国住宅建筑分类:

◎1~3 层为低层;4~6 层为多层;7~9 层为中高层;10 层以上为高层。

◎公共建筑及综合性建筑总高度超过 24 m 者为高层。

◎建筑物高度超过 100 m 时,不论住宅或公共建筑均为超高层。

5.5.2　高层建筑施工实施

1. 控制测量

建筑工程施工控制网通常布设为施工坐标系下的独立控制网(图 5.19)并与城市控制网建立联系。一般布设为坐标轴与建筑物平行的方格控制网。建筑物占地不大、结构简单时可采用建筑基线法。

(1) 建筑方格网布设方法

① 测设主轴线

建筑独立坐标系坐标原点应选在便于施工、大致位于测区中央的地方。主轴线应在原有的测图控制点上,用极坐标法测设。

【释义】　如图 5.20 所示,选取 AOB 和 COD 作为主轴线,放样出主轴线上的交点 A、B、

$C、D、O$。

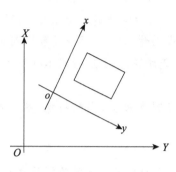

图 5.19　建筑工程独立控制网

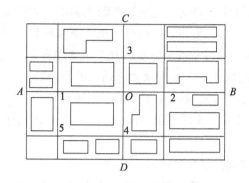

图 5.20　建筑方格网

② 测设辅轴线

根据主轴线交会出方格网四个角点构成主方格网。

③ 测设方格网点

用内分点法测设主轴线上的点,并加密形成方格细部点。

【释义】　内分点法是根据直角坐标系轴线向内量取距离标定西部轴线或点位的方法。如图 5.20 中的点 1、2、3、4 由内分法测设,并在点 1 和点 4 上设站,交会出加密点 5。

(2)方格网的测设要求

当建筑物形状复杂或建立方格网有困难时,通常布设导线作为平面控制。

对于大型工程还要建立厂房控制网或微型控制网作为厂房施工的基本控制。

(3)高程控制网

建筑高程控制网一般采用水准测量和测距三角高程测量等方法布设于建筑物附近。

高程控制采用水准测量时水准点个数不应少于 2 个。一般施工场地平面控制点可兼作高程控制点,高程控制网可分首级网和加密网,相应的水准点称为基本水准点和施工水准点。

2. 基础放样

(1)放样基槽开挖边线

以细部轴线为依据,按照基础宽度和放坡要求,放样出基槽开挖边线(用白灰撒线标记)。

【释义】　基坑和基槽都属于建筑物的基础,两者平面形状和大小尺寸不同,基坑是方形或接近方形,基槽是长条形的,且一般面积较小。

(2)控制基槽开挖深度

控制基槽开挖深度也叫基坑抄平(图 5.21),是指导和控制开挖深度的测量工作。

【释义】　开挖到距离槽底设计值 0.3～0.5 m 处时,用水准仪在槽壁上每隔 3～4 m 放样 1 个桩,拉线以作为下一步工作的高程依据。如果超挖基底,不得以土回填,因此,须控制好基槽的开挖深度。

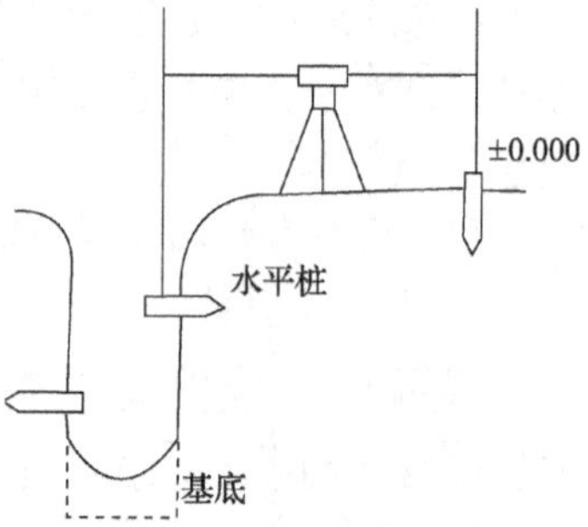

图 5.21　基坑抄平

（3）基层施工高程放样

基础施工完成后，测量基层高程与设计高程进行比对，允许较差不大于 1 cm。

（4）放样基础模板位置

投测主轴线，经闭合检校后，用墨线弹出基础模板细部轴线。

【释义】 在拉直的细线上蘸上墨，往目标物上弹出直线的方法叫弹墨线。

3. 上部结构放样

将各轴线放样到地下结构顶面和侧面，将±0 标高放样到地下结构顶部侧面上，依主轴线和标高线放样首层主体结构。

（1）轴线投测

竖向偏差是施工测量中最关键的工作，包括各层面的细部放样、倾斜度确定、高程控制、变形监测等工作。

施工层的轴线投测方法有全站仪或经纬仪法（如图 5.22 所示）、垂准仪法、吊线坠法、激光经纬仪法、激光铅垂仪法等。

高层建筑轴线投测采用经纬仪（全站仪）弯管目镜法、光学铅垂仪法、激光铅垂仪法。

竖向相对误差允许值，立柱不大于 $H/2\,000$，偏墙不大于 $H/1\,000$，H 为建筑物比高。

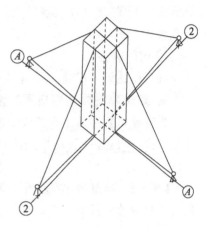

图 5.22　经纬仪法轴线投测

【释义】 高层建筑轴线投测对精度要求更高，所用方法不完全一致。

（2）高程传递

高程传递占施工测量的比重最大，一般采用皮数杆法（如图 5.23 所示）、钢尺丈量法、全站仪天顶测高法、悬挂钢尺法等。多个投递点标高应取平均数。

【释义】 皮数杆法是在其上划有砖皮数和砖缝厚度，以及门窗洞口、过梁、圈梁、楼板梁底等标高位置的标志杆，一般用做简易高程传递。

全站仪天顶测高法是在底层架设全站仪将望远镜指向天顶，在各层垂直通道上观测反射棱镜，可得到垂直距离。

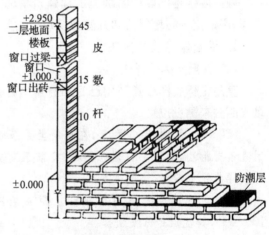

图 5.23　皮数杆法

（3）高层建筑施工测量垂直度控制网

高层建筑施工测量垂直度控制网，即内控制网。为保证高层建筑物竖直度、几何形状和截面尺寸达到设计要求，需要建立高精度的施工测量内控制网，即在建筑物的±0 面内建立控制网。

投点时间一般选在夜间或风力小的时间。

① 预留竖向传递孔

在控制点竖向相应位置预留竖向传递孔,通过传递孔将控制点传递到不同高度的楼层。为了提高功效、防止误差累积,应实施分段投测和分段控制。

② 转测至±0层

在底层布置矩形或十字控制网转测至建筑物的±0层。

③ 竖向传递

用铅垂仪或全站仪和弯管目镜在控制点上做竖向传递。投测时将仪器置于控制点上,调平并强制对中,让激光束垂直投测到楼面预留孔处放置的光靶。同方向旋转仪器90°、180°、270°投测,若4次投点的点位较差在限差范围内,选取4次投点的中心作为最终的投点点位。

④ 内外联测

在房屋达到一定高度后用GNSS联测内控网来控制误差累计。

4. 建筑物主体工程日周期摆动测量

进行建筑物主体工程日周期摆动测量的目的是监测建筑物轴线因日照产生的摆动,实施轴线投点改正,一般可采用测量机器人自动测量、数字正垂仪自动测量、GNSS测量等方法。

【释义】 建筑物工程主体日周期摆动指受到日照、地球自转、风力、温差等因素,高层建筑处于周期性的摆动状态。

5.5.3 建筑施工放样方法

施工放样是把设计图纸上工程建筑物的平面位置和高程,用一定的测量仪器和方法测设到实地上去。

1. 平面坐标放样方法

(1)直角坐标放样法

直角坐标放样法是利用已有的直角坐标系用坐标增量支距法来测设位置。

【释义】 如图5.24所示,在直角坐标系 MON 中,利用直角支距法,量取 OM 轴(X),再量取正交支距(Y),即可放样曲线上各点。

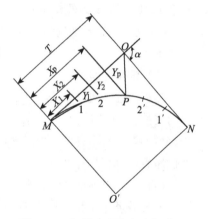

图5.24 切线支距直角坐标法

直角坐标放样法适用于放样点距离控制点不大于100 m时,其优点是方便快捷。

(2)极坐标放样法(图5.25)

极坐标放样法是利用点位之间的边长和角度关系进行坐标测设。

【释义】 设置好测站,录入测站数据,用后视点定向并检验后,拨定条件方位角,指挥跑尺员前后移动,使观测距离与设计距离一致,使设计坐标测设到实地。极坐标放样法测量一般不包括垂直角测量。

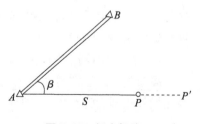

图5.25 极坐标法

（3）直接坐标放样法

直接坐标放样法根据点位设计坐标直接进行点位测设。

【释义】 直接坐标放样法与极坐标放样法测设的区别是无须事先计算放样元素，由测量仪器直接解析生成坐标进行放样。RTK放样也属于直接坐标放样法。

（4）交会放样法

交会放样法是利用点位之间的距离、角度等进行交会测量并进行点位测设，详见后文。

（5）归化放样法

归化放样法是精密放样法，首先用直接放样法确定放样点临时桩，再对临时桩进行精确测量，重复测量点位直至点位精确符合设计点位，达到规定的放样精度要求。

角度放样可采用多测回修正，用钢尺测距时要加尺长、温度和倾斜改正等。

2. 高程放样方法

高程放样一般采用水准测量法或三角高程测量法进行，高差过大时可以用悬挂钢尺法代替水准测量法，也可以用钢尺实量法或全站仪三角高程放样法，以及全站仪无仪器高放样法。

【释义】 全站仪无仪器高放样法如图5.26 所示，读取后视点相对于视线高高差（Δh_1）和目标点相对于视线高高差（Δh_2），无须测量仪器高即可求得目标点高程。

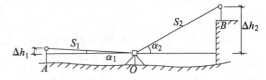

图 5.26 全站仪无仪器高放样法

3. 空间点位放样方法

三维空间点通常采用全站仪三维极坐标法放样，其测站数据有测站点的三维坐标、仪器高、目标高和后视方位角，目标点放样数据有方位角、斜距和天顶距。

4. 铅垂线放样方法

铅垂线放样可以采用全站仪弯管目镜法、光学铅垂仪法、激光铅垂仪法等方法测设。

5. 交会放样方法

交会放样方法测量指的是在多个测站上利用角度和距离测量的方式获得未知点位置的测量方法。

（1）侧方交会法

交会时，若两个已知点中有一个不能安置仪器，可在其中一个已知点与未知点上设站。

【释义】 图5.27(a)，测定角 α 和角 P，计算未知点坐标。

（2）前方交会法

前方交会法是从两个已知点上求待定点坐标的方法。

【释义】 如图5.27(b)，已知 A、B 两点坐标，测量夹角 α 和 β 求得 P 点坐标为前方角度交会。对未知点无法观测距离时可采用角度前方交会，如电视塔顶倾斜位移监测。另外也可以采用距离前方交会法，图5.27(c)。

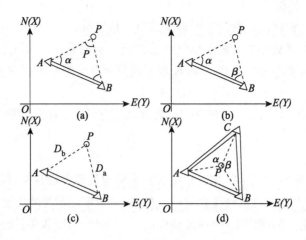

(a) 侧方交会法　(b) 前方交会法　(c) 距离前方交会法　(d) 后方交会法

图 5.27　交会法

（3）后方交会法

后方交会法是在未知点设站观测已知点,求待定点坐标的方法。

角度后方交会时,未知点 P 正好落在 A、B、C 三个已知点构成的圆周上时,P 点的解算方程将有无穷多解,这个圆称为危险圆(图 5.28),后方交会应避免出现危险圆。

GNSS 定位属于空间测距后方交会,即认为卫星位置已知求测站点坐标。

【释义】 传统测量上所指的后方交会一般只对测角网而言,如图 5.27(d)所示,在未知点 P 设站,利用至少三个已知点,测定至少两个夹角 α 和 β,求得点 P 坐标。

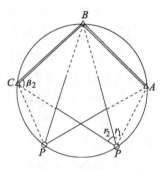

图 5.28　危险圆

由于测距技术的发展,后方交会可以有后方距离交会、后方边角同测交会,多余观测量越来越多,后方交会变得更加灵活。在全站仪边角后方交会中由于具有边长多余观测量,即使在危险圆上也可以解算出点 P。

（4）全站仪自由设站测量

全站仪自由设站属于边角后方交会,即在未知点上测定两个已知点角度和距离来定位的方法,自由设站的数据处理一般需要多余观测来检核。

自由设站时,应保证两个或三个已知点可靠,与测站点所成的夹角不能太大或太小,要避免两已知点和未知点成一直线。另外,自由设站时应尽量使已知点在同一控制测量系统中,以消除相似误差影响。

5.5.4　章节练习

（一）单项选择题

1. 以下放样方法中,在条件充足的情况下,(　　　)方法效率最低。

A. 直角坐标法　　　B. 极坐标法　　　C. 归化法　　　D. 直接坐标法

2. 建筑施工测量中,基坑抄平工作的目的是(　　)。

A. 对基坑回弹进行监测　　　　　B. 放样基坑开挖边线

C. 基坑中轴线测设　　　　　　　D. 控制基槽开挖深度

3. 采取建筑工程方格网布网的最大优点是(　　)。

A. 方便　　　　B. 精度高　　　　C. 仪器要求低　　　　D. 便于检核

4. 建筑物施工控制网测量时,主轴线应测设在(　　)。

A. 测图控制点　　　B. 高程控制点　　　C. 便于施工处　　　D. 建筑物角点

5. 超高层建筑物施工测量中的关键步骤是进行(　　)。

A. 轴线投测　　　B. 高程传递　　　C. 基础放样　　　D. 位置放样

6. 对电视塔塔尖进行水平位移监测时,因为不便量距,可采用(　　)观测。

A. 极坐标法　　　B. 正交法　　　C. 前方交会法　　　D. 后方交会法

(二) 多项选择题

1. 以下交会法测量,要解算出待定点坐标至少需要 2 个已知点的是(　　)。

A. 经纬仪前方交会法　　　　　B. 经纬仪后方交会法

C. 经纬仪侧方交会法　　　　　D. GNSS 空间交会法

E. 全站仪后方交会法

2. 高层建筑物的垂直度要求很高,以下测量仪器中(　　)可进行轴线投测。

A. 全站仪＋弯管目镜　　　　　B. 铅垂仪

C. 激光经纬仪　　　　　　　　D. 全站仪

E. 吊线坠

习题答案与解析

(一) 单项选择题

1.【C】 解析:归化放样法是精密放样法,首先用直接放样法确定放样点临时桩,再对临时桩进行精确测量,重复测量点位直至点位精确符合设计点位,达到规定的放样精度要求。这种方法精度最高,效率最低。

2.【D】 解析:控制基槽开挖深度也叫基坑抄平,开挖到距离槽底拉线以作为下一步工作的高程依据。

3.【A】 解析:当建筑场地的施工控制网为方格网或轴线网形式时,采用直角坐标法放线最为方便。

4.【C】 解析:建筑物施工控制网测量时,独立坐标系主轴线的选择主要考虑施工方便。

5.【A】 解析:竖向偏差的控制是高层建筑施工测量中最关键的工作,而高程传递是高层建筑施工测量中工作量最大的部分。

6.【C】 解析:极坐标法、正交法都涉及距离测量,所以和题目所述案例不符。前方交会法是在已知点上设站来求待定点数据,而后方交会法正相反,是在待定点上设站来观测已知点求待定点数据,所以答案是 C。

（二）多项选择题

1.【ACE】 解析：前方角度交会、侧方角度交会都只需要 2 个已知点即可已解算坐标，后方角度交会需要 3 个已知点来解算。采用全站仪进行后方交会时，由于加测了距离，已知点只需要两个即可。GNSS 空间交会是距离后方交会，需要 3 个点列出 3 个方程来解算坐标，并且需要增加 1 个点求钟差，故需要 4 个点。

2.【AB】 解析：施工层的轴线投测方法有全站仪或经纬仪法、垂准仪法、吊线坠法、激光经纬仪法、激光铅直仪法等。但高层建筑轴线投测要求较高，应采用全站仪弯管目镜法、光学铅垂仪法、激光铅垂仪法等。

5.6 土石方测量

5.6.1 土石方测量概述

工程建设中，场地平整、基坑与管沟开挖、路基开挖、人防工程开挖、地坪填土、路基填筑以及基坑回填等都需要进行一些土石方工程量的测算工作。

（1）场地平整测量

工程施工前需要把施工区天然地面改造成工程上所要求的设计平面，需要进行场地平整测量。

【释义】 由于场地平整时兼有挖方和填方，挖填体形常常不规则，所以一般采用方格网方法分块计算解决。

（2）土石方量计算

测算工程填挖方量，为工程设计和费用概算提供数据。

【释义】 场地平整测量和土石方量计算目的不同，但方法原理基本相同，故放在一起叙述。

5.6.2 土石方测量方法

1. 场地平整测量方法

方格网法场地平整测量(图 5.29)是根据施工区域的测量控制点和自然地形，将场地划分为若干方格计算方格网平均设计高程，其测量结果作为计算土石方工程量和组织施工的依据。

采用方格网法进行场地平整测量，基本流程如下：

（1）控制网布设

控制网可采用独立坐标系，也可直接使用城市独立坐标系。

（2）工程范围测量

利用测区控制点测量整个工程项目的边界，确定工程场地平整范围线。

（3）方格网划定

根据测区地形具体情况和工程要求设定方格网的格网尺寸。一般设定为 $10\sim100$ m，格网尺寸越小，测量精度越高。

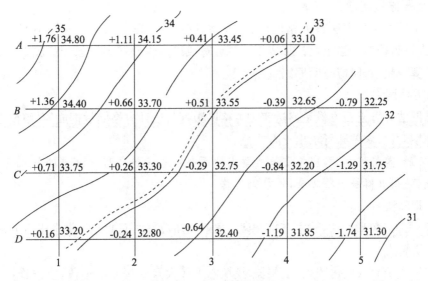

图 5.29　场地平整测量

碎部点间距不宜大于计算要求的网格间距,地形变化处应加密碎部点。

（4）特征数据采集

采集测区内地形点三维坐标,采集间距不宜大于计算要求的网格间距,地形不平时应加大特征点采集密度,地形变换点应采集。

地形特征线应采集,坎上、坎下高程应采集,水池、塘、稻田、旱田等应采集泥面高程及其周边坎的高程,建(构)筑物应采集其周边高程及地坪高程。

【释义】　地形特征点是地面起伏的变化处,地形特征点采集的密度、与实际地形的符合度、测量精度等因素都直接影响最后的结果。

（5）格网内插

把采集的地形特征点坐标按格网进行内插,获得每个格网角点坐标。

【释义】　内插的目的是将不规则排列的地形特征点数据变成规则格网数据。

（6）平均高程计算

假设测区挖填方基本平衡,计算测区平均高程。平均高程应按每个方格网点高程的权重加权计算。

【释义】　格网点权重指的是该格网点参与格网平均高程计算的次数,如某格网点权重为 1,表示该格网点只参与到一个格网的平均高程计算中,位于测区的凸角处;如某格网点权重为 3,表示该格网点参与到三个格网的平均高程计算中,位于测区的凹角处;如权重为 2,表示该格网点位于测区的边缘处;如权重为 4,表示该格网点位于测区的中央。

（7）绘出零线

根据计算出的测区平均高程和格网点坐标内插出挖填方等高线,也叫零线,即测区场地平整挖填方分界线。

（8）计算挖填方量

计算每个方格的挖或填方体积,统计总挖填土石方量。

2. 土石方量测量

计算土石方量的方法有方格网法、TIN法、断面法、DEM法等。土石方量应由一人计算,另一人进行检核。当检核计算成果与原计算成果的较差不大于原计算成果的3%时,应提交原计算成果,否则应查明原因重新计算。

(1)方格网法

方格网法计算土石方量是通过实测方格网数据与设计方格网数据或原(填挖方前)方格网数据两期对比,求差即可求出土石方量。

【释义】 整格计算时,应将网格各角点地面高程与设计高程之高差的算术平均值乘以网格面积,获得该格的土石方量,再加以汇总。

(2)TIN法

TIN法即三角形网法,建立TIN模型,求解两期数据之间的差值来求土石方量。

(3)断面法

当地形复杂起伏变化较大,或狭长、挖填深度较大且不规则的地段,宜选择横断面法进行土方量计算,如市政道路工程土石方量计算。

(4)DEM法

DEM法是用DEM数据建立地面点平面坐标和高程模型,在GIS中直接运用原始数据来计算土石方量。

【释义】 方格网法、TIN法、断面法一般用CAD(或CASS)软件来处理数据,DEM法一般用GIS软件处理。

5.6.3 章节练习

(一)单项选择题

1. 利用方格网进行建筑施工场地平整测量时,以下工作对最后测量结果影响不大的是( )。

    A. 增大特征点采集密度   B. 选择合适内插算法

    C. 按情况划定方格网   D. 提高控制点高程精度

2. 计算市政道路的土石方量,综合考虑各方面,最适宜采用( )。

    A. 等高线法   B. TIN法   C. 断面法   D. 方格网法

3. 采用方格网法对煤堆方量进行测算,以下工作中不是必须进行的是( )。

    A. 特征点坐标采集   B. 场地范围测量

    C. 两期地表对比   D. 填挖平衡线测量

习题答案与解析

(一)单项选择题

1.【D】 解析:方格网法场地平整测量可选择独立控制网,测算施工场地范围内的相对填挖方平衡线,故控制点的高程不会影响最后的填挖精度,其他选项都会影响结果。

2.【C】 解析:狭长的线状测区宜选择横断面法进行土方量计算。

3.【D】 解析:方格网法煤堆方量测算通过将实际高程方格网与原高程方格网两期数

据相减求出煤堆方量。填挖平衡线测量属于场地平整测量内容。

5.7　线路测量

5.7.1　线路测量概述

线路测量是指铁路、公路、河道、输电线路及管道等线形工程在勘测设计和施工、管理阶段所进行的测量工作的总称。

【释义】　线路工程的主体一般是在地表,但也有在地下或在空中,如地铁、地下管道、架空索道和架空输电线路等,工程可能延伸十几千米以至几百千米,它们在勘测设计及施工测量方面有不少共性。

（1）线路测量的任务

线路测量的任务主要有两方面:一是为线路工程的设计提供地形图和断面图,主要是勘测设计阶段的测量工作;二是按设计位置要求将线路敷设于实地,主要是施工放样工作。

（2）线路测量的基准

线路测量必须全线采用统一的基准,尽量采用国家统一坐标系统和高程基准。在不满足测区内高斯投影长度变形要求时,可采用独立坐标系。

【释义】　当线路过长,甚至横跨多个投影带时,需要考虑投影带之间要建立转换关系,确保在每个投影带内线路测量能满足长度变形要求,又能通过联测控制网进行投影转换。

（3）线路测量的流程

① 资料收集

收集规划设计区域内各种比例尺地形图、断面图资料,收集沿线水文、地质以及控制点等有关资料。

② 初步设计

根据工程要求,利用已有资料,结合现场勘察,在中小比例尺图上规划线路,编制初步设计方案。

③ 线路勘测

根据设计方案在实地标出线路的基本走向,沿着基本走向进行控制测量,并测量带状地形图。把设计的中线测设到实地,并测绘断面图。

④ 详细设计

根据初步设计方案和带状地形图、断面图等编制详细施工设计。

⑤ 施工测量

根据施工设计图纸及有关资料,在实地放样线路工程的边桩、边坡等指导施工。

⑥ 线路竣工测量

按照工程实际现状测绘竣工平面图和断面图,并对已竣工的工程进行竣工验收。

5.7.2　线路勘测

线路测量设计阶段的测量工作主要有初测和定测。

1. 初测

初测指为路线设计服务,提供编制初步设计文件时所需资料的测量工作。

初测的内容包括插大旗、平面控制测量、高程控制测量和带状地形图测量。

(1)插大旗

根据批准的方案报告,结合现场的实际情况,采用选点插旗的方式把设计路线大致标定在实地。

(2)平面控制测量

沿大旗指导的方向布设平面控制点,包括以下两种方法:

① GNSS 方法

点位应选在离线路中线 50~300 m、稳固且不易被施工破坏的范围内,每隔 5 km 设一对相互通视、间距 500~1 000 m 的 GNSS 点。

② 导线法

在导线的起、终点以及中间,每隔一定距离的点上应与国家平面控制点联测。当联测有困难时,应用陀螺经纬仪进行定向检核。

【释义】 线路导线控制测量的特征是呈条带状布设,容易产生方向误差,所以线路过长时必须进行校正。

(3)高程控制测量

线路高程控制测量需要经过初测时的基平测量和定测时的中平测量两个阶段。

① 基平测量

基平测量是沿线路布测水准点。水准路线应每隔一定距离与高等级水准点联测一次,其测量结果作为中平测量和日后施工测量的依据。

② 中平测量

中平测量根据基平测量建立的水准点高程,分别在相邻的两个水准点之间进行测量,测定中线上各里程桩的高程。

中线桩高程测量应布设成附合路线,闭合差不应超过 $50\sqrt{L}$ mm。

【释义】 中平测量又称中桩抄平,宜与中线测量一起进行,属于定测阶段的测量工作。

(4)带状地形图测量

以初测导线点为控制,测绘一定宽度的带状地形图,作为定线的依据。

带状地形图测图比例尺一般采用 1:2 000,平坦地区可选用 1:5 000 比例尺,困难地区可选用 1:1 000 比例尺。地形图带宽对于 1:2 000 比例尺测图而言,平坦地区宽度约为 400~600 m,丘陵地区约为 300~400 m。

2. 定测

定测是指根据设计文件在现场进行勘测落实,为编制设计施工图提供所需的资料,作为进一步测绘线路纵横断面图和施工的依据。

定测的内容主要包括中线测量、断面测量、既有线路勘测。

(1)中线测量

中线测量是把道路的设计中心线测设在实地上,主要工作是中线放线和中桩测设。

① 中线放线

中线放线是测设中线起终点、各交点和转点的工作。

中线放线方法有穿线放线法、拨角放线法、RTK 法、极坐标法(图 5.30)等。

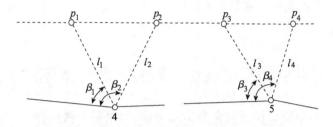

图 5.30　极坐标法中线放样

中线测量作业前应逐一检查初测高程点,检核较差不应大于 $30\sqrt{L}$ mm(L 为线路长度,单位:km)。

中线测量应与初测导线、像控点或 GNSS 点联测,间距宜为 5 km,特殊情况不大于 10 km。

铁路、一级以上公路方位角联测闭合差不大于 $30\sqrt{n}$,相对闭合差不大于 1/2 000;二级以下公路方位角联测闭合差不大于 $60\sqrt{n}$,相对闭合差不大于 1/1 000。

【释义】　穿线放线法,如图 5.31 所示,先利用导线点($C14—C19$)用支距法放样垂直于导线边的中线点(临时点),由于测量误差的存在,临时点一般不在一条直线上,测设一条尽可能多穿过临时点的直线,如图中的 $ZD4$-1 到 $ZD4$-4,以及 $ZD5$-1 到 $ZD5$-2,将相邻直线延长,并测设交点 $JD5$ 作为下一步曲线测设的基础。

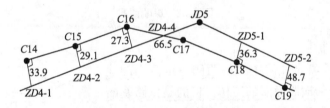

图 5.31　穿线放线法测设中线

② 中桩测设

通过量距和钉桩,把里程桩和加桩测设到实地。

中桩直线部分间距不应大于 50 m,平曲线部分宜为 20 m。

当铁路曲线半径大于 800 m 且地势平坦时,其中线桩间距可为 40 m。

当公路曲线半径为 30～60 m 或缓和曲线长度为 30～50 m 时,其中线桩间距不应大于 10 m;对于公路曲线半径小于 30 m、缓和曲线长度小于 30 m 或回头曲线段,中线桩间距均不应大于 5m。

【释义】　里程桩分为公里桩、百米桩等,如果设计需要或在地形变化处,可另设整米加桩。里程桩号 K101+789 表示该里程桩距线路起始点 101.789 km。

【小知识】

曲线细部点测设时桩号的编号可以采用整桩号法和整桩距法。

整桩号法是将线路上靠近起点的第一个桩的桩号凑为整数桩号,然后按桩距向线路终点连续设桩,这样设置的桩号均为整桩号。

整桩距法是把起终点间距离等分来设桩。

(2) 断面测量

① 纵断面测量

纵断面测量是利用初测时的水准点,按中平要求测出各里程桩和加桩高程,表达线路纵向地面起伏形态。

如图 5.32 所示,纵断面图用直角坐标法绘制,以里程为横坐标,以高程为纵坐标,里程比例尺常通常采用 1:2 000 或 1:1 000,高程比例尺通常为水平比例尺的 10~20 倍。

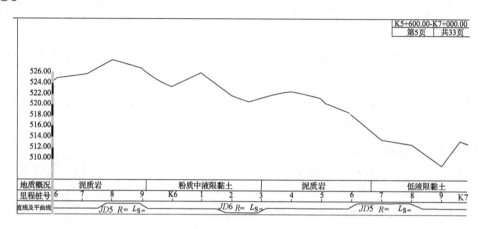

图 5.32 纵断面图

② 横断面测量

横断面测量是测定线路中线桩两侧一定范围的地面起伏形状,并绘制横断面图的工作。目的是供路基断面设计、路基土石方量计算或路基边坡放样使用。

横断面测量一般选在曲线控制点、里程桩处、横向地形明显变化处,重点工程地段应适当加密,断面宽度应能满足横断面施工设计要求(图 5.33)。纵、横坐标比例尺相同,一般为 1:100 或 1:200。横断面测量应包括起终点断面。

(3) 既有线路勘测

既有线路平面测绘是把已建成的线路测绘出来,根据测绘资料反求曲线的转角、半径、长度等曲线要素,以便在此基础上设计新的曲线。

既有线路平面测绘减少了较新建线路勘测选线测量工作,主要工作是对既有线路及各种建筑物作详细测绘。其属于初测阶段,如纵横断面测绘、平面测绘、地形测绘。定测比初测详细,内容基本一致。

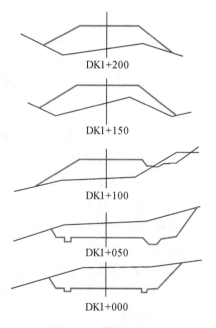

图 5.33 横断面图

既有线路勘测工作内容包括里程丈量、线路调绘、高程测量、横断面测量、线路及周围建筑物平面测量、地形测绘、铁路站场测绘、绕行线定测、设备调查等。

测量方法一般采取偏角法、矢距法、极坐标法、RTK 法等。

5.7.3 线路施工测量

线路施工测量主要包括中线桩复测、路基边坡放样、曲线测设等内容。

1. 中线桩复测

线路施工前必须恢复中线,并对定测资料进行可靠性和完整性检查。复测前应和设计单位交接桩点,如直线转点(ZD)、交点(JD),曲线主要点,平面和高程控制点等。

复测需尽量按定测桩点进行,若桩点有丢失或损坏,应予以恢复;若复测和定测成果的误差在允许范围之内,则以定测成果为准;若超出允许范围,应确定是定测资料错误或桩点位移时,方可采用复测资料。

【释义】 复测的目的是恢复和检查定测质量,复测的内容主要包括中线测量、中平测量、线路转向角测量等。

(1)曲线主点

曲线主点主要是曲线五大桩点,即直线和缓和曲线交点 ZH 直缓点、HZ 缓直点,缓和曲线和圆曲线交点 HY 缓圆点、YH 圆缓点,以及曲线中点 QZ 曲中。

(2)曲线细部点

曲线各细部点是在曲线上的非主要点,曲线段一般每 20 m 设桩。

(3)护桩

为了在线路主要桩点被破坏后能恢复点位,在路基施工前,应对中线的主要控制桩(如交点 JD、直线转点 ZD 及曲线五大桩)设置护桩。护桩位置应选在施工范围以外。

2. 路基边坡放样

路基边坡放样主要是放样出路基宽度、边桩、边坡。

【释义】 路基是轨道或者路面的基础,是经过开挖或填筑而形成的土工构筑物。

路肩指的是位于车行道外缘至路基边缘,具有一定宽度的带状部分,为保持车行道的功能和临时停车使用,并作为路面的横向支承。

边坡指的是为保证路基稳定,在路基两侧做成的具有一定坡度的坡面。

路堤指的是路基高于天然地面,填方而成。

路堑指的是路基低于天然地面,挖方而成。

路基施工零点指的是填挖高度为零处。

路基边桩是在地面上将每一个横断面的路基边坡线与地面的交线用木桩标定出来。

(1)平坦地面边桩放样

① 图解法

图解法是直接在横断面图上量取中桩至边桩的平距,然后在实地用钢尺沿横断面方向将边桩丈量并标定出来。

② 解析法

解析法是根据坐标数据计算出路基中心桩至边桩的距离,然后在实地沿横断面方向按距离将边桩放样出来。

【释义】 解析法和图解法边桩放样的区别主要是边桩与中桩距离的计算方式不同。

(2) 倾斜地面边桩放样

一般采用坡脚尺法、逐步趋近法等测量方法。

(3) 高程放样

路基高程放样通过中桩高程测量,在中桩和路肩边作出标示。

(4) 路基边坡放样

一般采用竹杆绳索法、分层挂线法、样板法等方法放样边坡。

【释义】 竹杆绳索法如图 5.34 所示,在路基 C、D 处树立竹竿,把路基和边坡 A、B 用绳索相连。

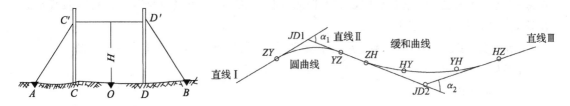

图 5.34　道路边坡放样　　　　　　　　图 5.35　线路主要桩点

3. 曲线测设

线路曲线是直线段之间的缓冲带,分为平曲线和竖曲线。平曲线又分为圆曲线和缓和曲线(图 5.35)。

圆曲线的曲率半径处处相等;缓和曲线是在直线与圆曲线、圆曲线与圆曲线之间设置的曲率半径连续渐变的一段过渡曲线,其曲率半径连续变化,在 ZH 和 HZ 处等于无穷大,在 HY 和 YH 处等于圆曲线半径。

(1) 圆曲线测设

圆曲线的测设方法有偏角法、切线支距法、RTK 法等。

以长弦偏角法为例,圆曲线的测设流程如下:

① 资料收集和计算

根据给定的设计半径、偏角(弦切角)等,计算其他曲线要素(图 5.36),如切线长 T、曲线长 L、外矢距 E、切曲差 D、转角 α,以及圆曲线的起点、中点、终点坐标。

② 交点 JD 测设

采用中线放线方法测设出直线段交点 JD。

【释义】 当交点由于地形等原因不便测设时,可测设副交点作为辅助点代替交点。

③ 测设曲线主点

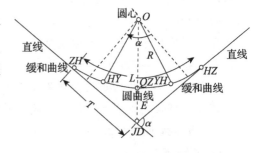

图 5.36　曲线要素

在交点处设站,观测直线段方向,减去切线长,即可测设出 ZH 点和 HZ 点。

观测圆心(用距离交会法可得到)方向,减去外矢距长,即可测设出 QZ 点。

④ 曲线细部点测设

曲线细部点测设可采用极坐标法、直接坐标法、偏角法、切线支距法、弦线支距法、弦线偏距法、割线法、正矢法等方法测设。

本例采用偏角法测设。

算出主点到细部点的弦切角以及弦长,在 *ZH* 点(或 *HZ* 点)处设站,根据弦切角和弦长,拨角测设每个曲线细部点。

【释义】 目前一般采取 RTK 法直接测设,采用 RTK 法时无须再测设交点 *JD*。也可采用极坐标法测设,其他方法已经很少采用,只需知道大概流程即可。

平曲线测设一般采用切线直角独立坐标系,即以 *ZH* 或 *HZ* 为坐标原点,*ZH*(*HZ*)处的半径为 *Y* 轴,*ZH*(*HZ*)处切线为 *X* 轴。

切线支距法指在切线直角坐标系中算出桩点坐标,再用方向架和钢尺丈量。

(2) 竖曲线测设

竖曲线是指在线路纵断面上,以变坡点为交点,连接两相邻坡段的曲线。

竖曲线测设时先计算各曲线要素,再根据纵断面图里程和高程测设置标桩。通常竖曲线设计采用的线形有抛物线或圆曲线。

【释义】 竖曲线测设和计算比较复杂,注册测绘师考试不会涉及,本书不作详述。

5.7.4 线路竣工测量

线路竣工测量在路基土石方工程完工后、铺轨工作之前进行。其目的是最后确定中线位置为铺轨提供依据,检查路基施工质量是否符合设计要求。

(1) 中线贯通测量

检查桥隧中线是否与恢复的线路竣工测量中线相符合。中线里程应全线贯通,没有断链。

道路中心直线段,应每隔 25 m 施测一个坐标和高程点;曲线段起终点、中间点,应每隔 15 m 施测一个坐标和高程点,半径小于 500 m 的应每 10 m 施测一个坐标和高程点;半径大于 500 m 的应每 20 m 施测一个坐标和高程点。

【释义】 桥梁、隧道中线应与线路中线吻合,故测量时应以桥隧中线向两端引测。

断链,因路线改道而产生实际里程桩和设计值不符合的现象叫断链,断链桩应设立在线路的直线段上。实际里程变长叫长链。实际里程变短叫短链。

(2) 高程测量

通过水准测量把高程引测到稳固建筑物上,也可埋设永久性水准点。

全线高程必须统一,消除因不同高程基准产生的"断高"。

【释义】 断高,低等级水准网调整为高等级,有可能产生断高,水准网的同一水准点上出现不同的高程值。

(3) 横断面测量

测量侧沟、天沟深度和宽度,以及路基、路基护道宽度是否符合要求。

5.7.5 桥梁测量

桥梁测量指在桥梁勘测设计、施工和运营各阶段中所进行的测量工作。

1. 桥梁测量内容

（1）设计阶段

桥梁测量设计阶段的主要工作内容有控制测量、中线测量、桥轴线断面测量、地形图测绘（包含河床地形测绘、水下地形图测绘、大比例尺桥址地形测量）。

（2）施工阶段

施工阶段测量工作主要有桥墩桥台放样和跨越结构放样，主要内容有桥轴线长度测量、施工控制测量、桥址地形及纵断面测量、墩台中心定位、墩台基础及细部放样。

【释义】 桥台是指大桥两头起始处砼结构。

桥墩是指大桥中间分跨处支撑墩。

桥渡的中心线称为桥轴线，桥轴线两岸控制桩的距离称为桥轴线长度。

（3）运营阶段

运营阶段测量工作主要是变形监测。

2. 桥梁测量过程

（1）技术方案设计

对于大桥或特大桥来说，必须建立施工控制网；对于中小型桥，可直接丈量桥台与桥墩之间的距离来进行放样，或者将桥址勘测阶段的测量控制作为放样的依据。

一般采用"使控制点误差对放样点位不发生显著影响原则"设计控制网。施工平面控制网宜布设成独立网。如遇跨河水准要采用精密水准测量。

平面位置放样采用极坐标法、多点交会法等，高程放样采用水准测量法。

（2）桥梁施工控制测量

① 平面控制测量

桥梁施工平面控制测量一般采用三角形网、导线网、GNSS网。三角形网分为双三角形、大地四边形、双大地四边形等。当控制网跨越江河时，每岸布设不少于 3 个控制点，其中轴线上每岸宜布设 2 个点。

控制网的边长宜为主桥轴线的 0.5～1.5 倍。

② 高程控制测量

高程控制测量一般采用水准测量法，桥址两岸应各布设不少于 3 个水准点，桥位水准点要和线路水准点联测，一般采用国家水准点高程。如联测有困难，可引用桥位附近其他单位的水准点，亦可采用假定高程基准。

（3）桥梁放样

桥梁放样工作主要有墩台中心定位、墩台细部放样、梁部放样等。

3. 桥梁竣工测量

① 桥梁墩台竣工测量

桥梁墩台竣工测量包括各墩台跨度、墩台各部尺寸（支承垫石尺寸、墩台顶面尺寸）、支承垫石顶面高程。

② 桥梁架设竣工测量

桥梁架设竣工测量包括主梁弦杆直线性、梁的拱度、立柱竖直度、梁支点和墩台中心相对位置。

5.7.6 章节练习

(一) 单项选择题

1. 某路段采用整桩号法编号,某公里桩的编号可能是下列中的(   )。

    A. K5+000　　　　B. K1+110　　　　C. K2+500　　　　D. K3+300

2. 圆曲线起点桩号为 DK1+101,终点桩号 DK1+301,已知两桩点之间的弦长等于半径的 $\sqrt{2}$ 倍,则 ZH 点处的半径为(   )m。

    A. 100　　　　　　B. 127　　　　　　C. 200　　　　　　D. 254

3. 线路的纵断面采用直角坐标绘制,以(   )为横坐标,以高程为纵坐标。

    A. 中桩里程　　　　B. 线路距离　　　　C. 横断面间距　　　　D. 初测导线

4. 测设公路中线里程桩时,关于断链的说法正确的是(   )。

    A. 一般是存在测量误差所致　　　　　　B. 一般是线路改道所致

    C. 一般是里程桩埋设不准确所致　　　　D. 一般是里程桩被破坏所致

5. 以下不属于桥梁施工阶段主要测绘内容的是(   )。

    A. 桥轴线长度测量　　　　　　B. 墩台中心定位

    C. 墩台细部放样　　　　　　　D. 横断面测量

6. 桥梁高程控制测量一般采用水准测量的方法,桥址两岸应各布设不少于(   )个水准点。

    A. 1　　　　　　　B. 2　　　　　　　C. 3　　　　　　　D. 4

7. 铁路竣工测量一般在(   )后进行。

    A. 全线完工　　　　B. 铺轨　　　　　　C. 土石方工程　　　　D. 边坡放样

(二) 多项选择题

1. 线路施工后要进行路基边坡和边桩放样,其方法主要有(   )。

    A. 基线尺法　　　　B. 图解法　　　　　C. 偏角法　　　　　D. 逐步趋近法

    E. 切线支距法

2. 线路初测时,测量工作的主要内容包括(   )等。

    A. 基平测量　　　　　　　　　B. 平面控制测量

    C. 纵断面测量　　　　　　　　D. 中线测量

    E. 带状地形图测绘

习题答案与解析

(一) 单项选择题

1.【A】 解析:线路里程桩号用"K 整千米数+不满整千米数"表示。百米桩在距离线路起点每整百米处设桩,千米桩在距离线路起点每整千米处设桩。只有选项 A 为整千米设桩。

2.【B】 解析:由桩号可知该线路段长 200 m,即弧长。由弦和半径构成的三角形边长关系可知圆心角等于 $90°$,即弧长为四分之一圆周,则半径 $r = 200 \times 4/2\pi = 127$ m。

3.【A】 解析:纵断面测量利用初测时的水准点,按中平要求测出各里程桩和加桩的高程,用直角坐标法绘制,以中桩里程为横坐标,以高程为纵坐标,中桩里程比例尺常采用 1:2 000 或 1:1 000,高程比例尺通常为水平比例尺的 10~20 倍。

4.【B】 解析:因为路线改道而产生实际里程桩和设计值不符合的现象叫断链。

5.【D】 解析:桥梁施工阶段测量工作主要有桥墩桥台放样和跨越结构放样,内容主要有桥轴线长度测量、施工控制测量、桥址地形及纵断面测量、墩台中心定位、墩台基础及细部放样。

6.【C】 解析:桥梁高程控制测量一般采用水准测量法,桥址两岸应各布设不少于 3 个水准点,桥位水准点要和线路水准点联测,一般采用国家水准点高程。

7.【C】 解析:铁路竣工测量在路基土石方工程之后、铺轨之前进行,目的是最后确定中线位置作为铺轨依据,检查路基施工质量是否符合设计要求。

(二) 多项选择题

1.【BD】 解析:路基填方叫路堤,挖方叫路堑,填挖高度为零处叫路基施工零点。路基边坡放样主要是放样出路基宽度、边桩、边坡。常用图解法、解析法、坡脚尺法、逐步趋近法、竹竿绳索法、分层挂线法、样板法等方法放样边坡和边桩。

2.【ABE】 解析:初测指为路线设计服务,提供编制初步设计文件所需的资料的测量工作。初测的内容包括插大旗、平面和高程控制测量(基平测量)以及带状地形图测绘。中线测量和断面测量是线路定测的内容。

5.8 大坝和水利以及市政工程测量

5.8.1 大坝测量

1. 大坝控制测量

(1) 平面施工控制网

大坝平面施工控制网一般分两级布设,即基本网和定线网。可采用 GNSS 网、三角形网、导线网等控制网布设。

① 坝轴线测设

一般先由设计图纸量得轴线两端点的坐标值,反算出它们与施工控制网中的已知点的方位角,测设其地面位置。轴线两端点定位后必须用永久性标志标明,并在其延伸方向的两岸山坡上各设 1~2 个永久性轴线控制桩以便检查。

【释义】 坝轴线即坝顶中心线,垂直于河流方向。

② 坝身控制线

为了施工放样方便,应当测设若干条垂直或平行于坝轴线的坝身控制线,又称定线网。其测量步骤分两步:先测设平行于坝轴线的坝身控制线,再测设垂直于坝轴线的坝身控制线。

平行于坝轴线的坝身控制线可布设在坝顶上下游边线处、上下游坡面变化处、下游马道中线处,也可以按间隔 10 m、20 m、30 m 布设;垂直于坝轴线的坝身控制线一般按 50 m、

30 m、20 m 的间距以里程来测设。

（2）高程控制网

大坝高程控制网由永久水准点组成的基本网和临时水准点两级布设。

① 基本网

基本网布设在施工范围外，用三等或四等水准测量方法从国家水准点联测高程。

② 临时水准点

临时水准点直接用于坝体高程放样。

2. 清基开挖与坝体填筑放样

① 清基开挖放样

清基开挖放样工作的主要目的是保证坝体与基础衔接牢固，指导坝体填筑前的基础清理工作，清基开挖线即坝体与自然地面交线，一般用套绘断面法（图解法）求得放样数据，再用极坐标法或 RTK 法放样。

【释义】　套绘断面法指用图解法比对各测次断面和设计断面图差异的方法。

② 坡脚线放样

为指导坝体填筑，要测设坝底与清基后地面交线，即坡脚线，可以采用套绘断面法、平行线法等方法放样。

③ 边坡线放样

坝体填筑时，每当坝体升高 1 m 左右，就要用上料桩将边坡的位置标定出来，标定上料桩的工作称为边坡放样。

④ 修坡桩测设

坡面修整时标定方格网状护坡桩位置的工作称为护坡桩的测设。一般采用水准仪或经纬仪按照测设坡度线的方法求得修坡量，决定是否削坡或回填。

5.8.2　水利工程测量

水利工程测量内容有施工控制测量、地形（包括水下地形）测量、纵横断面测量、定线和放样测量、变形监测等。

（1）在规划阶段

在规划阶段水利工程测量的内容有提供各种比例尺地形图以及路线测量、纵横断面测量、库区淹没测量、渠系和堤线、管线测量等。

（2）在建设阶段

在建设阶段水利工程测量的内容主要是施工控制测量，各种水工构筑物的施工放样，各种线路的测设，水利枢纽地区的地壳形变、危崖、滑坡体的安全监测以及竣工测量，工程监理测量等。

（3）在运营阶段

在运营阶段水利工程测量的内容主要是变形监测、库区淤积测量等。

5.8.3　市政工程测量

市政工程可分为道路交通工程、河湖水系工程、地下管线工程、架空杆线工程、街道绿化工程等。

（1）在设计测量阶段

对于道路、管线、地下人行通道等带状工程,设计测量主要是中线测设、带状地形图和纵横断面图测绘。对于广场、立交桥、交通枢纽等非带状工程,设计测量主要是1：500甚至1：200比例尺地形图或方格网高程图测绘。

（2）在施工测量阶段

施工测量主要是中线桩位恢复和校测、建筑物主要轴线放样、细部放样。

（3）在竣工测量阶段

竣工测量主要是细部点测定、竣工图编制。

（4）在变形监测阶段

在建设和运营中,对重要桥梁、地质条件不良地段的工程建筑物进行变形监测。

5.8.4 章节练习

（一）多项选择题

1. 对于（　　）等市政工程,设计测量的内容主要是1：500比例尺地形图或方格网高程图测绘。

A. 广场　　　　　　　B. 道路　　　　　　　C. 立交桥　　　　　　　D. 管线

E. 交通枢纽

2. 大坝施工控制测量工作内容主要包括（　　）等。

A. 坝轴线测设　　　　　　　　　　B. 坝身控制线测量

C. 坝体填筑放样　　　　　　　　　D. 清基开挖放样

E. 高程控制网建立

习题答案与解析

（一）多项选择题

1.【ACE】 解析：对于道路、管线、地下人行通道等带状工程,设计测量主要是中线测设、带状地形图和纵横断面图测绘。对于广场、立交桥、交通枢纽等非带状工程,设计测量主要是1：500甚至1：200比例尺地形图或方格网高程图测绘。

2.【ABE】 解析：大坝施工控制测量工作内容主要包括坝轴线测设、坝身控制线测量、高程控制网建立。

5.9 矿山与隧道测量

5.9.1 隧道测量概述

隧道测量是在隧道工程的规划、勘测设计、施工建造和运营管理的各个阶段进行的测量,隧道测量的作用主要是保证隧道顺利贯通。

1. 隧道测量的特点

◎隧道测量施工环境差,不便校核。

◎隧道控制测量布网形式单一,需随着工程的进展而不间断地进行。

◎隧道测量往往采用一些特殊或特定的测量方法和仪器。

2. 各阶段测绘内容

(1)规划阶段

规划阶段要测绘各种大中比例尺地形图,必要时要测绘断面图和地质剖面图。

(2)建设阶段

① 控制测量

控制测量目的是传递空间位置,保证隧道贯通。主要有地面控制测量、地下控制测量、联系测量等工作。

② 定线放样

放样内容有中线、腰线测设,断面线放样,断面测量,竣工测量等。

(3)运营阶段

运营阶段主要是安装测量、变形监测(施工前一直到运营阶段)等工作。

5.9.2 隧道施工测量

隧道施工测量内容有洞外控制测量、进洞测量、洞内控制测量、洞内施工测量、贯通误差调整、竣工测量等。

1. 洞外控制测量

(1)洞外平面控制测量

洞外平面控制应布设成自由网,并根据线路测量的控制点进行定位和定向。每个洞口应测设不少于 3 个平面控制点,并至少有 2 个可通视的控制点(图 5.37),隧道各洞口控制网应尽量联系在一起布设成统一控制网,并沿隧道两洞口的连线方向布设。

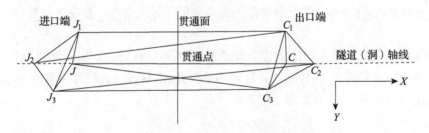

图 5.37 洞外控制网布设

洞外平面控制测量一般采用 GNSS 法,也可采用精密导线法、三角形网法、中线法等。

采用 GNSS 法测量时,隧道长度大于 5 km 时,控制网等级应采取二等控制网布设要求;小于等于 5 km 时,控制网等级应采取三等控制网布设要求。

采用中线法时,直线隧道应不大于 1 km,曲线隧道应不大于 500 m。

【释义】 GNSS 法定位精度高,选点灵活,无须通视,是目前隧道控制网建立的首选方法。

导线法布设灵活,地形适应性强。

三角形网法方向控制精度最高,组织复杂。

中线法布设形式简单,方向控制较差,只能用于较短隧道。

（2）洞外高程控制测量

洞外高程控制一般采用二、三等水准测量法,困难时也可采用四、五等高程测量。

隧道两端的洞口水准点、相关洞口水准点(含竖井和平洞口)和必要的洞外水准点,应组成闭合或往返水准路线,洞口应埋设不少于2个水准点。

2. 洞内控制测量

洞内控制测量要先进行进洞测量,一般采用进洞点和洞口控制点反算的距离和方位角把中线引进洞内,高程用水准测量或三角高程测量方法引入。

（1）洞内平面控制测量

洞内平面控制测量依据隧道具体情况可采用中线法或导线法。

① 中线法

中线法适合较短隧道的洞内控制测量。

当采用中线法测量时,其中线点间距,直线段不宜短于100 m,曲线段不宜短于50 m。

【释义】 如图5.38所示,A、B、C是导线控制点,d是洞外中线点,随着隧道掘进,布设临时中线点1、2、3,当掘进距离大于相邻中桩距离(cd长）时,把临时桩点改作中线桩点。

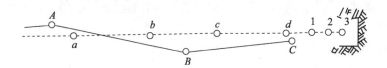

图5.38 进洞测量和洞内导线

② 导线法

导线法适合长隧道的洞内控制测量,应先布设短边低等级导线,低级导线每掘进300~500 m要施测高级导线检核,高级导线起始边应和低级导线重合。在掘进过程中,如此反复进行。

洞内导线一般布设成直伸的长边导线或狭长多环导线（图5.39),导线边长宜近似相等。洞内导线检核条件少,只能通过重复观测来检核,当导线过长时可对某些边加测陀螺方位角以控制方向误差累积,有时需点下对中。

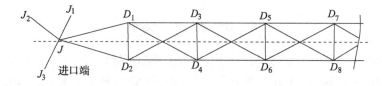

图5.39 洞内导线布设方法

采用导线法时,直线段不宜短于200 m,曲线段不宜短于70 m。

【释义】 洞内低等导线控制测量的主要目的是指导掘进方向,布设高等级导线的目的是控制误差累积。

【小知识】

由于隧道内不便埋设控制点,控制点经常埋设于洞内顶板上,此时需要采取点下对中方式整制仪器,传统方法是使棱镜上中心对准悬挂的垂球尖。

(2) 洞内高程测量

洞内高程测量宜采用水准测量法进行。

洞内水准测量在隧道贯通之前属于水准支线,需往返测检核,并需定期复测。

洞内高程测量每隔 200～500 m 设立一对高程点以便检核,每隔 100 m 在隧道拱部设立一个水准点便于施工使用。

当待测点高于视线高的情况下,洞内水准测量常用倒尺法传递高程。将水准尺底部置于待测点(洞顶)位置上垂直倒挂,待测点高程等于视线高加上读数值(高差绝对值)。

如图 5.40 所示。

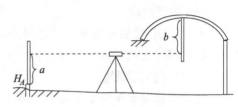

图 5.40　倒尺法水准测量

$$H_B = b + (H_A + a)$$

式中　H_B,H_A——待定点和已知点高程;

　　　b——照准倒尺读数;

　　　a——照准已知点标尺读数。

(3) 洞内施工测量

洞内施工测量包括洞口定线放样、洞内中线测量、洞内腰线测设、开挖断面测量、衬砌放样、隧道净空收敛监测等内容。

◎洞内施工中线宜根据洞内控制点采用极坐标法测设,当掘进距离延伸到 1～2 个导线边时,导线应同时延伸,并测设新的中线点。

◎隧道衬砌前,应对中线点进行复测检查并根据需要适当加密。

◎对于大型掘进机施工的长距离隧道宜采用激光经纬仪、激光导向仪、陀螺经纬仪定期检核方位。

◎施工过程中,应对隧道控制网定期复测。

【释义】　根据隧道设计在现场标定掘进的方向线称作中线,坡度线称作腰线。

衬砌指的是为防止围岩变形或坍塌,沿隧道洞身周边用钢筋混凝土等材料修建的永久性支护结构。

5.9.3　矿井测量

矿井施工测量内容主要有地面控制测量、竖井定向测量、竖井导入高程测量、竖井贯通测量、井下控制测量、井下施工测量等。

1. 矿井施工测量各阶段工作内容

(1) 矿产勘探阶段

地面控制测量、地形图测绘、勘探点的标定等。

（2）设计阶段

地形图测绘、工业广场测量、线路测量。

【释义】 矿山工业广场指连接矿井并为矿井上下服务的所有地面设施的总和，如储煤场、洗煤厂、装车线、办公楼等。

（3）建设阶段

井筒和巷道测量、建（构）筑物施工测量、设备安装与线路测量。

【释义】 井筒是指从地面向矿体开凿的垂直或倾斜的工程，垂直的工程称为竖井，倾斜的工程称为斜井。

巷道是指在地表与矿体之间钻凿出的各种通路，用来运矿、通风、排水、行人等。

（4）生产阶段

井巷标定、岩层与地表移动监测、土地复垦测量等。

【释义】 土地复垦是指对工矿业用地的再生利用和系统恢复。

2. 矿区施工测量

矿区应尽量采用国家 3°带高斯平面直角坐标系，在特殊情况下，可采用任意带中央子午线、矿区平均高程面为投影面的矿区独立坐标系。

（1）平面控制测量

矿区平面控制测量可采用 GNSS 控制网、三角形网、导线网等。首级网应布设在国家一、二等平面控制网上，在满足精度前提下，可以越级加密。

近井点可在矿区基本平面控制网的基础上，采用插网、插点或导线法等方法测设，一般设在便于观测、保存和不受开采影响的地方。

【释义】 近井点是设置在坑道、竖井井口附近的控制点，是指导坑道、井筒掘进、施测井口位置点和地下导线的起算点。

（2）高程控制测量

高程控制测量采用水准测量法、三角高程测量法（山区）。

3. 井下控制测量

（1）井下平面控制测量

井下平面控制测量可以布设成附合导线、闭合导线、方向附合导线、无定向导线、支导线等。导线起始点坐标由地面控制测量和联系测量测定。

低等级导线布设 300～500 m 时再敷设高等级导线检查，高等级导线起始边（点）和最终边（点）应与低等级导线边（点）相重合。以高等级导线所测设的最终边为基础，再向前敷设低等导线和中线。

◎地下导线要求尽量沿巷道中线布设，避免长短边相接。

◎导线延伸时需对以前导线点检核，直线段可只检核角度。

◎地下导线边长短，应尽量减少对中误差影响。

◎采用钢尺悬空丈量边长时要进行尺长、温度、垂曲改正。

◎能闭合的导线网应进行平差。

◎螺旋形巷道每次延伸，都应从洞外复测。

（2）井下高程控制测量

井下高程控制测量一般采用水准测量法、三角高程测量法（坡度较大的倾斜巷道）。井下水准点既可设在巷道的顶板、底板或两帮上，也可以设在井下固定设备的基础上。

4. 巷道回采工作面测量

巷道回采工作面测量是井下测量的主要工作内容有：

◎标定巷道中线和腰线。

◎测定巷道的位置，检查巷道规格和质量，丈量巷道进尺，把巷道填绘在有关图件上。

◎测绘回采工作面的位置，统计产量和储量变动。

◎采矿工程、井下钻探有关点位，地质特征点，以及瓦斯突出点和涌水点的测定等。

【释义】　从安全角度考虑，采矿时一般先打通巷道，进入计划开采的远处逐渐往回采，正式开采时的工作面称回采工作面。

5.9.4　联系测量

联系测量的作用是为了确保隧道的贯通，建立地上、地下统一的坐标系统，实现空间位置的传递，并确定地下工程与地面建（构）筑物相对位置关系，以保证安全。

1. 平面联系测量

平面联系测量一般采用几何定向法或陀螺经纬仪定向法，几何定向法又包括一井定向法、两（多）井定向法、定向导线法、钻孔投点法等。

【释义】　一井定向连接测量的方法是传统联系测量方法，已经很少采用。

（1）一井定向法［图 5.41(a)］

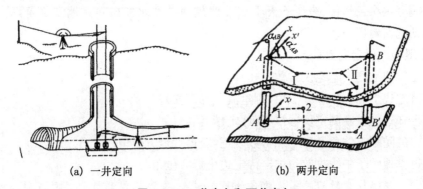

| (a) 一井定向 | (b) 两井定向 |

图 5.41　一井定向和两井定向

一井定向测量内容包括投点和连接测量两项工作。

① 投点

在竖井井筒中悬挂两根垂球线（钢丝），在井下通过连接测量把两个垂球坐标以及方位角传递到井下。

【释义】　选用较细的钢丝，并把垂球浸入液体中，加大钢丝间距，来增加投点精度。

② 连接测量

通常采用连接三角形测量（图 5.42），通过两垂球连线连接地面导线和地下导线，完成地上控制点坐标和方位角传递到地下的工作。

【释义】　连接三角形最有利的形状为 α 角很小的延伸三角形。

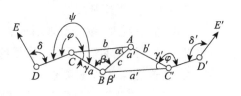

图 5.42　连接三角形

(2) 两井定向[图 5.41(b)]

两井定向是通过两个竖井进行的竖井定向测量。

【释义】　在两井筒中各悬挂一根垂球线,在地上计算两垂球线的坐标及其连线的方位角,在地下利用导线对两垂球线进行连测,按假定坐标系计算连线假定方位角,贯通后以地上方位角和坐标为依据经闭合差配赋,计算出所有地下导线点的坐标和导线边的方位角。

(3) 其他几何定向方法

除了竖井定向法外,目前定向导线法、钻孔投点法也是经常采用的方法。

① 定向导线法

定向导线法又称导线直接传递法,是通过全站仪直接以导线形式与地下导线进行联系测量,这种方法要求场地开阔。

② 钻孔投点法

钻孔投点法是在已经开挖的方向钻孔,并采用激光垂准仪在孔中投点,直接把地上坐标和方向传递到地下。

(4) 陀螺经纬仪定向

采用陀螺经纬仪定向加测陀螺方位角,可直接在地下测量方位角,控制导线的误差累积,并增加多余观测量,使控制网更可靠。

【释义】　陀螺经纬仪(纬度不大于 75°)测定的是真北方向和大地方位角,关于三北方向关系详见地图制图一章。

① 陀螺经纬仪定向流程

◎在已知边上测定陀螺仪常数。

◎在待定边上测定陀螺方位角(测量流程见下文)。

◎在已知边上重新测定仪器常数,评定精度。

◎测得的陀螺方位角经过陀螺常数改正,获得大地方位角。

◎通过本地的子午线收敛角求定待定边坐标方位角。

【释义】　陀螺仪常数即陀螺仪测量的系统误差,是陀螺仪测量北方向与理论大地北(真北)方向之间的夹角。

当地子午线收敛角可根据经纬度计算得到,也可通过表格查询。

② 陀螺方位角一次测定流程

◎以一个测回测定已知边或待定边方向,仪器大致对北。

◎粗定向,测定近似陀螺北方向,测前悬带零位观测。

◎精定向,测定精密陀螺北方向,测后悬带零位观测。

◎以一测回测定已知边或待定边方向,如互差不超限,取平均数为陀螺方位角。

【释义】　陀螺悬带零位是陀螺灵敏部摆动平衡位置与目镜分划板应重合的位置,陀螺悬带零位实际值与理论值会有微小误差。

2. 高程联系测量(图 5.43)

高程联系测量任务是将地面坐标系统中的高程传递到井下高程测量的起始点上,竖井导入高程的方法可采用长钢尺法、长钢丝法、光电测距法、铅直测距法等。

斜井、平硐的高程联系测量可从地面用水准测量和三角高程测量方法直接导入。

【释义】 长钢丝法原理与长钢尺法基本相同,钢丝长度在地面用尺子丈量。

光电测距法和铅直测距法都是直接采用测距仪测量地上到井下距离的方法,光电测距法需要在井口和井底安装反射棱镜测量仪器到井口的距离和到井底的距离求差求得高差。

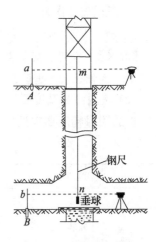

图 5.43 高程联系测量

5.9.5 贯通测量

为了保证井巷贯通而进行的测量和计算工作,称为贯通测量。贯通测量按贯通方向分为平贯通、斜贯通和竖井贯通,按贯通形式分为相向贯通、追随贯通、单向贯通。

【释义】 追随贯通也称同向贯通,指分别在两个巷道同向掘进贯通。

1. 贯通测量流程

贯通测量需要测出隧道两端控制点的平面坐标和高程,计算隧道中线的坐标与方位角、腰线的高程和坡度,同时计算出隧道两端点处的指向角,标定出中线和腰线,指示掘进。

◎根据贯通的容许偏差,选择合理的测量方案与测量方法。

◎依据选定的测量方案施测,每一施测和计算环节,均须有独立的检核。

◎计算隧道放样元素,实地标定隧道的中线和腰线。

◎根据隧道掘进需要及时延长中线和腰线,定期检查和填图,并及时调整。

◎隧道贯通后应立即测量实际贯通偏差,将两端导线连接起来计算各项闭合差。

◎重大贯通工程完成后要进行精度评定,编写技术总结。

2. 贯通误差分配

隧道工程施工前,应根据隧道的长度、线路形状和对贯通误差的要求,进行隧道测量控制网的设计。

(1)贯通误差

贯通误差是指隧道施工中线在贯通面上因未准确接通而产生的偏差。贯通误差按方向分为三个分量,即纵向贯通误差、横向贯通误差、高程贯通误差(图 5.44)。

① 纵向贯通误差

沿坑道施工中线方向上的长度贯通偏差。

② 横向贯通误差

沿垂直于施工中线的水平方向贯通偏差。

图 5.44 隧道贯通误差

③ 高程贯通误差

沿垂直于坑道施工中线的竖直方向(高程)贯通偏差。

【释义】 横向贯通误差将使坑道施工中线产生左或右的偏差,高程贯通误差将使坑道的坡度产生偏差,纵向贯通误差可以忽略。

(2)贯通测量精度要求

贯通测量精度要求见表5.16。

表5.16 贯通测量精度指标

类别	两开挖洞间距/km	限差/mm
横向	$L < 4$	100
	$4 \leqslant L < 8$	150
	$8 \leqslant L < 10$	200
高程	不限	70

(3)横向误差分配

① 根据独立误差影响相等原则分配

若根据独立误差影响相等原则来分配贯通误差,即按照独立误差影响数来分配误差,则有下式:

$$\sigma_{独} = \sigma / \sqrt{n}$$

式中 σ——横向分量中误差;

$\sigma_{独}$——横向分量单个独立误差影响中误差;

n——独立误差影响总数。

当有多个独立测量的竖井时,联系测量应按多个来计算,洞外进出洞控制网互相独立时也应按独立控制网个数计算。单向掘进时,洞内应按一个独立误差影响计算。

【例5.1】 某矿山进行竖井定向测量,该工程有两个独立进行联系测量的竖井,采取相向掘进方式施工,洞外布设了一个基于独立坐标系的控制网,根据设计要求,贯通横向分量误差不得大于2 cm,若根据独立误差等影响原则来设计贯通测量精度,则洞内导线测量的中误差应不大于多少?

解:该工程中,影响贯通横向分量误差的独立误差影响有5个,即一个洞外控制测量误差、两个竖井联系测量误差、两个洞内导线测量误差。

设洞内导线测量中误差为$\sigma_{洞内}$,贯通横向分量中误差为σ。

$$\sigma_{洞内} = \sigma / \sqrt{5}$$

因$\sigma = 2/2 = 1$,代入上式,得到$\sigma_{洞内} = 1/\sqrt{5}$ cm。

可知洞内导线测量的中误差应不大于$1/\sqrt{5}$ cm,该数据可作为洞内导线测量的设计依据。

②《工程测量规范》规定

《工程测量规范》规定的隧道控制测量贯通分量中误差允许值如表5.17所示。

表 5.17　隧道控制测量对贯通影响的精度要求　　　　　　单位:mm

开挖洞口间长度/km	横向中误差				高程中误差	
	洞外控制	洞内控制		联系测量	洞外	洞内
		无竖井	有竖井			
公式	$\sigma\sqrt{1/4}$	$\sigma\sqrt{3/4}$	$\sigma\sqrt{2/4}$	$\sigma\sqrt{1/4}$	$\sigma\sqrt{1/2}$	$\sigma\sqrt{1/2}$
$L<4$	25	45	35	25	25	25
$4\leqslant L<8$	35	65	55	35		
$8\leqslant L<10$	50	85	70	50		

《工程测量规范》规定,根据精度等影响原则,有竖井的相对贯通横向独立误差影响一共有 4 个,即洞外控制误差影响、洞内相向导线两个误差影响、联系测量误差影响。每个独立误差影响量允许值计算公式为:

$$\sigma_{独} = \sigma\sqrt{1/4}$$

【释义】　有竖井时独立误差影响一共是 4 个,洞内控制误差影响为两个,故洞内误差影响为 $m_{内} = \sqrt{2}\cdot m = \sqrt{2/4}\cdot\sigma$。

无竖井时误差影响一共是 3 个,洞内依然是 2 个,洞外影响 1 个,为了统一计算方便,且因洞外控制测量观测条件较好,《工程测量规范》规定洞外测量的误差影响依然取 $\sigma/\sqrt{4}$,根据若干独立误差影响误差传播率公式,$\sigma_{内} = \sqrt{\sigma^2 - \sigma_{外}^2}$,因规定 $\sigma_{外} = \sigma/\sqrt{4}$,代入上式,得 $\sigma_{内} = \sqrt{\sigma^2 - \sigma_{外}^2} = \sqrt{3/4}\cdot\sigma$。

(4) 高程误差分配

高程误差分配一般规定由洞内控制测量误差影响和洞外控制测量误差影响两个等影响误差构成。

【释义】　贯通高程分量误差主要由洞内控制测量误差和洞外控制测量误差构成,高程联系测量误差影响非常小。

3. 误差控制

(1) 贯通测量误差控制要点

◎要注意原始资料可靠性,起算数据应准确无误。

◎各项测量工作都要有独立检核,要进行复测复算。

◎要及时对观测成果进行精度分析,必要时返工重测。

◎掘进过程中,要及时进行测量和填图,根据测量成果及时调整掘进方向和坡度。

(2) 提高精度的办法

对精度要求很高的重大贯通工程,要采取提高精度的必要技术措施。

◎适当加测陀螺定向边。

◎尽可能增大导线边长。

◎提高仪器和目标的对中精度。

◎采用三联脚架法等。

【释义】 三联脚架法可以减弱仪器对中误差和目标偏心误差对测角和测距的影响,一般使用三个既能安置全站仪又能安置反射棱镜的基座和脚架,基座具有通用光学对中器,路线行进时减少对中整平的次数。

5.9.6 章节练习

(一) 单项选择题

1. 地下工程在隧道掘进过程中敷设高级导线的目的是( )。

    A. 用于检核精度   B. 易于施工实施

    C. 指导掘进方向   D. 精确测设腰线

2. 在线路测量中,采用陀螺经纬仪可起到的作用不包括( )。

    A. 提高短边测量精度   B. 改正方向误差

    C. 增加多余观测量   D. 控制位置误差累积

3. 对某高铁隧道(平硐)相向掘进,设横向贯通允许误差为 Δ,进洞口和出洞口分别布设独立导线网,依据误差分配等影响原则,由进洞口向洞内掘进的导线测量误差允许值为( )。

    A. $\Delta/\sqrt{2}$ B. $\Delta/\sqrt{3}$ C. $\Delta/2$ D. $\Delta/\sqrt{5}$

4. 用陀螺经纬仪观测方位角需要测定陀螺悬带零位,陀螺悬带零位指的是( )与目镜分划板应重合的位置。

    A. 水平度盘指北位置   B. 陀螺灵敏部摆动平衡位置

    C. 磁针指向位置   D. 水平角初始指针位置

5. 大型隧道贯通工程洞内控制测量一般采用( )的方法进行。

    A. 大地四边形边角网测量   B. 中线测量

    C. 导线测量   D. GNSS-RTK 测量

6. 采用两井定向作为联系测量方法时,在贯通前地下控制测量可采用( )。

    A. 闭合导线   B. 无定向导线   C. 附合导线   D. 结点导线网

(二) 多项选择题

1. 三联脚架法是一种能提高导线测角和测距精度的措施,主要目的有( )。

    A. 减小读数误差   B. 减少大气水平折光的影响

    C. 提高仪器对中精度   D. 减小目标偏心误差的影响

    E. 减小脚架下沉的影响

2. 隧道洞内施工测量的工作内容包括( )等。

    A. 联系测量   B. 洞内中线测量

    C. 开挖断面测量   D. 衬砌放样

    E. 隧道净空收敛监测

3. 隧道贯通后主要对( )进行检测,评估贯通精度。

    A. 点位误差   B. 横向贯通误差

    C. 衬砌误差   D. 纵向贯通误差

    E. 高程贯通误差

4. 井下矿产采掘的主要日常测量工作有( )等。

    A. 标定巷道腰线   B. 联系三角形测量

    C. 测量回采工作面的位置   D. 丈量巷道进尺

    E. 测绘矿区地形图

5. 在矿井建设和生产阶段,施工测量的工作内容包括( )等。

    A. 测图控制网的建立   B. 竖井定向测量、竖井导入高程测量

    C. 竖井贯通测量   D. 井下控制测量、井下施工测量

    E. 岩层与地表移动监测

6. 下列属于隧道贯通工程建设阶段的测量工作的有( )。

    A. 拱顶下沉监测   B. 巷道回采测量

    C. 中线标定   D. 断面测量

    E. 竣工测量

习题答案与解析

(一) 单项选择题

1.【B】 解析:地下导线数设一般先布设低等级导线来指导掘进方向,然后每掘进 $300 \sim 500$ m 再施测高级导线检核,其起始边应和低级导线重合。

2.【A】 解析:在线路测量中,当施工较长距离后,加测陀螺方位角,可控制导线的误差累积,并增加多余观测量,使控制网更可靠,对局部的短边精度没有太大影响。

3.【B】 解析:本例隧道贯通项目对横向贯通误差的独立误差影响一共有四个,即洞外两个独立误差影响和洞内两个误差影响,按照多个独立等精度误差传播率公式,答案应为 C。

4.【B】 解析:陀螺悬带零位是陀螺灵敏部摆动平衡位置与目镜分划板应重合的位置。

5.【C】 解析:中线法适合较短隧道的洞内控制测量,导线法适合长隧道的洞内控制测量,洞内导线一般布设成直伸的长边导线或狭长多环导线。

6.【B】 解析:两井定向是在两井筒中各悬挂一根垂球线,在地上测定两垂球线的坐标及其连线的方位角,在地下利用导线对两垂球线进行连测,按假定坐标系计算连线假定方位角,经坐标闭合差配赋,计算出所有地下导线点的坐标和导线边的方位角。

(二) 多项选择题

1.【CDE】 解析:三联脚架法是为了减弱仪器对中误差和目标偏心误差对测角和测距的影响,一般使用三个既能安置全站仪又能安置反射棱镜的基座和脚架,基座具有通用光学对中器,路线行进时减少对中整平的次数。

2.【BCDE】 解析:隧道洞内施工测量主要工作内容包括洞口定线放样、洞内中线及腰线测量、开挖断面测量、衬砌放样、隧道净空收敛监测等。选项 A 是洞内控制测量内容。

3.【BE】 解析:贯通误差分为纵向贯通误差、横向贯通误差、高程贯通误差,其中影响贯通质量最大的是横向误差,纵向误差可以忽略。

4.【ACD】 解析:采矿为了安全一般是先打通巷道进入计划开采的远处逐渐往回采,

正式开采时的工作面称回采工作面。巷道回采工作面测量是井下测量的主要工作,内容有:

(1) 标定巷道中线和腰线;

(2) 测定巷道的位置,检查规格质量和丈量巷道进尺,把巷道填绘在有关图件上;

(3) 测绘回采工作面的位置,统计产量和储量变动;

(4) 有关采矿工程、井下钻探、地质特征点、瓦斯突出点和涌水点的测定等。

5.【BCDE】 解析:A为矿山勘探设计阶段的工作内容,其他选项都是矿井施工和生产测量任务。

6.【ACDE】 解析:隧道工程建设阶段主要工作是施工测量、竣工测量,以及部分变形监测。选项B是矿井采掘测量,不属于隧道贯通测量。

5.10 地下管线测量

5.10.1 地下管线测量概述

地下管线是指埋设于地下的管道和地下电缆,主要包括给水、排水、燃气、热力、工业管道,电力、电信电缆等,地下管线测量是对地下管线进行的测量活动。

从工程对象上看,地下管线测量属于线路工程测量;从业务范围上看,地下管线测量属于市政工程测量;按管线工程性质地下管线测量分为新建地下管线工程测量和已有地下管线探查测量。

【释义】 城市以水、气、热三大管线系统为主,分为上水(自来水)、下水(雨水、污水的排出系统)、热力管道(气、水)、燃气管道(煤气、天然气)以及供电、电信管线等。

1. 地下管线测量内容

地下管线测量工作内容主要包括地下管线探测和地下管线信息管理系统建立。

具体实施流程包括资料收集和踏勘、技术设计、仪器检验、实地调查、仪器探查、控制测量、管线点测量、地下管线图编绘、数据库与管理信息系统的建立。

【释义】 地下管线探测包括地下管线探查和地下管线测绘两个内容。

地下管线探查是通过现场调查和不同的探测方法探寻各种管线的埋设位置和深度,并在地面上设立测量点,即管线点。

地下管线测绘是对已查明的管线点的平面位置和高程进行测量,编绘地下管线图,也包括对新建管线的施工测量和竣工测量。

2. 地下管线测量任务

(1) 地下管线普查

地下管线普查侧重于探查城市各种地下管线及附属设施的状况和相互关系。

【释义】 地下管线普查是市政公用管线探测,指针对某一区域(城市)内的地下管线敷设现状进行的全面调查,是城市规划、建设与管理的一项重要基础工作。

(2) 厂区或住宅小区管线探测

厂区或住宅小区地下管线探测主要是探测测区内的各种地下管线及附属设施的状况和

相互关系,并要注意与市政公用地下管线的衔接关系。

【释义】　厂区或住宅小区的地下管线探测主要是厂区或住宅小区地下管线竣工测量项目。

（3）施工场地地下管线探测

施工场地地下管线探测应在工程施工前进行,防止开挖造成现有地下管线的破坏。

（4）专用管线探测

专用地下管线探测主要是对某一类(或几类)专用地下管线进行探测,不要求对所有地下管线进行探测。

5.10.2　地下管线探查

地下管线探查包括地下管线属性调查和地下管线空间位置测量两方面工作。

1. 地下管线属性调查

地下管线属性调查需要调查地下管线的平面位置、埋深(或高程)、流向、压力以及管线规格(直径、孔数等)、性质、材料、单位权属、建造时间等属性,具体见表5.18。

【释义】　由于历史原因,某些地下管线的单位权属、建造时间属性无法获取,调查时可不加已要求。

表 5.18　地下管线调查内容(摘要)

管线类别		内底	外顶	压力	流向
给水			√		
排水		√			√
燃气			√	√	
热力	沟道	√			√
	无		√		√
电力	沟道	√			
	直埋		√		
电信	沟道	√			
	直埋		√		
工业	自流	√			√
	压力		√	√	
备注		"√"表示该项目需要调查			

（1）埋深部位

地下管线埋深按调查部位不同分为外顶和内底两类。

① 以外顶为准调查的地下管线

以外顶为准进行埋深探查的地下管线主要有压力管道和电线电缆两类,如给水管、燃气管、热力管(直埋)、工业管道(压力)、电力线(直埋)、通信电缆等。

② 以内底为准调查的地下管线

以内底为准进行埋深探查的地下管线主要有自流管道,如排水管、热力管(沟道)等。

【释义】 地下管线外顶指地下管线外壁的顶部;地下管线内底指地下管线内壁(沟道)底部。

(2)压力和流向

燃气管需要调查压力,给水管不需要调查。

排水管和热力管需要调查流向。

(3)地下管线的材质

地下管线的材质分为金属类和非金属类。

地下管线物探方法繁多,应按照工程实际情况与待查管线特点,依据具体方法特点来选择合理的方案进行。

图 5.45 明显地下管线调查

【释义】 就地下管道的材质而言,主要有铸铁管、钢管、预应力混凝土管和少量非金属管,其中金属材料占主导地位(包括混凝土中钢筋)。

① 金属地下管线

由铸铁、钢材构成的金属管线,如给水管、燃气管、供热管等,主要采用电磁法(管线探测仪)探查。

由铜、铝等材料构成的电缆,如电力电缆与路灯电缆、通信电缆等,可采用被动源法初步定位,再用主动源法精确定位。

② 非金属地下管线

由水泥、陶瓷、塑料材料、砖砌等材质构成的非金属管线,如排水管道、人防通道,主要采用地质雷达法探查,也可采用地震波法等其他方法探查。

示踪法可以探查非金属地下管线,也可以探查金属地下管线。

2. 地下管线探查方法

为了正确地表示地下管线探查的结果,便于地下管线测绘工作的进行,在探查或调查过程中设立的测点,统称为管线点。

管线点分为明显管线点和隐蔽管线点。

明显管线点的点位和埋深可以通过实地调查进行量测,隐蔽管线点的点位和埋深必须用仪器设备探查来确定。

(1)实地调查法

实地调查法适用于探查明显管线,实地查清权属、性质、规格(材料、断面尺寸、电缆根数或孔数、电压等)、附属设施名称等属性,并测量管线点的平面位置、高程、埋深、偏距。

【释义】 明显管线指地下管线中裸露的或设有检修井,可以直接观察到的管线点,一般直接(或开井)进行调查和测量。

偏距是在调查或探测时设立的管线点位与管线中心线在地面的投影位置不一致时的垂直距离。

（2）仪器设备探查法

仪器设备探查法是通过物探方法探查地下管线的布局和走向,适用于探查隐蔽管线。

物探方法很多,主要有以下几类,其中频率域电磁法和电磁波法是主要方式。

【释义】 物探是地球物理勘探的简称,是指通过研究和观测各种地球物理场的变化来探查地层岩性、地质构造等地质条件。

① 频率域电磁法

电磁法是以介质的电磁性差异为基础,通过观测交变电磁场变化规律进行勘探的方法。电磁法按管线探测仪工作模式(发射信号模式)分类,可分为主动源法和被动源法两类。以下所列方法中,直接法、夹钳法、感应法、示踪法属于主动源法,工频法、甚低频法属于被动源法。

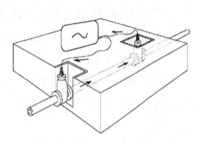

【释义】 被动源法用来搜索一个区域内未知的电力电缆及其他一些能主动向外辐射信号的管线。主动源法用来追踪和定位由发射机施加到目标管线上的信号,从而对管线进行定位和测深。

◎直接法(图 5.46):直接法获得的信号强、干扰少,应优先选用。

图 5.46 直接法

【释义】 直接法又称为直连法或交流充电法,是将发射机输出端直接接到被测金属管线出露点上,将交变电流直接注入地下管线进行探查的方法。

◎夹钳法:夹钳法适用于不允许管线和管线探测仪直接相连的地下管线探查,如光缆、电缆等管线。

【释义】 夹钳法是无法将发射机输出端直接接到被测金属管线上时,用信号夹钳夹取管线输出电磁场信号探查的方法。

◎感应法:若直接法和夹钳法都不能使用时,可采用电磁感应法探查隐蔽管线。

【释义】 电磁感应类(图 5.47)是将发射机直接置于地下管线上方,不用接触地下管线直接探查通电管线的电磁场以获得位置信息,分为电偶极感应法和磁偶极感应法。

图 5.47 电磁感应法

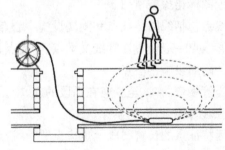

图 5.48 示踪法

◎示踪法(图 5.48):示踪法探查精度高,但对场地要求较高,要求管线有出入口可以放置探头,可用于金属管线和非金属管线的探查。

【释义】 在管道中放入电磁信号发射器进行跟踪。

【小知识】

英国产的雷迪 RD 系列管线探测仪(目前主流管线探测仪),分为发射机和接收机两部分。发射机主要目的是给目标管线施加主动源信号;接收机的目的是定位和探深。

发射机的工作模式有直接法、夹钳法、感应法,另外还随机配有发射探头,可用于示踪法探查。

接收机对目标管线进行定位有峰值模式和谷值模式两种模式。

深度测量有直读法和 70% 法两种工作方法。

◎工频法:以工业交流电频率发射电磁波为场源,通过地下探查场参数变化来定位。

◎甚低频法(图 5.49):利用超长波电台发射电磁波为场源,通过地下探查场参数变化来定位。

② 其他方法

◎电磁波法:电磁波法一般采取地质雷达法,是探

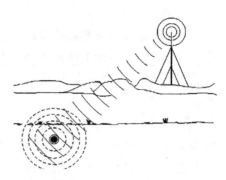

图 5.49 甚低频法

查非金属地下管线的主要手段,当不适宜用示踪法探查时,非金属地下管线宜采取地质雷达法探查。

【释义】 利用地质雷达发射高频电磁波,通过接收回波来判断测定管线走向。

◎地震波法:利用浅层地震勘探仪人工产生地震波,利用管线与介质不同的波阻来定位。

◎直流电法:利用电阻率仪检测管线与介质之间电阻差异来定位管线走向。

◎磁法:利用磁力仪检测金属管线与周围介质的磁性差异,判断磁异常来定位管线。

◎红外辐射法:利用红外辐射仪检测地下管线与周围土壤的温差,常用于管道漏点定位。

◎声学定位:常用于漏水定位以及塑料自来水管道和煤气管道追踪。

3. 管线点标志设置

管线位置探明后,在地面设置管线点的明显标志、标注编号,并填录探查记录,利用大比例尺地形图标绘探查草图。

管线点包括线路特征点和附属设施中心点。

◎管线点一般设置在管线交叉点、分支点、转折点、变材点、变坡点、变径点、起讫点以及管线上的附属设施中心点。

◎当管线弯曲时,至少应在弧段的起、中、终点上设置管线点。

◎隐蔽管线点,应明显标识。

◎无特征点的长直线段上也应设置管线点。

◎管线直线段的采点间距宜为图上 10~30 cm。

5.10.3 地下管线测绘和数据库建立

1. 地下管线图测绘

地下管线图测绘只是在城市大比例尺地形图上增加了地下空间部分,采用增加地下管

线内容,更新地形图内容的方法来制作地下管线图。

(1)地下管线图按内容分类

① 综合地下管线图

综合地下管线图包含测区所有类别的地下管线,反映了地下管线的空间分布与相互的位置关系。

② 专业地下管线图

专业地下管线图包含测区某种专业类别的地下管线,反映了该类地下管线的空间分布与位置关系。

(2)地下管线测绘实施准备

在地下管线测绘实施前需要收集已有的各种地下管线图,各种地下管线设计图、施工图、竣工图,已有的相应比例尺地形图,测区及附近测量控制点成果等资料。

(3)数学基准

地下管线测量的坐标高程基准、比例尺、分幅、分幅编号等与城市基本比例尺地形图一致。

厂区或住宅小区管线探测、施工场地管线探测必要时可采用测区独立坐标系,并与城市坐标系建立联系。

(4)精度要求

地下管线测量精度要求包括隐蔽地下管线点探查精度要求、管线点测量精度要求、地下管线图测绘精度要求三个部分,如表 5.19 所示。

表 5.19 地下管线测量精度要求

误差分类	说明		平面位置	高程
隐蔽地下管线点的探查精度	探查方法精度(限差)		不大于 $0.1h$	不大于 $0.15h$
管线点的测量精度	相对于邻近控制点的中误差	《城市地下管线探测技术规程》规定	不大于 $\pm5\,cm$	不大于 $\pm3\,cm$
		《工程测量规范》规定	不大于 $\pm5\,cm$	不大于 $\pm2\,cm$
地下管线图测绘精度	地下管线与邻近的建筑物、相邻管线以及规划道路中心线的间距中误差	《城市地下管线探测技术规程》规定	不大于图上 $\pm0.5\,mm$	
		《工程测量规范》规定	不大于图上 $\pm0.6\,mm$	
备注	h 为管线中心的埋深,小于 $1\,m$ 时按 $1\,m$ 计;隐蔽地下管线点的探查指标为限差			

(5)地下管线图测绘内容

主要包括专业地下管线、地下管线上的建筑物、地面上的建筑物、铁路、道路、桥梁、河流及主要地形特征等地物元素。

【释义】 除了地下管线元素之外,地面的要素可以根据和地下管线的关系按需求选取,其他要素的选取基本同城市基本比例尺地形图。

(6)测量方法

依据管线点地面标志和编号进行管线点测量,可采用 GPS-RTK 法、导线串测法、极坐标法等测定,管线点的高程可采用图根水准或三角高程测量等方法。

(7)地下管线图移位原则

◎如图上各管线间距小于 0.2 mm,应按压力管线让自流管线,分支管线让主干管线,小管径管线让大管径管线,可弯曲管线让不易弯曲管线的原则移位,绘图间距宜为0.2 mm。

【释义】 压力管道可以翻弯,易改动,故安装的时候应遵守压力管线让自流管线的原则。

◎同专业管线立体相交时,宜绘出上方的管线,下方的管线两侧各断开 0.2 mm。

◎不同专业管线相交时不应断开。

2. 地下管线数据库

城市地下管线数据库是管理和存储地下管线空间数据和属性数据,以及地下管线之间位置关系的综合数字信息体系。

地下管线属性描述一般包括类别(性质)、材质、规格(直径或截面尺寸)、载体特征、电缆根数、流向、建设时间、权属单位等。

数据库的建设内容主要有地形图数据库建设、地下管线空间信息数据库建设、地下管线属性信息数据库建设和数据库管理系统开发等。

【释义】 随着网络技术、通信技术、大数据分析技术等的日益发展,地下管线数据库正从二维走向三维,从地下走向地上地下一体化管理,城市综合地下管线信息系统已经为地下轨道交通建设、智慧城市建设、地下综合管廊以及海绵城市总体规划设计等提供了重要的基础数据及信息平台保障。

5.10.4 地下管线测量质量检查和成果归档

1. 地下管线点的检验

项目完成后应检查地下管线点的属性调查质量和数学精度。

◎明显管线点和隐蔽管线点分别随机抽取各自总数的 5% 进行重复探测。

◎《城市地下管线探测技术规程》规定,隐蔽管线点中再随机抽取不少于隐蔽管线点总数的 0.5% 进行开挖验证,且不应少于 2 个检查点。

【释义】 《工程测量规范》规定隐蔽管线点中再随机抽取不少于隐蔽管线点总数的 1% 进行开挖验证,且不应少于 3 个检查点。

2. 成果归档

◎准备阶段:技术设计书、仪器一致性实验报告、仪器检校资料。

◎观测记录:控制测量记录、外业数据观测记录。

◎成果图表:控制点成果表、管线点成果表、管线图、断面图。

◎质量检查相关资料:成果验收报告及精度统计表。

◎技术总结:技术总结报告。

◎数据入库:综合管线管理信息系统。

5.10.5 章节练习

(一) 单项选择题

1. 地下管线探查可采用被动源法和主动源法,下列方法不属于主动源法的是( )。

    A. 地质雷达法   B. 感应法   C. 示踪法   D. 甚低频法

2. ( )适用于对隐蔽地下排水管道的探测。

    A. 电偶极感应法   B. 电磁波法   C. 直接法   D. 磁偶极感应法

3. 对地下排水管线进行探查时,不需要调查的管线属性是( )。

    A. 长度   B. 材质   C. 内底   D. 流向

4. 对某段隐蔽地下管线进行重复探查来检验精度,测绘单位检查了 5 个点,其平面较差分别为 2.1 cm、2.1 cm、1.7 cm、1.3 cm、1 cm,则隐蔽管线点平面位置中误差为 ±( )cm。

    A. 0.90   B. 1.20   C. 1.28   D. 1.70

5. 关于地下管线图的制作,下列说法中正确的是( )。

    A. 所有地下管线图都应详尽表示测区内所有地下管线

    B. 地下管线除了需要调查位置属性外,也要调查权属

    C. 地下管线图应着重强调地下要素,可忽略地上要素

    D. 地下管线底图不可直接采用城市基本地形图,应重新绘制

6. 中测事务测绘有限公司地下管线部承揽了某市管线普查项目,现对某施工厂区进行地下管线探测,坐标系统应采用( )。

    A. 施工坐标系   B. 大地坐标系   C. 设计坐标系   D. 城市坐标系

7. 《城市地下管线探测技术规程》规定,地下管线点相对于邻近控制点的高程中误差不超过 ±( )cm。

    A. 2   B. 3   C. 5   D. 10

8. 某城区因地下自来水管泄漏停水,宜采取( )进行探测排查。

    A. 地质雷达法   B. 声学法   C. 红外辐射法   D. 电磁感应法

9. 地下管线点测绘时,( )不属于管线测量点。

    A. 弧形管线圆心点   B. 管线交叉点

    C. 管线变径点   D. 附属设施中心点

10. 如地下管线图上给水管和热力管重叠,以下说法正确的是( )。

    A. 给水管和热力管叠置表示

    B. 给水管不动,热力管移位

    C. 热力管不动,给水管移位

    D. 给水管和热力管都移位,并保持图上 0.2 mm 的距离

(二) 多项选择题

1. 以下外接设备中,属于雷迪 RD8000(金属地下管线探测仪)的标准配置的有( )。

    A. 外接示踪线和探头   B. 频率域接收器

    C. 夹钳装置   D. 红外辐射发射器

E. 地质雷达装置

2. 下列地下管线中,在探测埋深时探测其外顶的有(　　)。

A. 给水管　　　　B. 排水管　　　　C. 燃气管　　　　D. 自流工业管道

E. 直埋电力线

习题答案与解析

(一) 单项选择题

1.【D】 解析:甚低频法是利用超长波电台发射电磁波为场源,通过地下探测场参数变化来定位,属于被动源法探测。

2.【B】 解析:排水管属于非金属管。主动源法中的直接法、夹钳法、电磁感应法都适于探测金属管线,电磁波法适于探测非金属管线。

3.【A】 解析:地下管线调查项目有地下管线的平面位置、埋深(或高程)、流向、压力以及管线规格、性质、材料、权属等属性。对地下排水管线进行探查时无需调查长度,其他选项都是调查内容。

4.【B】 解析:重复探查隐蔽管线来检验精度采用同精度检核公式,平面中误差＝$\sqrt{(2.1\times2.1+2.1\times2.1+1.7\times1.7+1.3\times1.3+1\times1)/(2\times5)}$＝1.20 cm。

5.【B】 解析:地下管线图测绘只是在城市大比例尺地形图上增加了地下空间部分,采用增加地下管线内容,更新地形图内容的方法来制作地下管线图。地上非管线要素可以看情况取舍,但不能忽略。另外只有综合管线图才包含所有管线信息,专业管线图只需表达专业管线信息。选项B没有错误,管线权属也是调查内容之一。

6.【D】 解析:城市地下管线普查应采用城市坐标系统和高程基准。

7.【B】 解析:《城市地下管线探测技术规程》规定地下管线点相对于邻近控制点的点位中误差不超过±5 cm,高程中误差不超过±3 cm(《工程测量规范》规定为高程中误差不超过±2 cm)。

8.【B】 解析:声学定位常用于漏水定位,以及塑料自来水管道和煤气管道追踪。

9.【A】 解析:管线点包括线路特征点和附属设施中心点。

(1) 管线点一般设置在管线交叉点、分支点、转折点、变材点、变坡点、变径点、起讫点以及管线上的附属设施中心点。

(2) 无特征点的长直线段上也应设置管线点。

(3) 当管线弯曲时,至少应在弧段的起、中、终点上设置管线点。

10.【C】 解析:如图上各管线间距小于0.2 mm,应按压力管线让自流管线。给水管属于压力管,排水管属于自流管,故选项C正确。

(二) 多项选择题

1.【ABC】 解析:雷迪RD8000属于金属地下管线探测仪,金属管线一般采用电磁感应类(频率域电磁法),探测通电管线的电磁场以获得位置信息。选项D、E属于非金属管线探测方法。

2.【ACE】 解析:地下管线在探测埋深时探测其外顶的有给水管、燃气管、热力管(直埋)、工业管道(压力)、电力线(直埋)、通信线等。

5.11 竣工测量

5.11.1 竣工测量概述

建设工程施工完成后,要根据工程需要编绘或实测竣工图。

竣工测量主要是检查施工是否符合设计要求,并为检修和设备安装提供测量数据。竣工测量是规划监管部门实施监督管理的依据,具有一定法律意义。

【释义】 因在施工过程中工程设计难免有修改,为了让使用者能比较清晰地了解建设工程中管道的实际走向,以及其他设备的实际安装情况等,需要出具反映实际情况的竣工图。

(1)竣工测量的任务

竣工测量的任务主要是对施工过程中设计更改部分、直接在现场指定施工部分、资料不完整无法查对部分进行实测或补测,并绘制竣工图。

【释义】 竣工图和施工图的区别:

施工图由设计单位出具,施工图是建设施工的依据。

竣工图由施工单位出具,竣工图是施工图的改绘,并经过审核加盖"竣工章"后存档。

与施工总平面图比较,竣工图增加了在工程施工阶段增加和变更的工程内容。

(2)竣工测量的分类

竣工测量按工程对象分为建筑竣工测量、线路竣工测量、地下管线竣工测量、桥梁竣工测量等。

【释义】 本节主要讨论建筑竣工测量内容,地下管线竣工测量和线路竣工测量已经在相应章节有述。

(3)竣工测量方法

制作竣工图应根据设计和施工资料进行编绘,编绘资料不全时要实测。

竣工图应以根据设计图纸和变更情况编绘为主,实测为辅。

【释义】 竣工总图与一般的地形图不完全相同,主要是为了反映设计和施工的实际情况,故以编绘为主,当编绘资料不全时,需要实测补充或全面实测。

5.11.2 竣工总图

建筑竣工测量在建筑工程完工后进行,其目的是为工程的交工验收及将来的维修、改建、扩建提供依据。竣工测量成果图包括竣工总图、专业分图、竣工断面图。

竣工总图是工程竣工后按实际和工程需要所绘制的工程地形图。

【释义】 竣工总图与一般的地形图不同,与建筑总平面图、施工总平面图也不完全相同,它能真实反映工程设计与施工的情况。

专业分图是指竣工总图中某个专业类别的专题图。竣工断面图是指建筑物局部的剖面图、辅助图等。

1. 技术设计要求

竣工总图编绘前,应对所收集的资料进行实地对照检核。不符之处应实测其位置、高程及尺寸。

(1)控制测量

竞工总图的实测应在已有的施工控制点上进行。当控制点被破坏时,应进行恢复。

【释义】 竣工总图应与设计图采用统一坐标系和控制网,实测时可以提高精度。

(2)数学基础

竞工总图宜采用 1:500 比例尺,复杂建(构)筑物竣工总图可选用 1:200 比例尺。坐标系统、高程基准、图幅大小、图上注记、线条规格,应与原设计图一致。

【释义】 由于竣工总图基本上是一种设计图的再现,图的编制内容及深度也基本上和设计图一致。为了使竣工总图能与原设计图相协调,其坐标系统、高程基准、测图比例尺、图例符号等,应与施工设计图相同。

(3)精度要求

◎主要建筑物精度要求:相对于邻近图根点的点位中误差不大于±5 cm。

◎次要建筑物精度要求:相对于邻近图根点的点位中误差不大于±7 cm。

◎高程点精度要求:相对邻近图根点的高程中误差不应大于±4 cm。

◎其他地形地物精度要求:同 1:500 比例尺工程地形图测量要求。

2. 竣工总图编绘

竞工总图编绘时应收集的资料包括总平面布置图、施工设计图、设计变更文件、施工检测记录、竣工测量资料等。

(1)编绘原则

◎施工中根据施工情况和设计变更文件应及时编绘竣工总图。

◎地面建(构)筑物,应按实际竣工位置和形状进行编制。

◎单项工程竣工后应立即进行实测并编绘竣工总图。

◎设计变更部分应按实测资料绘制。

◎地下管道及隐蔽工程应根据回填前的实测数据编绘。

◎实测的变更部分应按实测资料编制,平面布置改变超过图上面积 1/3 时,不宜在原施工图上修改补充,应重新编制。

(2)编绘要求

竞工总图编绘分为底图处理和总图编绘。

◎竣工总图测量范围宜包括建设区外第一栋建筑物或市政道路或建设区外不小于30 m。

◎矩形建(构)筑物的外墙角,应注明 2 个以上点的坐标(《城市测量规范》规定不少于3 个点)。圆形建(构)筑物,应注明中心坐标及接地处半径(《城市测量规范》规定不少于 4个点)。

◎道路的起终点、交叉点,应注明中心点的坐标和高程;弯道处应注明交角、半径及交点坐标;路面应注明宽度及铺装材料。

◎铁路中心线的起终点、曲线交点,应注明坐标;曲线上,应注明曲线的半径、切线长、曲线长、外矢矩、偏角等曲线元素;铁路的起终点、变坡点及曲线的内轨轨面应注明高程。

◎当不绘制分类专业图时,给水管道、排水管道、动力管道、工艺管道、电力及通信线路等应在总图上绘制。

3. 竣工总图内容

竣工总图测量的主要内容包括实测建设工程的现状地形图,建筑物的长度、宽度、高度、建筑面积等,并在现状地形图上标注建筑物与规划控制条件地物的距离,标注建筑物与道路红线、规划红线、用地界线等的关系。

竣工总图表示内容见表 5.20。

表 5.20 竣工总图表示内容

类别		平面位置	属性	高程或高度
主要建筑物相关	建筑物	建筑外轮廓拐点、悬挑部分拐点	房屋编号、结构、层数、竣工时间等	建筑总高度、室内外地坪高程、±0高程、层高、屋顶楼面到室外地坪的相对高度、檐口比高、女儿墙比高、坡屋脊比高、屋面楼梯间等高度
	地下室	地下车库的准确位置等	建筑材质等	地下室地坪比高、层高
	公建配套设施	公建配套设施、小区内绿地、内部道路		高程注记
	管线	检修井、转折点、起始点,架空管网支架等	编号、名称、管径、管材、间距、坡度和流向等	检修井高程、管线点高程
周边要素	交通道路	道路特征点坐标、曲线要素、桥涵、人行道等		高程注记
	构筑物	沉淀池、污水处理池、烟囱、水塔等		高程注记
地形地貌	地形测量	与竣工建筑物相关的地物、地貌		高程注记
	控制点	坐标		高程
其他	四至关系	主要建筑物拐点到界址线四至的距离,与周边建筑物四至距离,建筑物之间的间距与设计的差值,建筑物与道路红线、用地界线等的距离与审批图纸相关尺寸的差值		
	面积	占地面积、建筑面积、地下室面积、公建配套设施面积、小区绿地面积		
	建筑立面	造型、外墙材料、色彩信息		

5.11.3 竣工测量质量控制和成果归档

1. 质量检查

竣工总图编绘完成后应经原设计及施工单位技术负责人审核、会签。

2. 成果归档

成果归档内容有技术设计书，技术总结；外业测量资料，计算资料；细部点成果表，竣工总图、专业分图、断面图；仪器检定资料；检查验收报告等。

5.11.4 章节练习

（一）单项选择题

1. 下列关于竣工总图的说法中错误的是（　　）。

　A. 竣工总图比例尺必须与原施工设计图一致

　B. 竣工总图坐标系统和高程基准应与原施工设计图一致

　C. 竣工总图应根据设计和施工资料编绘

　D. 竣工总图编绘完成后，应交由原设计单位及施工单位技术负责人审核

2. 下列关于竣工总图编绘的说法中错误的是（　　）。

　A. 在施工过程中应根据施工情况及时编绘竣工总图

　B. 单项工程竣工后，应立即编绘竣工总图

　C. 设计变更部分应按设计变更资料及时编绘

　D. 地下管道及隐蔽工程应根据回填前的实测数据编绘

3. 测制竣工总图的主要用途之一是（　　）。

　A. 提供给不动产登记部门办理不动产证书

　B. 作为施工设计图使用

　C. 存档便于日后检修

　D. 为出具设计图纸提供数据

（二）多项选择题

1. 下列测量工作中，在建筑竣工测量业务中可能用到的有（　　）。

　A. 控制点展绘　　　　　　　　　B. 地下管线测量

　C. 权属指界　　　　　　　　　　D. 房屋面积测算

　E. 四至测量

2. 建筑工程项目施工完成后进行竣工测量，其成果图主要包括（　　）。

　A. 断面图　　　　　　　　　　　B. 竣工总平面图

　C. 立面图　　　　　　　　　　　D. 专业分图

　E. 设计图

3. 麦街测绘地理信息有限公司下属的某测绘队对某单幢大楼进行了竣工测量，需向甲方提交的测绘成果资料包括（　　）等。

　A. 技术总结　　　B. 测量草图　　　C. 图幅接合表　　　D. 点之记

　E. 专业分图

习题答案与解析

（一）单项选择题

1.【A】 解析：竣工总图的坐标系统、高程基准、图幅大小、图上注记、线条规格应与原施工设计图一致，竣工总图的比例尺选用 1∶500，不一定和原施工设计图一致，故答案为 A。

2.【C】 解析：竣工总图编绘时应遵循以下原则：

（1）在施工中应根据施工情况和设计变更文件及时编绘竣工总图；

（2）地面建（构）筑物应按实际竣工位置和形状进行编制；

（3）单项工程竣工后，应立即进行实测并编绘竣工总图；

（4）设计变更部分应按实测资料绘制；

（5）地下管道及隐蔽工程应根据回填前的实测数据编绘；

（6）实测的变更部分应按实测资料编制。

3.【C】 解析：测制竣工总图目的主要是为工程的交工验收，以及将来的维修、改建、扩建提供依据。

（二）多项选择题

1.【ABDE】 解析：除了权属指界是不动产测绘的内容，竣工测量不涉及外，其他的都是竣工测量的工作内容。

2.【ABD】 解析：竣工测量成果图包括竣工总平面图、专业分图、断面图。建筑工程项目施工完成后，应根据工程需要编绘或实测竣工总图，竣工总图是设计图的再现。

3.【AE】 解析：竣工测量成果提交内容有：技术设计书，技术总结；细部点成果表，竣工总图、专业分图、断面图；仪器检定资料；检查验收报告等。测量草图作为过程文件要归档，图幅接合表要分幅的时候才需要，竣工测量控制点一般直接使用施工控制点。

5.12 变形监测

5.12.1 变形监测概述

变形指建筑在荷载作用下产生的形状或位置变化的现象，可分为沉降和位移两大类。

变形监测就是利用专用的仪器和方法对变形体的变形现象进行持续观测、对变形体变形形态进行分析和变形体变形的发展态势进行预测等的各项工作。

【小知识】变形影响因子，是对变形影响因素的细化，它是导致监测体产生变形的主要原因，也是变形分析的主要参数。

1. 变形测量分类

（1）按变形性质分类

① 形变监测

形变监测一般指对地壳或地面水平和垂直运动所进行的变形监测工作。

② 变形监测

变形监测是测量位于变形体上变形观测点的变化来描述变形体的变形的工作。

【释义】 形变是变形体自身形状的变化,是一个名词;变形是变形体的变化过程,是一个动词。

(2)按变形监测时态分类

变形监测按变形监测时态分为静态变形监测、动态变形监测。

(3)按监测对象分类

① 全球性变形监测

全球性变形监测主要有极移监测、地球板块运动监测、地球旋转速率变化监测等。

② 区域性变形监测

区域性变形监测主要有地壳形变监测、城市地面沉降监测等。

③ 局部性变形监测

局部性变形监测主要有工程建(构)筑物三维变形监测、滑坡体滑动监测、地下开采区地面移动和沉降监测等。

(4)监测数据分类

① 几何变形量

水平位移、垂直位移和偏距、倾斜、挠度、弯曲、扭转、震动、裂缝等。

② 物理变形量

应力、应变、温度、气压、水位、渗流、渗压、扬压力等。

(5)变形监测特点

① 重复观测

周期性重复观测是变形监测最重要的特点,对多期观测数据对比能发现变形体的变形。

② 精度高

变形监测精度一般要达到毫米级,相对精度可达到 10^{-6} 以上。

③ 测绘方法综合

变形监测种类多,要求各异,需要结合各种测量方法以达到要求。

④ 数据处理要求严密

变形监测数据处理手段多样,要求严密。

2. 技术设计要求

变形监测根据变形体的特点、类型、监测目的、任务要求以及测区条件等要素来确定测量精度等级、监测方法、基准网设计、观测周期、项目变形预警值、仪器设备等内容。

变形监测一般采用国家统一坐标系统和高程基准或测区原有的独立坐标系和高程基准,小规模的监测工程也可采用假定坐标系和高程基准。

(1)变形监测观测要求

◎一次周期测量应在较短时间完成。

◎观测路线和观测方法、仪器设备、观测人员等应尽量相同。

◎应记录测区周围环境因素,包括荷载、温度、降水、水位等。

◎应采用统一基准处理观测数据。

(2)预警要求

变形监测的变形量预警值,通常取允许变形值的 75% 左右。当数据处理结果出现下列情况之一时,必须即刻通知建设单位和施工单位采取相应措施。

【释义】 变形体允许变形值应根据变形体特点、荷载及其所处环境来合理制定。

◎变形量达到预警值或接近允许值。

◎变形量或变形速率出现异常变化。

◎变形体、周边建(构)筑物或地表出现裂缝、快速扩大等异常变化。

3. 变形监测等级和精度

变形监测的等级及精度要求取决于设计变形允许值和监测目的,应根据变形速率、变形幅度、测量要求和经济因素来确定。

变形监测中误差一般不超过设计允许值的 $1/20\sim1/10$ 或 $1\sim2$ mm。

(1)《工程测量规范》规定

规范规定监测基准网的点位精度和监测点的点位精度要求相同,见表 5.21。

表 5.21 《工程测量规范》对变形观测点精度的规定　　　　　　　单位:mm

等级	相邻变形观测点 高差中误差	变形观测点 高程中误差	变形观测点 点位中误差	范围
一等	±0.1	±0.3	±1.5	特别敏感高层建筑,重要古建筑
二等	±0.3	±0.5	±3.0	比较敏感高层建筑,一般古建筑
三等	±0.5	±1.0	±6.0	一般多高层建筑
四等	±1.0	±2.0	±12.0	精度要求较低建筑

对于一定方向上的向量中误差要求为表 5.21 相应等级点位中误差的 $1/\sqrt{2}$。

【释义】 相邻变形观测点高差中误差指标是为了适合一些只要求相对沉降量的监测项目而规定。变形观测点的高程中误差和点位中误差,是指相对于邻近基准点的中误差。

(2)《建筑变形测量规范》规定

表 5.22 建筑变形测量规范中对精度的规定　　　　　　　单位:mm

等级	沉降观测高差中误差	位移观测坐标中误差	适用范围
特等	0.05	0.3	特高要求
一等	0.15	1.0	重要古建筑等
二等	0.5	3.0	重要的
三等	1.5	10.0	一般的
四等	3.0	20.0	精度较低的

【释义】 由于变形监测的监管部门分属测绘主管部门和建设主管部门,以上两个标准对精度的规定有所不同,注册测绘师考试应以《工程测量规范》为主,实际应用中常用《建筑变形测量规范》。

4. 变形观测周期的确定

变形观测周期的确定以能系统地反映变形体变形过程,且不遗漏其变化时刻为原则,根据变形体的变形特征、变形速率、观测精度及外界影响等因素综合确定。

若变形发生显著变化,应及时增加观测频率。当监测体的变形受多因子影响时,以其作用最短的周期为监测周期。

【释义】 监测周期并非一成不变,作业过程中要依据监测体变形量的变化情况适当调整,以确保监测结果和监测预报的适时准确,如随着建筑工程竣工,变形量慢慢趋于稳定,变形监测周期应逐渐加大。

5.12.2 变形监测控制网布设

1. 变形监测控制网

变形监测控制网由基准网、监测网两级控制网组成。对于大型变形监测项目,水平位移监测网宜布设三角形网、导线网、GNSS 网等;对于小型项目,水平位移监测网可布设监测基线(如视准线)。

垂直位移监测网一般布设为环形水准网。水平位移监测基准网宜采用独立坐标系统,并进行一次布网。必要时,可与国家坐标系统联测。狭长形建筑物的主轴线或其平行线,应纳入网内。

(1)控制网类型

① 基准网

基准网作为变形监测的首级网,起着检校和位置传递的功能,由基准点和工作基点组成。

② 监测网

监测网为工作网,由部分基准点和工作基点以及观测点组成(图 5.50)。

(2)平差处理方法

基准网和监测网都应进行平差处理,根据控制网基准不同,一般分为经典平差、拟稳平差、秩亏自由网平差等控制网平差方法。

① 经典平差

经典平差指的是假设平差的基准固定不变,采用间接平差和条件平差方式解求待定点,实际上忽略了基准点误差影响,故一定程度上会影响精度。

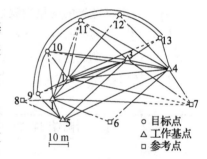

图 5.50 变形监测网

② 拟稳平差

拟稳平差是假设基准点相对于待定点稳定,但不是固定不变的。

③ 秩亏自由网平差

秩亏自由网平差采用重心基准,即基准点和待定点都不稳定。

【释义】 起算基准点本身具有测量误差,如果按经典平差方法,忽略其误差影响,这会导致控制网的精度下降。秩亏自由网平差是把基准点和待定点一起处理,认为它们都是变动的,精度较高。

2. 监测控制点

(1)基准点

基准点应布设在变形影响区域外稳固可靠的位置,作为变形观测的基准,每个工程至少需要 3 个基准点。

一等以上变形监测基准点不应少于 4 个。

为了验证基准网点的稳定性,应对其进行定期复测,复测周期根据点位稳定程度或自然条件的变化情况来确定,对基准网有怀疑的时候应随时检测。

【小知识】

在建筑施工过程中宜 1~2 月复测 1 次,施工结束后宜每季度或每半年复测 1 次。

① 水平基准网基准点

大型工程的水平位移基准点应采用带有强制归心装置的观测墩。

监测基准网的点位精度和监测点的点位精度要求相同。

对于三等以上的 GNSS 水平监测基准网,应采用精密星历进行数据处理。

② 垂直基准网基准点

垂直位移基准点埋石应采用双金属标或钢管标。

相邻基准点的高差中误差与变形观测点的高程中误差在精度要求上相同。

受条件限制时,垂直基准网基准点埋石也可在变形区内埋设。标石应埋设在变形区以外稳定的原状土层内或裸露基岩上,当利用稳固的建构筑物时,可以设立墙水准点。

(2)工作基点

工作基点是作为高程和坐标的传递点来使用的,是用来直接测定变形观测点的控制点。

通视良好的小工程可以不设工作基点,直接用基准点观测。

设在工程施工区域内的工作基点,水平位移监测采用观测墩,垂直位移监测采用双金属标或钢管标。

(3)变形观测点(图 5.51)

图 5.51 变形监测沉降观测点

变形观测点直接埋设在能反映监测体变形特征的部位(建筑角点等)或监测断面两侧。

考虑到观测立尺要求,观测点一般要离开变形体或地面一段距离,要求设置合理、牢固、便于观测,标志应美观易于保护。

【释义】 变形观测点直接设置于建筑物关键位置上,标志应注意外观美观,立尺部位应加工成半球形或有明显的突出点,并宜涂上防腐剂。

5.12.3 变形监测实施

1. 变形监测方法

（1）静态变形监测

◎常规大地测量法：常规大地测量方法指的是采取测角和测距的传统测量方法，一般用于变形监测网的布设以及周期观测。

◎GNSS 法：GNSS 法可作为三维变形测量、水平位移监测、沉降监测等的测量方法。

合成孔径雷达干涉测量（INSAR）：合成孔径雷达干涉测量（INSAR）可用于地面变形监测，覆盖范围大，全天候监测，无须建立监测网。

◎准直测量：准直测量分为水平准直和铅直，来测量偏离基准线的微距。

◎液体静力水准测量：液体静力水准测量垂直位移，无须通视，还可以将液面的高程变化转化成电感输出，有利于实现自动化。

◎测斜仪测量：测斜仪是一种用于测量钻孔、基坑、墙体和坝体坡等工程构筑物倾斜角的仪器。

◎应变监测：应变监测主要是机械法、激光干涉法、传感器法（应力计、应变计）等。

（2）动态变形监测

动态变形监测是测量变形体在日照、风荷、振动等动荷载作用下产生的变形，测定一定时间段内的瞬时变形量，计算变形参数，分析变形规律。

变形观测点应选在变形体受动荷载作用最敏感的位置上。测量方法的选择可根据变形体的类型、变形速率、变形周期特征和测定精度要求等因素来确定。

◎GNSS-RTK 法：GNSS-RTK 法用于测定工程动态变形，具有连续性、实时性、自动化特点。

【释义】 GNSS-RTK 法测量精度的不足可以通过海量的连续观测数据后处理方式来弥补。

◎近景摄影测量：近景摄影测量信息量丰富，外业工作量小，效率高。

【释义】 近景摄影测量是在小区域内，在控制点上设置摄影仪对变形体进行立体观测的方法。

◎三维激光扫描：三维激光扫描采集大量点云数据，通过去噪、拟合、建模，获得三维变形信息。

2. 测量方法的选择

监测方法应根据项目的特点、变形周期特征、精度要求、变形速率以及监测体的安全性等指标进行选择，具体见表 5.23。

表 5.23　变形监测方法选择

工程变形情况	仪器选择
精度要求高，变形周期长，变形速率小	选择全站仪自动跟踪测量，激光测量
精度要求低，变形周期短，变形速率大	位移传感器，加速度传感器，RTK
变形频率小	数字近景摄影测量，经纬仪测角前方交会

3. 变形类别和监测实施

变形监测观测量分为水平位移和垂直位移两大类。

【释义】　其他观测量都可以分解为这两个基本分量观测量。

（1）垂直位移观测

垂直位移监测一般要绘制沉降量曲线图。

◎常规方法：垂直位移观测常规方法一般选用水准测量法。

◎特殊方法：测站距离较长时可以用液体静力水准测量法一站获得高程数据，建筑物楼顶、大坝垂直位移自动监测等特殊情况也适合采用液体静力水准测量法。

◎精度要求较低：精度要求较低时（监测等级不大于三、四等），可以采用电磁波测距三角高程测量法测量垂直位移。

（2）水平位移观测

水平位移监测要绘制水平位移曲线图。

◎常规方法：水平位移监测常用的观测方法有三角网形法、双极坐标法、交会法、GNSS法等。

◎平面单一方向水平位移观测：单一方向水平位移观测一般采用视准线法（小角法、活动标牌法）、引张线法、激光准直法等。

【释义】　平面单一方向水平位移观测指某一个方向上有若干测点需要测量水平位移的情况，如大坝轴线水平位移监测，只需要获得测点相对于轴线的偏距。

◎垂线上水平位移观测：垂线水平位移观测一般采用正倒垂线法、激光垂准仪等方法。

【释义】　垂线上水平位移观测指垂线方向上有若干测点需要测量水平位移的情况，如大坝上同一水平投影不同高程测点相对于垂直方向的水平位移监测。

◎其他方法：依据项目不同，还可以采用精密测距、数字近景摄影测量法、测斜仪、位移计、伸缩仪等方法。

采用交会法时宜采用三点交会法，交会角太小或太大都会影响交会精度，角交会法的交会角应在 60°～120°之间，边交会法的交会角宜在 30°～150°之间。

（3）倾斜观测

倾斜观测是各种高层建筑物变形监测的主要内容。

◎水平倾斜观测：测定两点间相对沉降量来确定倾斜度。一般采用几何水准法、液体静力水准测量法、差异沉降法、水平测斜仪法等。

【释义】　差异沉降指的是不同位置在同一时间段产生的不均匀沉降现象。

◎垂直倾斜观测：测定顶部中心相对于底部中心的水平位移矢量来确定倾斜度。一般采用投点法、测水平角法、前方交会法、垂直测斜仪法、激光铅直仪法、激光位移计法、正倒垂线法等。

（4）地面形变观测

地面形变观测包括地面沉降观测、地震形变观测等。测量方法有水准测量法、GNSS法、雷达干涉法 INSAR 等。

（5）三维位移观测

三维位移观测一般采用测量机器人、RTK 法、摄影测量法等。

（6）挠度观测

挠度是指建筑(构)物在水平方向或竖直方向上的弯曲值。挠度观测方法有垂线法、差异沉降法、位移传感器、挠度计等。

（7）裂缝观测

裂缝观测方法有精密测距、位移计、伸缩计、测缝计、摄影测量等。

（8）应变监测

应力是物体由于外因(受力、湿度、温度场变化等)而变形时,在物体内各部分之间产生相互作用的内力。应变监测一般是指在建(构)筑物施工过程中,采用监测仪器对受力结构的应力变化进行监测的技术手段。应变监测方法有机械法、激光干涉法、传感器法(应力计、应变计)等。

4. 变形监测项目

（1）场地监测

拟建建筑物场地沉降观测要监测测区范围内外的地基和场地沉降,确定地面沉陷、地面裂缝或场地滑坡等的稳定性。

场地监测应在建筑施工前进行,可采用四等监测精度,通常采用水准测量方法。

场地监测观测点位间距宜为 30～50 m。

（2）基坑监测

① 基坑支护结构顶部和深层水平位移监测与沉降监测

基坑支护结构变形监测可反映基坑支护结构的变形情况,为其安全使用提供准确的预报,基坑变形监测的精度不宜低于三等。

基坑支护结构水平位移监测可采用极坐标法、交会法、视准线法等进行。普通建筑基坑监测,变形观测点宜布设在基坑顶部周边,点位间距以 10～20 m 为宜;较高要求的基坑,变形观测点宜布设在基坑侧壁的顶部和中部。

基坑支护结构深层水平位移监测一般埋设测斜管,观测各深度处侧向位移。

基坑支护结构垂直位移监测可采用水准测量方法、电磁波测距三角高程测量方法等。

基坑支护结构内力监测,开挖过程中支护结构内力变化可通过在结构内部或表面安装应变计或应力计进行量测。

【释义】 基坑支护结构是为保证地下结构施工及基坑周边环境的安全,对基坑侧壁及周边环境采用的支挡、加固与保护措施。

② 基坑回弹沉降监测

基坑回弹的变形观测精度等级不宜低于三等。回弹变形观测点宜布设在基坑的中心,宜采用水准测量方法在基坑开挖前、开挖后及浇灌基础前,各测定 1 次。

【释义】 由于地面质量大量卸载,原来的土体平衡被打破,会发生基坑底面的鼓底现象,这种现象称为基坑回弹。

③ 地基土分层沉降观测

重要的建筑物应根据需要进行地基土的分层垂直位移观测。观测点位应布设在建筑物的地基中心附近。垂直位移观测宜采用三等精度,应在基础浇灌前开始。

【释义】 地基土分层沉降观测主要是测定高层或大型建筑物地基内部各分层土的沉降

量、沉降速率及压缩层厚度的工作。

④ 地下水监测

地下水位的变化，也是影响建筑物沉降变化的重要因素。地下水位与沉降一起测量，钻井后再用水位管、水位计观测。

⑤ 支护边坡监测

基坑支护边坡土体监测。

⑥ 基坑巡查

在施工过程中需要对基坑进行定期人工巡查以检查基坑稳定性，主要内容有支护结构情况、施工情况、周边环境有无影响、监测设施是否完整、设计的其他要求。

（3）建筑物及基础监测

① 水平位移监测

建筑物及基础水平位移监测主要包括支护边坡和建筑主体的水平位移观测。一般采用常规水平位移监测方法进行。

② 垂直位移监测

沉降监测工作在基坑开挖前进行，贯穿于整个施工过程。

如果各点的沉降速率均小于 $0.01 \sim 0.04$ mm/日，即可终止观测。

③ 主体倾斜监测

主体倾斜监测观测方法可采用投点法、前方交会法、正垂线法、激光准直法、差异沉降法、测斜仪法等。当建筑物整体刚度较好时，可采用基础差异沉降推算主体倾斜的方法。

④ 日照变形监测

日照变形监测的变形观测点宜设置在监测体受热面不同的高度处。

日照变形的观测宜在夏季的高温天进行，从日出前开始定时观测，至日落后停止，应测出监测体向阳面与背阳面的温度，并测定即时的风速、风向和日照强度。

（4）桥梁变形监测

GNSS 测量、极坐标法、精密测距、导线测量、前方交会法和水准测量是桥梁变形监测的常用方法。

① 桥梁位移观测

桥梁位移观测主要包括桥面、桥梁两岸边坡的水平位移观测。

② 桥梁沉降监测

桥梁沉降监测主要包括桥墩、桥面、索塔以及桥梁两岸边坡的沉降观测等。

（5）混凝土坝变形监测

正倒垂线法、引张线法、GNSS 测量、极坐标法、交会法和水准测量是大坝变形监测的常用方法。

① 混凝土坝位移观测

混凝土坝位移观测主要包括坝体、临时围堰、滑坡等的水平位移观测。

② 混凝土坝沉降观测

混凝土坝沉降观测主要包括坝体、临时围堰、船闸的沉降观测等。

（6）滑坡监测

① 滑坡水平位移观测

滑坡水平位移观测可采用交会法、极坐标法、GNSS 测量和多摄站摄影测量方法；深层位移观测可采用深部钻孔测斜方法。

② 滑坡垂直位移观测

滑坡垂直位移观测可采用水准测量和电磁波测距三角高程测量方法。地表裂缝观测可采用精密测距方法。

5.12.4 变形监测数据处理分析

变形观测数据处理主要有整理观测资料，计算测点坐标和变形量，建立模型对变形原因进行分析和解释，分析变形的显著性、规律和成因等工作，并做出变形趋势预报。

变形观测数据主要是形成时间序列的监测数据。

【释义】 形成时间序列的监测数据是按观测时间先后排序而成的一系列等时间间隔的观测数据数列。

1. 变形分析

数据整理以后要进行变形监测变形分析，分为几何分析和物理解释两部分内容。

较大或重要工程变形分析内容一般包括观测成果可靠性分析、累计变形量和相邻观测周期相对变形量分析、相关影响因素作用分析、回归分析、有限元分析等。

较小工程变形分析内容至少应包括观测成果可靠性分析、累计变形量和相邻周期相对变形量分析、相关影响因素作用分析。

（1）几何分析

几何分析是为了确定变形量的大小、方向及变化所做的数据分析工作。

① 基准点稳定性分析

基准点稳定性分析一般采用平均间隙法、稳健估计法、卡尔曼滤波法等。

【释义】 平均间隙法指先进行两周期图形一致性检验，再寻找不稳定点，依次去掉各点来计算图形不一致性减少的程度，使不一致性减少到最大的点就是不稳定点。

稳健估计法是在粗差不可避免的情况下，选择适当的估计方法使未知量估计尽可能减免粗差的影响，得出正常模式下的最佳估计。

卡尔曼滤波法是一种利用线性系统状态方程，通过系统输入输出观测数据，对系统状态进行最优估计的算法。

② 周期数据分析

对不同周期观测数据进行叠合分析，绘制变形过程线(图 5.52)等。

【释义】 变形过程线是以时间为横坐标，以累积变形值为纵坐标绘制的周期数据分析图。

（2）物理解释

物理解释是为了确定变形体的变形和变形原因之间的关系，解释变形原因。

① 统计分析法

统计分析法以回归分析为主，建立荷载与变形之间的模型。该方法具有后验性质，但应用广泛。

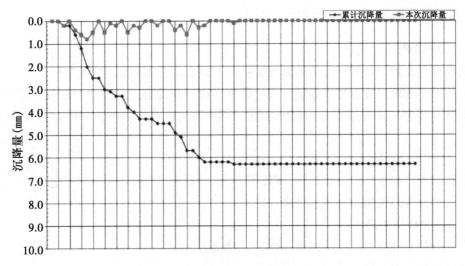

图 5.52　变形监测沉降量变形过程线

【释义】　回归分析是确定两种或两种以上变量间相互依赖的定量关系的一种统计分析方法。

② 确定函数法

确定函数法,即力学模型分析法,以有限元法为主,利用变形体的物理性质,通过应力与应变关系建立荷载与变形之间的模型。该法具有先验性质,但计算量较大。

【释义】　将连续的求解域离散为一组单元的组合体,从而使一个连续的无限自由度问题变成离散的有限自由度问题。

③ 混合模型法

与变形关系比较明确的荷载用有限元法计算,与变形关系不明确或用物理理论难以确定函数关系的荷载仍用统计法计算,然后用实际值拟合建立模型,该方法实际上是统计分析法与力学模型法的混合应用。

2. 资料分析方法

① 作图分析

作图分析是将观测资料绘制成各种曲线图的分析方法。

② 统计分析

统计分析是用数理统计方法分析计算各种观测物理量的变化规律和变化特征,分析观测物理量的周期性、相关性和发展趋势。

③ 对比分析

对比分析是把观测值与设计值或模型试验值进行比较分析。

④ 建模分析

建模分析是建立数学模型,进行预报和实现安全控制的方法。

【释义】　常用的数学模型有统计模型(统计分析法)、确定性模型(确定函数法)和混合模型(混合模型法)。

5.12.5 变形监测质量控制和成果归档

1. 资料检核

变形监测原始记录和变形值计算校核应由不同人员采用不同方法重复计算。

原始资料的统计分析应依据误差理论和统计原理剔除粗差。原始实测值的逻辑分析，应根据变形观测点的物理意义，采用一致性分析、相关性分析等方法分析原始实测值的可靠性。

(1) 资料整理内容

资料整理内容主要有收集资料、审核资料、数据入库、填表绘图(如变形过程线、测站分布图等)、编写成果说明和监测成果表。

(2) 成果质量检验内容

◎执行技术设计书及技术标准、政策法规情况。

◎仪器设备及其检定情况。

◎所用软件系统情况。

◎基准点和变形观测点的布设及标石、标志情况。

◎实际观测情况，包括观测周期、观测方法和操作程序的正确性等。

◎基准点稳定性检测与分析情况。

◎精度统计情况。

◎记录的完整准确性。

◎观测数据的各项改正情况。

◎计算过程的正确性、资料整理的完整性、精度统计和质量评定的合理性。

◎变形测量成果分析的合理性。

◎提交成果的正确性、可靠性、完整性及数据的符合性情况。

◎技术总结内容的完整性、统计数据的准确性、结论的可靠性及体例的规范性。

◎成果签署的完整性和符合性情况。

2. 成果提交和归档

变形监测成果主要以用文字、表格和图形等形式进行表达，也可用多媒体技术、仿真技术、虚拟现实技术等进行表达。

(1) 成果提交

成果提交主要内容有变形监测成果统计表、监测点位置分布图、建筑裂缝位置及观测点分布图、水平位移图(图 5.53(c))、等沉降曲线图(图 5.53(a))、时间-荷载-沉降量曲线图(图5.53(b))、时间-位移速率-位移量曲线图、其他影响因素的相关曲线图、变形监测报告等。

(2) 成果归档

成果归档主要内容有技术设计书、技术总结，变形监测网点位图，标石规格及埋设图，观测和计算资料，变形分析及预报资料，变形过程和变形分布图表，变形监测、分析和预报的技术报告，平差和质量评定资料，仪器检定资料，检查和验收报告等。

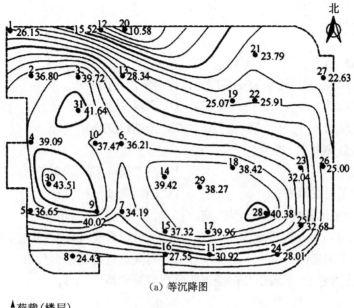

(a) 等沉降图

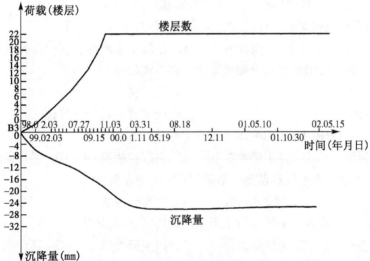

(b) 时间-荷载-沉降量曲线图

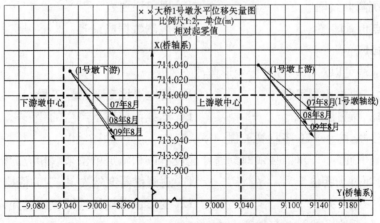

(c) 水平位移图

图 5.53　等沉降图、时间-荷载-沉降量曲线图和水平位移图

5.12.6 章节练习

(一) 单项选择题

1. ( )最适合测定高层建筑物在日照风荷作用下产生的变形。
    A. GPS-RTK 法   B. 测斜仪法
    C. 数字正垂仪法   D. 全站仪交会法

2. 变形监测时,监测周期一般( )。
    A. 一成不变   B. 在工程竣工后逐渐变短
    C. 在工程竣工后逐渐变长   D. 随时更改

3. 为了验证变形监测基准网的稳定性,应( )。
    A. 在每次测量前对其进行复测   B. 每次测量前对其进行数据分析
    C. 对其进行定期复测   D. 对其进行定期数据分析

4. 以下变形监测内容中,不属于几何变形监测观测量的是( )。
    A. 裂缝   B. 挠度   C. 应力   D. 震动

5. 变形监测网垂直位移基准点埋设应首选( )标石。
    A. 观测墩   B. 双金属标石   C. 混凝土水准标石   D. 深埋式标石

6. 下列测量仪器中,可用来进行坝轴线水平位移监测的是( )。
    A. 水准仪   B. 铅直仪
    C. 激光经纬仪   D. 全站仪加装弯管目镜

7. 在变形监测几何分析中,常用的基准点稳定性分析方法为( )。
    A. 回归分析法   B. 力学函数法   C. 有限元法法   D. 平均间隙法

8. 基坑支护结构深层水平位移监测一般采用( )方法进行。
    A. 倒垂装置   B. 埋设测斜管   C. 水准测量法   D. GPS

9. 采用回归分析法、有限元法等进行变形监测的物理解释,属于( )。
    A. 力学模型法   B. 统计分析法   C. 确定函数法   D. 混合模型法

10. 以下测绘资料中,需要在沉降观测物理解释阶段出具的是( )。
    A. 荷载沉降曲线图   B. 周期计划表
    C. 基准点位置略图   D. 观测数据成果表

(二) 多项选择题

1. 采用极坐标法可以对( )进行变形监测。
    A. 道路边桩位移监测工程   B. 场地滑坡变形测量工程
    C. 建筑物沉降测量工程   D. 动载荷作用下产生的变形
    E. 基坑支护结构水平位移监测工程

2. 当变形监测出现( )时,必须即刻通知建设单位和施工单位采取相应的措施。
    A. 变形量超过预警值   B. 观测仪器突然失灵,观测值剧烈变化
    C. 变形量突然增大   D. 变形量有规律地缓缓接近允许值
    E. 监测体附近地表的裂缝突然变大

3. 变形监测网与测图控制网比较具有( )等特点。

A. 控制点依据地形特征布设　　　　B. 工作控制点布设在测区外

C. 需要更高要求的仪器　　　　　　D. 数据处理方式复杂多样

E. 控制点周期性使用

4. 对大型建筑物进行变形监测,变形观测点的设置要求(　　)。

A. 强制对中装置　　　　　　　　　B. 观测方便

C. 位于地面　　　　　　　　　　　D. 结构牢固

E. 外形美观

5. 变形监测项目的变形分析至少应包含(　　)。

A. 回归分析　　　　　　　　　　　B. 相邻观测周期相对变形量分析

C. 观测成果可靠性分析　　　　　　D. 相关影响因素作用分析

E. 累计变形量分析

6. 滑坡水平位移观测一般可采用(　　)等方法进行。

A. 电磁波测距三角高程测量　　　　B. 引张线法

C. 遥感卫片分析　　　　　　　　　D. 全站仪交会法或极坐标法

E. GNSS 测量

习题答案与解析

(一) 单项选择题

1.【**A**】　解析:GNSS-RTK 法适用于测定工程动态变形,具有连续性、实时性、自动化等特点。

2.【**C**】　解析:监测周期并非一成不变,在作业过程中要依据监测体变形量的变化情况适当调整,以确保监测结果和监测预报适时、准确,如随着建筑工程竣工,变形量慢慢趋于稳定,变形监测周期应逐渐变长。

3.【**C**】　解析:为了验证基准网的稳定性,应对其进行定期复测,至少应每半年复测一次,根据点位的稳定程度、自然条件的变化情况来确定复测周期,对基准网有怀疑的时候应随时检测。

4.【**C**】　解析:几何变形监测量是反映在水平和垂直方向上的位移变量,是监测对象变形的具体表现。应力是物体由于外因(受力、湿度、温度场变化等)而变形时,在物体内各部分之间产生相互作用的内力,属于物理变形量。

5.【**B**】　解析:变形监测网竖直位移基准点应采用双金属标石或钢管标石。

6.【**C**】　解析:激光经纬仪在经纬仪的视准轴上增加了激光指向功能,可以用作视准线测量水平位移。

7.【**D**】　解析:基准点稳定性分析一般采用平均间隙法和卡尔曼滤波法。平均间隙法先进行两周期图形一致性检验,再寻找不稳定点,依次去掉各点来计算图形不一致性减弱的程度,使不一致性减到最弱的点就是不稳定点。

8.【**B**】　解析:基坑支护结构是建筑物基础施工的重要保证,基坑变形监测具体反映基坑支护结构的变化情况,并为其安全使用提供准确的预报。基坑支护结构深层水平位移监测一般采用埋设测斜管的方法,观测各深度处的侧向位移。

9.【**D**】　解析:与变形关系比较明确的载荷用有限元法计算,与变形关系不明确或用物理理论难以确定函数关系的载荷仍用统计法计算,然后用实际值拟合建立模型,该方法实际上是统计分析法与力学模型法的混合应用。

10.【A】 解析:物理解释是为了确定变形体的变形和变形原因之间的关系,解释变形原因。选项 A 属于物理解释阶段的报表。

(二) 多项选择题

1.【ABE】 解析:极坐标法可以用于水平位移变形监测。选项 C 为竖直位移观测,一般采用水准测量法;选项 D 为动态变形,一般采用 RTK 法测量。选项 A、B、E 都属于水平位移监测。

2.【ADE】 解析:当变形监测出现下列情况之一时,必须即刻通知建设单位和施工单位采取相应的措施:(1)变形量达到预警值或接近允许值;(2)变形量或变形速率出现异常变化;(3)变形体、周边建(构)筑物或地表出现裂缝快速扩大等异常变化。

3.【CDE】 解析:变形监测网与测图控制网相比,需要更高的可靠性和精度,数据处理方法复杂多样,需要周期性观测。变形监测网的基准点需要布设在测区外,但工作控制点应布设在适合观测的地方。

4.【BDE】 解析:变形观测点应直接埋设在能反映监测体的变形特征的部位(建筑角点等)或监测断面两侧。考虑立尺的要求,一般要离开变形体或地面一段距离,要求设置位置合理、结构牢固、观测方便,且不影响监测体的外观和使用。

5.【BCDE】 解析:较大或重要工程的变形分析一般包括观测成果可靠性分析、累计变形量和相邻观测周期相对变形量分析、相关影响因素作用分析、回归分析、有限元分析等。较小工程的变形分析至少应包括观测成果可靠性分析、累计变形量和相邻观测周期相对变形量分析、相关影响因素作用分析。

6.【CDE】 解析:滑坡水平位移观测可采用全站仪交会法、全站仪极坐标法、GNSS 测量和多期遥感影像比对法(遥感卫片分析)等方法。

5.13 精密工程测量

5.13.1 精密工程测量概述

精密工程测量绝对精度一般能达到毫米级,相对精度达到 10^{-6} 量级,主要内容包括精密工程控制网的建立、精密施工放样、精密设备安装与检测、精密变形监测等。

精密工程测量与普通工程测量相比的特点如下:

◎数据获取上有更高的精度要求。

◎需要研制新仪器和专用设备,提高自动化程度及精度。

◎需要采取措施改进误差改正方法。

◎要研究新的测量技术和数据处理方法,形成成熟的理论。

◎服务于各种工程中精度要求最高关键性部分。

◎所用仪器设备必须具有较高的性能,以保证测量成果的精度、可靠性和有效性。

5.13.2 精密工程测量设计和实施

精密工程测量需要先收集测区资料进行全面分析,确定测量基准和控制网布设方案,确定技术关键所在,提出数个实施方案,并拟定数据处理方法,进行可行性论证,概算工作量和经费。

1. 施测方法

（1）精密角度测量

精密角度测量可采用高精度电子经纬仪、全站仪进行,还要减弱仪器的对中误差、目标偏心差、照准误差、竖轴倾斜误差、环境影响等误差因素影响。

【小知识】

如徕卡 TM5100A、TPS2000（图 5.54）,一测回方向标准差可达到 $0.5''$。

（2）精密距离测量

◎数十米内可使用双频激光测距仪（相对精度达到 5×10^{-7}）。

◎数百米内可使用因瓦基线尺（低膨胀合金制作,相对精度高于 10^{-6}）、精密光电测距等方法。

图 5.54　徕卡 TM5100A 和 TPS2000

◎数千米内可使用精密光电测距。

【释义】　因瓦基线尺即铁镍合金基线尺,在进行传统的精密距离测量时,用温度膨胀系数很小的因瓦合金钢制造的基线尺会大大提高测量的准确度,随着精密光电测距仪的发展,目前已经很少使用基线尺测距。

【小知识】

基线尺分为线状和带状两种。线状因瓦尺只有两段刻度,故只能用于整数倍距离测量。带状因瓦尺需要托平支架,两端加载重锤,可测量在量程范围内的任意长度。

电磁波测距仪的仪器常数和仪器测量的准确度还是依赖野外高精度基线尺来检定。

（3）精密高程测量

几何水准测量仍是精密高程测量最主要方法,可采用自动安平水准仪、电子水准仪、液体静力水准测量等方法。

【释义】　液体静力水准测量具有高精度、遥测、自动化、可移动和可持续测量等特点,一般不用于建立精密高程控制网,而用于特殊条件下的工程水准测量。

精密高程测量精度一般要大于二等水准测量精度标准。

（4）精密准直测量

精密准直测量指高精度观测基本位于同一水平基准线上的点的偏移。

精密准直光学测量方法有小角法、活动标牌法等;光电测量方法有激光准直法等;机械法有引张线法等。

① 活动觇牌法

如图 5.55 所示,活动觇牌视准线法是采用精密经纬仪直接测量精密活动觇牌来测量观测点对于基准线偏距的方法。

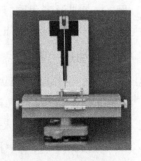

图 5.55　活动觇牌法

② 小角法

如图 5.56 所示,小角法是通过测定基准线方向与观测点的视线方向之间的微小角度和距离来计算观测点相对于基准线的偏离值的方法。

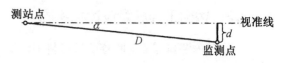

图 5.56　小角法偏距测量

$$d = \alpha \cdot D / \rho$$

式中　d—— 观测点偏离基准线值;

　　　D—— 观测值与测站距离;

　　　ρ—— 弧度角度换算常数,约等于 206 265。

【释义】　激光准直法和引张线法等在前面已述及。

(5) 精密垂准测量

精密垂准测量指以过基准点的铅垂线为基准线高精度测定沿垂直基准线分布的目标点相对于铅垂线的水平距离,精度通常要求达到亚毫米级。可以采用光学法、光电法或机械法等方法(正倒垂法)等。

【释义】　精密垂准测量一般用于高层建筑倾斜测量,或建(构)筑物同一投影点各高程面上的水平位移测量。

2. 精密工程控制网布设

精密工程控制网布设通常一次布网。分级布设时,其等级一般不具有上级网控制下级网的意义。精密工程控制网必须进行控制网优化设计,一般布设成独立网。

(1) 水平控制网

精密水平控制网一般采用 GNSS 控制网、基准线、三角形网(大地四边形、中点多边形等)等控制网。

精密工程控制网标石埋设应采用强制对中装置和观测墩。

(2) 高程控制网

精密高程控制网一般布设成附合或闭合结点水准网。

对绝对位置精度要求高的平面和高程控制点应采用基岩标,软土地区高程控制点常用深埋钢管标。

3. 特殊精密控制网

精密工程控制网对控制网的精度和可靠性要求较高,特殊情况下可布设成三角形边角网,如直伸形三角网、环形控制网等。

(1) 直伸形三角网

直伸形三角网一般布设于线状设备的安装或直线度、同轴度要求较高的设备安装工程中。

【释义】　如大坝大桥的横向变形监测、火箭发射架的安装、自动化流水线的长轴线或导轨的准直测量。

(2) 环形控制网(图 5.57)

环形控制网可布设于环状、弧状工程中。

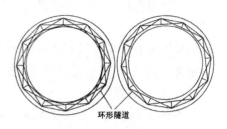

图 5.57　环形控制网

【释义】 如环形粒子加速器、隧道等工程。

（3）三维控制网

三维控制网是采用高精度全站仪或激光跟踪仪同时获得精度相匹配的斜距、水平角、天顶距等观测元素，经过三维网整体平差一次性得到三维坐标的控制网。

三维控制网可以消除高山区或深切割河谷地带的的垂线偏差影响。

【释义】 由于垂线偏差是某点重力方向和正常重力方向的夹角，其大小会受到扰动位（重力异常）的影响，在切割河谷（地形起伏大）布设高精度工程控制网时会受到垂线偏差影响难以满足工程需求。垂线偏差在山区一般很难求得，若忽略垂线偏差影响，平面坐标直接归到参考椭球面，相当于测量时用了大地高系统，与水准测量得到的正常高不匹配，故采取三维控制网解决这个问题。

4. 工业设备形位检测

工业设备形位检测对测量精度要求很高，由于受到工作时间和场地条件限制，需要使用专用仪器进行。

（1）设备安装阶段的测量工作

◎在工业设备安装时，要将设备按规定精度和工艺流程安置到设计位置。

◎在工业设备检修时，要对设备位置进行检测。

◎在工业生产过程中，检测生产部件外形，以校核与设计外形差别。

（2）安装控制网

① 小型设备安装工程

小型设备安装工程一般只需要自由设站布设独立控制网。

② 大型设备安装工程

大型设备安装工程必须建立安装控制网，一般属于精密微型网，其特点是边长短、范围小，精度与设备安装要求有关，点位中误差一般不超过 1 mm。

（3）形位检测方法

形位检测常用方法主要有全站仪前方交会、全站仪极坐标三维测量、近景摄影测量、激光准直测量等，反射镜一般采用反射片或球棱镜（图 5.58）。

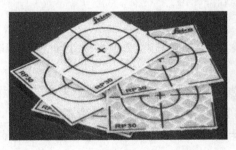

图 5.58　反射片和球棱镜

【释义】 球棱镜中心和球心重合，无论如何测量，测点均位于球面法线方向，数据处理方便。

反射片可贴于被测物体上，厚度已知，数据处理也很方便。

（4）形位检测方法选择原则

◎形位检测用的电磁波测距仪或扫描仪其测量精度可达 0.02～2 mm。

◎测角仪器的最佳极限高精度是最短视距与仪器测角中误差的乘积。

◎近景摄影测量的极限高精度是像点点位中误差与影像比例尺分母的乘积。

◎对于运动物体的形位检测,传感器的工作频率是重要技术指标。

5.13.3 轨道交通控制网

CPⅢ控制网主要是为铺设无砟轨道和运营维护提供控制基准,是沿高铁轨道两侧布设的自由测站边角交会网,并附合在CPⅠ、CPⅡ或其他加密的高等级控制点上。

【释义】 无砟轨道客运专线铁路工程测量平面控制网分三级布设,第一级为基础平面控制网CPⅠ,第二级为线路控制网CPⅡ,第三级为基桩控制网CPⅢ。

1. CPⅢ控制网布设流程

CPⅢ控制网(图 5.59)的布设包括测前准备、测量实施、评估验收三个阶段。

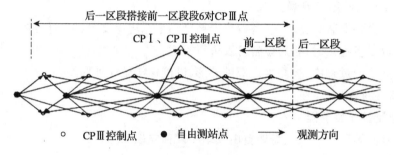

图 5.59 CPⅢ平面控制网

（1）测前准备

测量前要对CPⅠ、CPⅡ及高程控制网复测,确认数据准确,需要加密的应加设加密控制点,并编制测量实施技术方案。

CPⅠ控制网应采用 B 级 GNSS 测量标准实施,CPⅡ应采用 C 级 GNSS 测量标准实施,高程控制网应采用二等水准测量标准实施。

（2）测量实施

测量实施主要包括标石埋设、外业数据采集、数据平差处理、成果编制等工作。

① 标石埋设

CPⅢ控制点布设在轨道两边,其标石由反射棱镜与强制对中支架组成。

CPⅢ控制点每隔 60 m 左右布设一对,各点高程应大致相等。

【释义】 CPⅢ控制点为自由测站照准的目标点,测站不在 CPⅢ控制点上。

② 区段划分

CPⅢ控制网的施测以区段为单位,一次平差计算的范围为一个区段,每个分段两端应附合在高等级点上。

每个 CPⅢ控制网测量分段长度应不低于 4 km,每段至少联测 3 个高级控制点。

两个区段之间应联测不少于 4 对 CPⅢ控制点作为连接重合点。

③ 自由测站点布设

每隔 2 对 CPⅢ 控制点之间布设自由测站点,并应保证有 3 个自由设站点与上一级控制点联测,高程测量要满足联测 3 个上一级控制点。

④ 外业观测

CPⅢ 控制网外业观测应待沉降和变形评估通过后进行,测程内不得有任何遮挡物和人体可以感知的震动,应选择合适的观测时间。

在自由测站点上对前后各 3 对 CPⅢ 控制点进行边角观测,每次测量每个 CPⅢ 控制点应保证不少于被观测 4 次。

⑤ 高程控制点

高程控制点与平面控制网点点位相同,相邻两对 CPⅢ 控制点构成闭合环。

每隔 2~3 km 附合到二等水准点上。

(3) 评估验收

评估 CPⅢ 测量成果的质量并验收。

2. CPⅢ 控制测量方法

(1) 水平观测方法

水平测量采用测量机器人实施,水平角采用全圆方向观测法进行观测,一般观测 2~4 个测回。

(2) 高程观测方法

高程观测方法采用高精度数字水准仪,按精密水准测量精度要求观测,观测路线可按往返路线观测或逐个闭合环观测。

5.13.4　章节练习

(一) 单项选择题

1. 边长为 200 m 的精密距离测量从精度和效率综合考虑应优先选用(　　)进行。
   A. GNSS 差分定位　　　　　　　B. 因瓦基线尺
   C. 高精度电子经纬仪视距法　　　D. 双频激光干涉仪

2. 对直线度要求特别高的精密设备安装工程应优选(　　)作为安装控制网。
   A. 直伸形导线　　　　　　　　　B. 附和 GNSS 网
   C. 环形控制网　　　　　　　　　D. 直伸形三角网

3. 利用高精度全站仪进行精密工程测量时,为获得高精度的方向观测值,不需要太注意(　　)的影响。
   A. 目标偏心差　　　　　　　　　B. 边长测量误差
   C. 照准误差　　　　　　　　　　D. 竖轴倾斜误差

4. 大型精密设备安装必须建立安装控制网,精度按(　　)选择。
   A. 测量人员技术能力　　　　　　B. 设备安装要求
   C. 经费要求　　　　　　　　　　D. 仪器精度

5. CPⅢ 控制网是沿高铁轨道两侧布设的控制网,一般采用(　　)法布设。
   A. 自由设站　　B. 极坐标　　C. GNSS 静态　　D. 角度交会

习题答案与解析

(一) 单项选择题

1.【B】 解析：数百米内精密测距应使用因瓦基线尺,它由低膨胀合金制作而成,相对精度高于 10^{-6},本题中其他方式都不适宜采用。

2.【D】 解析：直伸形三角网一般布设于线状设备的安装或直线度、同轴度要求较高的设备安装工程中,如大坝大桥的横向变形监测、火箭发射架的安装、自动化流水线的长轴线或导轨的准直测量。

3.【B】 解析：精密角度测量需考虑减弱对中误差、目标偏心差、照准误差、竖轴倾斜误差、环境影响等因素误差影响。

4.【B】 解析：大型精密设备安装必须建立安装控制网,控制网精度根据设备安装要求设计,点位中误差一般不超过±1 mm。

5.【A】 解析：CPⅢ控制网是沿高铁轨道两侧布设的自由测站边角交会网,附合在 CPⅠ、CPⅡ或加密的高级控制点上。

规范引用

GB/T 50228—2011　　工程测量基本术语标准

GB 50026—2007　　工程测量规范

CJJ T8—2011　　城市测量规范

CJJ61—2017　　城市地下管线探测技术规程

GB/T 15314—1994　　精密工程测量规范

JGJ 8—2016　　建筑变形测量规范

第6章 房产测绘

1. 根据房产管理需求,选择房产项目的测绘方案。
2. 根据房产测绘方案,运用不同类型控制网,选择布设方案,确定施测方法。
3. 根据房产测绘项目,选择权属调查方法实施房产要素测量。
4. 根据房产测量项目的需要,选择房产图的种类和成图比例尺,确定成图方法。
5. 根据房产测绘项目要求,正确区分不同的权属和分摊方式,确定测量和检测方法以及精度等级;进行面积测算和共有共用面积分摊,提供包括房产簿册、房产数据和房产图集以及数据库在内的测绘成果。
6. 根据房产管理要求,实施变更测量。

章节介绍

房产测绘是把城镇工程测量方法和物权权属调查结合起来,带有鲜明的政策性和法律性。相对而言,房产测绘轻测量方法,重建筑面积计算,是比较独特的专业传统测绘细分领域。

房产测绘相对于工程测量的特点主要体现在权属调查和测绘上,学习时应注重房屋建筑面积丈量、认定、计算的方法,另须区分房产测绘与地籍测绘、规划测量、竣工测量等的异同。在今后的测绘专业分级规划中,房产测绘必然会与规划测量、地籍测绘深度整合,要加深对联合竣工验收测量中房产测绘的作用和分工的理解和思考。

现行的房产测绘规范制定于2000年,一些地方的房产测绘与目前建筑行业的发展以及不动产登记政策的变动脱节,学习的时候应加以注意。

房产测绘考点较少,与百姓生活联系紧密,内容较直观,是较容易得分的章节之一。

考点分析

本书知识点涵盖率:★★★　　　基本全覆盖。
与其他章节相关度:★☆☆　　　应与地籍测绘一起学习,和传统测绘联系不大。
分析考试难度等级:★☆☆　　　虽然考分不多,但本书覆盖度好,力求得全分。
平均每年总计分数:5.7分　　　在12个专业中排名:第9位。

6.1 房产测绘概述

房产测绘测定的范围是房屋以及与房屋相关的土地,是运用测绘仪器、测绘技术、测绘手段来测定房屋、土地及其房地产的自然状况、权属状况、位置、数量、质量以及利用状况的专业测绘活动。

(1)房产测绘用途和目的

房产测绘主要作用是采集和表述房屋和房屋用地的有关信息,为房产产权产籍管理、房地产开发利用、交易、征收税费,以及为城镇规划建设提供数据和资料。房产测绘具有法律性,主要应用在财政经济、社会服务、测绘服务、智慧城市建设等方面。

房产测绘从定性、定位、定量三方面采集和表述了房屋和房屋用地的有关信息。

随着地理信息基础数据库的发展,房产数据库和地籍数据库日益成为智能化地理信息库的重要组成部分,为社会公共事务的共享管理以及智慧城市的建设提供重要的数据基础。

【释义】 房产测绘的定性、定位、定量对应房屋和用地属性调查、坐标测量、面积计算三方面工作。

(2)房产测绘的内容

房产测绘的内容主要有房产平面控制测量、房产调查、房产要素测量、房产图绘制、房产面积测算、变更测量、成果资料的检查验收、房产测绘数据库的建立。

【小知识】

房产权属登记类别。

房产测绘与房产产籍登记和管理密切相关,房产权属登记主要分为总登记、初始登记、转移登记、变更登记、他项权利登记、注销登记等类别。

◎总登记。县级以上地方人民政府根据需要,可以对本行政区域内的房屋权属证书进行统一的一次性登记,即总登记。登记机关认为需要时,经县级以上人民政府批准,可以对本行政区域内的房屋权属证书进行验证或换证。

◎初始登记。新建房屋,申请人应向登记机关申请房屋所有权初始登记,初始登记时权利人需要委托房产测量机构进行房产测绘。

◎转移登记。因房屋买卖而发生权属转移的,应进行房屋权属转移登记。

◎变更登记。房屋法定名称变更、房屋坐落的街道、门牌号、房屋名称、房屋面积、重新翻建等情形发生变化,需要进行变更登记。权利人需要委托房产测量机构进行房屋现状变更测量。

◎他项权利登记。房屋抵押权、典权等他项权利登记。

◎注销登记。发生房屋灭失、土地使用期限届满、他项权利终止等情况,权利人应申请注销登记。

6.2 房产调查

房产调查又称房产信息数据采集,分为房屋用地调查和房屋调查,其内容包括对每个权属单元的位置、权界、权属、数量和利用状况等基本情况,以及地理名称和行政境界的调查。

房产调查应利用已有的地形图、地籍图、航摄像片以及产籍管理相关资料等,按房屋调查表和房屋用地调查表以丘和幢为单位逐项实地进行调查。

【释义】　房产信息数据采集与房产要素采集是两个概念,房产要素采集是指房产图所要表达的房屋及其他地物属性和位置信息采集。

房产信息数据来源如下:

◎行政管理部门出具的行政文书,如竣工验收备案表、地名命名批复、门楼牌号证明等。

◎行政部门或法律部门出具的相关证件或法律文书,如土地使用权证、房屋所有权证、不动产权证、组织机构代码证、司法判决等。

◎其他由委托人或相关权利人自行提供,或由数据采集人员根据相关技术规范现场获取的,如房间号码编排表、设计图纸及相关文件等。

【释义】　建设工程竣工验收备案是指建设单位在建设工程竣工验收后,将建设工程竣工验收报告和规划,消防、环保等部门出具的认可文件或者准许使用文件报工程所在地建设行政主管部门审核的行为。

6.2.1　房屋用地调查

1. 房屋用地调查的单元

房屋用地调查以丘为单元分户进行。

所谓的丘,指地表上一块有界空间的地块,有固定界标的按固定界标划分,没有固定界标的按自然界线划分。

【释义】　丘与地籍测绘中的宗地具有类似的含义,都是指地表一有界的地块,是房屋的用地范围。房地产分幅图又称为丘形图,丘是房地产用地单元名称,丘与宗地是不同部门对权属地块的不同称谓。

随着不动产统一登记制度的实行,土房合一,丘将逐渐被宗地代替。

(1)丘的分类

① 独立丘

一个地块只属于一个产权单元时,该地块称为独立丘。

② 组合丘

一个地块属于几个产权单元时,该地块称为组合丘。

③ 支丘

组合丘内表示支丘,支丘号以总丘号加横杆加数字表示。

【释义】　商品房、住宅小区等同一用地包含多个权属单元的,都属于组合丘,每个权属单元划分支丘。

(2)丘号的编制

丘号以一个房产分区为编号区,从北至南,从西至东以反"S"形顺序按以下方法进行编号:

市代码	区(县)代码	房产区代码	房产分区代码	丘号
2位	2位	2位	2位	4位

当未划分房产分区时,相应的房产分区编号用"01"表示。

【释义】　丘号的编制是以房产分区,为编号区以丘为单位编制,不是以一幅图幅为单元区。

丘号编写时原则上应按大致的反"S"形编号,实际工作中,一个房产子区内丘的数量非常多,而且排列不整齐,很难严格遵照这个原则。另外,当初始登记或变更登记时,可能产生新的丘号,规定按编号区内最大号编制,这样就会打乱原来的编号排列。

① 房产区

房产区以建制的街道、乡镇、房地产管理划分的区域为基础,从北至南,从西至东划定。

② 房产分区

房产分区以街坊、村、居民点、大的单位为基础构成成片的几何图形,从北至南,从西至东划定。

2. 房屋用地调查内容

房屋用地调查内容(表6.1)包括房屋坐落、产权性质(国有、集体)、用地等级、税费、用地人、用地单位所有制性质、使用权来源、四至、界标、用地用途分类、用地面积和用地纠纷等情况,以及绘制用地范围略图。

表6.1 房屋用地调查内容

调查类别	具体项目
产权性质	国有、集体两类
税费	土地年度缴纳金额
所有权	用地的产权主的姓名或单位名称
使用权	用地的使用人的姓名或单位名称
取得来源	转让、出让、征用、划拨等
用地四至	一般按东、南、西、北方向注明邻接丘号或街道名称
坐落	房屋用地所在街道的名称和门牌号,缺门牌号时,应借用毗连房屋门牌号并加注东、南、西、北方位;在两个以上街道或有两个以上门牌号时,应全部注明
界标	界线上的各种标志,包括自然界线、围护物、界桩等埋石标志等

3. 其他调查内容

(1) 行政境界调查

应调查区、县和镇以上的行政区划范围和名称,并标绘在图上,街道或乡的行政区划,可根据需要调绘。应调注镇级以上行政机构名称。

(2) 地理名称调查

应调查测区范围内的居民点、道路、河流、广场、重要的名胜古迹等地理要素名称。自然名称应根据各地人民政府地名管理机构公布的标准名或公安机关编定的地名进行。企事业单位名称调注全称。

6.2.2 房屋调查

1. 房屋调查单位

房屋调查以幢为单元分户进行。幢是指一座独立的,包括不同结构、不同层次、不同竣工年份的房屋。

【释义】 幢应按权利人使用现状和房屋功能,以相对独立和便于分摊计算为原则进行划分。

(1)幢号的编制

幢号以丘为单位编号区,自进入主人口起,从左到右,从前到后,按"S"形编制,如图6.1所示。

【释义】 幢号以进门的个人感官习惯编号,与丘号编写顺序不同。

(2)幢号与房产权号注记

① 幢号注记

幢号应标注在房廓线内左下角,并加括号表示。

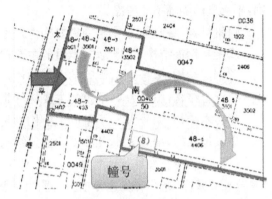

图 6.1 幢号的编写

② 房产权号注记

在他人用地范围内所建的房屋,在幢号后面加编房产权号 A。

多户共有的房屋,在幢号后面加编共有权号 B。

2. 房屋调查内容

房屋调查内容包括建筑物名称、坐落、产权人、产别、层数、所在层次、建筑结构、建成年份、房屋用途、墙体归属、权界线及绘制房屋权界线示意图、权源、产权纠纷和他项权利、楼号与房号、房屋分幢及幢号编注等,以及与建筑物有关的规划信息、产权人及委托人信息等。

(1)房屋产权人

私人或单位所有房屋,一般按照产权证件上的名字注明全称,权利共有的应注明共有人。房产所有权人对自己的不动产或者动产,依法享有占有、使用、收益和处分的权利。

(2)产别及编码

产别指的是房产权利人类别,分两级调记,其中一级编码包括国有 1,集体 2,私有 3,联营企业 4,股份制企业 5,港澳台投资 6,涉外房产 7,其他房产 8。

【释义】 国有房产是由房地产管理部门直接管理的公产房屋。

(3)房屋总层数与所在层次

① 房屋总层数

房产图上注记的是总层数,房屋总层数为房屋地上层数与地下层数之和。

② 房屋自然层数

房屋地上层数是指房屋的自然层数,一般按室内地坪±0以上计算。房屋自然层数均按照自然数序列计数,假层、夹层、阁楼、屋面楼梯间、水箱间不计自然层数。

采光窗、在室外地坪以上的半地下室,其室内层高在 2.20 m 以上的,计算自然层数。

③ 所在层次

所在层次是指本权属单元的房屋在该幢楼房中的第几层,地下层次以负数表示。

【释义】《房产测量规范》原文为"房屋层数是指房屋的自然层数,一般按室内地坪±0 以上计算。"与上文矛盾有歧义,房屋层数应指房屋地上层数,与房屋总层数有别。

(4) 房屋建筑结构

房屋建筑结构是根据房屋的梁、柱、墙等主要承重构件的建筑材料划分的房屋结构类别,不承重的隔墙不需考虑。

◎钢结构,编号为 1,承重的主要构件是用钢材料建造的,包括悬索结构。

◎钢与钢混结构,编号为 2,承重的主要构件是用钢、钢筋混凝土建造的。

◎钢混结构,编号为 3,承重的主要构件是用钢筋混凝土建造的。

◎混合结构,编号为 4,承重的主要构件是用钢筋混凝土和砖木建造的。

◎砖木结构,编号为 5,承重的主要构件是用砖、木材建造的。

◎其他结构,编号为 6,凡不属于上述结构的房屋都归此类。

【释义】 在一些特殊的需要计算面积的测绘项目中,如拆迁建筑面积的计算,也按照《房产测量规范》来作为实施标准。这些项目常常需要计算简房或棚房的面积来通过一定形式补偿给被拆迁权利人。

一般来说,按房屋建筑结构来看,简房和棚房都属于非永久结构的临时建筑物,达不到计算建筑面积的标准,但可以独立计算简房或棚房的面积。

简房与棚房在结构上的区别主要是前者有比较正式的围护结构,后者没有。

(5) 房屋建成年份

房屋建成年份指房屋实际竣工年份。一幢房屋有两种以上建成年份,应分别注明。

【释义】 拆除以后重新翻建的,应以翻建竣工年份为准。

(6) 房屋用途

一幢房屋如有两种以上用途,应分别注明。

【小知识】

房屋用途按两级分类,一级分为住宅,工业、交通、仓储,商业、金融、信息,教育、医疗卫生、科研,文化、娱乐、体育,办公,军事,其他共 8 类,二级分为 28 类。

(7) 墙体归属

墙体归属分为自墙、共墙和借墙。

① 自墙

自墙的权利人拥有整个墙体的权属,权属界线为墙外线。

② 共墙

共墙为相邻双方共同拥有墙体的权属,权属界线为墙中线。

③ 借墙

借墙的权利人不拥有墙体权属,本丘权属界线为墙内线。

(8) 权界线

房屋权界线以产权人的指界与邻户认证来确定。房屋权界线示意图是以权属单元为单位绘制的略图,表示房屋及其相关位置、权界线、共有房屋权界线,以及与邻户相连墙体的归属,并注记房屋边长。有争议的权界线应标注部位。

房屋权界线包括房屋所有权界、未定房屋权界、毗连房屋墙界归属等内容。

① 自墙和借墙

以墙体一侧为界,短齿朝向所有权一侧,表示自墙,朝向另一侧表示借墙。

② 共墙

以墙中心为界,短齿朝向两侧绘出,表示共墙。

(9) 产权来源

房屋产权来源有继承、分析(分割和析产)、买受、受赠、交换、自建、翻建、征用、收购、调拨、价拨、拨用等。产权来源两种以上的,应全部注明。

【小知识】

房屋用地类别:

包括商业金融用地,工业、仓储用地,市政用地,公共建筑用地,住宅用地,交通用地,特殊用地,水域用地,农用地,其他用地。

6.2.3 章节练习

(一) 单项选择题

1. 下面描述最符合《房产测量规范》中丘的定义的是( )。

    A. 有界空间的地块   B. 相同用地用途的地块

    C. 有界标的权属地块   D. 地块以及其上的定着物

2. 房屋用地调查与测绘以( )为单元分户进行。

    A. 宗地   B. 丘   C. 户   D. 幢

3. 在城镇房产分幅图中,一个独立丘代表( )。

    A. 一个支丘   B. 一个小区   C. 一幢房屋   D. 一个地块

4. 在房产测量时,房屋幢的划分原则不包括( )。

    A. 按权利人使用现状   B. 便于分摊计算

    C. 房屋独立性   D. 满足房产开发商的要求

5. 以下不属于房屋产权来源的是( )。

    A. 受赠   B. 交换   C. 出让   D. 分析

6. 在房产调查时,一幢房屋的承重结构为砖砌墙,楼板、屋架等用木结构,则该房屋的结构编号为( )。

    A. 2   B. 3   C. 4   D. 5

7. 某房屋在分幅图上的4位注记是1502,可知其房屋为( )。

    A. 集体所有   B. 国有   C. 个人所有   D. 股份制公司所有

8. 某房屋在房产分丘图上的产权注记代码为13122011,其地上层数为10,则该房屋计算建筑面积的最低层为( )层。

    A. −1   B. 0   C. 1   D. −2

9. 杭州市萧山区北干街道一处房产的丘号为010203040506,则该街道的编码为( )。

A. 02   B. 03   C. 04   D. 05

10. 房屋权界线经过房产分丘图的墙体外侧,则相应四至方向的墙体归属标志应注为( )。

    A. 自有墙   B. 共有墙   C. 各墙   D. 借墙

(二) 多项选择题

1. 根据《房产测量规范》,房屋权界线包括( )。

    A. 行政区界   B. 独立房屋权界   C. 自然地物权界   D. 未定房屋权界

    E. 毗连房屋墙界

2. 以下可以用作房产用地范围界线的有( )。

    A. 河边线   B. 房屋墙体   C. 高压线   D. 埋石标志连线

    E. 栅栏

3. 下列测绘工作中属于房产测绘内容的有( )。

    A. 房产平面控制测量   B. 房屋立面图测制

    C. 权属专题图绘制   D. 房产数据库建立

    E. 界址点测设

习题答案与解析

(一) 单项选择题

  1.【A】 解析:丘是房产产籍管理上为了便于索引和标注位置而建立的,其定义是一个有界空间的地块,界址线可以是自然界线、围护物、界标连线等。

  2.【B】 解析:房屋用地调查以丘为单元分户进行,房屋调查以幢为单元分户。

  3.【D】 解析:一个地块只属于一个产权单元时称独立丘,一个地块属于几个产权单元时称组合丘。组合丘内表示支丘,支丘号以总丘号加横杆加数字表示。

  4.【D】 解析:幢的划分应按权利人使用现状和房屋功能,相对独立,便于分摊计算为原则。

  5.【C】 解析:房屋产权来源有继承、分析、买受、受赠、交换、自建、翻建、征用、收购、调拨、价拨、拨用等。

  6.【D】 解析:承重的主要构件是用砖、木材建造的,其房产建筑建构为砖木结构,编号为5。

  7.【B】 解析:产别分两级调记,其中一级包括国有1、集体2、私有3、联营企业4、股份制企业5、港澳台投资6、涉外房产7、其他房产8。

  8.【D】 解析:以该房产注记来看,总层数应为12层,竣工年份为2011年,若地上层数为10层,则地下层数为2层,规定地下层次标记为负数,故选D。

  9.【B】 解析:以房产分区为编号区,按市代码(2位)+区(县)代码(2位)+房产区代码(2位)+房产分区代码(2位)+丘号(4位)进行编号。房产区表示的行政等级为街道。

  10.【A】 解析:自墙要计算至墙体外侧,借墙计算至墙体内侧,共有墙计算至墙中。

(二) 多项选择题

  1.【BDE】 解析:房屋权界线以产权人的指界与邻户认证来确定,包括房屋所有权界、未定房屋权界、毗连房屋墙界归属三种情况。

2.【ABDE】　解析：房屋用地调查以丘为单元分户进行。所谓的丘,指地表上一块有界空间的地块,有固定界标的按固定界标划分,没有固定界标的按自然界线划分。

3.【ACD】　解析：房产测绘的内容有房产平面控制测量、房产调查、房产要素测量、房产图绘制、房产面积测算、变更测量、成果资料检查验收。

6.3　房产要素测绘

6.3.1　房产控制测量

1. 数学基准

（1）平面基准

房产测绘应采用 2000 国家大地坐标系或基于 2000 国家大地坐标系的地方独立坐标系。房产测量统一采用高斯投影。

【释义】　房产分幅图一般以城市大比例尺地形图加以改造,其数学要素与城市大比例尺地形图相同。

（2）高程基准

房产测量一般不要求测量高程,需要进行高程测量时,应由设计书另行规定,高程测量采用 1985 国家高程基准。

【小知识】

随着不动产统一登记制度的落实,房产测绘数据日益成为国家空间地理信息数据系统的关键组成部分之一。目前三维空间不动产概念兴起,不动产测绘不测高程的现状也势必会改变。

2. 控制测量

房产平面控制应遵循从整体到局部、从高级到低级、分级布网的原则,也可越级布网。应尽可能地利用已有的城市平面控制网。

（1）平面控制网等级

房产首级控制网分为二、三、四等和一、二、三级控制网。

等级控制网应采取严密平差法,四等以下控制网可采用近似平差法。

（2）精度和密度要求

房产平面控制点的密度与测区的大小、测区内界址点数量和精度及测区内地物地形情况有关,与测图比例尺无直接关系。

房产末级控制网相邻基本控制点的相对点位中误差不超过 $\pm 2.5\,\mathrm{cm}$,最大误差不超过 5 cm。

建筑密集区房产控制点平均间距应在 100 m 左右,稀疏地区在 200 m 左右。

（3）测量方法

房产平面控制测量可选用导线布网测量、GNSS 布网测量等方法。

① 采用 GNSS 布网

采用 GNSS 布网时应布设成三角网形或导线网形,或构成其他独立检核条件可以检核的图形。

② 采用导线布网

采用导线布网时应尽量布设成直伸导线,并构成网形,具体要求见大地测量导线章节。

【释义】 房产测绘的首级网一般使用 GNSS 控制网制作,三角网和三边网实践中已经不用。

加密测量时一般直接使用图根控制网,精度可以达到要求。房产测量 GNSS 控制网和导线网指标与工程测量相应规定基本相同。

(4) 控制点的使用

符合要求的已有控制点成果,都应充分利用。对达不到要求的控制网点,也应尽量利用其点位,并对有关点进行联测。

房产平面控制点均应埋设固定标志,图根点可以不埋设固定标志。

6.3.2 房产要素测量

房产要素测量内容包括界址测量、境界测量、房屋及附属设施测量、交通要素测量、水域测量、其他相关地物测量等。

1. 房产测量草图

房产测量草图是地块、建筑物、相应位置关系和房地调查的实地记录,是展绘地块界址、房屋、计算面积和填写房产登记表的原始依据。

测量草图包括房屋用地测量草图和房屋测量草图。

草图应用铅笔在实地绘制,原始数据不得涂改,汉字字头应一律向北,数字一律向北或向西。

【释义】 房产测量草图不同于宗地草图,不具备法律意义,仅作为数据处理时的参考,以及作为测量的过程记录归档以备事后核查。

房产测量草图必须严格备份存档,并有采集数据日期和作业员签名。

虽然草图是野外的现场记录,难以做到工整规范,但也必须仔细绘制,养成良好的习惯,以供未来数据溯源。草图用纸可用 8 开、16 开、32 开规格,一般用 A4 或 A3 纸。

(1) 房屋用地草图内容

房屋用地草图内容有平面控制点及点号、界址点、房角点、墙体归属、房屋产别、建筑结构、层数、房屋用地用途类别、丘号、道路及水域、地理名称、门牌、观测手簿未记录的测定参数、草图符号必要说明、指北针、采集日期、作业员签名等。

(2) 房屋草图内容

◎房屋草图应按概略比例分层绘制。

◎外墙及分隔墙均绘单实线。

◎图纸上要注明房产区号、房产分区号、丘号、幢号、层次、坐落、指北针等。

◎住宅楼单元号、室号,并注记开门处。

◎应逐间实量,注记室内(内墙)净空边长、墙厚,取至厘米。

◎室内墙体凹凸 0.1 m 以上要表示。

◎有固定设备的附属用房(如厨房等)应实量边长加注记。

◎地下室、夹层、复式房等另绘草图。

2. 界址测量

房产界址点测量从邻近基本控制点或高级界址点起算。

（1）界址点和丘界线测量方法

界址点和界标地物应根据设立的界标类别、权属界址位置（内、中、外）选用极坐标法、支导线、正交法等野外解析法进行测量，绘制在分丘图上。

丘界线（界址线）直接通过界址点坐标反算，注记在房产图上，特殊情况下也可用钢尺、手持测距仪丈量。边长不规则的弧形丘界线，应采用解析法测量，若采用钢尺、手持测距仪丈量，可按折线分段丈量，测量结果应标示在分丘图上。

【释义】 正交法，即直角坐标法，在直角坐标系内向某个坐标轴量取轴线上的距离，再用该坐标轴上作直角支距以求得点的坐标。该方法在满足精度条件下可以应用于一些小型的工程测量项目，在不动产测绘中很少使用。如采用正交法测量时，支距长度不得超过50 m。

界址点的测量方法可以采用各种野外解析测量方法，只要精度能达到要求即可，和地籍界址点测量类似，并不限于以上这几种方法。

丘界线的测量目前都是采用解析法或 RTK 直接坐标法，基本不能采用钢尺、手持测距仪丈量法。

（2）界址点精度要求

房产界址点按精度分为三级，如表6.2所示。

表 6.2　房产界址点和相邻界址点间距精度

单位:m

等级	房产界址点相对于邻近控制点点位中误差和相邻界址点间距中误差	适用范围
一	±0.02	特殊要求
二	±0.05	新建商品房
三	±0.10	其他房屋

注:① 间距大于 50 m 的参照本表,小于 50 m 的采用: $\Delta D = \pm(m_j + 0.02 m_j D)$;
② 要求测量房角点坐标时房角点精度要求同界址点要求,不要求测量房角点坐标时精度同地物点精度。
式中　ΔD—— 界址点坐标计算的边长与实量边长较差的限差;
　　　m_j—— 相应等级界址点的点位中误差;
　　　D—— 相邻界址点间的距离。

（3）界址点的编号

界址点以高斯投影的一个整公里格网为编号区,每个编号区的代码以该公里格网西南角的横、纵坐标公里值表示。

界址点的完整编号由编号区代码、界址点的类别代码、界址点号三部分组成。

编号区代码　类别代码　点号
9 位　　　　1 位　　5 位

① 编号区代码

编号区代码由9位数组成。头2位数为高斯坐标投影带带号,第3位数为横坐标的百公里数,第4、5位数为纵坐标的千公里和百公里数,第6、7位和第8、9位数分别为横坐标和纵坐标的十公里和整公里数。

② 类别代码

类别代码用1位数表示,其中1代表平面控制点,2代表高程控制点,3代表界址点,4代表房角点,5代表高程特征点。

③ 界址点编号

界址点编号用5位数表示。

【例6.1】 某房角点在编号区为1:2 000比例尺的分幅图(50 cm×50 cm)上,其顺序号为5,房角点的高斯平面坐标为$x=3\,263.245\,\mathrm{km}$,$y=21\,534.357\,\mathrm{km}$,则其15位界址点编号为多少?

解:该界址点编号为215323463400005。

1:2 000比例尺50 cm×50 cm的标准图幅实地面积正好为$1\,\mathrm{km}^2$,即高斯投影的一个整公里格网。

3. 房屋及附属设施测量

(1) 房屋测量

① 测量部位划分

房屋测量应逐幢测量,不同产别、不同建筑结构、不同层数、不同建筑年份的房屋应分别测量。

测量房屋各角点,以及房屋面积计算各部位单元,都要分层测量。

② 测点丈量位置

房角点以勒脚以上$100\pm20\,\mathrm{cm}$处外墙角为测点测量。

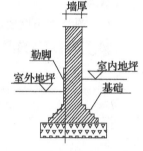

图6.2 房屋勒脚

【释义】 如图6.2所示,房屋勒脚指建筑外墙地面以上,窗台以下保护外墙的部分,是为防止雨水上溅墙身,以及防止受土壤中水分的浸蚀而做的防潮层。

③ 四至权界测量

房产调查应与房产测量一起开展,测量的同时还要调查丘界线四至,在房屋权利人和邻户相关权利人共同指界下,区分自有墙、共有墙或借墙,以墙体所有权范围为界测量,并填写四至调查表并签名盖章。

④ 房屋边长配赋

房屋尺寸数据采集后,应对尺寸进行预处理调整。

房屋外廓的全长与室内分段丈量之和(含墙身厚度)的较差在限差内时,应以房屋外廓数据为准,分段丈量的数据按比例配赋。

【释义】 房屋丈量分为以下几类:

◎外对外。指对房屋外轮廓丈量,一般是在室外沿着外墙对房屋外轮廓进行测量,如有条件应尽量采取这种方式丈量,若房屋边长较长,也可以分段丈量。

◎中对中。在商品房测量时,面积分摊计算一般测量到房屋墙体中线,故采取中对中测量,便于数据处理。中对中实际丈量包括了总共一面完整墙体,同理也可按实际场地情况选择外到内或内到外方法丈量。

◎内对内。当无法进行外对外测量,而中对中测量也有困难时,采用内对内丈量方法测量净空边长,然后加上两侧实测的墙体厚度(或取理论墙体厚度),按需要得到外对外或中对中边长长度。显然这种方法精度最低,对于所加墙体厚度应评估精度。

(2)房屋附属设施测量

① 柱廊、檐廊、架空通廊

柱廊是有柱子支撑的通行空间;檐廊[图 6.3(a)]是以屋檐为顶盖伸出墙体的通行空间;架空通廊[图 6.3(b)]是在两幢楼之间架空的走廊。

② 门廊、门斗

门廊和门斗都是进房屋前避风躲雨的缓冲区,门廊[图 6.3(c)]一般以柱半围护,门斗一般以墙为围护。

【释义】 门廊和门斗的区别主要是围护结构和形式不同。

③ 挑廊、挑楼、阳台

挑廊[图 6.3(d)]是挑出结构外的走廊;挑楼是挑出结构的封闭空间;阳台[图 6.3(e)]是具有晾晒功能的空间。

【释义】 封闭阳台与挑楼、敞开阳台与挑廊的区别主要在于设计使用功能不同。

④ 门墩、门顶

门墩是门的支撑物;门顶是门墩的顶盖[图 6.3(f)]。

⑤ 室外楼梯、台阶

室外楼梯是位于室外用作不同楼层通行的阶梯式空间;台阶是连接室内的踏步。

【释义】 室外楼梯连接不同层次房屋,台阶是同层内踏步。

⑥ 骑楼、过街楼

骑楼[图 6.3(g)]的底层作为街道的一部分,过街楼[图 6.3(h)]的底层被街巷通过,门台是院落前的门室。

| (a) 檐廊 | (b) 架空通廊 | (c) 门廊 | (d) 挑廊 |

| (e) 封闭阳台 | (f) 门顶 | (g) 骑楼 | (h) 过街楼 |

图 6.3 房屋附属设施示意图

【释义】 骑楼和过街楼的一层巷道一般都作为公用通道,其用地不归于丘内;门台也是作为通道使用,性质却不同,门台用地在丘内,是院落内部的通道。

对以上几个房屋部位的认定,关键在于通道通行性质的区别。

6.3.3 章节练习

(一) 单项选择题

1. 某房产测量单位要布设首级房产控制网进行房产分幅图测绘,以下控制网中符合规范要求,且成本最低的是( )。

   A. 四等水准控制网　　　　　　　　B. 图根控制网

   C. 四等控制网　　　　　　　　　　D. 三级导线控制网

2. 房产丘以( )为编号区进行编号。

   A. 图幅　　　　B. 房产区　　　　C. 房产分区　　　　D. 宗地

3. 在房产分丘图上要求测量房角点坐标时,下列房产测量要素与房角点的测量精度要求相同的是( )。

   A. 地物点　　　　　　　　　　　　B. 图根控制点

   C. 房产界址点　　　　　　　　　　D. 房屋内墙交叉点

4. 房产测量时,绘制房屋用地草图不需要注记( )。

   A. 土地用途　　　B. 控制点　　　C. 权属来源　　　D. 房屋层数

5. 采用实地量距法进行丘界线测量时,对不规则的弧形边长可( )。

   A. 按折线分段丈量　　　　　　　　B. 按直线丈量

   C. 按圆心和半径测量　　　　　　　D. 采用极坐标法测量

6. 采用野外解析法进行房产分幅图测绘时,一口六角形的水井应至少采集( )个点。

   A. 1　　　　　　B. 3　　　　　　C. 4　　　　　　D. 6

7. 房产要素测量的主要成图方法不包括( )。

   A. 航空摄影测量　　　　　　　　　B. 极坐标法测量

   C. 直接坐标法测量　　　　　　　　D. 实地量距法测量

习题答案与解析

(一) 单项选择题

1.【D】 解析:房产控制首级网分为二、三、四等和一、二、三级控制网。

2.【C】 解析:丘号的编制以房产分区为编号区。

3.【C】 解析:房角点精度要求同房产界址点要求。

4.【C】 解析:房屋用地草图内容有平面控制点及点号、界址点、房角点、墙体归属、房屋产别、建筑结构、层数、房屋用地用途类别、地号、道路及水域、地理名称、门牌、观测手簿未记录的测定参数、草图符号必要说明、指北针、日期、作业员签名等。

5.【A】 解析:丘界线可实测边长,也可由相邻界址点的解析坐标计算。对不规则的弧形丘界线,可按折线分段丈量。

6.【A】 解析:水井作为独立地物,以中心为准量测,所以只用测量一个点即可。

7.【D】 解析：房产要素测量一般采用全野外数据采集、解析测量、航空摄影测量。实地量距法只适合小区域的面积测算，不适合房产地理要素采集。

6.4 房屋面积测算

6.4.1 面积测算方法

1. 房产测绘面积类别

房产测绘面积计算分为房屋用地面积测算和房屋面积测算。

（1）房屋用地面积测算

房屋用地面积测算主要包括丘用地面积测算、房屋占地面积测算、地类面积测算等内容。

① 丘用地面积测算

丘用地面积是丘界线围成的面积总和，即房屋用地总面积，可采用解析法测量并计算面积。无明确使用权属的或市政管辖的道路、巷道、空地、河滩、水沟等不计入用地面积。

② 房屋占地面积测算

房屋占地面积指房屋一层建筑面积，按丘内各建筑物的一层建筑面积汇总计算。

③ 地类面积测算

房产用地要划分土地用途类别，各类别应分别测算面积。

【释义】 目前，房产用地的面积主要按地籍测绘相关内容测算，丘用地面积以宗地面积代替，地类面积以图斑现状用途面积代替。

（2）房屋面积测算

① 房屋使用面积测算

房屋使用面积指房屋户内可供使用的空间面积，按内墙面水平投影计算。

② 房屋建筑面积测算

建筑面积是指建筑物外墙勒脚以上的结构外围水平面积，是以平方米反映房屋建筑建设规模的实物量指标。

房屋建筑面积认定应具备的条件有：应具有上盖；应有围护物；结构牢固，属永久性的建筑物；层高在 2.20 m 以上；可作为人们生产或生活的场所。

【释义】 层高在 2.20 m 以上，此处的层高指净高，指的是楼面或地面至上部楼板底面或吊顶底面之间的垂直距离。

③ 房屋产权面积测算

房屋产权面积指产权主依法拥有房屋所有权的房屋建筑面积。房屋产权面积由房地产行政主管部门登记确权认定。

【释义】 房屋的建筑面积包括产权建筑面积和违章建筑面积两部分。违章建筑面积指按照建筑面积认定的规则可以计算建筑面积，但未被房地产行政主管部门登记确权的部分。

房屋产权面积不一定等于建筑面积,只有不存在违章面积的时候,房屋产权面积才等于建筑面积。

2. 建筑面积测算分类

建筑面积测算按照测量方式和数据来源的不同分为房屋建筑面积预测和房屋建筑面积实测。

(1)房屋建筑面积预测

房屋建筑面积预测是根据经规划部门审核的设计图纸,对房屋进行图纸数据采集,获取房屋面积数据并绘图测算的过程。房屋建筑面积预测成果主要作为房屋预售的定量依据。

【释义】 预测绘的时候房屋还未通过竣工验收,预测绘不是测量行为,故不存在测量误差,但在预测绘过程中可能会存在粗差、小数进位误差、制图软件误差等误差影响。

商品房预售是我国独特的商品房销售管理方式,是开发商预售期房的行为。不经过预售的房屋,如工业厂房、自建房、拆迁房等,只需进行实测绘即可。

(2)房屋建筑面积实测

在预测绘完成后,经过一段时间,房屋竣工验收后,需要进行实测绘。

房屋建筑面积实测成果用于房屋交易、产权登记、办理土地及规划手续、征地拆迁、房屋评估等用途。

【小知识】

实测绘和预测绘成果进行比对,购房户以实测面积为基准对购房款进行多退少补。一般来说这个较差限制不得大于3%。

3. 面积测算方法

房产面积测算成果距离单位为 m,取位精确至 0.01 m;面积单位为 m²,取位精确至 0.01 m²;分摊系数取至小数点后 6 位。面积测算须独立测算两次,较差应在限差内,取中数为结果。

房产面积测算分为测和算两个过程。

(1)房产面积测量方法

房产面积测算时,外业采集的数据主要是房屋的边长、墙体厚度、房角点坐标。可以采取实地量距法、解析法、摄影测量法、激光扫描法等。

① 实地量距法

实地量距法是用钢尺或手持测距仪[图 6.4(b)]实地量取图形边长而计算面积的方法。它是目前房产测量中普遍采用的面积测算方法,也可使用于房屋用地测量。

规则图形可根据实地丈量边长直接计算面积,不规则图形可将其分割成简单的几何图形,采用距离交会法辅助测量提高精度,然后分别计算面积并汇总。

② 解析法

采用全站仪测量房角坐标,反算房屋边长。

(a) 求积仪　　(b) 手持测距仪

图 6.4　求积仪和手持测距仪

③ 摄影测量法或激光扫描法

采用摄影测量法或激光扫描法获得室内点云数据建立三维模型计算面积。

【释义】 由于房产测量大多需要在室内进行,故一般不用解析法,目前实地量距法是主流方法。摄影测量法或激光扫描法能建立三维模型,符合智慧城市发展的需要,虽然目前只是局部少量应用,可以预见未来的应用会越来越广泛。

（2）房产面积计算方法

目前房产面积计算一般采用数字法,也可采取坐标解析法、图解法等。

① 数字法

数字法是把采集的数据录入电脑人机交互制图,采用专用软件直接计算面积的方法。

② 坐标解析法

坐标解析法面积测算是根据界址点或房角点的坐标,采用梯形公式等方法计算房屋面积的方法。梯形公式详见地籍测绘章节相关内容。

③ 图解法

图解法分为求积仪[图 6.4(a)]法、几何图形法等。

采取图解法量算面积应两次量算取中数,其两次测量较差要求和地籍测绘图解面积较差计算相同。

$$\Delta p \leqslant 0.000\,3\,M\sqrt{P}$$

式中　Δp—— 两次量算面积较差;

　　　M—— 地籍图比例尺分母;

　　　P—— 量算面积。

【释义】 目前房产测绘都采用计算机制图,数字法是主流方法。坐标解析法公式是计算机计算的原理,实际已经不用手算。

求积仪法是一种直接在纸质图上滚动,模拟采集面积的方法。几何图形法是把图纸上的面积计算范围用几何图形分解计算面积的方法。

图解法精度低,只在特殊情况下采用,如房产测量电子数据缺失需要通过纸质图来求面积时。

4. 房屋特征部位的测量

房屋特征部位建筑面积的量测位置准则包括:

◎室内边长及墙体厚度应取未进行装饰贴面的墙体为准量测。

◎屋顶为斜面结构的按层高 2.20 m 以上的部位为准量测,如图 6.5 所示。

◎独立柱的门廊以顶盖投影为准量测。

◎柱廊以柱外围为准量测。

◎挑廊以外轮廓投影为准量测。

◎阳台以围护结构为准量测。

◎阳台、挑廊、架空通廊的外围水平投影超过底板外沿的以底板水平投影为准。

◎对倾斜、弧状等非垂直墙体的房屋,按 2.20 m

图 6.5　斜面屋顶面积测算

以上的部位为准量测,房屋墙体向外倾斜,超出底板外沿的,以底板投影为准监测。

◎房屋外围建筑面积应取勒脚以上外墙最外围为准量测。

◎檐廊、架空通廊以外轮廓水平投影为准量测。

◎室外楼梯以外围水平投影为准量测。

6.4.2 建筑面积计算原则

房屋各部位计算建筑面积分为计算全面积、计算半面积、不计算面积三种情况。以下需要计算建筑面积的层高都需要达到 2.20 m,且必须是有使用功能的永久性建筑。

1. 计算全部建筑面积

◎房屋内夹层、技术层及其梯间、电梯间等。

◎门厅内的回廊。

◎楼梯间、电梯井、提物井、垃圾道、管道井等。

◎屋面上的楼梯间、水箱间、电梯机房按外围水平投影计算面积。

◎斜面结构屋顶按层高达标位置内的水平投影计算面积。

◎挑楼、全封闭的阳台、封闭的架空通廊按外围水平投影计算面积。

◎有上盖的室外楼梯按外围水平投影计算面积。

◎与房屋相连的有柱走廊,按柱外围水平投影计算面积。

◎地下室、半地下室及其相应出入口,按其外墙(不包括采光井、防潮层及保护墙)外围水平投影面积计算。

◎玻璃幕墙等作为房屋外墙的按外围水平投影计算面积。

◎属永久性建筑有柱的车棚、货棚等按柱外围水平投影计算面积。

◎与室内任意一边相通,具备房屋一般条件的沉降缝。

◎有柱或围护的门廊或门斗,按柱或围护外围水平投影计算面积。

◎依坡地建的房屋,利用吊脚做架空层,有围护结构的,按层高达标部位外围水平投影计算面积。

【释义】 房屋内夹层、技术层要计算建筑面积,但不计算层数。屋面的水箱间应计算建筑面积,但不属于建筑物的水箱不计算。

2. 计算一半建筑面积

◎与房屋相连有上盖无柱的走廊、檐廊按围护结构水平投影面积的一半计算。

◎独立柱、单排柱的货棚(图 6.6)、车棚等属永久性的,按上盖水平投影面积的一半计算。

◎未封闭的阳台、挑廊,按其围护结构外围水平投影面积的一半计算。

◎无顶盖的室外楼梯按各层水平投影面积的一半计算。

图 6.6 单排柱货棚

◎有顶盖不封闭的永久性的架空通廊,按外围水平投影面积的一半计算。

3. 不计算建筑面积的范围

◎突出房屋墙面的构件、装饰柱、装饰性的玻璃幕墙、勒脚、无柱雨篷等。

◎与室内不相通的类似于阳台、挑廊、檐廊的建筑。

◎房屋之间无上盖的架空通廊。

◎建筑物内的操作平台、上料平台及利用建筑物的空间安置箱、罐的平台。

◎骑楼、过街楼的底层用作道路街巷通行的部分。

◎底层作为公共道路街巷通行的,不论其是否有柱均不计算建筑面积。

◎利用引桥、高架路、高架桥、路面作为顶盖建造的房屋。

◎独立烟囱、亭、塔、罐、池、地下人防干、支线。

◎与房屋室内不相通的伸缩缝。

◎楼梯已计算建筑面积的,其下方空间不论是否利用均不再计算。

◎露台。

【释义】 露台是指供居住者进行室外活动的屋面或由房屋底层地坪延伸出室外形成的,具有围护结构,无顶盖或顶盖水平投影面积小于围护结构水平投影面积1/2的活动空间。

6.4.3 建筑面积分摊和计算

1. 基本概念

(1) 专有部分

房屋专有部分指具有结构上的和利用上的独立性,排他使用,能登记成为特定业主所有权的房屋部分,在建筑面积计算时可承担建筑分摊面积。

按性质分为居住用房类、商业办公类、仓储库房类、工业用房类。

(2) 共有部分

房屋共有部分指各产权主共同占有或共同使用的部分。

共有建筑面积的内容包括电梯井、管道井、楼梯间、垃圾道、变电室、设备间、公共门厅、过道、地下室、值班警卫室等,以及为整幢服务的公共用房和管理用房的建筑面积。

另外还包括套与公共建筑之间的分隔墙,以及外墙(包括山墙)水平投影面积一半的建筑面积。

① 可分摊部分

包括交通通行类(门厅等);共用设备用房类(水泵房、配电房等);公共服务用房类(幢内警卫室、管理用房等);建筑物基础结构类(外墙、承重垛柱等)。

② 不可分摊的部分

包括独立使用的地下室、车棚、车库;为多幢服务的警卫室、管理用房;作为人防工程的地下室。

【释义】 建筑面积计算的单元是幢,不在同一幢内的房屋部位不可用于分摊。

人防工程地下室基建基本同普通地下室,平时也作地下车库等功能使用,战时做地下防空场所,属于公共设施,不能分摊。市政设置不可分摊。

一般来说,地下车库应作为社区公共配套设施归全体业主共有,已作为独立功能使用的地下车库不可进行分摊。

(3) 成套房屋的套内面积

成套房屋的套内面积由套内使用面积、套内墙体面积、套内阳台面积构成。

套内使用面积包含套内楼梯、不在结构面积内的套内井道、内墙面装饰厚度。

【释义】 成套房屋指的是由完整功能组成的供一户使用的房屋。

套内阳台的围护物不参与墙体分摊,所以和套内使用面积以及墙体面积分开计算。

(4) 成套房屋的总建筑面积

成套房屋的总建筑面积等于套内建筑面积和共有分摊建筑面积之和。

2. 分摊计算方法

(1) 分摊的基本原则

① 协议分摊

产权各方有合法权属分割文件或协议的,按文件或协议规定执行。

② 谁使用谁分摊原则

无产权分割文件或协议的,可按相关房屋的建筑面积按比例依据"谁使用谁分摊"原则进行分摊。

(2) 分摊计算公式

$$共有分摊系数=共有分摊建筑面积总和/总的套内建筑面积$$
$$每户共有分摊建筑面积=共有分摊系数×该户套内建筑面积$$
$$该户建筑面积=该户分得的共有分摊建筑面积+该户套内建筑面积$$

(3) 共有部分分类

共有部分按使用功能和服务对象分为全幢共有部分、功能区间共有部分、功能区内共有部分。

① 全幢共有部分

全幢共有部分指为整幢服务的共有部位,需全幢进行分摊。

② 功能区间共有部分

功能区间共有部分指专为某几个功能区服务的共有部位,由其所服务的功能区分摊。

③ 功能区内共有部分

功能区内共有部分指专为某个功能区服务的共有部位,由该功能区分摊。

3. 分摊计算

(1) 单一功能区分摊计算

简单的单一住宅楼面积计算按上面公式计算即可,复杂的单一住宅楼也可按单元划分功能区,按照多功能综合楼的分摊方式进行分摊计算。

(2) 两种功能区分摊计算(以商住楼为例)

① 全幢共有建筑面积分摊

计算全幢共有建筑面积 $G_{全幢}$。

分别计算住宅功能区的建筑面积 $M_{住}$ 和商业功能区的建筑面积 $M_{商}$。

根据住宅功能区和商业功能区的建筑面积将全幢共有建筑面积按比例分摊给住宅功能

区和商业功能区两部分,得到住宅功能区全幢共有建筑面积 $G_{住幢}$ 和商业功能区全幢共有建筑面积 $G_{商幢}$。

$$G_{住幢} = M_{住} \times (M_{住} + M_{商}) \times G_{全幢}$$
$$G_{商幢} = M_{商} \times (M_{住} + M_{商}) \times G_{全幢}$$

② 住宅部分分摊

将分摊得到的全幢共有建筑面积 $G_{住幢}$ 加上住宅功能区共有建筑面积 $G_{住区}$ 得到住宅功能区总的分摊建筑面积 $G_{住}$,再与住宅功能区套内建筑面积总和 $T_{住}$ 一起计算住宅功能区分摊系数 $S_{住}$,然后按各套的套内建筑面积 $T_{户}$ 计算各套房屋分摊得到的共有建筑面积 $G_{户}$。

$$G_{住} = (G_{住幢} + G_{住区})$$
$$S_{住} = G_{住} / T_{住}$$
$$G_{住户} = T_{户} \times S_{住}$$

③ 商业部分分摊

将分摊得到的全幢共有建筑面积 $G_{商幢}$ 加上商业功能区共有建筑面积 $G_{商区}$ 得到商业功能区总的分摊建筑面积 $G_{商}$,再与商业功能区套内建筑面积总和 $T_{商}$ 一起计算商业功能区分摊系数 $S_{商}$,然后按各套的套内建筑面积 $T_{户}$ 计算各套房屋分摊得到的共有建筑面积 $G_{户}$。

$$G_{商} = (G_{商幢} + G_{商区})$$
$$S_{商} = G_{商} / T_{商}$$
$$G_{商户} = T_{户} \times S_{商}$$

④ 建筑面积计算

根据各套房屋分摊得到的共有面积 $G_{住户}$、$G_{商户}$ 与套内建筑面积 $T_{户}$ 计算各套建筑面积 $M_{住户}$、$M_{商户}$。

$$M_{住户} = G_{住户} + T_{户}$$
$$M_{商户} = G_{商户} + T_{户}$$

(3) 多功能综合楼分摊计算

多功能综合楼分摊计算的原理同两种功能区分摊计算,计算过程更加复杂,当不适用于整体分摊时可采用多级分摊。多级分摊应遵循从整体到局部,从大到小逐级分摊的原则。

【释义】 多功能综合楼分摊计算比较烦琐,考试不会涉及,本书不再详述。

4. 面积测算精度要求

房产建筑面积测算的精度分为三级,两次建筑面积测算较差应符合表 6.3 要求。

表 6.3 房产测量面积测算精度要求(S 为房产建筑面积,单位:m²)

等级	房屋面积中误差	房屋面积误差的限差	适用范围
一级	$\pm (0.01\sqrt{S} + 0.0003S)$	$\pm (0.02\sqrt{S} + 0.0006S)$	特殊要求或黄金地段
二级	$\pm (0.02\sqrt{S} + 0.001S)$	$\pm (0.04\sqrt{S} + 0.002S)$	新建商品房
三级	$\pm (0.04\sqrt{S} + 0.003S)$	$\pm (0.08\sqrt{S} + 0.006S)$	其他普通房屋

6.4.4 章节练习

(一) 单项选择题

1. 下列房产部位中应该计入共有分摊建筑面积的是(　　)。

    A. 电梯间前室   B. 某户内的阳台

    C. 专有室外楼梯   D. 独立的门卫房

2. 套内阳台建筑面积以阳台外围与房屋(　　)之间的水平投影面积计算。

    A. 外墙   B. 墙中

    C. 内墙   D. 外墙减去阳台墙体厚度

3. 根据《房产测量规范》,应计算建筑面积的是(　　)。

    A. 无柱的雨篷

    B. 有独立柱的货棚

    C. 楼梯下面高于 2.2 m 的厨卫用房

    D. 以路面作为顶盖建造的永久性房屋

4. 某工业厂房建成后总建筑面积为 10 000 m^2,包含 A 幢 6 000 m^2,B 幢 4 000 m^2,规划许可证中只含有 A 幢,面积为 8 000 m^2,则其产权面积为(　　)m^2。

    A. 10 000   B. 8 000   C. 6 000   D. 4 000

5. 某房产预测绘项目最终成果面积与设计面积有小数后的尾数差异,最可能的原因是(　　)。

    A. 有错误   B. 有测量误差   C. 有制图误差   D. 有进位误差

6. 根据经规划部门审核的设计图纸计算的房屋面积数据可用于(　　)。

    A. 房屋交易   B. 房屋预售   C. 产权登记   D. 征地拆迁

7. 多功能综合楼中住宅与商业共同使用的建筑面积作为(　　)分摊给住宅和商业。

    A. 全幢共有建筑面积   B. 功能区间共有建筑面积

    C. 功能区内共有建筑面积   D. 分层共有建筑面积

8. 下列房屋部位中属于专有部分不可被分摊的是(　　)。

    A. 走道   B. 水泵房   C. 厨房   D. 结构柱

9. 玻璃幕墙等作为房屋外墙的,(　　)建筑面积。

    A. 玻璃幕墙内全算   B. 玻璃幕墙内的结构梁内全算

    C. 玻璃幕墙与结构柱之间半算   D. 玻璃幕墙与结构柱之间不算

10. 以下套内房屋建筑部位的面积不计入套内房屋使用面积的是(　　)。

    A. 储藏室   B. 本户楼梯   C. 墙面内饰   D. 阳台

(二) 多项选择题

1. 下列房产部分中不可分摊的有(　　)。

    A. 独立使用的车棚   B. 独立使用的警卫室

    C. 排他使用的库房   D. 屋面的电梯机房

    E. 共用的无盖连廊

2. 房产证书发放时,(　　)不计入用地面积。

A. 公共水沟　　　　　　　　　B. 用地内院落改建的房屋

C. 未明权属的通道　　　　　　D. 市政巷道

E. 与房屋室内不相通的伸缩缝

习题答案与解析

(一) 单项选择题

1. 【A】　解析：电梯间前室属于电梯前的附属用房,属于共有部分,可以进行分摊。

2. 【A】　解析：套内阳台建筑面积均按阳台外围与房屋外墙之间的水平投影面积计算。

3. 【B】　解析：无柱雨篷不计算面积;以路面作为顶盖建造的永久性房屋不计算建筑面积;楼梯下使用的面积已经归算到楼梯面积,不应计算建筑面积。

4. 【C】　解析：产权面积是房产主管部门认定的合法建筑面积,不能超过相关行政部门的审批范围。建筑面积只是符合房产规范规定的房屋面积,并不一定具有合法性。

5. 【D】　解析：房产预测绘指的是按设计图纸尺寸进行面积计算,标的房屋还没有竣工,所以不存在测量误差;电脑制图不同于传统制图,一般没有制图误差;但是房产测绘中的尺寸取位却与施工设计图纸不同,前者取至厘米,后者取至毫米,这就可能带来进位误差。

6. 【B】　解析：根据经规划部门审核的设计图纸,对房屋进行图纸数据采集,获取房屋面积数据的过程属于房产预测绘,一般用于房屋预售。

7. 【B】　解析：多功能综合楼的分摊首先要按照不同功能区各自的建筑面积比例将全幢的共有建筑面积分摊到各部分,然后把功能区间共有部分分摊到各个功能区,最后进行功能区内的分摊。

8. 【C】　解析：房屋专有部分指具有结构和利用独立性,排他使用,能登记成为特定业主所有权的部分,在面积计算时应承担分摊面积。其内容有居住用房类、商业办公类、仓储库房类、工业用房类。

9. 【A】　解析：玻璃幕墙作为围护的情况很普遍,玻璃幕墙有装饰性的或里面还有墙体或者栏杆的,只有作为外墙起围护作用的才计算面积。

10. 【D】　解析：套内使用面积包含套内楼梯、不在结构面积内的套内井道、内墙面装饰厚度。套内建筑面积包括套内使用面积、套内阳台、套内墙体。

(二) 多项选择题

1. 【ABCE】　解析：不可分摊的建筑面积有：独立使用的地下室,车棚、车库,为多幢服务的警卫室、管理用房,作为人防工程的地下室等。共用的无盖连廊不计算建筑面积,故也不能分摊。

2. 【ACD】　解析：用地面积测算以丘为单位进行,无明确使用权属的或市政管辖的道路、巷道、空地、河滩、水沟等不计入用地面积。

6.5　房产图绘制

房产图是房产测绘的主要成果,是房产产权、产籍管理的重要资料。按房产管理的需要可分为房产分幅平面图（以下简称分幅图）、房产分丘平面图（以下简称分丘图）和房屋分户平面图（以下简称分户图）。

6.5.1　分幅图

分幅图是全面反映房屋及其用地位置和权属等状况的基本图，是测绘分丘图、分户图的基础资料。

【释义】　分幅图作为房产产权产籍管理的基础图，主要起着房屋证位置定位、图面索引的功能，它是一种房屋权属专题图，与权属和索引功能无关的都可以简约表示，它代表的用地法律性比地籍图弱。

不动产统一登记后，房产分幅图被地籍地形图替代。

1. 测绘方法和要求

（1）测绘方法

分幅图测绘可采用野外解析法、航空摄影测量法、编绘法等。

【释义】　房产分幅图属于房产基础图，测绘方法与工程测图基本相同，总调查时一般直接采用城市基础地形图改造编绘，也可直接用航空摄影测量法调绘成图。局部测绘或房产更新测绘一般采用野外解析法。

（2）分幅规格

分幅图采用 50 cm×50 cm 分幅，分幅图比例尺采用两种规格：建筑物密集区比例尺采用1∶500，其他区域比例尺采用1∶1 000。

在分幅图、分丘图上每隔 10 cm 展绘坐标网点，图内绘 10 mm 的十字坐标线。

分幅图上一般不注图名，如注图名时图廓左上角应加绘图名结合表。

① 完整分幅编号

分幅图以高斯投影 1 km^2 格网为编号区（1∶2 000 比例尺），由编号区代码与比例尺代码（2 位）组成。

如图 6.7 所示，右图比例尺为1∶500，左图比例尺为1∶1 000。

【释义】　9 位数编号区代码同界址点编号区代码。比例尺代码最后位若为 0，则分幅图比例尺为 1∶1 000，若不为 0，则比例尺为1∶500。

② 简略分幅编号

完整分幅编号略去编号区代码中的百公里和百公里以前的数值（即省去前 5 位）。

【释义】　如图 6.7 所示，右图阴影表示图幅其简略分幅编号为211032。21 表示横坐标百十位公里数，10 表示纵坐标百十位公里数。

（3）分幅图测绘精度要求

分幅图测绘精度要求见表 6.4。

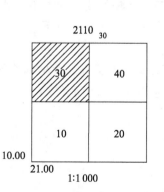
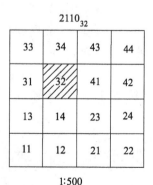

图 6.7　房产分幅图分幅

表 6.4　分幅图测绘精度要求　　　　　　　　　　单位：mm

测量方法	上级控制点	误差类别	中误差
解析法成图	邻近控制点	点位中误差	±50
模拟法成图	邻近控制点	点位中误差	图上±0.5
编绘法成图	邻近控制点	点位中误差	图上±0.6
展绘成图	坐标格网	点位中误差	图上±0.1

【释义】　房产分幅图属于高精度城镇专题图，精度要求高，用解析测量时采用了工程测量中城镇主要建筑物的精度指标。

用于编绘的地形图一般是城镇工程地形图或竣工地形图，故精度沿用了工程测量规定，即城镇工矿地区地物点中误差不大于图上±0.6 mm。

展绘是用测针在图纸上扎孔把坐标展到纸质图上的方法，其误差与人眼能辨识的最小距离有关，当展点采用数字法时，没有展绘误差。

（4）接边误差

图幅接边误差不超过地物点点位中误差的 $2\sqrt{2}$ 倍。

2. 分幅图应表示的内容

分幅图应表示的内容有控制点、境界、丘界、房屋、房屋附属设施和房屋围护物，以及与房地产有关的地籍地形要素和注记。

（1）行政境界

行政境界要素一般只表示区、县、镇的境界线。境界线重合时，用高一级境界线表示，与丘界线重合时表示丘线。

国界线上的界桩点应按坐标值展绘，注出编号，并尽量注出高程。

国内各级行政区划界应根据勘界协议、有关文件准确绘制，各级行政区划界上的界桩、界碑按其坐标值展绘。

【释义】　行政境界要素数据房产测量不能采集，但可以通过合法渠道获得，并编绘在房产图上。

（2）丘界线和房产区界线

丘界线由产权人（用地人）指界与邻户认证来确定。提供不出界线证据或有争议的应根据实际使用范围标出争议部位，按未定界处理。

丘界线与房屋轮廓重合时表示丘界线，并标示土地用途分类代码。房产区界线和房产分区界线根据需要表示。

（3）房产要素

分幅图上应表示的房地产要素和房产编号包括丘号、房产区号、房产分区号、丘支号、幢号、房产权号、门牌号、房屋注记代码（房屋产别、结构、层数）、房屋用途和用地分类等，当注记过密容纳不下时，除丘号、丘支号、幢号和房产权号必须注记，门牌号可中间跳号注记外，其他注记按顺序从后往前省略。

（4）房屋及附属设施

◎柱廊以柱的外围为准测量，图上只表示四角或转折处的支柱。

357

◎宽度小于图上1 mm的室外楼梯不表示。

◎与房屋相连的台阶不足五阶的不表示。

◎围墙、栅栏、栏杆、篱笆和铁丝网等界标围护物均应表示,其他围护物据需要表示。

◎装饰柱和加固墙等一般不表示,临时性房屋不表示。

◎同幢房屋不同层数绘出分层线。

◎临时性或残缺的以及单位内部围护物不表示。

◎架空房屋虚线表示,虚线内四角加绘小圈表示支柱。

(5)独立地物

◎亭以柱外围为准测量。

◎塔、烟囱以底部外围轮廓为准测量。

◎井以中心为准测量。

◎消火栓、碑不测外围轮廓,以符号中心定位。

(6)其他地物

◎与房产管理有关的其他要素包括铁路、道路、桥梁、水系和城墙等地物均应表示。

◎亭、塔、烟囱以及水井、停车场、球场、花圃、草地等可根据需要表示。

◎停车场、球场、花圃、草地等以地类界线表示,并加注相应符号或加简注。

◎站台、水塘、游泳池依边线测绘,内加简注。

◎城墙以基部为准测量。

◎窑洞只绘制居住人的,符号绘在洞口处。

◎构筑物按需要测量。

【释义】 构筑物是指不属于房屋,不计算房屋建筑面积的独立地物以及工矿专用或公用的贮水池、油库、地下人防干支线等。

(7)陆地交通

◎天桥、阶梯路依比例绘出。

◎地铁、过街地道等只表示出入口位置。

◎铁路以轨距外缘为准测量。

◎道路以路缘为准测量。

◎桥梁以桥头和桥身外围为准测量。

(8)水域

◎河流、湖泊、水库等水域以岸边线为准测量。

◎沟渠、池塘以坡顶为准测量。

(9)注记要求

◎地名的总名与分名应用不同的字级分别注记。

◎同一地名被线状地物和图廓分割或者不能概括大面积和延伸较长的地物时应分别调注。

◎单位名称只注记区县以上和使用面积大于图上100 cm²的单位。

(10)房产符号定位方式

◎圆形、矩形、三角形等几何图形符号,在其图形的中心。

◎宽底符号在底线中心。

◎底部为直角形的符号,在直角的顶点。

◎两种以上几何图形组成的符号,在其下方图形的中心点或交叉点。

◎下方没有底线的符号,定位点在其下方两端间的中心点。

◎不依比例尺表示的其他符号,在符号的中心点。

◎线状符号,在符号的中心线。

6.5.2 分丘图

分丘图是分幅图的局部图,是绘制房屋产权证附图的基本图。分丘图主要用于房地产管理部门制作房产簿册,登载房产信息使用,其内容比分幅图详细和丰富,反映了房屋的权属界线范围以及四至权界关系。

【释义】 分丘图类似于宗地图,目前已被宗地图替代。

1. 分幅规格

分丘图的幅面可在全开纸的 1/32~1/4 之间选用。分丘图的比例尺根据房产丘的面积大小在 1∶100~1∶1 000 之间选用。

房产的方向应与分幅图一致,朝向北,并标出指北针。

【释义】 分丘图与宗地图的比例尺都依具体项目大小和测区形状来合理选择,尽量选择比较大的比例尺,能反映出房产的细节,做到图面美观。

2. 分丘图表示方法

(1) 分丘图表示内容(图 6.8)

除房产分幅平面图的内容外,分丘图还应表示权界线、界址点点号、挑廊、阳台、建成年份、用地面积、建筑面积、墙体归属和四至关系等。

(2) 分丘图的表示要求

◎分丘图精度要求与房产分幅平面图相同,坐标系统一致。

◎分丘图应分别注明所有周邻产权所有单位(或人)名称,分丘图上各种注记字头应朝北或朝西。

◎权界线与丘界线重合时表示丘界线。权界线测绘时,本丘与邻丘的毗连墙体,共有墙以墙体中间为界量至墙体厚度的 1/2 处;借墙量至墙体的内侧;自有墙量至墙体外侧。

◎房屋轮廓线与权界线重合时,表示权界线。

◎分丘图的图廓位置需标注西南角坐标,以公里为单位注记至小数后三位。

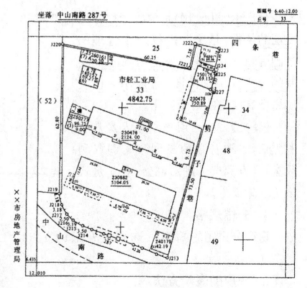

图 6.8　分丘图表示内容

3. 分丘图注记

(1) 分丘图注记内容

① 用地注记

房屋用地用途分类应注在丘号正下方,用地面积注在丘号和房屋用地用途分类下方正中,下加两道横线。

② 房屋注记

房屋注记代码以幢为单位分别注在每幢房屋正中,建筑面积注在房屋注记代码下方,下加一道横线。

(2) 房屋注记代码(图 6.9)

房屋注记代码把房屋的重要特性信息注于房产图上,加以直观表达。

【释义】 由于分丘图和分幅图的作用和要素表达详细度不同,房屋注记代码表达位数不一致,在分幅图上不需要表示房屋竣工年份。

① 在分幅图上

产别(1 位数)+结构(1 位数)+总层数(2 位数)。

② 在分丘图上

产别(1 位数)+结构(1 位数)+总层数(2 位数)+竣工年份(4 位数)。

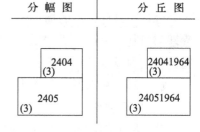

图 6.9 房屋注记代码

6.5.3 分户图

分户图(图 6.10)是房屋产权登记发证的依据,是房产产权产籍管理的基础资料之一,是在分丘图基础上绘制的分户分层细部图,通常作为核发房屋所有权证的附图使用。

【释义】 分户图是权利人房产权利凭证,强调房屋的权利信息和权利数量,作为房产证附图,它代表了房产证的法律效力。

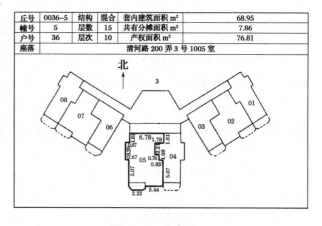

图 6.10 分户图

1. 分幅规格

房产分户图的幅面可选用全开纸的 1/32、1/16 等尺寸。分户图的比例尺一般为 1:200。

2. 分户图表示方法

(1) 分户图表示内容

分户图表示的内容有房屋权界线、四面墙体的归属和楼梯、走道等部位,以及门牌号、房屋所在层次、户号、室号、房屋建筑面积和房屋边长等。

(2) 分户图的表示要求

◎房屋的主要边线与图框边线平行,并在适当位置加绘指北方向符号。

◎房屋边长应实际丈量,注记取至 0.01 m,注在图上相应位置。

◎产权面积包括套内建筑面积和共有分摊面积,标注在分户图框内。

◎丘号、户号、幢号、结构、层数、层次标注在分户图框内。

◎楼梯、走道等共有部位,需在范围内加简注。

◎多层户型一致时,可以合并表示。

【释义】 分户图上不需要注记房屋注记代码。为了便于阅读图件要素,分户图上房屋一般要求规则朝向北方向,并以指北针指向标记实际北方向。

6.5.4 章节练习

(一) 单项选择题

1. 在房产分幅图要素采集时,对消防栓的测绘正确的是( )。

    A. 测外围轮廓,以符号中心定位   B. 测外围轮廓,以符号底线中心定位

    C. 不测外围轮廓,以符号中心定位   D. 不测外围轮廓,以符号底线中心定位

2. 房产分户图应在分丘图的基础上,以一户产权人为单位采用表图结合的形式绘制,一般比例尺宜为 1∶( )。

    A. 100   B. 200   C. 500   D. 1 000

3. 在人烟稀少的地区用平板仪测图绘制房产分幅图,地物点相对于邻近控制点的点位中误差不超过( )mm。

    A. 50   B. 250   C. 500   D. 600

4. 某房屋的丘界线正好与省级行政区界线重合,其分丘图上应( )。

    A. 以丘界线为中心交错表示省界线   B. 叠置表示

    C. 只表示丘界线   D. 只表示省界线

5. 房产分户平面图上不表示的内容是( )。

    A. 墙界   B. 房屋边长   C. 房屋使用面积   D. 指北针

6. 房产分户平面图一般采用的比例尺是( )。

    A. 1∶500   B. 1∶1 000   C. 1∶100   D. 1∶200

(二) 多项选择题

1. 在分幅图上,以下房产要素中不需要表示的有( )。

    A. 图上 1 mm 内的室外楼梯

    B. 与房屋相连的 3 步台阶

    C. 某一个丘内不在界址线上的一段围墙

    D. 作为公园围护物的铁丝网

    E. 街道线上的半段围墙

2. 以下关于分丘图和分幅图的关系的说法中正确的有( )。

    A. 分丘图是分幅图的细化,故精度要求更高

    B. 分丘图和分幅图坐标系统一致

    C. 分丘图和分幅图一样应注明周邻产权所有单位名称

    D. 分丘图表示的内容比分幅平面图要多

E. 分丘图和分幅图一样都要表示房屋建成年份

习题答案与解析

（一）单项选择题

1.【C】 解析：房产分幅图要素采集时，消防栓不测外围轮廓，以符号中心定位。

2.【B】 解析：房产分户图是一种需要详尽表示房产细节的细部图，它的比例尺应尽量布满制图区域，一般为1∶200。

3.【C】 解析：平板仪属于模拟法测图方法，测制分幅图时，地物点点位中误差不大于图上0.5 mm。人烟稀少是分幅图比例尺应选用1∶1 000，故选 C。现在全野外解析测量已经普及，这个题略显过时，实际生产中点位精度都要求中误差不超过5 cm。

4.【C】 解析：在房产图上，境界线互相重合时表示高一级境界线。丘界线与房屋轮廓重合时表示丘界线，并标示土地用途分类代码；权界线与丘界线重合时，表示丘界线；房屋轮廓线与权界线重合时，表示权界线。所以无论是什么界线，只要与丘界线重合时都表示丘界线。

5.【C】 解析：分户图表示的主要内容包括房屋权界线、四面墙体的归属和楼梯、走道等部位以及门牌号、所在层次、户号、室号、房屋建筑面积和房屋边长等。

6.【D】 解析：房产分户图的比例尺一般为1∶200，当房屋图形过大或过小时，比例尺可适当放大或缩小。

（二）多项选择题

1.【ABCE】 解析：宽度小于图上1 mm的室外楼梯不表示；与房屋相连的台阶不足五阶的不表示；围墙、栅栏、栏杆、篱笆和铁丝网等界标围护物均应表示，其他围护物据需要表示；临时性或残缺的以及单位内部围护物不表示。

2.【BD】 解析：分丘图精度和分幅图相同。分丘图是分幅图的局部图，是绘制房屋产权证附图的基本图。其内容比分幅图更加详细和丰富，反映了房屋的权属界线范围以及四至权界关系。分幅图上不需要表示房屋竣工年份，也不需要表示四至单位名称。

6.6 房产变更测量和质量控制

6.6.1 房产变更测量

1. 房产变更测量分类

房产变更测量分为现状变更测量和权属变更测量。

（1）现状变更测量

◎房屋的新建、拆迁、改建、扩建、房屋建筑结构、层数的变化。

◎房屋的损坏与灭失，包括全部拆除或部分拆除、倒塌和烧毁。

◎围墙、栅栏、篱笆、铁丝网等围护物以及房屋附属设施的变化。

◎道路、广场、河流的拓宽、改造，河、湖、沟渠、水塘等边界的变化。

◎地名、门牌号的更改。

◎房屋及其用地分类面积增减变化。

【释义】 现状变更是源于房屋状况的更改引起的变更登记测量,不涉及权属界线或权属转移。现状变更测量不仅仅针对房屋产权本身,道路、广场、河流的拓宽、改造,河、湖、沟渠、水塘等边界的变化也属于现状变更测量内容,这是为了对分幅图的现势性进行更新。

(2) 权属变更测量

◎房屋买卖、交换、继承、分割、赠与、兼并等引起的权属的转移。

◎土地使用权界的调整,包括合并、分割、塌没和截弯取直。

◎征拨、出让、转让土地而引起的土地权属界线的变化。

◎他项权利范围的变化和注销。

2. 变更测量方法和流程

(1) 变更测量控制测量方法

以变更范围内平面控制点或房产界址点、房角点作为房产变更测量的基准点,若相应位置房产界址点、房角点经过了修测,不得作为变更测量依据。

【释义】 变更测量的精度要求应和原有控制点、界址点精度相同,如统一使用旧的相关点位作为基准点,则位置相对精度较高。

如相应位置控制点经过了修测,则与旧的数据分属不同系统,相对位置精度变差,故所有已修测过的地物点不得作为变更测量依据。

(2) 房产变更测量流程

◎根据房地产变更资料进行房产要素调查,包括现状、权属和界址调查;

◎分户权界和面积的测定,调整房产编码;

◎房产资料的修正和整理。

3. 房产合并或分割

房产分割或合并应先进行房产登记,应根据变更登记文件,在当事人或关系人到现场指界下,实地测定变更后的房地产界址和面积。分割处必须有固定界标,位置毗连且权属相同的房屋和用地可合并。

修测之后,应对现有房产、地籍资料进行修正与处理。

用地或房产合并或者分割后相应项目应重新编号,丘号、丘支号、界址点、房角点、幢号如有新增应在编号区内按最大号续编。

【释义】 房屋所有权发生变更或转移,其房屋用地也应随之变更或转移。

◎房产分割后各户房屋建筑面积之和与原有房屋建筑面积的不符值应在限差以内。

◎用地分割后各丘面积之和与原丘面积的不符值应在限差以内。

◎房产合并后的建筑面积,取被合并房屋建筑面积之和;用地合并后的面积,取被合并的各丘面积之和。

6.6.2 房产测绘质量控制

1. 质量检查

(1) 二级检查一级验收

◎一级检查为过程检查,在自检互查基础上,由作业组专职或兼职检查人员承担,采用全数检查。

◎二级检查由施测单位的质量检查机构和专职检查人员在一级检查的基础上进行最终检查,一般采用全数检查,野外检查项采用抽样检查,样本外应内业全数检查。

◎检查验收工作应在二级检查合格后由房产测绘单位的主管机关实施,最终验收工作由任务的委托单位组织实施。验收一般采用抽样检查,质量检验机构应对样本进行详查,必要时可对样本以外的单位成果的重要检查项进行概查。

【释义】 房产测绘成果的验收应由委托单位组织实施,因房产测绘具有房产权利的计量功能,测绘成果带有法律性和权威性,房产主管部门还应检查其对于产权管理的适应性。

(2) 成果检查内容

① 外业资料

仪器、草图、测量方法和记录、控制测量、要素测量、要素调查,依据文件收集等检查。

② 内业资料

测量精度、要素测量计算、面积测算、变更测量和修测检查、信息录入等检查。

③ 房产图绘制

房产图规格、调查表用地略图、绘制的面积计算图等检查。

2. 房产测绘成果归档

(1) 归档内容

房产测绘档案内容主要有技术设计书、成果索引、控制测量成果、测算成果、图形数据成果、技术总结、检查验收报告、测算过程说明文件、分摊计算文件、委托单位提供的和测算有关的资料等。

① 房产簿册

房产簿册是装订成表册的成果资料,如房产调查表、房屋用地调查表、产权调查表、有关证明及协议等。

② 房产数据集

房产数据集是各类文字说明和表单,如控制资料。界址点和房角点成果、高程成果、面积测算资料等。

③ 房产图集

房产图集是各类房产图,如分幅图、分丘图、分户平面图、房产证附图、房屋测量草图、用地测量草图、分幅索引图等。

【小知识】

每案卷编一个号称档号。卷可以按街坊,也可以按幢为单位编制。档号通常包括分类代号和案卷顺序号两部分,用破折号隔开。其中分类代号由汉字或拼音组成,案卷顺序号统一使用数字编制。常用档号有:全宗号、产别号、案卷目录号、案卷号、卷内文件页号。

全宗号只有一个,由各地档案部门指定;全宗内的产别号不能重复;全宗内的案卷目录号不能重复或漏号;一本案卷目录中的案卷号不能重复或漏号。

(2) 档案文件要求

◎原始数据记录及草图应完整,测量人员与记录人员及测量日期应填写无误,多页记录顺序编号。

◎计算过程资料、成果资料的各类图表均应完整成套,纸质与电子文件内容一致。

◎所收集的房屋信息资料和测算依据资料完整,并由提供方签字或加盖公章。

◎存档文件应当符合相应纸张规格,所有纸质文件不得用圆珠笔书写,除外业记录手簿和草图外,所有纸质文件不得用铅笔书写。传真文件需复印后存档。

3. 成果管理和备案

(1)成果质量管理

◎房产测绘成果质量管理由房产测绘机构进行。

◎成果档案管理由房产测绘机构和房产行政主管部门分别进行。

◎成果备案管理由房产行政主管部门进行。

(2)成果备案制度

房产测绘成果要在房产主管部门备案,主要审查内容有测量单位资格、测绘成果适用性、界址点准确性和面积测算的依据和方法,以及其他当地房地产管理局规定的内容。

【释义】 房产主管部门主要审查房产测绘成果是否适用于办理本地区的房屋产权证,并审视成果格式与计算方法,至于房屋在测量过程中产生的误差和错误,并不在房产主管部门的审查范围内。

6.6.3 章节练习

(一)单项选择题

1. 某独立丘房屋经过析产分成两户,兄弟各得一产权,原丘号为16,本编号区最大丘号为30,弟弟把房屋卖给哥哥并合并,则该产权最终的丘号应为(　　)。

   A. 16—1　　　　　B. 31　　　　　C. 33　　　　　D. 34

2. 以下情况需要进行房产现状变更测量(　　)。

   A. 房产附近河流的拓宽　　　　　B. 房产进行初始登记

   C. 土地使用权界截弯取直　　　　　D. 房产析产引起的权界变化

3. 发生下列情形后,应进行房屋权属变更测量的是(　　)。

   A. 门牌号更改　　B. 围护物变化　　C. 用地合并　　　D. 房屋倒塌

4. 某测绘公司出具的房产测绘成果由于某边长尺寸出现错误导致产权面积偏小,经房产主管部门登记并发放了房产权证,下列说法正确的是(　　)。

   A. 事故责任完全在该测绘公司

   B. 事故责任主要在该测绘公司,房产主管部门负有连带责任

   C. 事故责任主要在房产主管部门,该测绘公司负有连带责任

   D. 事故责任完全在房产主管部门

(二)多项选择题

1. 以下情况应进行房产测绘现状变更测量的有(　　)。

   A. 房屋的灭失　　　　　　　　B. 地名的更改

   C. 用地分类面积变化　　　　　　D. 他项权利注销

   E. 房屋附属设施的变化

2. 房产测绘成果档案管理由（　　）进行。

 A. 房产行政主管部门   B. 测绘行政主管部门

 C. 测绘单位   D. 质量行政主管部门

 E. 土地行政主管部门

习题答案与解析

(一) 单项选择题

1.【C】　解析：该案例一共经过了三次产权变更登记。第一次为一个产权经过析产分为两户，属于用地分割；第二次为弟弟将房产交易于哥哥，属于房屋买卖引起的产权转移，并没有发生合并或分割；第三次哥哥将两个产权又合并为一个。合并和分割会引起丘号的变化，丘号新增应在编号区内按最大号续编，综上所述，本题选 C。

2.【A】　解析：道路、广场、河流的拓宽、改造，河、湖、沟渠、水塘等边界的变化属于现状变更测量内容。

3.【C】　解析：土地使用权界的调整测量工作包括合并、分割、塌没和截弯取直，属于权属变更测量。

4.【A】　解析：检核面积计算的对错并不在房产主管部门备案内容内，房产主管部门不对房产测绘成果进行质量管理，故面积测量质量事故责任与房产主管部门无关。

(二) 多项选择题

1.【ABCE】　解析：他项权利注销测量属于权属变更测量。

2.【AC】　解析：房产成果档案管理由房产测绘机构和房产行政主管部门分别进行。

规范引用

 GB/T 17986—2000.1 房产测量规范第 1 单元　房产测量规定

 GB/T 17986—2000.2 房产测量规范第 2 单元　房产图图式

第7章　地籍测绘

考试大纲

1. 根据地籍管理要求,确定地籍项目的测绘方案。

2. 根据地籍测绘方案,运用不同类型控制网的作用,选择控制网布设方案,确定地籍控制施测方法。

3. 根据地籍管理要求,选择用于地籍调查的基础图(调查工作底图)的种类和成图比例尺,确定成图方法。

4. 根据地籍项目的测绘要求,选择地籍测绘方法,实施地籍(地形)要素测量。

5. 根据地籍测绘项目要求,在正确的权属资料基础上,进行面积测算,明确权属范围,保证精度。

6. 根据所测地籍要素明确现状,提供包括地籍图、宗地图、地籍簿册以及数据库在内的测绘成果。

7. 根据地籍管理要求,提出地籍项目更新调查测绘方案。

章节介绍

地籍测绘和房产测绘是不动产测绘的主要构成内容。基础地籍图和宗地图的作用类似于房产图中的分幅平面图和分丘平面图。地籍图是不动产产籍管理中表达用地权属情况的基础图件资料,为国土资源主管部门和不动产登记主管部门的日常产权产籍管理提供基础数据。地籍测绘的学习应以界址点、界址线以及宗地图为主。

不动产测绘已经整合,新的不动产测绘相关内容已经逐渐代替地籍测绘相应部分内容,在过渡期间,新老内容都应加以学习。

考点分析

本书知识点涵盖率:★★☆　　地类调查等重点工程属于地籍测绘,常会有指标。

与其他章节相关度:★★☆　　地籍调查与遥感联结紧密,与房产已经整合。

分析考试难度等级:★★☆　　整体难度不高。

平均每年总计分数:8.7分　　在12个专业中排名:第6位。

7.1　地籍测绘概述

1. 地籍管理和演变

地籍是指国家为了一定的目的,记载土地的权属、界址、数量、质量和用途等基本情况的图簿册。地籍具有空间性、法律性、精确性、连续性等特点。

(1) 地籍管理

地籍管理体系是一项集政策、法律、经济和技术为一体的综合管理措施,内容包括权属调查、地籍测绘、土地登记、土地统计、地籍档案管理、信息管理等。

◎权属调查和土地登记是土地管理主要内容。

◎权属调查和地籍测绘是基础工作。

(2) 地籍演变

地籍演变经历了税收地籍、产权地籍、多用途地籍三个阶段。

【释义】 产权地籍主要体现在土地产权登记制度,是我国目前实行的地籍管理模式。多用途地籍包括了地上、地下,以及各行各业与土地有关的信息,全面反映土地的自然、经济、社会、法律等多方面的信息。

2. 地籍调查

地籍调查是土地登记的法定程序和基础工作,经土地登记后,具备法律效力。

不动产权籍调查是土地、海域以及房屋、林木等定着物的不动产信息采集工作。

(1) 地籍调查的内容

地籍调查工作内容包括土地权属调查、地籍测绘、数据库建设、地籍数据更新。地籍调查包括土地权属调查和地籍测绘两方面工作。

① 土地权属调查

土地权属调查主要是调查权利人、现有权利内容、权利来源和土地用途等,并在现场标定宗地界址、位置,绘制宗地草图,填写地籍调查表,签订土地权属界线协议书或填写土地权属争议原由书等,是地籍定性工作。

【释义】 土地权属界线协议书是相邻土地权属单位确权的表示形式,是登记发证的重要依据。

② 地籍测绘

地籍测绘指依据权属调查成果,对界址点、界址线、位置、形状、面积等进行的现场测绘,是地籍定量工作。

(2) 地籍调查分类

① 地籍总调查

地籍总调查是对特定区域内在一定期间内组织进行的全面性地籍调查。地籍总调查起到了地籍管理基础建设的作用。

地籍总调查由县级以上地方人民政府组织专门的领导小组制定工作计划、编写技术总结、组织培训。

② 日常地籍调查

日常地籍调查是对因土地权属、土地用途等地籍要素发生变化的宗地进行地籍调查,是地籍管理的日常性工作。

3. 地籍测绘概述

地籍测绘是指在土地权属调查的基础上,测量宗地的界址位置、计算面积,并绘制地籍图和宗地图的技术性工作。

（1）地籍测绘内容

地籍测绘内容有控制测量、地籍图测量、行政界线测量、界址点测量、宗地图编制、地块和宗地面积量算、地籍变更测量、根据土地规划要求进行的地籍测绘等内容。

（2）地籍测绘成果

地籍测绘成果分为地籍簿册和地籍图。

地籍测绘成果的功能主要体现在地理性、法律性、经济性、土地利用管理和规划性功能上。

（3）地籍图分类

我国现在主要测绘制作的地籍图有城镇分幅地籍图、宗地图、农村居民地地籍图、土地利用现状图、土地权属界线图、勘测定界图等。

◎按表示的内容分为基本地籍图和专题地籍图。

◎按城乡差别分为城镇地籍图和农村地籍图。

◎按用途分为税收地籍图、产权地籍图和多用途地籍图。

◎按用途和范围分为基本地籍图和宗地图。

【释义】　地籍测绘和勘测定界的区别。

勘测定界在测绘大类上归属于地籍测绘，但在目的和步骤上和地籍测绘有以下区别：

◎地籍测绘主要作用是为颁发土地权证而服务，为土地权证定量，提供数据资料。

◎勘测定界指根据土地征收等工作需要，实地界定土地使用范围、测定界址，调绘土地利用现状，计算用地面积，为国土主管部门用地审批和地籍管理提供技术服务。

7.2　土地权属调查

7.2.1　地籍调查单元

1. 地籍调查的单元和划分区

（1）用地单元

① 宗地

地籍调查最小单元是宗地，即土地权属界线封闭的地块或空间。在地籍子区内，划分国有土地使用权宗地和集体土地所有权宗地。在集体土地所有权宗地内划分集体建设用地使用权宗地、宅基地使用权宗地。

一般情况下，一宗地为一个权属单位；同一个土地使用者使用不相连接的若干地块时，则每一地块分别为一宗。

【释义】　宗地是土地登记的基本单元，也是地籍调查的基本单元，宗地曾经称为"丘"。其面积不包括公用的道路、公共绿地、大型市政及公共设施用地等。宗地范围不得超出供地范围，但可以小于供地。

② 图斑

被行政界线、土地权属界线或现状地物分割的单一地类地块称为图斑，图斑是土地利用类别划分的最小单位。

③ 不动产单元

不动产单元定义为权属界线固定封闭,且具有独立使用价值的空间。

不动产权籍调查以宗地、宗海为单位,查清宗地、宗海及其房屋、林木等定着物组成的不动产单元状况,包括宗地信息、宗海信息、房屋(建、构筑物)信息、森林和林木信息等。

【释义】 不动产单元为不动产统一登记后新设立的包括土地和房屋等的权属空间单元,也是目前进行不动产权属管理的单元。

(2) 地籍调查区域

地籍区、地籍子区划定后,其数量和界线应保持稳定,原则上不随所依附界线或线性地物的变化而调整。

① 地籍区

地籍区在县级行政区内,以乡镇、街道界线为基础结合明显线性地物划分。

② 地籍子区

地籍子区在地籍区内,以行政村、社区或街坊界线为基础结合明显线性地物划分。

(3) 其他

① 共有宗

共有宗为两个或两个以上的难以划分土地所有权界线的集体共有地块。

【释义】 共有宗是集体所有权宗地的特例,含有两个不同的权利人,由于国有土地所有权为全民所有,不存在国有共有宗。

② 共用宗

共用宗为两个或两个以上的难以划分土地使用权界限的权利人共用地块。

③ 有争议的、公用、空闲土地等

有争议的、公用、空闲土地等可以单独设为一块宗地。

2. 宗地编号

(1) 宗地编号代码

宗地编号代码共 5 层 19 位代码。

行政区代码＋地籍区代码＋地籍子区代码＋权属类型代码＋宗地顺序号

   (6 位)   (3 位)   (3 位)   (2 位)   (5)

权属类型代码第一位为土地所有权类型:G 国有、J 集体、Z 争议。

权属类型代码第二位为宗地特征码:A 集体土地所有权、B 建设用地使用权(地表)、S 建设用地使用权(地上)、X 建设用地使用权(地下)、C 宅基地使用权、D 土地承包经营权宗地(耕地)、E 土地承包经营权宗地(林地)、F 土地承包经营权宗地(草地)、H 海域使用权宗海、G 使用权无居民海岛、W 争议或未确定、Y 使用权土地(海域)。

【释义】 土地是一个立体三维概念,包括地下、地表、地上空间三层,地上空间指悬空的立体空间,地表指地面表面空间。

(2) 不动产权编号

不动产统一登记后,不动产权编号在宗地号基础上展开,一共 28 位,即在宗地号后另加上定着物编码、定着物序号。

宗地或宗海代码＋定着物编码＋定着物序号

（19 位）　　（1 位）　　（8 位）

定着物编码：F 表示房屋，L 表示林木，Q 表示其他类型定着物，W 表示无定着物。第七层次为定着物序号，代码为 8 位。

定着物为房屋的，前 4 位表示房屋的幢号，房屋幢号在地籍子区内统一编号；后 4 位表示房屋的户号。

（3）宗地编号方法

地籍总调查时，根据土地登记申请书及土地权属来源证明材料将每一宗地标绘到工作底图上，在地籍子区范围内，从西到东、从北到南，统一预编。并填写到地籍调查表及土地登记申请书上，通过地籍调查确定宗地代码。

日常地籍调查时只需要在地籍总调查预编的宗地号上局部改变。

7.2.2 土地权属调查

土地权属调查是现场勘查宗地的权利人、坐落、权属性质、地类、四至、共有权、权利限制等基本情况，结合权源证明资料进行调查核实的过程。

1. 土地权属调查内容

主要调查内容见表 7.1。

表 7.1 土地权属状况调查主要内容

国有土地使用权	集体土地使用权	宅基地使用权	集体土地所有权
全民	所有权人	所有权人	所有权人
使用权人	使用权人	使用权人	/
使用权类型	使用权类型	/	/
/	/	权属性质	权属性质
共有权	共有权	共有权	
国民经济行业类型	国民经济行业类型	/	/
土地使用期限	土地使用期限	/	/
土地用途	土地用途	土地用途	土地用途
宗地四至	宗地四至	宗地四至	宗地四至
土地坐落	土地坐落	土地坐落	土地坐落

2. 权属调查项目

（1）土地权属性质

我国土地所有权分为国家土地所有权和集体土地所有权。

【释义】 城市市区的土地属于全民所有。农村和城市郊区的土地，除法律规定属于全民所有的以外，属于集体所有。自然人不能成为土地所有权的主体。

① 国有土地使用权

国有土地使用权包括国有建设用地使用权、国有农业用地使用权。

② 集体土地所有权

集体土地所有权是由各个独立的集体组织享有的对其所有的土地的独占性支配权利。

集体土地所有权包括乡镇农民集体土地所有权、其他农民集体土地所有权、村农民集体土地所有权。

③ 集体土地使用权

集体土地使用权包括乡镇集体建设用地土地使用权、村集体建设用地使用权、集体农用地使用权、宅基地使用权。

【释义】 宅基地使用权指农村集体经济组织的成员依法享有的在农民集体所有的土地上建造个人住宅的权利。

（2）土地权利主体和权源调查

权利主体调查主要内容有权利人名称、单位性质、行业代码、组织机构代码、法定代表人或代理人姓名及身份证明等。

土地权源调查应以当事人提供的证明文件为基础。

（3）土地获得方式调查

① 国有土地使用权

国有土地使用权获得方式有划拨、出让、作价出资（国家入股）、租赁、授权经营等。

【释义】 出让和划拨是获得国有土地使用权的两种方式。

出让土地是我国实行土地有偿使用制度以后出现的供地方式，用地人缴纳土地出让金，获得一定年限的国有土地使用权。

划拨土地是实行土地有偿使用制度以前的供地方式，土地有偿使用制度以后的基础设施、公共建筑也是划拨土地。划拨土地没有使用年限，不能抵押、转让、出租，在转让的时候需要报国土资源局同意后，再补缴土地出让金才能获得出让土地。

② 集体土地使用权

集体土地使用权获得方式有荒地拍卖、拨用宅基地、拨用企业用地、入股（联营）、其他。

（4）土地用途调查

地类分为批准用途和实际用途，依据土地利用方式、用途、经营特点、覆盖特征因素对土地进行分类，保证不重不漏不设复合用途，反映土地基本利用现状。

土地使用权宗地根据土地权属来源材料或用地批准文件确定批准用途，并现场确定土地实际用途。集体土地所有权宗地不调查批准用途和实际用途，直接引用已有土地利用现状调查成果。宗地较小的住宅，可以不注记地类编码，其他各类用地不得省略。

◎地类分为农用地（农村道路、水库水面、沟渠、沼泽草地等）、建设用地（盐田等）、未利用地（河流湖泊水面、滩涂、沼泽地、盐碱地等）三大类。

◎地类的 12 个一级类包括耕地、园地、林地、草地、商服用地、工矿仓储用地、住宅用地、公共管理与公共服务用地、特殊用地、交通运输用地、水域及水利设施用地、其他。

◎地类又可分为 73 个二级类，用两位数字表示。

【释义】 如 0701 表示城镇住宅用地，一级类码为 07，二级类码为 01。

土地利用现状分类按《第三次全国土地调查工作分类》展开,在《土地利用现状分类》基础上有所更改,采用二级分类,其中二级类改为 53 个。

（5）土地位置

土地位置包括土地权属的四至、坐落、所在图幅等。

（6）其他要素调查

土地的共有共用权情况、土地权利限制等。

3. 调查工作底图制作

（1）工作底图比例尺和坐标系选择应与地籍图成图比例尺一致。

（2）已有土地利用现状图、地籍图、地形图、DOM 等可以作为调查工作底图。

（3）无图件地区可以在地籍子区内绘制所有宗地的位置关系图形成调查工作底图。

（4）工作底图应标绘地籍区和地籍子区界线。

（5）采用 DOM 套合各级境界图和土地权属界线,并附以村级以上必要地名。

7.2.3　地籍界址调查

指界是不动产权属权利人和相关人与不动产权调查人员一起确认不动产权界址的工作。界址点、界址线的调查在界址点测绘工作之前进行,属土地权属调查步骤。

1. 指界

（1）一般规定

① 权属界线清楚的

对土地权属来源资料合法、界址明确且没有变化的宗地,可直接利用已有资料填写地籍调查表,原土地权属来源资料复印件作为地籍调查表的附件。

② 权属界线不清楚的

土地权属来源资料中的界址不明确的宗地以及界址与实地不一致的,需要现场指界,并将实际用地界线和批准用地界线标绘在工作底图上,并在地籍调查表的权属调查记事中说明。

③ 无土地权属来源资料的

根据相关法律法规规定经核实为合法拥有或使用的土地,可根据双方协商、实际利用状况及地方习惯现场指界。

（2）指界方式

① 通知指界

将指界通知书送达权利人及相邻宗地人并留存回执,指界人须在指界通知书回执上签名,单位作为指界人的,还应加盖单位印章。

当事人无正当理由拒收指界通知书的,可以采取挂号邮寄、留置送达的方式向指界人发放,并在地籍调查表中注明有关情况,并由第三方签字确认。

当事人违约缺席的寄达违约缺席定界通知书和地籍调查表,给予 15 日的异议申请时间。

② 公告指界

权利人下落不明的,可采用公告形式在市（区）国土管理部门网站公告 7 日,通知指定时间和地点出席指界。

（3）指界人的身份资格

◎指界人是单位的，由单位法定代表人或委托代理人进行指界。

◎指界人是个人的，由权利人或其委托代理人进行指界。

◎集体土地所有权宗地，由该农民集体召开村民会议推举指界人，并由村委会出具证明，推举结果应公示。

（4）指界过程

① 现场指界

调查员、权利人、相邻宗地人应同时到场指界，并在地籍调查表、土地权属界线协议书、土地权属争议原由书上签字盖章。指界过程中应在权利相关人在场的情况下实地埋桩，界标类型由界址线双方的土地权利人确定。

② 指界确认

指界完成后，指界人应当在地籍调查表上签字盖章。

现场指界时，指界人在指定时间未到场，则由调查人员根据土地权属来源和地籍调查结果单方确定权属界线。

无法确定指界人或指界人过多的由调查人员根据土地来源证明、地籍调查结果、宗地使用现状确定界址，并在国土管理部门网站公告 15 日。

如双方缺席，则由调查人根据权源资料、实际使用现状、地方习惯确定。

与未确定土地使用权的国有所有权宗地相邻可以直接根据权源资料单方指界。

面积较大和复杂的集体土地所有权宗地和国有建设用地使用权宗地宜签订土地权属界线协议书签字盖章，可不绘制草图。

界线有争议的填写土地权属争议原由书并签字盖章。

③ 附图制作

土地权属界线协议书附图可以由正射影像图、地籍图、地形图、土地利用现状图、白纸等制作。

2. 界址线和界址点调查

土地权属界址线的转折点叫界址点，界址点连线叫界址线，即宗地的边界线。

（1）界址线类别

根据界址线实际依附的地物地貌在相应表格打"√"，表格中没有的界址线类别可自行添加。以空地连线表示的，界址线类别应当注明为"空地连线"。

（2）界址线性质

界址线性质分为已定界和未定界。未定界又分为工作界和争议界。

【释义】 工作界为超出宗地权属界线，实际占用的土地边界线。

地籍图上，已定界均用 0.3 mm 红色实线表示，工作界用 0.3 mm 红色虚线表示，争议界用 0.15 mm 红色虚线表示。

（3）界址线位置

界址线应根据界标物位置关系分别注明外（以界址线依附地物外边界为界）、中（以中线为界或空地）、内（以内边界为界）。

（4）界址点设定原则

◎界址线走向变化处及两个以上宗地界址线交叉处。

◎应反映界址线具体走向。

◎在一条界址线上存在多个界址类型时，变化处应设点。

◎土地权属界线依附于线状地物的交叉点应设置。

（5）界址点标志设置

在沟渠中心、水面等设永久性界标有困难的，乡镇、村、公路、铁路、河流等界线一般不设界标。但土地管理部门或权利人有要求和易发生争议的地段，应设立界标。

界标设置有困难时应在地籍调查表或土地权属界线协议书中采用标注界址点位和说明权属界线走向等方式描述界址点具体位置。损坏的界标可根据已有解析界址点坐标和界址点间距、土地权属界线协议书、宗地草图等资料，采用现场放样、勘丈等方法恢复。

（6）界址点编号

地籍总调查时，先编制临时界址点号，入库后应以地籍子区为编号区生成正式界址点号，从左上角开始顺时针编界址点号，并保证界址点号唯一。

在地籍调查表和宗地草图中，可采用地籍子区范围内统一编制的界址点号，也可以宗地为单位，从左上角顺时针方向开始编制界址点号。解析界址点编号为英文字母"J"＋序号，图解界址点为英文字母"T"＋序号。

日常变更调查时，未废弃的界址点使用原编号，废弃的不得再用，新增的在地籍子区内按最大号续编。

界址点的编号和界址点的设立属于权属调查工作。

【释义】　界址点的编号应在地籍子区内编写唯一点号。在某个宗地进行地籍调查时可以宗地为编号单位编写，最终在地籍管理数据库入库时，编号区应调整为地籍子区，这样的好处是数据库中界址点不会重号。

（7）界址边长丈量

界址边长应实地丈量。

◎采用解析法测量界址点时每个界址点至少测量一条界址点与邻近地物相关距离。

◎未采用解析法的每个界址点至少测量两条界址点与邻近地物的相关距离。

◎采用钢尺量距的控制在两个尺段之内。

【释义】　实地丈量界址线边长、绘制宗地草图、填写地籍调查表，是权属调查的主要内容之一。这个时候采集的界址要素空间位置信息属于相对位置信息，是权属界线的概略表达，界址点精确的绝对位置数据在地籍测绘阶段采集。

7.2.4　宗地草图和地籍调查表

宗地草图是描述宗地位置、界址点、界址线和相邻宗地关系的现场记录。

宗地草图要附于地籍调查表之后作为土地权属调查成果的附图，用于表示宗地的大致大小和位置，以及与邻宗地的权属关系。宗地草图应附在地籍调查表上，也可直接绘在地籍调查表上，较大宗地可分幅。

宗地草图应在实地绘制，过密部位可移位放大绘出，数字注记字头向北或向西，不得涂改注记数字。

1. 宗地草图

（1）宗地草图(图 7.1)的内容

◎宗地号、坐落地址、权利人。

◎宗地界址点、界址点号及界址线,宗地内的主要地物。

◎相邻宗地号、坐落地址、权利人或相邻地物。

◎界址边长、界址点与邻近地物的距离。

◎确定宗地界址点位置、界址边方位所必需的建筑物或构筑物。

◎指北针、检查者、检查日期、概略比例尺、丈量者、丈量日期等。

【释义】 宗地草图是关于土地权属的调查附图,不表示地类。

（2）宗地草图特征

◎宗地草图是宗地的原始描述。

◎宗地草图图上数据是实测的,精度高。

◎所绘宗地草图比例尺是近似的,相邻宗地草图不能拼接。

2. 地籍调查表

地籍调查表是权属调查的主要成果和重要工作,应按照规定格式现场填写,地籍测绘记事栏要记录地籍测绘时采用的技术方法和使用的仪器、测量中遇到的问题和解决办法、遗留问题并提出解决意见等。

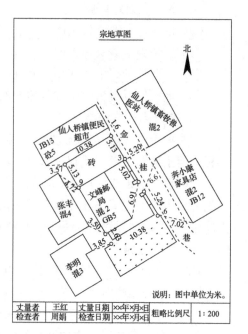

图 7.1　宗地草图

7.2.5　章节练习

(一) 单项选择题

1. (　　)是地籍管理工作的核心内容。

　　A. 土地登记　　　　B. 地籍测绘　　　　　　C. 土地统计　　　　　　D. 地籍信息管理

2. 地籍调查完成后,需要权利人签订(　　　),作为登记发证的重要依据。

　　A. 宗地图　　　　　　　　　　　　　　　B. 地籍登记簿册

　　C. 土地权属界线协议书　　　　　　　　　D. 指界通知书回执

3. 下列中,属于土地权属调查内容的是(　　)。

　　A. 地籍索引图制作　　　　　　　　　　　B. 地籍要素测量

　　C. 宗地草图绘制　　　　　　　　　　　　D. 宗地图制作

4. 城市划分地籍区时,边界线应描绘在(　　)上。

　　A. 街坊区划界线以及明显线性地物　　　　B. 城市主要道路

　　C. 居民小区界线以及小区围护地物　　　　D. 街道区划界线以及明显线性地物

5. 填写地籍调查表的权属性质栏,以下所有权中填写正确的是(　　　)。

　　A. 国有农用地所有权　　　　　　　　　　B. 国有建设用地所有权

C. 村民小组农民集体土地所有权   D. 宅基地所有权

6. 下列关于土地权属调查工作底图的选择与制作,说法正确的是( )。

   A. 全国第二次土地调查图不可作为调查工作底图

   B. 工作底图的比例尺应比地籍图成图的比例尺小

   C. 工作底图无须标绘地籍子区界线

   D. 无图件地区可以绘制宗地位置图作为调查工作底图

7. 某人在 A 镇有一中间被公共道路分割的地块使用权,并在 B 街道有一地块使用权,则其名下应登记( )个土地使用权证。

   A. 0   B. 1   C. 2   D. 3

8. 不动产权编号在宗地号的基础上展开,一共( )位。

   A. 12   B. 19   C. 27   D. 28

9. 地籍调查表上记录某宗地的宗地代码为 320102008009JB00203,下列说法中正确的是( )。

   A. 该宗地为集体土地宅基地使用权宗地

   B. 该宗地为集体土地建设用地使用权宗地(地上)

   C. 该宗地为集体土地建设用地使用权宗地(地表)

   D. 该宗地地类编号为 203

10. 进行地籍总调查时,某矩形宗地界址点编号为 1、2、3、4,已知该宗地和同样是矩形的相邻宗地重叠一条界址线,则相邻宗地界址点可能正确的编号是( )。

    A. 1、2、3、4   B. 2、3、7、8   C. 5、6、7、8   D. 1、2、3、5

11. 地籍图上,没有争议的界址线均用( )表示。

    A. 红色 0.3 mm 实线   B. 黑色 0.3 mm 实线

    C. 红色 0.15 mm 实线   D. 黑色 0.3 mm 虚线

12. 宗地界址点设置不恰当的是( )。

    A. 沟渠中心一般不设界标

    B. 易发生争议的地方不设置界标

    C. 一条直线界址线上有多个界址类型需增设界标

    D. 两个以上宗地界址线交叉处需要设置界标

13. 下列关于界址边长丈量的说法中正确的是( )。

    A. 采用解析法测量界址点时无须测量界址点与邻近地物的距离

    B. 采用钢尺量距法测量界址点时每个界址点至少测量两条界址点与邻近地物的距离

    C. 采用图解法测量界址点时每个界址点至少测量两条界址点与邻近地物的距离

    D. 采用钢尺量距的控制在一个尺段之内

14. 指界时邻宗地的权利人受达通知后不到场,调查人应( )。

    A. 不予理会,进行地籍调查

    B. 寄送指界通知书,另择时间指界

    C. 寄送地籍调查表复印件,通知异议申请时间

    D. 地籍调查结束后寄送宗地图复印件予以告知

15. 对土地权属来源资料合法、界址明确且没有变化的宗地,(   )。

    A. 土地权利人必须单独进行指界

    B. 土地权利人必须和邻宗地权利人共同指界

    C. 必须在第三方证明的情况下由调查人直接确定界址

    D. 调查人直接利用已有资料填写地籍调查表

16. 进行地籍测量时,界址点测量应在权属调查(   )进行。

    A. 之前   B. 的同时   C. 之后   D. 看情况

17. 宗地草图是地籍登记表的附件,不需要表示(   )。

    A. 概略比例尺   B. 地类   C. 门牌号   D. 房屋层数

(二) 多项选择题

1. 在地籍总调查工作中,界址调查的内容包括(   )等工作。

    A. 指界   B. 界址点测量   C. 界标设置   D. 界址边长丈量

    E. 填写地籍调查表

2. 按照土地利用现状分类,以下地类属于农用地的是(   )。

    A. 湖泊水面   B. 沟渠   C. 农村道路   D. 盐田

    E. 水库水面

3. 下列有关宗地设立的说法正确的是(   )。

    A. 在地籍子区内划分为国有土地所有权宗地和集体土地所有权宗地

    B. 多个权利人共同所有且难以划分界线的国有地块,应设为共有宗

    C. 多个权利人共同使用且难以划清界线的地块,应设为共用宗

    D. 土地权属有争议的地块可设为一宗地

    E. 空闲地等不可单独设立宗地。

习题答案与解析

(一) 单项选择题

1.【A】 解析:权属调查和土地登记是地籍管理的主要内容;权属调查和地籍测量是地籍管理的基础工作。

2.【C】 解析:土地权属界线协议书是相邻土地权属单位确权的表示形式,是登记发证的重要依据。

3.【C】 解析:实地丈量界址线边长,绘制宗地草图,填写地籍调查表,是权属调查的主要内容之一。这个时候采集的界址要素空间位置信息属于相对位置信息,是权属界线的概略表达,界址点精确的绝对位置数据在地籍测绘阶段采集。

4.【D】 解析:地籍区在县级行政区内,以乡镇、街道界线为基础结合明显线性地物划分。

5.【C】 解析:土地权属性质调查的内容有:①国有土地使用权(国有建设用地使用权、国有农业用地使用权);②集体土地所有权(乡镇农民集体土地所有权、其他农民集体土地所有权、村农民集体土地所有权);③集体土地使用权(乡镇集体建设用地土地使用权、宅基地使用权、村集体建设用地使用权、集体农用地使用权)。

6.【D】 解析：调查工作底图制作

① 工作底图比例尺和坐标系选择应与地籍图成图比例尺一致。

② 已有土地利用现状图、地籍图、地形图、DOM 可以作为调查工作底图。

③ 无图件地区可以在地籍子区内绘制所有宗地的位置关系图形成调查工作底图。

④ 工作底图应标绘地籍区和地籍子区界线。

⑤ 采用 DOM 套合各级境界图和土地权属界线，并附以村级以上必要地名。

7.【D】 解析：一般情况下，一宗地为一个权属单位；同一个土地使用者使用不相连接的若干地块时，则每一地块分别为一宗。

8.【D】 解析：新的不动产权编号在宗地号基础上展开，一共28位，即在其后另加上定着物编码(1位)、定着物序号(8位)。定着物编码：F 表示房屋，L 表示林木，Q 表示其他类型定着物，W 表示无定着物。第七层次为定着物单元编号，代码为8位，定着物为房屋的，前4位表示房屋的幢号，房屋幢号在地籍子区内统一编号，后4位表示房屋的户号。

9.【C】 解析：宗地代码采用五层19位层次码结构，按层次分别表示县级行政区划(6)、地籍区(3)、地籍子区(3)、土地权属类型(2)、宗地顺序号(5)。土地权属类型，第一位表示土地所有权类型，G 表示国家土地所有权，J 表示集体土地所有权，Z 表示土地所有权争议；第二位表示宗地特征码，A 表示集体土地所有权宗地，B 表示建设用地使用权宗地(地表)，S 表示建设用地使用权宗地(地上)，X 表示建设用地使用权宗地(地下)，C 表示宅基地使用权宗地，W 表示使用权未确定或有争议的土地，Y 表示其他土地使用权宗地。

10.【B】 解析：地籍总调查时，根据土地登记申请书及土地权属来源证明材料将每一宗地标绘到工作底图上，在地籍子区范围内，从西到东、从北到南，统一预编，保证界址点号唯一。

11.【A】 解析：地籍图上，没有争议的界址线均用 0.3 mm 红色实线表示，工作界用 0.15 mm 红色虚线表示，争议界用 0.15 mm 红色虚线表示。

12.【B】 解析：在沟渠中心、水面等设永久性界标有困难的，乡镇、村、公路、铁路、河流等界线一般不设界标。但土地管理部门或权利人有要求和易发生争议的地段，应设立界标。

13.【B】 解析：界址边长应实地丈量，不得采用图解法。采用解析法测量界址点时每个界址点至少测量一条界址点与邻近地物相关距离；未采用解析法的每个界址点至少测量两条界址点与邻近地物的相关距离；采用钢尺量距的控制在两个尺段之内。

14.【C】 解析：无法联系邻宗地指界人的，在市(区)国土管理部门网站公告7日。当事人无正当理由拒收指界通知书的，可以采取挂号邮寄、留置送达的方式向指界人发放，并在地籍调查表中注明有关情况，并由第三方签字确认。当事人违约缺席的寄达违约缺席定界通知书和地籍调查表，给予15日的异议申请时间。

15.【D】 解析：对土地权属来源资料合法、界址明确且没有变化的宗地，可直接利用已有资料填写地籍调查表，原土地权属来源资料复印件作为地籍调查表的附件。

16.【C】 解析：界址点测量必须在指界以后开展，而指界属于土地权属调查内容，故选 C。

17.【B】 解析：宗地草图的内容有：

(1) 宗地号、坐落地址、权利人。

(2) 宗地界址点、界址点号及界址线,宗地内的主要地物。

(3) 相邻宗地号、坐落地址、权利人或相邻地物。

(4) 界址边长、界址点与邻近地物的距离。

(5) 确定宗地界址点位置、界址边方位所必需的建筑物或构筑物。

(6) 指北针、检查者、检查日期、概略比例尺、丈量者、丈量日期等。

房屋作为宗地内的主要地物需要表示,房屋层数也同时要表示出来。

(二) 多项选择题

1.【ACD】 解析:界址调查是调查人员按照现场勘查的情况,结合已有地籍调查成果及其他有关证明材料,组织本宗地权利人和相邻宗地权利人进行边界指认,确定实地权属界线,划定争议界线和范围,并相应设立宗地界址点、界址线和测量界址边长的过程。界址调查包括指界、界标设置和界址边长丈量等工作。界址点测量属于地籍测量内容,地籍调查表的填写属于权属调查工作。

2.【BCE】 解析:地类分为农用地(农村道路、水库水面、沟渠、沼泽草地等)、建设用地(盐田等)、未利用地三大类(河流湖泊水面、滩涂、沼泽地、盐碱地等)。

3.【CD】 解析:国有土地的所有人是全民,具有共同权属,所以国有土地宗地只涉及使用权,而不涉及所有权,故 A、B 的说法都不正确。有争议的、公用土地、空闲地等可以单独设为一块宗地。

7.3 地籍控制测量和界址测量

7.3.1 地籍控制测量

1. 参考基准

地籍控制测量坐标系统尽量采用 2000 国家大地坐标系。采用其他坐标系的需要与国家统一坐标系统建立联系。对 1:1 万或 1:5 000 比例尺图件或数据应选择高斯 3°带平面直角坐标系,1:5 万比例尺选择 6°带平面直角坐标系。

当长度变形值大于 2.5 cm/km 时,应根据具体情况依次选择:

(1) 有抵偿高程面的高斯-克吕格投影统一 3°带平面直角坐标系统。

(2) 高斯-克吕格投影任意带平面直角坐标系统。

(3) 有抵偿高程面的任意带平面直角坐标系统。

高程基准采用 1985 国家高程基准。部分山区地籍图需要有等高线等内容。

【释义】《地籍调查规程》规定,地籍控制测量坐标系统应采用 1980 西安大地坐标系,这是考虑到目前全国大部分地区地籍图采用的坐标系为 1980 西安大地坐标系。目前 2000 国家大地坐标系已经全面实施,所有地籍图坐标系应进行坐标系转换。

2. 控制测量

(1) 平面控制测量

地籍平面控制测量首级网一般布设为三、四等网以及一、二级网。加密点应联测 3 个高级控制点。平面控制网四等及以下最弱相邻点(或相对于起算点)的相对点位中误差不超过 5 cm,四等控制网中最弱边相对中误差不大于 1/45 000,见表 7.2。

表 7.2　地籍测绘平面控制点间距中误差

等级	相邻控制点的水平间距与反算边长的相对误差
二等	≤1/120 000
三等	≤1/80 000
四等	≤1/45 000
一级	≤1/14 000
二级	≤1/10 000

(2) 高程控制网

首级高程控制网最弱点高程中误差相对于起算点不大于 2 cm。

四等以下水准测量可以用 GNSS 高程拟合法以及电磁波三角高程测量法。一般采用四等水准和等外水准。

(3) 图根控制网

图根控制网一般采用 RTK 法和导线法制作。图根高程控制网常用三角高程测量法制作,一般与一、二级图根点重合。

图根导线点技术指标见表 7.3。

表 7.3　图根导线点技术指标

等级	附合导线长度/m	平均边长/m	方位角闭合差/″	导线全长闭合差
一级	1 200	120	$\pm24\sqrt{n}$	1/5 000
二级	700	70	$\pm40\sqrt{n}$	1/3 000

【释义】　地籍一级图根导线精度要求相当于三级导线精度要求,地籍二级图根导线精度要求相当于首级图根导线精度要求。

7.3.2　地籍界址点测量

1. 界址点测量方法

地籍界址点测量方法包括解析法和图解法。

(1) 解析法

解析法是指采用全站仪通过全野外测量技术获取界址点坐标的方法,主要方法有极坐标法、正交法、截距法、距离和角度交会法等。

【释义】　截距法又称内外分点法,指沿界址点连线量取距离获得位置坐标的方法,往连线之间量取称为内分,反之为外分。外分点到邻近起算点的距离应小于两个起算点之间的距离。

(2) 图解法

图解法是指采用标示界址、绘制宗地草图、说明界址点位和说明权属界线走向等方式描述实地界址点位置,在扫描数字化的地籍图、土地利用现状图、正射影像图和地形图上获取界址点坐标和界址点间距的方法。

图解界址点坐标不能用于放样实地界址。

2. 精度要求

（1）解析界址点精度

解析界址点精度指标见表7.4。

表 7.4　解析界址点精度指标　　　　　　　　单位：cm

类别	对于邻近图根点点位误差		相邻点间距限差	使用范围
	中误差	允许误差		
一	±5	±10	±10	土地使用权明显界址点
二	±7.5	±15	±15	土地使用权隐蔽界址点
三	±10	±20	±20	土地所有权界址点可选用一、二、三级

（2）图解界址点精度

山区困难地区集体所有权界址点可以用图解法，图解形成的界址线应有界址走向说明。采用图解法测量界址点时，界址点间距中误差与相对于邻近控制点的点位中误差不大于图上±0.3 mm。

【释义】　图解法测量界址点与界址点在地籍图上的精度相同。

（3）界址点的表示

界址点坐标精确到毫米。

在地籍图上界址点用直径1.2 mm的红色圆圈表示，界址线用0.3 mm宽的红线表示。

【小知识】

勘测定界时，界址点间距一般大于图上1 cm为宜，界址点放样的点位中误差应控制在10 cm，界址点间距超过150 m时，应加设界址桩。

3. 界址点标志

界址种类和适用范围见表7.5。

表 7.5　界址种类和适用范围

种类	适用范围
混凝土界址界标、石灰界址界标	空旷地区的界址点和占地面积较大的企事业单位
戴铝帽的钢钉界址界标	在坚硬的路面上
带塑料套的钢棍界址界标、喷漆界址界标	在坚固的房墙角或围墙角等

7.3.3　章节练习

（一）单项选择题

1. 在地籍测量中，四等控制网最弱边相对中误差不得大于1/（　　　）。

    A. 14 000　　　　　B. 25 000　　　　　C. 40 000　　　　　D. 45 000

2. 在坚固的围墙角界址点上，地籍界标应设置（　　　）。

    A. 钢钉界址界标　　　　　　　　　B. 石灰界址界标

    C. 混凝土界址界标　　　　　　　　D. 喷漆界址界标

3. 按《地籍调查规程》的规定,最低一级的相邻界址点间距中误差不得大于(   )cm。

    A. ±3   B. ±5   C. ±7.5   D. ±10

4. 地籍高程控制测量原则上只布设(   )。

    A. 四等水准点和等外水准点   B. 四等水准点

    C. 等外水准点   D. 图根水准点

5. 对位于某城镇内的豆制品厂进行地籍测量,界址点中的隐蔽点最大点位误差不得超过

    (   )cm。

    A. ±7.5   B. ±10   C. ±15   D. ±20

(二) 多项选择题

1. 以下测量方法中的(   )可以用来测量城市行政中心的界址点坐标。

    A. GPS 法   B. 数字摄影测量法

    C. 图解法   D. 截距法

    E. 正交法

习题答案与解析

(一) 单项选择题

    1.【D】 解析:地籍控制测量平面网四等及以下最弱相邻点(或相对于起算点)的相对点位中误差不超过 5 cm,四等控制网中最弱边相对中误差不大于 1/45 000,注意不能选 C。

    2.【D】 解析:在坚固的围墙角界址点上,地籍界标应设置带塑料套的钢棍界址界标,喷漆界址界标。

    3.【D】 解析:按地籍调查规程规定,最低一级的相邻界址点间距中误差不得大于 10 cm。

    4.【A】 解析:地籍测量首级高程控制网一般采用四等水准和等外水准。

    5.【A】 解析:土地使用权隐蔽界址点相对于邻近控制点的点位中误差不得大于 7.5 cm,误差不大于 15 cm。

(二) 多项选择题

    1.【ACDE】 解析:摄影测量精度不能达到界址点测量要求,其他解析法地形图测绘方法都可用于地籍图的测绘。图解界址点的精度达不到规范要求,但在某些特殊的情况下依然会需要用到图解法。

7.4 地籍图测绘

7.4.1 地籍图内容

    地籍图是制作宗地图的基础图件,具有国家基础图的特点,是关于地籍要素以及与地籍有密切关系要素的专题图。

地籍图主要内容有数学要素、地籍要素、地形要素、行政区划要素、图廓要素。

（1）数学要素

地籍图数学要素包括坐标系、内外图廓线、坐标格网线及坐标注记、控制点及其注记、比例尺、内图廓点坐标等。

【释义】 地籍图数学要素对地籍图图形要素的空间位置信息进行约束和数学表达，并作为空间位置坐标传递的基准，利用一定的数学关系来反映图形和实地的相似比例关系。除了投影、比例尺、控制点等之外地籍数学要素还包括内外图廓线、坐标格网线等在制图时对位置数据产生控制的要素。

在地形图中内图廓要素属于数学要素，外图廓属于辅助要素，而在地籍图中，内外图廓都属于数学要素，注意区别。

（2）地籍要素

地籍要素包括界址点、界址线、地类、地籍号、地籍区（地籍子区）界线、地籍区（地籍子区）号、坐落、宗地号、土地使用者或所有者及土地等级等。

地籍要素中最基本的要素是界址点要素，地籍测绘最重要的工作是界址点测量。

◎界址线和行政区界线重合时表示行政区界线和界址点。

◎行政区界线和地籍区、地籍子区界线重合时，两者叠置。

◎对于土地使用权宗地，地号和地类号的注记以分式表示，分子表示宗地号，分母表示地类号。集体土地所有权只注记宗地号。

◎同一所有者的集体土地被铁路分割时，应分别划分宗地。

◎分幅时若地籍区（地籍子区）、宗地被图幅分割，相应编号应在各图幅注记，面积太小无法注记时注记允许移到空白处。宗地太小可以用标志线移在空白处注记或不注记。

◎应注记单位名称和集体土地所有者名称。一般不注记个人用地土地使用者名称。

◎可根据需要在地籍图上绘出土地级别界线，注记土地级别。对于已经完成土地定级的城镇，应在地籍图上绘出土地分级界线及相应的土地等级注记。

（3）地形要素

地形要素包括控制点、房屋、道路、水系以及与地籍有关的必要地物、地理名称、等高线与高程点等。

◎界址线依附的地形要素不可忽略，按需要表示地貌。

◎1：5 000～1：5 万比例尺地籍图主要表示道路、水系、地理名称、居民地等。

◎1：500～1：2 000 比例尺地籍图主要表示道路、水系、地理名称、建筑物等。

（4）行政区划要素

◎行政界线重合时在地籍图上表示高级界线。

◎境界线在拐角处不得间断，应在拐角处绘出点或线。

◎行政级别从高到低分别为省、市、县、乡界线。

（5）图廓要素

图廓要素包括分幅索引、密级、图名图号、制作单位、测图时间、测图方法、图式版本、测量员、制图员、检查员等。

7.4.2　地籍图测绘方法

1. 分幅规格

（1）地籍图比例尺

地籍图比例尺有 1∶500、1∶1 000、1∶2 000、1∶5 000、1∶1 万、1∶5 万等，具体见表 7.6。

【释义】　集体土地所有权相对于集体土地使用权用地面积较大，在制图综合和地形要素表达上有所差异，故比例尺大小有不同。

表 7.6　地籍图比例尺选择

类别	比例尺	适用情况
土地所有权调查	1∶1 万	基本比例尺
	1∶500、1∶1 000、1∶2 000、1∶5 000	城镇周边地区
	1∶5 万	人口很少的沙漠、高原等地区
土地使用权调查	1∶500	基本比例尺
	1∶1 000、1∶2 000	农村居民点用地、公路用地、风景设施用地

（2）地籍图分幅和编号

① 小比例尺地籍图

小于等于 1∶5 000 比例尺地籍图的分幅规则和相应国家基本比例尺地形图一致，即在 1∶100 万国际标准分幅基础上按经纬差细分。

② 大比例尺地籍图

大于等于 1∶2 000 地籍图的分幅规格为 40 cm×50 cm 或者 50 cm×50 cm，X（纵）坐标在前，Y（横）坐标在后，中间用短线连接，按图廓西南角坐标公里数编号。

2. 地籍图精度

地籍图平面位置精度要求见表 7.7。

表 7.7　地籍图平面位置精度　　　　　单位：mm

序号	项目	图上中误差	图上允许误差	备注
1	相邻界址点的间距误差	±0.3	±0.6	
2	界址点相对于邻近控制点的点位误差	±0.3	±0.6	困难或隐蔽地区可放宽至 1.5 倍
3	界址点相对于邻近地物点的间距误差	±0.3	±0.6	
4	邻近地物点的间距误差	±0.4	±0.8	
5	地物点相对于邻近控制点的点位误差	±0.5	±0.1	
6	宗地内部与界址边不相邻的地物点	±0.5	±0.1	／

【释义】　地籍图的比例尺依据实际用途不同分为多种，较小比例尺地形图需要采用比例尺精度形式表示。

地籍图界址点精度要求与图解界址点测量精度要求一致。

地物点相对于邻近控制点点位中误差与基础地形图地物点点位中误差一致。

相邻地物点坐标一般由同测站采集,其间距中误差比相对于控制点的地物点精度略高。

3. 地籍图的测绘方法

(1) 全野外数字测绘

全野外数字测绘适用于比例尺大于 1：2 000 的地籍图测绘;解析界址点和明显界址点应采用极坐标法、RTK 法等方法测量,其他地物可采用交会法、直接坐标法、截距法等测绘。

(2) 摄影测量成图

摄影测量成图适用于所有比例尺地籍图测绘。界址点测量应采用解析法。

(3) 编绘法

编绘法是以制作的调绘工作底图或 DOM 和土地权属调查成果为基础编绘地籍图的方法。

4. 地籍索引图

为了便于检索和使用,地籍调查工作结束后应以县级行政区为单位编制地籍索引图,主要表示地籍区(地籍子区),以及大比例尺测图区域的分区界线和编号,主要道路、河流和分幅之间关系,其比例尺以一幅图内的测区大小而定。

地籍索引图在地籍分幅图结合表的基础上参照地籍图缩小编制而成。

7.4.3 宗地图制作

宗地图是描述宗地位置、界址点线关系、四至宗地关系的分宗地籍图,用来作为该宗土地产权证书和地籍档案的附图。

(1) 宗地图表示内容

◎图幅号、街道号、街坊号、宗地号、界址号、土地利用分类号、土地等级、幢号。

◎用地面积、界址线边长。

◎邻宗地号、宗地分隔线、紧靠宗地地理名称。

◎宗地内图斑界线、建构筑物和宗地外紧靠界址点的附着物。

◎界址点位置、界址线、地形地物、界址点坐标表、权利人、用地性质、用地面积、测图日期、测点日期、制图日期。

◎指北针、比例尺、制图者及审核者签名。

(2) 宗地图特征

◎宗地图是地籍图的细部图,是地籍管理产籍资料的一部分。

◎由于是实测得到,故精度高、可靠。

◎图形与实地有严密数学相似关系。

◎相邻宗地图可以拼接。

◎标识符齐全,便于人工和计算机管理。

◎宗地图是土地证附图,具有法律效力。

(3) 宗地图规格

宗地图的比例尺可以任意选择,图幅规格以宗地大小为准选取,一般选纸为 32 开、16 开、8 开,过大时可按分幅地籍图整饰。宗地图上界址边长必须注记齐全,指北方向与地籍图方向一致。每个街坊应不超过 100 个宗地为宜。

7.4.4 章节练习

(一) 单项选择题

1. 在高山困难地区测量地籍图,界址点与邻近控制点的点位中误差应不大于图上±(　　)mm。

　　A. 0.3　　　　　　　B. 0.45　　　　　　　C. 0.5　　　　　　　D. 0.6

2. 宗地草图制作完成后应整理归档,(　　)。

　　A. 并应附于土地证后

　　B. 并应附于地籍调查表后

　　C. 并应附于地籍登记薄上

　　D. 除作为原始记录存档外,不需要附在其他资料中

3. 宗地图是土地证的附图,其内容不包括(　　)。

　　A. 界址线边长　　B. 幢号　　　　　　C. 地形地物　　　　D. 超出供地的面积

4. 根据《地籍调查规程》,地籍图的图廓要素不包括(　　)。

　　A. 图廓线　　　　B. 分幅索引　　　　C. 图号　　　　　　D. 测图时间

5. 地籍图上,地籍要素不包括(　　)。

　　A. 坐落　　　　　B. 界址线　　　　　C. 土地使用者　　　D. 房屋及附属物

6. 地籍测量要采集的数据中,最基本的要素是(　　)。

　　A. 宗地坐落　　　B. 宗地界线　　　　C. 现状地类　　　　D. 宗地面积

7. 集体土地所有权调查,地籍图基本比例尺为(　　)。

　　A. 1∶500　　　　B. 1∶1 000　　　　C. 1∶2 000　　　　D. 1∶10 000

8. 图幅名称为陈庄的 1∶1 万地籍图,图幅编号可能为(　　)。

　　A. 29.75—32.50　　　　　　　　　　B. 29—32

　　C. 32.50—29.75　　　　　　　　　　D. I49G016050

9. 地籍图上地物点相对于邻近控制点的点位中误差不得大于图上(　　)mm。

　　A. ±0.2　　　　　B. ±0.3　　　　　　C. ±0.4　　　　　　D. ±0.5

10. 进行地籍总调查时,测制 6 km² 内比例尺为 1∶5 000 的成片地籍图,其界址点测量应采用(　　)实施。

　　A. 解析法　　　　B. 摄影测量　　　　C. 编绘法　　　　　D. 图解法

11. 地籍调查工作结束后,应以(　　)行政区为单位编制地籍索引图。

　　A. 省级　　　　　B. 市级　　　　　　C. 县级　　　　　　D. 乡级

12. 1∶1 万地籍图应选择(　　)作为平面坐标系。

　　A. 高斯 1.5°带平面直角坐标系　　　　　B. 高斯 3°带平面直角坐标系

　　C. 高斯 6°带平面直角坐标系　　　　　　D. 高斯任意带平面直角坐标系

(二) 多项选择题

1. 地籍调查表上,所在图幅号的比例尺一栏填写可能错误的是(　　)。

　　A. 1∶5 千　　　　B. 1∶1 万　　　　　C. 1∶2.5 万　　　　D. 1∶5 万

E. 1∶10 万

2. 目前地籍图的测绘方法主要有(　　)。

A. 全野外数字测图　　　　　　B. 数字摄影测量成图

C. 编绘法成图　　　　　　　　D. 图解法成图

E. 大平板仪测图

习题答案与解析

(一) 单项选择题

1.【B】 解析:地籍图上,界址点相对于邻近控制点的点位中误差不大于图上 ±0.3 mm,由于高山地区是困难地区,所以可以放宽 0.5 倍,即图上±0.45 mm。

2.【B】 解析:宗地草图是描述宗地位置、界址点、界址线和相邻宗地关系的现场记录。宗地草图要附于地籍调查表之后作为土地权属调查成果的附图,用于表示宗地的大致大小和位置,以及与邻宗地的权属关系。

3.【D】 解析:宗地图表示内容:

① 图幅号、街道号、街坊号、宗地号、界址号、土地利用分类号、土地等级、幢号;

② 用地面积、界址线边长;

③ 邻宗地号、宗地分隔线、紧靠宗地地理名称;

④ 宗地内图斑界线、建构筑物和宗地外紧靠界址点的附着物;

⑤ 界址点位置、界址线、地形地物、界址点坐标表、权利人、用地性质、用地面积、测图日期、测点日期、制图日期;

(6) 指北针、比例尺、制图者及审核者签名。

4.【A】 解析:图廓要素用来对图幅进行说明注记,数学要素主要和图幅内容及精度有关,图廓线和格网是地籍要素和地形要素的图上定位基础和依据,它直接关系到要素的图上精度,所以属于数学要素。

5.【D】 解析:地籍要素包括界址点、界址线、地类、地籍号、地籍区(子区)界线、地籍区(子区)号、坐落、宗地号、土地使用者或所有者及土地等级等。房屋及附属物属于地形要素。

6.【B】 解析:地籍要素中最基本的要素是界址点要素,最重要的工作是界址点测量。

7.【D】 解析:土地所有权地籍图比例尺选用:集体土地所有权调查基本比例尺采用 1∶1 万;城镇周边地区比例尺采用 1∶500、1∶1 000、1∶2 000、1∶5 000;人口很少的沙漠、高原等地区比例尺采用 1∶5 万。

8.【D】 解析:大于等于 1∶2 000 地籍图的分幅规格为 40 cm×50 cm 或者 50 cm×50 cm,X 坐标在前,Y 坐标在后,中间用短线连接,按图廓西南角坐标公里数编号。1∶2 000以下(不包括1∶2 000)小比例尺地籍图的图幅编号和地形图一致,故选D。

9.【D】 解析:与地形图一样,地籍图的地物点点位中误差也是不大于图上0.5 mm。

10.【A】 解析:虽然小比例尺地籍图测量更加适合采用航摄法成图,但界址点测量应采用解析法。

11. 【C】　解析：索引图用来快速检索图幅号，主要表示大比例尺测图的分界线和编号，主要道路、铁路、河流和分幅之间的关系。

12. 【B】　解析：地籍图一般是大于等于 1∶5 万的大比例尺地形图，关于投影带的选择和国家基本地形图是一致的。

(二) 多项选择题

1. 【CE】　解析：地籍图比例尺有 1∶500、1∶1 000、1∶2 000、1∶5 000、1∶1 万、1∶5 万等。

2. 【ABC】　解析：地籍图的测绘方法主要有全野外数字测图、数字摄影测量成图、编绘法成图等。

7.5　地籍面积量算

地籍面积量算内容有县、乡、村级行政区面积测算，地籍区、地籍子区面积测算，宗地面积测算，宗地内建筑占地面积测算，房屋建筑面积测算等。

7.5.1　地籍面积量算方法

1. 单位和取值

（1）长度单位

长度单位采用米、厘米、毫米，采用米时取值保留两位小数。

（2）面积量算单位

面积量算单位采用平方米，取值都保留两位小数。

（3）面积统计汇总单位

面积统计汇总单位采用公顷（hm²），以亩做辅助单位，取值保留两位小数。

【释义】　$1 \text{ hm}^2 = 10\,000 \text{ m}^2 = 15$ 亩，1 亩 $\approx 666.67 \text{ m}^2$。

2. 面积量算方法

面积量算方法分为解析面积计算法和图解面积计算法。

（1）解析面积计算法

① 坐标解析面积计算法

坐标解析面积计算法可采用梯形公式计算法，即把几何图形按照坐标分别在横纵坐标轴上的差值作为梯形的高和底，分解成各个梯形来计算面积。

$$P = 1/2 \sum X_i (Y_{i+1} - Y_{i-1})$$

式中　　P——宗地面积；

　　　　X_i，Y_i——界址点纵横坐标；

　　　　i——界址点序号。

【释义】　如图 7.2 所示。

四边形面积 AB＝（梯形 AC＋梯形 BDE）－（梯形 E＋梯形 CD）

梯形 *AC*、梯形 *BDE*、梯形 *E*、梯形 *CD* 都可以通过相邻的两个点坐标算出。

② 几何要素计算法

几何要素计算法是把宗地分割为几何图形解求面积的方法。

【释义】 这种方法精度低,主要用于建筑占地面积、建筑面积的量算。

(2)图解面积计算法

图解面积计算法主要有方格网法、格点法、几何图形法、求积仪法、数字化采集设备采集图上坐标法等。

采取图解法量算面积的应两次量算取中数,其两次测量较差要求:

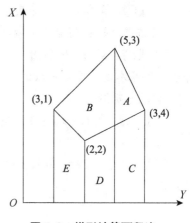

图 7.2　梯形计算面积法

$$\Delta p \leqslant 0.000\,3M\sqrt{P}$$

式中　Δp—— 两次面积测量较差(单位:m²);

　　　M—— 地籍图比例尺分母;

　　　P—— 量算面积(单位:m²),P 值取整数即可,小数点后的影响忽略不计。

【释义】 图解法面积计算精度比解析法低,一般只用于宗地内地类面积计算。对于图上面积小于 5 cm² 的地块,不得使用图解法量算其面积。

3. 面积计算控制和校核

面积计算控制原则为从整体到局部,层层控制,分级量算,块块检核。

面积检核的方法是以高精度为准,按比例配赋低精度残差。

(1)面积检核方法

① 采用部分解析法时

采用部分解析法时各宗地面积之和与街坊总面积较差应按面积配赋给各宗地,实测的宗地只参加计算闭合差不参加面积配赋。

② 采用图解法时

采用图解法时宜采用二级控制,首先以图幅理论面积为首级控制,将闭合差(图幅理论面积和图幅内各街坊及其他面积之和的差)按比例分配,再去控制街坊内各宗地面积。采用实测解析法测算的宗地面积,只参加闭合差计算不参加闭合差的面积配赋。

与图幅理论面积的较差允许值

$$F \leqslant 0.002\,5P$$

式中　F—— 与图幅理论面积的较差(单位:m²);

　　　P—— 图幅理论面积(单位:m²)。

③ 全部采用解析法时

全部采用解析法时,街坊内各宗地面积之和与街坊面积较差按面积比例配赋给各宗地。

(2)面积的附合

县级行政区面积与所含地籍区面积之和相等,地籍区面积与所含地籍子区面积之和相等,集体土地所有权宗地与内含地类图斑面积之和相等。

4. 共用土地面积分摊方法

共用宗共用土地面积按各自的房屋建筑面积按比例分摊,分摊计算方法如下:

(1) 单幢的土地分摊面积计算

分摊土地面积＝(本幢基底面积/本幢总建筑面积)×权利人建筑面积

(2) 有共用院落的土地分摊面积计算

分摊土地面积＝[(宗地总面积－总基底面积)/宗地内总建筑面积]×权利人建筑面积
权利人土地面积＝分摊土地面积＋权利人基底面积

【释义】 基底面积与一层建筑面积有所不同,基底面积指与地表相接的建筑物主体面积,是建筑物的外围。一层建筑面积不一定等同于建筑物外围面积,如底层的敞开式阳台建筑面积以 1/2 计算。

7.5.2 地籍面积汇总统计

要逐年汇总全国土地地籍调查数据。通过土地汇总掌握土地总面积、各地类总面积、分布和权属,是土地调查的关键环节,分为县级调查成果统计和县级以上数据汇总。

以县级土地调查数据为基础,数据汇总分为市级、省级、全国汇总。

宗地面积计算表内容有建筑密度、建筑容积率、界址点边长、建筑占地面积、点号、坐标、建筑面积等。地籍面积统计汇总输出范围如下:

◎界址点成果表输出到宗地、街坊。
◎宗地面积计算表输出到宗地、街坊。
◎宗地面积汇总表输出到街坊、街道。
◎地类面积统计表输出到街坊、街道、区、市。

7.5.3 章节练习

(一) 单项选择题

1. 采用图解法量算 1：500 比例尺地籍图的宗地面积时,图幅首级控制的较差允许值为 ( )m^2。

   A. 63   B. 156   C. 188   D. 200

2. 《地籍调查规程》规定,距离测量(m)和面积计算(m^2)取值分别为小数后( )位数。

   A. 1、1   B. 2、2   C. 1、2   D. 2、1

3. 全国地籍调查数据面积汇总以( )地籍数据为基础进行。

   A. 街坊   B. 街道   C. 县级   D. 市级

习题答案与解析

(一) 单项选择题

1.【B】 解析:采用图解法时,宜采用二级控制,首先以图幅理论面积为首级控制,将闭合差(图幅理论面积和各街坊及其他面积之和的差)按比例分配,再去控制街坊内各宗地面积。与图幅理论面积的较差允许值 $F \leqslant 0.002\,5P$。

2.【B】 解析:地籍测量长度单位采用米、厘米、毫米,采用米时取值保留两位小数。面积量算单位采用平方米,取值都保留两位小数。

3.【C】 解析:以县级土地调查数据为基础,地籍测量数据汇总分为市级、省级、全国汇总。

7.6 日常地籍调查

因宗地设立、灭失、界址调整及其他地籍信息的变更而开展的地籍调查叫日常地籍调查。日常地籍调查工作分为日常土地权属调查和日常地籍测绘。

7.6.1 日常土地权属调查

1. 准备工作

(1) 资料准备

日常地籍调查工作需要制作地籍资料协助查询单到国土、房产、规划部门档案室调取相应资料,权属调查前需要查询的档案有:

◎土地登记、抵押、查封、地役权、土地权利限制。

◎集体土地征收、转用、审批情况。

◎土地供应情况。

◎相邻土地权利人情况。

◎相应控制点、界址点坐标。

◎其他情况。

(2) 技术准备

权属调查前需要进行的技术准备有:

◎档案资料、数据的分析与整理。

◎发放指界通知书。

◎计算放样数据。

◎准备地籍调查表、绘图工具、测量仪器。

◎准备调查人员的身份证明。

2. 日常土地权属调查

调查人员接收到土地登记人员初审的变更土地登记或初始土地登记申请文件后,会同权利人在现场对宗地权属和界址变化进行调查核实,并在现场重新标定土地权属界址点,绘制宗地草图,调查土地用途,填写变更地籍调查表。

(1) 可以直接用来指界的凭证

◎经法院判决后生效的法律文书。

◎经仲裁机构仲裁后生效的法律文书。

◎经县级以上人民政府批准的用地。

◎经县级以上人民政府依法处理的土地权属纠纷案件。

◎已办理土地登记发证手续取得土地所有(使用)证。

(2) 指界

当事人提出变更权属调查申请,可由本宗地权利人和相邻宗地权利人采取协商指界方式。不能达成一致的,应当按照通知指界的方式进行。

(3) 土地权属调查

① 界址未发生变化的土地权属调查

经分析后确定不需要到实地进行调查的,填写新的地籍调查表,不重新绘制宗地草图。

土地权属类型发生变化的宗地,原宗地代码不再使用,新宗地代码在地籍子区内相应宗地特征码的最大宗地顺序号后续编。

② 新设界址或界址发生变化的土地权属调查

原宗地代码不再使用,新宗地代码在该地籍子区内相应宗地特征码的最大宗地顺序号后续编。新增界址点点号在地籍子区内的最大界址点号后续编。

界址发生变化的宗地,根据实际情况重新绘制宗地草图,原宗地草图复印件一并归档。

也可在原宗地草图复印件上修改制作成变更后的宗地草图,废弃的界址点、界址线打"×",变化的数据用单红线划去;新增的界址线用红色单实线表示,注明相应的丈量距离。

③ 县级行政区界址变化引起的宗地代码变化的

在确定新移交宗地的地籍区和地籍子区后,重编宗地编码,在地籍调查变更记事栏中注明新的宗地编码。

7.6.2 日常地籍测绘

日常地籍测绘包括界址检查、界址放样与测量、地形要素测量、宗地面积计算和日常地籍测绘报告编制等工作。

1. 界址检查和测绘

(1) 界址检查

◎<u>检查值和原有值较差在允许误差之内的,采用原有值。</u>

◎<u>检查值和原值较差超限应分析原因,经权利人同意后重新进行测量。</u>

(2) 界标测设和恢复

界标丢失的要恢复,只有图解坐标的不得通过界址放样来恢复界标,应根据宗地草图、土地权属界线协议书、土地权属争议原由书等资料,采用放样、勘丈等方法放样复位设立界标。

宗地分割或界址调整的可根据给定调整条件坐标实地测设界址点,也可在权利人同意下,先埋设界标,再测量坐标。

【释义】 图解坐标与实地差距较大,不得直接放样。图解界址点的测设应根据实地界址情况和权属资料查找界址点位置,确认无误后埋桩,然后测量其坐标作为新的界址点坐标并替换掉原来的图解坐标。

（3）地形要素变更测量

宗地附近地形状况,尤其是与界址有关的地物,应实测更新。

2. 宗地面积计算与变更

宗地面积变更采用高精度的代替低精度的原则。

（1）原面积计算有误的

在确认重新量算的面积值正确后,须以新面积值取代原面积值,面积在限差内的不予更改。

（2）变更前为图解法量算的

变更后用解析法量算的宗地面积取代原宗地面积。

（3）变更前后都是图解法量算的

面积较差要经过检核。

（4）对宗地进行分割的

分割后宗地面积之和与原宗地面积的差值满足规定限差要求的按比例配赋到变更后的宗地面积,如差值超限,应查明原因。

3. 成果资料检查与归档

◎地籍数据维护和管理单位应对日常地籍调查成果以及数据库中的成果进行检查。

◎如检查通过,维护和管理单位应在数据库中予以更新,同时交档案管理部门归档。

7.6.3 章节练习

（一）单项选择题

1. 日常地籍调查工作需要制作( )到国土、房产、规划部门档案室调取资料。

    A. 协助查询单   B. 地籍调查表

    C. 指界通知书   D. 地籍界线争议原由书

2. 日常地籍调查的技术准备工作不包括( )。

    A. 预编宗地号   B. 权源分析

    C. 测设数据计算   D. 调查人员身份证明准备

3. 宗地 C 分割为宗地 A、宗地 B,测量方法都采用解析法,则计算面积残差时,宗地 A 和宗地 B( )。

    A. 要参加闭合差计算,且要按比例配赋面积残差

    B. 要参加闭合差计算,但不需要配赋面积残差

    C. 不用参加闭合差计算,也不用配赋面积残差

    D. 不用参加闭合差计算,但要按比例配赋面积残差

4. 土地权属类型发生变化的宗地,如界址线未变化,原宗地代码( )。

    A. 继续使用   B. 保持不变,和新代码同时使用

    C. 加支号使用   D. 不再使用

5. 日常地籍调查时,某宗地原总调查时的界址点编号(顺时针)为 1、2、3、4,现在 3-4 界址

线中间增加一个界址点,则(　　)。

A. 新界址点编号为 5　　　　　　　　B. 新界址点编号为 3-1

C. 新界址点编号为 4-1　　　　　　　D. 条件不足,无法编号

6. 对于界址未发生变化的土地权属调查,下列说法正确的是(　　)。

A. 必须实地调查　　　　　　　　　　B. 必须重新绘制宗地草图

C. 必须填写新的地籍调查表　　　　　D. 必须改变原宗地代码

7. 某宗地原界址点编号为 1、2、3、4、5,现 4 号界址点不再使用,绘制宗地草图时以下说法正确的是(　　)。

A. 4 号界址点处打"×"　　　　　　　B. 直接删除 4 号界址点

C. 4 号界址点改作 5 号界址点　　　　D. 不做修改,另作注记

(二) 多项选择题

1. 日常地籍测量工作一般不包括(　　)。

A. 界址点放样　　　　　　　　　　　B. 地形要素采集

C. 基础控制测量　　　　　　　　　　D. 行政界线测量

E. 建筑占地面积量算

习题答案与解析

(一) 单项选择题

1.【A】　解析:日常地籍调查工作需要制作地籍资料协助查询单到国土、房产、规划部门档案室调取资料。

2.【A】　解析:地籍总调查时需要预编宗地号。

3.【A】　解析:对宗地进行分割的,分割后宗地面积之和与原宗地面积的差值满足规定限差要求的按比例配赋到变更后的宗地面积,如差值超限,应查明原因。

4.【D】　解析:土地权属类型发生变化的宗地,原宗地代码不再使用,新宗地代码在地籍子区内相应宗地特征码的最大宗地顺序号后续编。

5.【D】　解析:新增界址点点号在地籍子区内的最大界址点号后续编。故以上做法都不正确。

6.【C】　解析:对于界址未发生变化的土地权属调查,土地权属调查人员应先调查分析决定是否需要实地调查,如果不需要实地调查的不需要重新绘制宗地草图,地类如有改变则要变更宗地代码,所以 ABD 都不正确,只有地籍调查表不论是否实地调查都需要重新填写。

7.【A】　解析:在原宗地草图复印件上修改制作宗地草图的方法如下:废弃的界址点、界址线打"×";变化的数据用单红线划去;新增的界址线用红色单实线表示,注明相应的丈量距离。

(二) 多项选择题

1.【CD】　解析:日常地籍测量包括界址检查、界址放样与测量、地形要素测量、宗地面积计算和日常地籍测量报告编制等工作。基础控制测量属于大地测量范畴,行政界线测量属于行政区划测绘范畴。

7.7 地籍总调查成果的检查验收

7.7.1 地籍测绘检查验收的实施

1. 成果内容

测绘单位提交成果后,自然资源管理部门对本辖区地籍档案进行备案和更新。

① 文字资料

技术报告、工作方案、工作报告、技术方案等。

② 图件资料

调查工作底图、地籍图、宗地图等。

③ 簿册资料

外业手簿、控制测量数据和计算资料、地籍调查表、质量检查记录等。

④ 电子数据

地籍数据库、数字地籍图、数字宗地图、影像数据、电子表格、文本、界址点坐标数据、土地分类面积汇总数据等。

2. 检查验收的组织

地籍总调查成果实行三级检查一级验收制度,即作业人员自检、作业组互检、作业单位专检、省级自然资源主管部门组织验收。县级以上自然资源主管部门进行指导和监督。

(1)检查

① 作业人员自检

作业人员应在作业过程中或作业完成后对地籍测绘成果进行自检,检查比例为100%。

② 作业组互检

作业组之间应开展互相检查,内业检查率100%,外业实际操作检查率不低于30%,巡视检查率不低于70%。

③ 作业单位专检

专检是由作业单位质量管理机构组织的对成果质量进行的专项检查。内业检查率100%,外业实际操作检查率不低于20%,巡视检查率不低于40%。

④ 其他检查

提交全检记录、技术方案执行情况、总结报告、工作报告等。

【释义】 作业人员自检、作业组互检属于过程检查,作业单位专检属于最终检查。

(2)验收

验收组对地籍测绘成果进行抽检和质量评定。内业随机抽检率为5%~10%,外业实际抽检比例视内业抽检情况而定,但不得低于5%。

验收报告一份交被检单位,一份交自然资源主管部门存档。

有下列情况之一的判定为不合格,需退回整改后再验收:

◎作业中有伪造数据行为。

◎控制网严重错漏。

◎面积量算错误的宗地超过 5%。

◎界址点设立不正确总数超过 5%。

【释义】　地籍测绘成果的检查与验收应同时参照《测绘成果质量检查与验收》相关规定。

7.7.2　地籍测绘检查验收的内容

(1)土地权属调查检查

◎地籍区、地籍子区划分是否正确。

◎权源文件是否齐全、合法、有效。

◎权属调查确认的内容是否与权源资料一致。

◎指界手续和材料是否齐全,界址点线是否正确,是否设立了界标。

◎地籍调查表填写内容是否齐全、准确,与地籍图注记是否一致。

◎宗地草图与实地是否相符,要素是否准确,四邻关系是否清楚,注记是否清晰。

(2)地籍控制测量成果检查

◎坐标系统是否符合要求。

◎起算数据是否准确。

◎控制网布设是否合理,埋石是否符合要求。

◎控制网施测方法是否正确,有无超限。

◎观测手簿记录数据是否齐全。

◎成果精度是否符合规定。

◎资料是否齐全。

(3)界址测量与地籍图测绘检查

◎地籍、地形要素有无错漏,图上表示的各种地籍要素与地籍调查结果是否一致。

◎观测记录及数据是否齐全。

◎界址点成果表有无遗漏。

◎界址点线、地物点、地籍图精度是否满足要求。

◎图幅编号,坐标注记是否正确;宗地号编列是否符合要求。

◎各种符号注记是否符合要求。

◎房屋、地类号、结构、层数、坐落地址有无错漏。

◎图廓整饰和图幅接边是否符合要求,地籍索引图绘制是否正确,面积量算方法及结果、分类面积汇总是否正确。

(4)地籍要素测量检查

◎测量方法是否正确。

◎测量内容、手簿及精度是否正确。

（5）面积量算及统计汇总检查

◎面积量算方法是否正确,数据计算是否正确,汇总统计表格是否齐全,数据是否正确。

◎表内的纵向、横向数据是否平衡,表间的衔接是否严密,表间逻辑关系是否正确。

（6）实地检测检查

◎界址点、界址线位置是否正确,界址点标志设置是否规范。

◎建筑物结构、层次是否正确。

◎地物要素有无遗漏,取舍是否恰当。

◎界址点坐标、界址点间距、界址点与邻近地物点间距、地物点相邻间距等实地检测精度是否符合要求。

◎各点位精度是否符合要求。

◎图上数据与实地测量数据之差是否符合要求。

7.7.3 地籍数据库和信息系统建设

地籍数据库应按实用性、易操作性、稳定性、安全性、先进性、开放性等原则建设。

（1）地籍数据库内容

包括地籍区、地籍子区、土地权属、土地利用、基础地理等数据。

◎土地权属数据:宗地权属、位置、界址、面积等。

◎土地利用数据:图斑的权属、地类、面积、界线等。

◎基础地理数据:数学基础、境界、交通、水系、居民地等。

（3）地籍数据库主要功能

包括数据采集和交换、坐标转换和投影变换、数据编辑与处理、数据检查、工作流程管理、查询统计、空间分析、元数据管理、系统维护与升级。

7.7.4 章节练习

(一) 单项选择题

1. 进行地籍总调查测绘成果验收时,验收组内业和外业各抽检了5％,则抽检率（　　）规范要求。

　　A. 内业符合,外业不符合　　　　　　B. 内业不符合,外业符合

　　C. 内外业都符合　　　　　　　　　　D. 内外业都不符合

2. 在地籍总调查工作中,土地权属调查检查的内容不包括检查（　　）。

　　A. 宗地面积　　　B. 权源文件　　　C. 宗地草图　　　　D. 指界文件

3. 地籍数据库数据更新应采取（　　）的方式进行。

　　A. 定期更新　　　　　　　　　　　　B. 总调查更新

　　C. 适应性更新　　　　　　　　　　　D. 日常变更更新

4. 地籍数据库建库数据中的基础地理数据不包括（　　）。

　　A. 境界　　　　B. 数学基础　　　　C. 居民地　　　　　D. 宗地面积

(二) 多项选择题

1. 地籍总调查成果按照类型可分为文字、簿册、图件、数据,其中地籍簿册成果包括

（　　）等。

A. 技术报告
B. 控制测量原始资料
C. 质量检查记录
D. 技术方案
E. 宗地图

习题答案与解析

（一）单项选择题

1.【C】 解析：地籍总调查测绘成果验收时,验收组对地籍测绘成果进行抽检和质量评定。内业随机抽检率为 5‰～10‰,外业实际抽检比例视内业抽检情况而定,但不得低于 5‰。

2.【A】 解析：宗地面积检查是界址点测绘和地籍测绘检查内容。

3.【D】 解析：利用日常地籍调查所产生的变更数据,按照土地调查数据库更新标准的要求对数据库成果进行更新。

4.【D】 解析：地籍数据库建库基础地理数据包括数学基础、境界、交通、水系、居民地等。

（二）多项选择题

1.【BC】 解析：地籍总调查成果内容有：

① 文字资料：技术报告、工作方案、工作报告、技术方案等。

② 图件资料：调查工作底图、地籍图、宗地图。

③ 簿册资料：外业手簿、控制测量数据和计算资料、地籍调查表、质量检查记录。

④ 电子数据：地籍数据库、数字地籍图、数字宗地图、影像数据、电子表格、文本、界址点坐标数据、土地分类面积汇总数据。

7.8 第三次全国土地调查

土地利用现状调查是以县为单位,在土地权属调查的基础上,查清村和农、林、牧、渔场,居民点及其以外的独立工矿企事业单位土地权属界线和村以上各级行政界线,查清各类用地面积、分布和利用状况。

我国实施了三次全国土地调查,目前第三次全国土地调查正在展开,要以县级行政区为调查单元调查全国土地利用现状和土地资源变化情况,具体任务有开展土地利用现状调查、开展土地权属调查、开展专项用地调查与评价、建设各级土地利用数据库、成果汇总等工作。

1. 数学基础

（1）比例尺

比例尺采用 1∶2 000～1∶5 000,可根据需要采用更大比例尺。

◎农村土地利用现状调查不低于 1∶5 000 比例尺,可根据需要采用 1∶2 000 或更大比例尺。

◎城镇村庄内部土地利用现状调查采用 1∶2 000 比例尺,可放宽到 1∶5 000 比例尺。

（2）坐标系统和高程系统

采用 2000 国家大地坐标系和 1985 国家高程基准。

（3）分幅、编号及投影方式

分幅和图幅编号均以 1∶100 万地形图编号为基础采用基础比例尺地形图行列编号方法。

1∶2 000、1∶5 000 比例尺标准分幅图或数据采用高斯-克吕格投影 3°分带。

2. 第三次全国土地调查步骤

（1）准备工作

根据各地区实际情况编制各地区土地调查方案，并进行人员培训、资料收集、仪器设备准备等工作。

调查方案主要内容包括调查区基本概况、目标任务、技术路线与工作流程、调查准备工作、内业数据处理、外业实地调查、内业整理建库、成果质量控制、调查主要成果、计划进度安排、组织实施等。

要收集如下资料：

① 基础调查资料

包括界线资料、遥感资料、基础地理资料（地形图、DEM、地名）。

② 权属调查资料

包括农村集体土地所有权、城镇国有建设用地以外的国有土地使用权登记成果，以及《土地权属界线协议书》《土地权属界线争议原由书》等调查成果。

③ 地类调查资料

包括土地调查数据库、土地利用图、调查手簿、田坎系数测算原始资料等地类调查相关图件、表格、文本和数据库等。

④ 土地管理有关资料

包括基本农田、土地利用规划、建设用地审批、土地整治、土地执法等图件、数据和文字报告资料。

（2）调查底图制作

① DOM 制作

依据相应比例尺 DOM 制作标准，采用近期相应比例尺 DEM 为高程控制，以县级辖区为制作单元制作 DOM。

② 分析变化信息

将第三次全国土地调查 DOM 与最新土地调查数据库套合，提取数据库地类与影像判读地类不一致图斑。通过分析土地调查数据库每块图斑在第三次全国土地调查 DOM 上的解译标志，判读土地利用现状地类。对影像判读地类与数据库地类不一致的，依据影像特征勾绘不一致图斑边界。

③ 调查底图制作

以县级行政辖区为单位，在 DOM 上套合不一致信息，制作调查底图。

（3）土地权属调查

将集体土地所有权和国有土地使用权的登记成果落实在土地调查成果中，对发生变化的开展补充调查,并提请登记部门审核确认后上图。

土地权属状况或界址发生变化的,按照《地籍调查规程》等相关技术要求开展补充调查后上图。

（4）农村土地利用现状调查

土地利用现状调查包括农村土地利用现状调查和城镇村庄内部土地利用现状调查,本书以农村土地利用现状调查为例说明。

① 图斑调查

图斑以地类界为分界线。

◎图斑编号:统一以行政村为单位,按从左到右、自上而下编号。

◎最小上图图斑:建设用地和设施农用地实地面积 200 m²;农用地（不含设施农用地）实地面积 400 m²;其他地类实地面积 600 m²,荒漠地区不得低于 1 500 m²。对于有更高管理需求的地区,建设用地最小调查面积可定为 100 m²。

◎调绘图斑精度要求:调绘图斑的明显界线与 DOM 上同名地物移位不大于图上 ±0.3 mm,不明显线不大于图上 ±1.0 mm。对影像未能反映的新增地物应进行补测,补测地物相对邻近明显地物距离中误差,平地、丘陵地不大于 2.5 m,山地不大于 5 m,最大误差不超过 2 倍中误差。

◎表单填写:填写《土地调查记录表（电子手簿）》和《国家内业提取图斑调查核实记录表》,记录图斑地类、权属和其他属性信息。

② 线状地物调查

铁路、公路、农村道路、河流和沟渠等线状地物以图斑方式调查,对宽度较小影像不能准确调绘的,可按照单线线状地物的走向和宽度上图。

③ 田坎调查

田坎调查应按系数扣除方法调查,有更高精度要求的地区可按图斑调查。

土地调查数据库建成后,应用 DEM 生成坡度图,计算不同坡度级的耕地面积。坡度大于 2°时,可测算耕地田坎系数,用系数计算的方法扣除田坎面积。

按耕地分布、地形地貌相似性等特征,对完整省（市、区）辖区分区。区内按不同坡度级和坡地、梯田类型分组,测算田坎系数,即田坎面积扣除其他线状地物后样方面积的比例。

④ 图斑举证

对于相对原数据库新增的建设用地图斑,原有耕地内部二级地类发生变化的图斑,原有农用地调查为未利用地的图斑,实地调查地类与影像判读地类不一致的图斑,需实地举证,实地拍摄举证照片,加密报送至统一举证平台。

⑤ 内业编辑

内业编辑主要包括数据编辑、图形编辑、数据接边和图幅整饰。

当行政界线两侧明显地物接边误差小于图上 0.6 mm、不明显地物接边误差小于图上 2.0 mm 时,双方各改一半接边;否则双方应实地核实接边。

⑥ 面积计算

用图斑拐点坐标计算图斑面积。

耕地图斑地类面积＝图斑面积－(实测线状地物面积＋田坎面积＋应该扣除的其他面积)
田坎面积＝田坎系数×图斑面积

(5) 专项用地调查内容

专项用地调查包括耕地细化调查、批准未建设的建设用地调查、耕地等别调查评价。

(6) 数据库建设

土地调查数据库及专项调查数据库主要包括土地权属、土地利用现状、专项调查、基础地理、DOM、DEM 等信息。

土地调查数据与专项调查数据应一体化建库,分图层存储,保证土地调查数据成果与专项调查成果的衔接。

数据库管理系统应满足矢量数据、栅格数据和与之关联的属性数据的管理,具有数据输入、编辑处理、查询、统计、汇总、制图、输出,以及更新等功能,满足各级数据库之间的互联共享和及时更新。

(7) 面积统计

面积统计内容包括土地利用现状调查统计、土地权属状况统计、专项统计,并在此基础上进行成果分析。

以县级行政辖区为单位,统计行政界线范围内的土地(含飞入地)。土地调查各地类面积之和应等于辖区控制面积,因小数位取舍造成的误差应强制调平。

在县级土地统计基础上,逐级开展市级、省级和全国汇总。

(8) 成果核查

① 叠加比对

比对原土地调查数据库和第三次全国土地调查数据库,运用数据流量检查、叠加比对等方法查找不一致的图斑。

② 地类核查

利用遥感影像、实地举证照片和相关资料,逐图斑检查图斑地类、边界、范围和属性是否真实准确。

③ 图斑整改

对地类核查认定的错误图斑进行整改。

④ 复核

对整改成果再次进行核查。

⑤ 外业核查

对复核结果仍有疑问的,开展外业核查,并依据外业核查结果修正数据库。

3. 检查验收

(1) 调查数据检查

第三次全国土地调查采用县市级自检、省级检查、国家级核查三级检查制度。县级负责自检,省级负责预检和验收,全国第三次土地调查领导小组办公室负责核查确认。

① 自检

县级组织对调查成果进行 100％全面自检。

② 预检与验收

采用计算机自动比对和人机交互检查方法预检,根据内业检查结果外业实地核查,根据内外业检查结果,组织调查成果整改。内业抽检城镇土地调查成果的 30%~50%。

③ 核查确认

国家级内业核查以遥感影像和举证照片为依据,采用计算机自动比对和人机交互检查方法,进行逐图斑内业比对,检查图斑地类与影像及实地举证照片的一致性。

④ 数据检查与入库

县级土地调查数据库通过国家级质量检查后,录入国家级土地调查数据库。

(2) 汇总成果检查验收

市(地)级、省级汇总成果实行自检和上级验收的检查制度。

汇总成果的检查内容主要包括接边、数据汇总,以及数据库结构、内容、功能和运行情况等。检查验收合格的县级土地调查数据库、统计汇总、文字报告等成果,分别提交省级和国家。

4. 成果归档

(1) 县级调查成果

包括调查底图及相关调查记录表、地籍平面控制测量、地籍测量原始记录、土地权属有关成果、坡度图有关成果、田坎系数测算成果、图幅理论面积与控制面积接合图表、土地调查及专项调查数据库与数据库管理系统、统计汇总表、土地利用图、城镇村庄土地利用图、耕地细化调查、批准未建设的建设用地调查、耕地等别调查评价等专题图、工作报告、技术报告、成果分析报告及有关专题报告等。

(2) 汇总成果

分别统计市(地)级、省级、国家级三个等级汇总资料。

包括土地调查及专项调查数据库与数据库管理系统、汇总数据、土地利用图、耕地细化调查、批准未建设的建设用地调查、耕地等别调查评价等专题图、工作报告、技术报告、成果分析报告及有关专题报告等。

规范引用

CH 5002—1994　　地籍测绘规范

TD/T 1001—2012　　地籍调查规程

CH 5003—1994　　地籍图图式

GB/T 21010—2017　　土地利用现状分类

TD/T 1055—2019　　第三次全国土地调查技术规程

第8章 行政区划界线测绘

1. 根据界线测绘要求制定技术方案。
2. 根据技术方案,选择测绘方法,实施界线测绘,确定权属关系和确定方位。
3. 根据界线分类整理测绘成果,确定检测和检查验收方法。
4. 根据《省级行政区域界线勘界测绘技术规定》的要求,确定测绘界线的实施方法。

章节介绍

行政区划界线测绘在2014版《测绘资质分级标准》中与房产测绘、地籍测绘一起合并为不动产测绘,此三者都强调界线和范围测绘,但行政区划界线测绘与不动产测绘关系不大。

行政区划界线测绘章节内容较少,出题范围小。界线测绘章节的学习重点是要清楚整个界线测绘总体流程、各种图件和资料的用途,要区分边界点和界桩点的异同,并熟悉相关测绘要求。

考点分析

本书知识点涵盖率:★★★　　本书已全覆盖。

与其他章节相关度:★☆☆　　界线测绘成果被其他专业引用,除此之外联系不大。

分析考试难度等级:★☆☆　　篇幅很小,考题异常集中。

平均每年总计分数:4.5分　　在12个专业中排名:第10位。

8.1 界线测绘概述

1. 境界线

境界线包括国界线和行政区划界线。行政区划是行政区域划分的简称,是国家为了进行分级管理而实行的区域划分,分为省、县、乡三级基本行政区。

【小知识】

(1) 一级,省级行政区名称:省、自治区、直辖市、特别行政区。

(2) 二级,县级行政区名称:县、旗、县级市、市辖区。

(3) 三级,乡级行政区名称:乡、镇、街道。

2. 界线测绘

界线测绘是确认行政区域界线的位置和走向,勘定行政区域边界,为各级政府边界管理提供基础资料的工作。

【小知识】

从 1996 年开始到 2002 年结束,省、县两级的陆地行政区域界线勘定完成。

（1）界线测绘内容

界线测绘内容包括前期准备、界桩埋设和测定、边界点测定、边界线和地形要素调绘、边界协议书附图制作、边界点位置和边界走向说明编写。

（2）联合检查

勘定后应定期进行联合检查。联合检查由界线毗邻的两地人民政府组织实施,内容有界桩维修更新、增设界桩、调整界线、重新测量界桩点坐标和高程、修改协议书、重新测定协议书附图等。

3. 数学基准

（1）测量基准

界线测绘基准采用 2000 国家大地坐标系和 1985 国家高程基准。

（2）比例尺

省级行政区勘界地形图选用 1∶5 万或 1∶10 万比例尺,省级以下采用 1∶1 万比例尺,地物稀少地区可以适当缩小比例尺,地物稠密地区可以适当放大比例尺。

◎同地区勘界工作用图和协议书附图应采用相同比例尺。

◎同条边界的协议书附图应采用相同比例尺。

（3）精度要求

① 界桩点精度

界桩点相对于邻近控制点平面位置中误差不大于图上±0.1 mm,高程中误差不大于 1/10 基本等高距,困难地区可以放宽 0.5 倍。

界桩点坐标要实测,特殊情况可以在最大比例尺地形图上量取,点位中误差不得超过图上±0.3 mm。

② 边界协议书附图精度

展点误差不大于图上±0.2 mm,边界地形图修测中,调绘的地物点对于控制点的平面误差不大于图上±0.5 mm,困难地区不大于 0.75 mm。

【释义】 展点中误差不大于图上±0.1 mm,误差不大于图上±0.2 mm。

表 8.1 界线测绘平面精度要求汇总 单位:mm

序号	项目	图上中误差	图上允许误差（困难地区）
1	界桩点相对于邻近控制点平面位置中误差	±0.1	
2	地形图上准确判定点位未设界桩的边界点	±0.2	
3	展点误差	±0.1	
4	图解界桩点在最大比例尺地形图上量取	±0.3	
5	界桩点、界线经过的地物到邻近固定地物点	±0.4	
6	地物点相对于邻近控制点的点位误差	±0.5	±0.75

8.2 边界调查和界桩埋设

8.2.1 边界调查

边界调查内容包括调绘底图制作、实地调查、绘制边界情况图、编写边界情况说明、绘制边界主张线图等工作。

1. 边界地形图制作

边界地形图是制作界线测量成果资料的底图,也是边界调绘的底图。

边界地形图是以国家最新1:5000、1:1万、1:5万、1:10万比例尺地形图为资料,按一定的经纬差自由分幅制作的垂直于界线两侧图上10 cm或5 cm(1:10万)的带状地形图。

【释义】 省级行政区划要测绘垂直于界线两侧各5 km的边界带状地形图。

【小知识】

边界图调绘时,植被用绿色表示,地貌要素用棕色表示,水系要素用蓝色表示,其他要素用黑色标绘于边界地形图上。

2. 边界调查成果

(1)边界情况图

在边界地形图上绘制和核实法定边界线、习惯边界线、行政管辖线,以及与边界有关的资源归属范围线,并调查边界争议的情况以及历史沿革,绘制边界情况图,编写边界情况说明。

(2)边界主张线图

将界线双方各自的主张线编绘在边界情况图上。两边主张线各用红、蓝色的0.3 mm实线绘出,可以压盖图上其他任何要素。

【释义】 边界主张线图在边界情况图基础上绘制,是边界调查的成果图件,是制作边界协议书附图的基础资料。

8.2.2 界桩点埋设和编号

1. 界桩点埋设

(1)界桩点与边界点

◎边界点:边界点指界线上可在边界地形图上准确判读平面位置的地物点,分设立界桩和不设立界桩两种。

◎界桩点:界桩点是具有实测平面坐标和高程,为了表达边界点在界线上或界线两侧设立的界线标志物。

【释义】 当边界上不便设立标志物时,如界河等,这时需在边界附近设立方位标志物来表示边界点。

(2)界桩设立原则

界桩设立应以能控制边界的基本走向、尽量少设为原则,界桩设立位置由界线毗邻双方视边界线地形情况共同商定。

◎界桩位置应选在对反映边界线走向具有重要意义的边界点上或边界点附近。

◎设立处一般为实地地形不易辨别的边界线转折处。

◎可设立在界线与河流、过境道路相交处。

◎可设立在以线状地物为界的边界线起讫处等。

◎界线走向实地明显,且无道路通过的地段,一般不埋设界桩。

◎有天然或人工标志的地段,也可不埋设界桩。

（3）界桩埋设方式（图8.1）

界桩按界桩形式分两面型、三面型两种,按设立方式分单立、同号双立、同号三立。

【释义】 界桩的面数代表毗邻行政区数,每面代表一个行政区。

图8.1 两面型界桩和三面型界桩

① 两面型单立界桩[图8.2(a)]

两面型单立界桩设立在两省交界,反映边界线走向具有重要意义的且便于设立界桩的边界点上。单立界桩设立位置即为边界点。

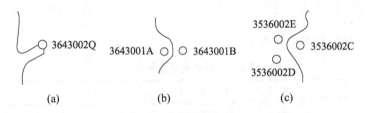

图8.2 界桩点的布设

② 三面型单立界桩

三面型单立界桩设立在三省交汇处便于设立界桩的边界点上。

③ 两面型双立界桩[图8.2(b)]

两面型双立界桩设立在两省交界,反映边界线走向具有重要意义的界河两岸,界桩连线与界河中线交叉点为边界点。

④ 两面型三立界桩[图8.2(c)]

两面型三立界桩设立在两省交界反映边界线走向具有重要意义的界河交岔口岸,该段边界线交叉口转折点即为边界点。

⑤ 三面型三立界桩

三面型三立界桩设立在三省交汇不在边界点上的地方。

【释义】 界桩点三立不一定表示三省边界点,若三面界桩,则表示三省边界点。

2. 界桩编号

（1）边界线命名

边界线的命名由两省简称依省简码从小到大排列,后加"线"字。

【释义】 如安徽的省简码为34,江西为36,安徽与江西的边界线名称为"皖赣线"。

一省的边界线可能有多条,一般来说三省交汇点即是边界线的起止点,如图8.3所示,3334360S和3335360S是浙赣线的两个端点,其界桩号为设为0。

在某些特殊情况下同一边界线上存在非唯一三省交汇点,比如我国的京津冀地区,此时界桩号按边界线从北向南,从西向东按顺序编号。

(2)两省交汇处界桩编号

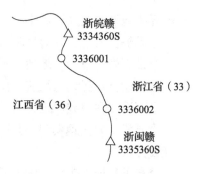

图8.3　三面型界桩和边界线

以一条边界线为一编号单元,从西往东、北往南沿边界线编号。完整编号共8位,由边界线编号、界桩号及类型码三部分组成。前4位为边界线编号,由两省简码组成,数值小的在前,中间3位为界桩顺序号,最后位为类型码。

边界线编号＋界桩号＋类型码

（4位）　　（3位）　（1位）

(3)三省交汇处界桩编号

三省交汇处界桩编号的前6位由界线交汇处三省的省简码组成,由小至大排列,第7位为界桩号,第8位为类型码。

(4)类型码意义

界桩设立编号类型码见表8.1。

表8.1　界桩设立编号类型码

编码	类型	备注
A	同号双立	简码较小的省份一侧,如3643001A
B	同号双立	简码较大的省份一侧,如3643001B
C	同号三立	单立的省份一侧,如3536002C
D	同号三立	从C开始顺时针排序的第二个界桩,如3536002D
E	同号三立	从C开始顺时针排序的第三个界桩,如3536002E
Q	单立	如3643002Q
S	三省交汇	唯一交汇时界桩号为0,如3334360S,不唯一时按顺编号

(5)新增界桩编号

新增界桩编号应为相邻界桩其中编号较小的界桩号码后加短线和两位数的支号表示,若支号有同号双立或同号三立的情况,则要另加界桩类型码,新增界桩中间如再增新桩,其编号在原新增加的界桩编号段中的最大序号上续编(图8.4)。

3.界桩形制

(1)省界桩标注

在省级行政区划界桩的两个或三个宽面上标注省名(除宁夏回族自治区外,少数民族自治区加注民族语言自治区名)、国务院、设置年代,见图8.1。

同号双立界桩要标明界桩号和类型码,三面型不写界桩号。

界桩埋设后,应对界桩所处位置的全貌和周围的环境拍摄像片。

【小知识】

55个少数民族中,除回族、满族已全部转用汉语外,其他53个民族都有自己的语言。故宁夏回族自治区界桩不加注民族语言。

（2）省级以下行政区划界桩埋设与标注

省级以下行政区划界桩埋设与标注与省级界桩类似,具体编排方法由省级以下行政区双方商定。边界线命名与编码自行规定,应书写省名、设置年代、自治区民族语言文字。

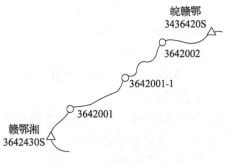

图8.4　界桩的增设

4. 界桩登记表

界桩登记表内容主要有边界线编号、界桩编号、类型、材质、界桩所在地（各边界关联方所在地都需要填写）、与方位物关系、直角坐标、大地坐标、界桩位置略图、备注、双方技术负责人签名等。

界桩位置略图应标绘出边界线、界桩点、界桩方位物以及边界线周边地形。

8.2.3　章节练习

（一）单项选择题

1. 边界协议书附图修测时,对界桩进行了复测,其相对于邻近基本控制点的点位中误差不得大于图上（　　　）mm。

A. ±0.1　　　　　B. ±0.3　　　　　C. ±0.5　　　　　D. ±0.6

2. 县级行政区界线勘测协议书附图一般应采用1:（　　　）比例尺。

A. 500　　　　　B. 5 000　　　　　C. 10 000　　　　　D. 50 000

3. 边界地形图调绘的主要内容是（　　　）。

A. 测定界桩点平面和高程坐标　　　　B. 调查与边界线有关的权属

C. 测定与边界线位置有关的地形要素　　D. 调查边界主张线的走向

4. 边界调查是边界地形图修测后的重要工作,其内容不包括（　　　）。

A. 制作主张线图　　　　　　　　　　B. 调查习惯界线

C. 绘制边界情况图　　　　　　　　　D. 协商解决边界争议

5. 在浙赣边界上设立序号为"003"的同号三立界桩,应选用（　　　）。

A. 单面型界桩　　　B. 双面型界桩　　　C. 三面型界桩　　　D. 方型界桩

6. 界桩的设立是为了正确反映边界点,同号双立界桩一般在（　　　）设立。

A. 相邻边界点上　　　　　　　　　　B. 需要特殊精度的界线两侧

C. 界河两侧　　　　　　　　　　　　D. 山脉的峰顶

7. 若某省级界线的界桩编号为"3132331S",则以下说法可能不正确的是（　　　）。

A. 该界桩类型是三面型　　　　　　　B. 该界桩为同号三立界桩

C. 该边界线上有多个三省交叉处　　　D. 界线上毗邻省份中某个省简码为33

8. 界桩编号类型码中代表单立界桩的是（　　　）。

A. D   B. S   C. Q   D. 0

9. 江西省的边界点编号以( )为一个编号单元。

     A. 该省的所有边界点   B. 该省边界的两个界河岔口之间

     C. 相邻的两个三面型界桩之间   D. 相邻的两个同号三立边界点之间

(二) 多项选择题

1. 下列选项中的( )属于界线测绘的内容。

     A. 带状地形图数字化   B. 边界调查

     C. 边界点的埋设   D. 填写方位物登记表

     E. 边界点坐标量算

2. 界桩位置应选在对反映边界线走向具有重要意义的边界点上或边界点附近,布设原则正确的是( )。

     A. 设在实地地形容易辨别处   B. 设在线状地物边界起讫处

     C. 设在有天然或人工标志的地段   D. 尽量加密布设,使边界走向更加明确

     E. 设在边界线转折处

3. 下列项目中,属于界桩登记表需要填写的内容的是( )。

     A. 界桩填写唯一所在地   B. 界桩的直角坐标

     C. 调查时气象条件   D. 界桩的地理坐标

     E. 界桩点的高程

4. 一般完整省级界线的界桩编号共8位,分别由( )组成。

     A. 界桩序号   B. 方位码   C. 类型码   D. 设立时间

     E. 边界线的编号

5. 某省级边界线上部分界桩编号分别为1112131S,1112001Q,1112002A,编号完全正确,则可以判断以下界桩号可能正确的是( )。

     A. 1211001Q   B. 1112132S   C. 1112130S   D. 1112002B

     E. 1112001A

习题答案与解析

(一) 单项选择题

1.【A】 解析:界桩点精度要求和图根点指标相同,平面位置中误差不大于图上±0.1 mm,高程中误差不大于1/10基本等高距,困难地区可以放宽0.5倍。

2.【C】 解析:省级以下行政区边界地形图比例尺采用1:1万,地物稀少地区可以适当缩小比例尺,地物稠密地区可以适当放大比例尺。

3.【C】 解析:边界地形图是制作界线测量成果资料的底图,也是边界调绘的底图。边界地形图调绘主要是测定与边界线位置有关的地形要素。

4.【D】 解析:边界调查内容包括绘制边界情况图,在边界地形图上绘制和核实法定边界线、习惯边界线、行政管辖线,以及与边界有关的资源归属范围线,并调查边界争议的情况以及历史沿革,编写边界情况说明,绘制边界主张线图。

5.【B】 解析:浙赣线上序号为"003"的边界点是两省之间的界桩点,故选B。

6.【C】 解析：两面型双立界桩设立在两省交界,反映边界线走向具有重要意义的界河两岸,界桩连线与界河中线交叉点为边界点。

7.【B】 解析：三省交汇处界桩编号的前 6 位由界线交汇处三省的省简码组成,由小至大排列,第 7 位为界桩号,第 8 位为类型码。唯一交汇时界桩号为 0,不唯一时按顺编号。同号三立界桩设立在两省交界反映边界线走向具有重要意义的界河交叉口岸。故选 B。

8.【C】 解析：界桩编号类型码中代表单立界桩的是 Q。

9.【C】 解析：两省交汇处界桩编号以边界线为一编号单元。边界线的划分是以相邻省简称的变化为界的,具体到江西省就是三省交汇处,即相邻的两个三面型界桩之间为一条边界线。

(二) 多项选择题

1.【ABE】 解析：带状地形图的数字化是制作边界协议书附图的过程。边界点的坐标是界线测量成果之一,由界桩点测量推算。边界调查也是界线测量中必不可少的工作之一。选项 C 中,边界点的埋设应改为界桩点的埋设,界桩方位物表述于界桩登记表上,不需要另外加以登记。故选 ABE。

2.【BE】 解析：界桩设立的原则：

① 界桩位置应选在对反映边界线走向具有重要意义的边界点上或边界点附近。

② 设立处一般为实地地形不易辨别的边界线转折处。

③ 可设立在界线与河流、过境道路相交处。

④ 可设立在以线状地物为界的边界线起讫处等。

⑤ 各级行政区域界桩埋设的密度,应以能控制边界的基本走向、尽量少设为原则,具体由双方视边界线地形情况共同商定。

⑥ 界线走向实地明显且无道路通过的地段,一般不埋设界桩。

⑦ 有天然或人工标志的地段,也可不埋设界桩。

3.【BDE】 解析：界桩登记表内容主要有边界线编号、界桩编号、类型、材质、界桩所在地(各边界关联方所在地都需要填写)、与方位物关系、直角坐标、大地坐标、界桩位置略图、备注、双方技术负责人签名等。由于界桩分为双立或三立,所以所在处会在表格上出现 2～3 处。

4.【ACE】 解析：以一条边界线为一编号单元,从西往东、从北往南沿边界线编号。完整编号共 8 位,由边界线编号、界桩号及类型码三部分组成,前 4 位为边界线编号,由两省简码组成,小的在前(界线名称由两省简称从小到大排列,后加"线"字),中间 3 位为界桩号,最后位为类型码。

5.【BD】 解析：从题干得知 1112131S 编号正确,那么我们得到的信息是 111213 这三省交汇点不是唯一的,而 C 界桩顺序号为 0,即三省交汇点唯一,与题干矛盾,选项 B 界桩编号为 2,这是可能会出现的结果;1112001Q 已经单立了,那就不可能再有 E 选项的同号双立界桩,故不对;A 错得就很明显,省简码大小顺序反了;D 与题干里的同号双立界桩正好凑成一对。所以可能正确的是 BD。

8.3 边界测绘要求

8.3.1 边界点和边界线测绘

1. 边界点测绘方法

边界测绘控制测量采用国家等级控制点及相应等级的控制成果。

(1)界桩平面测量方法

界桩平面测量方法可以采用 GNSS 法、光电测距导线法、交会法等。

◎当点位中误差小于等于 1 m 时(比例尺大于 1∶1 万),应采用 GNSS 法。

◎采用附合光电测距导线法时,比例尺 1∶5 万测图时,方位角闭合差不大于 $\pm25\sqrt{n}''$;比例尺 1∶1 万时,方位角闭合差不大于 $\pm20\sqrt{n}''$。

【释义】 n 为折角个数,即边数加一。

(2)界桩高程测量方法

高程应与平面坐标同时施测,采用水准测量、三角高程或 GNSS 拟合计算等方法测定。

(3)特殊边界点测量

① 界桩不在边界上的

同号双立的应测量每个界桩到该段界桩连线到边界线交叉点的距离。

同号三立的应测量每个界桩到该段边界线交叉口的转折点的距离,限差不超过 2 m。

② 未设界桩可以直接量取的

若可以在地形图上准确判定其点位未设界桩的边界点,可以直接量取坐标和高程。点位精度不得超过最大比例尺地形图图上 ±0.2 mm,1/3 基本等高距。

③ 无法测绘的

野外实测困难又无法在图上量取边界点的,可量取其至 3 个永久地物并标注距离加以表述。

(4)界桩点方位物

当界桩点容易受破坏时要设置方位物。

◎方位物的设立应有利于判定界桩点位置。

◎方位物必须明显、固定、保存长久。

◎每个界桩点的方位物不少于 3 个。

◎以大物体作为方位物时,要明确测点在方位物的部位。

◎界桩点与方位物距离应实地量至 0.1 m,界桩点相对于方位物间距误差不大于 2 m。

2. 边界线测绘

对地形变化不大的地区,界桩点测绘可与边界调绘一并进行。

对有明显分界线且地形要素变化不大的边界地段,可由双方在室内直接将边界线标绘在边界地形图上。

边界线在图上用 0.3 mm 红色实线绘出,以线状地物中心为界而符号宽度小于 1 mm 时,界线符号在两侧跳绘,界桩符号用直径 1.5 mm 红色小圆圈表示,界桩号用红色注出。

8.3.2　边界协议书附图

1. 边界图形描述

(1) 边界协议书附图

边界协议书附图是以地图形式反映边界走向和具体位置,并经界线双方政府负责人签字认可的法律图件,由边界信息与修测后的边界地形图叠加一起制作而成。

边界协议书附图不能详尽表示时,可用更大比例尺在适当位置加绘岛图。

边界协议书附图内容应包括边界线、界桩点、边界线相关地形要素、名称、注记等,各要素应详尽表示。

(2) 边界协议书附图集

边界协议书附图集是边界协议书附图和界桩成果表集合而成的矢量带状地图集。以每条边界线为单元装订,边界线较长时,也可将其分上、下两册装订。

内容包括封面、封底、版权页、示意图、图例、图幅接合表、边界协议书附图、编制说明、界桩坐标表等。

2. 边界文字描述

(1) 边界点位置说明

边界点位置说明应描述边界点的名称、位置、与边界线的关系等内容。

对埋设界桩的边界点还应描述界桩号、类型、材质、界桩坐标和高程、界桩与边界线的关系、界桩与方位物的关系、界桩与周围地形要素的关系等内容。

【小知识】

示例:1253165 号界桩为单立双面石质界桩,位于 B 省威义县西洼村与 A 省丽山县李家堡镇东北接壤的南贵公路西侧(东经 104°57′38.5″,北纬 26°18′23.7″),高程 572.6 m。在坐标方位角 227°10′,距离 823.0 m 处为无名山头;在坐标方位角 57°15′,距离 96.7 m 处为公路路牌;在坐标方位角 180°00′,距离 51.6 m 处为公路 238 km 桩。

(2) 边界走向说明

边界走向说明是文字说明,是边界协议书的核心部分。

边界走向说明应以描述边界实地走向为原则,一般包括界线的始终点、界线长度、界线依附的地形、界线转折方向、界桩间界线长度、界线经过的地形特征点等。

边界走向说明距离以米为单位,精确到 0.1 m,图上量取的精确到图上±0.1 mm,方向采用以真北为基准的 16 方位制(见图 8.5)。边界线走向说明应根据界线所依附的参照物编写,参照物包括界墙、界桩、河流、山脉、地形点、地形线、道路等。

【小知识】

示例:从 1253165 号界桩起,边界线向东穿过南贵公路沿山脊上山,经 652.5 m 高地到637.6 m 高地,再向东偏东南顺沟下至美林河底后,转南偏东南沿美林河中心线顺流下行至

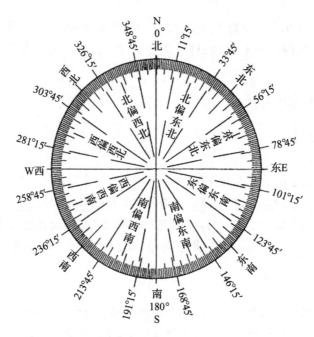

图 8.5　16 方位制

桃花岛东南侧约 460.1 m 处,转西南上岸经 450.0 m 洼地后,再大体向西偏西南沿山脊上到 610.3 m 高地,又沿山脊下到鞍部,跨一乡村路后,继续沿山脊上至 605.3 m 高地,再下到 1253166 号界桩。这段界线长度为 9.8 km。

(3) 16 方位制

◎北:348°45′～11°15′

◎北偏东北:11°15′～33°45′

◎东北:33°45′～56°15′

◎东偏东北:56°15′～78°45′

◎东:78°45′～101°15′

◎东偏东南:101°15′～123°45′

◎东南:123°45′～146°15′

◎南偏东南:146°15′～168°45′

◎南:168°45′～191°15′

◎南偏西南:191°15′～213°45′

◎西南:213°45′～236°15′

◎西偏西南:236°15′～258°45′

◎西:258°45′～281°15′

◎西偏西北:281°15′～303°45′

◎西北:303°45′～326°15′

◎北偏西北:326°15′～348°45′

8.3.3 章节练习

(一) 单项选择题

1. 同号三立时，为了求得边界点坐标，以下方法正确的是( )。

    A. 分别测量每个界桩到边界线的垂距

    B. 测量每个界桩到该段边界线交叉口的转折点的距离

    C. 选取两个精度较高的界桩点连线与边界线相交，分别量取界桩到交点的距离

    D. 通过三个界桩点坐标直接用计算机解析求边界点坐标

2. 县级行政区界线界桩点测定需要采用( )法。

    A. GNSS   B. 导线   C. 交会   D. 航摄

3. 为了快速寻找界桩点，可以测量界桩点方位物，界桩点相对于方位物的间距误差应不大于( )。

    A. 图上 0.1 mm   B. 图上 0.2 mm

    C. 1 m   D. 2 m

4. 边界线在图上采用( )的红色实线绘出。

    A. 0.2 mm   B. 0.3 mm   C. 0.4 mm   D. 0.5 mm

5. 某 1:1 万比例尺边界协议书附图，在编写边界走向说明时采取了直接图上量取的办法，则该说明的距离表述应精确到( )m。

    A. 0.01   B. 0.1   C. 1   D. 10

6. 某段边界的走向说明描述如"从 1253165 号界桩起，边界线向东偏东南顺沟下至美林河底后"，已知该地区的子午线收敛角为 5°，则该段界线的大致坐标方位角可能为( )。

    A. 130°51′   B. 123°49′   C. 120°44′   D. 117°38′

7. 下列关于边界协议书附图和边界地形图的关系，说法正确的是( )。

    A. 边界地形图即边界协议书附图

    B. 边界地形图是制作边界协议书附图的基础图

    C. 边界地形图是边界协议书附图的附图之一

    D. 边界地形图的比例尺比边界协议书附图要小

8. 省、县行政区域边界线走向的描述采用( )，以( )方向为基准。

    A. 16 方位制,坐标北   B. 8 方位制,坐标北

    C. 16 方位制,真北   D. 8 方位制,真北

(二) 多项选择题

1. 界桩点的测绘一般可以采用( )等方法。

    A. 单基站 RTK   B. 光电测距支导线

    C. 交会法   D. 三角测量

    E. RTK 静态相对定位

2. 下列关于边界协议书附图集的描述正确的是( )。

    A. 边界协议书附图集内容包括界桩坐标表

    B. 边界协议书附图集是一组 DRG 成果

C. 边界协议书附图集是一个带状地图图集

D. 边界协议书附图集采用边界主张线图和边界情况图做底图,配上边界情况说明

E. 边界协议书附图集的装订通常以一个完整行政区为单位

习题答案与解析

(一) 单项选择题

1.【B】 解析:同号三立通过测量每个界桩到该段边界线交叉口的转折点的距离来解析边界点坐标。

2题 【A】 解析:由于界桩点的精度指标为图上±0.1 mm,所以点位中误差小于或等于±1 m时,所用比例尺大于1:10 000,即省级以下行政区界线测量所用的比例尺。规范规定点位中误差小于或等于±1 m时(比例尺大于1:1万),应采用GNSS法,故选A。

3题 【D】 解析:界桩点相对于方位物的间距误差应不大于±2 m。

4题 【B】 解析:边界线在图上用0.3 mm的红色实线绘出。

5题 【C】 解析:边界走向说明距离以米为单位,图上量取的精确到图上±0.1 mm,1:1万比例尺的边界协议书附图图上0.1 mm等于实地1 m。

6题 【D】 解析:从该段描述可知该边界线以16方位制描述为东偏东南,则以真北起算的大地方位角取值范围为$101°15'\sim123°45'$之间,子午线收敛角东偏5°,则换算到坐标方位角的区间应为$96°15'\sim118°45'$。故选D。

7.【B】 解析:边界协议书附图由边界信息与修测后的边界地形图叠加一起制作而成。

8.【C】 解析:边界走向说明中涉及的方向,采用以真北为基准的16方位制描述。

(二) 多项选择题

1.【ABCE】 解析:三角测量由于布设不方便,不适合测量界桩点,在当今的主流测量中已经基本不用。

2.【AC】 解析:边界协议书附图集是界线双方边界协议书附图和界桩成果表集合而成的矢量带状地图集。一般以每条边界线为单元装订。其内容包括封面、封底、版权页、示意图、图例、图幅接合表、边界协议书附图、编制说明、界桩坐标表等。

8.4 界线测绘成果整理

8.4.1 成果提交、归档及检验

1. 成果提交和归档

(1) 测绘成果提交内容

界线测绘成果包括界桩登记表、界桩成果表、边界点成果表、边界点位置和边界走向说明、边界协议书附图等。

(2) 成果整理归档内容

成果整理归档除成果提交内容外还需加入控制测量资料、边界协议书、边界地形图等。

成果应有纸质和电子两种形式。

在界线测绘过程中产生的数据主要有边界地形图数据、边界专题数据,在制作边界地形图、协议书附图过程中,都应有一个元数据文件。

(3) 勘定以及管理行政区域界线资料的归档

勘定以及管理行政区域界线资料的归档内容包括勘界协议书、类型划分资料、备案材料、批准材料、工作图、界线标志记录及其他与勘界记录有关的材料等。

2. 成果检验

界线测绘成果必须由测绘主管部门监督检验,并由界线双方指定的负责人签字。质量检查与验收应重点关注以下三个方面:

◎控制测量质量:数学精度、观测质量、计算质量。

◎境界图质量:数学精度、要素质量、描述质量、整饰质量。

◎资料质量:整饰质量、完整度。

8.4.2 章节练习

(一) 单项选择题

1. 根据规范规定,在制作边界地形图、协议书附图过程中,数据都应有一个(　　)文件。

   A. 数据说明　　　　B. 格式说明　　　　C. 技术说明　　　　D. 测量说明

(二) 多项选择题

1. 以下属于界线测量需要提交的成果有(　　)。

   A. 调绘底图　　　　　　　　　　B. 边界点成果表

   C. 边界线主张线图　　　　　　　D. 边界协议书附图

   E. 边界点编号说明

2. 界线测量的质量检查与验收应重点关注(　　)三个方面。

   A. 成本控制　　　　　　　　　　B. 控制测量质量

    C. 境界图质量　　　　　　　　　D. 元数据项质量

   E. 资料质量

习题答案与解析

(一) 单项选择题

1.【A】 解析:数据说明即元数据,元数据文件是对数据进行说明和描述,方便数据的生产、使用和维护。

(二) 多项选择题

1.【BD】 解析:界线测绘成果包括界桩登记表、界桩成果表、边界点成果表、边界点位置和边界走向说明、边界协议书附图。

2.【BCE】 解析:界线测绘成果必须由测绘主管部门监督检验,并由界线双方指定的负责人签字。质量检查与验收应重点关注以下三个方面:

(1) 控制测量质量:数学精度、观测质量、计算质量。

(2) 境界图质量:数学精度、要素质量、描述质量、整饰质量。

（3）资料质量：整饰质量、完整度。

规范引用

GB/T 17796—2009   行政区域界线测绘规范

第 3 篇

地理信息遥感采集

第9章 测量航空摄影

考试大纲

1. 根据项目要求,编制航摄计划。选择合适的航摄季节和航摄时间;根据测区的范围、地形、飞行平台等的具体情况划定摄区、确定航摄分区及航摄基准面,以及航线敷设方法。

2. 根据成图比例尺、测图精度、测图仪器设备和测图方法等选择航摄仪,并进行检定;确定摄影比例尺、焦距、像幅以及需要配备的航摄附属仪器。

3. 根据项目的精度和提供成果的要求,选择确定采用光学航摄或者数码航摄。

4. 根据航摄仪器的具体情况组织试飞或试摄,确定和调整有关参数。

5. 确定飞行质量和摄影质量的检查要求,并根据情况按航摄规范的相关要求进行质量控制,对影像质量进行验收。

章节介绍

测量航空摄影指为了测量进行的航空摄影工作,即利用飞行器和各类遥感传感器采集大面积地面目标的地理信息,制作影像图。

下一章则是对航空摄影和像片数据进行处理,两章内容是一个整体,应一起学习。本章应重点学习航空摄影项目设计和相关飞行过程中的质量控制内容,以及一些航空摄影测量基础知识。

考点分析

本书知识点涵盖率:★★☆　　　除个别规范内容外,基本覆盖。

与其他章节相关度:★☆☆　　　与下一章紧密相关。

分析考试难度等级:★☆☆　　　篇幅较小,考题较集中,难度不高。

平均每年总计分数:6分　　　在12个专业中排名:第8位。

9.1 航空摄影概述

9.1.1 航空摄影测量基本概念

(1) 主光轴

摄影机透镜两侧圆心连线,即图9.1上的 oO。

（2）像主点和地主点

像平面与主光轴的交点，即图 9.1 上的 o，及对应地面点 O。

（3）像底点

像平面与过摄影中心铅垂线（主垂线）的交点。

（4）摄影机主距（f）和焦距

① 主距

主距是透镜中心与像主点的垂距，实际上是摄影仪像距。

② 焦距

焦距是透镜中心与焦平面的垂距。

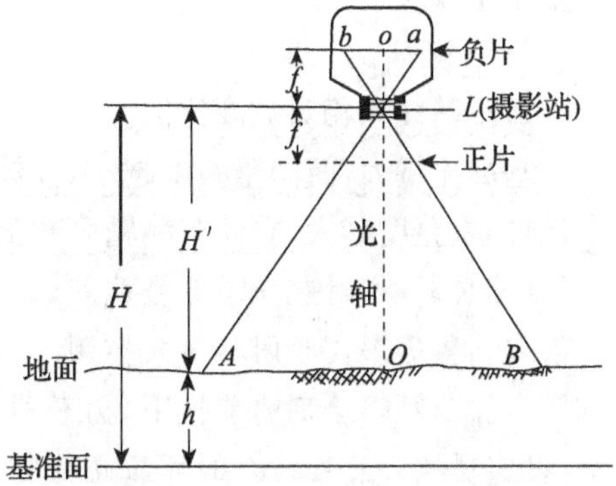

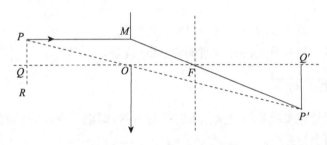

图 9.1　主光轴和摄影基准面

【释义】　在航空摄影时，由于飞机离地面的高度远远大于摄影机物镜焦距，可以认为航摄仪焦距（图 9.2 中 OF）和主距或像距（图 9.2 中 OQ'）差距很小，航摄仪参数经常用焦距表示。

图 9.2　航摄仪成像原理

（5）内方位元素

像主点在框标坐标系中的坐标 x_0、y_0 与 f。

（6）摄影比例尺

像片上的线段与地面相应线段的长度比。

【释义】　由于像片存在倾斜，故在像片上比例尺处处不等，一般采取平均值。

（7）航高

◎绝对航高：相对于高程基准面的航高。

◎相对航高：相对于摄区平均高程基准面的航高。相对航高影响航摄比例尺。

【释义】　摄区平均高程基准面：舍去摄区个别最高点和最低点，取高点平均高程与低点平均高程之和的平均高程基准面。

（8）摄站和摄影基线

相机曝光瞬间物镜点位置叫摄站，相邻摄站间距叫摄影基线。

（9）框标坐标系

以摄影仪框标连线交点为原点建立的坐标系。

（10）核面与核线

摄影基线与地物点组成的面叫核面，核面与像平面的交线叫核线。立体像对同名像点一定位于核线上。

（11）基高比

摄影基线和相对航高比值。

基高比越大，航向重叠度越小，立体观测精度越高，航摄效率也会提高。反之，基高比越小，航向重叠度越大，立体观测精度越低。

【释义】 相对航高不轻易改变，数字航空摄影时可用基高比调整航向重叠度，基高比大小依靠调整摄影仪时间参数来控制。

影像分辨率给定的前提下，为获得尽可能高的高程精度，基本上都采用大基高比的方案，以实现地形三维信息的可靠高精度的提取。

（12）采样

通过航空摄影采集等间隔的离散点的过程叫采样。

（13）量化

影像采样后，进行灰度赋值和灰度分级的过程叫量化。

【释义】 采样是使影像栅格化，形成标准阵列。量化是在采样后进行属性赋值的过程。

【小知识】

灰度级的表示方法为 2 的 m 次方，m 称为灰度级。

如一级灰度即为黑白两色，8 级灰度为 0～255 灰阶。

9.1.2 航空摄影坐标系

摄影测量数据处理实质是航摄坐标系转换的过程，即把拍摄得到的右手像方坐标系转换到左手物方地面坐标系中。

【释义】 航空摄影测量的坐标转换是把拍摄到的影像通过相对定向建立像方模型，然后通过绝对定向归化到地面坐标系中。

（1）像方坐标系

◎像平面坐标系：像平面坐标系表示像点在像平面内的平面直角坐标系，是直接由航空摄影得到的原始数据坐标系。

◎像空间坐标系：像空间坐标系是以摄影中心为原点，x、y 轴与像平面 x、y 轴平行，z 轴和主光轴重合，形成右手直角坐标系，是由像平面坐标系转化而来的空间起算坐标系。

◎像空间辅助坐标系：像空间辅助坐标系是以摄影中心为原点，坐标轴视需要而定，是区域网中立体像对相对定向过程中形成的过渡坐标系。

（2）物方坐标系

◎地面辅助坐标系：摄影测量成果都在这个坐标系中表示，是由像空间辅助坐标系转化而来的物方过渡性辅助坐标系。

◎地面摄影测量坐标系：地面摄影测量坐标系是以航线方向为 x 轴，向上为 z 轴，与 y 轴形成右手系。摄影测量专用，属于运算坐标系。

◎地面测量坐标系：地面测量坐标系即高斯平面坐标系，与高程系统一起形成左手系，是最终与大地测量相统一的成果坐标系。

9.2　航摄仪

9.2.1　航摄仪类别

航摄仪按存储介质可分为胶片航摄仪和数字航摄仪两类,按工作方式不同分为面阵航摄仪和线阵航摄仪两类。

1. 胶片航摄仪

(1) 胶片航摄仪构成

胶片航摄仪一般属于单镜头分幅摄影机,又称为框幅式摄影机。

框幅式摄影机主要由镜筒、机身(架座)、暗盒、操纵杆组成,为了减少镜头畸变,安装有特殊的镜头。框幅式胶片摄影机大多设有两种类型的框标,即位于承片框每边中央的机械框标和四角的光学框标。

【释义】　框标是航空摄影机镜箱内承片框上的标志,航摄仪镜箱上物镜筒和暗盒的衔接处有一贴附框,框的四边严格地处于同一平面内,每边的中点或四个角隅各设有一个标志(框标)。在航摄时,框标与地物同时构像于航摄胶片上,因此,可根据相对的两个框标连线交点,确定航片的像主点位置。

摄影测量中摄影仪的作用除了获取影像外,还起着测量的作用。因此,摄影测量对航摄仪有特殊的要求。

◎物镜畸变差应得到非常严格的控制。

◎物镜的透光力要强,焦面照度要分布均匀,光学影像反差的能力要大。

◎要有良好的减震作用,防止影像的模糊。

◎不允许有像点移位,因此必须有像移补偿装置。航摄仪的快门必须有较宽的曝光时间变更范围($1/100 \sim 1/1\,000$ s)。

◎压平系统应使航摄胶片完全吻合于贴附框平面。

◎内方位元素必须精确确定。

(2) 航摄胶片

航摄胶片曝光后,经过显影、定影、水洗、干燥的冲洗流程,得到影像底片。航摄胶片幅面的大小通常是 18 cm×18 cm、23 cm×23 cm。每年航摄任务开始前,应对航摄胶片进行几何特性和感光特性测定。

【释义】　目前已很少采用胶片航摄仪进行航空摄影测量。

【小知识】

◎几何特性

胶片几何特性主要有分辨率、不规则变形率、片基厚度等。

◎感光特性

感光度:即胶片感光灵敏度。

反差系数:反差是指镜头对明暗层次表达的能力,反差系数是影像反差和景物反差之比。

宽容度:影像可以表示的亮度反差范围。

灰雾密度:未曝光的胶片冲洗后产生的密度,越低越好。

显影动力学曲线:反差系数、灰雾密度、感光度随显影时间变化的曲线。

(3) 航摄仪辅助设备

◎滤光片:滤光片可减弱某一波谱作用,补偿焦平面照度不均匀。

【释义】 滤光片主要用来消除蒙雾亮度的影响,滤光片的密度由中心向边缘递减,以补充透镜照度。照度指单位面积上所接受可见光的光通量。蒙雾是大气层受太阳光照射产生发光的现象。

◎像移补偿装置:安装像移补偿装置用于补偿飞机位移产生的像移的影响。

【释义】 像移是被摄景物的像与感光面之间的相对运动,会导致得到的像模糊。

◎自动曝光装置:通过安装在物镜旁的光敏元件测定景物亮度,调整曝光度。

【释义】 自动曝光装置能够根据光的强弱自动调整曝光量,所用的感光元件是一种光敏电阻。

◎陀螺稳定平台:陀螺稳定平台是利用陀螺仪特性保持平台台体方位稳定的装置。

(4) 常见的胶片航摄仪

常见的胶片航摄仪有 RC、RMK、LMK 等系列。

◎RC 航摄仪:RC 航摄仪像幅均为 23 cm×23 cm,暗匣和物镜筒是通用的,配有多种固定主距的物镜筒,可以进行替换。

【小知识】

RC 航摄仪产自瑞士威特公司(徕卡),有 RC-10、RC-20、RC-30 等型号。RC-30 由摄影仪、陀螺稳定平台、飞行管理系统组成。RC 航摄仪具有像移补偿装置、自动曝光装置、导航 GNSS 数据接口,可进行 GNSS 辅助航空摄影。

◎RMK 航摄仪:RMK 航摄仪像幅为 23 cm×23 cm。

【小知识】

RMK 航摄仪产自德国奥普托公司,型号有 RMK-cc24、RMK-TOP。

RMK-TOP 加装了陀螺稳定平台,内置滤光片和自动曝光装置,支持 GNSS 辅助航空摄影。

LMK 航摄仪

【小知识】

LMK 航摄仪产自德国蔡司公司,型号有 LMK-1000、LMK-2000 等。

2. 数字航摄仪

数字航摄仪分为框幅式面阵航摄仪(DMC、UCD、SWDC)和推扫式线阵航摄仪(ADS)。

(1) 面阵航摄仪

面阵航摄仪将几个全色 CCD 拍摄得到的影像合成为具有虚拟投影中心和固定虚拟焦距的虚拟中心投影合成影像,再和几个多光谱 CCD 生成的多光谱影像融合在一起,得到高分辨率真彩色影像数据或彩红外影像数据。

① DMC 面阵航摄仪

DMC 面阵航摄仪具有 4 个全色 CCD 和 4 个多光谱 CCD,同步曝光后把小面阵影像合成为大面阵影像,获得全色影像、真彩影像、彩红外影像。

【释义】　CCD即电荷耦合元件。CCD上有许多排列整齐的光电二极管,能感应光线,并将光信号转变成电信号,经外部采样放大及模数转换电路转换成数字图像信号。摄像机中使用点阵CCD,扫描仪中使用的是线阵CCD。

线阵CCD对比面阵CCD的优势在于成像灵活,一条扫描线像素多,可以增大影像帧数。

【小知识】

DMC是数字成图相机的简称,由德国蔡司公司和德国鹰图公司合作研发。

② UCD面阵航摄仪

UCD面阵航摄仪共13块面阵CCD,9个全色波段,4个RGB和近红外波段,生成中心投影影像(图9.3)。

【释义】　UCD是UltraCam-D的简称,由威克胜公司(Vexcel美国/奥地利)生产,目前最新型号为UCX、UCXp。

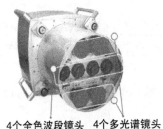
4个全色波段镜头　4个多光谱镜头
图 9.3　UCD 摄影仪

图 9.4　SWDC-5

③ SWDC面阵航摄仪

SWDC面阵航摄仪分单镜头、四镜头、五镜头等型号,五镜头的SWDC-5(图9.4)可以用于倾斜摄影测量来建立三维地物模型。

SWDC把多台非量测型相机集合测量型GNSS接收机、航摄控制系统、地面后处理系统,是一种能满足航摄规范要求的大面阵数字航空摄影仪。

【释义】　非量测型航摄仪无法直接检校内方位元素。

【小知识】

SWDC航摄仪由中国测绘科学研究院研发,属于非量测集成式航摄仪。

它的镜头可更换,幅面大,视场角大,基高比大,高程精度高,能实现空中摄影自动定点曝光;通过精密GNSS辅助,可使航摄外业大大减少;具有较强的数据处理软件,可实现对影像的准实时、高精度纠正与拼接。

(2) 线阵航摄仪

线阵航摄仪相对于面阵航摄仪,一维像元数更多,总像元素较少,像幅尺寸比较灵活,成像帧数和影像分辨率较高。

如图9.5所示,线阵航摄仪ADS-80对前视、下视、后视三个方向同时获取影像,一次飞行取得前、下、后100%三度重叠,连续无缝的全色立体影像、彩色影像、彩

图 9.5　三线阵推扫成像

红外影像。

线阵航摄仪得到的是线中心投影的条带影像,每条扫描线有独立摄影中心,对应着一组外方位元素。

【小知识】

ADS 线阵航摄仪产自美国徕卡公司,包括 ADS-40、ADS-80 等型号。使用 GNSS 和 IMU(惯性测量)技术,是基于三线阵 CCD 的推扫式数字航摄仪。

9.2.2 航摄仪检定

航摄仪检定的主要目的是求出摄影仪内方位元素,并校正镜头畸变差,使影像建立正确的像空间坐标系模型,以及进行内定向把模拟影像转换成数字影像。

1. 检定内容

(1)按摄影仪分类

① 胶片摄影仪检定

胶片摄影仪检定内方位元素(f 和 x_0、y_0)、光学畸变差(径向畸变差)、最佳对称主点坐标、自动准直主点坐标、底片压平装置、框标间距以及框标坐标系垂直性、物镜分辨率等。

【释义】 其中与胶片有关的内容,如底片压平装置、框标等属于胶片摄影机检定独有内容。

② 数字摄影仪检定

数字摄影仪检定内方位元素、光学畸变差(径向畸变差)、最佳对称主点坐标、自动准直主点坐标、像元大小(x、y 方向)、调焦后主距和畸变差变化、CCD 坏点、物镜分辨率等。

【释义】 其中像元、调焦、CCD 等属于数字摄影机检定独有内容。

(2)主要检定内容

① 内方位元素检定

如图 9.6 所示,检定像主点 a 在框标坐标系中的坐标(x_0,y_0)和主距(f)来获得摄影仪内方位元素。

② 畸变差

畸变差为实际像点到主光轴的距离与理论像点到主光轴的距离之差。

【释义】 当实际透镜参数和设计参数有差异时,或者在航摄仪透镜安装时位置有偏移,都会产生成像的变形。光学畸变差主要包括径向畸变差和偏心畸变差,径向畸变是沿着透镜半径方向分布的畸变,其数值等于以对称主点为中心沿辐射方向的畸变值。径向畸变是影响成像的主要畸变。

最佳对称主点坐标:使径向畸变尽可能对称的对称中心点在像平面的坐标。

自动准直主点坐标:垂直于像平面的光束在像平面上的落点在像平面的坐标。

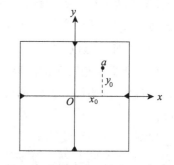

图 9.6 框标坐标系和内方位元素

（3）其他检校

除了上述几何校检外，还应包括辐射系数检定、信噪比检定等。

2. 检定方法

检定方法包括光学实验室法、试验场法，以及自检校法，主要工作是确定内方位元素和物镜畸变差。

采用试验场法时，试验场应保证每条航线上最少可曝光 12 次，不少于 2 条航线。

出现以下情况应进行检定：

◎检定时间超过 2 年。

◎曝光次数达到 20 000 次。

◎航摄仪经过大修或经过剧烈震动。

【小知识】

试验场控制点要求如下：

单张像幅至少应含有 9 个控制点，控制点密集区一个像对面积控制点个数应不小于 100 个。

控制点水平精度达到 1 cm，高程精度 2 cm，控制点尺寸设计应覆盖 6 像元以上。

9.2.3 章节练习

（一）单项选择题

1. 航空摄影所得的影像，内方位元素不包括（   ）。

    A. 像主点偏离框标坐标系原点的位置   B. 主光轴在框标坐标系投射的坐标

    C. 摄影仪框标坐标系的坐标原点   D. 摄影中心到像主点距离

2. 对于胶片框幅摄影机来说，下列像主点的定义最恰当的是（   ）。

    A. 框标坐标系的中心   B. 摄影机透镜两侧圆心连线与像平面交点

    C. 主光轴与地面的交点   D. 过摄影中心的铅垂线与像平面交点

3. 下列摄影测量坐标系中，属于航空摄影项目数据采集坐标系的是（   ）。

    A. 高斯平面坐标系   B. 物方摄影测量坐标系

    C. 像平面坐标系   D. 像空间辅助坐标系

4. 在城镇进行数字航空摄影时，要改变航向重叠度，最恰当的做法是（   ）。

    A. 改变航高   B. 改变主距

    C. 改变曝光间隔   D. 改变航摄分辨率

5. 胶片式框幅摄影机的组成部分不包括（   ）。

    A. 暗盒   B. 低畸变透镜   C. CCD 组   D. 框标

6. 以下航摄仪胶片特性中，不属于感光特性的是（   ）。

    A. 灰雾密度   B. 分辨率   C. 宽容度   D. 反差系数

7. 因飞行速度过快造成航空摄影影像模糊不清楚，下次飞行时应调整（   ）。

    A. 滤光片   B. 基高比   C. 像移补偿装置   D. 自动曝光装置

8. 采用 RC 航摄仪生产 1∶5 万航摄比例尺的影像，每幅影像的实地覆盖范围为（   ）km^2。

A. 81   B. 132.25   C. 264.5   D. 529

9. 相对于 RC-30 摄影机而言,以下选项中,SWDC 不具备(   )。

A. 照度调匀系统   B. 像移自动补偿装置

C. 框标坐标系统   D. 高分辨率真彩色影像生产能力

10. 关于 ADS-80 推扫式三线阵传感器的成像特点正确的是(   )。

A. 传感器一个一维像元阵列构成一条正射扫描线

B. 获得的影像可以测量地物点高程信息

C. 成像模型属于有理函数模型,要取得 19 个 RPC 参数

D. 由前、下、后三条条带影像叠合成二维正射影像

11. 下列几种航摄仪中属于线阵推扫式航摄仪的是(   )。

A. SWDC-5   B. ADS-100   C. UltraCamEagle   D. RCD-30

12. 以下航摄仪检定项目中,属于 RC 摄影仪检定内容的是(   )。

A. 片基厚度   B. CCD 感光特性   C. 框标坐标系垂直性   D. 像元尺寸

13. 对航摄仪进行检定,在航线上实飞拍摄,并用地面控制检核的方式为(   )检定。

A. 实际项目法   B. 实验室法   C. 试验场法   D. 自检校法

14. 航摄时,把连续分布的地面进行矩阵重构,生成网格式色块,这个过程叫做(   )。

A. 拟合   B. 内插   C. 采样   D. 量化

(二) 多项选择题

1. 以下属于数字航摄仪检定项目的有(   )。

A. 最佳对称主点坐标   B. 自准直主点坐标

C. 框标坐标   D. 像点坐标

E. 像主点坐标

习题答案与解析

(一) 单项选择题

1.【C】 解析:内方位元素是像主点在框标坐标系中的坐标 (x_0, y_0) 与主距 f。

2.【B】 解析:像主点是像平面与主光轴的交点,主光轴为摄影机透镜两侧圆心连线。

3.【C】 解析:像平面坐标系表示像点在像平面内的右手平面直角坐标系,是直接由航空摄影得到的原始数据坐标系。

4.【C】 解析:基高比越大,曝光间隔越大。

5.【C】 解析:框幅式摄影机主要由镜筒、机身和暗盒组成。选项 C 是数字摄影仪组成部分。

6.【B】 解析:胶片感光特性包括感光度、反差系数、宽容度、灰雾密度、显影动力学曲线。

7.【C】 解析:像移补偿装置是为了补偿飞机位移产生的像移影响。

8.【B】 解析:RC 航摄仪产自瑞士威特,像幅为 23 cm×23 cm。通过比例尺和单位换算,$230×230×50\,000×50\,000×10^{-12}=132.25\ km^2$。

9.【C】 解析:SWDC 作为非量测型相机不设有框标,无法检校内方位元素。

10.【B】　解析：推扫式三线阵传感器对前视、下视、后视三个方向同时获取影像，一次飞行取得前下后 100％三度重叠，连续无缝的全色立体影像、彩色影像、彩红外影像，可以立体测量获得地物点三维坐标。

11.【B】　解析：ADS-100 为三线阵推扫式航摄仪。

12.【C】　解析：胶片摄影机检校内方位元素、光学畸变差、最佳对称主点坐标、自准直主点坐标、底片压平装置、框标间距以及框标坐标系垂直性等。

13.【C】　解析：对航摄仪进行检定，包括光学实验室法、试验场法，以及自检校法。在航线上实飞拍摄，并用地面控制检核的方式为试验场法。

14.【C】　解析：实际地面的灰度函数是连续的，采集的是离散数据，采集这样的等间隔的离散点的过程叫采样。

(二) 多项选择题

1.【ABE】　解析：数字摄影机检校内方位元素、光学畸变差、最佳对称主点坐标、自准直主点坐标、像元大小、调焦后主距和畸变差变化、CCD 坏点等。

9.3　航空摄影技术设计

9.3.1　航空摄影设计分析

1. 技术分析的准备工作

(1) 资料收集

准备设计用图，收集和分析测区的自然地理概况、技术设备情况等。

(2) 方案选择

技术设计时应积极采用新技术、新方法和新工艺。

(3) 确定设计因子

确定航摄精度指标、主要技术参数、软硬件装备设施、质量控制要求、提交的成果内容、工程进度设计等。

2. 技术分析内容

(1) 设计用图选择

表 9.1 列出了成图比例尺与设计用图比例尺关系。

表 9.1　成图比例尺与设计用图比例尺关系

成图比例尺	设计用图比例尺
≥1∶1 000	1∶1 万
≥1∶1 万	1∶2.5 万～5 万
≥1∶10 万	1∶10 万～25 万

(2) 摄影比例尺选择

根据成图比例尺选择摄影比例尺，详见表 9.1。

（3）航摄仪的选择

根据测图方法、仪器设备、成图比例尺和测图精度等综合选择航摄仪。

若采用数码式摄影机，除考虑相机的技术参数外，还要考虑机载数据存储和处理单元的各项指标。选用的摄影器材应是经过检定合格的仪器和设备。

较大面积的航空摄影测区，最多可采用3种不同主距的航摄仪，但在同条航线上只能采用同一主距的航摄仪。

（4）像场角和主距的选择

像场角是由物镜的光学中心与像场（构成清晰影像的圆形范围）直径端点的连线所形成的角度。

像场角和主距的选择见表9.2。

表9.2 像场角和主距的选择

像场角/°	主距/mm
常角≤75	长焦≥255
宽角 75～100	中焦 102～255
特宽角≥100	短焦≤102

【释义】 下面的公式是利用像平面上像点精度来反映立体测量平面和高程精度，可以看出立体测量精度和基高比，以及航摄比例尺的关系。

$$M_{xy} = m_a \cdot H/f$$
$$M_h = m_a \cdot \sqrt{2}H/b$$
$$b = 2f \cdot \tan\alpha$$

式中　M_{xy}——立体测量平面中误差；

　　　M_h——立体测量高程中误差；

　　　m_a——像平面上像点量测中误差；

　　　H——相对航高；

　　　f——主距；

　　　H/f——航摄比例尺分母；

　　　b——影像上相邻影像基线长；

　　　H/b——基高比倒数；

　　　α——像场角。

从上式可以看出，基高比变大或像场角变大，M_h变小，立体测量高程精度变高。

① 常角或窄角

大比例尺单像测图、DOM制作、综合法测图等，以及山区测图应使用常角或窄角摄影，以减小投影差的影响，减少摄影死角。

② 宽角或特宽角

在平坦地区进行立体测图采用宽角或特宽角摄影，能提高立体量测精度。

【释义】 像场角越大，立体测量精度越高。若不需要考虑立体测量精度，如综合法测图不需要进行立体量测,则像场角可调小。

(5) 分区原则

当测区较大时,根据成图比例尺确定测区分区最小跨度,实施分区航空摄影。

◎分区数应尽量少。

◎分区界线与图廓线应尽量一致。

◎分区内的地形高差一般不大于相对航高的 1/4,航摄比例尺大于等于 1 : 7 000(或地面分辨率小于等于 20 cm)时,一般不大于 1/6。

◎分区内地物景物反差、地貌类型应尽量一致。

◎应考虑飞机侧前方安全距离和高度。

【释义】　测区内地形高差大于以上要求,就要进行航摄分区。

(6) 航摄线路布设原则(图 9.7)

◎尽量东西直飞。

◎地形最高点处要注意保证和图廓吻合,以及保证相邻航线重叠度,否则应调整航摄比例尺。

◎航线应平行图廓,首末航线应布设于测区边界线上或边界外,旁向覆盖超出界线一般不少于像幅的 50%,最少不得少于 30%(分区边界分别为 30%和 15%)。按图幅中心线或相邻公共图廓敷设航线或分区时,超出航线边界或分区边界不得少于像幅的 12%。

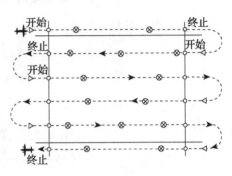

图 9.7　航摄线路布设

◎避免像主点落水,确保岛屿能被完全覆盖,并能构成立体像对。

◎困难地区可以敷设构架航线。

◎根据规范规定,航向两端超出测区各不少于一条基线。

◎采用 GNSS 导航时,应计算每条航线首末摄站坐标。

(7) 构架航线

构架航线又名控制航线,指在困难地区为了减少野外像控点的布设采取和原来航线垂直方向的飞行。一般布设于航线两头,如图 9.8 所示。

◎位于摄区或分区周边的构架航线要保证像主点落在边界线上或之外。

◎控制航线比测图航线航摄比例尺应大 25%左右,应有不小于 80%的航向重叠。

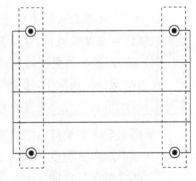

图 9.8　控制航线

【小知识】

航片编号规则:由 12 位数组成。1~4 为摄区代码,5~6 为分区代码,7~9 为航线号,10~12 为航片流水号。一般以飞行方向为序编号。补飞航线在流水号上加 500。

3. 航摄因子计算

航摄因子内容包括地区困难类别、分区面积、航摄比例尺、分区平均平面高程、绝对航高、基线长度、航线间隔、航线长度、分区像片数等。

（1）摄区平均高程基准面高程计算

① 地形起伏不大的地区

地形起伏的不大地区取最高点高程与最低点高程之和的平均高程。

② 地形起伏大的地区

舍去摄区个别最高点和最低点，取高点平均高程与低点平均高程之和的平均高程。

（2）航线数计算

① 影像尺寸计算

$$影像基线长度＝影像宽度×(1－航向重叠)$$
$$影像航线间隔＝影像高度×(1－旁向重叠)$$

② 影像实地尺寸计算

$$实地基线长度＝影像宽度×(1－航向重叠)×摄影比例尺分母$$
$$实地航线间隔＝影像高度×(1－旁向重叠)×摄影比例尺分母$$

③ 航向和旁向计算

$$分区航线条数＝CEIL(分区宽度/航线间隔)＋1$$
$$每航线影像数＝CEIL(航线长度/基线长度)＋2$$

【释义】 上式计算的航线条数可满足旁向边缘覆盖率要求，即每侧旁向覆盖超出界线一般不少于像幅的 50%，合起来不少于一条航线。根据规范规定，航向上两侧边界各超出一条基线。

（3）模型数计算

$$分区总像片数＝分区航线条数×每条航线影像数$$
$$总模型数＝(每条航线影像数－1)×航线数＝总像片数－航线数$$

【释义】 总模型数指航向上两两相邻像片形成的所有立体像对数。由于每个立体像对是由邻幅的两张像片组成，故计算总数时要减掉一个立体模型。

（4）最大、最小重叠度计算

在航高保持的情况下，重叠度大小与地形高低有关，在地形最高点上重叠度最小，分辨率最高；在地形最低点上重叠度最大，分辨率最低。

$$最高点航向重叠度＝航向重叠度＋(1－航向重叠度)×(基准面－最高点)/相对航高$$
$$最低点航向重叠度＝航向重叠度＋(1－航向重叠度)×(基准面－最低点)/相对航高$$
$$最高点旁向重叠度＝旁向重叠度＋(1－旁向重叠度)×(基准面－最高点)/相对航高$$
$$最低点旁向重叠度＝旁向重叠度＋(1－旁向重叠度)×(基准面－最低点)/相对航高$$

【释义】 在地形最高点上重叠度最小，故需要计算最高点上重叠度，以满足规定要求。

4. 航摄时间选择

（1）航摄季节选择

要在合同范围内选择最佳季节进行航摄。需要晴天日数多，大气透明度好，光照充足，地表覆盖物影响最小。彩红外及真彩色摄影在北方地区要避开冬季。

（2）航摄时间选择

◎保证光照充足，避免过大阴影，山区或高层建筑密集的特大城市应专门设计，见表 9.3。

◎沙漠等反光强烈地区，一般在正午前后 2 h 内不应测量。

◎彩红外、真彩色摄影应在色温 4 500～6 800 K 范围内进行。

◎雨后绿色植被未干时不应进行彩红外摄影。

表 9.3　航摄太阳高度角选择

地形类别	太阳高度角/°	阴影倍数
平地	＞20	＜3
丘陵和一般城镇	＞30	＜2
山地和中型城市	≥45	≤1
陡峭山区和高层建筑密集的大城市	限于正午前后 1 h 进行航摄	＜1

【释义】　航摄时间选择指日内的时间选择，与航摄季节选择有区别。

雨后绿色植被含水分，会吸收红外波段，故不进行彩红外摄影。

9.3.2　航空摄影设计书编写和空域申请

1. 技术设计书编写

（1）项目概况

任务来源及基本概况；摄区地理位置、地貌、地物情况、气象状况、执行任务的有利与不利因素；飞行空域状况；特别需要说明的其他事项，如国界、禁区、安全高度保证等。

（2）摄区基本技术要求及技术依据

（3）项目技术设计

项目技术设计包括航摄分区设计、航线设计、技术参数设计、摄影时间等。

技术参数内容包括：航摄因子计算表、飞行时间计算表、航摄材料消耗计算表、GNSS 领航数据表。

（4）实施方案

飞行保障，软硬件设备选择，主要技术标准及精度要求，质量控制，成果提交，人员及进度安排等。

2. 航摄空域申请

（1）航摄计划制订

编制航摄范围略图和完成项目的时间计划。

（2）航摄空域申请

由航摄项目所在地政府出具《航空摄影空域申请报告》并报送航摄区域所属的军区司令部。航摄前应获得军区司令部和军区司令部下属空军司令部同意使用该空域的两份批复文件。

9.3.3　章节练习

(一) 单项选择题

1. 已知航摄分区内航线数为 6,每条航线上影像数为 8,航向重叠度为 63%,则该分区的总模型数为( )。

    A. 24   B. 40   C. 42   D. 48

2. 为了确保航摄像片能够真实地显现地面细部,在航摄季节的确定时,以下应考虑的是( )。

    A. 晴天日多   B. 北方应优选冬季

    C. 光照要强烈   D. 避免过大航摄阴影

3. 下列关于山区航空摄影基准高程面的高程,描述正确的是( )。

    A. 摄区最高点和摄区最低点的平均   B. 摄区高点平均和摄区低点平均的平均

    C. 摄区中部高程   D. 摄区所有点高程的平均

4. 在进行航摄技术设计时,成图比例尺为 1:2.5 万时设计用图比例尺应选择( )。

    A. 1:1 万   B. 1:2.5~1:5 万

    C. 1:5 万~1:10 万   D. 1:10~1:25 万

5. 较大面积的航空摄影测区,可采用多个不同主距的航摄仪,同条航线上最多可采用( )种主距航摄仪。

    A. 1   B. 2   C. 3   D. 4

6. 在高层建筑物密集的大城市进行航空摄影,限定在当地正午前后各( )h 内进行。

    A. 0.5   B. 1   C. 2   D. 5

7. 以下航空摄影项目中,考虑到精度因素,适宜选用较大像场角的航摄仪进行的是( )。

    A. 单像测图   B. 城镇测图   C. 平坦地区测图   D. 综合法测图

8. 在山区进行航空摄影测量,为了减小摄影死角的影响,应选用的航摄仪类型是( )。

    A. 超短焦距航摄仪   B. 短焦距航摄仪

    C. 长焦距航摄仪   D. 可变焦距航摄仪

9. 在航摄成果验收时,为判断航摄成果地物是否有遗漏或重叠度较低,一般主要检查( )。

    A. 山顶航向重叠度   B. 山顶旁向重叠度

    C. 山谷航向重叠度   D. 山谷旁向重叠度

10. 航空摄影分区时,需要遵循的原则不包括( )。

    A. 分区内景物反差要一致   B. 地形最高点处要保证相邻航线重叠度

    C. 根据地形情况和航高分区   D. 分区内地形高差不能过大

11. 航摄首末航线旁向覆盖超出测区界线一般不少于像幅的( )%。

    A. 100   B. 50   C. 30   D. 15

12. 航摄影像中,低于摄影基准面地物点的分辨率( )设计基准面的分辨率。

    A. 低于   B. 高于   C. 等于   D. 低于或高于

13. 雨后绿色植被表面水滴未干时不应进行(　　)摄影。

　　A. 黑白　　　　　B. 真彩色　　　　　C. 彩红外　　　　　D. 多光谱

习题答案与解析

(一)　单项选择题

1.【C】　解析：模型数为 $6 \times (8-1) = 42$。

2.【A】　解析：选项 C 应是光照充足才正确。摄影时光照不足影像会发黑不清楚,而光照过强时会曝光过度同样看不清楚地物。

3.【B】　解析：地形起伏区的航摄平均高程基准面等于除掉最高点和最低点后高点平均高程和低点平均高程的平均数。

4.【D】　解析：在进行航摄技术设计时成图比例尺大于等于 1∶10 万时设计用图比例尺为 1∶10 万~1∶25 万。

5.【A】　解析：较大面积的航空摄影测区,最多可采用 3 个不同主距的航摄仪,但在同一条航线上只能采用同一主距的航摄仪。

6.【B】　解析：陡峭山区和高层建筑密度大的城市航摄时间应在当地正午前后 1 h 内。

7.【C】　解析：在平坦地区进行立体测图采用宽角或特宽角摄影,能提高立体量测精度。

8.【C】　解析：大比例尺单像测图、DOM、综合法测图等以及山区测图使用常角或窄角摄影(长焦距航摄仪),可以减小投影差的影响,减少摄影死角的影响。

9.【B】　解析：数码航摄仪 GPS 定点曝光时,航向重叠度是由设计决定的,而旁向重叠度是由飞行效果决定的。其中山顶处的旁向重叠度是航线中旁向重叠度最小的,如果山顶处旁向重叠度能够满足要求则所有影像重叠度都能满足要求。

10.【B】　解析：选项 B 为航线敷设内容。

11.【B】　解析：航摄首末航线旁向覆盖超出界线一般不少于像幅的 50%。

12.【A】　解析：低于航摄基准面,则地物距离摄影中心的距离加大,摄影比例尺变小。

13.【C】　解析：彩红外植被摄影主要利用绿色植物对近红外波段的强烈反射作用,水滴对近红外波段有强烈吸收作用,影响成像和判读。

9.4　航摄实施

9.4.1　航空摄影准备和实施

1. 实施准备

◎制定飞行计划和应急预案。

◎遵守民航和空域管理部门规定。

◎检查设备和材料。

◎项目负责人指挥和组织,注意天气,确保质量和工期。

◎摄影尽量协调、安排在碧空天气进行,确保影像清晰、色调均匀、层次丰富。

◎使用机场应遵守机场规定,不使用机场时则按照飞行器行囊要求选择起降场地。

2. 航摄实施

新改装飞机、新编成机组,正式作业前应试飞试摄,每年正式作业前应试摄。

实施流程:

◎每次起飞前检查设备。

◎进入摄区前组织人员进行航线设计的技术讲评。

◎严格按规定太阳高度角选择时间。

◎飞行时,严格遵照规程。

◎保持航高,最大最小航高差不大于限值。

◎每次飞行后检查旁向重叠、覆盖保证等,及时补摄。

◎相对漏洞、绝对漏洞和其他严重缺陷应及时补摄,漏洞补摄必须按原航迹进行,补摄航线的两端应超出漏洞之外不少于一条基线。相对漏洞是指旁向重叠度达不到构成立体像对要求。绝对漏洞是指旁向像片之间出现漏摄。

◎控制航线出现漏洞在不影响像片连接时可不补摄,凡需补摄须整条航线重摄。

◎每次飞行后填写飞行记录表。

9.4.2 航摄基本要求

1. 航摄保持

(1)像片倾角

像片倾角是摄影物镜的主光轴偏离铅垂线的夹角,小于 $2°\sim3°$ 的称为竖直航空摄影,一般不大于 $2°$,个别最大不大于 $4°$。

像片倾角可通过陀螺稳定平台和座架来调整。

(2)旋偏角

旋偏角是相邻像片框标连线和像片主点连线的夹角,旋偏角过大会减小立体像对的有效范围。一般选取一到两个同名点和像主点,来计算旋偏角大小,如图 9.9 所示。

可根据飞机的航向和 GNSS 导航系统指示的飞行轨迹角度,计算出偏流大小,作为修正偏流的参考,通过设置摄影仪在坐架中的旋转角来消除。

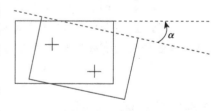

图 9.9 旋偏角

在一条航线上,接近最大旋偏角的像片数不得超过 3 片,且不得连续。在一个摄区内出现最大旋偏角的像片不得超过摄区像片总数的 4%。

表 9.4 旋偏角要求

航摄比例尺	旋偏角/°
$\alpha < 1:7\,000$	一般<6,个别<8
$1:3\,500> \alpha \geqslant 1:7\,000$	一般<8,个别<10
$\alpha \geqslant 1:3\,500$	一般<10,个别<12
无人机航摄	一般<15,个别<30

（3）重叠度

为满足立体量测与拼接的需要，像片要有一定的重叠度。地形起伏大时要增大重叠度，见图 9.10。

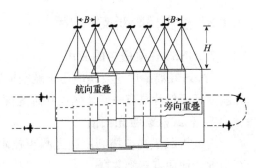

图 9.10 航片重叠度

◎航向重叠度一般为 56%～65%，最大不超过 75%。无人机航摄时航向重叠一般为 60%～80%。

◎旁向重叠度一般为 30%～35%，最小不应小于 13%，无人机航摄时旁向重叠一般为 15%～60%。

（4）航线弯曲

像片主点连线不呈一条直线，其弯曲度不得大于 3%（图 9.11）。

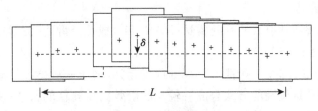

图 9.11 航线弯曲度

（5）航高保持

航高的变化将直接影响摄影比例尺和像片重叠度，要尽量保持航高不变。

◎航摄比例尺大于 1∶5 000 时，航线上相邻像片高差不大于 20 m，同航线最大最小航高差不大于 30 m。

◎航摄比例尺小于等于 1∶5 000 时，或采用无人机航摄时，同一航线上相邻像片的航高差不大于 30 m，最大最小航高差不大于 50 m。

◎摄影分区内的实际航高与设计航高之差不大于 50 m，不得大于设计航高的 5%。

2. 其他要求

（1）太阳高度角

要保证充足的光照条件和避免航摄阴影过长。

（2）摄影比例尺（图 9.12）计算

摄影比例尺计算公式：

$$1/M = f/H = d/D$$

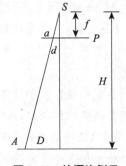

图 9.12 航摄比例尺

式中 M——摄影比例尺分母；

f——主距；

H——相对航高；

d/D——像元大小/GSD。

【小知识】

分区摄影时间等于分区面积除以航线间隔乘以 1.2 系数再除以有效速度。

9.4.3 航空摄影新技术应用

1. GNSS 在航摄中的应用

GNSS 在航摄中主要是应用于航空摄影导航、辅助空三中的导航、定位定姿系统,GNSS 导航保证了像片具有一定比例尺和重叠度。具体内容将在第 10 章详述。

2. 三维机载激光扫描

三维机载激光扫描利用激光测距技术和 GNSS 定位原理,采用非接触主动测量,快速获得大量地面点三维数据。

三维机载激光扫描测量是激光扫描技术与惯性导航系统(INS)、全球导航定位系统(GNSS)、电荷耦合(CCD)等技术相结合,用于大范围 DEM 制作、城市三维建模、局部区域地理信息获取等领域。

其特点有扫描速度快、实时性强、主动性强、精度高、全数字、全天候作业等。

3. 机载侧视雷达

用于成像的侧视雷达有真实孔径雷达(RAR)和合成孔径雷达(SAR)两种。

(1) 合成孔径雷达(SAR)

合成孔径雷达(SAR)是一种高分辨率的成像雷达,属于一种微波遥感技术。它把较小的真实天线孔径用数据处理的方法合成一较大的等效天线孔径的雷达,所得到的方位分辨力相当于一个大孔径天线所能提供的方位分辨力。

机载合成孔径侧视雷达在测绘、农业、地质勘探、资源考察、环境保护和海洋调查等方面已获广泛应用。

其特点有全天候、分辨率高、覆盖面大、不易受干扰、能分辨固定和活动目标等。

① 侧视雷达距离分辨率

垂直于飞行的方向,脉冲越窄,距离分辨率越高,采用脉冲压缩技术提高精度。

② 侧视雷达方位分辨率

平行于飞行的方向,孔径越大,方位分辨率越高,采用合成孔径技术提高精度。

(2) 雷达干涉测量(InSAR)

InSAR 可以提供大范围的 DEM,应用领域涉及地形测量、地壳形变监测、土地利用变化监测、海面洋流监测及舰船的跟踪以及火山灾害监测等。

【释义】 合成孔径雷达(SAR)发射电磁波波长较大,使其具有良好的穿透性,而且不依赖太阳作为照射源,具有全天候作业的特点。合成孔径雷达测量只能获得地面二维信息。

合成孔径雷达干涉测量(InSAR)是求同时发射的两次微波之间的相位差形成地面像对来获得微波的路径差,从而可以获得地面的高程信息。

InSAR 技术有效利用了 SAR 的回波相位信息,测高精度为米级甚至亚米级,而一般雷达立体测量方法只利用灰度信息来实现三维制图,测高精度仅能达到数十米。

4. 低空遥感

低空遥感受天气因素和起飞场地条件影响小,效率高,获取的影像分辨率高,具有对地快速、实时调查和监测能力。

（1）超轻型飞行器航摄系统

超轻型飞行器航摄系统指采用2 000万像素以上框幅式数码相机和有人驾驶超轻型固定翼飞机、三角翼飞行器、动力滑翔伞、直升机等飞行平台进行航空摄影的系统。

（2）无人飞行器航摄系统

无人飞行器航摄系统是指采用2 000万像素以上框幅式小像幅数码相机和无人驾驶的固定翼飞机、直升机、飞艇等飞行平台进行航空摄影的系统。

无人机航摄系统基本构成包括飞行平台、飞行导航与控制系统、地面监控系统、任务设备、数据传输系统、发射与回收系统、地面保障设备。

① 多旋翼无人机［图9.13(a)］

多旋翼无人机是一种具有三个及三个以上旋翼轴的特殊的无人驾驶旋翼飞行器。

优点：体积小、重量轻，可以垂直起降和悬停，飞行灵活和机动，飞行高度低，安全性好，拆卸方便、易于维护。

缺点：速度慢，飞行距离短，视线容易被建筑物遮挡，不宜拍摄大面积建筑群。

② 固定翼无人机［图9.13(b)］

(a) 多旋翼无人机　　　　　　(b) 固定翼无人机

图9.13　多旋翼和固定翼无人机

固定翼无人机是一类机翼固定的无人机。

优点：飞行距离长，巡航面积大，飞行速度快，飞行高度高，可设置航线自动飞行，可设置回收点坐标自动降落。

缺点：不能悬停获取某处连续影像，只能按照固定航线飞行，不够灵活，操作难度较大，成本较高。

（3）低空遥感的技术要求

◎相对航高一般不超过1 500 m，最高不超过2 000 m；绝对航高在平原丘陵地区升限（实用升限）不小于海拔3 000 m，在高山地、高原升限不小于海拔6 000 m。

【释义】 升限是指航空器所能达到的最大平飞高度。

◎固定翼无人机续航时间应大于1.5 h，系统平均无故障工作时间应大于200 h。

◎固定翼无人机航迹控制精度，偏航距应小于20 m、航高差应小于±20 m，直线段航迹弯曲度小于±5°。

◎固定翼无人机起降场应距离军用、商用机场须在10 km以上。半径200 m以内不得有高压线、高层建筑物等。附近应无水塘、突出物、对系统有电磁干扰的设施等。

◎无人机伞降时应确保无人机预定着陆点 50 m 范围内没有非工作人员,弹射起飞,发射架前方 200 m 内 90°扇形区域不能站人。

◎无人机的任务荷载不应小于 3 kg。

【释义】 任务载荷是指那些装备到无人机上为完成任务的设备。

◎无人机航摄在设计飞行高度时,应高于摄区和航路上最高点 100 m 以上。

◎超轻型飞行器应具备 5 级风力条件下飞行能力,无人机应具备 4 级风力条件下飞行能力。

◎固定翼无人机航空摄影时巡航速度不小于 60 km/h,轻型飞行器和无人机一般不大于 120 km/h,最快不超过 160 km/h。

9.4.4 章节练习

(一) 单项选择题

1. 航摄过程中,对像片倾角要进行调整,像片倾角指的是(　　)。

    A. 相邻像片框标连线和像片主点连线的夹角

    B. 主光轴与航线的夹角

    C. 主光轴与铅垂线的夹角

    D. 像片主点连线与航线的夹角

2. 按照规范要求,下列关于航空摄影时飞行质量的要求,叙述错误的是(　　)。

    A. 航向重叠度不得小于 50%　　　　　B. 像片倾斜角一般不大于 2°

    C. 像片旋角一般以不超过 8°为宜　　　D. 航线弯曲度一般不大于 3%

3. 采用无人机航摄时,同一航线最大最小航高差不大于(　　)m。

    A. 20　　　　　　B. 30　　　　　　C. 50　　　　　　D. 100

4. 航摄影像上高出摄影基准面物点的摄影比例尺(　　)基准面上的物点的摄影比例尺。

    A. 小于　　　　　B. 大于　　　　　C. 等于　　　　　D. 小于等于

5. 下列不属于机载侧视雷达工作特点的是(　　)。

    A. 影像分辨率高　　　　　　　　　　B. 易受到干扰

    C. 可识别地面活动目标　　　　　　　D. 全天候工作

6. 拟采用低空遥感技术对某幢大楼进行三维精细建模,以下方案中的(　　)适合本项目。

    A. 固定翼无人机航摄　　　　　　　　B. 热气球航摄

    C. 三角翼飞行器航摄　　　　　　　　D. 多旋翼无人机航摄

7. 固定翼无人机起降应距离商用、军用机场(　　)km 以上。

    A. 5　　　　　　B. 10　　　　　　C. 20　　　　　　D. 50

8. 航空摄影时,摄区内缺失影像的部分叫做(　　)。

    A. CCD 面阵坏点　B. 相对漏洞　　　C. 绝对漏洞　　　　D. 拼接漏洞

(二) 多项选择题

1. 麦街航空摄影飞行大队承接了 100 km² 的航空摄影项目,在飞行摄影实施过程中需要注意的事项有(　　)。

    A. 飞行后应取得航摄空域批准

　　B.　如发现摄影绝对漏洞，应组织补飞

　　C.　为保证建模强度，在航向相邻航片重叠区布设更多连接点

　　D.　每次飞行后要检查旁向重叠

　　E.　全测区结束后应一次性填写飞行记录表

2. GPS 技术用于航空摄影项目的飞行导航，其主要作用包括（　　）等。

　　A.　测定地面控制点坐标　　　　　　　　B.　检定内方位元素

　　C.　保证影像航向重叠度　　　　　　　　D.　测定曝光瞬间像片姿态角

　　E.　保证影像旁向重叠

习题答案与解析

（一）单项选择题

　　1.【C】　解析：像片倾角是摄影物镜的主光轴偏离铅垂线的夹角。

　　2.【A】　解析：航向重叠度一般为 $56\% \sim 65\%$。

　　3.【C】　解析：采用无人机航摄时，同一航线上相邻像片的航高差不大于 30 m，最大最小航高差不大于 50 m。

　　4.【B】　解析：航摄比例尺 $S =$ 摄影仪主距/相对航高 $= f/H$。相对航高与航摄比例尺成反比，当地物高于基准面时，相对航高变小，故选 B。

　　5.【B】　解析：机载侧视雷达特点有全天候、分辨率高、覆盖面积大、提供信息快、不易受干扰以及具有分辨地面固定和活动目标的能力。

　　6.【D】　解析：多旋翼无人机能悬停获取某处连续影像，并可精密围绕建筑物摄影。

　　7.【B】　解析：无人机起降应距离商用、军用机场 10 km 以上。

　　8.【C】　解析：绝对漏洞是摄区内缺失影像的部分。

（二）多项选择题

　　1.【BD】　解析：航摄实施前，应取得航摄空域批准；实施过程中，每次飞行都应该有飞行记录。选项 C 是航片处理内容。故选 B、D。

　　2.【CE】　解析：GPS 导航保持航向、航高保证了像片具有一定比例尺和重叠度。

9.5　航空摄影质量控制和成果归档

9.5.1　航空摄影质量控制

　　航空摄影质量控制包括过程质量控制和成果质量控制两方面内容。

　　（1）飞行质量检查

　　飞行质量检查内容包括航摄过程中的倾斜角、旋偏角、弯曲度、航高保持，并要检查重叠度（旁向、航向）是否符合要求、摄区边界覆盖是否保证、图幅中心线和旁向图幅图廓敷设航线质量、构架航线质量、航摄漏洞补摄质量等，以及飞行记录。

　　飞行返航前对索引像片进行检查，确保无漏飞，且无大范围云影及烟雾。

【释义】 航高保持指控制实际航高与设计航高之差要符合要求。

(2) 影像质量检查

影像质量检查内容包括影像色调是否均匀、反差是否适中、是否偏色、清晰度、色彩饱和度、层次是否分明、能否辨别地面最暗处细节、拼接影像是否有明显模糊和错位等。

对影像要进行辐射纠正及几何纠正,对整个测区影像调色匀光,对个别像片进行单独处理。处理后影像不得有色斑、大面积坏点、云影、曝光过度等缺陷,少量缺陷不能影响立体测图要求。

还要检查曝光瞬间造成的像移是否符合要求,规定像移不应大于1个像素,最大不应大于1.5个像素。

$$像移=(飞行速度×曝光时间)/地面分辨率$$

【释义】 利用传感器观测目标的反射或辐射能量时,所得到的测量值与目标的光谱反射率或光谱辐射亮度等物理量之间的差值叫做辐射误差,辐射误差造成了遥感图像的失真,影响遥感图像的判读和解译,减弱辐射误差的工作叫辐射纠正。

遥感图像辐射校正主要包括传感器的灵敏度特性引起的辐射误差、光照条件差异引起的辐射误差、大气散射和吸收引起的辐射误差改正。

9.5.2 航空摄影成果归档

(1) 胶片航摄成果整理

胶片航摄成果整理内容包括原始底片、航摄像片、航摄仪原始数据资料、摄区完成情况图、摄区航线示意图、像片索引图、航摄仪技术参数检定报告、底片压平检测报告、底片密度检测报告、航摄鉴定表、像片中心点接合图、技术设计书、飞行记录、底片感光测定报告、底片冲洗报告、像片中心点坐标数据、附属仪器记录数据等。

(2) 数码航摄成果整理

数码航摄成果整理内容包括影像数据、航片输出图、浏览影像、航摄像片中心点坐标数据、航摄像片中心点结合图、航线及像片结合图、摄区完成情况图、航摄相机在飞行器上安装方向示意图、技术设计书、飞行记录、航摄仪技术参数检定文件、航摄鉴定表、航摄资料移交书、航摄军区批文、航摄资料审查报告、其他相关资料等。

9.5.3 章节练习

(一) 单项选择题

1. 在进行航摄质量控制时,( )不属于摄影影像质量检查的内容。

    A. 像片重叠度   B. 影像色调   C. 影像反差   D. 像移误差

2. 无人机航空摄影时,下列参数中与航空影像质量控制内容中的像移大小无关的是( )。

    A. 飞行速度   B. 曝光时间   C. 地面起伏   D. 相对航高

3. 航空摄影项目完成后,进行影像质量检查时发现有明显坏点会影响立体测图,下列举措恰当的是( )。

A. 敷设架构航线　　　　　　　　　　B. 漏洞补摄

C. 匀光调色　　　　　　　　　　　　D. 灰阶直方图修补

4. 数码航摄资料需要提交的资料不包括(　　　)。

A. 航摄仪技术参数鉴定报告　　　　　B. 航空摄影飞行记录

C. 原始底片　　　　　　　　　　　　D. 航线示意图

(二) 多项选择题

1. 下列属于航空摄影飞行质量检查内容的是(　　　)。

A. 像片重叠度　　B. 飞行记录　　C. 影像分辨率　　　D. 航高保持

E. 边界覆盖情况

2. 数码航摄成果整理时,需要提交(　　　)等资料。

A. 浏览影像　　　　　　　　　　　　B. 陀螺平台参数资料

C. 航摄仪检定报告　　　　　　　　　D. 航摄资料审查报告

E. 飞行速度统计

习题答案与解析

(一) 单项选择题

1.【A】　解析:选项 A 属于飞行质量检查项目。

2.【C】　解析:像点位移＝(飞行速度×曝光时间)/地面分辨率。地面分辨率与相对航高有关,与地面起伏无关。

3.【B】　解析:影像若有影响立体测图的缺陷,应安排补摄,不能只处理图面。

4.【C】　解析:数码航摄成果提交资料不包括胶片底片。

(二) 多项选择题

1.【ABDE】　解析:飞行质量检查包括重叠度、倾斜角、旋偏角、弯曲度、航高保持、摄区边界覆盖保证、图幅中心线和旁向图幅图廓敷设航线质量、构架航线、漏洞补摄、飞行记录。

2.【ACDE】　解析:数码航摄成果整理包括影像数据、航片输出图、浏览影像、航摄像片中心点坐标数据、航摄像片中心点结合图、航线及像片结合图、摄区完成情况图、航摄相机在飞行器上安装方向示意图、技术设计书、飞行记录、航摄仪技术参数检定文件、航摄鉴定表、航摄资料移交书、航摄军区批文、航摄资料审查报告、其他相关资料等。飞行速度统计包括在飞行记录表里,影像浏览指的是数字影像预览缩略图。

规范引用

GB/T 19294—2003　　航空摄影技术设计规范

GB/T 27920.1—2011　　数字航空摄影规范　第 1 部分:框幅式数字航空摄影

GB/T 27920.2—2012　　数字航空摄影规范　第 2 部分:推扫式数字航空摄影

CH/Z 3001—2010　　无人机航摄安全作业基本要求

CH/Z 3002—2010　　无人机航摄系统技术要求

CH/Z 3003—2010　　低空数字航空摄影测量内业规范

CH/Z 3004—2010 低空数字航空摄影测量外业规范

CH/Z 3005—2010 低空数字航空摄影规范

GB/T 14950—2009 摄影测量与遥感术语

GB/T 27919—2011 IMU GPS辅助航空摄影技术规范

GB/T 6962—2005 地形图航空摄影规范

GB/T 15661—2008 1∶5 000 1∶10 000 1∶25 000 1∶50 000 1∶100 000 地形图航空摄影规范

CH/T 8021—2010 数字航摄仪检定规程

第 10 章　摄影测量与遥感

考试大纲

1. 根据项目要求确定的成图方法选择坐标系统和高程基准,确定分幅及编号方法,确定基本等高距,确定成图的平面和高程精度。

2. 根据项目要求确定的测区,进行摄区划分,提出满足成图要求的影像质量要求及摄影比例尺,获取影像资料;确定对影像资料进行辐射分辨率调整和整体匀色的技术要求,确定影像资料的处理方法。

3. 根据项目要求和影像资料情况,实施航空摄影测量的航区划分、像控点布设、像控点选刺及测量和外业调绘等工作。

4. 根据项目要求,对数字线划图、数字高程模型、数字正射影像图和数字栅格地图的生产提出成图技术要求,实施解析空中三角测量、内业测图和编辑等工作,并进行质量管理。

5. 根据项目要求,确定在航空摄影测量中采用机载激光扫描、定位定向系统等技术的实施方案。

6. 根据项目要求,选择合适的卫星传感器影像和影像波段、分辨率、覆盖范围。

7. 根据项目要求,确定卫星影像的处理方法,确定影像融合及几何校正策略,确定控制点和检查点的精度指标,确定卫星影像的重采样、影像镶嵌和整体匀色方法,确定分幅裁切规则。

8. 根据项目要求,确定各种产品的数据格式。

学习技巧

本章主要内容是关于基础地理信息产品的采集方法和制作规格。通过航天或者航空平台获取的影像数据要进行编辑和处理,使之纳入地面坐标系统,需要利用外业控制测量数据经过影像纠正,进而生产合格的 4D 产品。

大范围地理信息数据的获取手段在大测绘和 3S 应用里占有非常重要的地位,也是测绘地信行业技术手段快速发展的一个领域,在注册测绘师考试中所占的比例越来越高,符合行业整体发展趋势。

本章的学习入门较难,知识点较多,是大测绘学习重要的基础,作为测绘和地信的过渡章节,起着承上启下的作用。考生需要全面加强遥感和航摄基础知识,掌握遥感和摄影测量的理论基础,了解遥感和摄影测量制作 4D 产品的流程。顺利拿到本章的分数是考试过关的关键条件。

考点分析

本书知识点涵盖率：★★☆　　除个别新技术和指标,基本覆盖。

与其他章节相关度：★★★　　大测绘三大基础之一,4D是基础测绘最终成果。

分析考试难度等级：★★☆　　内容多,原理性强,入门难。

平均每年总计分数：17.3分　　在12个专业中排名：第3位。

10.1 航空摄影与遥感概述

10.1.1 摄影测量和遥感类型

1. 摄影测量和遥感的关系

遥感简称RS,广义上指通过非接触传感器遥测物体的几何特性与物理特性的技术,航空摄影测量属于遥感技术之一。狭义上遥感特指通过航天卫星传感器遥测获得地理信息影像的技术。遥感技术由图像获取技术和信息处理技术组成。

卫星遥感影像与航空摄影影像的关系如下:

(1) 两者共性

◎几何定位理论和技术。

◎正射纠正理论和技术。

◎影像匹配理论和技术。

◎像片判读和影像分类自动化研究。

◎立体像对和立体测量。

(2) 两者关联

◎摄影测量的成果可以改善遥感图像的分类效果。

◎两者的有机结合已经成为GIS技术中的数据采集和更新的重要手段。

(3) 两者区别

◎影像投影方式区别。

【释义】　卫星影像一般基于推扫成像,垂直轨道方向是中心投影,沿轨道方向不满足中心投影的成像原理;航空摄影影像则满足中心投影原理。

◎立体构像模型区别。

【释义】　卫星影像外方位元素可以提供严格成像模型或RPC参数;航空摄影影像通常提供满足共线条件方程的严格成像模型。

◎影像融合方式区别。

【释义】　卫星影像获取的信息一般由多光谱和全色分离获取,全色影像分辨率高,多光谱影像分辨率较低,需要通过融合处理才能获取彩色高分辨率的影像;数字航空摄影影像通常在拍摄过程中进行了融合,得到全色或真彩色影像。

2. 摄影测量和遥感分类

（1）遥感分类

① 按摄站位置和运载工具分类

遥感按摄站位置分为航天遥感、航空遥感、地面遥感。

航空遥感可细分为高空、中空和低空平台。低空遥感主要指用轻型飞机、汽艇、气球和无人机等作为承载平台。

② 按电磁波段分类

遥感按电磁波段分为可见光遥感、红外遥感、微波遥感（距离图像）、多波段遥感等。

③ 按传感器工作方式分类

遥感按传感器工作方式分为主动式遥感和被动式遥感。

【释义】 主动式遥感指由遥感器向目标物发射一定频率的电磁辐射波，然后接收从目标物返回的辐射信息进行的遥感，如微波散射计、侧视雷达、激光雷达、干涉雷达等。

被动式遥感是指直接接收来自目标物的辐射信息，依赖于外部能源进行的遥感。目前在航空遥感中大多使用被动式遥感器，如航摄仪等。

（2）摄影测量发展

摄影测量按发展阶段分类，见表 10.1。

表 10.1　摄影测量发展

发展阶段	原始资料	投影方式	仪器	操作方式	产品
模拟摄影测量	像片	物理投影	模拟测图仪	作业员手工	模拟产品
解析摄影测量	像片	数字投影	解析测图仪	机助作业员操作	模拟、数字产品
数字摄影测量	数字化影像 数字影像	数字投影	计算机和外围设备	基本自动	模拟、数字产品

【释义】 模拟航空摄影采用机械化模拟测图仪来实现空中三角形控制测量。计算机日益普及后，模拟空三改进为电算空三，采用电脑计算的数字投影是摄影测量的巨大技术进步，从此航空摄影测量走入了数学解析航空摄影测量时代。解析摄影测量时，影像源数据还有部分是胶片影像数字化产物，空三建模需要手动配准建立航带法平差模型，随着影像同名点自动配准、数字微分纠正、光束法空三加密等技术的完善和发展，航空摄影测量定位模型已经完全由电脑自动解算和建立，航空摄影就进入了全数字时代。

10.1.2 摄影设备和投影方式

1. 遥感设备

遥感设备有全色传感器、多光谱扫描仪、成像光谱仪、全景摄影仪、红外扫描仪、CCD 线阵扫描、CMOS 摄影机、合成孔径雷达、微波散射计、侧视雷达、干涉雷达、激光雷达等。

（1）全色和多光谱

全色传感器是采集可见光波段单波段影像的摄影机。

多光谱扫描仪是对同一地区，在同一瞬间摄取多个波段影像的摄影机。

成像光谱仪获取大量地物目标窄波段连续光谱图像的同时，获得每个像元几乎连续的光谱数据。成像光谱仪实际上是区域内光谱数更多的光谱扫描仪或 CCD 线阵扫描仪。

【释义】 全色波段是单波段,故在图上显示是灰度图片。全色遥感影像一般空间分辨率高,但无法显示地物色彩。

采用多光谱摄影的目的,是充分利用地物在不同光谱区有不同的反射这一特征,来增多获取目标的信息量,以便提高影像的判读和识别能力。

选取 RGB 三个波段的影像合成,可以得到真彩色影像。

(2) 线阵扫描和面阵

面阵 CCD 的优点是可以获取二维图像信息,测量图像直观。其缺点是每行的像元数一般较线阵少,帧幅率受到限制。

线阵 CCD 的优点是帧幅数高,分辨率和精度都更高,故航天遥感普遍采用线阵推扫式传感器。

(3) 微波雷达和激光雷达

微波雷达发射的是微波,如真实孔径雷达(RAR)、合成孔径雷达(SAR)、合成孔径雷达干涉测量(InSAR)、合成孔径侧视雷达(SLR)、微波散射计等。

激光雷达发射的是激光,如激光测距雷达(LiDAR)等。

【释义】 微波散射计是一种非成像卫星雷达传感器,通过测量海洋表面散射系数获得海面信息得出海表面风矢量,成为海洋表面风场探测的主要手段。

侧视雷达(SLR)的视场方向与飞行器前进方向垂直,是用以探测飞行器两侧地带的一种工作于微波波段的成像雷达,侧视雷达使用合成孔径雷达技术(SAR)。

【小知识】

CMOS 图像传感器是一种多功能传感器,它的成像质量比 CCD 稍差,成本更低,随着 CMOS 影像质量的提升,未来有超出 CCD 系列摄影仪的趋势。

2. 遥感投影方式

遥感影像的投影一般为中心投影方式,分为点中心投影和线中心投影,要转为地形图的正射投影方式,需要进行投影转换(正射微分纠正)。

(1) 正射投影

正射投影[图 10.1(a)]的视点在无限远处,投影光线是互相平行的直线,并与投影平面相垂直。

【释义】 正射投影比例尺与投影距离无关,无倾斜误差,投影差不影响平面精度。

(2) 中心投影

① 点中心投影

点中心投影[图 10.1(b)]是把光由一点向外散射形成的投影,面阵摄影仪采用该投影方式。

【释义】 点中心投影影像每一幅像片具有一组外方位元素,比例尺随航高改变,倾斜导致比例尺改变,存在投影差影响。

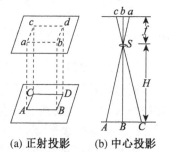

(a) 正射投影　　(b) 中心投影

图 10.1　正射投影和中心投影

② 线中心投影

线中心投影在飞行器行进路径的垂线上中心投影,在行进路径上正射投影。线阵摄影仪采用该投影方式。

【释义】 线中心投影影像每一条扫描行具有一组外方位元素,微分纠正方法与点中心投影影像不同,在飞行器行进路径方向上不存在投影差影响。

10.1.3 章节练习

(一) 单项选择题

1. 三线阵卫星影像在垂直于卫星轨道方向上( )。

   A. 为正射投影   B. 为中心投影

   C. 为正形投影   D. 不满足投影条件

2. ( )航空摄影测量模式主要采用自动匹配寻找同名点技术来构建影像模型。

   A. 模拟   B. 解析   C. 光学   D. 数字

3. 遥感指运用传感器非接触获取物体波谱特性的探测技术,其中( )传感器与其他三种在测距方法上不同。

   A. 框幅式黑白摄影机   B. 声呐仪

   C. CCD 线阵扫描   D. 成像光谱仪

4. 下列关于摄影测量的发展阶段的说法中,正确的是( )。

   A. 数字摄影测量处理的原始资料是数字影像或数字化影像

   B. 数字摄影测量和解析摄影测量使用的投影方式分别是数字投影和物理投影

   C. 模拟法摄影测量进行数据处理时需要先进行影像数字化处理

   D. 解析摄影测量和数字航空摄影测量的区别在于是否借助于计算机进行数据处理

5. 利用 DEM 纠正投影差后,数字航空摄影影像属于( )。

   A. 中心投影影像   B. 正射投影影像

   C. 真正射投影影像   D. 数字正射影像图

6. 采用( )的目的是增多获取目标的信息量,提高影像的判读和识别能力。

   A. 全色扫描仪   B. 多光谱扫描仪

   C. 全景摄影仪   D. 大面阵摄影仪

7. 假设以无穷远为视点观测地面,不考虑地球曲率,则影像为( )。

   A. 正形投影   B. 中心投影   C. 正射投影   D. 方位投影

习题答案与解析

(一) 单项选择题

  1.【B】 解析:卫星影像基于推扫成像,垂直轨道方向是中心投影。

  2.【D】 解析:随着影像同名点自动配准、数字微分纠正、光束法空三加密等技术的完善和发展,航空摄影测量进入了全数字时代。

  3.【B】 解析:声呐仪属于主动式传感器,其他三类属于被动式。

  4.【A】 解析:数字摄影测量和解析摄影测量使用的投影方式都是数字投影;模拟法

摄影测量无须借助于计算机,解析摄影测量和数字航空摄影测量都需要计算机处理数据,但解析法航空摄影测量不能实现纯计算机自动操作。

5.【B】 解析:投影差改正前航摄影像属于中心投影,改正后属于正射投影,采用DEM进行影像纠正仍然有投影差,还不是真正射影像。

6.【B】 解析:采用多光谱摄影的目的是提高影像的判读和识别能力。

7.【C】 解析:正射投影的视点在无限远处,投影光线是互相平行的直线,并与投影平面相垂直。

10.2 摄影测量和遥感基础

10.2.1 像点位移

航摄获得的中心投影影像需要纠正像点位移转换成正射投影影像才能制作地形图。

【释义】 地面点在像片上的构像相对于同摄站、同主距的水平影像的位置差异叫像点位移,即成像对于实际平面位置的偏移。

1. 像点位移

中心投影影像的像点位移主要有像片倾斜产生的像点位移和投影差。

(1)像片倾斜引起的像点位移

理想情况下,像片应完全与地面平行,但实际上像片一般会有倾斜,导致每处像点的航高不等,使影像上摄影比例尺不等,由此会引起像点位移。

【小知识】

通过等角点的像水平线称为等比线,即同一摄影点所摄的实际倾斜像片与理论上水平像片的交线,等比线上没有像片倾斜产生的像点位移。

主纵线即主垂面与像平面交线,像片倾斜产生的像点位移在主纵线上最大。

等角点为主光轴与主垂线(即过物镜中心的地面垂线)之间夹角的角平分线与像面的交点,像片倾斜角度越大,等角点与像主点拉开的距离也越大。

主垂面是包括主垂线与主光轴的平面。

(2)投影差

由于实际地面会有起伏,导致每一点的航高不同,从而引起像点位移,叫投影差。

投影差有以下特点:

◎像底点处没有投影差,距离像底点越远投影差越大。

◎投影差大小和地面点高度成正比,和主距成反比。

◎通过下面公式,利用像点到像底点距离、地物高程,计算投影差(图10.2),并加以改正。

$$\sigma = hR/H$$

式中 σ——投影差,即 a^0 与 a 之间的距离;

h——地面点相对于基准面的高；

H——相对航高；

R——地物相对于像底点的辐射距，像点在像平面上与像底点的距离 an。

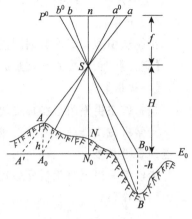

图 10.2　投影差

【释义】　如图 10.3 所示，点 A 为建筑楼顶角点，在正射影像上其像平面上位置实际应与房角地面点 B 重合，中心投影影像上的 AB 位置偏差即为投影差。

（3）物理因素引起的像点位移

大气折光、物镜畸变差、地球曲率、底片变形等引起的像点位移，可以用系数改正。

【释义】　本节所指像点位移与上一章的像移有本质区别。前者是由于中心投影和正射投影引起的像点平面位置偏差，后者是在航摄原始像片生产过程中产生的影像模糊。

图 10.3　影像上的投影差

2. 像片纠正

对航摄像片进行投影变换，消除像点位移，并将其归化为规定的比例尺图像的方法叫像片纠正，目前普遍采用的是数字微分纠正。

数字微分纠正根据已知像片的方位元素（内定向参数和外方位元素）以及 DEM，建立数学模型，利用计算机对每个像元进行正射纠正。

数字微分纠正方法分为正解法（直接法）和反解法（间接法），一般采用反解法。

【释义】　按照纠正单元的范围分为点元素纠正、线元素纠正、面元素纠正。数字微分纠正采取点元素纠正，纠正的过程是将影像化为很多微小的区域逐一进行纠正，而且使用的是数字方式处理，故叫做数字微分纠正。

（1）反解法

反解法是由纠正后的影像数据用反解公式求原始像点坐标的方法。

【释义】　先计算地面点坐标，再用反解公式求得像点坐标，并根据 DEM 内插高程求出像元行列号，根据像点坐标和内定向元素求得像元行列号，灰度内插并赋值。由于纠正后像元行列号和像元中心可能存在差异，还需要重采样和量化，即灰度内插来纠正像元中心位置,赋值灰度值。重采样内容详见后文。

（2）正解法

正解法由原始影像数据用正解公式求纠正后的像点坐标。

【释义】 正解公式和反解公式都是共线方程的变形应用。

【小知识】

模拟航空摄影测量在特定的正射投影仪上采用光学纠正法完成像片纠正。

光学机械法借助于光学机械航摄测图仪进行纠正,只能在平坦地区纠正像片倾斜误差,不能纠正投影差。

光学微分法也叫正射投影法,是在专门的正射投影仪上以小面元(山地)作为微分单元近似纠正投影差。

10.2.2 影像定位

1. 定位元素

影像定位元素分为内方位元素和外方位元素。

（1）内方位元素

内方位元素是摄影中心和像片之间的关系,包括3个参数,即主距和像主点在框标坐标系中的坐标(x_0, y_0)。

内方位元素通过检定航摄仪得到,一般属于已知条件。

（2）外方位元素

外方位元素是摄影中心在摄影瞬间的空间位置和姿态,包含6个参数。

① 3个线元素

3个线元素是位置元素,即摄影仪曝光瞬间摄影中心在所选定的地面空间坐标系中的三维坐标值(X, Y, Z)。

② 3个角元素

3个角元素是姿态元素,即摄影仪曝光瞬间像片在所选定的地面空间坐标系中的航向倾角、旁向倾角、像片倾角。

2. 外方位元素解算方法

外方位元素可以经地面控制点平差解算获得,也可通过 POS 系统直接测量得到。

（1）空间距离交会法

① 空间后方交会

单幅影像空间后方交会是在检定内方位元素后,通过若干地面控制点和相应像点坐标恢复外方位元素的方法(如图 10.4 所示)。

由于一共需要解求 6 个未知数(外方位元素),需列出 6 个方程,故需要最少 3 个像点坐标(x, y),通常用于单幅影像制作、漏洞补摄等小范围的航空摄影测量,精度较低。

【释义】 角锥法是使用 4 个且分布于四角的野外已知控制点,量取控制点像平面坐标,依据共线方程,采用

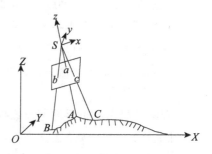

图 10.4　单幅影像空间后方交会

最小二乘法进行解算单幅影像的 6 个外方位元素。

空间后方交会以地面控制点为已知点,以影像未知的外方位元素为待定位置信息,实际上属于空间后方距离交会原理。

② 空间前方交会

空间前方交会指利用立体像对两张像片的内方位元素、同名像点坐标和外方位元素解算影像上其他地面点坐标的工作。

【释义】 空间前方交会是立体测绘数据采集的基础,在得到方位元素后,利用空间前方交会进行像点坐标采集。

空间前方交会和空间后方交会是相反的过程,空间前方交会并不是求外方位元素的方法,只是为了学习者便于对比,把它们放在一起。

空间前方交会是已知影像方位元素,求地面待定点坐标的方法,属于空间前方距离交会原理。

(2) 空中三角测量

① 航带法(单模型法)空三测量

航带法(单模型法)空三测量采用相对定向和绝对定向的方式,依据共面方程求解外方位元素,单模型法是只有一个立体像对特殊的航带法空三测量,详见后文。

② 光束法空三测量

光束法空三测量,详见后文。

(3) POS 测量

采用 POS 方法,直接求姿态元素和线元素,详见后文。

3. 构像的数学基础

(1) 航空摄影构像

共线方程是中心投影的构像方程,其含义为摄影中心、像点、地面点三点一线,是单像空间后方交会、多像空间前方交会、光束法平差、数字投影、数字微分纠正等工作的基本方程。

共线方程包含了 1 个摄影仪主距、2 个像平面坐标元素(x,y)、3 个地面坐标元素(X, Y, Z),以及 6 个像片外方位元素,一共 12 个元素。

$$
\left.
\begin{aligned}
x = x_0 = -f\,\frac{a_1(X-X_S)+b_1(Y-Y_S)+c_1(Z-Z_S)}{a_3(X-X_S)+b_3(Y-Y_S)+c_3(Z-Z_S)} \\
y - y_0 = -f\,\frac{a_2(X-X_S)+b_2(Y-Y_S)+c_2(Z-Z_S)}{a_3(X-X_S)+b_3(Y-Y_S)+c_3(Z-Z_S)}
\end{aligned}
\right\}
$$

式中 x, y——像点坐标;

  x_0, y_0, f——内方位元素;

  X, Y, Z——地面点的地面坐标;

  X_S, Y_S, Z_S——投影中心的地面坐标;

  $a_i, b_i, c_i(i=1, 2, 3)$——像片旋转矩阵的方向余弦。

【释义】 像平面坐标元素(x, y)中隐含了内方位元素(x_0, y_0)。共线方程是摄影测量的基础公式,应知道其意义和用途,具体公式不需要记忆。

（2）卫星遥感影像构像

卫星遥感影像可采取共线方程来构像，更多的是通过通用的 RFM 有理函数模型构像。

【释义】 有理函数模型是广义的通用传感器模型，回避了成像参数（内外方位元素）。当有严格传感器模型时，可以不依赖地面控制点解算有理多项式系数（RPC 参数）；如没有严格传感器模型时，必须依赖足够的地面控制点解求 RPC 参数。

通常的遥感传感器成像模型都是基于共线方程，必须获取成像参数。对于航空摄影测量来说需要获得内方位元素以及外方位元素，对于遥感卫星影像需要获取轨道参数、传感器方位元素、焦距等，而商业卫星传感器参数和卫星定位定姿参数一般不可得到，故需要一种通用几何模型 RFM(有理函数模型)来代替共线方程模型拟合内外方位元素，作为遥感卫片构像的基础数学模型。

4. 立体像对建模

（1）立体像对

立体像对指由不同摄站获取的具有一定重叠区域的两张像片形成的立体模型。

立体模型一般采用正立体，即把左片放置在左，把右片放置在右，借助立体影像辅助观测设备观察形成的正立体影像。

【释义】 影像沿拍摄顺序从左到右放置，借助于立体镜，左眼看左片，右眼看右片，当两张像片上的同一地物重合后则可以看到正立体影像。对立体像对的观测就是立体测图，通过这个方式可得到影像上的三维位置数据。除了这个正立体外，还有负立体和零立体。

负立体是把左片、右片各旋转180°，即对调两片位置，使重叠区向外，形成远近左右与实物相反的负立体影像。

零立体是把左片、右片各旋转90°，形成零立体影像，即平面影像。

【小知识】

立体观测需要借助特殊的工具——立体镜进行观测（图 10.5），主要有以下几种方法：

互补色法是在投影器中插入互补色滤光片，观测者分别用互补色同色眼镜观测。

光闸法是在光路中各安装光闸一关一开，观测者分别用同步开关的眼镜观测。

图 10.5　立体镜观测

偏振光法是在光路中各安装互成 90°的偏振光片，观测者用安装偏振光片的眼镜观测。

双目镜法，每个双筒望远镜像面内的固定像片可在垂直方向互相移动。

液晶闪闭法，左右镜片随着左右像片的显示进行同步关闭和打开，实现分像观察左右像片进而实现立体观测。

（2）同名点匹配

相邻影像需要对重叠区的同名点进行配对以实现影像的连接，建立立体观测模型。立体像对的建立和航空摄影测量自动化的关键技术在于识别和配对立体像对两像片的同名像点。

① 人工像点量测

用解析法处理像片前必须先求出像点的像片坐标，传统方法使用坐标量测仪进行像点坐标量测。

② 同名像点自动匹配

数字化摄影测量用立体影像匹配自动量测像点坐标。影像匹配是利用互相关函数,评价左右影像的相似性以确定同名点。

对立体像对两张像片通过核线重采样进行同名点匹配,使二维匹配变成一维匹配(图10.6),不再需要在整张像片上搜索同名点,只需在核线上搜索,可大大提高数字匹配效率。如图 10.6 所示,目标区 m 要小于搜索区 n,且 m 的像元数为奇数,核线重排后改为一维搜索。

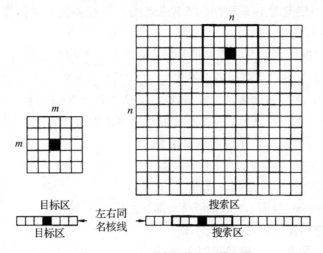

图 10.6　同名像点二维和一维匹配

【释义】　影像匹配包括基于特征和基于小区域影像灰度两类匹配,它的早期技术叫影像相关。

5. 定向建模

两张相邻影像的二维影像数据通过同名点匹配,建立三维立体模型,并获得地面参照系的位置数据,要通过相对定向和绝对定向方式来实现。

一个立体像对模型由两张像片构成,包含 12 个外方位元素。

(1) 内定向

内定向是已知摄影仪检定参数,通过仿射变换把扫描坐标归算到像片坐标,把模拟影像数字化,并具有标准的像平面坐标以实现立体建模的工作。

内定向时,量测影像上四个框标点的扫描坐标,根据航摄仪检定的框标理论坐标,经解析计算求得内定向参数。

$$\begin{cases} x = h_0 + h_1 \bar{x} + h_2 \bar{y} \\ y = k_0 + k_1 \bar{x} + k_2 \bar{y} \end{cases}$$

式中　x, y——框标像平面坐标;

$\bar{x}$, $\bar{y}$——框标扫描坐标;

h_0, h_1, h_2, k_0, k_1, k_2——内定向参数。

【释义】　数码航摄影像虽不需要扫描,但数码摄影原始像片的像元栅格坐标系一般以像片角点为坐标原点,以行列为坐标轴,而像平面坐标系以框标连线中点(理论像主点)为坐标原点,两者需要经过内定向步骤把原始数字影像转化成像平面坐标系影像。

(2) 相对定向

暂不考虑外方位元素,通过具有一定重叠度的相邻影像同名点匹配,建立任意比例尺和任意方位的相对立体像对模型,叫相对定向。相对定向完成的唯一标准是所有同名点投影光线对对相交。

立体像对两像片在像平面坐标系上的横坐标之差称为左右视差(X),纵坐标之差称为上下视差(Y)。相对定向时主要要消除同名像点的上下视差建立立体模型,地物立体测绘时主要消除的是左右视差。

解析法相对定向时,由共面方程求得两像片之间的 5 个相对定向元素,即 2 个线元素和 3 个角元素。需要最少量测 6 对同名点像片坐标,用最小二乘法求出 5 个相对定向元素。

【释义】 因立体像对两张像片左右摆放,故同名光线投影在承影面上有没有上下视差(Y 轴)是检验是否完成相对定向的标志。左右视差和比例因子有关,和相对定向无关,所以相对定向元素中不需要知道像片横坐标线元素。

共面方程是共线方程的延伸应用,如图 10.7 所示,摄影基线 S_1S_2 与同名光线 S_1A、S_2A 三线位于同一平面(核面),叫共面方程,即同名光线相交,是立体像对相对定向的基础。

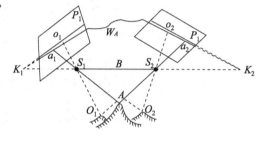

核面 S_1S_2A 与两张像片相交于同名核线 K_1a_1、K_2a_2,同名像点一定位于同名核线上。

图 10.7 核面和共面方程

$$S_1S_2 \cdot S_1A \cdot S_2A = 0$$

上式中 S_1S_2、S_1A、S_2A 都是矢量。

立体像对相对定向可分为以下两种形式:

① 连续像对定向模式

连续像对相对定向以立体像对的左片为空间辅助坐标系,右片的坐标系转换到左片,求解 2 个线元素和 3 个角元素,后面像片依次以这个坐标系完成相对定向。

【释义】 这种方式考虑到了多个立体像对在像空间辅助坐标系中的统一,即以第一张像片作为一个统一的起始坐标系,把多个立体模型连接成一条航带[图 10.8(a)],是空三航带法平差的基础。

② 单独像对定向模式

单独像对相对定向以立体像对基线为像空间辅助坐标系坐标轴,左核面为坐标面,求 5 个相对角元素[图 10.8(b)]。

(3) 绝对定向

在相对定向完成的基础上,利用地面参考系不在同一条直线上的至少 2 个平高控制点和 1 个高程控制点,解算 7 个未知数,把像片坐标归算到地面坐标系的过程,叫绝对定位。绝对定向元素为 3 个线元素,3 个角元素,1 个缩放元素,共 7 个元素。

【释义】 若不考虑内方位元素,一个立体像对共含有 12 个定向元素,即两套外方位元

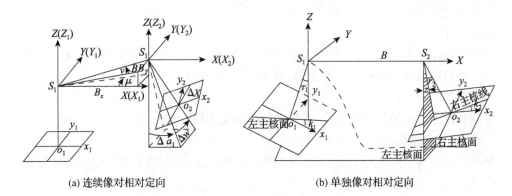

| (a) 连续像对相对定向 | (b) 单独像对相对定向 |

图 10.8　连续像对和单独像对相对定向

素,相对定向时,从 6 个定向元素中剔除出航向上的线元素分量,该分量在核线同名点配对的时候只和比例尺大小相关,与相对定向立体模型无关。该分量即为缩放因子,把它归为绝对定向元素,故相对定向元素为 5 个,绝对定向元素为 7 个。

10.2.3　遥感概述

1. 遥感基础知识

（1）遥感所用波段

遥感所用电磁波属于横波(图 10.9),波长由长到短分为长波、中波、短波、微波、远红外、中红外、近红外、红橙黄绿青蓝紫可见光、紫外线、X 射线、γ 射线等,主要是微波、红外、可见光和部分紫外波段。

地物波谱特性指地物具有的发射、吸收、反射和透射电磁波的特性。遥感主要测定地物的反射波谱、发射波谱、微波波谱。

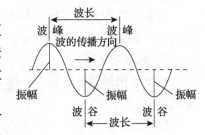

图 10.9　电磁波属于横波

【释义】　物体对入射辐射具有反射、吸收和透射等选择。反射波谱是物体对反射的选择而产生的反射率规律。

辐射发射是物质吸收能量后产生电磁辐射的现象。发射波谱是某物体的辐射发射率随波长变化的规律。

（2）常见大气窗口

电磁波通过大气层较少被反射、吸收和散射的那些透射率高的波段称为大气窗口。为了利用地面目标反射或辐射的电磁波信息成像,遥感中对地物特性进行探测的电磁波通道应选择在大气窗口内。

【小知识】

大气衰减是指电磁波在大气中传播时发生的能量衰减现象,对大气进行遥感探测应选择衰减系数大的电磁波波段。

常见的大气窗口有:

◎可见光(0.4~0.8 μm)和部分紫外、近红外波段可见光和部分紫外、近红外波段反映地物对阳光的反射波谱。

◎近红外(1.3～2.5 μm)

近红外也称摄影红外,对水体和植被用近红外遥感探测效果显著,白天夜晚都可以进行。近红外扫描成像一般用于地质遥感,属于反射红外遥感。

◎中红外(3.5～5.0 μm)

中红外波段物体的热辐射较强,可作为探测高温波段。

◎热红外(8～14 μm)

热红外波段属于远红外中的一段,是地物的发射波谱,热红外遥感适合在夜晚进行。

◎微波(1.0 mm～1 m)

由于微波具有穿云透雾的特性,微波遥感可以全天候工作,主动式遥感一般采取微波波段或激光。

2. 遥感影像特征

遥感影像具有几何特征、物理特征、时间特征三方面特征。

(1) 几何特征和空间分辨率

空间分辨率是在扫描成像过程中一个光敏探测元件通过望远镜系统投射到地面上的直径或对应的视场角度,即遥感图像上能详细区分的最小单元的尺寸,一般用地面分辨率或影像分辨率表示。

目标在图像上的可分辨程度除了空间分辨率外,还与形状、大小,以及周围物体亮度、结构的相对差异有关。空间分辨率的选择一般应选择小于被探测目标最小直径的1/2。

① 地面分辨率

数字影像的地面分辨率以地面采样间隔(GSD)表示,指以地面距离表示的相邻像元中心的距离。

【释义】 地面分辨率并不代表能分辨的地物最小尺寸,只代表每个像元对应地面的大小。

② 影像分辨率

影像分辨率一般以影像上以行列式表示的像元个数。

胶片影像的影像分辨率指成像系统对黑白相间、宽度相等的线状目标影像分辨的能力,以每毫米线对数表示。

【释义】 影像分辨率的表示,如500万像素的数码相机的影像分辨率可表示为2 592×1 944 像素。

像元,亦称像素或像元点,是组成数字影像的最小单元。在遥感数据采集时,它是传感器对地面景物进行扫描采样的最小单元;在数字图像处理中,它是对模拟影像进行扫描数字化时的采样点。

【小知识】

胶片航摄仪镜头分辨率应不低于25线对/mm,软胶片的分辨率不应小于85线对/mm。

(2) 物理特征和光谱分辨率

光谱分辨率指传感器所能记录的电磁波谱中某一特定波长范围值,波长范围值越宽,光谱分辨率越低。

波段数越多,波段宽度越窄。有针对性地选择光谱分辨率才能达到增强像片的效果。光谱分辨率太高会导致数据冗余,不利于识别地物。

【释义】 如 MSS 多光谱扫描仪波段数为 5,宽度为 100~2 000 nm,高光谱成像扫描仪波段从几十到几百,宽度 5~10 nm。

(3) 时间特征和时间分辨率

时间分辨率指对同一目标重复探测的相邻两次观测的时间间隔。利用时间分辨率可对历次获取的数据资料进行叠加分析,提高地物识别精度。

【小知识】 常见的遥感时间分辨率:

◎超短期的:如台风、海况、鱼情等,需以小时计。

◎短期的:如洪水、旱涝、森林火灾、作物长势等,要求有以日数计。

◎中期的:如土地利用、生物量统计等,一般需要以月或季度计。

◎长期的:如水土保持、湖泊消长、海岸变迁等,则以年计。

◎超长期的:如火山喷发等地质现象,可长达数十年以上。

(4) 辐射分辨率

辐射分辨率指传感器能分辨的目标反射或发射的电磁辐射强度的最小变化量。

在可见光、近红外波段用噪声等效反射率表示,在热红外波段用噪声等效温差和最小可分辨温差表示。

按照规范规定,数字航空摄影影像辐射分辨率不小于 12 bit,黑白影像不少于 8 bit。

10.2.4 章节练习

(一) 单项选择题

1. 下列关于投影差的特征,论述正确的是( )。

    A. 像主点处没有投影差   B. 航摄基准面上没有投影差

    C. 绝对航高越大投影差越小   D. 模型重叠度越大投影差越小

2. 假设影像上像点航摄比例尺处处相等,则( )。

    A. 不存在投影差也不存在像片倾斜误差   B. 不存在投影差

    C. 不存在像片倾斜误差   D. 存在投影差也存在像片倾斜误差

3. 像片倾斜和地面起伏会引起像点位移,下列说法不正确的是( )。

    A. 像片上可能存在没有像点位移的像点

    B. 像点位移和该地物点距离摄影基准面距离有关

    C. 像片倾斜引起的像点位移与主距无关

    D. 像底点处可能存在像点位移

4. 数字微分法是以( )为单位对影像进行像移纠正的方法。

    A. 像元   B. 线元素   C. 面元素   D. 像元集

5. 一个立体像对构成的要件不包括( )。

    A. 符合中心投影特征   B. 有确定外方位元素

    C. 有一定重叠度   D. 两张影像

6. 立体像对同名点数字匹配时要经过核线重排,目标区应小于搜索区,以下可能是目标区像元取值范围的是( )。

    A. 5   B. 6   C. 5×5   D. 6×6

7. 在解析和数字摄影测量中,共线方程的主要应用不包括( )。

    A. 数字微分纠正   B. 立体模型绝对定向

    C. 多像空间前方交会   D. 数字投影

8. 解析法像对相对定向应符合( )的特性。

    A. 同名光线对对相交   B. 同名地物对对重合

    C. 同名影像对对重叠   D. 同名核线对对连续

9. 人造立体视觉必须符合立体观察的条件,下列描述有误的是( )。

    A. 两张像片构成立体像对

    B. 每只眼睛必须只观察像对的一张像片

    C. 两像片上同名像点连线大致平行眼基线

    D. 两像片的比例尺必须保持一定差异

10. 下列测量数据中,具有重叠度的两幅图件不能进行立体测量的是( )产品。

    A. SAR   B. SPOT5   C. DRG   D. RC30

11. 利用单像后方交会求解 6 个影像外方位元素需要列出 6 条方程,至少需要( )个地面控制点。

    A. 1   B. 2   C. 3   D. 4

12. 以下不属于外方位元素角元素的是( )。

    A. 航向倾角   B. 旁向倾角   C. 像片倾角   D. 像片旋偏角

13. 要获取单张像片的外方位元素,可利用一定数量的地面控制点,采用( )方法进行。

    A. 空间前方交会   B. 空间后方交会

    C. 相对定向-绝对定向   D. 空中三角测量

14. 下列项目中,主要是基于共线方程应用的是( )。

    A. 单像空间前方交会   B. 通过 RFM 模型成像

    C. 利用 DSM 制作真正射影像   D. 通过 DOM 来制作线划图

15. 经过相对定向,建立了两张像片的几何模型,该模型( )。

    A. 大小和空间位置都固定   B. 大小固定

    C. 空间位置固定   D. 大小和空间位置都不固定

16. 在核线重排的基础上,进行( )维匹配确定同名像点可以提高定向的效率。

    A. 一   B. 二   C. 三   D. 零

17. 摄影测量数据处理时,如不考虑航摄仪检定参数,绝对定向元素和相对定向元素之和与一个立体模型的外方位元素相比,定向元素数目( )。

    A. 较多   B. 相等   C. 较少   D. 无法比较

18. 在航空摄影测量中,同名点匹配的目的之一是解求( )元素。

    A. 绝对定向   B. 相对定向

    C. 相对定向和绝对定向   D. 内方位

19. 航摄影像立体观测时,以下做法能正常进行立体观测的是( )。

A. 不旋转影像,对调左右片位置

B. 两张影像各旋转 180°,并对调左右片位置

C. 两张影像朝同方向旋转 90°

D. 两张影像朝同方向旋转 90°,并对调左右片位置

20. 摄影测量中,内定向一般需要量测(　　)个框标点计算求得内定向参数。

    A. 2　　　　　　　　B. 4　　　　　　　　C. 6　　　　　　　　D. 10

21. 一般通过自动量测(　　)对以上同名点的像点坐标来解算立体像对相对定向元素。

    A. 3　　　　　　　　B. 4　　　　　　　　C. 5　　　　　　　　D. 6

22. 利用空三航带法进行航片定向时一般采用航带第一个模型(　　)。

    A. 左片的空间辅助坐标系为准进行相对定向

    B. 右片的空间辅助坐标系为准进行相对定向

    C. 基线和左核面为辅助坐标系进行相对定向

    D. 基线和右核面为辅助坐标系进行相对定向

23. 数字影像(　　)是摄影测量自动化的关键技术。

    A. 索引　　　　　　B. 相关　　　　　　C. 纠正　　　　　　D. 重采样

24. 下列遥感影像应用中,收集遥感影像无须考虑时间分辨率的是(　　)。

    A. 为观察滑坡进行山体监测　　　　　　B. 海岸线变化与分析

    C. 地震后进行灾后损失分析　　　　　　D. 更新国情普查数据

25. 下列关于数字影像空间分辨率的表述错误的是(　　)。

    A. 影像空间分辨率决定了影像对地物的识别能力

    B. 影像空间分辨率是决定成图精度的主要因素

    C. 地面分辨率指的是用地面距离表示相邻像素中心的距离

    D. 地面分辨率是能分辨的地物最小尺寸

26. 假设影像像元大小为1,则以下表达式的值不等于地面采样间隔 GSD 的是(　　)。

    A. 航摄比例尺分母/1　　　　　　　　B. 像元对应地面尺寸/像元尺寸

    C. 相对航高/主距　　　　　　　　　　D. 影像对应摄影基准面范围面积/影像面积

27. 在遥感影像分类方法中,监督分类方法是(　　)的过程。

    A. 先分类后识别　　　　　　　　　　B. 边统计边归纳

    C. 先聚集后分析　　　　　　　　　　D. 先分级后分类

28. 遥感解译人员不需要通过遥感图像获取目标(　　)信息。

    A. 几何特点　　　　B. 拓扑关系　　　　C. 属性　　　　　　D. 动态特点

29. 下列关于遥感影像目视解译步骤说法错误的是(　　)。

    A. 从已知到未知　　　　　　　　　　B. 先平原后山区

    C. 先地表后深部　　　　　　　　　　D. 先图形后线形

30. 在遥感影像中,影像的基本单元是(　　)。

    A. 像元　　　　　　B. 线对　　　　　　C. 栅格　　　　　　D. 灰阶

31. 在可见光波段,遥感影像接收的辐射主要来源于(　　)。

    A. 太阳　　　　　　B. 地球　　　　　　C. 月球　　　　　　D. 地物本身

（二）多项选择题

1. 以下情况中，影像上地形像点不存在投影差的是（　　）。

A. 像平面中心处像点

B. 像点经过正射微分纠正后

C. 中心投影影像，像点在摄影基准面上

D. 影像主光轴与摄影基准面垂直时影像上的像点

E. 位于航摄基准面以下的地面点在影像上的像点

2. 采用数字微分纠正方法来对航片进行处理的时候，需要收集（　　）等资料。

A. 摄影仪检定参数 　　　　　　B. 地面高程模型

C. 影像姿态参数 　　　　　　　D. 成图比例尺

E. 影像直方图处理函数

3. 要改正航摄影像投影差，需要知道以下参数中的（　　）。

A. 相对航高 　　　　　　　　　B. 地面分辨率

C. 地面点高程 　　　　　　　　D. 地物点和像底点距离

E. 地物点和像底点连线的方向

4. 正射微分纠正要对（　　）等因素引起的像点位移进行重采样处理。

A. 像片倾斜误差 　　　　　　　B. 航摄相对漏洞

C. 像点高程造成误差 　　　　　D. 曝光造成的像点位移残影

E. 薄云遮挡影响

5. 摄影测量共线方程是中心投影的构像方程，由（　　）等元素构成。

A. 内方位元素 　　　　　　　　B. 像点坐标

C. 航向角 　　　　　　　　　　D. 地面点正常高

E. 摄影中心三维坐标

6. 有理函数模型 RFM 的用途主要是（　　）。

A. 解求外方位元素 　　　　　　B. 空间前方交会

C. 求解地面控制点 　　　　　　D. 解算共线方程

E. 影像正射纠正

习题答案与解析

（一）单项选择题

1.**【B】** 解析：像底点处没有投影差，距离像底点越远投影差越大；相对航高越大，投影差越小；重叠度和投影差无关。投影差和地物地面高程有关，在航摄基准面上，没有地面起伏，故没有投影差，只有选项 B 表述无误。

2.**【A】** 解析：假设影像上像点航摄比例尺处处相等，则每个像点处的航高都相等，影像上不存在投影差也不存在像片倾斜误差。

3.**【C】** 解析：像点位移倾斜误差（像片倾斜引起的位移）和投影差（地面起伏引起的位移）。像点位移的大小跟等角点辐射距、主距、像片倾角、等角点辐射线与等比线夹角等因素有关。若影像水平时，等比线通过像主点和像底点，此时像点不存在像点位移。

4.【A】　解析：根据已知像片的方位元素(内定向参数和外方位元素)以及 DEM,建立数学模型,利用计算机对每个像元进行微分纠正。

5.【B】　解析：立体像对指由不同摄站获取,具有一定重叠区域的两张像片形成的立体模型。立体像对与外方位元素无关。

6.【A】　解析：对立体像对两张像片核线重采样进行同名点匹配,使二维匹配变成一维匹配,不再需要在整张像片上搜索同名点,只需在核线上搜索,可大大提高数字匹配效率。目标区要小于搜索区,且像元数应为奇数,故选 A。

7.【B】　解析：共线方程是中心投影的构像方程,即摄影中心、像点、地面点三点一线。主要用于单像空间后方交会和多像空间前方交会、光束法平差模型、数字投影的基础、与DEM 一起制作 DOM、与 DEM 一起制作单幅影像制图。

8.【A】　解析：解析法相对定向"同名光线对对相交"(每两条同名光线共面)的特性是通过共面方程来实现。

9.【D】　解析：立体像对指由不同摄站获取,具有一定重叠区域的两张像片形成的立体模型。影像沿拍摄顺序从左到右放置,借助于立体镜,左眼看左片,右眼看右片,当两张像片上的同一地物重合后则可以看到正立体影像。

10.【C】　解析：DRG 不是中心投影影像,不具有形成共线模型的基础,无法进行空间前方交会获得三维位置数据。SAR 图像可以进行立体测量,但精度不高。

11.【C】　解析：单像后方交会由于一共需要解求 6 个未知数(外方位元素),需列出 6个方程,故需要最少 3 个像点坐标(x,y),通常用于单幅影像制作、漏洞补摄等小范围的航空摄影测量。

12.【D】　解析：外方位元素 3 个角元素是曝光瞬间像片在所选定的地面空间坐标系中的姿态,即航向倾角、旁向倾角、像片倾角。旋偏角是相邻像片框标连线和像片主点连线的夹角。

13.【B】　解析：单张像片借助地面控制点采用空间后方交会的方法来求解像片外方位元素。

14.【C】　解析：单像没有重叠度,不能进行立体测图;RFM 是无法获得内方位元素的情况下,利用有理函数模型多项式构像;DOM 是正射影像图,不服从中心投影规则;只有选项 C 采用了共线方程原理,用微分纠正改正投影差。

15.【D】　解析：相对定向暂不考虑外方位元素,建立任意比例尺和方位的相对立体模型,叫相对定向。相对定向时没有引入地面参照系,而且不考虑比例因子,故选 D。

16.【A】　解析：对立体像对两张像片核线重采样进行同名点匹配,使二维匹配变成一维匹配,不再需要在整张像片上搜索同名点,只需在核线上搜索,可大大提高数字匹配效率。

17.【B】　解析：一个立体像对含有 12 个方位元素,即两套外方位元素。

18.【B】　解析：同名点匹配目的之一是求出相对定向元素,实现立体模型的建立。

19.【B】　解析：左片、右片旋转 180°,即对调两片位置,使重叠区向外,形成远近左右与实物相反的负立体影像。旋转后再对调,则重叠区在内测,能进行正常立体测量。

20.【B】　解析：内定向时,量测影像上四个框标点的扫描坐标,根据航摄仪检定的框标理论坐标,经解析计算求得内定向参数。

21. 【D】 解析:解析法相对定向时,由共面方程求得两像片之间的5个相对定向元素,即2个线元素和3个角元素。需要最少量测6对同名点像片坐标,用最小二乘法求出5个相对定向元素。

22. 【A】 解析:连续像对定向模式:以立体像对的左片为空间辅助坐标系,右片的坐标系转换到左片,求解2个线元素和3个角元素,航带法空三用该法进行。

23. 【B】 解析:影像相关是利用两个信号的相关函数,评价它们的相似性以确定同名点。影像相关是影像匹配的一种。

24. 【C】 解析:时间分辨率指对同一目标重复探测的相邻两次观测的时间间隔。利用时间分辨率可以提高成像率和解像率,对历次获取的数据资料进行叠加分析,提高地物识别精度。地震已经发生,灾情分析不依赖遥感影像的拍摄周期决定判读精度,选项D的时间分辨率越高,国情普查调查原始影像的地物变化率越小,越准确。

25. 【D】 解析:地面分辨率指以地面距离表示的相邻像素中心的距离,并不代表能分辨的地物最小尺寸,只代表每个像素对应地面的大小。

26. 【D】 解析:GSD表示影像上一个像元代表地面点的大小,其与像元尺寸大小的比值即等于航摄比例尺。选项D是面积之比,是尺寸比值的平方。

27. 【A】 解析:影像分类分为非监督分类和监督分类,其中非监督分类多是在类别未知的情况下,基于像素的相似程度,通过聚类的方法来自动分类,而监督分类则是通过事先为每类地物在遥感图像上采集样本数据确定类别,然后根据类别通过学习训练过程进行分类,因此选A。

28. 【B】 解析:影像解译指依据影像地物空间分布特点、属性特点、动态特点等获取信息的基本过程。拓扑关系的建立需要在地理信息空间数据库中建立。

29. 【B】 解析:影像解译顺序是从已知到未知、先易后难、先山区后平原、先地表后深部、先整体后局部、先宏观后微观、先图形后线形。

30. 【A】 解析:像元,亦称像素或像元点,是组成数字化影像的最小单元。在遥感数据采集,如扫描成像时,它是传感器对地面景物进行扫描采样的最小单元;在数字图像处理中,它是对模拟影像进行扫描数字化时的采样点。

31. 【A】 解析:可见光主要反映地物对阳光的反射波谱。

(二)多项选择题

1. 【BC】 解析:由于实际地面会有起伏,导致每一点的航高不同,从而引起像点位移,叫投影差。在像底点处没有投影差,投影差大小和地面点高度成正比。选项A错在像平面中心不一定为像底点;选项D处没有影像倾斜带来的位移,但和投影差无关;选项E,只有在航摄基准面上,即没有地面起伏才没有投影差。

2. 【ABC】 解析:数字微分法是根据已知像片的方位元素(内定向参数和外方位元素)以及DEM建立数学模型,利用计算机对每个像元进行微分纠正。选项A、B、C分别对应内方位元素、DEM、外方位角元素。

3. 【ACDE】 解析:由投影差公式 $\sigma = hR/H$,可知投影差与相对航高、地面点高程、地物相对于像底点的辐射距有关。

4. 【AC】 解析:像点位移主要有像片倾斜产生的像点位移和投影差。根据已知像片的内定向参数和外方位元素以及 DEM,建立数学模型,利用计算机对每个像元进行微分纠正。这种过程是将影像化为很多微小的区域逐一进行纠正,而且使用的是数字方式处理,故叫做数字微分纠正。选项 D、E 属于航摄影像质量控制内容,相对漏洞需要野外补测,无法内业纠正。

5.【ABCE】　解析:共线方程是中心投影的构像方程,其含义为摄影中心、像点、地面点三点一线。共线方程包含了 1 个摄影仪主距、2 个像平面坐标元素(x, y)、3 个地面坐标元素(X, Y, Z),以及 6 个像片外方位元素,一共 12 个元素。在共线方程解算中,地面点坐标采取空间直角坐标系的模式,选项 C、E 都是外方位元素之一。

6.【BE】　解析:通用几何模型 RFM(有理函数模型)来代替共线方程模型拟合内外方位元素,作为遥感卫片构像的基础数学模型。有理函数模型是广义的通用传感器模型,回避了成像参数(内外方位元素)。

10.3　影像资料收集和预处理

10.3.1　影像资料收集和分析

1. 影像数据源收集

(1) 航空摄影影像数据收集

航空摄影影像要收集的资料主要有影像数据、索引图、摄区范围图、技术设计书、航摄鉴定表、航摄仪技术参数、军区批文、航摄送审报告、飞行记录、航线和像片结合图、摄区完成情况图、航摄资料移交书等。

若数据源是模拟影像,还需要收集航空摄影底片压平质量检测报告、航空摄影底片密度检测报告、像片中心点结合图、原始底片、航摄像片等。

航摄仪技术参数包括航摄仪检定坐标系、框标编号和坐标、检定焦距、镜头自准轴主点坐标、镜头对称畸变差测定值等。

(2) POS 辅助航空摄影数据收集

① POS 辅助航空摄影资料

工作总结报告、资料移交报告、设备检定报告、数据处理报告、飞行记录、基站点位测量报告、检校场检测样本区底片资料单及像片结合图、精度检测报告、外方位元素成果表等。

② 地面技术文档

地面测量技术设计书和技术总结、地面测量检查报告、地面控制测量成果表、摄区精度检测样区精度检测报告、摄区测站信息表等。

(3) 遥感影像资料收集

遥感影像资料主要收集立体像对或单景卫星影像、全色数据和多光谱数据,及完整的卫星参数等资料。购买遥感影像的形式分为定制编程数据和存档数据两种。

【释义】　存档数据指卫星已经在该区域拍摄过,已知数据拍摄时间、数据质量,可以随时提供给客户。

编程数据指客户指定的区域卫星没有拍摄过,需指令卫星遥感公司拍摄该区域去获得数据。

2. 影像分析

(1) 航空摄影影像分析

① 模拟航摄影像分析

模拟影像的航摄比例尺与成图比例尺之间的关系见表10.2。

表 10.2　模拟影像成图比例尺和航摄比例尺以及 *GSD* 关系

成图比例尺(m)	航摄比例尺(M)	M/m	地面采样间隔(GSD)/mm
1:500	1:2 000~1:3 500	4~7	40~70
1:1 000	1:3 500~1:7 000	3.5~7	70~140
1:2 000	1:7 000~1:1.4万	3.5~7	140~280
1:5 000	1:1~1:2万	2~4	200~400
1:1万	1:2~1:4万	2~4	400~800
1:2.5万	1:2.5~1:6万	1~2.4	500~1 200
1:5万	1:3.5~1:8万	0.7~1.6	700~1 600
1:10万	1:6~1:10万	0.6~1	1 200~2 000

备注:M/m 指航摄比例尺分母与成图比例尺分母的比值,便于记忆。

表10.2中,模拟航空摄影像片经扫描后,像元尺寸大小为0.02 mm。

$$GSD = M \cdot P$$

式中　GSD——地面采样间隔;

　　　M——航摄比例尺分母;

　　　m——成图比例尺分母;

　　　P——像元尺寸。

② 数字航摄影像分析

数字航摄影像成图比例尺和地面分辨率关系见表10.3。

表 10.3　数字影像成图比例尺和地面分辨率关系

成图比例尺	地面分辨率/m
1:500	优于0.1
1:1 000	优于0.1
1:2 000	优于0.2
1:5 000	优于0.5
1:1万	优于1.0
1:2.5万	优于2.5
1:5万	优于5.0

（2）遥感影像分析

常见卫星遥感影像地面分辨率和成图比例尺分析，见表 10.4。

表 10.4　常见卫星遥感影像

卫星影像名称	地面分辨率/m	最大成图比例尺
中低分辨率		
Landsat MSS(4 个波段)	全色 79	1：50 万
HJ - 1 中国环境 1	全色 30	1：25 万
Landsat TM(7 个波段)	全色 30	1：10 万
Landsat ETM(8 个波段)	全色 15～60	1：5 万
Landsat8 OLI_TIRS(11 个波段)	多光谱 30,全色 15	1：5 万
SPOT 1-4 法国	多光谱 20,全色 10	1：5 万
SPOT 5 法国	多光谱 10,全色 2.5	1：2.5 万
CBERS - 3 中巴资源三号	多光谱 5,全色 2.5	1：2.5 万
高分一号、高分六号	多光谱 8,全色 2	1：2.5 万
SPOT6、SPOT7	多光谱 6,全色 1.5	1：2.5 万
高分辨率(全色 1 m 分辨率以上的卫片)		
IKONOS1-2 美国伊科诺斯	多光谱 4,全色 1	1：1 万
高分 2-3 中国	多光谱 4,全色 1	1：1 万
北京二号	多光谱 3.2,全色 0.8	1：1 万
QuickBird 美国	多光谱 2.44,全色 0.61	1：5 000
高景一号	多光谱 2,全色 0.5	1：5 000
WorldView 美国 QB 的下代	多光谱 1.8,全色 0.5	1：5 000
Geoeye - 1 美国地球眼	多光谱 1.65,全色 0.41	1：5 000
WorldView3、WorldView4	多光谱 1.24,全色 0.31	1：5 000

【释义】　表 10.4 中，亚米级的高分辨率卫星影像，尤其是我国的高分辨率卫星影像的全色分辨率应重点关注，其中高景一号分辨率已跨入了 0.5 m 大关。

【小知识】

◎陆地资源卫星

以探测陆地资源为目的的卫星叫陆地资源卫星，如美国陆地卫星 Landsat、法国陆地观测 SPOT 卫星、中国和巴西合作的中巴资源系列 CBERS 卫星。TM、MSS、ETM、OLI_TIRS 是 Landsat 卫星搭载的不同传感器，目前最新的 Landsat 8 卫星提供两个传感器，OLI 9 个波段和 TIRS 2 个波段。常采用 Landsat 多光谱影像与其他高分辨率全色影像融合的方法来得到多波段的高分辨率影像。

◎我国的高分系列卫星

我国的高分系列卫星覆盖了从全色、多光谱到高光谱，从光学到雷达，从太阳同步轨道到地球同步轨道等多种类型,构成了一个具有高空间分辨率、高时间分辨率和高光谱分辨率能力的对地观测系统。

高分一号、高分二号、高分六号是光学遥感卫星。

高分三号为1m分辨率合成孔径雷达(SAR)成像卫星。

高分四号为地球同步轨道上的光学卫星,全色分辨率为50m。

高分五号装有高光谱相机,拥有多部大气环境和成分探测设备。

高分七号属于高分辨率空间立体测绘卫星。

高分八号也已经服役。

10.3.2 影像预处理

1. 遥感影像数字增强和处理

(1) 全色波段和多光谱波段

人们常将全色波段与多波段影像融合处理,得到高分辨率多波段影像信息的彩色影像。

① 全色波段影像

全色遥感影像是对地物辐射中全色波段的影像摄取,一般指使用黑白单波段,在图上显示为灰度图片。全色遥感影像一般空间分辨率高,但无法显示地物色彩。

② 多波段影像

多波段影像又叫多光谱影像,是指对地物辐射中多个单波段的摄取。多波段遥感影像可以得到地物的色彩信息,但是空间分辨率较低。

【释义】 多波段影像可以根据地物判别需要进行彩色合成,如将R、G、B三个波段的光谱信息合成可得到模拟的真彩色图像。

(2) 真彩色直方图

直方图是以色阶为横坐标,像元个数为纵坐标,叠合灰度直方图,描述影像色调和明暗分布的图表。

① 灰度直方图

灰度直方图是以灰度为单波段描述影像明暗分布的图表。

【释义】 灰度直方图呈正态分布时,对比度适中,亮度分布均匀,层次丰富。

偏态分布时,像元集中在小范围,低对比度,层次少。如图10.10所示。

两端分布时,像元集中在两端,高对比度,缺少色调变化。

② 其他色调直方图

用RGB色彩模式时,分别有R、G、B三个波段直方图分别赋值,和灰度直方图一起合成真彩色影像。

(3) 直方图拉伸

灰度直方图可以采用Photoshop等位图处理软件进行数学处理和调整。

【小知识】

◎线性直方图拉伸

利用函数按比例扩大原始灰度等级的范围,拉伸灰度直方图。

◎非线性直方图拉伸

直方图均衡是在一定灰度范围内进行重新分配像元值，使灰阶数量大致均衡。

直方图匹配是用指定的参考直方图形状来改造原始影像。

（4）滤波

遥感影像滤波通过修改影像上像元出现频率来实现遥感图像数据的改变，达到抑制噪声或改善遥感图像质量的目的。

① 低通滤波

低通滤波是增强影像低频部分，达到去除噪声和平滑图像的目的。

② 高通滤波

高通滤波是增强影像高频部分，达到锐化影像使之清晰的目的。

【释义】　高频指在直方图小区域内影像亮度值变化剧烈，低频指直方图区域内亮度值变化很少，中频是居于两者之间的部分。

图 10.10　偏态分布的灰度直方图

【小知识】

◎带阻滤波减弱一定频率范围内的信号。

◎带通滤波增强中频部分，抑制噪声，能较为有效地保护边缘部分。

◎同态滤波是压缩亮度范围的同时增强图像对比度的方法。其目的是消除不均匀照度影响，增强图像细节，而且不造成像元损失。

2. 航空摄影影像预处理

（1）影像增强

通常需要提高影像对比度、多边形边缘锐化或柔和等，使影像更容易判读。

影像增强可采取滤波、直方图拉伸或函数处理等形式。

（2）影像灰度级降位

数字影像通常为 12 bit（位）或 16 bit（位）编码，如果影像产品要求 8 bit，即 2 的 8 次方，则需做降位处理，通过分级合并方法把影像的灰度值换算成 0～255 之间。

（3）匀光处理

可将灰度直方图均匀化拉伸平滑影像亮度，或对影像不同部分进行照度补偿。

（4）匀色处理

对影像色调进行直方图均衡或匹配，以达到每景影像的色彩均衡，消除色差。

（5）影像旋转

影像旋转为飞行方向，使之保持正确的航向重叠度和旁向重叠度。

（6）格式转换

把影像位图格式改成数据处理软件可以处理的格式。

（7）畸变差改正

对影像畸变差进行系统性公式改正。

（8）影像数字化

如果是模拟影像，还需要进行影像数字化工作，一般采用扫描的方式进行。

影像数字化工作要确定扫描分辨率并调整扫描参数确保扫描质量，使影像各通道的灰度直方图尽可能布满 $0\sim255$ 灰阶，并接近正态分布。

扫描分辨率是指扫描后影像的最小面元单位，即一个扫描像素在原始胶片上的尺寸，单位为微米/像素。

扫描分辨率太高，造成数据冗余；分辨率定得太低，影像细节很难反映出来。

【释义】 若采用大比例尺航摄资料，扫描分辨率应不大于 $60~\mu m$。

$$R = 20 \times (m/M)$$

式中 m——成图比例尺分母

M——航摄比例尺分母

R——扫描分辨率（μm）。

【小知识】

扫描分辨率还经常用 DPI 表示，即每英寸像素个数。栅格地图的 DPI 不小于 300。

3. 航天影像预处理

（1）格式转换

遥感影像一般使用通用二进制数据加一个文件头的格式，要处理成数据处理软件需要的 TIF 或 JPEG 等图形格式。

【释义】 TIF 标签图像文件格式，是一种灵活的位图格式，主要用来存储包括照片和艺术图在内的图像。JPEG 联合图像专家组格式，是一种有损压缩格式，能够将图像压缩在很小的存储空间。

【小知识】

通用二进制数据的存储类型分三类：BSQ 为波段顺序格式，BIP 为波段按像元交叉格式，BIL 为波段按行交叉格式。

（2）轨道参数提取

根据严格几何成像模型（基于共线方程）分析卫星星历参数和姿态角参数构建几何模型。当航摄仪参数不可知时可根据 RFM 方程成像模型构建几何模型，采用 RFM 模型时拟合中误差不得大于 0.05 像素。

（3）多光谱波段选取

遥感多光谱图像由很多波段组成，选取适当的波段组合，进行增强或降位处理，降低数据冗余，达到特定的目的。

【释义】 如 TM 影像选取 TM321 组合即为 RGB 彩色影像。

（4）影像增强

遥感影像经过 A/D（模拟数据转换到数字数据）转换、线路传送，以及大气折射等影响，降低了影像质量，必须对影像采用直方图增强和图像间算术运算的方法对原始影像进行增强处理。

（5）滤波

通过修改遥感图像频率来实现遥感图像数据的改变，达到抑制噪声或改善遥感图像质量的目的。

（6）薄云处理

薄云主要分布在直方图低频部分，可利用同态滤波对其进行处理。

【释义】　灵活修改照度增益、反射率增益和截取频率这三个参数，即可达到较好的去云效果。原始影像云层覆盖不得大于 5%，且不能覆盖重要地物，分散的云层总和不大于 15%。

（7）降位处理

（8）匀色和匀光处理

进行直方图均衡或匹配，以达到每景影像的色彩和照度均衡。

10.3.3　章节练习

（一）单项选择题

1. 以下卫星影像中，与其他三种不同类的是（　　）。

　　A. ETM　　　　　　B. MSS　　　　　　C. SPOT5　　　　　　D. TM

2. 以下卫星影像中，属于我国发射的且影像分辨率最高的是（　　）。

　　A. QuickBird　　　B. CBERS - 3　　　C. HJ - 1　　　　　　D. 高分 2

3. 为获取某地 2015 年 9 月的土地利用状况，需利用卫星遥感影像数据制作地面分辨率为 1 m 的彩色正射影像图，下列数据中，应优先选用的是（　　）。

　　A. 2016 年 1 月获得的 IKONOS 全色和多光谱影像数据

　　B. 2015 年 1 月获得的 WorldView3 全色和多光谱影像数据

　　C. 2015 年 9 月获得的 QuickBird 多光谱影像数据

　　D. 2015 年 9 月获得的高分二号全色和多光谱数据

4. 采用数码航摄测制 1∶2 000 地形图时，数码相机像素地面分辨率应优于（　　）m。

　　A. 0.1　　　　　　B. 0.2　　　　　　C. 0.5　　　　　　D. 1

5. 下列遥感影像数据中，空间分辨率最高的是（　　）。

　　A. Geoeye - 1 全色影像　　　　　　　　B. Landsat8 ETM 影像

　　C. CBERS - 4 全色影像　　　　　　　　D. IKONOS 全色影像

6. 数字摄影测量系统收集的资料中，数字影像和数字化影像最根本区别在于（　　）。

　　A. 分辨率　　　B. 成像方式　　　C. 影像质量　　　D. 数据格式

7. 原始的遥感影像一般使用（　　）格式存储。

　　A. 通用二进制　　B. ASCII　　　　C. TIF　　　　　D. JPEG

8. 航空摄影影像预处理中，对于数字影像，其处理内容不包括（　　）。

A. 波段选取   B. 影像增强   C. 降位处理   D. 匀色

9. 对于全色影像,像素的灰度值一般是(   )之间的某个整数。

A. 1～256   B. 0～255   C. 0～256   D. 1～255

(二) 多项选择题

1. 对推扫式航空摄影影像进行处理,需要收集(   )等资料。

A. 航摄底片   B. 验收报告   C. 扫描数字化影像   D. POS 数据

E. GNSS 基站数据

2. 数字航空遥感影像预处理主要包括(   )等。

A. 扫描分辨率的确定   B. 直方图调整

C. 影像位数转换   D. 影像照度均匀处理

E. 多波段影像选取

3. 下列遥感影像属于陆地资源卫星影像的是(   )。

A. IKONOS Ⅱ   B. 高分 2 号   C. MSS   D. CBERS

E. ETM

4. 下列多光谱卫星遥感影像中,地面分辨率为亚米级的是(   )。

A. WorldView3   B. SPOT5   C. WorldView1 - 2   D. 伊科诺斯 2

E. 高分 2

习题答案与解析

(一) 单项选择题

1.【C】 解析:除了 SPOT5 以外,其他都属于美国 Landsat(陆地资源卫星)搭载的传感器影像。

2.【D】 解析:HJ-1 是我国发射的气象卫星,CBERS 属于我国发射的地球资源遥感卫星,高分 2 是我国发射的亚米级高分辨率遥感卫星。

3.【D】 解析:选项 A,影像时间不符合题目要求;选项 C 没有全色影像数据,精度达不到要求;选项 B 虽然精度较高,但现势性较差,相对来说,选项 D 更加适合。

4.【B】 解析:当数字航空摄影测量成图比例尺为 1:2 000 时,地面分辨率应为 0.2 m。

5.【A】 解析:ETM 的全色空间分辨率为 15～60 m,CBERS - 4 全色数据的空间分辨率为 5 m,IKONOS 全色数据的空间分辨率为 1 m,Geoeye - 1 全色数据的空间分辨率为 0.41 m,故选 A。

6.【B】 解析:模拟影像需要进行影像数字化工作,一般采用扫描的方式进行。数字影像是直接通过数码航摄获得数字影像数据。

7.【A】 解析:遥感影像一般使用通用二进制数据加一个文件头的格式,要处理成数据处理软件需要的 TIF 或 JPEG 等其他图形格式。

8.【A】 解析:数字影像预处理包括影像增强、降位处理、匀光处理、影像旋转等。波段选取是航天遥感影像处理内容。

9.【B】 解析:灰度级的表示方法为 2 的 m 次方,m 称为灰度级。如一级灰度即为黑白两色,8 级灰度一共有 256 级,从 0~255。

(二) 多项选择题

1.【BDE】　解析:选项 A、C 为框幅式摄影仪航空摄影需要提交的资料。

2.【BCD】　解析:数字航空遥感影像预处理主要包括影像增强、降位处理、匀光处理、影像旋转等。选项 A 为模拟影像的预处理内容,选项 E 为遥感卫片的预处理内容。

3.【CDE】　解析:以探测陆地资源为目的的卫星叫陆地资源卫星,如美国陆地卫星 Landsat、法国陆地观测 SPOT 卫星、中国和巴西合作的中巴资源系列 CBERS 卫星。TM、MSS、ETM、OLI_TIRS 是 Landsat 卫星搭载的不同传感器,目前最新的 Landsat 8 卫星提供两个传感器,OLI 9 个波段和 TIRS 2 个波段。

4.【ACDE】　解析:WorldView1-2 全色分辨率为 0.5 m;WorldView 3 全色分辨率为 0.31 m;SPOT5 全色分辨率为 2.5 m;IKONOS2 全色分辨率为 1 m;高分 2 全色分辨率为 1 m。

10.4　像片控制网

10.4.1　航摄区域网

航摄区域网是根据航摄分区和地形条件,沿图廓线整齐划分的矩形区域内空中三角测量平差网。区域网的划分应依据成图比例尺、航摄比例尺、地形状况、航摄分区、图幅分布等情况综合考虑,区域网的大小和像控点的跨度主要依据成图精度、摄影资料条件以及对系统误差的处理等因素。

区域网按控制点类型分为平高区域网(平面、高程控制网)和平面区域网。

按布点方案分为全野外布点和非全野外布点(空中三角形布网)。

1. 全野外布点

像片控制点全部由外业测定时,称为全野外布点。

【释义】　采取全野外布点方式时,不需内业加密,精度高,成本也高。

(1) 采用野外布点的情况

◎航摄比例尺较小,成图比例尺较大,内业加密无法保证精度。

◎对成图精度要求较高,内业加密不能满足要求。

◎由于设备限制暂时无法内业加密。

◎由于像主点落水或其他特殊原因不能保证相对定向或模型连接精度。

(2) 模拟法和解析法全野外布点方案

模拟法和解析法全野外布点方案按测图方式分为综合法、全能法、微分法三种方案。

【释义】　综合法、全能法、微分法是模拟法或解析法航空摄影测图方法,目前已经基本不用。

◎综合法是在单张像片上,地物点平面坐标采用航摄法获得,等高线用传统测量方法绘制的成图方法。

◎全能法又叫立测法,是采用解析立体测图仪进行立体测图的方法。

◎微分法也叫分工法,是把平面坐标和高程分开用立体测图仪测图的方法。

(3)数字法全野外布点方案

◎单幅影像全野外布点:像片控制点布设于影像单片的四个角上,在像主点处加设平高检查点。

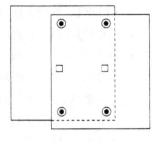

◎单模型全野外布点:如图 10.11 所示,单模型影像的全野外布点要求每个立体像对应布设 4 个平高点(黑色圆点),像主点处(方块点)布设两个高程点。成图比例尺大于四倍航摄比例尺时,像主点处也应布设平高点。

图 10.11　单模型全野外布点

2. 非全野外布点

非全野外布点是通过布设空中三角网,采用内业加密的方法建立像片之间的连接关系,从而减少野外控制点的布设,分为单航线网和区域网两种。

平高区域网布点应依据成图比例尺、航摄比例尺、测区地形特点、航区的实际划分、程序功能等综合考虑进行区域的划分。

(1)单航线网布点要求

单航线网是区域网的特殊形式。

单航线网需要布设 6 个平高点,如图 10.12 所示,该控制网由两个单航线组成。

航线首末端上下两控制点应布设在通过像主点且垂直于方位线(方位线指立体像对两张像片主点连线)的直线上,困难时互相偏离不大于半条基线,上下对点应布在同一立体像对内。

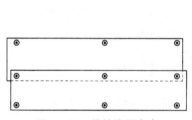

图 10.12　单航线网布点

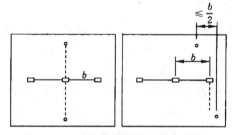

图 10.13　航线首末端控制点布点要求

航线中央像控点应位于两端像控点中线上,困难时可向两侧偏移 1 条基线。其中一个宜在中线上,应尽量避免两控制点同时向中线同侧偏离,出现同侧偏离时,最大不应超过一条基线。如图 10.13 所示,b 为基线长度。

【释义】　早期受技术限制常用单航线法,目前已很少采用。

(2)区域网布点要求

① 平高控制点要求

区域网应尽量布设成矩形,航线数小于 4 条时采用 6 点法布设[如图 10.14(a)]、大于 4 条时采用 8 点法或多点法[如图 10.14(b),图中省略了高程点]。

【释义】　以上控制点都是指平高控制点。

② 高程控制点要求

平高区域网布点要求每条航线的两端必须布设高程控制点,平地、丘陵地高程控制点除区域网周边布点外,区域网内部高程控制点的间隔按航线跨度布设。1:2 000 比例尺的高程控制点间隔 4～6 条基线,1:500 和 1:1 000 比例尺测图应全野外布点,采取内业加密时跨度应为 2～4 条基线。区域网的高程点排数最多不得大于 5 排。

【释义】 如图 10.14(a)所示,该区域网共有四排高程控制点(小黑点),中间两排高程控制点之间跨度较大。

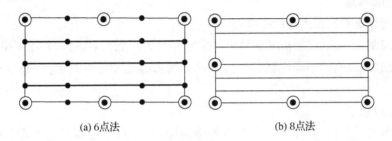

(a) 6 点法　　　　　　　　　　　　(b) 8 点法

图 10.14　区域网布点要求

③ 特殊情况布点法

平高区域网受地形影响无法布设矩形网时,应在区域网周边凸角处布设平高点,凹角处设高程点。当沿航向的凸凹角间距大于或等于 3 条基线时,则在凹角处也应布设平高点。

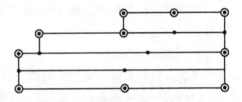

图 10.15　受地形影响的区域网

【释义】 图 10.15 中共包含四条航线,左上角凹角处由于两点距离大于三条基线,也必须布设平高点。

3. 特殊情况布点要求

在航摄分区邻接处、重叠度不符合要求时,以及立体模型主要点位落水无法布设时,需要采取特殊的布点方法。

(1) 航摄分区结合处布点要求

控制点应尽量公用,不满足要求时,要分别布点以加强图形结构性。

(2) 重叠度不符合要求时布点要求

航向、旁向重叠度过大时应抽稀。航向重叠度不够 53% 或旁向重叠度不够 15% 时,应分别布点,或进行单张测图补救。

【释义】 重叠度过大时应抽去多余片,叫做航片抽稀。

(3) 像主点落水

像主点落水指像主点或标准点位位置附近一定范围内为水域、云影、雪地等无明显固定像点地域。

◎如不影响模型连接时,按正常布点方案进行。

◎像主点 2 cm 范围内或航向 3 片重叠度内无法选点,落水像对要进行全野外布点。

◎标准点位在离方位线 4 cm(23 cm×23 cm)或 2.5 cm(18 cm×18 cm)以外的航向三片重叠内不能选点,落水像对应全野外布点。

◎水滨及岛屿应全野外布点。

10.4.2 像控点布设

像控点(像片控制点)指用于区域网定向,为内业加密提供基础的直接野外控制点。

1. 基础控制点

基础控制点是测制像控点的上级点。

◎平面控制点:基础控制点平面精度与国家等级大地点相同,每四幅图至少有一个。

◎高程控制点:高程基础控制点包括国家等级水准点和等外控制点,每 2～4 km 至少有一个点。

2. 像控点选点

像控点为野外布设的平高点、高程点等地面控制点,野外控制点应先在影像上内业选取,再实地布点。

(1) 像片上选点要求

像控点点位要尽量清晰,能保证在影像上可辨认,并考虑减轻野外布点成本,故在像片上选取有一定要求。

① 清晰明显原则

控制点目标影像应清晰易判别。

【释义】 为了在影像上清晰可辨,要求控制点距像片的各类标志应大于 1 mm。

② 尽量公用原则

像控点在符合要求的情况下应尽量公用,应设在航向和旁向 6 度重叠内,困难时可以选在 5 度重叠内,见图 10.16。

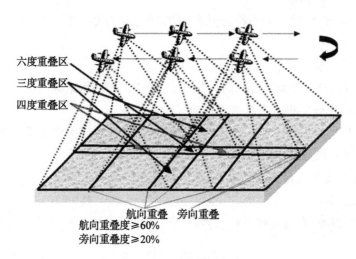

图 10.16 影像的重叠度

不同区域间高精度控制点应尽量共用,否则应按不同要求分别布点。

【释义】　方位线指立体像对像主点连线方向。

【小知识】

1∶500～1∶2 000 比例尺测图时,控制点应选在旁向重叠中线附近,离开方位线的距离一般应大于 3 cm(18 cm×18 cm)或 4.5 cm(23 cm×23 cm)。当旁向重叠过大,不能满足要求时,应分别布点。旁向重叠太小,相邻航线点不能公用时可分别布点,两控制点垂直距离一般应小于 1 cm,困难时不大于 2 cm。

1∶2.5 万～1∶10 万比例尺测图时,控制点离开方位线的距离一般应大于 3 cm(18 cm×18 cm)或 5 cm(23 cm×23 cm)。旁向重叠过大时,离开方位线距离应大于 2 cm(18 cm×18 cm)或 3 cm(23 cm×23 cm),否则应分别布点。

③　一定边缘距离原则

像控点距像片边缘不小于 1 cm(18 cm×18 cm)或 1.5 cm(23 cm×23 cm),数字或卫星影像控制点距边缘不小于 0.5 cm。

【释义】　控制点距离像片边缘太近不便刺点,故要求有一定距离,数字影像不做太多要求。

④　图廓或图边要求

位于自由图边、待成图边以及其他方法成图的图边控制点,一律布设在图廓线外 4 mm 以上。

【释义】　自由图边指测区边缘整幅图廓线之外的图边。

(2)　实地选点要求

实地选点前要在影像上先刺点做标记,刺点目标应根据地形条件和像控点的性质进行选择。

①　平面控制点(P)

刺点目标应选择在影像清晰处,易于准确定位。

平面控制点一般选在线状地物交点或地物拐点上。

地物稀少地区,也可选在线状地物端点,选在点状地物中心时直径要小于图上 ±0.3 mm。

弧形地物和阴影不能作为目标。

②　高程控制点(G)

高程控制点应选在高程变化不大处。

高程控制点一般选在地势平缓的线状地物的交会处、地角等,在山区常选在平山顶以及坡度变化较缓的圆山顶、鞍部等处。

狭沟、太尖的山顶和高程变化急剧的斜坡不宜做刺点目标。

③　平高程控制点(N)

平高点应同时符合平面控制点和高程控制点选点条件。

3. 刺点和注记要求

(1)　刺点要求

刺点是用刺针在影像上像控点位置刺孔做标记,指导野外寻点的工作。

【释义】 目前数字影像一般只做标记不再刺孔。

◎选用相邻影像最清晰的一张用于刺点,同一控制点只能刺于一张像片,在像片上只能有一个刺孔。

◎刺点误差和针孔直径不大于0.1 mm。

◎国家等级平面控制点和高程等级控制点都要刺点。

◎像控点根据刺点位置实地打桩以备后用。

(2) 像控点的编号和注记

◎像控点编号:同期成图的测区要分别统一编号像控点。一般采取字母附加数字的方法编写,同航线内从左到右编号,航线间从上到下编号。

◎反面整饰:用黑色铅笔在像片反面绘制略图和说明。注记点名、点位、日期、刺点者、检查者签名等。

◎正面整饰:用红色三角形(三角点)、正方形(埋石点)、圆形(平面点或平高点)来注记平面控制点,用绿色圆形(高程点)或圆形加绘十字(水准点)来注记高程控制点。

分子注记点名或点号,分母注记高程。

4. 像控点施测

(1) 像控点平面控制测量

像控点平面控制测量可采用 GNSS 法、双基准站、RTK、电磁波导线、交会及引点等方法测量,像控点相对于基础控制点不超过地物点平面中误差的 1/5,见表 10.5 与表 10.6。

【释义】 表 10.6 为航测地物点精度要求,与像控点无关,放在一起是为了便于联系记忆。

表 10.5 像控点平面位置中误差

成图比例尺	平地和丘陵/mm	山地和高山地/mm
1:500～1:2 000	图上±0.12	图上±0.16
1:5 000～1:10 万	图上±0.1	

表 10.6 地物点平面位置中误差

成图比例尺	平地和丘陵/mm	山地和高山地/mm
1:500～1:2 000	图上±0.6	图上±0.8
1:5 000～1:10 万	图上±0.5	图上±0.75
1:2.5 万～1:100 万	编绘法	

(2) 高程控制测量

像控点高程测量通常采用测图水准、电磁波测距高程导线或单基准站 RTK 方法测定。高程精度见表 10.7,困难时,像控点平面和高程中误差可以放宽 0.5 倍。

表 10.7　像控点高程中误差

成图比例尺	平地/m	丘陵/m	山地/m	高山地/m
1：500	等高距 0.5	等高距 1.0	等高距 1.0	等高距 1.0
1：1 000	等高距 0.5 或 1.0	等高距 1.0	等高距 1.0	等高距 2.0
1：2 000	等高距 1.0	等高距 1.0	等高距 2.0	等高距 2.0
1：500～1：10 000 像控点高程精度要求为 1/10 相应地形图基本等高距				
1：2.5 万	0.4	0.5	0.6	1.2
1：5 万	0.8	1.0	1.2	2.5
1：10 万	1.5	2.0	2.5	5.0

（3）控制点接边

◎如需使用邻幅控制点，应经检查后转刺到本幅，同时转抄成果数据到计算手簿和图历表中。

◎自由图边的控制点应利用调绘余片进行转刺、整饰，并将坐标和高程抄在像片背面作为自由图边的专用资料上交。

◎检查接边处的控制裂缝便于补救。

10.4.3　像控网质量控制和成果整理

1. 质量控制

像控网质量控制方法采用一、二级检查和一级验收方法开展。

（1）一、二级检查和一级验收

◎一级检查

对所有成果进行 100％室内外检查。

◎二级检查

对所有成果进行 100％室内检查和 10％～20％野外实地检查。

◎一级验收

委托方组织验收。

（2）质量检查内容

所有观测手簿、测量计算手簿、控制像片、自由图边以及接边情况，都必须经过自我检查、上级部门检查验收，经修改或补测合格，确保无误后方可上交。

◎像控点布设是否合理。

◎刺点目标是否符合要求，略图表述和影像是否一致。

◎像控点联测方法和精度是否符合要求。

2. 成果整理

像控点成果整理区域的大小以方便下一工序作业为原则。中小比例尺以 1：5 万图幅大小为整理区域，大比例尺以解析空中三角测量区域大小为整理区域。

（1）成果整理

平面控制资料装订按任务区上交,高程控制资料按任务区装订上交,邻区转抄成果应注明原区与图历簿一致,控制片以加密区域为单元,采用图号配合航线序号、像片序号编号。

（2）成果提交

成果需要提交已知点成果表、平面控制测量观测及平差计算手簿、高程控制测量观测及平差计算手簿、控制像片、像控点成果表、布点略图、技术总结、质量检查报告、仪器检定资料等。

10.4.4　章节练习

(一) 单项选择题

1. 像主点落水,内业不能保证相对定向和模型连接精度时应采用(　　)。

   A. 全野外布点方案　　　　　　　　　B. 非全野外布点方案

   C. 特殊情况的布点方案　　　　　　　D. 采用 POS 系统直接获取像片外方位元素

2. 以下地物中,一般不可作为像控点选点位置的是(　　)。

   A. 线状地物交点　　　　　　　　　　B. 明显地物拐角

   C. 线状地物端点　　　　　　　　　　D. 弧形地物中心

3. 除摄区首末点外,测区周边像控点应选在(　　)片重叠处。

   A. 二　　　　　　B. 三　　　　　　C. 五　　　　　　D. 六

4. 以下航空摄影区域网控制点中,可以直接使用房产控制点的是(　　)。

   A. 像控点　　　　B. 连接点　　　　C. 加密点　　　　D. 公共点

5. 现对华北平原某地进行 1:1 000 数码航空摄影,摄区内全部为平原,则像控点相对邻近控制点的平面位置中误差不大于(　　)m。

   A. 0.06　　　　　B. 0.1　　　　　C. 0.12　　　　　D. 0.16

6. 在高山地区的 1:10 000 数字正射影像图中,明显地物点平面位置最大误差不应大于(　　)m。

   A. 5　　　　　　B. 7.5　　　　　C. 10　　　　　　D. 15

7. 在数字影像上进行像片控制点选取时,控制点距离像片边缘不小于(　　)。

   A. 0.5 cm　　　　B. 1 cm　　　　C. 1.5 cm　　　　D. 2 cm

8. 刺孔像片上野外控制点正面整饰和注记中,分数注记的分母表示该点的(　　)。

   A. 点号　　　　　B. 高程　　　　　C. 坐标　　　　　D. 等级

(二) 多项选择题

1. 航空摄影测量像控网布设时,需要收集的资料包括(　　)。

   A. 航片验收报告　　　　　　　　　　B. 空域审批报告

   C. 飞行记录　　　　　　　　　　　　D. 基础控制点资料

   E. 已有像控点资料

2. 下列关于平高区域网像片控制点布点方案的描述正确的有(　　)。

   A. 每条航线的两端必须布设高程点

   B. 区域网周边应布设高程点,内部无须布设

C. 区域网形状应根据地形灵活布设,各航线长度之差不得大于 30%

D. 区域网航线数为 3 条时,应布设 6 个平高点

E. 1:500 比例尺应全野外布点

3. 以下航摄控制网需要进行全野外布点的是( )控制网。

A. 单模型

B. 水滨及岛屿

C. 地形不规则时的

D. 不布控控制航线时的

E. 航摄分区之间

4. 1:2 000 地形图航空摄影外业控制点测量时,像片控制点的高程测量一般选用( )等方法。

A. 等级水准　　　B. 测图水准　　　C. 高程导线　　　D. RTK 高程

E. 液体静力水准

习题答案与解析

(一) 单项选择题

1.【A】 解析:由于像主点落水或其他特殊原因不能保证相对定向或模型连接精度时应采取全野外布点方案。因航摄已经完成,采用 POS 系统不符合题意。

2.【D】 解析:平面像控点的刺点目标应选择在影像清晰处,易于准确定位。一般选在线状地物交点或地物拐点上,地物稀少地区,也可选在线状地物端点,点状地物中心,弧形地物和阴影不能作为目标。

3.【B】 解析:除摄区首末点外,测区周边像控点应选在三片重叠处。因为在测区边缘,只考虑航向三片重叠,不考虑旁向重叠,故选 B。

4.【A】 解析:房产控制点是野外控制点,其精度符合像控点的要求。其他选项无须野外布设,内业加密匹配即可。

5.【C】 解析:像控点平面控制测量采用 GNSS 法、双基准站、RTK、电磁波导线、交会及引点等方法,像控点相对于基础控制点不超过地物点平面中误差的 1/5。平原地区 1:500~1:2000 比例尺地物点平面位置中误差为图上 0.6 mm,故本题答案为 0.6×1 000/5=120 mm=0.12 m。

6.【D】 解析:山地、高山地数字正射影像图的平面位置中误差一般不应大于图上 0.75 mm,明显地物点平面位置最大误差为中误差两倍,为图上 1.5 mm,由于比例尺为 1:10 000,故选 D。

7.【A】 解析:控制点距离像片边缘太近不便刺点,故要求像控点距像片边缘不小于 1 cm(18×18 cm)或 1.5 cm(23×23 cm),数字或卫星影像控制点距边缘 0.5 cm。

8.【B】 解析:刺孔像片上野外控制点正面整饰和注记中,分数形式注记中分子注记点名和点号,分母注记高程。

(二) 多项选择题

1.【ADE】 解析:选项 B、C 为航摄收集资料,航片经过验收后,像控点布设时只需要获得和数据处理有关的影像资料和参数等。

2.【ADE】 解析:平高区域网布点要求每条航线的两端必须布设高程点,平地、丘陵

地高程点除区域网周边布点外,区域网内部高程点的间隔按航线跨度布设,1:500和1:1000比例尺测图应全野外布点。区域网应尽量布设成矩形,航线数小于4条时采用6点法布设、大于4条时采用8点法或多点法布设。平高区域网受地形影响无法布设矩形网时才可以根据地形布设。

3.【AB】 解析:水滨及岛屿应全野外布点。单模型影像的全野外布点要求每个立体像对应布设4个平高点,像主点处布设两个高程点。其他选项都可以采取空三加密形式布设区域网。

4.【BCD】 解析:像控点高程测量通常采用测图水准、电磁波测距高程导线或单基准站RTK方法测定。

10.5 影像调绘和补测

以航空摄影影像或遥感影像测制地形图,要在像片调绘的基础上进行局部范围修补测,内业编辑成图。影像调绘是利用像片进行判读、调查、描绘和注记等工作的总称。影像调绘方法分为室内外综合调绘法(先内后外法)和全野外调绘法。

【释义】 先内后外法是先在室内判读,后在野外实地调查的方法;先外后内法对全要素进行调绘。

10.5.1 影像解译

影像解译也称影像判读,是根据地物光谱特性、成像规律、影像特征来识别地物,判断出类别和属性的工作。

解译人员可以通过图像获取目标地物的大小、形状及空间分布特点,目标地物的属性特点,目标地物的变化动态特点等信息。这是因为遥感影像有以下规律:

◎影像和地物保持一定的几何关系。

◎影像反映了地物的地物几何特征,也反映了一些物理特征以及人为因素影响。

◎相同情况下,相同地物反映的影像相同。

1. 解译方法

遥感影像的解译方式有目视解译和计算机的数字图像处理等。

(1)目视解译

目视解译指专业人员通过直接观察或借助辅助判读仪器在遥感图像上获取特定目标地物信息的过程。

目视解译要遵循总体观察、综合分析、对比分析的解译原则,尊重影像的客观实际,重点分析有价值的地方。

① 解译步骤

解译步骤分为解译准备、建立解译标志、预解译、实地核查、解译与成果编辑等。

② 解译顺序

从已知到未知、先易后难、先山区后平原、先地表后深部、先整体后局部、先宏观后微观、先图形后线形。

③ 目视解译方法

目视解译采用直判法、对比法、邻比法、逻辑推理法、动态对比法等方法。

【释义】

◎直判法是指通过遥感影像的解译标志能够直接判定某一地物或现象的存在和属性的一种直观解译方法。

◎邻比法是在同一张遥感影像或相邻较近的遥感影像上进行邻近比较,进而区分出两种不同目标的方法。

◎对比法是指将解译地区遥感影像所反映的某些地物和自然现象与另一已知的遥感影像样片相比较,进而判定某些地物和自然现象的属性。

◎逻辑推理法是借助各种地物或自然现象之间的内在联系所表现的现象,间接判断某一地物或自然现象的存在和属性。

(2) 计算机解译

计算机解译分类是依据遥感图像像素相似性进行自动识别和分类,包括监督分类和非监督分类两类(表 10.8)。

① 非监督分类

表 10.8　影像解译标志

QuickBird 影像	名称(地类代码)	颜色色调	形状	纹理	备注
	水田(011)	中灰绿	方块连片	较均匀	边界多有路、渠,生长季节颜色较深
	坑塘(鱼塘)(114)	黑色	规则	均匀	靠近水源,规则网格状
	果园(021)	深绿	块状	较均匀	纹理较粗,有明显的行距和株距,每株影像呈绿色小颗粒状

非监督分类是以不同影像地物在特征空间的类别特征差别为依据的一种无先验类别标准的图像分类,是以集群特征为理论基础,通过计算机对图像进行集聚统计分析的方法。

非监督分类工作内容一般包括影像分析、分类器选择与优化、影像分类、类别定义与类别合并、分类后数据处理、结果验证等。

【释义】　非监督分类是在类别未知的情况下,基于像素的相似程度,通过聚类的方法来自动分类。

② 监督分类

监督分类采用分类标准样板作为计算机分类的训练基准技术,即具有先验知识的分类方法。

监督分类工作内容一般包括类别定义与特征判别、训练样本选择、分类器选择与优化、影像分类、分类后处理、结果验证等。

2. 解译标志

影像解译通过解译要素和解译标志来实现。解译标志分为直接解译标志和间接解译标志。

(1) 直接解译标志

直接标志是地物本身的有关属性在图像上的直接反映。

【释义】 表 10.8 是 QuickBird 影像上水田、坑塘、果园的部分直接解译标志。

◎形状:地物的形状在遥感影像上受空间分辨率、比例尺、投影性质等因素影响。

【释义】 在遥感影像上能看到的是目标物的顶部或平面形状。

◎大小:地物大小主要取决于航摄比例尺,同时受目标大小、像片倾斜、地形起伏及亮度等因素影响。

◎布局:布局又称相关位置,指地物与地物相互之间的依存关系。

◎位置:各种地物都有特定的环境部位,因而它是判断地物属性的重要标志。

◎颜色:颜色指彩色图像上的色别和色阶,地物颜色与天然彩色一致。

◎色调:色调指彩色图像上的黑白深浅程度,用灰阶表示,不同波段图像同一地物色调可能不同。

◎阴影:阴影能带来立体感,也能造成阴影覆盖区地物信息的丢失。根据阴影形状、长度可判断地物的类型和量算高度。

◎纹理:纹理也叫影像结构,是与色调配合看上去平滑或粗糙的纹理的粗细程度。

◎图案:图案分为条带状(岩层)、网格状(多组地物)、环状、链状(沙丘)、斑点状(树林)、斑块状(田)、层纹状、花纹状、隐纹状、波纹状、树枝状、套环状等影像。

(2) 间接解译标志

间接解译标志指通过综合分析、相关分析方法从相关事物之间的联系中逻辑推理获得影像判断。

3. 常用遥感影像解译

(1) 标准假彩色合成图像

标准假彩色合成图像用红色赋值近红外波段,绿色赋值红色波段,蓝色赋值绿色波段。标准假彩色合成图像广泛应用于农、林、植被资源和植物病虫害调查。

【释义】 ◎在标准假彩色合成图像上,水体的反射主要在蓝绿光波段,其他波段尤其是近红外波段被吸收,绿波段被赋蓝色,水体呈蓝黑色,如水中悬浮泥沙,则反射率增高,颜色较浅。

◎植被在近红外波段比绿色波段反射更强,因此植被呈现红色,植被含水量较高时,在近红外波段的反射率会降低,因此植被呈现暗红色。

(2) 多光谱图像

多光谱图像是指包含很多波段的图像,如 RGB 真彩色图像是包括三个波段的图像。

对于多光谱像片可以使用比较判读的方法,将多光谱图像与地物的光谱反射特性联系起来判读地物的属性和类型。

【释义】 如水体在 MSS7 波段上的影像呈现深色调,植被在 MSS7 波段则呈白色。

（3）热红外图像

热红外图像的形状、大小和色调与景物的发射辐射有关。

【释义】 景物发射辐射与绝对温度的四次方成比例，影像形状和大小不能反映物体真实形状和大小。

（4）侧视雷达图像

侧视雷达影像是微波遥感成像，一般采用合成孔径雷达成像，其特点如下：

◎雷达图像是多中心斜距投影的侧视图像。

◎近距离压缩，离飞行航线近的图像变小，远的变大。

◎地形起伏使图像失真。

【释义】 由于雷达斜射地面，地形起伏会导致失真。

◎透视收缩，图像斜面长度压缩。

【释义】 如图 10.17 所示，山丘斜坡在影像上距离比实际距离 Δx 缩短。

◎图像叠掩，也称顶底位移，透视收缩进一步发展会导致高处成像前置。

【释义】 如图 10.17 所示，山丘斜坡顶部在影像上比底部前置。

◎在雷达图像上还会出现雷达阴影。

◎不能获取彩色信息。

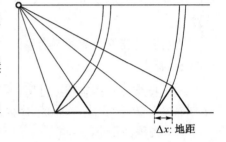

Δx：地距

图 10.17 叠掩和透视收缩

4. 调绘

调绘应根据地物在国民经济中的重要程度、分布密度、地区的特征、成图比例尺大小、用图部门要求等因素进行制图综合。

（1）调绘的要求

◎应采用放大片调绘，比例尺不应小于成图比例尺的 1.5 倍。

◎调绘应判读准确，描绘清楚，图式符号运用恰当，图面清晰易读。

◎要素属性和要素实体应一同表示在调绘影像图上。

◎表示内容一般以获取时间为准，后新增重要地物应补测，消失的地物用红色"×"划去，被云影遮盖的应外业补测。

（2）调绘内容

调绘内容有独立地物、居民地、道路及附属设施、管线、垣栅和境界、水系、地貌、土质、植被、地理名称调查和注记等。

◎水系：水涯线按摄影时的水位调绘，若摄影时水位变化大，应按常水位调绘。

◎居民地：合理表示为依比例尺居民地、半依比例尺居民地、不依比例尺居民地。

◎道路：通过居民地时不宜中断。公路进入城区时，公路符号应以街道线代替。

◎围墙：围墙在 1∶500、1∶1 000 比例尺图上依比例尺表示，图上宽度小于 0.5 mm 或 1∶2 000 比例尺成图的围墙用不依比例尺符号表示。

◎境界：大于 1∶2 000 比例尺时，县级以上境界应绘出，乡镇级境界应按用图需要调绘；小于 1∶25 000 比例尺时，只表示县级以上的境界。

（4）整饰和接边

① 调绘像片的整饰

像片调绘后应及时清绘,清绘后如发现调查遗漏或新增要进行补调。

【释义】 清绘是指调绘回来以后将所调查的数据用专用的笔按标准绘到像片上。

② 调绘像片的接边

调绘像片的接边分为图幅内接边、幅与幅接边。

图幅内部必须完全接边。为了保证不产生调绘漏洞,原则上应接西、北图边(曲线),查东、南图边(直线)。

【小知识】

调绘面积界线应用蓝色表示,自由图边、与已成图接边界线或图廓线应用红色表示。

外围图边一般按自由图边(测出 6 mm)处理。接合差不得大于平面高程中误差的 $2\sqrt{2}$ 倍。

自由图边指测区周围不满幅的或者超出图幅的图边。

5. 补测

新增地物应补调至调绘日期,文件以"图幅号. dwg"单独存放。通常用全站仪或 RTK 采用极坐标法、交会法、截距法、坐标法和比较法等方法测绘。

（1）高程注记点

高程注记点无法达到精度要求时,应实测足够高程点,等高线由立体测绘采集。

（2）需要补测的内容

需要补测的内容有影像模糊地物、不进行补摄的绝对漏洞、被阴影遮盖的地物、航摄时的水淹、云影地段、自由图边、新增地物等。

（3）立体测图无法采集时

立体测图无法精确采集的城市密集区,可将阴影、漏洞外扩确定补测范围进行野外补测。

【释义】 野外补测范围应与原图有重叠带,故需要将阴影、漏洞外扩。

10.5.2 影像调绘质量控制

（1）质量控制方法

质量控制方法有人工目视、人机交互(软件筛选、人工判断)。

（2）质量检查内容

一级检查,对所有成果进行 100％检查;二级检查,进行 20％～30％的实地重点检查。

具体内容如下:

◎居民地类型表示是否合理,综合取舍是否得当,主、次干道及支线表示是否分明,居民地轮廓特征表示是否正确。

◎各类要素属性是否齐全、表示是否协调合理,各种注记是否准确无误。

◎各类要素接边是否符合接边要求,重要要素是否遗漏未表示,补测数据正确性,数据整合正确性。

◎调绘片、元数据与图名接合图的图名是否一致。

◎资料是否齐全,数据是否准确,数量是否相符。

10.5.3　章节练习

(一) 单项选择题

1. 在全色影像上,识别地物的主要标志是(　　)。

 A. 纹理和色相　　　　　　　　　　B. 分布和色阶

 C. 大小和饱和度　　　　　　　　　D. 形状和色调

2. 解译遥感图像时,通过直接解译标志(　　),可以判别出草场和树林。

 A. 图案　　　　　B. 纹理　　　　　C. 布局　　　　　D. 阴影

3. 由近红外、红、绿波段合成的标准假彩色影像中,水体在影像上呈现(　　)。

 A. 蓝色　　　　　B. 绿色　　　　　C. 白色　　　　　D. 红色

4. 遥感影像标准假彩色合成时,合成影像的绿色分量是(　　)。

 A. 近红外波段影像　　　　　　　　B. 红色波段影像

 C. 绿色波段影像　　　　　　　　　D. 蓝色波段影像

5. 下列遥感波段中,对植被敏感的波谱范围是(　　)波段。

 A. 微波　　　　　B. 可见光　　　　C. 紫外　　　　　D. 近红外

6. 大比例尺航摄成图像控点成果整理时,以(　　)为整理单位。

 A. 1∶50 000 比例尺地形图范围　　B. 空三测量区域

 C. 1∶2 000 比例尺地形图范围　　　D. 成图单图幅范围

(二) 多项选择题

1. 利用已有的航空摄影影像制作大比例尺数字线划图时,应进行野外补测的是(　　)。

 A. 影像中有云影遮盖　　　　　　　B. 航摄出现绝对漏洞

 C. 新增大型工程设施　　　　　　　D. 属性调查不准确

 E. 拆迁居民区

2. 航空摄影测量在制作大比例地形图时,调绘过程中以下做法正确的是(　　)。

 A. 拆迁中的小区应补测　　　　　　B. 水涯线按调绘时的水位绘制

 C. 像片调绘后应及时清绘　　　　　D. 消失的地物应注记划去

 E. 新增地物应补调至调绘日期

3. 遥感解译人员需要通过遥感图像获取目标地物的(　　)等信息。

 A. 大小形状　　　　　　　　　　　B. 属性特点

 C. 变化动态特点　　　　　　　　　D. 色彩特点

 E. 空间分布特点

习题答案与解析

(一) 单项选择题

 1.【D】 解析:全色影像是黑白影像,像片光谱特征称为色调,指彩色图像上的黑白深浅程度,用灰阶表示,形状是可见光黑白像片的又一解译标志。

 2.【B】 解析:纹理也叫影像结构,是指与色调配合看上去平滑或粗糙的纹理的粗细程度。草场与树林在影像上纹理结构有差异。

3.【C】 解析:水体的反射主要在蓝绿光波段,根据标准假彩色合成原理,绿波段被赋蓝色,因此水体呈蓝黑色。

4.【B】 解析:假彩色合成图像用红色赋值近红外波段,绿色赋值红色波段,蓝色赋值绿色波段。假彩色合成图像广泛应用于农、林、植被资源和植物病虫害调查。

5.【D】 解析:对植被敏感的是近红外波段,近红外对植物有高反射率特性,植被在近红外波段比绿色波段反射更强。

6.【B】 解析:像控点成果整理区域的大小以方便下一工序作业为原则。中小比例尺以1:5万图幅大小为整理区域,大比例尺以解析空中三角测量区域大小为整理区域。

(二)多项选择题

1.【ABC】 解析:新增重要地物应补测,消失的地物应划去,被云影遮盖的应外业补测。选项 D 需要补调。用已有航空摄影影像制作大比例尺数字线划图一般不再进行航空摄影,故不存在补飞情况。

2.【CDE】 解析:调绘过程中拆迁中的小区不用补测,水涯线按航摄时的水位绘制。

3.【ABC】 解析:遥感解译人员需要通过遥感图像获取目标地物的大小、形状及空间分布特点,目标地物的属性特点,目标地物的变化动态特点。

10.6 空中三角测量

空中三角测量是利用航摄像片与所摄目标之间的空间几何关系,根据少量像片控制点,计算待求点的平面位置、高程和像片外方位元素,建立航空摄影区域网的测量方法。

空中三角测量为影像纠正、DEM 建立和立体采集提供定向成果,其主要输出成果是像片加密点大地坐标及像片的外方位元素。

【释义】 空中三角测量的名称是相对于陆地上的三角测量大地控制网而言,都是通过少量已知点,推算未知点进行网平差,完成空间位置的框架维系和坐标传递任务。空中三角测量从借助于立体测图仪的光学机械模拟法过渡到解析电算法和全数字空三,和三角测量已经没多少关系,但称谓还是沿用了传统习惯。

10.6.1 空三精度指标

空中三角形测量精度指标主要是定向中误差和控制点残差。

(1)内定向精度

通过内定向元素计算的坐标与框标坐标之间的残差绝对值一般不大于 0.01 mm,最大不超过 0.015 mm。

(2)相对定向精度(表 10.9)

连接点上下视差最大残差为连接点上下视差中误差的 2 倍。

◎扫描数字化航摄影像为 0.01 mm(1/2 像素)。

◎数码航摄仪影像连接点上下视差中误差为 1/3 像素。

◎低空遥感时连接点上下视差中误差为 2/3 像素,困难地区放宽 0.5 倍。

【小知识】

表 10.9　相对定向精度要求

方法	项目	地形	限差/mm
立体坐标量测仪,精密坐标量测仪,精密立体测图仪	标准点位上下视差残差	平地、丘陵	0.02
		山地、高山地	0.03
	检查点上下视差残差	平地、丘陵	0.03
		山地、高山地	0.04
解析测图仪加空三加密	定向点上下视差残差	平地、丘陵	0.005
		山地、高山地	0.008

（3）绝对定向精度

① 连接点精度（表 10.10）

区域网加密点指非野外采集的立体模型连接点、内业测图点、定向辅助点。

连接点是加密点的一类,用于立体像对的建模连接。连接点的中误差采用检查点(不参与连接的加密点)中误差计算。

表 10.10　连接点精度要求

成图比例尺	平面位置中误差/m		高程中误差/m			
	平地、丘陵	山地、高山地	平地	丘陵	山地	高山地
1:500	0.175	0.25	0.15	0.28	0.35	0.5
1:1 000	0.35	0.5	0.28	0.35	0.5	1.0
1:2 000	0.7	1.0	0.28	0.35	0.8	1.2
1:5 000	1.75	2.5	0.3	1.0	2.0	2.5
1:10 000	3.5	5.0	0.3	1.0	2.0	3.0
1:25 000	8.75	12.5	1.0	1.5	2.0	3.5
1:50 000	17.5	25.0	2.0	3.0	4.0	7.0
1:100 000	35.0	50.0	4.0	6.0	8.0	14.0

② 基本定向点残差

区域网内基本定向点即基本测图点,一般与立体像对四个标准角点一致,是确定像片、立体像对、航线、区域网的比例尺和方位的点,其残差为连接点中误差的 0.75 倍。

③ 检查点残差

检查点残差也叫区域网内多余控制点不符值,检查点用来检查地形、模型的正确性,残差为连接点中误差的 1 倍。

④ 区域网间公共点残差

区域网间公共点用于连接相邻区域网,其残差为连接点中误差的 2 倍。

⑤ 精度指标

绝对定向最大限差见表10.11。

表 10.11　绝对定向最大限差

地形	点别	平面位置限差/m 1:500	高程限差/m 1:500	平面位置限差/m 1:1 000	高程限差/m 1:1 000	平面位置限差/m 1:2 000	高程限差/m 1:2 000
平地	基本定向点	0.13	0.11	0.3	0.2	0.6	0.2
	多余控制点	0.175	0.15	0.5	0.28	1.0	0.28
	公共点较差	0.35	0.3	0.8	0.56	1.6	0.56
丘陵地	基本定向点	0.13	0.2	0.3	0.26	0.6	0.26
	多余控制点	0.175	0.28	0.5	0.4	1.0	0.4
	公共点较差	0.35	0.56	0.8	0.7	1.6	0.7
山地	基本定向点	0.2	0.26	0.4	0.4	0.8	0.6
	多余控制点	0.35	0.4	0.7	0.6	1.4	1.0
	公共点较差	0.55	0.7	1.1	1.0	2.2	1.6
高山地	基本定向点	0.2	0.4	0.4	0.75	0.8	0.9
	多余控制点	0.35	0.6	0.7	1.2	1.4	1.5
	公共点较差	0.55	1.0	1.1	2.0	2.2	2.4

10.6.2　空三加密点选点

解析空三计算前应以"标点为主、刺点为辅"原则将像控点位置标注于像片上,然后进行内业加密。

1. 内业加密点的选点

(1) 清晰度要求

◎选点目标在本片和邻片上都应位于影像清晰的地形点上。

◎林间应选在明显空地上,如选不出可选在左右像对和相邻航线清晰的树顶上。

(2) 加密点共用要求

◎航向连接点宜3度重叠,旁向连接点宜6度重叠。

◎每个像对要确保六个标准点位(图10.18)附近都要有加密点,像主点1 cm范围内的明显点上要选点,四个角上标准点距离方位线的距离一般应大于3.5 cm(18 cm×18 cm)或5 cm(23 cm×23 cm),离过像主点并垂直于方位线的直线不超过1 cm,最大不超过1.5 cm,位置接近矩形。

◎所选点位构成的图形应大致成矩形。

(3) 像片边距要求

◎加密点距离像片各类标志要大于1 mm。

◎点位距离像片边缘不得小于1 cm(像幅为18 cm×18 cm)和1.5 cm(像幅为23 cm×

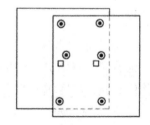

图 10.18　立体像对的标准点位

23 cm)。

◎数字空三如为扫描数字化影像时连接点离影像边缘不小于 1.5 cm,数码影像在改正畸变差的条件下可放宽到 0.1 cm。

(4) 旁向连接要求

◎旁向重叠过大或过小应分别选点,两点至旁向重叠中线垂足之和不应大于 1.5 cm。

(5) 图边要求

◎一张像片覆盖一幅图的时候,控制点应布设在距离图廓点和图廓线 1 cm 以内。

◎自由图边处应把点选在图廓线外。

◎加密点连线到调绘范围线的距离不大于像片上 1 cm。

(6) 加密要求

◎相邻像对、相邻航带和相邻区域网间的同名公共点要转刺,航向和旁向重叠过大时,隔像对、隔航带的同名点也要转刺。

【释义】　转刺是指采用立体刺点仪高精度地将像点从一张像片转刺于另一像片上。

◎在地形变换处,每像对需增 1～2 个地形特征点,在较大面积的江河、湖泊地段,每隔 10～15 cm 应选刺水位点。

2. 像点坐标量测

加密点像点坐标、像控点像点坐标、相邻航带间所有同名公共点坐标、相邻区域网中相邻航带间所有同名公共点坐标都需要坐标量测。

左右视差和上下视差不大于 0.03 mm,同一像点且同一人两次读数所得坐标较差不应大于 0.01 mm。

10.6.3　空三测量实施

1. 空三测量流程

航带法空三测量实施步骤有资料收集和分析、内定向、相对定向、绝对定向、区域网平差、区域网接边、质量检查和评定、成果提交等。

【释义】　若采取光束法平差,以上流程中把相对定向、绝对定向、区域网平差合并为光束法定向和平差。

(1) 准备工作

空三内业实施前要收集影像索引图、像片原始数据、航摄仪检定表、飞行记录、小比例尺地形图、控制点略图、控制点成果表、刺点片等。

(2) 内定向

① 框幅式数字航摄

框幅式数字航摄仪获取的影像需使用焦距、像素大小、像素行列数、像素值参考位置等来进行内定向,求内定向参数。

② 扫描数字化航摄影像

扫描数字化航摄影像需使用焦距、像主点位置、框标坐标或距离、物镜畸变差等。

(3) 相对定向

每个像对连接点应分布均匀,每个标准点位区应有连接点,人工定向时每个像对连接点数目一般不少于9个。

自动相对定向时,每个像对连接点数目一般不少于30个,标准点位区落水时,应沿水涯线均匀选择连接点。

(4)绝对定向和区域网平差

如采用 POS 辅助空三和 GNSS 辅助空三时需导入地面摄站点坐标和影像外方位元素进行联合平差。

(5)区域网接边

区域网可根据航摄分区、像控点的分布、地形情况等因素灵活划分,合并多个分区为一个区域网。区域网接边根据同比例尺同地形类别、同比例尺不同地形类别、不同比例尺、与已成图或出版图、不同投影带5种情况考虑接边方法和接边较差。

(6)质量检查和成果提交

成果检查主要包括外业控制点和检查点成果使用正确性检查、航摄仪检定参数和航摄参数检查、各项平差计算的精度检查和提交成果的完整性检查等。

2. 空三测量主要方法

(1)空中三角测量平差方法

空三测量根据平差范围分为单模型法、单航带法和区域网法。

【释义】 单模型法和单航带法都是区域网法空三加密的特例。单模型法指平差区域仅有一个立体像对,解析单模型法空三平差即通过模型内的六个标准点位进行同名点配对建立定向模型。单航带法指平差区域仅一条航带,用连续相对定向方法建立单航带定向模型。

空三测量根据平差模型分为航带法、独立模型法和光束法。

① 航带法

航带法空中三角测量首先把许多立体像对所构成的单个模型连接成一条航带,然后以一个航带模型为单元进行解析和平差处理。

绝对定向后还需做模型的非线性改正,才能得到较为满意的结果。

区域网内相邻航带间同名公共点坐标较差应不大于同一航带模型连接限差的$\sqrt{2}$倍。

② 独立模型法

独立模型法空中三角测量是以一个立体模型作为一个平差单元,利用模型间的公共点通过单元模型空间相似变换连成一个区域进行平差。

③ 光束法

光束法空中三角测量是以一幅影像所组成的一束光线作为基本单元,以共线方程作为平差的基础方程,使公共点的光线实现最佳交会,并使整个区域最佳地纳入到已知的控制点坐标系统中。

光束法空中三角测量是最严密的一种平差方法,能最方便地顾及影像系统误差的影响,便于引入非摄影测量附加观测值,还可严密地处理非常规摄影以及非量测相机的影像数据。

光束法平差是目前空中三角测量使用最广泛的方法。

(2)GNSS 辅助空中三角测量

GNSS 辅助空中三角测量是利用装在飞机和地面基准站上的 GNSS 接收机,在航空摄影的同时获取航摄仪曝光时刻摄站的三维坐标(外方位线元素),将其视为观测值引入摄影测量区域网平差中,采用统一的数学模型和算法确定点位的方法。

其实施流程如下:

◎现行航空摄影系统改造及偏心测定。

◎GNSS 接收机的航空摄影在航摄过程中,以 0.5～1.0 s 的数据更新率,用至少两台分别设在地面基准站和飞机上的 GNSS 接收机同时而连续地观测 GNSS 卫星信号,以获取载波相位观测量和航摄仪曝光时刻。

◎解求 GNSS 摄站坐标。对载波相位观测量进行数据后处理,解求航摄仪曝光时刻机载 GNSS 天线相位中心的三维坐标。

◎通过地面 2～3 台 GNSS 基准站坐标与摄影测量数据进行联合平差。

◎对成果进行数据评估和检查。

(3) POS 辅助空中三角测量

机载 POS(定位定姿)系统由惯性测量装置 IMU、DGPS、计算机系统、数据后处理软件组成,和航摄仪集成在一起,通过 GNSS 载波相位差分定位获取航摄仪的位置参数,用惯性测量装置 IMU 测定航摄仪的姿态参数,经 IMU、DGNSS 数据的联合后处理,直接获得每张像片的外方位元素,大大减少乃至无须地面控制直接进行定位。

采用 POS 辅助空中三角测量时,航摄仪应加装曝光传感器及脉冲输出装置,还应在测区内或周边设定至少一个 GNSS 基准站作为差分基准台,机载 GNSS 和地面基准站 GNSS 接收机数据采样间隔不应大于 1 s。

10.6.4 空三质量控制和成果整理

1. 质量控制

(1) 原始资料使用正确性检查(外业控制点和检查点正确性)

◎航摄成果的飞行质量和摄影质量是否符合规范要求。

◎区域网基本定向点的平面和高程坐标值是否正确。

◎多余控制点的平面和高程坐标值是否正确。

◎是否有被遗漏未用的外业像片控制点等。

(2) 航摄参数及航摄仪检定参数检查

◎航摄仪参数使用是否正确。

◎影像坐标系统的方向定义是否正确。

◎航摄仪焦距使用是否正确。

◎航摄仪畸变差测定值输入是否正确等。

(3) 平差精度检查

平差精度主要是检查内定向、相对定向、绝对定向和区域网接边精度。

(4) 提交成果的完整性检查。

2. 成果整理

成果整理以测区或区域网为单元进行整理。

内容包括成果清单、相机文件、像片控制点坐标、连接点或定向点像片坐标和大地坐标、每张像片的内外方位元素、连接点分布略图、保密检查点大地坐标、技术设计书、技术总结、检查报告和验收报告以及其他资料等。

10.6.5 章节练习

(一) 单项选择题

1. 根据现行规范,在测制 1：1 000 地形图时,数码航摄仪获取的影像在相对定向时,连接点上下视差中误差不应大于(　　)像素。

    A. 1/3　　　　　　B. 1/2　　　　　　C. 2/3　　　　　　D. 3/4

2. 在制作 1：500 地形图数字航空摄影测量的空三加密时,基本定向点坐标残差不应大于(　　)倍加密点中误差。

    A. 2　　　　　　B. 1.5　　　　　　C. 0.75　　　　　　D. 0.5

3. 低空遥感影像相对定向,连接点上下视差残差最大不得大于(　　)像素。

    A. 1/3　　　　　　B. 1/2　　　　　　C. 2/3　　　　　　D. 4/3

4. 空三加密点选点时,以下影像中像对连接点距离影像边缘最小的是(　　)。

    A. 黑白胶片影像　　　　　　　　　B. 彩色胶片影像

    C. 数码影像　　　　　　　　　　　D. 数字化影像

5. 光束法空中三角测量是最严密的一种解法,下列选项对其描述错误的是光束法空中三角测量(　　)。

    A. 以共面条件方程为数学基础

    B. 能方便地顾及影像系统误差影响

    C. 以一幅影像所组成的一束光线作为平差基本单元

    D. 可以严密地处理非常规摄影相机的影像数据

6. 解析空中三角测量按范围分类不包括(　　)空三测量。

    A. 单像　　　　B. 单模型　　　　C. 单航带　　　　D. 多航带

7. 在对数字化航空影像进行内定向时,需要的数据文件不包括(　　)。

    A. 数字化影像　　B. 像主点位置　　C. 焦距　　　　D. 像素大小

8. GPS 辅助空三进行区域网加密时,应导入(　　)数据。

    A. 外方位元素　　　　　　　　　　B. 摄站点坐标

    C. 地面基站坐标　　　　　　　　　D. 待定点地面坐标

9. 解析空中三角测量中,解法最严密的是(　　)空中三角测量。

    A. 航带法　　　B. 独立模型法　　C. 光束法　　　D. POS 辅助

10. POS 辅助测量系统可以直接获得曝光瞬间摄影中心的(　　)。

    A. 内方位元素　　　　　　　　　　B. 外方位元素

    C. 外方位角元素　　　　　　　　　D. 外方位线元素

(二) 多项选择题

1. 航空摄影测量区域网布设时无须进行像对相对定向的是(　　)。

    A. 航带网法　　　B. 独立模型法　　C. 光束法　　　D. 单模型法

    E. 单像后方交会

2. 空中三角测量的主要目的是求解(　　)。

A. 加密点三维坐标　　　　　　　B. 像片内方位元素

C. 像控点三维坐标　　　　　　　D. 像片外方位元素

E. DEM 数据

3. 区域网空中三角形测量绝对定向时,相应标准对成果的(　　)等点位残差有限差规定。

A. 像控点　　　B. 定向点　　　C. 框标点　　　D. 检查点

E. 公共点

4. 对数字化航片进行航带法空三加密,以下流程步骤中需要进行的是(　　)。

A. 影像扫描　　　　　　　　　　B. 框标坐标系改正

C. 影像相关　　　　　　　　　　D. 像点坐标量测

E. 分区合并

习题答案与解析

(一) 单项选择题

1.【A】 解析:扫描数字化影像连接点上下视差中误差为 0.01 mm(1/2 像素),数码航摄仪获取的影像连接点上下视差中误差为 1/3 像素。

2.【C】 解析:区域网内基本定向点即基本测图点,一般与立体像对四个标准角点一致,是确定像片、立体像对、航线、区域网的比例尺和方位的点,其残差为加密点中误差的 0.75 倍。

3.【D】 解析:低空遥感时连接点上下视差中误差为 2/3 像素,最大不得大于 4/3 像素,困难地区放宽 0.5 倍。

4.【C】 解析:数字空三如为扫描数字化影像时连接点离影像边缘不小于 1.5 cm,数码影像在改正畸变差的条件下可放宽到 0.1 cm。

5.【A】 解析:光束法空中三角测量是以一幅影像所组成的一束光线作为基本单元,以共线方程作为平差的基础方程,使公共点的光线实现最佳交会,并使整个区域最佳地纳入到已知的控制点坐标系统中。光束法空中三角测量是最严密的一种平差方法,能最方便地顾及影像系统误差的影响,便于引入非摄影测量附加观测值,还可严密地处理非常规摄影以及非量测相机的影像数据。

6.【A】 解析:空三测量根据平差范围分为单模型法、单航带法和区域网法。单像不能建立立体模型,需要全野外布点。

7.【D】 解析:内定向是已知摄影仪检定参数,通过仿射变换把扫描坐标归算到像片坐标,把模拟影像数字化,并具有标准的像平面数学基础以实现建模。扫描数字化影像进行内定向时,需要收集焦距、像主点位置、框标坐标、物镜畸变差等;数字航摄仪获取的影像需要使用焦距、像素大小、像素行数和列数等。

8.【B】 解析:GPS 辅助航空摄影不能获取外方位元素;地面基站是为精确测定机载 GPS 在曝光时刻坐标,在空三中无须使用;空三过程中导入像控点坐标来计算待定点地面坐标,此时待定点地面坐标未知。故选 B,即外方位线元素。

9.【C】 解析:光束法空中三角测量是最严密的一种平差方法,能最方便地顾及影像系统误差的影响,便于引入非摄影测量附加观测值,还可严密地处理非常规摄影以及非量测相机的影像数据。

10.【B】 解析:机载 POS(定位定姿)系统由惯性测量装置 IMU、DGPS、计算机系统、数据后处理软件组成,和航摄仪集成在一起,通过 GNSS 载波相位差分定位获取航摄仪的位置参数,用惯性测量装置 IMU 测定航摄仪的姿态参数,经 IMU、DGNSS 数据的联合后处理,直接获得每张像片的外方位元素,大大减少乃至无须地面控制直接进行定位。

(二) 多项选择题

1.【CE】 解析:光束法空中三角测量是以一幅影像所组成的一束光线作为基本单元,以共线方程作为平差的基础方程,使公共点的光线实现最佳交会,并使整个区域最佳地纳入到已知的控制点坐标系统中。单像后方交会属于单像局部补测,无须进行立体模型建构。

2.【AD】 解析:空中三角测量是利用航摄像片与所摄目标之间的空间几何关系,根据少量像片控制点,计算待求点的平面位置、高程和像片外方位元素的测量方法,像控点数据是空三的起算数据。

3.【BDE】 解析:规范规定了空中三角形测量绝对定向基本定向点、检查点、公共点残差的限差要求。

4.【BCDE】 解析:航带法空三加密需要经过内定向、相对定向、绝对定向、区域网平差、区域网接边等步骤。本题中,由于影像已经经过数字化,故不用选 A,但内定向环节还需进行,使影像转换到像空间辅助坐标系,经过影像自动匹配影像相关,建立立体模型,再量测同名点的像平面坐标,经过绝对定向,把各个分区合并成一个区域网。

10.7 数字基础地理信息产品

地图和基础地理信息数据日益数字化,现代数字地图主要由 DOM(数字正射影像图)、DEM(数字高程模型)、DRG(数字栅格地图)、DLG(数字线划图)以及复合模式组成,简称 4D 产品。

【释义】 随着地理信息产品数字化进程的推进,原来纸质地图产品过渡到全数字地图产品时代,4D 产品都是在纸质地形图向数字地形图进化过程中的产物。数据数字化后随之而来的是智慧化,未来 4D 产品会被更加智慧化的地图产品所替代。

◎DLG 生产代替了纸质基础比例尺地形图的生产。

◎DRG 产品是已经生产的纸质地形图的数字化产品,是过渡性产品。

◎DEM 代替了易于在纸质地图表达地貌的等高线方法。

◎DOM 是原来纸质影像图的进化性产品。

除此之外还有 TIN、DTM、DSM、TDOM 等数据形式,4D 产品的成员会不断演变。

10.7.1 DEM

数字高程模型(DEM)是在一定范围内通过规则格网点描述地面高程信息的数据集,即用行列号表示格网点坐标,用格网属性表示高程。

【释义】 相对于等高线,用 DEM 表示地貌有很多优点,用途非常广泛,是目前主要的基础地理信息产品之一。在工程测量领域,DEM 可用来查询单点高程、土石方计算、地表面积计算、绘制断面图等,并和 DOM 一起可制作三维景观图。

1. DEM 表示模型

广义上,DEM 的概念是数字高程模型,只要是数字形式表达地貌的模型都称为 DEM,故 DEM 模型分为规则格网 GRID 模型(栅格格式)、等高线模型(线性格式)、TIN 模型(矢量格式)等。

狭义上,只有规则格网模型才称为 DEM[图 10.19(a)]。

【释义】 一般来说本书所指 DEM 是狭义的 DEM 模型。

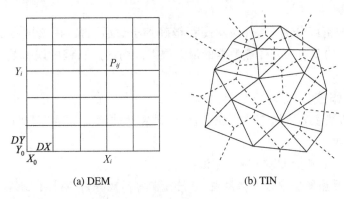

(a) DEM   (b) TIN

图 10.19 DEM(GRID)和 TIN

(1) 几种数字高程模型之间的对比

① TIN[图 10.19(b)]与 DEM(GRID)相比

优点是能较好地顾及地貌特征点、线、面的表示,可以表示复杂地形表面。

缺点是数据量较大,数据结构较复杂。

② DEM(GRID)与等高线、TIN 相比

优点是小巧,格式简单,便于计算和被计算机处理。

缺点是高程表示不精确,需要内插求非格网点高程,造成实际地貌局部失真。

(2) DTM 和 DSM

① 数字地面模型(DTM)

DTM 是利用一个任意坐标系中大量选择的已知 x、y、z 的坐标点对连续地面的一种模拟表示,DEM 是 DTM 分支。

【释义】 DTM 表示的内容可以是包括高程在内的地貌、地形、浓度等,DEM 只用来表达高程。

② 数字表面模型(DSM)

数字表面模型(DSM)是指包含了地表建筑物、桥梁和树木等高度的地面高程模型,采用 DSM 可以制作 TDOM,可彻底消除投影差。

【释义】 DEM 采集的只有地面地形数据,不包括地表物高程,DSM 是在 DEM 基础上,进一步涵盖了除地面以外的其他地表信息的高程,可以认为 DSM 是地表三维模型(包括建筑),DEM 是地形三维模型。

2. DEM 基本规定

(1) 坐标系规定

DEM 格网坐标按由西向东、由北向南排列,左上角第一个格网点对应高斯平面坐标系的起始坐标,该起始坐标视具体测区范围而定。

【释义】 DEM 起止格网点坐标为图幅角点坐标。

(2) 格网尺寸规定

1:500 至 1:2 000 比例尺 DEM 格网尺寸不大于千分之一比例尺分母,1:5 000 至 1:10万不大于万分之五比例尺分母。

(3) 精度指标

DEM 成果按精度分为三级,格网高程精确到小数后两位,用格网点的高程中误差表示,其高程中误差的 2 倍为采样点数据的最大误差。内插点高程中误差是格网点高程中误差的 1.2 倍。

3. DEM 制作方法

DEM 制作方法主要有航空摄影法、机(星)载雷达或激光测距 LiDAR、地形图矢量化、全野外数据采集等。

【释义】 目前主流的 DEM 制作方法:

◎通过航空摄影影像进行立体测图,直接量测等高线并内插得到 DEM。

◎对 DSM 进行滤波得到 DEM。

◎对 LiDAR 点云进行滤波,然后内插得到 DEM。

(1) 资料准备

收集原始像片、DLG、数字化地形图等资料,编写技术设计书。

对源数据必须进行数据预处理,一般包括数据编辑、数据分块、数据格式的变换以及坐标系统的转换等内容。

(2) 定向建模

◎进行空三测量。

◎采用已有空三数据导入。

◎采用原资料定向成果。

【释义】 定向建模指区域网定向,建立立体模型。

(3) 特征点线采集

对地形特征点、特征线进行三维坐标量测。采集的三维数据是 DEM 高程数据的来源,特征点的质量、数量、分布合理情况会直接影响 DEM 产品精度。

特征数据点的密度是影响 DEM 质量的主要因素。数据点太密会增加数据采集和处理的工作量,加大存储负担;数据点太稀会影响 DEM 精度。

【释义】 DEM 的特点是反映的高程在格网内会失真,若采集的特征点三维数据不符合实地的地形特点,就会影响 DEM 精度。

(4) 构建 TIN 内插 DEM

DEM 的内插属于曲面内插的范畴,指根据一系列数据点上的高程信息来模拟地表特征,并内插出指定格网点上的高程信息。

内插方法有线性内插、双线性多项式内插、双三次卷积内插、移动拟合法内插等。目前常用的算法是通过等高线和高程点建立 TIN,然后在 TIN 基础上通过内插算法建立 DEM。用影像比对的方式减少 TIN 误差,使 TIN 的每个三角尽量贴近地面,模拟真实地面。

◎DLG 中的等高线、高程点、道路、水系等可导入立体模型,与采集的特征线一起进行内插。

◎特征线与三维地物相交时高程差控制在 0.5 m 以下。

◎人工地物范围编辑至地面或水面。土堤、拦水坝、水闸,应编辑至这些地物的顶部。

◎相邻图幅 DEM 接边不应出现漏洞。相同地形类别格网点接边限差为该地形类别 DEM 格网点中误差的 2 倍。不同地形类别 DEM 接边限差为两种地形类别 DEM 格网点接边限差之和。

◎应对 DEM 进行精度检查。

(5) DEM 数据编辑

DEM 数据编辑是指把生成的 DEM 套合立体模型、晕渲图、等高线等,对内插形成的 DEM 格网点逐个进行高程检查和编辑。

【释义】 DEM 内插生成的 DEM 数据中含有各种杂波,有粗差,也有一些非地面点,DEM 数据编辑的目的是参照参考图或三维模型重新编辑 DEM 点,使之符合实地情况。

(6) 接边与镶嵌

应确保不少于两排同名格网点用来接边,检查相邻 DEM 同名格网点高程。所有参与接边的同名格网点要参与计算,当匹配残差小于 2 倍高程中误差时,取平均高程作为格网点高程;若出现高程较差大于 2 倍 DEM 高程中误差的格网点视为是超限,对其进行重新编辑,重新接边。

(7) 裁切

按规定的成图图幅规格裁切、整饰。

(8) 质量检查与成果提交

检查空间参考系、高程精度、逻辑一致性和附件质量。

4. 质量控制

(1) 生产过程质量控制

DEM 特征数据采集内容一般包括特征点线、水域线面、高程推测区、空白区域等信息。

① 特征点线

质量检查时要检查原始资料使用的正确性、定向的准确性,以及数据采集是否合理。

② 水域线面

要检查湖泊、水库、双线河的分层是否合理;水涯线及海岸线的高程赋值是否合理正确;静止的水体范围内的 DEM 高程值是否一致,并取常水位高程;流动水域的 DEM 高程值应自上而下平缓过渡,是否与周围地形高程关系协调。

③ 高程推测区

达不到规定高程精度要求的区域应划为 DEM 高程推测区。

④ 空白区域

空白区域的格网高程值应赋予－9999,对空白区的处理要完整地记录在元数据中。

（2）最终成果质量控制

可以通过目视检查内插的等高线有否突变的方法，或与地形图比较的方法来发现错误。

◎DEM数据检查起止点坐标正确性。

◎检查高程值有效范围正确性。

◎DEM拼接后应检查有无重叠和裂缝。

◎拼接精度是否达到要求。

5. 成果整理

（1）成果整理内容

DEM数据文件、原始特征点、线数据文件、元数据文件、接合表、质量检查记录、质量检查报告、技术总结、相关文件（说明信息，如高程推测区范围）等。

（2）成果标记

成果标记用于成果外包装和成果标签处，应包含成果名称、所采用标准的标准号、分级代号、图幅分幅编号、格网尺寸、最新生产时间、版本号（重测次数、修测次数）等内容。

【释义】 例如：CH/T 9008.2-B，A-4，1，200906，2.1。

标准号＋分级号＋图幅号＋格网尺寸＋生产日期＋版本号。

10.7.2 DOM

数字正射影像图（DOM），是将地表航空航天影像经垂直投影而生成的影像数据集，参照地形图要求进行裁切整饰的数字影像产品，它具有像片的影像特征和地图的几何精度。

【释义】 国家基础地理信息产品中的DOM应符合国家规定的比例尺，按规定分幅裁切。

1. DOM基本规定

（1）数据格式

DOM数据分为坐标信息数据、DOM影像数据、元数据三个组成部分。

◎DOM数据应使用带有坐标信息的非压缩TIFF格式存储，如GeoTIFF、TIFF＋TFW等影像数据格式，分为全色（8 bit）和彩色（24 bit）两类。

◎影像空间信息文件为ASCII文本格式存储，以左上角像素中心坐标为起算点。

◎元数据文件可采用MDB格式或文本格式存储。

【释义】 GeoTIFF利用了TIFF的可扩展性，在其基础上加了一系列标志地理信息的标签，使标准的地图坐标系定义可以随意存储为单一的注册标签。

TFW文件是关于TIFF影像坐标信息的文本文件，此文件定义了影像像素坐标与实际地理坐标的仿射关系。TFW文件结构很简单，是一个包含六行内容的ASCII文本文件，可以用任何一个ASCII文本编辑器来打开TFW文件。

（2）DOM分辨率

DOM的地面分辨率不大于万分之一成图比例尺分母，以卫星影像为数据源制作的DOM地面分辨率可以采用原分辨率。

（3）精度要求

地物点对邻近野外控制点的平面位置中误差要求同基本比例尺地形图，接边误差不大于 2 个像元。

（4）DOM 和 TDOM

真正射影像（TDOM）是以数字表面模型（DSM）来进行数字微分纠正，彻底消除了地表物的投影差影响的数字正射影像图。

DOM 以数字高程模型（DEM）来进行数字微分纠正，无法消除地表物的投影差影响，只消除了地形地貌产生的投影差。

对于空旷地区而言，DOM 和 TDOM 一致，在有地表物覆盖的城镇等地区，两者不同。

【释义】　DEM 制作时没有顾及地面目标物体的高度，微分纠正所得到的 DOM 影像仍然有建筑物等地表物体投影差存在，在城市建设区，DOM 不能准确表示建筑物的平面位置。

2. DOM 制作方法

DOM 可以采用航空摄影测量或航天遥感法制作。

（1）资料准备

收集原始数字像片、控制点成果、解析空中三角测量成果、DEM 成果、技术设计书等。

对源数据必须进行数据预处理，一般包括色彩调整、数据格式的变换以及坐标系统的转换等内容。

影像的色彩不平衡可以分为单幅影像内部的色彩不平衡和多幅影像之间的色彩不平衡，需要进行匀光、匀色处理。

【释义】　色调调整一般在影像预处理阶段，以及在镶嵌接边后进行。

（2）定向建模与 DEM 采集

当资料来自航空摄影时要通过空三加密测量来定向，并生产 DEM。用于 DOM 几何纠正的 DEM 要符合规范要求，无符合精度要求的 DEM 时，可选用精度放宽 1 倍的 DEM 进行影像纠正。如有空三测量成果，只需要导入内外定向参数即可。

当使用遥感影像时，应结合地面控制点，对提供轨道数据的影像采用严格轨道模型进行定向参数解算，或根据卫星影像提供的 RPC 参数解算外参数。对分幅 DEM 数据要进行拼接生成大于整景范围的 DEM 数据。

（3）影像纠正

正射纠正是基于共线方程，利用像片内外方位元素定向参数以及 DEM，对数字航空影像进行微分纠正重采样，并依次完成图幅范围内所有像片的正射纠正。

微分纠正时设置影像地面分辨率、成图比例尺，选择影像重采样方法，一般采用双线性插值或双三次卷积内插法。

当使用遥感影像时，应根据地区光谱特性通过试验选择多光谱波段组合，分别对全色与多光谱影像进行正射纠正。根据影像在不同投影带的比例情况，将影像分布较多的投影带作为整景纠正的投影带。整景影像分布不同投影带时应两带分别对整景进行纠正。

◎对于高山地、山地，根据影像控制点，应用严密物理模型或有理函数模型并通过 DEM 进行几何纠正，对影像重采样获取正射影像。

◎对于丘陵地，可根据情况利用低一等级的 DEM 进行正射纠正。

◎对于平地,可不利用 DEM,直接采用多项式拟合进行纠正。

【释义】 影像缩放、影像处理(灰度调整、旋转、镶嵌、配准)、影像纠正(几何校正、核线重排、DOM 制作)等都应用了影像重采样。

重采样方法有最邻近内插法、双线性内插法、双三次卷积法。其中最邻近内插法简单快速,但精度低;双三次卷积法理论上最优,计算量大,精度高;双线性内插法精度居中。

【小知识】

插值与重采样的区别在于插值是在已知坐标系内估算未知点的函数值,不涉及坐标变换;重采样是将已知坐标系转换到另一坐标系,然后估算函数的新的坐标系中的值。

(4)影像融合

把卫星遥感影像的多光谱数据和全色波段数据进行融合,融合影像数据源必须是经过几何正射纠正的数据。应该选用不少于 3 个波段的多光谱影像,波段间配准误差不大于 0.2 mm,图像套和误差不大于 0.3 mm。

【释义】 采用卫星遥感数据制作 DOM 要进行影像融合工作,采用航空摄影数据则不需要。

(5)影像镶嵌

通过多幅影像的同名点自动匹配进行影像拼接,叫做影像镶嵌。

【释义】 影像镶嵌通过选出与周围地物反差明显、影像清晰的目标地物进行自动配准来完成。

原始像片的幅面与最终所成图的幅面不一致,影像需要先拼接成全景,进行接边处理,处理影像间色差(图 10.20),再按地形图标准裁切。

图 10.20　影像的色差

◎按图幅范围选取需要镶嵌的 DOM 影像。

◎在相邻 DOM 影像间选绘、编辑镶嵌线,选绘镶嵌线时保证镶嵌的影像完整。

◎按镶嵌线对所选单片正射影像进行裁切,完成单片正射影像之间的镶嵌工作。

◎镶嵌线尽量避开大型建筑物,注意色彩一致性。

(6)图幅裁切

按照内图廓线对镶嵌好的 DOM 进行裁切,所生成的 DOM 成果应附有相关坐标、分辨率等基本信息参数。

(7)质量检查与成果提交

空间坐标系、精度、影像质量、逻辑一致性和附件质量检查。

3. 质量控制

(1)几何精度检查

◎所有数据文件应正确无误。

◎野外检测,定向精度应符合要求。

◎与等高线图或 DLG 套合后进行目视检查。

◎影像镶嵌时检查接边差是否超限。

◎图面整饰是否正确完整。

◎对于大比例尺正射影像图的制作,应尽量满足一幅影像制作一幅图的原则。

◎对于小比例尺作业,通常是将 DEM 接边,形成整区统一的 DEM,保证几何接边,并调整到无缝镶嵌。

◎野外检测点的较差超过允许中误差的 2 倍时视为粗差点。

（2）影像质量检查

数字正射影像的影像质量主要是指影像的辐射（亮度、色彩）质量。一般采用目视检查方法进行影像质量检查,主要内容包括:

◎整张影像色调是否均匀,反差及亮度是否适中。

◎影像拼接处色调是否一致。

◎影像上是否存在斑点、划痕或其他原因所造成的信息缺失的现象等。

4. 成果整理与提交

（1）成果整理

成果整理需要提交 DOM 数据文件、DOM 定位文件、接合表、元数据文件、质量检查记录、质量检查报告、技术总结等。

（2）成果外包装

成果外包装上应包括成果标记、生产单位、分发单位等内容。

成果应以光盘为主要存储媒介,也可以用磁盘、磁带等。成果标记应包含成果名称、所采用标准的标准号、成果分类代号（彩色 C,全色 D）、图幅分幅编号、地面分辨率、最新生产时间等内容、版本号。

10.7.3　DLG

数字线划图 DLG,是以点、线、面或地图符号形式表达地形要素的地理信息矢量数据集。DLG 是矢量地图,相对影像图来说数据量小,便于分层,能满足 GIS 空间分析需要。

【释义】　DLG 指国家基础地理信息产品中的矢量地形图,按照国家规定的标准以固定的比例尺规格制作。并非所有数字地形图都称为 DLG。

1. DLG 一般规定

（1）数学基础

地理要素、数学要素、辅助要素、精度要求等和基本比例尺地形图一致。

（2）等高距

一幅图宜用一种等高距,可以图内线性地物为界采用两种等高距,但不宜多于两种。

（3）输出格式

图形输出为矢量格式。

（4）属性精度要求

分类代码、数据分层及其名称、属性表结构、属性项的内容名称及值域等相关定义应符合规范要求。

2. DLG 制作流程

（1）资料准备

准备控制点数据、航空像片、高分辨率卫片、地形图资料、技术设计书等资料。

（2）数据采集与属性录入

依据设计和规范要求进行 DLG 数据采集和属性录入。

数据采集方法有航空摄影与遥感法、大比例尺地形图缩编法、地形图矢量化、全野外测图法等方法。

（3）图形数据和属性数据的编辑和接边

数据录入后需要依据影像数据、外业调绘与补测成果、最新交通数据、境界数据以及地名等资料，对图形和属性数据进行编辑处理，使多边形闭合、属性逻辑正确一致，每个要素对应一个代码设为一个图层，并以图幅为单元存放一个文件。

对于数据接边，地物平面位置和等高线接边较差一般不大于平面、高程中误差的 2 倍，最大不得大于 2.5 倍。图幅间的接边既要保证线状要素正确、无缝连接，又要保证要素属性接边准确性。

（4）图幅整饰和裁切

按照国家规定标准进行图幅整饰和裁切。

（5）质量检查和成果提交

3. 作业方法

（1）航空摄影法

航空摄影法 DLG 数据采集是采用人工作业为主的三维立体测图采集地形图要素。分为先内后外测图方式、先外后内测图方式、内外调绘采编一体化测图方式三类。

立体测图见后文。

（2）航天遥感

采用单景卫片生产 DLG 时：

◎以 DOM 影像为背景叠加地形图扫描生成的 DRG 进行数据采集。

几何位置依据 DOM 采集，其他属性参照 DRG 判定，不能准确判绘的要素属性应到野外调绘。等高线套用 DRG 成果，如有变化应实地修测。

◎根据内业预采成果到野外核查、补调。

◎对野外补调成果，内业进行补充采集和编辑。

【释义】 采用卫片生产 DLG 也可以采用立体测图方法。

（3）大比例尺 DLG 缩编

利用大比例尺原图缩编成小比例尺地形图，对采集的要素进行地图综合、分层、赋代码和属性、构建拓扑关系等步骤。

（4）全野外解析测量

采用全野外解析测量进行数据采集、内业编辑、分层、符号化、整饰成图。

小范围的 DLG 测图可以使用全野外数据采集补充。

（5）利用 DOM 更新

利用 DOM 更新 DLG 时，需要考虑建筑物投影差的纠正处理。

以数字正射影像图为主要数据源，参考调绘资料，对建筑物根据高度和像底点辐射距进行投影差改正。适用于较小比例尺地形图，或地势较为平坦、建筑物不是很密集的城郊和农村地区。

【释义】 建筑密集区无法采用该方法,要消除 DOM 上残留的建筑物投影差就必须获取建筑物的高度,通常难以获取。在小比例尺地形图测绘时,在满足精度要求下,投影差可以忽略。

4. 立体测图

立体测图(图 10.21)是利用不同摄站采用航空摄影测量或多线阵遥感传感器建立具有一定重叠度的立体像对,利用前方交会原理进行立体观测采集像点地面三维坐标的方法。

【释义】 立体测量应具备两个基本条件:一是两张影像应有足够的重叠区,可以进行影像连接;二是两张影像必须符合中心投影构像原理。

立体测量得到的地物点不受到投影差的影响,所以是制作 DLG 的主流方法。

(1) 立体测图制作 DLG 流程

资料准备、技术设计、像控点测绘、空三加密、创建立体模型、立体测量地理要素、外业调绘与补测(也可与立体测图同时或先展开)、矢量数据编辑、成果检查和提交。

(2) 立体测图要求

◎一般采取先内后外法,用立体测量方法采集影像上所有可见的地物要素,再进行内业判读外业调绘,按规定要求对各要素编制代码。

对把握不准的要素只采集可见部分,未采集或不完整处用红线圈出范围,由外业补调。

◎高程精度主要影响因素有空三加密影响和同名点切准精度影响。

图 10.21 数字立体测量

(3) 立体测图内业数据编辑要求

◎对立体测图和调绘成果进行图形编辑、属性录入、接边、配置注记和符号、图廓整饰形成符号化数据。

◎对漏测的地物在立体模型下进行补测。

◎依据成图比例尺、用途、地物元素疏密程度进行制图综合。

◎全面检查,修改各类错误。

【释义】 立体测图一般在专门的立体测图仪上进行,通过控制手轮和脚盘,观测立体镜来采集立体像对的物点三维坐标。

5. 质量控制

DLG 生产质量控制内容包括几何精度检查和属性质量检查两个方面。

(1) 检查方法

可采用参考数据比对、实地检测、室内检查等方法检查。

① 参考数据比对

与高精度数据、专题数据、生产中使用的原始数据、可收集到的国家各级部门发布的数据等参考数据对比,确定是否错漏。

② 实地检测

与野外测量、调绘的成果对比,确定是否错漏。

③ 室内检查

通过软件自动分析和判读结果,进行属性、逻辑一致性、现势性、接边等检查;也可通过人机交互检查。

(2) 逻辑一致性检查

包括点、线、面的表示;面要素要闭合;要素冗余要最小;要素位置关系要正确;有向点、线要素方向要正确;数据结构和格式要符合要求。

(3) 完整性检查

包括要素完整性、分层完整性、属性值完整性检查。

6. 成果整理

(1) 成果内容

成果整理内容包括 DLG 矢量数据文件、元数据文件和图历簿、接合表、回放地形图、质量检查验收报告、技术总结等。

(2) 成果外包装

成果外包装上应包括成果标记、生产单位、分发单位等内容。成果标记应包含成果名称、所采用标准的标准号、比例尺、成果形式代号(非符号化 DLG 分类代号 A,符号化 DLG 分类代号 B)、图幅分幅编号、最新生产时间、版本号(重测次数、修测次数)等内容。

【释义】 例如:CH/T 9008.1,1∶500,B,10.40—27.75,200906,2.1。

标准号＋比例尺＋分类代号＋图幅号＋生产日期＋版本号。

10.7.4　DRG

数字栅格地图(DRG),是根据现有纸质、胶片等地形图经扫描和几何纠正及色彩校正后,形成在内容、几何精度和色彩上与地形图保持一致的栅格数据集。

1. DRG 一般规定

(1) 分类

DRG 按颜色分为单色(D)和彩色(C)两类。

(2) 分辨率

1∶500～1∶2 000 比例尺 DRG 地图分辨率不低于 300 DPI。

(3) 精度

地物点平面位置中误差规定同基本地形图精度要求。

2. DRG 制作流程

纸质模拟地图通过扫描仪生成二维阵列数据,同时对灰度进行量化,再经二值化处理、图形定向、几何校正、分层设色和纠正,即形成一幅数字栅格地图。

(1) 图形扫描

用单色或彩色扫描仪扫描,生成栅格地图。

(2) 图幅定向

将栅格图幅由扫描仪坐标变换为高斯投影平面直角坐标。

(3) 几何校正

消除图纸几何变形,及扫描产生的几何畸变。

（4）色彩纠正

用图像软件进行栅格编辑,对单色图按要素进行人工设色,对彩色图做色彩校正。

（5）最终产品

最终产品是经过无损压缩的 TIFF 格式文件。

10.7.5　章节练习

（一）单项选择题

1. TDOM 的制作,是在数字微分纠正过程中以（　　）为基础进行数字微分纠正。
   A. DEM　　　　　B. DTM　　　　　C. DSM　　　　　D. DLG

2. 数字高程模型成果按精度表示为三级,其精度用（　　）表示。
   A. 格网点高程中误差　　　　　　　B. 格网点中心高程中误差
   C. 格网点点位中误差　　　　　　　D. 格网点中心点位中误差

3. 以下工艺方法中,不能用来制作 DEM 的是（　　）。
   A. 物方特征点线构筑 TIN
   B. 单景 DOM 采集特征数据
   C. 用数字化地形图上高程注记点数据构筑 TIN
   D. 提取 DLG 上的等高线数据建立 DEM

4. DEM 制作时,对 TIN 模型采取（　　）,来减少误差,使模型接近真实地面。
   A. 与 DOM 比对的方法　　　　　　B. 全野外测量比对的方法
   C. 自动分类判读的方法　　　　　　D. 特征点内插比对的方法

5. 假设平原地区 DEM 接边限差为 n,丘陵地区为 m,平原地区和丘陵地区进行 DEM 接边,其限差为 S,则 S 的值等于（　　）。
   A. n　　　　　B. m　　　　　C. $m-n$　　　　　D. $m+n$

6. 采用航空摄影方法制作数字高程模型,接边时至少需要（　　）个格网的重叠带。
   A. 1　　　　　B. 2　　　　　C. 3　　　　　D. 5

7. (CH/T 9008.2, B, A-4, 1, 200906)是某个 1 m 格网 DEM 成果的成果标记,可知该成果属于（　　）级 DEM 成果。
   A. 1　　　　　B. 2　　　　　C. 3　　　　　D. 4

8. 对 DEM 数据进行质量检查,不需要考虑的检查项是（　　）。
   A. 空间参考系　　B. 高程精度　　C. 属性精度　　D. 逻辑一致性

9. 以下遥感常用数据格式中,（　　）不是影像数据格式。
   A. TFW　　　　　B. TIFF　　　　　C. GeoTIFF　　　　　D. BMP

10. 在对数字正射影像图进行接边时,相邻两幅图的接边误差不大于（　　）个像元。
    A. 1　　　　　B. 1.5　　　　　C. 2　　　　　D. 4

11. 数字正射影像坐标起算点为影像（　　）像素中心坐标。
    A. 左下角　　B. 右下角　　C. 左上角　　D. 右上角

12. DOM 元数据文件可以保存为（　　）格式。
    A. GeoTIFF　　　B. SHP　　　　　C. MDB　　　　　D. TIFF

13. 将不同的图像文件通过共同地物合并成一幅完整图像的过程称为图像的(　　)。

    A. 融合　　　　　　　B. 建模　　　　　　　C. 配准　　　　　　　D. 镶嵌

14. 把卫星遥感影像的多光谱数据和全色波段数据进行融合,融合影像数据源必须已经经过(　　)。

    A. 微分纠正　　　　B. 色差调整　　　　　C. 影像裁切　　　　　D. 镶嵌

15. 在利用航空摄影影像进行 DOM 生产时,正射纠正不直接需要用到的数据是(　　)。

    A. 外业控制成果　　　　　　　　　B. DEM

    C. 像片外方位元素　　　　　　　　D. 数字影像

16. 相邻数字图像进行镶嵌时,要求两张影像之间(　　)。

    A. 标准点位要有连接点　　　　　　B. 具有影像特征相同的同名地物

    C. 有足够重叠度的格网数字高程　　D. 要有足够地面控制点

17. 对卫星遥感影像进行正射纠正,下面作业方法错误的是(　　)。

    A. 高山地可根据高程异常模型进行纠正

    B. 平地可不利用 DEM 直接进行纠正

    C. 全色与多光谱应分别进行正射纠正

    D. 丘陵地可采用低一等级的 DEM 纠正

18. 可用于航空摄影影像微分纠正重采样的方法中,精度最高的是(　　)。

    A. 双三次卷积法　　　　　　　　　B. 邻近内插法

    C. 垂线距法　　　　　　　　　　　D. 双线性内插法

19. 平地和丘陵地区,1:500 比例尺数字线划图平面位置精度不低于(　　)m。

    A. 0.05　　　　　　B. 0.1　　　　　　　C. 0.3　　　　　　　D. 0.5

20. 对于数字线划图来说,一幅图内基本等高距最多不宜多于(　　)种。

    A. 1　　　　　　　　B. 2　　　　　　　　C. 3　　　　　　　　D. 4

21. 航测法成图作业中,立体测图是基于(　　)的原理。

    A. 空间前方交会　　　　　　　　　B. 空间后方交会

    C. 空间侧方交会　　　　　　　　　D. 空间距离交会

22. 由航空摄影方法生产数字线划图,最终图形编辑以(　　)成果为依据。

    A. 立体观测　　　　B. 微分纠正　　　　　C. 调绘和补测　　　　D. 解译成果

23. 利用摄影测量制作 1:500 地籍图的调绘项目,假设没有其他资料参考,可以先在内业处理(　　)要素。

    A. 房屋层数　　　　B. 地理名称　　　　　C. 道路要素　　　　　D. 权属状况

24. 生产 DLG 的主要平面地理信息数据图件不能是(　　)。

    A. DEM　　　　　　B. DLG　　　　　　　C. DRG　　　　　　　D. DOM

25. 对 DOM 影像质量检查一般采用(　　)方法。

    A. 目视检查　　　　　　　　　　　B. 计算机自动检查

    C. 与等高线套合后进行目视检查　　D. 利用分辨率高的影像抽样检查

26. 在 DRG 生产过程中,不需要经过(　　)步骤。

    A. 定向校正　　　　　　　　　　　B. 正射校正

C. 几何畸变校正　　　　　　　　　　　D. 色彩校正

27. 经过模拟地图扫描和色彩纠正后形成的 DRG,栅格的属性值是(　　)。

A. 位置信息　　　B. 高程　　　　　C. 要素编码　　　D. 颜色

(二) 多项选择题

1. DEM 特征数据采集时,一般要采集下列数据中的(　　)等信息。

A. 高程推测区　　　　　　　　B. 地性点线

C. 道路线面　　　　　　　　　D. 建筑及附属物点线

E. 水域线面

2. 以下测量方案中,(　　)不能直接生产数字线划图。

A. 生产数字地表模型调绘　　　　B. 小比例尺线划图缩编

C. 栅格地形图矢量化　　　　　　D. 采集特征点构筑 TIN 再进行内插

E. 采用 DEM 和 DOM 叠加生产立体效果影像图

3. 数字正射影像图测绘成果由(　　)等资料构成。

A. DOM 数据　　　B. 图廓整饰　　　　C. 元数据　　　　D. 高程信息

E. 平面定位信息

4. DEM 在工程中有着广泛的应用,比如(　　)等。

A. 地形分析　　　B. 单点坐标查询　　　C. 绘制断面图　　　D. 土石方计算

E. 制作三维景观图

5. 利用数字高程模型不能计算(　　)。

A. 坐标方位角　　B. 坡度　　　　　　C. 坡向　　　　　　D. 地表面积

E. 房屋长度

6. 对 DLG 的属性进行检查时,需要检查要素属性的(　　)等内容。

A. 要素层名　　　B. 属性名　　　　　C. 要素分类码　　　D. 质量等级

E. 属性值

习题答案与解析

(一) 单项选择题

1. 【C】　解析:采用 DSM 可以制作 TDOM,彻底消除投影差影像。

2. 【A】　解析:DEM 成果按精度分为三级,用格网点的高程中误差表示。

3. 【B】　解析:只要有足够数量的三维地形特征点就可以内插生成 DEM,选项 B 无法获得特征点的高程数据,无法制作 DEM。

4. 【A】　解析:TIN 要用影像比对方式减少误差,使 TIN 的每个三角尽量贴近地面,模拟真实地面。

5. 【D】　解析:不同地形类别 DEM 接边限差为两种地形类别 DEM 格网点接边限差之和。

6. 【B】　解析:采用航空摄影方法制作数字高程模型,接边时应确保不少于两排同名格网点用来接边,检查相邻 DEM 同名格网点高程。

7. 【B】　解析:CH/T 9008.2-B,A-4,1,200906,2.1 代表标准号+分级号+图幅

号+格网尺寸+生产日期+版本号。

8.【C】 解析：DEM没有属性特征，表达的是地面高程信息，用于反映地貌形态的空间分布。

9.【A】 解析：TFW文件是关于TIFF影像坐标信息的文本文件，此文件定义了影像像素坐标与实际地理坐标的仿射关系。其他格式都是影像位图格式。

10.【C】 解析：DOM上地物点对邻近野外控制点的平面位置中误差要求同基本比例尺地形图，接边误差不大于2个像元。

11.【C】 解析：DOM数据以左上角像素中心坐标为起算点。

12.【C】 解析：DOM影像空间信息文件为ASCII文本格式存储，元数据文件可采用MDB格式或文本格式存储。MDB格式为微软公司定义的二维数据库格式。

13.【D】 解析：通过多幅影像的同名点自动匹配进行影像拼接叫做影像镶嵌。

14.【A】 解析：把卫星遥感影像的多光谱数据和全色波段数据进行融合，融合影像数据源必须是经过几何正射纠正的数据。

15.【A】 解析：外业控制成果只需在空三加密过程中使用，在进行正射纠正时，利用像片内外方位元素定向参数及DEM即可。

16.【B】 解析：通过多幅影像的同名点自动匹配进行影像拼接，叫做影像镶嵌。这个过程主要是通过选出与周围地物反差明显、影像清晰的目标地物进行自动配准来完成。

17.【A】 解析：对于高山地、山地，根据影像控制点，应用严密物理模型或有理函数模型并通过DEM进行几何纠正，对影像重采样获取正射影像。

18.【A】 解析：重采样方法有最邻近内插法、双线性内插法、双三次卷积法，其中双三次卷积法理论上最优，计算量大，精度高。

19.【C】 解析：1：500数字线划图平地和丘陵，平面位置中误差不大于图上±0.6 mm，实地尺寸为0.6×500＝0.3 m。

20.【B】 解析：一幅图宜用一种等高距，可以图内线性地物为界采用两种等高距，不宜多于2种。

21.【A】 解析：立体测图是采用航空摄影或遥感法建立具有一定重叠度的立体像对，采用前方交会原理立体观测采集地面三维坐标。

22.【C】 解析：除了选项C，其他都是航片内业处理阶段工作，还需野外调绘和补测，对航片漏摄、更新、云影等进行补测，并在野外进行属性调查工作。

23.【C】 解析：航摄影像成图时，影像上的地物要素原则上由内业定位、外业定性，选项中需要确定位置的只有C。

24.【A】 解析：生产DLG可以采用航测和遥感方法、全野外测量、数字化地图方法等进行，DEM没有细部地物平面位置数据，故不能直接生产DLG。

25.【A】 解析：对DOM影像质量检查一般采用目视检查。

26.【B】 解析：DRG是纸质地图数字化，并不是影像图，故不需要进行正射校正。

27.【D】 解析：经过模拟地图扫描和色彩纠正后形成的DRG，栅格的属性值是颜色或灰度。

（二）多项选择题

1.【ABE】　解析：DEM 特征数据采集，一般包括特征点线、水域线面、高程推测区等信息采集。

2.【ABDE】　解析：DLG 的作业方法包括航空摄影测量方法、地形图扫描矢量化法、数字线划图缩编法等。选项 A 还需要制作 TDOM 才能生产 DLG，选项 B 必须是大比例尺地形图缩编，选项 D 是 DEM 生产方法，选项 E 是景观图生产方案。

3.【ABCE】　解析：DOM 是将地表航空航天影像经垂直投影而生成的影像数据集，参照地形图要求进行裁切整饰，具有像片的影像特征和地图的几何精度。数据内容由 DOM 数据、元数据及相关文件构成，DOM 不包含高程信息。

4.【ACDE】　解析：DEM 可用来查询单点高程、土石方计算、地表面积计算、绘制断面图等，并和 DOM 一起可制作三维景观图。

5.【AE】　解析：DEM 可用来查询单点高程、土石方计算、地表面积计算、绘制断面图等，并和 DOM 一起可制作三维景观图。

6.【ABCE】　解析：DLG 属性精度要求有分类代码、数据分层及其名称、属性表结构、属性项的内容名称及值域等相关定义应符合规范要求。

10.8　三维建模

三维模型是物体的三维多边形表示，通常用计算机或者其他视频设备进行显示。三维建模就是通过三维制作软件通过虚拟三维空间构建出具有三维数据的模型的工作。

10.8.1　三维建模概述

三维地理信息建模主要是三部分内容，基础地理信息三维建模、三维城市建模、专门应用三维建模。

基础地理信息三维建模是把地形地貌、人工建（构）筑物等基础地理信息进行三维表达，反映了被表达对象的三维空间位置、几何形态、纹理及属性等信息。

三维城市建模是在二维城市地理信息基础上建立三维城市地理信息系统，可以利用该系统分析城市的自然要素和建设要素，用户通过交互操作，得到一种真实、直观的虚拟城市环境感受。

主要包括地形模型、建筑模型、道路模型、管线模型、植被模型、水系模型、地面模型，以及其他模型等数据内容。

专门应用三维建模如古建筑三维建模、工程项目建模等。

1. 细节层次

细节层次（图 10.22）是针对同一物体建立的细节程度不同的一组模型。不同细节程度的模型具有不同的几何面数和纹理分辨率（表 10.12）。

城市三维建筑模型按表现细节的不同可分为 LOD1、LOD2、LOD3、LOD4 四个层次（图 10.22）。

(a) LOD1

(b) LOD2

(c) LOD3

(d) LOD4

图 10.22　LOD1~4 细节层次

表 10.12　不同模型层次细节要求

层次细节	LOD1	LOD2	LOD3	LOD4
建筑模型平面和高度精度(不宜低于)/m	2(高度 3)	2	0.5	0.2
纹理	无	简单	通用	精细
建筑物模型	体块模型	基础模型	标准模型	精细模型
道路和管线	中心线	道路面或管线体	道路面或管线体+附属设施	精细模型
地形模型	DEM	DEM+DOM	高精度 DEM+DOM	精细模型

◎每个模型应为独立对象。

◎在满足各级别模型细节层次要求的情况下,应尽量减少几何模型的面数。

◎不应存在漏缝、共面和废点等。

◎对重复利用的模型,宜建立模型库。

◎不同类型、不同细节层次数据的拓扑关系应完整、正确。

2. 纹理

纹理是经过正射纠正和统一匀光处理的用于表示物体色调、饱和度、明度等特征的影像。纹理分辨率是纹理表现细节程度的单位,通常用一个像素代表的实际长度来表示。

◎纹理应真实反映建模物体的颜色、质地和图案等,同一区域同种类物体纹理应协调一致。

◎纹理应与几何模型细节层次相匹配,纹理应清晰可辨。

◎对重复利用的纹理,宜建立纹理库。

3. 属性

城市三维模型属性信息应包含描述模型类型、用途和特征等的基本属性信息和专题属性信息。

◎应唯一标识每一个三维模型,并应对三维模型进行准确描述。

◎属性内容应正确、完整。

◎可根据实际应用需要进行扩充。

4. 元数据

城市三维模型元数据应说明三维模型数据的内容、质量、状况和其他有关特征,以描述数据的粒度分为模型级、要素级、数据级三个等级。

◎适用于数据存储、建库的要求。

◎适用于数据的管理、转换的要求。

◎适用于数据查询、浏览、检索的要求。

◎适用于数据发布、共享的要求。

5. 建模单元

建模单元是按管理和应用需要将建模区域划分成的若干个单元,是三维模型制作和数据管理的基础,其划分原则如下:

◎应以相对稳定的自然地形地物为界,并应保持边界的稳定性。

◎应与管理单元统筹考虑,并应结合行政区划界线,方便项目实施及基础资料收集整理。

◎应考虑城市历史、景观、生态等控制要素的相对完整。

◎所有建模单元应完整覆盖建模区域,无缝衔接。

◎建模单元的编码宜按"区(县)、管理单元、建模单元"三级进行划分。

◎城市三维模型命名宜按"建模单元编码、模型类型、细节层次、顺序号"四级进行编码。

【释义】　管理单元可以是街道(乡、镇)等行政管理单元,也可以是规划管理的分区;建模单元宜以道路围合区域(如街坊)为单位。

10.8.2　三维模型制作方法

1. 作业流程

(1)资料准备

高分辨率的航片影像、大比例尺矢量数据等。

(2)数据采集内容

三维城市建模数据采集内容主要分为框架数据、纹理数据和属性数据。

① 框架数据

框架数据应包括以下内容:

◎地表及其特征点的位置、高程。

◎建(构)筑物的位置、高度、基底形状、立面和屋顶结构。

◎交通设施的位置、形状和结构。

◎管线特征点的位置、高程、管线的断面尺寸。

◎植被的位置和高度。

◎其他地物的位置、形状和尺寸。

② 纹理数据

纹理数据应包括以下内容：

◎地表影像信息。

◎建(构)筑屋顶和外立面影像信息。

◎交通设施表面影像信息。

◎植被表面影像信息。

◎其他地物的表面影像信息。

③ 属性数据

属性数据应包括以下内容：

◎建筑的名称、权属单位、地上建筑层数、建筑结构、建筑性质、建筑面积、停车位、建成时间等。

◎交通设施的名称、道路等级、道路宽度、建成时间等。

◎管线的类型、材料、埋设方式、断面尺寸、权属单位等。

◎植被的名称、种类、树龄、权属单位等。

◎其他模型对应的名称、权属单位等。

(3) 模型的制作

◎应用软件构建三维模型，对几何框架图形描边。

◎制作和处理纹理数据，匹配并编辑纹理。

◎得到模型几何文件集与纹理数据文件集。

(4) 数据编辑

◎对几何数据和属性数据进行匹配和编辑。

◎对模型进行切割，使模型单体化。

◎以单体化三维模型为单位建立拓扑关系。

(5) 质量检查

检查和验收应包括模型数据、场景效果、属性数据、文件资料等四个方面的检查。

检查可采用全检或抽样检查方法。

质量按三级评定。质检区域内出现一个Ⅰ级错误，则整个片区验收不通过，应按制作要求修改完善后重新申请验收；制作片区中未出现Ⅰ级错误，且对该片区出现的Ⅱ级错误和Ⅲ级错误进行修改完善，符合验收要求后，则该片区验收合格，通过验收。

(6) 数据交换和建库

城市三维模型数据交换的主要对象按数据类别分为几何数据、纹理数据、属性数据和元数据，按数据内容分为地形模型、要素模型、元数据三类。

城市三维模型数据集成前应进行一致性处理，并建立城市三维空间数据库，包括三维模型数据库、属性数据库、元数据库以及其他数据库。

2. 作业方法

(1) 航空摄影测量法

① 一般航空摄影测量方法

采用航空摄影立体测图，采集模型三维数据构建模型，并贴补纹理。

② 倾斜摄影法

倾斜摄影是在同一飞行平台上搭载多台传感器或多镜头系统(如 SWDC-5),同时从一个垂直、四个倾斜等多个不同的角度(图 10.23)同时采集影像数据,把具有重叠度的空间多像数据建立立体模型,抽取点云生成 TIN 三维模型映射真实影像纹理,一体化生成三维模型和 DOM,通过模型单体化处理把全景模型分离为地物单体,最后进行拓扑建立并入库便于空间分析。

图 10.23　倾斜摄影

倾斜摄影测量技术以大范围、高精度、高清晰的方式全面感知复杂场景,直观反映地物的外观、位置、高度等属性,同时有效提升三维模型的生产效率。

倾斜摄影精度越来越高,与无人机结合,正日益代替传统的航空摄影测量。

【释义】　倾斜摄影在近地面贴图易失真,水体会有破洞,还需要和野外相机补摄或地面移动测量系统,补充水体符号,来修正三维模型。

(2) 激光扫描法

三维激光扫描技术改变传统的单点测量方法为点阵测量方法,高效高精度。它能提供扫描物体表面的海量三维点云数据,可用于获取高精度高分辨率的数字地形模型,分为机载、车载、地面和手持型等几类三维激光扫描方法。

三维激光扫描仪每次测量的数据不仅仅包含点的位置信息,还包括 R、G、B 颜色信息,同时还有物体反射率的信息。目前三维激光扫描仪已经从固定式朝移动式方向发展,最具代表性的就是车载三维激光扫描仪和机载三维激光雷达。

① 车载三维激光扫描仪

车载三维激光扫描仪的传感器部分集成在稳固的车顶,和 POS 系统结合可以快速得到大面积的点云数据。

② 机载激光三维雷达系统

机载激光三维雷达系统(LiDAR),是一种集激光扫描仪、全球定位系统和惯性导航系统以及高分辨率数码相机等技术于一身的光机电一体化集成系统,用于获得激光点云数据并生成精确的数字高程模型、数字表面模型、数字正射影像信息,通过对激光点云数据的处理,可得到真实的三维场景图。

机载激光雷达产生的点云是以离散、不规则方式分布在三维空间中的点的集合,点云密度是指单位面积内点的数量,由于激光点云具有海量的特点,生成 DEM 时必须首先进行抽稀,使 DEM 既美观又具有足够高的精度。

【释义】　激光扫描具有一定的穿透性,能透过林木干扰得到地面高程信息,适宜大面积制作 DEM 数据。由于点云数据过多,数据处理技术的发展是激光扫描技术应用的关键。

(3) 近景摄影测量

近景摄影测量一般采用独立坐标系或与其他坐标系联测,近距离拍摄目标图像,经过数据加工处理,确定其大小、形状和几何位置,建立三维模型。

(4) 野外实地测量法

野外实地测量法也可以建立三维模型,但效率太低,一般不采用。

(5) 地面相机拍摄

模型的外立面纹理可采用相机拍照的方法获取,局部的影像漏洞可采用地面人工补摄。

10.8.3 三维建模质量控制和成果整理

1. 质量控制

(1) 质量控制方法

◎文件替换:如资金充足,可同时按同一标准制作同一模型,选取质量好的模型放入平台。

◎专业美工人员审验:每一片区域模型,制作小组随同一名美工人员进行质量控制。

◎针对管理软件控制:采用相关的控制软件来实现逐项检查。

◎建模软件插件控制:针对项目编写插件来检验错误。

(2) 质量控制要求

质量控制需要进行模型完整性、几何精度、属性精度、现势性和逻辑一致性等检查。

(3) 质量评定内容

质量评定内容有数据组织质量、几何精度、结构精度和细节层次、纹理质量、附件质量等。

2. 成果整理

成果整理内容有几何源数据、纹理源数据、平台成果数据、质量检查记录、质量检查报告、技术总结报告、相关文件参数等。

10.8.4 章节练习

(一) 单项选择题

1. 三维建模数据一般不通过(　　)方法获取。

    A. MMS 系统　　　　B. 航天摄影　　　　　C. 近景摄影　　　　　　D. 航空摄影

2. 建立三维城市模型项目,一般不采用(　　)制作。

    A. 航空摄影测量方法　　　　　　　　B. 激光扫描方法

    C. 倾斜摄影方法　　　　　　　　　　D. 近景摄影测量方法

3. 以下测绘产品采用倾斜摄影测量方法不能直接获得是的(　　)。

    A. DSM　　　　　　B. TIN　　　　　　　C. DLG　　　　　　　D. DOM

4. LiDAR 点云数据是一种(　　)的点集。

    A. 面状、连续、网格　　　　　　　　B. 规则、离散、细致

    C. 精确、连续、面状　　　　　　　　D. 杂乱、离散、密集

5. 对古建筑进行保护性建模,选用近景摄影测量方法时应选用(　　)。

    A. 城市坐标系　　　　　　　　　　　B. 国家统一高斯平面坐标系

    C. 独立坐标系　　　　　　　　　　　D. 国家统一大地坐标系

6. 根据现行《城市三维建模技术规范》,下面说法错误的是(　　)。

    A. 建筑模型的框架数据可从 DLG 数据中提取或采用摄影测量的方法获取

    B. 建筑模型的外立面纹理可采用摄影测量、激光扫描等方式获取

C. 建筑模型的顶部纹理可利用 DOM 数据

D. 建筑模型的外立面纹理不得采用普通拍照的方法获取

(二) 多项选择题

1. LiDAR 指的是在航空平台上集成(　　)构成的综合系统。

A. 微波雷达　　　B. POS　　　　　　　C. 高光谱传感器　　　D. CCD

E. 控制系统

2. 一般可以利用(　　)等指标对建筑三维模型进行评定。

A. 数据集大小　　B. 色调鲜艳度　　　C. 几何精度　　　　　D. 细节层次

E. 仿真度

习题答案与解析

(一) 单项选择题

1.【B】　解析:三维建模数据可采用激光扫描法、航空倾斜摄影法、近景摄影测量法、MMS 系统、野外实地测量法等获取。

2.【D】　解析:近景摄影测量方法适合于局部建筑三维建模,不适合成片三维建模。

3.【C】　解析:倾斜摄影把具有重叠度的空间多像数据建立立体模型,抽取点云生成 TIN 构筑三维模型,并映射真实影像纹理,一体化生成三维模型和 DOM。倾斜摄影可以直接生成 DSM,但不能直接生产 DLG。

4.【D】　解析:LiDAR 点云数据的特点是不规则、离散、高密度分布在三维空间的点集合。

5.【C】　解析:近景摄影测量一般采用独立坐标系或与其他坐标系联测,近距离拍摄目标图像,经过数据加工处理,确定其大小、形状和几何位置,建立三维模型。

6.【D】　解析:建筑模型的外立面纹理可以通过拍照方式获取。

(二) 多项选择题

1.【BDE】　解析:LiDAR 指的是在航空平台上,集成激光雷达、POS 系统、CCD 系统、控制系统构成的综合系统。

2.【CD】　解析:三维建模质量评定内容有数据组织质量、几何精度、结构精度和细节层次、纹理质量、附件质量等。

规范引用

GB/T 7931—2008　　1:500　1:1 000　1:2 000 地形图航空摄影测量外业规范

GB/T 7930—2008　　1:500　1:1 000　1:2 000 地形图航空摄影测量内业规范

GB/T 23236—2009　　空中三角测量规范

GB/T 15968—2008　　遥感影像平面图制作规范

GB/T 17941.1—2000　　数字测绘产品质量要求

CH/T 9008(9009)—2010　　基础地理信息数字成果

CH/T 3007—2011　　数字航空摄影测量测图规范

CJJ/T 157—2010　　城市三维建模技术规范